Mathematik für die Fachhochschulreife mit Vektorrechnung

3. Auflage

Bearbeitet von Lehrern und Ingenieuren an beruflichen Schulen
(Siehe nächste Seite)

VERLAG EUROPA-LEHRMITTEL · Nourney, Vollmer GmbH & Co. KG
Düsselberger Straße 23 · 42781 Haan-Gruiten

Europa-Nr.: 85021

Autoren des Buches „Mathematik für die Fachhochschulreife mit Vektorrechnung“

Josef Dillinger	München
Bernhard Grimm	Sindelfingen, Leonberg
Gerhard Mack	Stuttgart
Thomas Müller	Ulm
Bernd Schiemann	Stuttgart, Ulm

Lektorat: Bernd Schiemann

Bildentwürfe: Die Autoren

Bilderstellung und -bearbeitung: YellowHand, 72622 Nürtingen, www.yellowhand.de

Das vorliegende Buch wurde auf der Grundlage der neuen amtlichen Rechtschreibregeln erstellt.

3. Auflage 2007
Druck 5 4 3

Alle Drucke derselben Auflage sind parallel einsetzbar, da sie bis auf die Behebung von Druckfehlern untereinander unverändert sind.

ISBN: 978-3-8085-8504-7

Umschlaggestaltung: Idee Bernd Schiemann, Ulm; Ausführung: Michael Maria Kappenstein, 60594 Frankfurt/Main

Satz, Grafik und Bildbearbeitung: YellowHand, 72622 Nürtingen, www.yellowhand.de

Druck: Media-Print Informationstechnologie, 33100 Paderborn

Vorwort zur 1. Auflage

Das vorliegende Buch realisiert die Vorgaben der neuen Bildungspläne für den Erwerb der Fachhochschulreife im Fach Mathematik. Entsprechend den Vorgaben der Bildungspläne wird großer Wert auf die zunehmende Selbstorganisation des Lernprozesses, d.h. auf immer größer werdende Eigenständigkeit und Eigenverantwortung der Schülerinnen und Schüler im Erwerb von Wissen und Können, gelegt. Die mathematischen Inhalte werden vorwiegend anwendungsbezogen, d.h. an praktischen Beispielen eingeführt und behandelt. Jedoch kommen auch die theoretischen Grundlagen nicht zu kurz. Mit einer Einführung in den grafikfähigen Taschenrechner (GTR) wird ein Beitrag zur Medienkompetenz erfüllt.

Zur Förderung handlungsorientierter Themenbearbeitung enthält das Buch eine große Anzahl von Beispielen, anhand derer eine Vielzahl von Aufgaben zu lösen sind. Zu jeder Aufgabe ist die Lösung auf derselben Seite angegeben. Das Buch ist deshalb auch zum selbstständigen Lernen geeignet. Im Unterricht können bessere Schüler selbstständig die Aufgaben lösen, während schwächere Schüler gezielt durch den Lehrer betreut werden können. Ein didaktisch aufbereiteter Lösungsband mit ausführlichen Schritten zur Lösung sowie eine Formelsammlung ergänzen das Buch.

Um unterschiedliche Vorkenntnisse auszugleichen, beginnt das Buch mit den Kapiteln „Algebraische Grundlagen" und „Geometrische Grundlagen". Wenn keine Kennzeichnung des Zahlensystems angegeben ist, wird mit reellen Zahlen gearbeitet.

Die Hauptabschnitte des Buches sind

- **Algebraische Grundlagen**
- **Geometrische Grundlagen**
- **Vektorrechnung**
- **Analysis**
- **Differenzialrechnung**
- **Integralrechnung**
- **Komplexe Rechnung**
- **Prüfungsvorbereitung**
- **Aufgaben aus der Praxis**
- **Projektaufgaben**
- **Grafikfähiger Taschenrechner**
- **Selbstorganisiertes Lernen**
  Übungsaufgaben – Prüfungsaufgaben

Vorwort zur 3. Auflage

Das Kapitel „Grafikfähiger Taschenrechner" enthält parallel zum GTR von CASIO jetzt auch einen GTR von Texas-Instruments.
Für das selbstständige Lernen und Üben ist das Kapitel 12 „Selbst organisiertes Lernen" mit vielen Übungsaufgaben und Prüfungsaufgaben angefügt worden. Der Benutzer des Buches findet bei den einzelnen Themen unten auf der Buchseite jeweils den Hinweis

⇒ [*Weitere Aufgaben im Kapitel 12*]

Ihre Meinung interessiert uns!
Teilen Sie uns Ihre Verbesserungsvorschläge, Ihre Kritik aber auch Ihre Zustimmung zum Buch mit.
Schreiben Sie uns an die E-Mail-Adresse: **info@europa-lehrmittel.de**

Die Autoren und der Verlag Europa-Lehrmittel — Herbst 2007

Inhaltsverzeichnis

8 Prüfungsvorbereitung

9 Aufgaben aus der Praxis und Projektaufgaben

10 Projektaufgaben

11 Grafikfähiger Taschenrechner GTR

12 Selbst organisiertes Lernen Übungsaufgaben – Prüfungsaufgaben

13 Anhang

Mathematische Fachbegriffe

Ableitungsfunktion
Ist die Funktion f'(x), deren Werte die Steigungen des Grafen der Funktion f(x) angeben.

Abgestumpfte Körper
Kegelstumpf und Pyramidenstumpf werden so bezeichnet.

Achsenschnittpunkte
Schnittpunkte mit den Koordinatenachsen, z. B. x-, y- oder z-Achse.

Äquivalenzumformung
Umformen von Gleichungen, bei denen sich die Lösungsmenge nicht ändert.

Arkus-Funktion
Als Arkus-Funktionen werden die Umkehrfunktionen der trigonometrischen Funktionen bezeichnet.

Asymptote
Eine Gerade, der sich eine ins Unendliche verlaufende Kurve beliebig nähert, ohne sie zu berühren oder zu schneiden.

Biquadratische Gleichung
Es handelt sich um eine Gleichung 4. Grades mit nur geradzahligen Exponenten ($ax^4 + bx^2 + c = 0$).

Differenzenquotient
Ist die Steigung der Sekante durch zwei Punkte der Funktion.

Differenzialquotient
Grenzwert des Differenzenquotienten, entspricht der Steigung der Tangente.

Differenzierbarkeit von Funktionen
Eine Funktion ist differenzierbar, wenn sie an jeder Stelle eine eindeutig bestimmte Tangente mit einer endlichen Steigung hat.

Ebenengleichung
Fläche, die z. B. durch drei Punkte, die nicht auf einer Geraden liegen, festgelegt ist.

e-Funktion
Exponentialfunktionen mit der Basis e, natürliche Exponentialfunktionen genannt.

Exponentialfunktion
Bei der Exponentialfunktion ist die Hochzahl die unabhängige Variable.

Funktion
Eindeutige und eineindeutige Zuordnungen von Elementen nennt man Funktionen.

Ganze Zahlen
Sie können positiv, negativ oder null sein.

Ganzrationale Funktion
Ganzrationale Funktionen bestehen aus der Addition verschiedener Potenzfunktionen.

Gebrochenrationale Funktion
Bei einer gebrochenrationalen Funktion steht im Zähler das Zählerpolynom und im Nenner das Nennerpolynom.

Gerade
Das Schaubild für die Darstellung linearer Zusammenhänge (lineare Funktion) heißt Gerade.

Gleichung
Eine Gleichung entsteht durch Verbindung zweier Terme durch ein Gleichheitszeichen.

GTR
Grafikfähiger Taschenrechner. Enthält ein Anzeigefeld zur grafischen Darstellung von z. B. Schaubildern, Wertetabellen.

Hessesche Normalenform HNF
In der Normalengleichung wird der Normaleneinheitsvektor statt des Normalenvektors verwendet.

Imaginäre Zahlen
Scheinbare (unvorstellbare) Zahlen, z. B. j; 3j; –2j.

Integrieren
Integrieren heißt, eine abgeleitete Funktion wieder in die ursprüngliche Form zurückzuführen.

Irrationale Zahlen
Sind Dezimalzahlen mit unendlich vielen, nichtperiodischen Nachkommaziffern, z. B. Wurzelzahlen, die Konstanten π und e.

Kartesische Koordinaten
Achsen stehen senkrecht aufeinander und haben die Einheit 1 LE.

Komplexe Zahlen
Zahlen, die reell und/oder imaginär sind.

Konstante Funktion
Funktionswert bleibt für alle x konstant.

Koordinatensystem
Mit Koordinaten (= Zahlen, die die Lage von Punkten angeben) lassen sich diese in einer Ebene oder im Raum eindeutig festlegen.

Lineare Funktion
Ganzrationale Funktion 1. Grades.

Lineares Gleichungssystem LGS
System von Lineargleichungen, deren Variablen die Hochzahl 1 enthalten.

Logarithmische Funktionen
Sie sind die Umkehrfunktionen der Exponentialfunktionen.

Logarithmus
Logarithmieren heißt, die Hochzahl (= Exponent) einer bestimmten Potenz berechnen.

Natürliche Zahlen
Positive, ganze Zahlen einschließlich der Null.

Numerische Integration
Numerische Integration heißt, den Flächeninhalt näherungsweise berechnen, z. B. durch Auszählen von Flächen. (Anwendung, wenn keine Stammfunktion bekannt ist.)

Nullstellen
Die x-Werte der Schnittpunkte eines Schaubildes mit der x-Achse nennt man Nullstellen.

Orthogonal
Rechtwinklig. Orthogonale (rechtwinklige) Geraden haben einen Winkel von 90° zueinander.

Parabel
Schaubild einer quadratischen Funktion.

Pol
Stelle, an der eine senkrechte Asymptote vorliegt.

Polynom
Bezeichnet in der Mathematik eine vielgliedrige Größe.

Potenz
Die Potenz ist die Kurzschreibweise für das Produkt gleicher Faktoren.

Potenzfunktion
Sind Funktionen, die den Term x^n enthalten.

Quadranten
Zeichenebenen in Koordinatensystemen.

Quadratische Gleichung
Ist eine Gleichung 2. Grades ($ax^2 + bx + c = 0$).

Quadratwurzel
Beim Wurzelziehen (Radizieren) wird der Wert gesucht, der mit sich selbst multipliziert den Wert unter der Wurzel ergibt.

Rationale Zahlen
Zahlen, die durch Brüche darstellbar sind.

Reelle Zahlen
Zahlen, die rational oder irrational sind.

Relation
Eindeutige oder mehrdeutige Zuordnung.

Skalar
Größe, die durch einen bestimmten reellen Zahlenwert festgelegt ist.

Spitze Körper
Pyramide und Kegel werden als spitze Körper bezeichnet (Prismatische Körper).

Spurgerade
Die gemeinsamen Punkte (Schnittpunkte) einer Ebene mit einer Koordinatenebene bilden die Spurgerade.

Spurpunkte
Spurpunkte nennt man die Durchstoßpunkte (Schnittpunkte) einer Geraden mit den Koordinatenebenen.

Steigung
Als Steigung wird das Verhältnis des Δy-Wertes zum Δx-Wert eines Steigungsdreiecks, z. B. einer Tangente, bezeichnet.

Stetigkeit von Funktionen
Stetige Funktionen können durch einen lückenlosen, zusammenhängenden Kurvenzug dargestellt werden.

Term
Mathematischer Ausdruck, der aus Zahlen, Variablen und Rechenzeichen bestehen kann.

Trigonometrische Funktionen
Winkelfunktionen, z. B. sin x, tan x, arctan x.

Umkehrfunktion
Funktion, bei der die Zuordnung der Variablen vertauscht wird.

Variablen
Das sind Buchstaben, z. B. x, y, an deren Stelle Zahlen der Grundmenge gesetzt werden.

Vektor
Physikalische oder mathematische Größe, die durch einen Pfeil dargestellt wird und durch Richtung und Betrag festgelegt ist.

Wurzelfunktionen
Das sind Potenzfunktionen, die gebrochene Hochzahlen enthalten.

1 Algebraische Grundlagen

1.1 Term

Terme können Zahlen, z.B. -1; $\frac{1}{2}$; 2 oder Variablen, z.B. a; x; y, sein. Werden Terme durch Rechenoperationen verbunden, so entsteht wieder ein Term.

1.2 Gleichung

Eine Gleichung besteht aus einem Linksterm T_l und aus einem Rechtsterm T_r.

Werden zwei Terme durch das Gleichheitszeichen miteinander verbunden, so entsteht die Gleichung $T_l = T_r$.

Beispiel 1: Gleichung
Stellen Sie die beiden Terme T_l: $x + 2$ und T_r: -4 als Gleichung dar.
Lösung: $\mathbf{x + 2 = -4}$

Werden an Gleichungen Rechenoperationen durchgeführt, so muss auf jeder Seite der Gleichung diese Rechenoperation durchgeführt werden **(Tabelle 1)**. Eine Gleichung mit mindestens einer Variablen stellt eine Aussageform dar. Diese Aussageform kann eine wahre oder falsche Aussage ergeben, wenn den Variablen Werte zugeordnet werden.

Ein Wert x einer Gleichung heißt Lösung, wenn beim Einsetzen von x in die Gleichung eine wahre Aussage entsteht.

Beispiel 2: Lösung einer Gleichung
Ermitteln Sie die Lösung der Gleichung $x + 2 = -4$

Lösung: $x + 2 = -4 \quad | -2$
$x + 2 - 2 = -4 - 2$
$\mathbf{x = -6}$

1.3 Definitionsmenge

Die Definitionsmenge eines Terms kann einzelne Werte oder ganze Bereiche aus der Grundmenge ausschließen **(Tabelle 2)**.

Beispiel 3: Definitionsmenge
Die Definitionsmenge der Gleichung $\sqrt{x-1} = \frac{2}{(x+1)(x-1)}$; $x \in \mathbb{R}$ ist zu bestimmen.

Lösung: Die Definitionsmenge D_1 des Linksterms wird durch die Wurzel eingeschränkt.
$D_1 = \{x | x \geq 1 \wedge x \in \mathbb{R}\}$
Die Definitionsmenge D_2 des Rechtsterms wird durch den Nenner eingeschränkt. $D_2 = \mathbb{R} \backslash \{-1; 1\}$
Für die Gesamtdefinitionsmenge D gilt:
$\mathbf{D = D_1 \cap D_2 = \{x | x > 1 \wedge x \in \mathbb{R}\}}$

Tabelle 1: Rechenoperationen bei Gleichungen $T_l = T_r$

Operation	Allgemein	Beispiel
Addition	$T_l + T = T_r + T$	$x - a = 0 \quad \| +a$ $x - a + a = 0 + a$ $x = a$
Subtraktion	$T_l - T = T_r - T$	$x + a = 0 \quad \| -a$ $x + a - a = 0 - a$ $x = -a$
Multiplikation	$T_l \cdot T = T_r \cdot T$	$\frac{1}{2} \cdot x = 1 \quad \| \cdot 2$ $\frac{1}{2} \cdot x \cdot 2 = 1 \cdot 2$ $x = 2$
Division	$\frac{T_l}{T} = \frac{T_r}{T}$; $T \neq 0$	$2 \cdot x = 4 \quad \| :2$ $\frac{2 \cdot x}{2} = \frac{4}{2}$ $x = 2$

Tabelle 2: Einschränkung des Definitionsbereichs in $\mathbb{R}$

Term	Einschränkung	Beispiel
Bruchterm $T_B = \frac{Z(x)}{N(x)}$	$N(x) \neq 0$	$T(x) = \frac{x+1}{x-1}$ $x - 1 \neq 0$ $x \neq 1$ $D = \{x \| x \neq 1\}$
Wurzelterm $T_W = \sqrt{x}$	$x \geq 0$ x größer gleich 0	$T(x) = \sqrt{x-1}$ $x - 1 \geq 0$ $x \geq 1$ $D = \{x \| x \geq 1\}$
Logarithmusterm $T_l = \log_a x$	$x > 0$ x größer 0	$T(x) = \log_{10} x$ $x > 0$ $D = \{x \| x > 0\}$

Bei Aufgaben aus der Technik oder Wirtschaft ergeben sich häufig einschränkende Bedingungen in technischer, technologischer oder ökonomischer Hinsicht. So kann die Zeit nicht negativ sein oder die Temperatur nicht kleiner 273 K werden. Diese eingeengte Definitionsmenge ist dann die eigentliche Definitionsmenge einer Gleichung.

Aufgaben:

1. **Lösungsmenge.** Bestimmen Sie die Lösung für $x \in \mathbb{R}$.
   a) $4(2x - 6) = 2x - (x + 4)$
   b) $(2x - 1)(3x - 2) = 6(x + 2)(x - 4)$
   c) $\frac{x+2}{5} - 2 = 4$ d) $\frac{2-x}{2} + a = 1$
   e) $\frac{2x-a}{4} - b = 2$ f) $\frac{3x-5}{5} = \frac{2x-3}{4}$
2. **Lösen von Gleichungen.** Lösen Sie die Gleichungen nach allen Variablen auf.
   a) $h = \frac{1}{2} g \cdot t^2$ b) $\frac{1}{R} = \frac{1}{R_1} + \frac{1}{R_2}$
3. **Definitions- und Lösungsmenge.** Geben Sie die Definitionsmenge und die Lösungsmenge an.
   a) $\sqrt{2x+2} = \sqrt{4x-8}$ b) $\frac{3x-1}{x+2} = \frac{2-3x}{2-x}$

Lösungen:
1. a) $x = \frac{20}{7}$ **b)** $x = -10$ **c)** $x = 28$ **d)** $x = 2a$
e) $x = \frac{1}{2}a + 2b + 4$ **f)** $x = \frac{5}{2}$
2. a) $g = \frac{2h}{t^2}$; $t = \pm\sqrt{\frac{2h}{g}}$ **b)** $R = \frac{R_1 \cdot R_2}{R_1 + R_2}$; $R_1 = \frac{R \cdot R_2}{R_2 - R}$; $R_2 = \frac{R \cdot R_1}{R_1 - R}$
3. a) $D = \{x | x \geq 2\}_{\mathbb{R}}$; $L = \{5\}$ **b)** $D = \mathbb{R} \backslash \{-2; 2\}$; $L = \left\{\frac{6}{11}\right\}$

1.4 Potenzen

1.4.1 Potenzbegriff

Die Potenz ist die Kurzschreibweise für das Produkt gleicher Faktoren. Eine Potenz besteht aus der Basis (Grundzahl) und dem Exponenten (Hochzahl). Der Exponent gibt an, wie oft die Basis mit sich selbst multipliziert werden muss.

$\underbrace{a \cdot a \cdot a \cdot a \cdot \ldots \cdot a}_{\text{n-Faktoren}} = a^n$

$a^n = b$

$a^n = \frac{1}{a^{-n}}$

$a^{-n} = \frac{1}{a^n}$

a Basis; $a > 0$
b Potenzwert
n Exponent

Beispiel 1: Potenzschreibweise

Schreiben Sie
a) das Produkt $2 \cdot 2 \cdot 2 \cdot 2 \cdot 2$ als Potenz und
b) geben Sie den Potenzwert an.

Lösung: a) $2 \cdot 2 \cdot 2 \cdot 2 \cdot 2 = \mathbf{2^5}$ b) $2^5 = \mathbf{32}$

1.4.2 Potenzgesetze

Potenz mit negativem Exponenten

Eine Potenz, die mit positivem Exponenten im Nenner steht, kann auch mit einem negativen Exponenten im Zähler geschrieben werden. Umgekehrt kann eine Potenz mit negativem Exponenten im Zähler als Potenz mit positivem Exponenten im Nenner geschrieben werden.

Beispiel 2: Exponentenschreibweise

Schreiben Sie die Potenzterme a) 2^{-3}; b) 10^{-3} mit entgegengesetztem Exponenten und geben Sie den Potenzwert an.

Lösung:

a) $2^{-3} = \frac{1}{2^3} = \frac{1}{8} = \mathbf{0{,}125}$

b) $10^{-3} = \frac{1}{10^3} = \frac{1}{1000} = \mathbf{0{,}001}$

Beispiel 3: Physikalische Benennungen

Schreiben Sie folgende physikalischen Benennungen mit umgekehrtem Exponenten.

a) $m \cdot s^{-2}$ b) $U \cdot min^{-1}$ c) $\frac{m}{s}$

Lösung:

a) $m \cdot s^{-2} = \mathbf{\frac{m}{s^2}}$ b) $U \cdot min^{-1} = \mathbf{\frac{U}{min}}$ c) $\frac{m}{s} = \mathbf{m \cdot s^{-1}}$

Addition und Subtraktion

Gleiche Potenzen oder Vielfaches von gleichen Potenzen, die in der Basis und im Exponenten übereinstimmen, lassen sich durch Addition und Subtraktion zusammenfassen **(Tabelle 1)**.

Beispiel 4: Addition und Subtraktion von Potenztermen

Die Potenzterme $3x^3 + 4y^2 + x^3 - 2y^2 + 2x^3$ sind zusammenzufassen.

Lösung: $3x^3 + 4y^2 + x^3 - 2y^2 + 2x^3$
$= (3 + 1 + 2)x^3 + (4 - 2)y^2 = \mathbf{6x^3 + 2y^2}$

Tabelle 1: Potenzgesetze

Regel, Definition	algebraischer Ausdruck
Addition und Subtraktion Potenzen dürfen addiert oder subtrahiert werden, wenn sie denselben Exponenten und dieselbe Basis haben.	$r \cdot a^n \pm s \cdot a^n = (r \pm s) \cdot a^n$
Multiplikation Potenzen mit gleicher Basis werden multipliziert, indem man ihre Exponenten addiert und die Basis beibehält.	$a^n \cdot a^m = a^{n+m}$
Potenzen mit gleichen Exponenten werden multipliziert, indem man ihre Basen multipliziert und den Exponenten beibehält.	$a^n \cdot b^n = (a \cdot b)^n$
Division Potenzen mit gleicher Basis werden dividiert, indem man ihre Exponenten subtrahiert und die Basis beibehält.	$\frac{a^n}{a^m} = a^n \cdot a^{-m} = a^{n-m}$
Potenzen mit gleichem Exponenten werden dividiert, indem man ihre Basen dividiert und den Exponenten beibehält.	$\frac{a^n}{b^n} = \left(\frac{a}{b}\right)^n$
Potenzieren Potenzen werden potenziert, indem man die Exponenten miteinander multipliziert.	$(a^m)^n = a^{m \cdot n}$
Definition Jede Potenz mit dem Exponenten null hat den Wert 1.	$a^0 = 1$; für $a \neq 0$

Multiplikation von Potenzen

Potenzen mit gleicher Basis werden multipliziert, indem man die Potenzen als Produkt schreibt und dann ausmultipliziert oder indem man die Exponenten addiert.

Beispiel 1: Multiplikation
Berechnen Sie das Produkt $2^2 \cdot 2^3$ und geben Sie den Potenzwert an.

Lösung:

$2^2 \cdot 2^3 = (2 \cdot 2) \cdot (2 \cdot 2 \cdot 2) = \mathbf{32}$

oder $2^2 \cdot 2^3 = 2^{2+3} = 2^5 = \mathbf{32}$

Beispiel 2: Flächen- und Volumenberechnung

a) Die Fläche des Quadrates mit a = 2 m **(Bild 1)** und

b) das Volumen des Würfels für a = 2 m ist zu berechnen.

Lösung:

a) $A = a \cdot a = a^1 \cdot a^1 = a^{1+1} = \mathbf{a^2}$
$A = 2\,m \cdot 2\,m = 2 \cdot 2\,m \cdot m = 2^2\,m^2 = \mathbf{4\,m^2}$

b) $V = a \cdot a \cdot a = a^1 \cdot a^1 \cdot a^1 = a^{1+1+1} = \mathbf{a^3}$
$= 2\,m \cdot 2\,m \cdot 2\,m = 2 \cdot 2 \cdot 2\,m \cdot m \cdot m$
$= 2^3\,m^3 = \mathbf{8\,m^3}$

Division von Potenzen

Potenzen mit gleicher Basis werden dividiert, indem man den Quotienten in ein Produkt umformt und dann die Regeln für die Multiplikation von Potenzen anwendet oder indem man den Nennerexponenten vom Zählerexponenten subtrahiert.

Beispiel 3: Division
Der Potenzterm $\frac{2^5}{2^3}$ ist zu berechnen.

Lösung:

$\frac{2^5}{2^3} = 2^5 \cdot \frac{1}{2^3} = 2^5 \cdot 2^{-3} = 2^{5-3} = 2^2 = \mathbf{4}$

oder $\frac{2^5}{2^3} = 2^{5-3} = 2^2 = \mathbf{4}$

Potenzieren von Potenzen

Potenzen werden potenziert, indem man das Produkt der Potenzen bildet und die Regeln für die Multiplikation von Potenzen anwendet oder indem man die Exponenten multipliziert.

Beispiel 4: Potenzieren
Berechnen Sie die Potenzterme

a) $(2^2)^3$ b) $(-3)^2$ c) -3^2

Lösung:

a) $(2^2)^3 = 2^2 \cdot 2^2 \cdot 2^2 = 2^{2+2+2} = 2^6 = \mathbf{64}$
oder $(2^2)^3 = 2^{2 \cdot 3} = 2^6$

b) $(-3)^2 = (-3) \cdot (-3) = \mathbf{9}$ c) $-3^2 = -(3 \cdot 3) = \mathbf{-9}$

$(-a)^2 = a^2$ $-a^2 = -(a^2)$

a Basis; a > 0

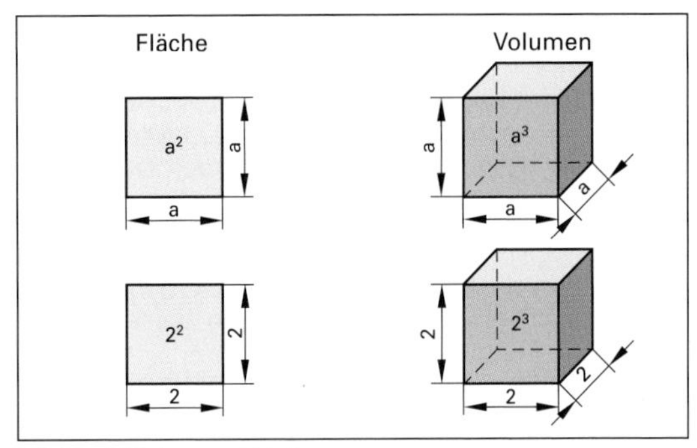

Bild 1: Fläche und Volumen

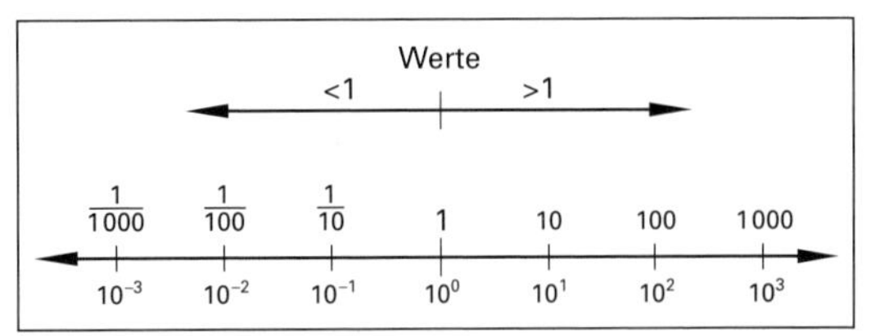

Bild 2: Zehnerpotenzen

Tabelle 1: Zehnerpotenzen, Schreibweise

ausgeschriebene Zahl	Potenz	Vorsatz bei Einheiten	
1 000 000 000	10^9	G	(Giga)
1 000 000	10^6	M	(Mega)
1 000	10^3	k	(Kilo)
100	10^2	h	(Hekto)
10	10^1	da	(Deka)
1	10^0	–	
0,1	10^{-1}	d	(Dezi)
0,01	10^{-2}	c	(Centi)
0,001	10^{-3}	m	(Milli)
0,000 001	10^{-6}	µ	(Mikro)
0,000 000 001	10^{-9}	n	(Nano)

Potenzen mit der Basis 10 (Zehnerpotenzen)

Potenzen mit der Basis 10 werden sehr häufig als verkürzte Schreibweise für sehr kleine oder sehr große Zahlen verwendet. Werte größer 1 können als Vielfaches von Zehnerpotenzen mit positivem Exponenten, Werte kleiner 1 als Vielfaches von Zehnerpotenzen mit negativem Exponenten dargestellt werden **(Bild 2** und **Tabelle 1)**.

Beispiel 5: Zehnerpotenzen
Schreiben Sie die Zehnerpotenzen

a) 20 µH b) 10 ml c) 3 kHz

Lösung:

a) $20 \cdot 10^{-6}$ H b) $10 \cdot 10^{-3}\,\ell$ c) $3 \cdot 10^3$ Hz

1.5 Wurzelgesetze

1.5.1 Wurzelbegriff

Das Wurzelziehen oder Radizieren (von lat. radix = Wurzel) ist die Umkehrung des Potenzierens. Beim Wurzelziehen wird derjenige Wurzelwert gesucht, der mit sich selbst multipliziert den Wert unter der Wurzel ergibt. Eine Wurzel besteht aus dem Wurzelzeichen, dem Radikanden unter dem Wurzelzeichen und dem Wurzelexponenten. Bei Quadratwurzeln darf der Wurzelexponent 2 weggelassen werden

$\Rightarrow \sqrt[2]{a} = \sqrt{a}$.

Eine Wurzel kann auch in Potenzschreibweise dargestellt werden. Deshalb gelten bei Wurzeln auch alle Potenzgesetze.

Beispiel 1: Potenzschreibweise und Wurzelziehen

Der Wurzelterm $\sqrt[2]{4} = \sqrt{4}$ ist

a) in Potenzschreibweise darzustellen und

b) der Wert der Wurzel zu bestimmen.

Lösung:

a) $\sqrt[2]{4} = \sqrt[2]{4^1} = \mathbf{4^{\frac{1}{2}}}$ b) $\sqrt[2]{4} = \sqrt{4} = 2$; denn $2 \cdot 2 = \mathbf{4}$

$\sqrt[n]{a} = x;\ a \geq 0$ $\sqrt[n]{a^m} = a^{\frac{m}{n}};\ a \geq 0$

n Wurzelexponent a Radikand, Basis

x Wurzelwert m, $\frac{m}{n}$ Exponent

Tabelle 1: Wurzelgesetze

Regel	algebraischer Ausdruck
Addition und Subtraktion Wurzeln dürfen addiert und subtrahiert werden, wenn sie gleiche Exponenten und Radikanden haben.	$r \cdot \sqrt[n]{a} \pm s \cdot \sqrt[n]{a}$ $= (r \pm s) \cdot \sqrt[n]{a}$
Multiplikation Ist der Radikand ein Produkt, kann die Wurzel aus dem Produkt oder aus jedem Faktor gezogen werden.	$\sqrt[n]{a \cdot b} = \sqrt[n]{a} \cdot \sqrt[n]{b}$
Division Ist der Radikand ein Quotient, kann die Wurzel aus dem Quotienten oder aus Zähler und Nenner gezogen werden.	$\sqrt[n]{\frac{a}{b}} = \frac{\sqrt[n]{a}}{\sqrt[n]{b}}$
Potenzieren Beim Potenzieren einer Wurzel kann auch der Radikand potenziert werden.	$(\sqrt[n]{a})^m = \sqrt[n]{a^m}$

1.5.2 Rechengesetze beim Wurzelrechnen

Addition und Subtraktion

Gleiche Wurzeln, die im Wurzelexponenten und im Radikand übereinstimmen, dürfen addiert und subtrahiert werden **(Tabelle 1)**.

Beispiel 2: Addition und Subtraktion von Wurzeln

Die Wurzelterme $3\sqrt{a}$, $-2\sqrt[3]{b}$, $+2\sqrt{a}$, $+4\sqrt[3]{b}$ sind zusammenzufassen.

Lösung:

$3\sqrt{a} - 2\sqrt[3]{b} + 2\sqrt{a} + 4\sqrt[3]{b} = (3+2)\sqrt{a} + (4-2)\sqrt[3]{b}$

$= \mathbf{5\sqrt{a} + 2\sqrt[3]{b}}$

Multiplikation und Division von Wurzeln

Ist beim Wurzelziehen der Radikand ein Produkt, so kann entweder aus dem Produkt oder aus jedem einzelnen Faktor die Wurzel gezogen werden. Bei einem Quotienten kann die Wurzel auch aus Zählerterm und Nennerterm gezogen werden **(Tabelle 1)**.

Beispiel 3: Multiplikation und Division

Berechnen Sie aus den Wurzeltermen $\sqrt{9 \cdot 16}$ und $\sqrt{\frac{9}{16}}$ den Wert der Wurzel.

Lösung:

$\sqrt{9 \cdot 16} = \sqrt{144} = \mathbf{12}$

oder $\sqrt{9 \cdot 16} = \sqrt{9} \cdot \sqrt{16} = 3 \cdot 4 = \mathbf{12}$

$\sqrt{\frac{9}{16}} = \mathbf{0{,}75}$

oder $\sqrt{\frac{9}{16}} = \frac{\sqrt{9}}{\sqrt{16}} = \frac{3}{4} = \mathbf{0{,}75}$

Allgemeine Lösung des Wurzelterms $\sqrt[n]{a^n}$

Bei der Lösung des Wurzelterms $\sqrt[n]{a^n}$ sind zwei Fälle zu unterscheiden:

gerader Exponent: $\sqrt[n]{a^n} = |a|$

ungerader Exponent: $\sqrt[n]{a^n} = a$

Die Lösung einer Quadratwurzel ist immer positiv.

Beispiel 4: Zwei Lösungen

Warum müssen beim Wurzelterm $\sqrt[2]{a^2}$ zwei Fälle unterschieden werden?

Lösung:

$\sqrt[2]{a^2} = |a|$

Fall 1: **a für a > 0**

Fall 2: **–a für a < 0**

Beispiel 1: Für $|a| = 2$ gilt $\sqrt{(-2)^2} = \sqrt{(2)^2} = \sqrt{4} = \mathbf{2}$

1.6 Logarithmengesetze

1.6.1 Logarithmusbegriff

Der Logarithmus (von griech. logos = Verhältnis und arithmos = Zahl) ist der Exponent (Hochzahl), mit der man die Basis (Grundzahl) a potenzieren muss, um den Numerus (Potenzwert, Zahl) zu erhalten.

Einen Logarithmus berechnen heißt den Exponenten (Hochzahl) einer bestimmten Potenz zu berechnen.

Für das Wort Exponent wurde der Begriff Logarithmus eingeführt.

Beispiel 1: Logarithmus
Suchen Sie in der Gleichung $2^x = 8$ die Hochzahl x, sodass die Gleichung eine wahre Aussage ergibt.
Lösung:
$2^x = 8$; $2^3 = 8$; $\Rightarrow$ **$x = 3$**

Die Sprechweise lautet: x ist der Exponent zur Basis 2, der zum Potenzwert 8 führt.

Die Schreibweise lautet: $x = \log_2 8 = 3$

$x = \log_a b$ $a^x = b$

x Logarithmus (Hochzahl)   a Basis; $a > 0$
b Numerus (Zahl)

Tabelle 1: Logarithmengesetze	
Regel	algebraischer Ausdruck
Produkt Der Logarithmus eines Produktes ist gleich der Summe der Logarithmen der einzelnen Faktoren.	$\log_a (u \cdot v)$ $= \log_a u + \log_a v$
Quotient Der Logarithmus eines Quotienten ist gleich der Differenz der Logarithmen von Zähler und Nenner.	$\log_a \left(\frac{u}{v}\right)$ $= \log_a u - \log_a v$
Potenz Der Logarithmus einer Potenz ist gleich dem Produkt aus dem Exponenten und dem Logarithmus der Potenzbasis.	$\log_a u^v = v \cdot \log_a u$

1.6.2 Rechengesetze beim Logarithmus

Die Logarithmengesetze ergeben sich aus den Potenzgesetzen und sind für alle definierten Basen gültig **(Tabelle 1)**.

Mit dem Taschenrechner können Sie den Logarithmus zur Basis 10 und zur Basis e bestimmen. Dabei wird $\log_{10}$ mit log und $\log_e$ mit ln abgekürzt **(Tabelle 2)**.

Tabelle 2: Spezielle Logarithmen			
Basis	Art	Schreibweise	Taschenrechner
10	Zehnerlogarithmus	$\log_{10}$; lg	log-Taste
e	Natürlicher Logarithmus	$\log_e$; ln	ln-Taste
2	Binärer Logarithmus	$\log_2$; lb	—

Multiplikation

Wird von einem Produkt der Logarithmus gesucht, so ist dies gleich der Summe der einzelnen Faktoren.

Beispiel 2: $\log_{10}$ 1000
Bestimmen Sie den Logarithmus von 1000 zur Basis 10
a) mit dem Taschenrechner und
b) interpretieren Sie das Ergebnis.
Lösung:
a) Eingabe: 1000 log oder log 1000 (taschenrechnerabhängig)
Anzeige: 3 $\Rightarrow \log_{10} 1000 =$ **3**
Wird der Wert 1000 faktorisiert, z. B. in $10 \cdot 100$, gilt Folgendes: $\log_{10} 1000 = \log_{10} (10 \cdot 100)$
$= \log_{10} 10 + \log_{10} 100 = 1 + 2 =$ **3**
b) $\log_{10} 1000 = 3$, denn $10^3 =$ **1000**

Quotient

Wird von einem Quotienten der Logarithmus gesucht, so ist dies gleich der Differenz der Logarithmen von Zähler und Nenner.

Bei der Berechnung eines Logarithmus kann die Eingabe der Gleichung, abhängig vom Taschenrechner, unterschiedlich sein.

Beispiel 3: Division
Berechnen Sie $\log_{10} \left(\frac{10}{100}\right)$ mit dem Taschenrechner.
Lösung: $\log_{10} \left(\frac{10}{100}\right) = \log_{10} 10 - \log_{10} 100$
Eingabe: 10 log – 100 log =
Anzeige: 1 2 –1
$\Rightarrow \log_{10} 10 - \log_{10} 100 = 1 - 2 =$ **–1**

oder durch Ausrechnen des Numerus $\left(\frac{10}{100}\right) = 0{,}1$
Eingabe: 0,1 log
Anzeige: –1
$\Rightarrow \log_{10} 0{,}1 =$ **–1**

Potenz

Soll der Logarithmus von einer Potenz genommen werden, so gibt es die Möglichkeit, die Potenz zu berechnen und dann den Logarithmus zu nehmen oder das Rechengesetz für Logarithmen anzuwenden und dann die Berechnung durchzuführen.

Beispiel 1: Berechnung einer Potenz
Berechnen Sie den Logarithmus der Potenz 10^2 zur Basis 10
a) durch Ausrechnen der Potenz und
b) durch Anwendung der Rechengesetze für Logarithmen.

Lösung:
a) $\log_{10} 10^2 = \log_{10} 100 = \mathbf{2}$
b) $\log_{10} 10^2 = 2 \cdot \log_{10} 10 = 2 \cdot 1 = \mathbf{2}$

Beispiel 2: Berechnung einer Wurzel
Der Logarithmusterm $\log_{10} \sqrt[3]{1000}$ ist zu berechnen
a) in Wurzelschreibweise,
b) in Potenzschreibweise.

Lösung:
$\sqrt[3]{1000} = 10 \Rightarrow \log_{10} \sqrt[3]{1000} = \log_{10} 10 = 1$ oder
$\log_{10} \sqrt[3]{1000}$ kann umgeformt werden in $\log_{10} (1000)^{\frac{1}{3}}$
$\Rightarrow \log_{10} \sqrt[3]{1000} = \log_{10} (1000)^{\frac{1}{3}} = \frac{1}{3} \cdot \log_{10} 1000$
$= \frac{1}{3} \cdot 3 = \mathbf{1}$

1.6.3 Basisumrechnung beim Logarithmus

Der Taschenrechner bietet zur Berechnung der Logarithmen nur die Basis 10 ($\log_{10} = \log$) und die Basis e ($\log_e = \ln$) an.

In der Physik oder Technik sind jedoch andere Basen erforderlich. Um Berechnungen mit dem Taschenrechner durchführen zu können, muss die Basis so umgeformt werden, dass Lösungen mit log oder ln möglich sind.

Beispiel 3: Logarithmus mit der Basis 2
Berechnen Sie $\log_2 8$ mit dem Taschenrechner.

Lösung:
Die Berechnung kann a) mit log oder b) mit ln durchgeführt werden.

a) $\log_2 8 = \frac{\log_{10} 8}{\log_{10} 2} = \frac{\log 8}{\log 2}$

Eingabe: z.B. 8 log : 2 log =
⇓ ⇓ ⇓
Anzeige: 0,903089987 0,301029995 3

$\Rightarrow \log_2 8 = \frac{\log 8}{\log 2} = \frac{0{,}90309}{0{,}30103} = \mathbf{3}$

b) $\log_2 8 = \frac{\log_e 8}{\log_e 2} = \frac{\ln 8}{\ln 2}$

Eingabe: z.B. 8 ln : 2 ln =
⇓ ⇓ ⇓
Anzeige: 2,07944154 0,69314718 3

$\Rightarrow \log_2 8 = \frac{\ln 8}{\ln 2} = \frac{2{,}07944154}{0{,}69314718} = \mathbf{3}$

$$\log_a b = \frac{\log_u b}{\log_u a}$$

a, u Basen a, b Numerus (Zahl)

Bei der Basisumrechnung können die Basen der Logarithmen auf dem Taschenrechner verwendet werden. Es gilt:

$$\log_a b = \frac{\log_{10} b}{\log_{10} a} = \frac{\log b}{\log a}$$

$$\log_a b = \frac{\log_e b}{\log_e a} = \frac{\ln b}{\ln a}$$

Aufgaben:

1. Die Gleichungen $x = \log_a b$ und $b = a^x$ sind gleichwertig. Geben Sie in der **Tabelle 1** für die Aufgaben a) bis d) jeweils die gleichwertige Beziehung und die Lösung an.

Tabelle 1: Gleichwertigkeit und Lösung

	$x = \log_2 8$	$8 = 2^x$	$8 = 2^3$	$x = 3$
a)	$x = \log_2 32$			
b)	$x = \log_2 \sqrt{2}$			
c)		$81 = 3^x$		
d)		$10^{-3} = 10^x$		

2. Geben Sie den Logarithmus an und überprüfen Sie die Ergebnisse durch Potenzieren.
a) $\log_{10} 1$ **b)** $\log_{10} 10$ **c)** $\log_e 1$ **d)** $\log_3 \frac{1}{27}$

3. Zerlegen Sie die Logarithmenterme nach den gültigen Logarithmengesetzen.
a) $\log_a (3 \cdot u)$ **b)** $\log_a \frac{1}{u}$ **c)** $\log_a \frac{u^3}{v^2}$

4. Berechnen Sie mit dem Taschenrechner:
a) $\log 16$ **b)** $\log 111$ **c)** $\log 8^2$ **d)** $\log \sqrt{100}$
e) $\ln 16$ **f)** $\ln 111$ **g)** $2 \cdot \ln 8$ **h)** $\ln 8^2$

5. Mit dem Taschenrechner sind zu berechnen:
a) $\log_2 12$ **b)** $\log_3 12$ **c)** $\log_4 12$ **d)** $\log_5 12$

Lösungen:

1. a) $32 = 2^x$; $x = 5$ **b)** $\sqrt{2} = 2^x$; $x = \frac{1}{2}$
c) $x = \log_3 81$; $x = 4$ **d)** $x = \log_{10} 10^{-3}$; $x = -3$

2. a) 0, denn $10^0 = 1$ **b)** 1, denn $10^1 = 10$
c) 0, denn $e^0 = 1$ **d)** –3, denn $3^{-3} = \frac{1}{27}$

3. a) $\log_a 3 + \log_a u$
b) $-\log_a u$
c) $3 \cdot \log_a u - 2 \cdot \log_a v$

4. a) 1,20412 **b)** 2,04532 **c)** 1,80618 **d)** 1
e) 2,77259 **f)** 4,70953 **g)** 4,15888 **h)** 4,15888

5. a) 3,58496 **b)** 2,26186 **c)** 1,79248 **d)** 1,5439

 ⇒ [Weitere Aufgaben im Kapitel 12]

Überprüfen Sie Ihr Wissen!

Gleichungen

1. Bestimmen Sie aus den Gleichungen die Lösung

a) $(x + 2)^2 + 6 = x^2 + 20$ **b)** $\frac{4(17 + 20x)}{11} = 8$

c) $\frac{6(x + 7)}{17(x - 4)} = 1$ **d)** $\frac{4x}{5} - \frac{3}{4} = \frac{2x + 3}{4} + 6$

2. Lösen Sie die Gleichungen nach den geforderten Größen auf.

a) $F_1 = \frac{F_2 \cdot h}{2 \cdot \pi \cdot R}$ Auflösen nach h und nach R

b) $v = \sqrt{2 \cdot g \cdot h}$ Auflösen nach h

c) $H = \frac{I \cdot N^2}{\sqrt{4r^2 + l^2}}$ Auflösen nach I und l

d) $A = \frac{l_1 + l_2}{2} b$ Auflösen nach l_2 und b

Definitions- und Lösungsmenge

3. Geben Sie die Definitionsmenge folgender Terme an.

a) $\sqrt{2x + 100}$ **b)** $\frac{1}{\sqrt{2x + 100}}$ **c)** $\log_a (x + 2)$

4. Bestimmen Sie die Definitionsmenge und geben Sie die Lösung der Gleichung an.

a) $\frac{x - 9}{x} = \frac{4}{5}$ **b)** $\frac{15ac}{x} = \frac{9bc}{6bd}$

c) $\sqrt{x + 1} - 2 = \sqrt{x - 11}$ **d)** $7 + 4 \cdot \sqrt{x + 7} = 23$

Potenzen

5. Schreiben Sie die Potenzterme und physikalischen Benennungen nur mit positiven Exponenten.

a) $2 \cdot 10^{-2}$ **b)** min^{-1} **c)** $\frac{a^{-2} b\, c^2}{(a + b)^{-1}}$

6. Schreiben Sie die Potenzterme und physikalischen Benennungen mit umgekehrtem Exponenten.

a) 10^{-2} **b)** $\frac{1}{10^3}$ **c)** $\frac{1}{m}$ **d)** $\frac{V}{m}$

7. Geben Sie die Zahlen in Zehnerpotenzen an.

a) Rauminhalt der Erde:
1 083 000 000 000 000 000 000 m^3

b) Oberfläche der Erde: 510 000 000 000 000 m^2

c) Entfernung Erde–Sonne: 149 500 000 000 m

8. Vereinfachen Sie die Terme.

a) $\frac{(a + b)^0}{2^{-1}}$ **b)** $\frac{x \cdot x^{-2}}{(n^2 \cdot x)^{-1}}$ **c)** $\frac{x^{m-1} \cdot y^{n-1} \cdot y^3}{y^{n+2} \cdot x^{m+2}}$

d) $\frac{n^{-2+x}}{n^{x-1}}$ **e)** $((n^{-2})^{-1}) \cdot n^{a-2}$ **f)** $\frac{(n^{-4} \cdot m^{-2})^{-3}}{(n^{-2}\, m^{-3})^5}$

9. Vereinfachen Sie die Wurzeln unter Verwendung der Potenzschreibweise.

a) $\sqrt[3]{\frac{x^{-3}}{x^{-9}}}$ **b)** $\sqrt[n+m]{(x^2)^{3n + 3m}}$ **c)** $\sqrt[an]{3^{n(a + b)}}$

Logarithmengesetze

10. Geben Sie den Logarithmus an und überprüfen Sie die Ergebnisse durch Potenzieren.

a) $\log_{10} 100$ **b)** $\log_{10} 300$ **c)** $\log_e 2{,}71$ **d)** $\log_{\frac{1}{2}} 32$

11. Zerlegen Sie die Logarithmusterme in Summen, Differenzen und Produkte.

a) $\log_a (u^2)$ **b)** $\log_a \frac{m^2 \cdot \sqrt{n}}{p^3}$ **c)** $\log_a \sqrt[3]{n^2}$

12. Berechnen Sie mit dem Taschenrechner

a) $3 \cdot \log 10$ **b)** $\log 8^4$ **c)** $\ln \sqrt[5]{500}$ **d)** $\ln 5^{30}$

13. Berechnen Sie mit dem Taschenrechner

a) $\log_2 256$ **b)** $\log_7 4$ **c)** $\log_{16} 256$ **d)** $\log_8 \sqrt{6400}$

Lösungen:

1. **a)** $x = 2{,}5$ **b)** $x = \frac{1}{4}$ **c)** $x = 10$ **d)** $x = 25$

2. **a)** $h = \frac{F_1 2\pi R}{F_2}$; $R = \frac{F_2 h}{F_1 2\pi}$ **b)** $h = \frac{v^2}{2g}$

c) $I = \frac{H \cdot \sqrt{4r^2 + l^2}}{N^2}$; $l = \pm\sqrt{\frac{I^2 N^4}{H^2} - 4r^2}$

d) $b = \frac{2A}{l_1 + l_2}$; $l_2 = \frac{2A}{b} - l_1$

3. **a)** $x \geq -50$ **b)** $x > -50$ **c)** $x > -2$

4. **a)** $D = \mathbb{R}\backslash\{0\}$; $x = 45$

b) $D = \mathbb{R}\backslash\{0\}$; $b, d \neq 0$; $x = 10ad$

c) $D = \{x | x \geq 11\}_{\mathbb{R}}$; $x = 15$

d) $D = \{x | x \geq -7\}_{\mathbb{R}}$; $x = 9$

5. **a)** $\frac{2}{10^2}$ **b)** $\frac{1}{\text{min}}$ **c)** $\frac{(a + b)bc^2}{a^2}$

6. **a)** $\frac{1}{10^2}$ **b)** 10^{-3} **c)** m^{-1} d) Vm^{-1}

7. **a)** $1{,}083 \cdot 10^{21}\, m^3$ **b)** $5{,}1 \cdot 10^{14}\, m^2$

c) $1{,}495 \cdot 10^{11}\, m$

8. **a)** 2 **b)** n^2 **c)** $\frac{1}{x^3}$ **d)** $\frac{1}{n}$ **e)** n^a **f)** $n^{22} \cdot m^{21}$

9. **a)** x^2 **b)** x^6 **c)** $3 \cdot \sqrt[a]{3^b}$

10. **a)** 2, denn $10^2 = 100$

b) 2,477, denn $10^{2{,}477} = 300$

c) 1, denn $e^1 = 2{,}718$

d) –5, denn $\left(\frac{1}{2}\right)^{-5} = 32$

11. **a)** $2 \cdot \log_a u$

b) $2 \cdot \log_a m + \frac{1}{2} \cdot \log_a n - 3 \cdot \log_a p$ **c)** $\frac{2}{3} \cdot \log_a n$

12. **a)** 3 **b)** 3,612 35 **c)** 1,243 **d)** 48,283

13. **a)** 8 **b)** 0,712 4 **c)** 2 **d)** 2,107 3

⇒ [Weitere Aufgaben im Kapitel 12]

1.7 Funktionen und Gleichungssysteme

1.7.1 Rechtwinkliges Koordinatensystem

Durch ein rechtwinkliges Koordinatensystem lassen sich Punkte in einer Ebene eindeutig festlegen. Das Koordinatensystem wird auch Achsenkreuz genannt. Die waagrechte Achse wird als x-Achse (Abszisse) und die senkrechte Achse als y-Achse (Ordinate) bezeichnet **(Bild 1)**. Der Ursprung des Koordinatensystems ist der Punkt O (0|0). Ein Punkt in einem Achsenkreuz wird durch jeweils einen Achsenabschnitt für jede Achse festgelegt. Der Abschnitt auf der x-Achse wird als x-Koordinate (Abszisse) und der Abschnitt auf der y-Achse als y-Koordinate (Ordinate) bezeichnet. Der Punkt P (3|2) hat die x-Koordinate $x_P = 3$ und die y-Koordinate $y_P = 2$ **(Bild 1)**.

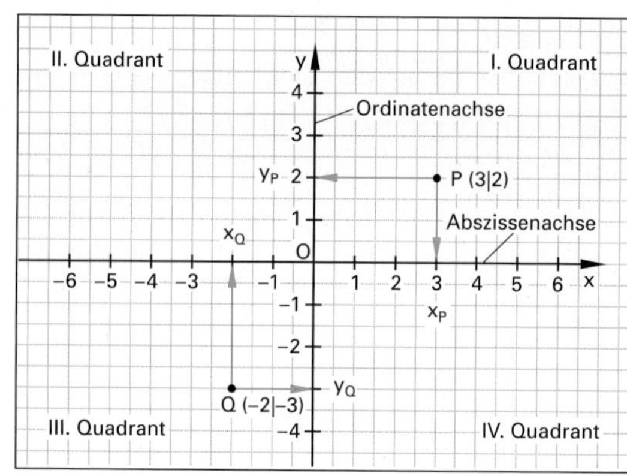

Bild 1: Zweidimensionales Koordinatensystem

> **Beispiel 1: Koordinatendarstellung**
> Welche Koordinaten hat der Punkt Q (−2|−3) ?
>
> *Lösung:*
> $x_Q = \mathbf{-2}$ und $y_Q = \mathbf{-3}$

Ein Achsenkreuz teilt eine Ebene in 4 Felder. Diese Felder nennt man auch Quadranten **(Bild 1)**. Die Quadranten werden im Gegenuhrzeigersinn mit den römischen Zahlen I bis IV bezeichnet. Für Punkte P (x|y) im ersten I. Quadranten gilt $x > 0 \wedge y > 0$. Im zweiten Quadranten gilt $x < 0 \wedge y > 0$, im dritten $x < \wedge\, y < 0$ und im vierten $x > 0 \wedge y < 0$.

> Quadranten erleichtern die Zuordnung von Punkten.

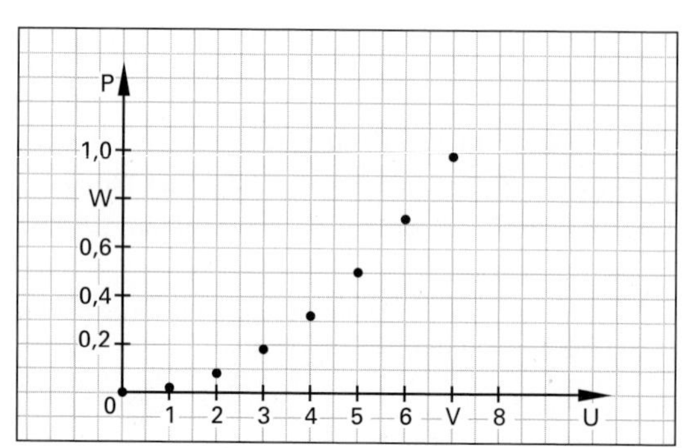

Bild 2: Leistungskurve im I. Quadranten

Für viele physikalische Prozesse ist eine Darstellung im I. Quadranten ausreichend.

> **Beispiel 2: Leistungskurve**
> Ermitteln Sie die Leistung P in einem Widerstand mit 50 Ω mit $P = \frac{1}{R} \cdot U^2$, wenn die Spannung von 0 V in 1-V-Schritten auf 7 V erhöht wird.
>
> *Lösung:*
> **Bild 2** und WerteTabelle 1:

U/V	0	1	2	3	4	5	6	7
P/W	0	0,02	0,08	0,18	0,32	0,5	0,72	0,98

Für räumliche Darstellungen werden Koordinatensysteme mit drei Koordinatenachsen verwendet. Diese werden z. B. mit x, y, z im Gegenuhrzeigersinn bezeichnet. In der Vektorrechnung werden die Bezeichnungen x_1, x_2, x_3 verwendet **(Bild 3)**. Der Punkt A wird mit A (1|0|0) bezeichnet.

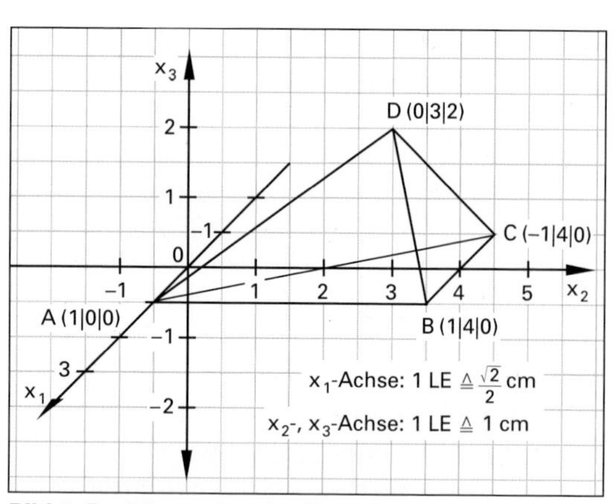

Bild 3: Dreidimensionales Koordinatensystem

Aufgaben:

1. Geben Sie je einen Punkt für jeden Quadranten zu **Bild 1** an.
2. Geben Sie die Vorzeichen der Punktemengen in den vier Quadranten an.

> **Lösungen:**
> 1. P_1 (1|1), P_2 (−2|1), P_3 (−2|−4), P_4 (2|−3)
> 2.

Quadrant	I	II	III	IV
x-Wert	> 0	< 0	< 0	> 0
y-Wert	> 0	> 0	< 0	< 0

1.7.2 Funktionen

Mengen enthalten Elemente. Man kann die Elemente einer Menge den Elementen einer anderen Menge zuordnen. Diese Zuordnung kann z. B. mit Pfeilen vorgenommen werden **(Bild 1)**. Mengen, von denen Pfeile zur Zuordnung ausgehen, nennt man Ausgangsmengen (Definitionsmengen D), Mengen in denen die Pfeile enden, Zielmengen (Wertemengen W). Die Elemente von D sind unabhängige Variablen, z. B. x, t. Die Menge W enthält die abhängigen Variablen, z. B. y, s.

Zuordnungen können durch Pfeildiagramme, Wertetabellen, Schaubilder oder Gleichungen dargestellt werden. Alle Pfeilspitzen, die z. B. in einem Element enden, fasst man als neue Menge, die Wertemenge, zusammen.

Führen von mindestens einem Element der Ausgangsmenge D Pfeile zu unterschiedlichen Elementen der Zielmenge W, liegt keine Funktion, sondern eine Relation vor.

Kann man jedem Element einer Ausgangsmenge genau ein Element der Zielmenge zuordnen, nennt man diese Relation eine Funktion.

Eindeutige Zuordnungen nennt man Funktionen.

Im Pfeildiagramm erkennt man eine Funktion daran, dass von jedem Element ihrer Ausgangsmenge genau ein Pfeil zur Zielmenge ausgeht.

Bestehen eindeutige Zuordnungsvorschriften, können Zuordnungsvorschriften als Terme angegeben werden. Die Elemente lassen sich dann nach derselben Vorschrift berechnen. Dies wird z. B. oft bei physikalischen Gesetzen angewendet.

Die grafische Darstellung einer Funktion heißt Schaubild, Graf oder Kurve.

Beispiel 1: Konstante Geschwindigkeit

Ein Motorrad fährt mit einer konstanten Geschwindigkeit $v = 20\ \frac{m}{s}$. Stellen Sie

a) mit einer Wertetabelle den Weg s als Funktion der Zeit t mit der Funktion $s(t) = v \cdot t$ dar,

b) den Grafen (Schaubild) der Funktion im Koordinatensystem dar

Lösung:
a) **Bild 2,** b) **Bild 3**

Funktionen werden in der Mathematik mit Kleinbuchstaben wie f oder g bezeichnet. Ist x_0 ein Element der Ausgangsmenge D einer Funktion f, so schreibt man $f(x_0)$ für das dem x_0 eindeutig zugeordnete Element in der Zielmenge W und nennt $f(x_0)$ den Funktionswert der Funktion an der Stelle x_0. Ist z. B. $x_0 = 4$, so ist der Funktionswert an der Stelle 4: $f(4) = 80$ **(Bild 3)**. Für die Zuordnungsvorschrift einer Funktion verwendet man auch symbolische Schreibweisen **(Bild 4** und **Bild 5)**.

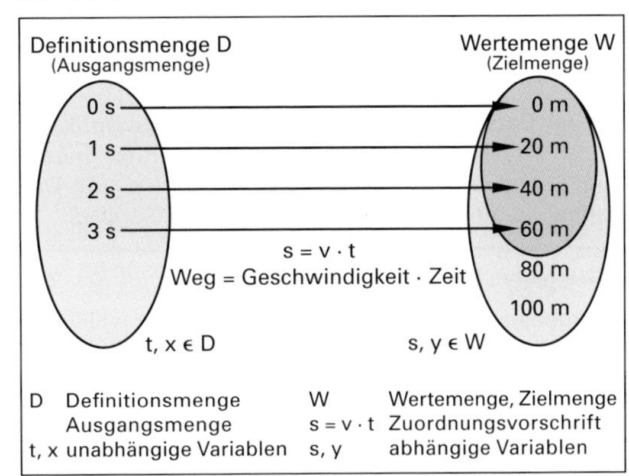

Bild 1: Elementezuordnung in Mengen mit dem Pfeildiagramm

$x \triangleq t$ in s	0	1	2	3	4	5
$y \triangleq s$ in m	0	20	40	60	80	100

Bild 2: Wertetabelle für das Weg-Zeit-Diagramm

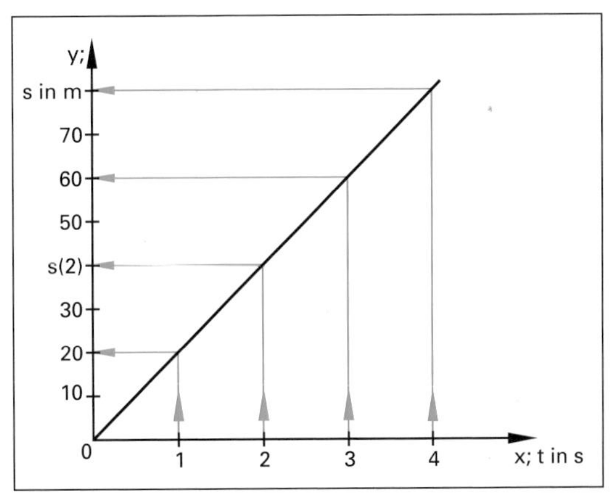

Bild 3: Wertetabelle und Schaubild des Weg-Zeit-Diagramms

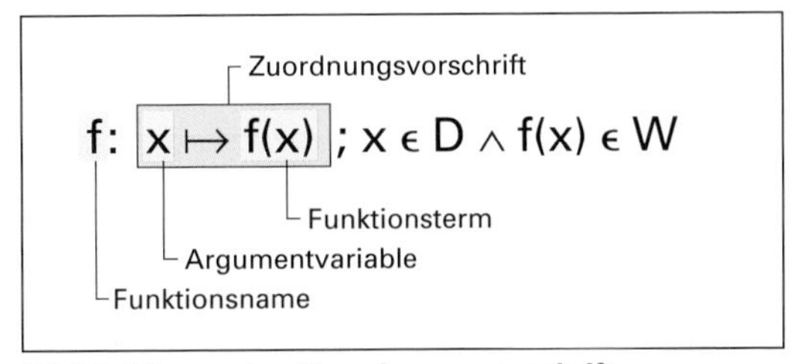

Bild 4: Allgemeine Zuordnungsvorschrift

Funktion als Zuordnung

$$f\colon\ x \mapsto f(x);\ x \in D \wedge f(x) \in W$$

Funktion als Gleichung

$$f \text{ mit } f(x) = y;\ x \in D \wedge f(x) \in W$$

Bild 5: Funktion als Zuordnung oder Gleichung

1.7.3 Lineare Funktionen

1.7.3.1 Ursprungsgeraden

Bei der Darstellung proportionaler Zusammenhänge in der Physik und der Mathematik kommen lineare Funktionen, z. B. in der Form $g(x) = m \cdot x$, vor. Das Schaubild einer linearen Funktion heißt Gerade.

Beispiel 1: Ursprungsgerade

Gegeben ist die Funktion $g(x) = 1{,}5 \cdot x$.
Erstellen Sie eine Wertetabelle und zeichnen Sie das Schaubild von g.

Lösung: **Bild 1**

Überprüfen Sie, ob der Punkt P_1 (2|3) auf der Geraden g mit $g(x) = 1{,}5 \cdot x$ liegt. Dazu setzt man die feste Stelle $x_1 = 2$ in die Funktion ein und erhält $y_1 = g(2) = 3$. Der Punkt P (2|3) liegt also auf der Geraden g.

P_1 $(x_1|y_1)$ liegt auf g, wenn $y_1 = g(x_1)$ ist.

Geraden durch den Ursprung O (0|0) heißen Ursprungsgeraden. Die Schaubilder aller Ursprungsgeraden unterscheiden sich durch das Verhältnis von y-Wert Δy_1 zu x-Wert Δx_1. Dieses Verhältnis wird bei Ursprungsgeraden als Steigung $m = \frac{\Delta y_1}{\Delta x_1}$ bezeichnet. Die Steigung m lässt sich aus dem Steigungsdreieck mit $m = \frac{\Delta y}{\Delta x}$ berechnen.

Beispiel 2: Steigung m

Bestimmen Sie die Steigungen der Geraden f, g und h in **Bild 2** mit jeweils einem Punkt P_1 und dem Ursprung.

Lösung:

f: $m = \frac{2}{5} = \mathbf{0{,}4}$ g: $m = \frac{3}{3} = \mathbf{1}$ h: $m = \frac{5}{1} = \mathbf{5}$

Das Verhältnis $\frac{\Delta y}{\Delta x}$ wird auch Differenzenquotient genannt. Δy und Δx sind die Differenzen der Koordinatenwerte von P_1 $(x_1|y_1)$ und P_2 $(x_2|y_2)$.

Beispiel 3: Steigung aus Punktepaaren

Bestimmen Sie die Steigungen der Geraden f, g und h durch Bildung der Differenzwerte von jeweils zwei geeigneten Punktepaaren.

Lösung:

f: $m = \frac{2-1}{5-2{,}5} = \mathbf{0{,}4}$ g: $m = \frac{4-3}{4-3} = \mathbf{1}$

h: $m = \frac{5-2{,}5}{1-0{,}5} = \mathbf{5}$

Aufgaben:

1. Bestimmen Sie die Steigung für die Ursprungsgerade durch den Punkt P_3 in **Bild 1**.
2. Welche Steigung hat die Gerade durch P_1 (1|1) und P_2 (3|6) ?

$g: y = m \cdot x$ $m = \frac{\Delta y}{\Delta x}$ $m = \frac{y_2 - y_1}{x_2 - x_1}$

m Steigung
Δx Differenz der x-Werte x_1, y_1 Koordinaten von P_1
Δy Differenz der y-Werte x_2, y_2 Koordinaten von P_2

x	−4	−3	−2	−1	0	1	2	3	4
g(x)	−6	−4,5	−3	−1,5	0	1,5	3	4,5	6

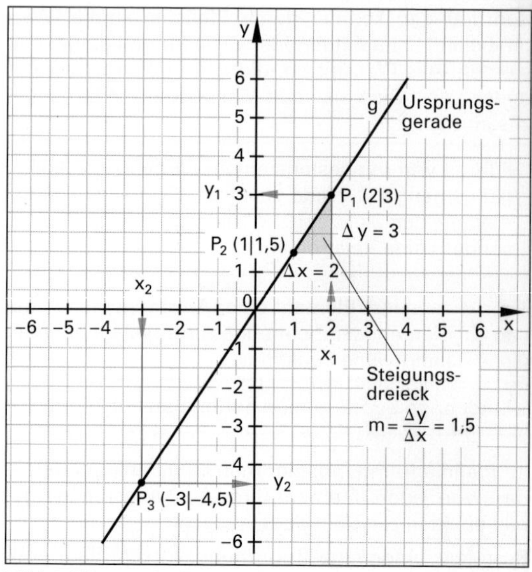

Bild 1: Wertetabelle und Schaubild der Ursprungsgeraden

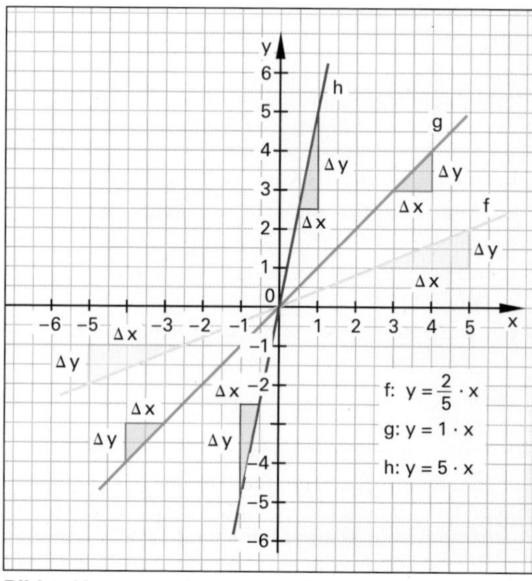

Bild 2: Ursprungsgeraden und Steigungen

Lösungen:

1. $m = \frac{-4{,}5}{-3} = \mathbf{1{,}5}$ **2.** $m = \mathbf{2{,}5}$

1.7.3.2 Allgemeine Gerade

Schaubilder von Geraden, die nicht durch den Ursprung gehen, haben Achsenabschnitte auf der x-Achse und der y-Achse.

Beispiel 1: Wasserbecken

Ein Wasserbecken mit der Füllhöhe $h_1 = 3$ m wird geleert **(Bild 1)**. Die Abflussmenge ist konstant. Bestimmen Sie die Geradengleichung mit der Steigung m aus den Punkten H_1 und H_2 und dem Achsenabschnitt b.

Lösung: $m = \frac{\Delta h}{\Delta t} = \frac{2-3}{3-0} = \frac{-1}{3}$; $b = 3 \Rightarrow y_1 = \mathbf{-\frac{1}{3}t + 3}$

Durch Verlängern der Geraden **(Bild 1)** erhält man den Schnittpunkt mit der x-Achse (Nullstelle) und damit die Entleerungszeit t in min. $0 = -\frac{1}{3}x + 3 \Leftrightarrow x = 9 \Rightarrow t = 9$ min.

Geradenschar

Je nach Füllhöhe h des Wasserbeckens ist die Entleerungszeit t unterschiedlich.

Beispiel 2: Geradenschar

Bild 2 enthält die Gerade für die Füllhöhe h_1.

a) Zeichnen Sie von dieser Geraden ausgehend, die Geraden für die Füllhöhen $h_2 = 1{,}5$ m und $h_3 = 6$ m durch Parallelverschieben in ein Schaubild.

b) Wie lauten die Gleichungen der Geraden für die Füllhöhen h_2 und h_3?

Lösung:
a) **Bild 2** b) $g_2(x) = -\frac{1}{3}x + \frac{3}{2}$ und $g_3(x) = \mathbf{-\frac{1}{3}x + 6}$

Geradenscharen haben die gleiche Steigung m aber unterschiedliche Achsenabschnitte.

Geraden mit verschiedenen Steigungen und einem gemeinsamen Schnittpunkt S nennt man auch Geradenbüschel.

Beispiel 3: Unterschiedliche Abflussmenge im Wasserbecken

Die Abflussmenge wird a) verdoppelt, b) halbiert. Berechnen Sie die Auslaufzeiten für beide Fälle.

Lösung:
a) $0 = \frac{-2}{3}x + 3 \Rightarrow x = 4{,}5 \Rightarrow t = \mathbf{4{,}5\ min}$

b) $0 = \frac{-1}{6}x + 3 \Rightarrow x = 18 \Rightarrow t = \mathbf{18\ min}$

Orthogonale Geraden

Den Winkel zwischen einer Geraden und der x-Achse erhält man mit $m = \tan\alpha$. Die Gerade g_6 **(Bild 3)** hat die Steigung $m = 1$, also ist $\tan\alpha = 1 \Rightarrow \alpha = \arctan(1) \Rightarrow \alpha = 45°$. Zur Prüfung, ob zwei Geraden senkrecht aufeinander stehen, verwendet man die Formel $m_1 \cdot m_2 = -1$.

Beispiel 4: Orthogonale Geraden

Zeigen Sie, dass die Geraden g_6 mit $y = x + 3$ und g_7 mit $y = -x + 3$ senkrecht aufeinander stehen **(Bild 3)**.

Lösung: $m_6 = 1$, $m_7 = -1 \Rightarrow m_6 \cdot m_7 = 1 \cdot (-1) = \mathbf{-1}$

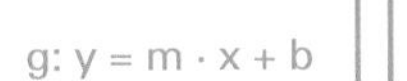

mit g ⊥ h

$m_1 \cdot m_2 = -1$

x	Abszissenwert	m	Steigung
y	Ordinatenwert	g, h	Geraden
b	Achsenabschnitt auf der y-Achse		
α	Winkel zwischen Gerade und x-Achse		

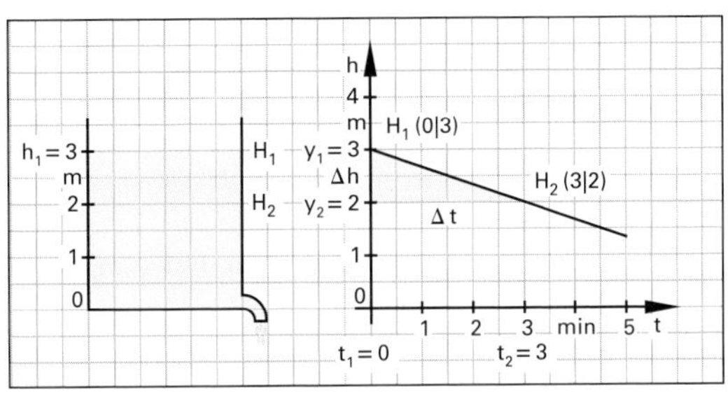

Bild 1: Entleerung eines Wasserbeckens

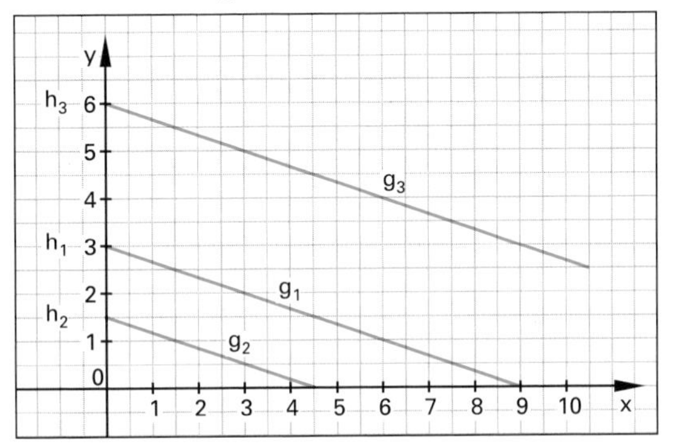

Bild 2: Geradenschar

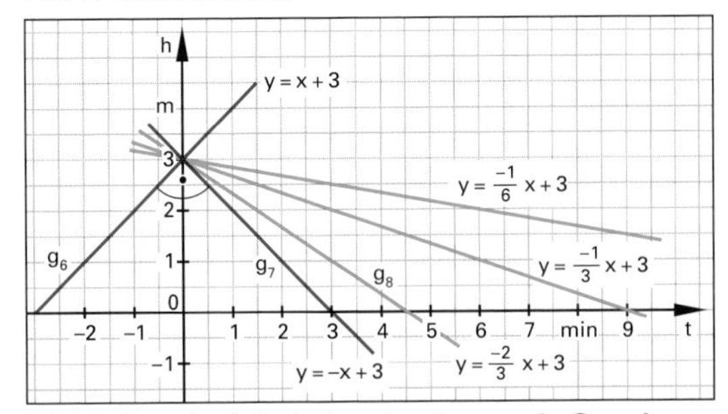

Bild 3: Geradenbüschel und orthogonale Gerade

Aufgaben:

1. Berechnen Sie den Schnittpunkt der Geraden g_6: $y = \frac{-1}{3}x + 3$ mit der x-Achse **(Bild 3)**.
2. Wie wirkt sich die Halbierung der Auslaufmenge **(Bild 3)** auf die Gleichung der Geraden aus?

Lösungen:

1. $y = 0 \Rightarrow -\frac{1}{3}t + 3 = 0 \Leftrightarrow t = 9 \Rightarrow N(9|0)$
2. Die Steigung wird doppelt so groß, die Auslaufzeit halbiert.

Überprüfen Sie Ihr Wissen!

Rechtwinkliges Koordinatensystem

1. Geben Sie die Koordinaten aller Eckpunkte des Quaders **Bild 1** an.

Ursprungsgeraden

2. Bestimmen Sie
   a) aus der Wertetabelle die Gleichung der Geraden.

x	0	1	2	3	4	5	...
f(x)	0	–2	–4	–6	–8	–10	...

   b) Welche Werte y ergeben sich für x = –1, –2, –3?

3. Prüfen Sie, ob die Punkte P (2|–3) und Q (–3|–4,5) auf der Geraden $y = \frac{3}{2} \cdot x$ liegen.

Allgemeine Geraden

4. Erstellen Sie den Funktionsterm der linearen Funktion, deren Schaubild
   a) die Steigung 5 hat und durch den Punkt (2|–4) geht;
   b) durch die Punkte P (–1|–5) und Q (4|7) geht.

5. Die Gerade g geht durch die Punkte P (2|3) und Q (4|2), die Gerade h durch den Punkt A (2|1) mit der Steigung m = 2.
   a) Bestimmen Sie die Funktionsterme der zugehörigen Funktionen,
   b) berechnen Sie die Nullstellen der Funktionen.
   c) Ermitteln Sie den Schnittpunkt der Geraden g und h.

6. Ein Parallelogramm hat die Eckpunkte A (2|1), B (8|1), C (9|5) und D (3|5).
   a) Geben Sie die vier Geradengleichungen durch die Eckpunkte an.
   b) Bestimmen Sie die Funktionsterme der Funktionen der Diagonalen.
   c) Berechnen Sie den Schnittpunkt der Diagonalen.

7. Bestimmen Sie die Gleichung der Geraden, die auf der Geraden mit der Funktion $f(x) = \frac{3}{2}x + \frac{5}{2}$ senkrecht steht und durch den Punkt P (1|4) geht.

8. Ein Auto, das für 16000 € beschafft wurde, wird mit 15% jährlich linear abgeschrieben.
   a) Stellen Sie die Funktion auf, die den Buchwert des Autos in Abhängigkeit von seinem Alter beschreibt.
   b) Nach wie viel Jahren ist das Auto ganz abgeschrieben?
   c) Nach welcher Zeit beträgt der Buchwert 24% des Beschaffungswertes?

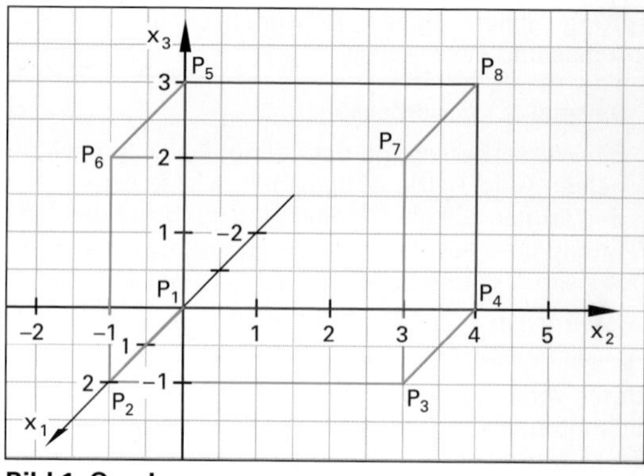

Bild 1: Quader

9. Die Gerade f hat die Steigung m = 0,5 und geht durch den Punkt P (1|1).
   a) Zeichnen Sie das Schaubild.
   b) Ergänzen Sie das Schaubild mithilfe der parallelen Geraden g und h zur Geradenschar, dass g eine Einheit oberhalb und h eine Einheit unterhalb von f verläuft.
   c) Bestimmen Sie die Gleichung der Geraden, die senkrecht auf der Geraden f steht und durch den Punkt Q (3|2) geht.
   d) Berechnen Sie die Schnittpunkte mit den Geraden g und h.

Lösungen:

1. P_1 (0|0|0), P_2 (2|0|0), P_3 (2|4|0), P_4 (0|4|0), P_5 (0|0|3), P_6 (2|0|3), P_7 (2|4|3), P_8 (0|4|3).
2. **a)** $y = -2 \cdot x$
   b) $x = 1 \Rightarrow y = 2$; $x = 2 \Rightarrow y = 4$; $x = 3 \Rightarrow y = 6$
3. P nein; Q ja
4. **a)** $f(x) = 5 \cdot x - 14$ **b)** $g(x) = 2{,}4 \cdot x - 2{,}6$
5. **a)** $g(x) = -0{,}5 \cdot x + 4$; $h(x) = 2 \cdot x - 3$
   b) für g(x) ⇒ x = 8; für h(x) ⇒ x = 1,5
   c) S (2,8|2,6)
6. **a)** f: y = 5, g: y = 1, h: $y = 4 \cdot x - 7$; i: $y = 4 \cdot x - 31$
   b) $d_1(x) = \frac{4}{7} \cdot x - \frac{1}{7}$, $d_2(x) = -\frac{4}{5} \cdot x + \frac{37}{5}$
   c) S (5,5|3)
7. h(x): $y = -\frac{2}{3} \cdot x + \frac{14}{3}$
8. **a)** $k(x) = -2400 \cdot x + 16000$
   b) $x = 6\frac{2}{3}$ Jahre **c)** x = 5,06 Jahre
9. **a)** $f(x) = 0{,}5 \cdot x + 0{,}5$; $g(x) = 0{,}5 \cdot x + 1{,}5$; $h(x) = 0{,}5 \cdot x - 0{,}5$ **b)** $y = -2 \cdot x + 8$
   c) g(x) ⇒ x = 2,6; y = 2,8; h(x) ⇒ x = 3,4; y = 1,2

1.7.4 Quadratische Funktionen

1.7.4.1 Parabeln mit Scheitel im Ursprung

Funktionen, bei denen die Variable x in einem Funktionsterm mit der Potenz 2 vorkommt, nennt man quadratische Funktionen.

> Die Schaubilder von quadratischen Funktionen heißen Parabeln.

Der gemeinsame Punkt der beiden zueinander symmetrischen Parabeläste auf der Symmetrieachse ist der Scheitel S der Parabel **(Bild 1)**.

> Bei Parabeln der Form $f(x) = a \cdot x^2$ hat der Scheitelpunkt die Koordinaten S (0|0).

Diese Parabeln sind achsensymmetrisch zur y-Achse, es gilt $f(-x) = f(x)$ für alle $x \in \mathbb{R}$. Die y-Achse mit $x = 0$ ist die Symmetrieachse.

> **Beispiel 1: Schaubilder gestreckter und gestauchter Parabeln**
>
> Zeichnen Sie die Parabeln mit der Gleichung $y = a \cdot x^2$ für a) $a = \frac{1}{2}$, b) $a = 1$, c) $a = 2$.
>
> *Lösung:* a), b) und c) **Bild 1**

Der Koeffizient a wird als Krümmungsfaktor oder Öffnungsweite bezeichnet **(Tabelle 1)**. Ist $0 < a < 1$, ergibt sich ein „flacher" Verlauf, die Parabel ist gestaucht. Für $|a| > 1$ wird der Kurvenverlauf „steiler", die Parabel ist gestreckt. Für $a = 1$ wird $f(x) = x^2$. Dieser Sonderfall wird als Normalparabel bezeichnet.

> Für die Normalparabel gilt $f(x) = x^2$.

Ist bei einer quadratischen Funktion mit $f(x) = a \cdot x^2$ der Koeffizient $a > 0$, ist die Parabel nach oben geöffnet **(Tabelle 1)**. Bei nach oben geöffneten Parabeln der Form $f(x) = a \cdot x^2$ $(a > 0)$, ist der Scheitelpunkt der tiefste Punkt. Für $a < 0$ ist die Parabel nach unten geöffnet.

> **Beispiel 2: Nach unten geöffnete Parabeln**
>
> Zeichnen Sie die Schaubilder der quadratischen Funktionen $f(x) = -\frac{1}{4} \cdot x^2$, $g(x) = -\frac{1}{2} \cdot x^2$, $h(x) = -1 \cdot x^2$
>
> *Lösung:* **Bild 2**

Bei nach unten geöffneten Parabeln der Form $f(x) = a \cdot x^2$ $(a < 0)$, ist der Scheitelpunkt der höchste Punkt **(Bild 3)**.

Aufgaben:

1. Geben Sie den Bereich der Koeffizienten a für eine gestauchte Parabel an.
2. Für welche a ist eine Parabel nach unten geöffnet?
3. Wie ist der Koeffizient a für eine nach oben geöffnete gestreckte Parabel zu wählen?

> **Lösungen:**
> **1.** $-1 < a < 1$; $a \neq 0$ **2.** $a < 0$ **3.** $a > 1$

> $f\colon f(x) = a \cdot x^2$ $a \in \mathbb{R}\setminus\{0\}$
>
> a Koeffizient f Funktion
>
> f(x) Funktionswert an der Stelle x

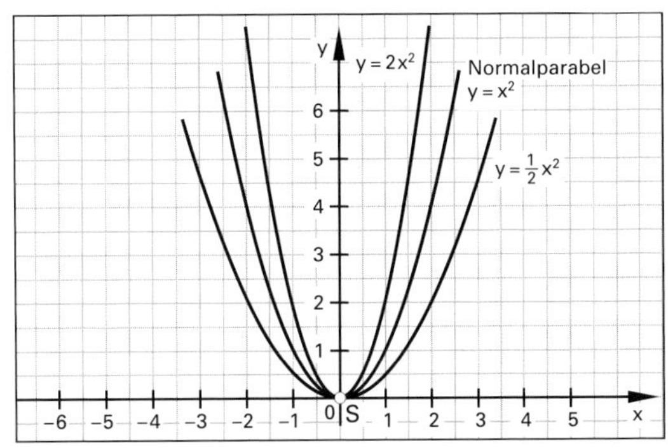

Bild 1: Gestreckte und gestauchte Parabeln

Tabelle 1: Parabeleigenschaften

Art	Koeffizient a	Eigenschaft
Streckung	$a > 1$; $a < -1$	gestreckte Parabel
	$a = 1$	Normalparabel
	$0 < a < 1$	gestauchte Parabeln
	$-1 < a < 0$	
Öffnung	$a > 0$	Öffnung nach oben
	$a < 0$	Öffnung nach unten

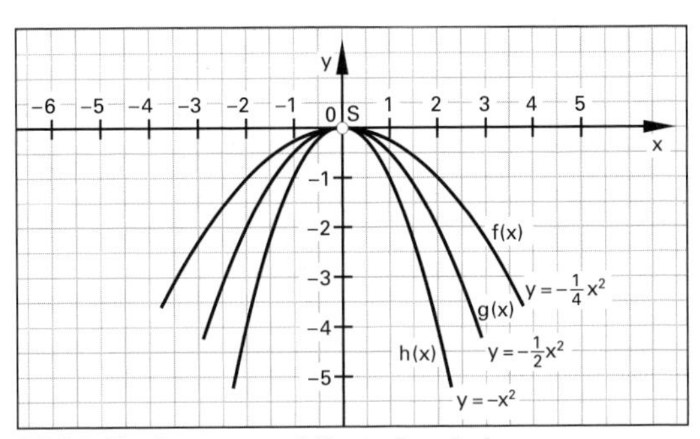

Bild 2: Nach unten geöffnete Parabeln

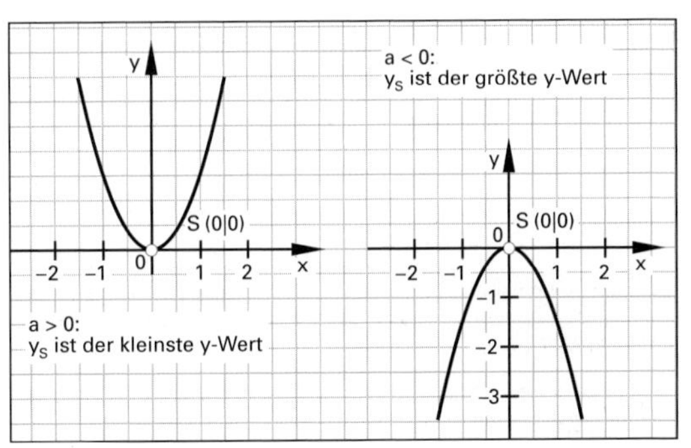

Bild 3: Scheitelpunkte von Parabeln der Form $y = a \cdot x^2$

1.7.4.2 Verschieben von Parabeln

Verschieben von Parabeln in y-Richtung

Die Parabel mit der Gleichung $y = a \cdot x^2 + y_S$ entsteht aus der Parabel mit der Gleichung $y = a \cdot x^2$ durch Verschieben um y_S auf der y-Achse.

Beispiel 1: Verschieben in y-Richtung

a) Verschieben Sie die Parabel $f(x) = 0{,}5 \cdot x^2$ um -1 und um $+1{,}5$ auf der y-Achse. b) Geben Sie die Gleichungen und die Scheitelpunkte an.

Lösung:

a) **Bild 1** b) $\mathbf{g(x) = 0{,}5 \cdot x^2 - 1}$ mit **S (0|–1)**

$\mathbf{h(x) = 0{,}5 \cdot x^2 + 1{,}5}$ mit **S (0|+1,5)**

Beim Verschieben ändert sich die Lage des Scheitelpunktes der Parabel. Die Öffnungsrichtung und die Streckung der Parabel bleiben erhalten.

$y_S > 0$ bedeutet eine Verschiebung der Parabel nach oben.
$y_S < 0$ bedeutet eine Verschiebung der Parabel nach unten.

Verschieben von Parabeln in x-Richtung

Bei Verwendung der Scheitelform kann die Lage einer Parabel einfach geändert werden. Ersetzt man in der Parabel mit der Gleichung $y = a \cdot x^2$ die Variable x durch $(x - x_S)$, erhält man die Gleichung der in x-Richtung verschobenen Parabel: $y = a \cdot (x - x_S)^2$.

Beispiel 2: Verschieben in x-Richtung

a) Verschieben Sie die Parabel $y = 0{,}5 \cdot x^2$ um die Werte –1und +2 in x-Richtung. b) Geben Sie die Gleichungen und die Scheitelpunkte an.

Lösung:

a) **Bild 2** b) $\mathbf{g(x) = 0{,}5 \cdot (x + 1)^2}$ mit $\mathbf{S_2(-1|0)}$

$\mathbf{h(x) = 0{,}5 \cdot (x - 2)^2}$ mit $\mathbf{S_3(2|0)}$

Verschieben in y-Richtung und in x-Richtung

Fügt man an die Form $y = a \cdot (x - x_S)^2$ den Koeffizienten y_S an, erhält man die Scheitelform der Parabel: $y = a \cdot (x - x_S)^2 + y_S$.

Beispiel 3: Beliebiges Verschieben von Parabeln

Verschieben Sie grafisch die Parabel mit $y = 0{,}5 \cdot x^2$ so, dass die Scheitelpunkte

a) S_2 (–2,5|–2) und S_3 (2|1,5) entstehen.

b) Geben Sie die Funktionsgleichungen an.

Lösung:

a) **Bild 3** b) $\mathbf{g(x) = 0{,}5 \cdot (x + 2{,}5)^2 - 2}$

$\mathbf{h(x) = 0{,}5 \cdot (x - 2)^2 + 1{,}5}$

Aufgaben:

1. Geben Sie die Gleichung für die nach unten geöffnete Parabel h(x) von Beispiel 3 an.
2. Geben Sie die Scheitelkoordinaten für $y = 0{,}5 \cdot (x - 4)^2 + 5$ an.

Verschieben in y-Richtung	$y = f(x) = a \cdot x^2 + y_S$
Verschieben in x-Richtung	$y = f(x) = a \cdot (x - x_S)^2$
Allgemeine Scheitelform	$y = f(x) = a \cdot (x - x_S)^2 + y_S$

y_S y-Koordinate des Scheitels Scheitel S $(x_S|y_S)$
x_S x-Koordinate des Scheitels

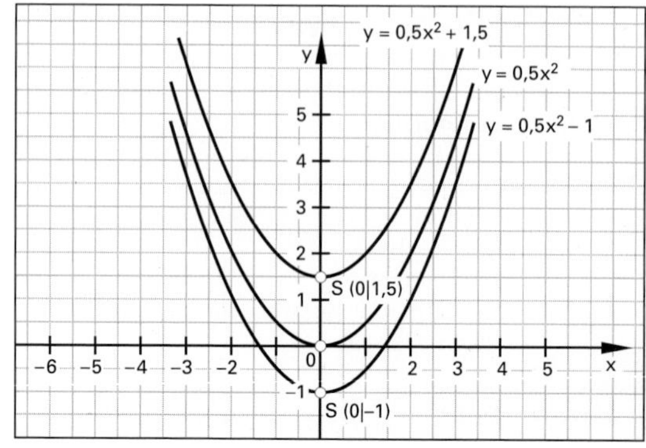

Bild 1: Schaubilder in y-Richtung verschobener Parabeln

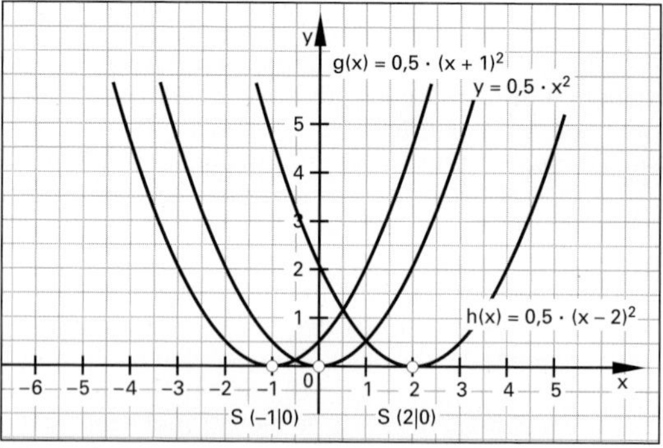

Bild 2: Schaubilder in x-Richtung verschobener Parabeln

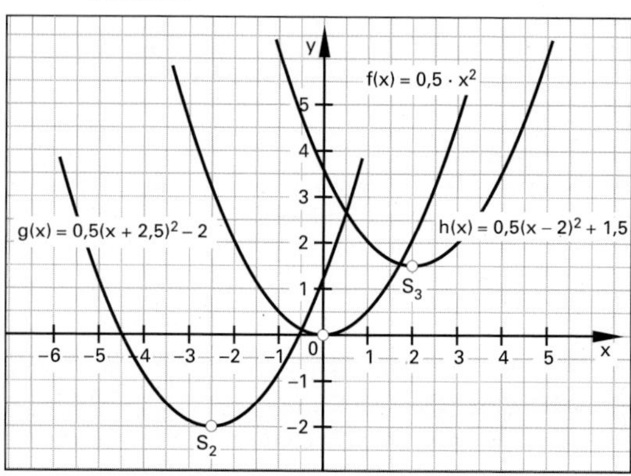

Bild 3: Schaubilder in x-Richtung und y-Richtung verschobener Parabeln

Lösungen: 1. $y = -0{,}5 \cdot (x - 2)^2 + 1{,}5$ **2.** S (4|5)

 ⇒ [Weitere Aufgaben im Kapitel 12]

1.7.4.3 Normalform und Nullstellen von Parabeln

Je nach Lage der Parabel kann es Schnittpunkte mit der x-Achse geben. Die x-Werte dieser Schnittpunkte N_x nennt man auch Nullstellen.

Beispiel 1: Nullstellenbestimmung über die Normalform (D > 0)

Die Nullstellen der Funktion mit $g(x) = 0{,}5 \cdot (x + 2{,}5)^2 - 2$ **(Bild 3, vorhergehende Seite)** sind zu bestimmen. a) Formen Sie die Scheitelform in die Normalform um. b) Berechnen Sie die Schnittpunkte N_x mit der x-Achse.

Lösung:

a) $g(x) = 0{,}5 \cdot (x + 2{,}5)^2 - 2 = 0{,}5 \cdot (x^2 + 5 \cdot x + 6{,}25) - 2$
$= \mathbf{0{,}5 \cdot x^2 + 2{,}5 \cdot x + 1{,}125}$

b) $x_{1,2} = \frac{-2{,}5 \pm \sqrt{6{,}25 - 4 \cdot 0{,}5 \cdot 1{,}125}}{2 \cdot 0{,}5} = \frac{-2{,}5 \pm 2}{1}$

$\mathbf{x_1 = -0{,}5}$ **oder** $\mathbf{x_2 = -4{,}5 \Rightarrow N_1\,(-0{,}5|0);\ N_2\,(-4{,}5|0)}$

Der Ausdruck unter der Wurzel der Lösungsformel („Mitternachtsformel") heißt Diskriminante D. Der Wert von D kann < 0, = 0 oder > 0 sein. Man erhält für die drei Fälle 0, 1 oder 2 Lösungen **(Bild 1)**.

Beispiel 2: D < 0

Hat die Parabel $y = 0{,}5 \cdot x^2 + 1{,}5$ **(Bild 1, vorhergehende Seite)** eine Nullstelle?

Lösung:

$D = b^2 - 4a \cdot c = 0 - 4 \cdot 0{,}5 \cdot 1{,}5 = -3 \Rightarrow D < 0$

Es gibt keine reellen Nullstellen.

Der Scheitelpunkt dieser Parabel ist aus der Scheitelform in Beispiel 1 mit S (–2,5|–2) direkt ablesbar. Andernfalls kann er mit $x_S = \frac{-b}{2 \cdot a}$ und Einsetzen von x_S in die Parabelgleichung bestimmt werden.

Für D = 0 liegt der Scheitel der Parabel auf der x-Achse.

Beispiel 3: D = 0

a) Berechnen Sie die Nullstellen der Parabel mit $y = 0{,}5 \cdot (x - 2)^2 = 0{,}5 \cdot x^2 - 2 \cdot x + 2$.

b) Zeichnen Sie das Schaubild der Funktion.

Lösung:

a) $D = 4 - 4 \cdot 0{,}5 \cdot 2 = 0$

$x_{1,2} = \frac{+2 \pm \sqrt{0}}{2 \cdot 0{,}5} = \frac{+2 \pm \sqrt{0}}{1} = 2$

$\mathbf{x_1 = +2,\ x_2 = +2;\quad N_{1|2}(2|0)}$

b) **Bild 2, vorhergehende Seite**

Die Lösung erhält man auch durch Faktorisieren: Aus der Gleichung $y = 0{,}5 \cdot (x - 2)^2 = 0{,}5 \cdot (x - 2) \cdot (x - 2)$ ergibt sich für $y = 0 \Leftrightarrow (x - 2) \cdot (x - 2) = 0 \Rightarrow x = x_1 = x_2 = 2$.

Aufgabe:

1. Eine Parabel p hat die Gleichung $y = 0{,}5 \cdot x^2 + x - 4$. Berechnen Sie **a)** die Nullstellen, **b)** den Scheitel. **c)** Prüfen Sie, ob der Punkt (4|2,5) auf der Parabel liegt. **d)** Zeichnen Sie das Schaubild mithilfe einer Wertetabelle im Intervall [–5; 3].

Allgemeine Parabelgleichung:

$$y = ax^2 + bx + c$$

Allgemeine (Normal-) Form der quadratischen Gleichung:

$$a\left(x^2 + \frac{b}{a}x + \frac{c}{a}\right) = 0$$

Lösungsformel:

$$x_{1,2} = \frac{-b \pm \sqrt{b^2 - 4 \cdot a \cdot c}}{2 \cdot a}$$

Quadratische Ergänzung (Scheitelform):

$$y = a\left[\left(x + \frac{b}{2a}\right)^2 - \frac{b^2}{4a^2} + \frac{c}{a}\right] = a\left(x - \frac{-b}{2a}\right)^2 - \frac{b^2}{4a} + c$$

Diskriminante:

$$D = b^2 - 4 \cdot a \cdot c$$

Scheitelkoordinaten:

$$S\left(\frac{-b}{2 \cdot a}\,\middle|\,y_S\right) \qquad y_S = -\frac{b^2}{4a} + c$$

a, b, c Koeffizienten; x_1, x_2 Nullstellen

D Diskriminante; x_S, y_S Koordinaten des Scheitelpunktes

D < 0	D = 0	D > 0
keine Nullstelle	eine doppelte Nullstelle	zwei Nullstellen
y, x, a > 0, a < 0	y, x, a > 0, a < 0	y, x, a > 0, a < 0
keine Lösung	$x_1 = x_2$	$x_1 \neq x_2$

Bild 1: Nullstellen von Parabeln

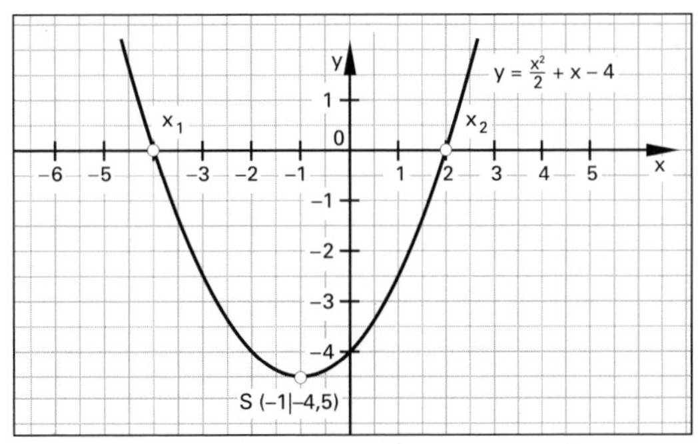

Bild 2: Schaubild der Parabel mit $y = 0{,}5 \cdot x^2 + x - 4$

Lösungen:

1. **a)** $x_1 = -4;\ x_2 = 2$ **b)** S (–1|–4,5)

   c) Probe durch Einsetzen: $2{,}5 \neq 0{,}5 \cdot 16 + 4 - 4$, der Punkt liegt nicht auf der Parabel, $P \notin p$.

   d) Bild 2

⇒ [Weitere Aufgaben im Kapitel 12]

1.7.4.4 Zusammenfassung der Lösungsarten

Die Umformung der Gleichung $a \cdot x^2 + y_S = 0$ führt zur Form $x^2 = \frac{-y_S}{a}$ **(Tabelle 1,** Art 1).

Beispiel 1: Wurzelziehen

Lösen Sie durch Wurzelziehen

a) $2 \cdot x^2 - 8 = 0$ b) $2 \cdot x^2 = 0$ c) $2 \cdot x^2 + 8 = 0$.

Lösung:

a) $2 \cdot x^2 - 8 = 0 \Leftrightarrow x^2 = 4 \Leftrightarrow \mathbf{x_{1,2} = \pm 2}$

b) $2 \cdot x^2 = 0 \Leftrightarrow x^2 = 0 \Leftrightarrow \mathbf{x_{1,2} = 0}$

c) $2 \cdot x^2 + 8 = 0 \Leftrightarrow x^2 = -4$, **keine Lösung.**

Das Aufstellen der Parabelgleichung ist oft mit der Scheitelform am einfachsten. Für die Berechnung von Punkten auf der Parabel ist die Normalform vorzuziehen.

Beispiel 2: Wurfparabel

Bild 1 zeigt die Bahn einer Silvesterrakete.
a) Stellen Sie die Parabelgleichung mithilfe der Scheitelform auf. b) Wandeln Sie diese in die Normalform um. c) Berechnen Sie, wie weit die Auftreffstelle von der Abschussstelle in x-Richtung entfernt ist.

Lösung:

a) $y = -a \cdot (x - x_S)^2 + y_S \Rightarrow y = -a \cdot (x - 8)^2 + 32$;
P (0|0) $\Rightarrow a = 0{,}5 \Rightarrow \mathbf{y = -0{,}5 \cdot (x - 8)^2 + 32.}$

b) $y = -0{,}5 \cdot (x^2 - 16 \cdot x + 64) + 32 = \mathbf{-0{,}5x^2 + 8 \cdot x}$

c) $y = -40 \Leftrightarrow -40 = -0{,}5 \cdot (x - 8)^2 + 32$
$\Leftrightarrow (x - 8)^2 = 144 \Leftrightarrow |x - 8| = 12 \Rightarrow x_1 = -4$ m, entfällt oder $\mathbf{x_2 = 20}$ **m**

Stahlbrücken bestehen oft aus parabelförmigen Bögen, die auf Stützpfeiler gelagert werden, sowie senkrechten Stützstreben s für die Fahrbahn **(Bild 2)**.

Beispiel 3: Stahlbrücke

Die Stützstreben der Brücke **(Bild 2)** sind im Abstand von einem Meter angeordnet. a) Berechnen Sie die Länge der Stützstreben. Stellen Sie dazu die Gleichung der Parabel des ersten Bogens auf. b) Bestimmen Sie die Länge der verschiedenen Streben.

Lösung:

a) $y = -a(x - x_s)^2 + y_s \Rightarrow y = -a(x - 4)^2 + 10$; $P_1(0|6)$
$\Rightarrow a = 0{,}25$; $\mathbf{y = -0{,}25 \cdot (x - 4)^2 + 10}$

b) $s(x) = 10 - y \Rightarrow$

x	0	1	2	3	4
s(x)	4	1,75	3	0,75	0

Eine weitere Form der Parabelgleichung ist die Nullstellenform der Parabel $y = a \cdot (x - x_1) \cdot (x - x_2)$.

Beispiel 4: Faktorisierung

Eine Parabel mit a = 0,5 hat die Nullstellen (3|0) und (5|0). Bestimmen Sie die Funktionsgleichung.

Lösung:

$y = 0{,}5 \cdot (x - 3) \cdot (x - 5) = 0{,}5 \cdot (x^2 - 8x + 15)$
$= \mathbf{0{,}5 \cdot x^2 - 4x + 7{,}5}$; $x \in \mathbb{R}$

Tabelle 1: Nullstellenberechnung bei Parabeln

Art	Gleichungsform $a \neq 0$	Lösen mit
1	$a \cdot x^2 + y_s = 0$ $a \cdot (x - x_S)^2 + y_S = 0$	Umformen, Wurzelziehen
2	$a \cdot x^2 + b \cdot x + c = 0$	Lösungsformel oder quadratische Ergänzung
3	$a \cdot x^2 + b \cdot x = 0$ $a \cdot x \cdot \left(x + \frac{b}{a}\right) = 0$	x Ausklammern, x und Klammer gleich null setzen.
4 Nullstellenform	$a \cdot (x - x_1) \cdot (x - x_2) = 0$	Faktorisieren oder Klammern gleich null setzen. Sonderfall $\Rightarrow$ geht nicht immer!

a, b, c Koeffizienten der Normalform
x_1, x_2 Nullstellen der Parabel
x_S, y_S Koordinaten des Scheitelpunktes

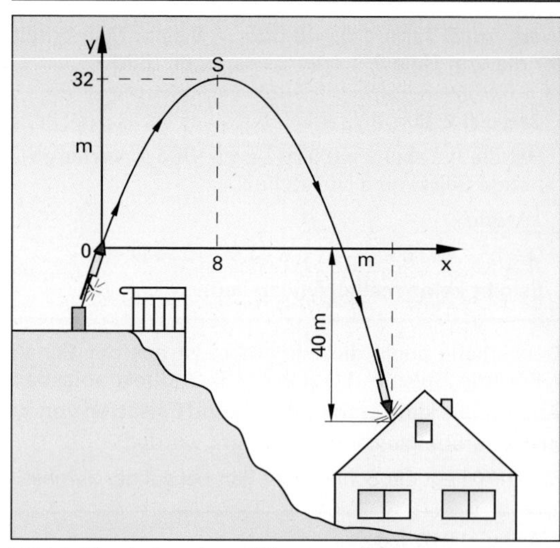

Bild 1: Flugbahn einer Silvesterrakete

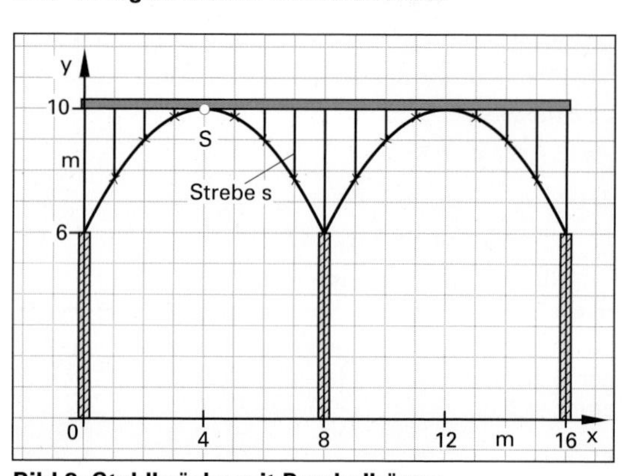

Bild 2: Stahlbrücke mit Parabelbögen

Aufgabe:

1. Bestimmen Sie die Nullstellen von $2x^2 - 4x = 0$.

Lösungen: 1. $2x \cdot (x - 2) = 0 \Leftrightarrow x_1 = 0$ oder $x_2 = 2$

 ⇒ [WEITERE AUFGABEN IM KAPITEL 12]

Überprüfen Sie Ihr Wissen!

Verschieben von Parabeln

1. Entnehmen Sie **Bild 1** die Gleichungen der Parabeln p_1 bis p_4.
2. Verschieben Sie die Parabeln p_1 und p_2 von **Bild 1** um 2 Einheiten nach rechts.
3. Verschieben Sie die Parabeln p_3 und p_4 um 1 Einheit nach links.

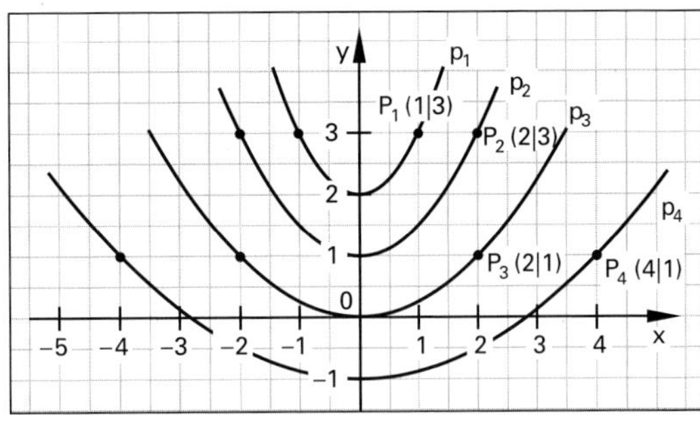

Bild 1: Parabeln

Bestimmen der Scheitelform von Parabeln

4. a) $p_1(x) = x^2 - 4 \cdot x + 1$ b) $p_2(x) = x^2 + 6 \cdot x + 8$
   c) $p_3(x) = x^2 + 6 \cdot x + 11$ d) $p_4(x) = -2x^2 - 8 \cdot x + 1$

Lösen von quadratischen Gleichungen durch Wurzelziehen

5. a) $1 - x^2 = 0$ b) $\frac{3}{4}x^2 = x^2$
   c) $\frac{3}{2} - \frac{1}{2}x^2 = 0$ d) $\frac{1}{2}x^2 - \frac{6}{5} = 0$

Lösen von quadratischen Gleichungen mit der Lösungsformel und quadratischer Ergänzung.

6. a) $2 \cdot x^2 + 2 \cdot x - 24 = 0$ b) $-3 \cdot x^2 - 5 \cdot x + 8 = 0$
   c) $2 \cdot x^2 + 4 \cdot x - 16 = 0$ d) $-x^2 + 5 \cdot x + 14 = 0$

Nullstellenform von Parabeln

7. Bestimmen Sie Funktionsterme für
   a) $a = 0{,}25$ und die Nullstellen 4 und 6
   b) $a = 1$ und die Nullstellen −6 und −2
   c) $a = \frac{1}{2}$ und die Nullstellen −4 und 2

Weitere Aufgaben

8. Die Höhe h eines parabelförmigen Brückenbogens **(Bild 2)** kann durch die Gleichung $h = -\frac{1}{20}s^2 + \frac{5}{4}s$ beschrieben werden.
   a) Wie groß ist die Spannweite?
   b) Bestimmen Sie den Scheitelpunkt des Bogens.

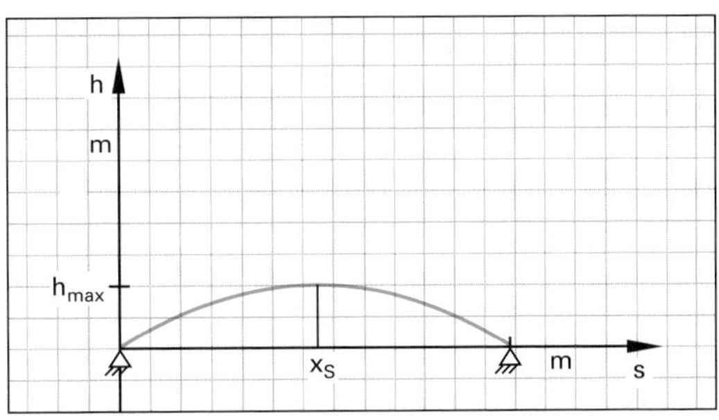

Bild 2: Brückenbogen

9. Eine Polizeistreife steht im Baustellenbereich einer Autobahn, als plötzlich ein Auto mit einer konstanten Geschwindigkeit von 144 km/h vorbeifährt **(Bild 3)**. Als die Polizeistreife die Verfolgungsfahrt aufnimmt, Zeitpunkt t = 0, hat der Temposünder bereits 100 m Vorsprung.
   a) Stellen Sie für beide Fahrzeuge die Funktion der zurückgelegten Wegstrecke s in Abhängigkeit der Zeit t auf, wobei der Temposünder mit konstanter Geschwindigkeit (v = konst.) fährt und die Polizei konstant beschleunigt ($a = 3\,\frac{m}{s^2}$).
   b) Berechnen Sie die Zeit und die Strecke, welche die Polizei zum Einholen des Temposünders benötigt.

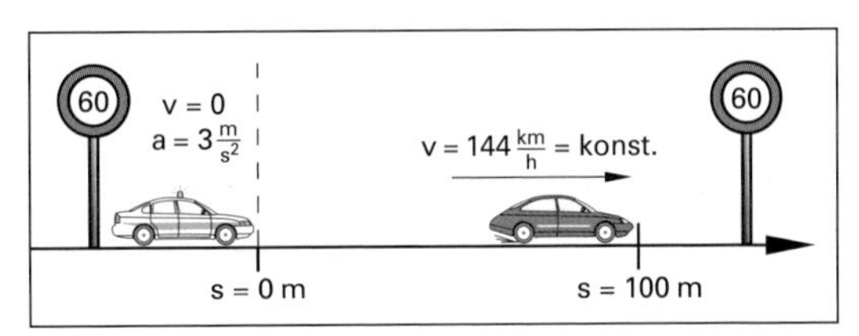

Bild 3: Verfolgungsjagd

Lösungen:

1. $y_1 = x^2 + 2$; $y_2 = \frac{1}{2}x^2 + 1$; $y_3 = \frac{1}{4}x^2$; $y_4 = \frac{1}{8}x^2 - 1$
2. $y_1 = (x-2)^2 + 2$; $y_2 = \frac{1}{2}(x-2)^2 + 1$
3. $y_3 = \frac{1}{4}(x+1)^2$; $y_4 = \frac{1}{8}(x+1)^2 - 1$
4. a) $p_1(x) = (x-2)^2 - 3$ b) $p_2(x) = (x+3)^2 - 1$
   c) $p_3(x) = (x+3)^2 + 2$ d) $p_4(x) = -2 \cdot (x+2)^2 + 9$
5. a) $x_1 = 1$, $x_2 = -1$ b) $x = 0$
   c) $x_1 = 1{,}732$, $x_2 = -1{,}732$
   d) $x_1 = \sqrt{\frac{12}{5}} = 1{,}55$, $x_2 = -\sqrt{\frac{12}{5}} = -1{,}55$
6. a) $x_1 = -4$, $x_2 = 3$ b) $x_1 = -2{,}67$, $x_2 = 1$
   c) $x_1 = -4$, $x_2 = 2$ d) $x_1 = -2$, $x_2 = 7$
7. a) $0{,}25 \cdot x^2 - 2{,}5 \cdot x + 6$ b) $x^2 + 8 \cdot x + 12$
   c) $\frac{1}{2} \cdot x^2 + x - 4$
8. a) s = 25 m b) S(12,5 m|7,81 m)
9. a) Temposünder: $s_1(t) = 40\,\frac{m}{s} \cdot t + 100\,m$;
   Polizei: $s_2(t) = 1{,}5\,\frac{m}{s^2} \cdot t^2$
   b) $t_e = 28{,}97$ s; $s_e = 1\,258{,}8$ m.

⇒ [Weitere Aufgaben im Kapitel 12]

1.7.5 Lineare Gleichungssysteme LGS

1.7.5.1 Lösungsverfahren für LGS

Additionsverfahren

Linear heißt ein Gleichungssystem (LGS), wenn in allen Gleichungen die Variablen höchstens in der 1. Potenz auftreten. Variablen werden auch Unbekannte genannt **(Tabelle 1)**.

Ein LGS besteht aus m Gleichungen (Zeilen) und n Variablen (Spalten/Sp). Man nennt solch ein System auch **(m,n)-System**. Je nach vorliegender Form der linearen Gleichungen verwendet man die in **Tabelle 1** angegebenen Variablenbezeichnungen. Die Angabe der Lösungsmenge für n-Variablen kann als n-Tupel[1] (n zusammengehörende Elemente) dargestellt werden **(Tabelle 2)**.

Lösung eines LGS mit dem Additionsverfahren

Beispiel 1: Additionsverfahren

Gegeben ist über G = IR x IR das LGS

	Spalte 1	Spalte 2	
Gleichung: (1)	$-x$	$+3y$	$=3$
Gleichung: (2)	$2x$	$+3y$	$=12$

a) Welche Art von Gleichungssystem liegt hier vor?
b) Bestimmen Sie die Lösungsmenge mithilfe des Additionsverfahrens.

Lösung:

a) Es liegt hier ein lineares (2,2)-System vor.
b) Lösung mit dem Additionsverfahren **(Tabelle 3)**.

1. Schritt: Gleichung (1) wird mit „–1" multipliziert und zur Gleichung (2) addiert.

	Sp 1	Sp 2		
(1)	$-x$	$+3y$	$=3$	$\vert\cdot(-1)\downarrow$
(2)	$2x$	$+3y$	$=12$	

2. Schritt: Gleichung (2) wird durch „3" dividiert und anschließend mit · (–1) zur Gleichung (1) addiert.

	Sp 1	Sp 2		
(1)	x	$-3y$	$=-3$	
(2)	$3x$	$+0$	$=9$	$\vert:(3)\cdot(-1)\uparrow$

3. Schritt: Gleichung (1) wird durch (–3) dividiert.

	Sp 1	Sp 2		
(1)	0	$-3y$	$=-6$	$\vert:(-3)$
(2)	x	$+0$	$=3$	

Die Lösung des LGS kann abgelesen werden und in der entsprechenden Form **(Tabelle 4)** angegeben werden.

$\Rightarrow$ Lösungsmenge **L = {(3|2)}**

Ein LGS mit zwei Variablen (n = 2) hat immer eine der in Tabelle 4 angegebenen Lösungsmengen.

Tabelle 1: Bezeichnungen der Variablen

Anzahl der Variablen	Bezeichnung
2	x, y
3	x, y, z oder x_1, x_2, x_3
n	$x_1, x_2, \dots x_{n-1}, x_n$

Tabelle 2: Lösungsform für n Variable

Zeilenform	Spaltenform
$L = \{(x_1\vert x_2\vert x_3\vert\dots\vert x_n)\}$	$L = \left\{\begin{pmatrix} x_1 \\ x_2 \\ \vdots \\ x_n \end{pmatrix}\right\}$

Tabelle 3: Lösungsverfahren von LGS (2,2)-System

Verfahren	LGS-Form
Additionsverfahren	$\begin{cases} a_1x + b_1y = c_1 \\ a_2x + b_2y = c_2 \end{cases}$
Gleichsetzungsverfahren	$\begin{cases} y = -\frac{a_1}{b_1}x + \frac{c_1}{b_1} \\ y = -\frac{a_2}{b_2}x + \frac{c_2}{b_2} \end{cases}$
Einsetzungsverfahren	$\begin{cases} y = -\frac{a_1}{b_1}x + \frac{c_1}{b_1} \\ x = -\frac{b_2}{a_2}y + \frac{c_2}{a_2} \end{cases}$

Tabelle 4: Lösungsmengen von LGS (2,2)-System

Anzahl der Lösungselemente	Lösungsmenge
ein Lösungselement	$L = \{(x\vert y)\}$
kein Lösungselement	$L = \{\,\}$
unendlich viele Lösungselemente	$L = \{(x\vert y)\vert\, a\cdot x + b\cdot y = c\} \wedge (x\vert y) \in \mathbb{R}\times\mathbb{R}$

Aufgaben:

Bestimmen Sie die Lösungsmenge mit dem Additionsverfahren.

1. $\begin{cases} -x + 2y = -2 \\ 2x - 4y = 8 \end{cases}$ **2.** $\begin{cases} -x + 2y = 3 \\ 2x - 4y = -6 \end{cases}$

Lösungen:

1. L = { }, **2.** $L = \{(x\vert y)\vert y = 0{,}5x + 1{,}5\}_{\mathbb{R}\times\mathbb{R}}$

[1] n-Tupel: Bezeichnung für Zeilendarstellung mit $(x_1\vert x_2\vert x_3 \dots \vert x_{n-1}\vert x_n)$

1.7.5.2 Lösung eines LGS mit einer Matrix

Bei linearen Gleichungssystemen mit mehreren Variablen empfiehlt sich das Gauß-Verfahren[1] **(Bild 1)**. C.F. Gauß hat das Gleichungssystem auf die Stufenform und auf die so genannte „Dreiecksform" gebracht. In dieser Anordnung lassen sich die Gleichungen besonders schnell lösen, vor allem wenn das LGS in Matrix-Form geschrieben wird.

Eine Matrix ist ein Zahlenschema bestehend aus den Koeffizienten des LGS **(Tabelle 1)**. Allgemein besteht eine Matrix aus m Zeilen (Anzahl der Gleichungen) und n Spalten (Anzahl der Variablen). Dies ist ebenfalls in der **Tabelle 1** ersichtlich.

Beispiel 1: Lösung mit der Matrix (n = 2)

Bestimmen Sie die Lösungsmenge über G = ℝ x ℝ des folgenden Gleichungssystems mithilfe einer Matrix.

$$\begin{cases} (1): -x + 3y = 3 \\ (2): 2x + 3y = 12 \end{cases}$$

Das LGS besteht aus 2 Gleichungen (m = 2) und 2 Variablen (n = 2). Die Gleichungen (1) und (2) entsprechen den Zeilen I und II der Matrix **(Tabelle 1)**.

Lösung:

Als Lösungsverfahren verwenden wir das Additionsverfahren **(Tabelle 1)**.

1. Schritt:

Die Koeffizienten der Variablen werden mit Vorzeichen in die Matrix übernommen. Zeile I wird mit „2" multipliziert und zur Zeile II addiert.

2. Schritt:

Anschließend wird Zeile I mit „–1" multipliziert und Zeile II durch „9" dividiert.

$$\left(\begin{array}{lcc|c} & x & y & \\ I: & -1 & 3 & 3 \\ II: & 2 & 3 & 12 \end{array}\right) \begin{array}{l} \\ \cdot (2)\downarrow \\ + \end{array} \Leftrightarrow \left(\begin{array}{lcc|c} & x & y & \\ I: & -1 & 3 & 3 \\ II: & 0 & 9 & 18 \end{array}\right) \begin{array}{l} \\ \cdot (-1) \\ : (9) \end{array}$$

3. Schritt:

Zeile II wird mit „3" multipliziert und zur Zeile I addiert.

$$\left(\begin{array}{cc|c} x & y & \\ 1 & -3 & -3 \\ 0 & 1 & 2 \end{array}\right) \cdot (3)\uparrow \quad \Leftrightarrow \quad \left(\begin{array}{cc|c} x & y & \\ 1 & 0 & 3 \\ 0 & 1 & 2 \end{array}\right)$$

„Dreiecksform" „Stufenform"

4. Schritt:

Lösung ablesen und angeben ⇒ L = {(3|2)}

- Jede Gleichung (Zeile) kann mit einer Zahl (≠0) multipliziert und dividiert werden.
- Eine Gleichung (Zeile) kann durch die Summe aus dem Vielfachen einer anderen Gleichung und ihr selbst ersetzt werden.
- Die Reihenfolge der Gleichungen im LGS kann vertauscht werden.

Bild 1: Umformungen beim Gaußverfahren

Tabelle 1: Allgemeiner Aufbau einer Matrix

(m,n)-Matrix (homogenes LGS)	erweiterte (m,n)-Matrix (inhomogenes LGS)
$\left(\begin{array}{lccc} \text{Variable} & x_1 & \dots & x_n \\ Z\ I: & a_{11} & \dots & 0 \quad 0 \\ \dots & & \dots & 4 \quad 0 \quad \dots \\ Z\ m: & a_{m1} & \dots & a_{m1} \quad 0 \end{array}\right)$	$\left(\begin{array}{lccc} \text{Variable} & x_1 & \dots & x_n \\ Z\ I: & a_{11} & \dots & a_{1n} \quad b_1 \\ & \dots & \dots & \dots \quad \dots \\ Z\ m: & a_{m1} & \dots & a_{mn} \quad b_m \end{array}\right)$
Koeffizientenmatrix (A)	erweiterte Matrix (A,b)

Beispiel 2: Lösung mit der Matrix (n = 3)

Bestimmen Sie über über G = ℝ x ℝ x ℝ die Lösungsmenge des LGS mithilfe einer Matrix.

$$\begin{cases} x - 2y + 3z) = 16 \\ -2x + y - z = -9 \\ 3x - 4y + 2z = 18 \end{cases}$$

Das LGS besteht aus 3 Gleichungen (m = 3) und 3 Variablen (n = 3). Die Gleichungen (1), (2) und (3) entsprechen den Zeilen I, II und III der Matrix.

Lösung:

Aufstellen der Matrix und Entwickeln nach 1. Zeile (I) und 1. Spalte

1. Schritt: Zeile I mit „2" multiplizieren und zur Zeile II addieren.
2. Schritt: Zeile I mit „–3" multiplizieren und zur Zeile III addieren.

$$\left(\begin{array}{lccc|c} & x & y & z & \\ I: & 1 & -2 & 3 & 16 \\ II: & -2 & 1 & -1 & -9 \\ III: & 3 & -4 & 2 & 18 \end{array}\right) \begin{array}{l} \\ \cdot (2) \mid \cdot (-3) \\ \hookleftarrow \\ \hookleftarrow \end{array} \Leftrightarrow \left(\begin{array}{lccc|c} & x & y & z & \\ I: & 1 & -2 & 3 & 16 \\ II: & 0 & -3 & 5 & 23 \\ III: & 0 & 2 & -7 & -30 \end{array}\right) \begin{array}{l} \\ \\ \cdot (2)\downarrow \\ \cdot (3)\hookleftarrow \end{array}$$

3. Schritt: Zeile II mit „2" und Zeile III mit „3" multiplizieren und Zeile II zur Zeile III addieren.
4. Schritt: Zeile II durch „–3" und Zeile III durch „–11" dividieren.

$$\left(\begin{array}{lccc|c} & x & y & z & \\ I: & 1 & -2 & 3 & 16 \\ II: & 0 & -3 & 5 & 23 \\ III: & 0 & 0 & -11 & -44 \end{array}\right) \begin{array}{l} \\ \\ : (-3) \\ : (-11) \end{array} \Leftrightarrow \left(\begin{array}{lccc|c} & x & y & z & \\ I: & 1 & -2 & 3 & 16 \\ II: & 0 & 1 & -\frac{5}{3} & -\frac{23}{3} \\ III: & 0 & 0 & 1 & 4 \end{array}\right) \begin{array}{l} \\ \leftarrow \\ \leftarrow \quad \uparrow \\ \cdot \left(\frac{5}{3}\right) \mid \cdot (-3) \end{array}$$

Die Matrix hat nun die so genannte „Dreiecksform".

5. Schritt: Zeile II mit „2" multiplizieren und zur Zeile 1 addieren.
6. Schritt: Zeile III mit „$\frac{1}{3}$" bzw. mit „$\frac{5}{3}$" multiplizieren und zur Zeile I bzw. zur Zeile II addieren.

$$\left(\begin{array}{lccc|c} & x & y & z & \\ I: & 1 & 0 & -\frac{1}{3} & \frac{2}{3} \\ II: & 0 & 1 & -\frac{5}{3} & -\frac{23}{3} \\ III: & 0 & 0 & 1 & 4 \end{array}\right) \begin{array}{l} \leftarrow \\ \leftarrow \mid \uparrow \\ \cdot \left(\frac{5}{3}\right) \mid \cdot \left(\frac{1}{3}\right) \end{array} \Leftrightarrow \left(\begin{array}{lccc|c} & x & y & z & \\ I: & 1 & 0 & 0 & 2 \\ II: & 0 & 1 & 0 & -1 \\ III: & 0 & 0 & 1 & 4 \end{array}\right)$$

Lösung ablesen und angeben ⇒ L = {(2|–1|4)}

[1] C.F. Gauß, dt. Mathematiker (1777–1855)

1.7.5.3 Grafische Lösung eines LGS

Eine lineare Gleichung mit 2 Variablen x und y, z. B. $ax + by = c$ hat als Lösungsmenge unendlich viele Elemente – Wertepaare (x|y). Die grafische Darstellung eines Wertepaares entspricht einem Punkt im kartesischen Koordinatensystem. Die Lösungsmenge einer linearen Gleichung mit zwei Variablen stellt eine Gerade dar. Umgekehrt gilt auch:

> Die Menge aller Punkte einer Geraden entspricht der Lösungsmenge einer linearen Gleichung.

Um die Lösungsmenge eines linearen Gleichungssystems grafisch darstellen zu können, müssen die linearen Gleichungen zuerst als lineare Funktion, z. B. in der Form

$y = -\frac{a}{b}x + \frac{c}{b}$ dargestellt werden **(Tabelle 1)**.

> Die Lösungsmenge eines linearen Gleichungssystems mit zwei Variablen entspricht den gemeinsamen Punkten ihrer Geraden.

Beispiel 1: Grafische Lösung

Bestimmen Sie die Lösungsmenge des folgenden Gleichungssystems grafisch ($G = \mathbb{R} \times \mathbb{R}$).

$$\begin{cases} (1): -x + 3y = 3 \\ (2): 2x + 3y = 12 \end{cases}$$

$\Rightarrow g_1: y = \frac{1}{3}x + 1;\ g_2: y = -\frac{2}{3}x + 4;\ g_1 \cap g_2$

Lösung: **Bild 1**

Beispiel 2: Rechnerische und grafische Lösung

Bestimmen Sie die Lösungsmengen der folgenden Gleichungssysteme rechnerisch und grafisch ($G = \mathbb{R} \times \mathbb{R}$).

$$\begin{cases} (1): -x + 3y = 3 \\ (2): -x + 3y = 6 \end{cases}$$

Lösung:

a) rechnerisch:

$$\left(\begin{array}{cc|c} x & y & \\ -1 & 3 & 3 \\ -1 & 3 & 6 \end{array}\right) \begin{array}{c} \\ \cdot(-1)\downarrow \\ + \end{array} \Leftrightarrow \left(\begin{array}{cc|c} x & y & \\ -1 & 3 & 3 \\ 0 & 0 & 3 \end{array}\right) \begin{array}{c} \\ \Leftrightarrow L = \{\} \\ \rightarrow \text{„falsch“} \end{array}$$

b) grafisch: **Bild 2**

$$\begin{cases} g_1: y = \frac{1}{3}x + 1 \\ g_2: y = \frac{1}{3}x + 2 \end{cases} \Rightarrow g_1 \cap g_2$$

$\Rightarrow L = \{\}$

Tabelle 1: Von der Gleichung zur Funktion

Lineares Gleichungssystem	$\begin{cases} a_1x + b_1y = c_1 \\ a_2x + b_2y = c_2 \end{cases}$ $L_{GS} = \left\{ (x\|y) \mid y = -\frac{a_1}{b_1}x + \frac{c_1}{b_1} \wedge y = -\frac{a_2}{b_2}x + \frac{c_2}{b_2} \right\}_{\mathbb{R} \times \mathbb{R}}$
Lineare Funktion	$g_1: y = -\frac{a_1}{b_1}x + \frac{c_1}{b_1}$ $g_2: y = -\frac{a_2}{b_2}x + \frac{c_2}{b_2}$ $\Rightarrow L_{g1g2} = g_1 \cap g_2$
Lösungsmenge	$L_{GS} = L_{g1g2} = \{\mathbf{S}\}$

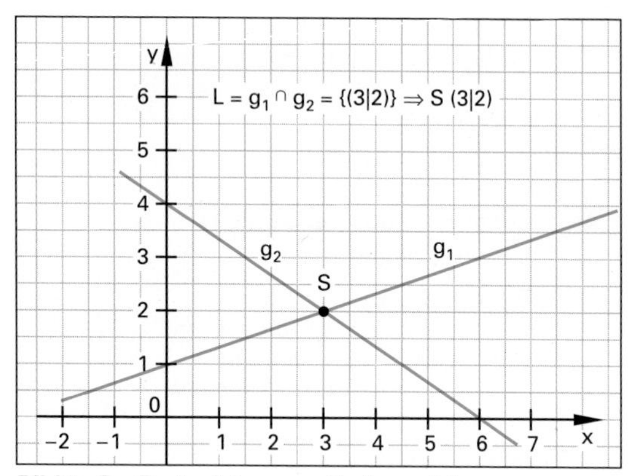

Bild 1: Grafische Lösung mit einem Lösungspaar

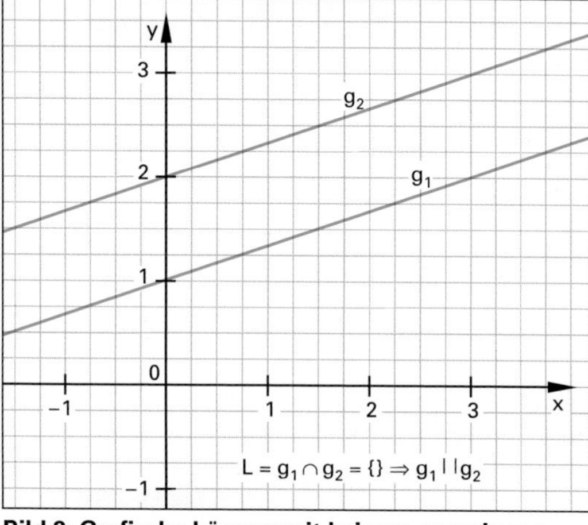

Bild 2: Grafische Lösung mit keinem gemeinsamen Lösungspaar

Aufgaben:

Zeichnen Sie die Geraden und bestimmen Sie die Lösungen.

1. $\begin{cases} x + y = 6 \\ x - y = 8 \end{cases}$ **2.** $\begin{cases} 4x - 7y = -14 \\ 4x + 3y = 36 \end{cases}$

Lösungen:

1. $L = \{(7|-1)\}$ **2.** $L = \{(5{,}25|5)\}$

Überprüfen Sie Ihr Wissen!

1. Lösen Sie das LGS mit dem Einsetzungsverfahren.

a) $\begin{cases} 4x - 2y = 8 \\ y = 6x - 16 \end{cases}$ **b)** $\begin{cases} 3{,}75x + y = 13{,}5 \\ x = 14 - 4y \end{cases}$

2. Bestimmen Sie die Lösungsmenge mit dem Gleichsetzungsverfahren.

a) $\begin{cases} x = y - 2 \\ x = 7 - 2y \end{cases}$ **b)** $\begin{cases} y = 2x - 4 \\ -3x - 2y = 1 \end{cases}$

3. Bestimmen Sie die Lösungsmenge.

a) $\begin{cases} a + 6b = 9 \\ 2a - 6b = 6 \end{cases}$ **b)** $\begin{cases} 3x - 9y = 27 \\ 7x - 21y = 63 \end{cases}$

c) $\begin{cases} 2x_1 - 4x_2 = 13 \\ -3x_1 + 6x_2 = 15 \end{cases}$ **d)** $\begin{cases} 3x - 2y + 1 = 0 \\ 4x - 5y + 2 = 0 \end{cases}$

4. Bestimmen Sie die Lösungsmenge.

a) $\begin{cases} 2a - 3b - 5c = 1 \\ \quad - 2b - c = 0 \\ \quad\quad 2c = 4 \end{cases}$ **b)** $\begin{cases} x_1 + 3x_2 + 5x_3 = 0 \\ -4x_1 + x_2 + x_3 = 0 \\ -2x_1 + 4x_2 - x_3 = 0 \end{cases}$

c) $\begin{cases} x - y + z = 7 \\ 2x + 2y + z = 18 \\ x + 3y + z = 4 \end{cases}$ **d)** $\begin{cases} 4r - 8s + 8t = -4 \\ 3r - 6s + 6t = -10 \end{cases}$

5. Lösen Sie die folgenden LGS mithilfe des Matrixverfahrens.

a) $\begin{cases} x_1 + 3x_2 = 2 \\ x_1 + 2x_3 = 1 \\ 5x_2 + x_3 = 4 \end{cases}$ **b)** $\begin{cases} x_1 + 3x_2 + 4x_3 = 2 \\ 2x_1 + x_2 + 3x_3 = 1 \\ 5x_1 + 2x_2 + 7x_3 = 4 \end{cases}$

c) $\begin{cases} x_1 + x_2 + x_3 = 15 \\ 2x_1 - x_2 + 7x_3 = 50 \\ 3x_1 + 11x_2 - 9x_3 = 1 \\ x_1 - x_2 + x_3 = 5 \end{cases}$ **d)** $\begin{cases} x_1 + 2x_2 + 12x_3 = 1 \\ 3x_1 + 2x_2 + 16x_3 = 3 \end{cases}$

6.

a) $\left(\begin{array}{rrr|r} x & y & z & \\ \hline 1 & 2 & -3 & 0 \\ 2 & -1 & 4 & 0 \\ 4 & 3 & -2 & 0 \end{array}\right)$ **b)** $\left(\begin{array}{rrrr|r} x_1 & x_2 & x_3 & x_4 & \\ \hline -1 & 2 & -2 & 1 & 5 \\ 0 & 2 & 1 & 1 & 4 \\ -1 & 0 & -3 & 1 & 4 \\ -1 & 1 & -2 & 1 & 4 \end{array}\right)$

7. Untersuchen Sie, für welche r das LGS
- genau eine Lösung
- keine Lösung hat.

a) $\begin{cases} ra + b = 1 \\ 2ra - b = 8 \end{cases}$ **b)** $\begin{cases} a + 2b = r \\ ra - 4b = 0 \end{cases}$

8. Für welche Werte des Parameters r hat das LGS

$\begin{cases} a + rb = r + 1 \\ 3a + 3b = 6 \end{cases}$

- genau eine Lösung
- unendlich viele Lösungen?

9. Bestimmen Sie a, b, c so, dass die Parabel mit der Gleichung $p(x) = ax^2 + bx + c$ durch die Punkte P, Q, R geht.

a) P (1|2), Q (–1|4), R (–2|8)

b) P (10|–3), Q (5|–2), R (19|–4)

10. Für die Innenwinkel α, β, γ eines Dreiecks gelte: α ist dreimal so groß wie β und β ist um 30° größer als γ.
Bestimmen Sie α, β, γ.

Lösungen:

1. a) $L = \{(3|2)\}$ **b)** $L = \left\{\left(\frac{20}{7}\middle|\frac{39}{14}\right)\right\}$

2. a) $L = \{(1|3)\}$ **b)** $L = \{(1|-2)\}$

3. a) $L = \left\{\left(5\middle|\frac{2}{3}\right)\right\}$ **b)** $L = \{(x|y)|x - 3y = 9\}_{\mathbb{R}\times\mathbb{R}}$

c) $L = \{\ \}$ **d)** $L = \left\{\left(-\frac{1}{7}\middle|\frac{2}{7}\right)\right\}$

4. a) $L = \{(4|-1|2)\}$ **b)** $L = \{(0|0|0)\}$

c) $L = \left\{\left(\frac{53}{4}\middle|-\frac{3}{4}\middle|-7\right)\right\}$ **d)** $L = \{\ \}$

5. a) $L = \left\{\left(-\frac{1}{13}\middle|\frac{9}{13}\middle|\frac{7}{13}\right)\right\}$ **b)** $L = \{\ \}$

c) $L = \{(3|5|7)\}$ **d)** $L = \{(1 - 2\lambda|-5\lambda|\lambda);\ \lambda \in \mathbb{R}\}$

6. a) $L = \{(-\lambda|2\lambda|\lambda);\ \lambda \in \mathbb{R}\}$ **b)** $L = \{(2|1|-1|3)\}$

7. a) Für $r = 0$: keine Lösung $L = \{\ \}$

Für $r \neq 0$: $L = \left\{\left(\frac{3}{r}\middle|-2\right)\right\}$ eine Lösung

b) für $r = -2$: keine Lösung $L = \{\ \}$

Für $r \neq -2$: eine Lösung $L = \left\{\left(\frac{2r}{r+2}\middle|\frac{r^2}{2(r+2)}\right)\right\}$

8. Für $r = 1$: unendlich viele Lösungen

$L = \{(2 - \lambda|\lambda) \wedge \lambda \in \mathbb{R}\}$

Für $r \neq 1 \Rightarrow L = \{(1|1)\}$ eine Lösung

9. a) $p(x) = x^2 - x + 2;\ x \in \mathbb{R}$

b) $p(x) = \frac{2}{315}x^2 - \frac{31}{105}x - \frac{43}{63};\ x \in \mathbb{R}$

10. $L = \{(126|42|12)\} \Rightarrow \alpha = 126°;\ \beta = 42°;\ \gamma = 12°$

2 Geometrische Grundlagen

2.1 Flächeninhalt geradlinig begrenzter Flächen

Quadrat und Rechteck

Der Flächeninhalt A bzw. die Flächenmaßzahl geradlinig begrenzter Flächen, wie Quadrat und Rechteck errechnet sich aus dem Produkt von Länge l und Breite b **(Bild 1** und **Tabelle 1)**.

Parallelogramm und Dreieck

Ein Parallelogramm kann durch Scherung in ein Rechteck mit gleicher Fläche verwandelt werden **(Bild 2)**. Die Fläche ergibt sich als Produkt von Grundseite g und Höhe h.
Verschiebt man im Parallelogramm den Punkt C auf den Punkt D, so ergibt es ein Dreieck **(Bild 2)**. Der Flächeninhalt ist halb so groß wie die Fläche des Parallelogramms und somit gleich dem halben Produkt aus Grundseite g und Höhe h.

Trapez

Werden in einem Trapez kongruente (flächengleiche) Umformungen vorgenommen, so entsteht ein Rechteck mit der Länge m, die als Mittelparallele bezeichnet wird **(Bild 3)**. Um die Mittelparallele zu berechnen, werden die beiden Grundseiten addiert und deren Summe halbiert. Die Fläche eines Trapezes ist das Produkt aus Mittelparallele m und Höhe h.

Beispiel 1: Knotenbleche

Der Flächeninhalt A der Knotenbleche 1 und 2 sind zu berechnen **(Bild 4)**.

Lösung:

Knotenblech 1: $A = A_1 + A_2 = A_{Dreieck} + A_{Trapez}$

$A_1 = \frac{1}{2} \cdot g \cdot h = \frac{1}{2} \cdot 190\,mm \cdot 100\,mm = 9500\,mm^2$

$A_2 = m \cdot h = \frac{(a + c)}{2} \cdot h = \frac{(100 + 70)\,mm}{2} \cdot 80\,mm$
$= 6800\,mm^2$

$A = 9500\,mm^2 + 6800\,mm^2 = 16300\,mm^2$
$= \mathbf{163\,cm^2}$

Knotenblech 2: $A = A_1 + 2 \cdot A_2 = A_{Rechteck} + 2 \cdot A_{Trapez}$

$A_1 = l \cdot b = 210\,mm \cdot 95\,mm = 19950\,mm^2$

$A_2 = m \cdot h = \frac{(a + c)}{2} \cdot h = \frac{(210 + 130)\,mm}{2} \cdot 255\,mm$
$= 43350\,mm^2$

$A = 19950\,mm^2 + 2 \cdot 43350\,mm^2 = \mathbf{106650\,mm^2}$

Beispiel 2: Trapez

Ein Trapez hat eine Fläche $A = 100\,cm^2$, eine Höhe $h = 50\,mm$ und eine Seitenlänge $a = 80\,mm$. Welche Länge hat die Seite c?

Lösung:

$A = m \cdot h = 100\,cm^2;\; m = \frac{A}{h} = \frac{100\,cm^2}{5\,cm} = 20\,cm$

$m = \frac{1}{2} \cdot (a + c) = 20\,cm \Rightarrow c = 40\,cm - 8\,cm = \mathbf{32\,cm}$

Tabelle 1: Flächeninhalt geradlinig begrenzter Flächen

Flächenform	Formel
Quadrat	$A = a \cdot a = a^2$
Rechteck	$A = l \cdot b$
Parallelogramm	$A = g \cdot h$
Dreieck	$A = \frac{(g \cdot h)}{2}$
Trapez	$A = \frac{(a + c)}{2} \cdot h = m \cdot h$

A Flächeninhalt; s Seite am Quadrat; l Länge; b Breite; a, c parallele Seiten am Trapez; m Mittelparallele; g Grundlinie; h Höhe

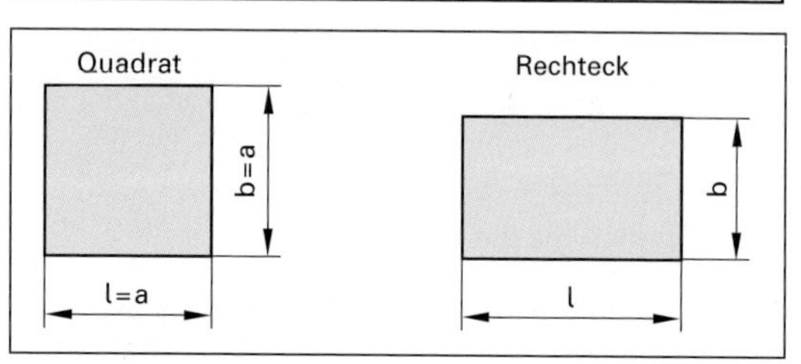

Bild 1: Quadrat und Rechteck

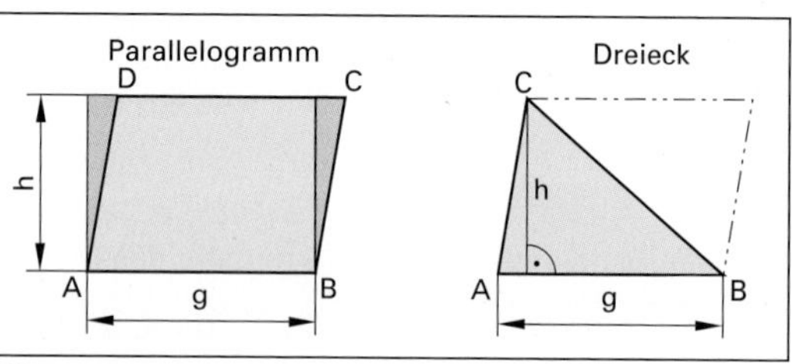

Bild 2: Parallelogramm und Dreieck

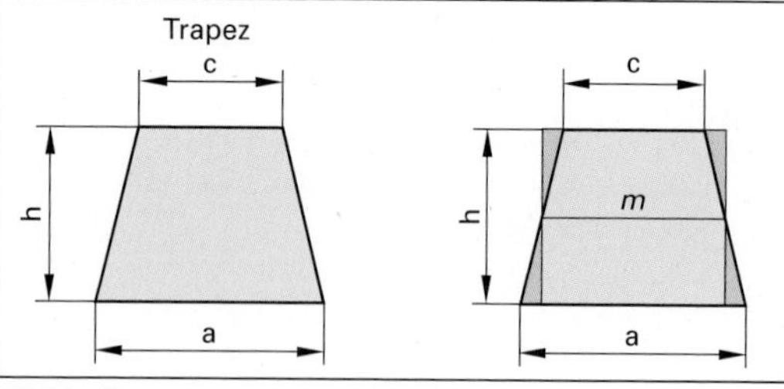

Bild 3: Trapez

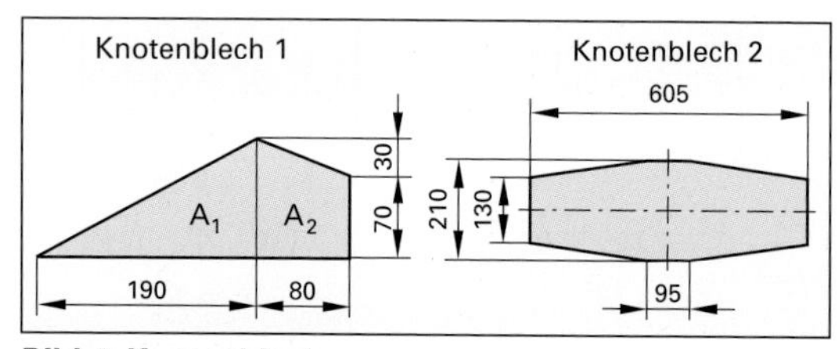

Bild 4: Knotenbleche

2.2 Flächeninhalt kreisförmig begrenzter Flächen

Kreis

Der Kreis ist die Menge aller Punkte einer Ebene, die von einem festen Punkt M der Ebene einen konstanten Abstand r haben **(Bild 1)**. Die Fläche A des Kreises ist das Produkt aus der Zahl π und dem Produkt des Radius r.

Kreisring

Die von zwei konzentrischen Kreisen begrenzte Figur heißt Kreisring **(Bild 1)**. Die Kreisringfläche A errechnet sich aus der Differenz zwischen äußerer Kreisfläche und innerer Kreisfläche.

Beispiel 1: Kreisring

Die Fläche A des Kreisringes mit Außendurchmesser R = 60 mm und Innendurchmesser r = 40 mm ist zu berechnen.

Lösung:

$A_1 = R^2 \cdot \pi = (60\text{ mm})^2 \cdot \pi = 11\,309{,}7\text{ mm}^2$

$A_2 = r^2 \cdot \pi = (40\text{ mm})^2 \cdot \pi = 5\,026{,}5\text{ mm}^2$

$A = A_1 - A_2 = 11\,309{,}7\text{ mm}^2 - 5\,026{,}5\text{ mm}^2$

$= \mathbf{6283{,}2\text{ mm}^2}$

Kreisausschnitt

Ein Kreisausschnitt **(Bild 2)** wird auch als Kreissektor bezeichnet. Die Fläche A des Kreisausschnitts verhält sich zur Fläche A eines Kreises wie der Zentriwinkel α zur Winkelsumme 360° im Kreis.

$$A_{Ausschnitt} : A_{Kreis} = \alpha : 360°$$

Kreisabschnitt

Ein Kreisabschnitt **(Bild 2)** wird auch als Kreissegment bezeichnet. Die Fläche eines Kreisabschnittes ergibt sich aus der Differenz des Kreisabschnittes und der durch die Sehne und dem Radius gebildeten Restdreieck.

$$A_{Abschnitt} = A_{Ausschnitt} - A_{Dreieck}$$

Beispiel 2: Abdeckblech

Berechnen Sie den Blechbedarf für eine Abdeckung **(Bild 3)**.

Lösung:

$A = A_{Ausschnitt} - A_{Dreieck}$

$= r^2 \cdot \pi \cdot \frac{\alpha}{360°} - \frac{s(r-h)}{2};$

$= (40\text{ mm})^2 \cdot \pi \cdot \frac{90°}{360°} - \frac{60\text{ mm}\,(40\text{ mm} - 15\text{ mm})}{2}$

$A = 1256{,}6\text{ mm}^2 - 750\text{ mm}^2 = \mathbf{506{,}6\text{ mm}^2}$

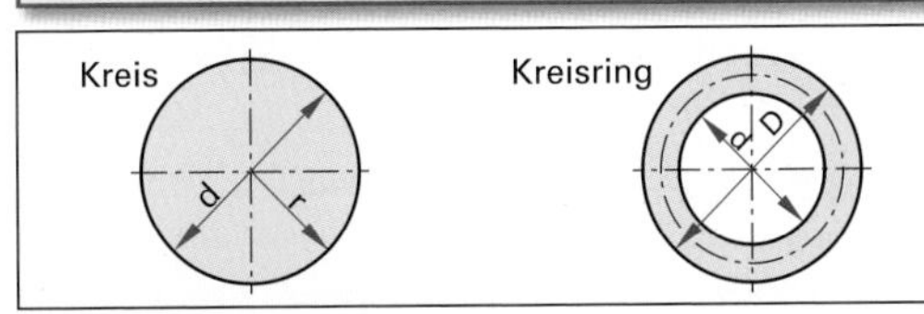

Bild 1: Kreis und Kreisring

Tabelle 1: Flächeninhalt kreisförmig begrenzter Flächen

Flächenform	Formel
Kreis	$A = \pi \cdot r^2;\ A = \pi \cdot \frac{d^2}{4}$
Kreisring	$A = \pi \cdot (R^2 - r^2)$ $A = \frac{\pi}{4} \cdot (D^2 - d^2)$
Kreisausschnitt	$A = \pi \cdot r^2 \cdot \frac{\alpha}{360°};\ A = \frac{b \cdot r}{2}$
Kreisabschnitt	$A = \pi \cdot r^2 \cdot \frac{\alpha}{360°} - \frac{s(r-h)}{2}$ $A = \frac{b \cdot r}{2} - \frac{s(r-h)}{2}$
A Flächeninhalt R, r Radius D, d Durchmesser	b Bogenlänge s Sehnenlänge h Höhe α Mittelpunktswinkel

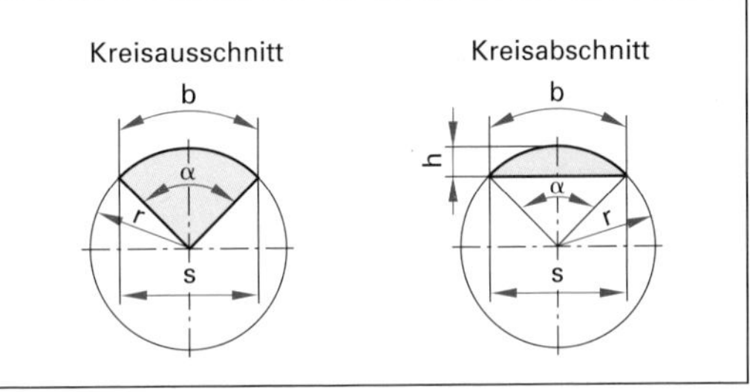

Bild 2: Kreisausschnitt und Kreisabschnitt

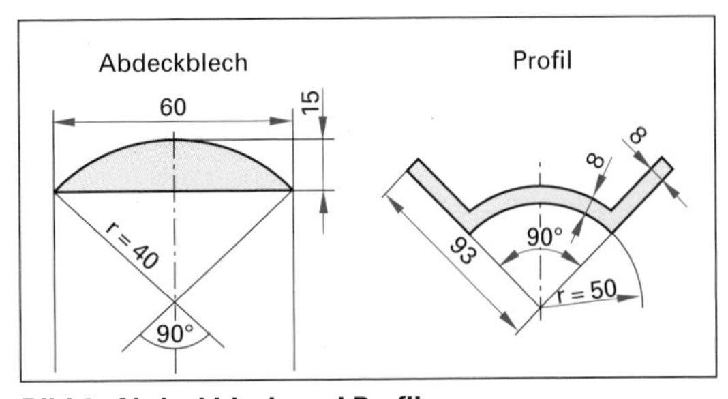

Bild 3: Abdeckblech und Profil

Beispiel 3: Profil

Die Querschnittsfläche des Profils **(Bild 3)** ist zu berechnen.

Lösung:

$A = \frac{1}{4} \cdot A_{Kreisring} + 2 \cdot A_{Rechteck}$

$= \frac{1}{4} \cdot \frac{\pi}{4} \cdot (D^2 - d^2) + 2 \cdot l \cdot b$

$= \frac{\pi}{16}\,((116\text{ mm})^2 - (100\text{ mm})^2) + 2 \cdot 35\text{ mm} \cdot 8\text{ mm}$

$= \mathbf{1\,238{,}58\text{ mm}^2}$

Überprüfen Sie Ihr Wissen!

Geradlinig begrenzte Flächen

1. Die Quadratseiten s in mm sind für die Flächen A zu berechnen.
a) $A = 324\ mm^2$ **b)** $A = 47{,}61\ cm^2$ **c)** $A = 9{,}61\ dm^2$

2. Berechnen Sie den Flächeninhalt A des Quadrats, wenn für den Umfang U gilt:
a) U = 144 mm **b)** U = 14,8 cm **c)** U = 4,2 m

3. Welchen Flächeninhalt A hat das Blech eines Transformatorkerns **(Bild 1)**?

4. Wie groß ist die Fläche in cm^2 für die Isolierplatte **(Bild 1)**?

5. Der kreuzförmige Querschnitt der Strebe **(Bild 2)** ist in cm^2 zu berechnen.

6. Wie groß ist der Blechbedarf für 5 Scharnierbleche bei 12,5% Verschnitt **(Bild 2)**?

7. Berechnen Sie die Querschnittsfläche des Lochstempels in mm^2 **(Bild 3)**.

8. Wie groß muss das Maß x im Pleuelstangenquerschnitt werden **(Bild 3)**, wenn eine Gesamtfläche von $A = 42{,}9\ cm^2$ erreicht werden soll?

Kreisförmig begrenzte Flächen

9. Die Fläche A der Platte **(Bild 4)** ist in mm^2 zu berechnen.

10. Berechnen Sie die Fläche des Versteifungsbleches **(Bild 4)**.

11. Der Flächeninhalt des Schließblechs **(Bild 5)** ist zu berechnen.

12. Berechnen Sie den schraffierten Zwischenraum zwischen den Kreisen **(Bild 6)**.

13. Die schraffierte Fläche **(Bild 6)** des Polygons ist zu berechnen
a) allgemein, **b)** für a = 120 mm.

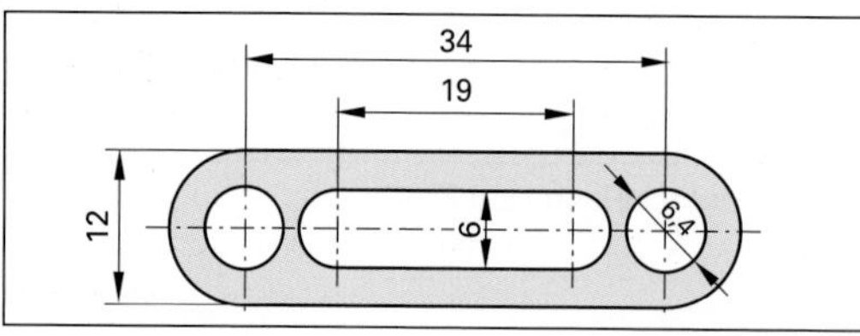

Bild 5: Schließblech

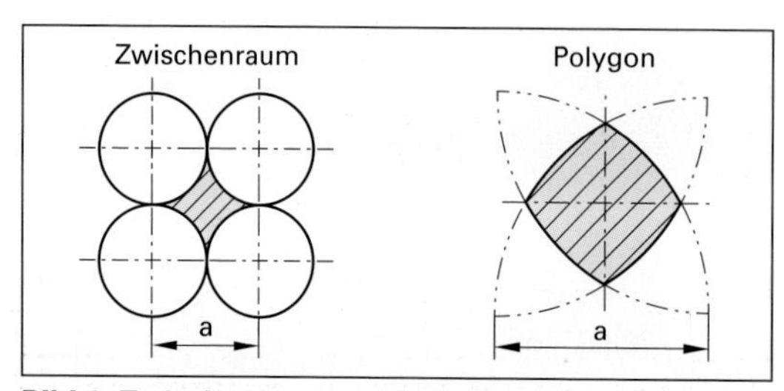

Bild 6: Zwischenraum und Polygon

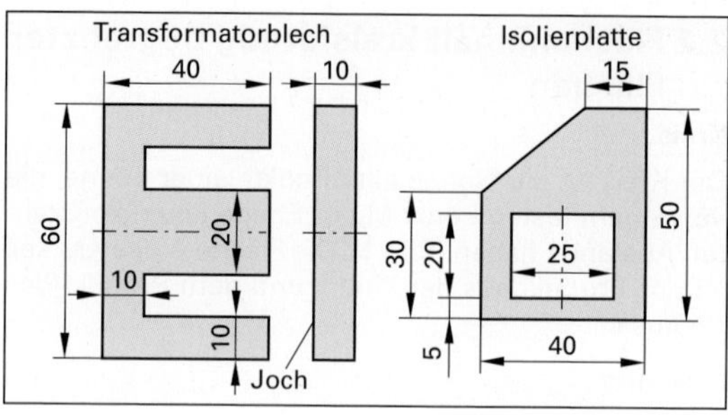

Bild 1: Transformatorkern und Isolierplatte

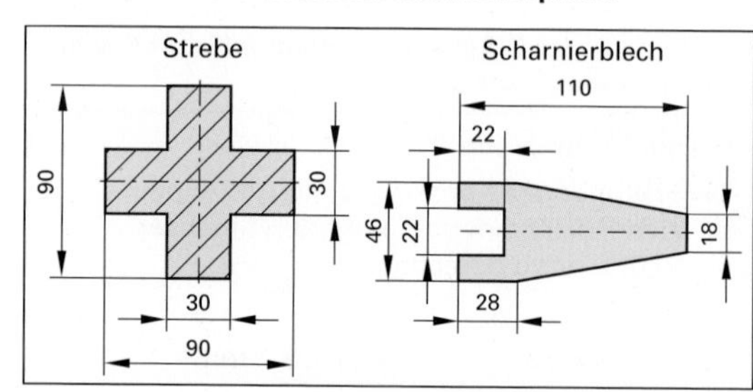

Bild 2: Strebe und Scharnierblech

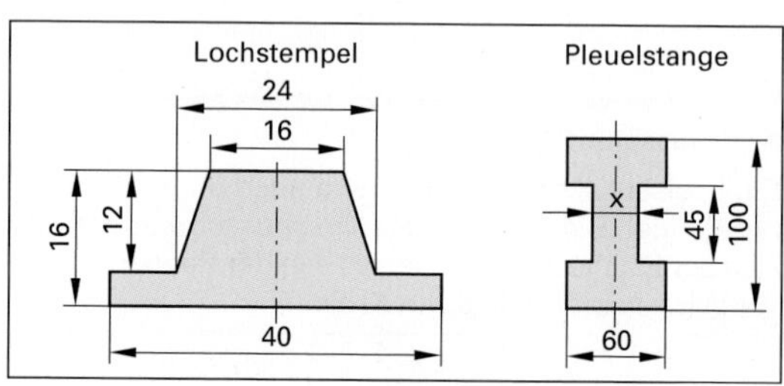

Bild 3: Lochstempel und Pleuelstange

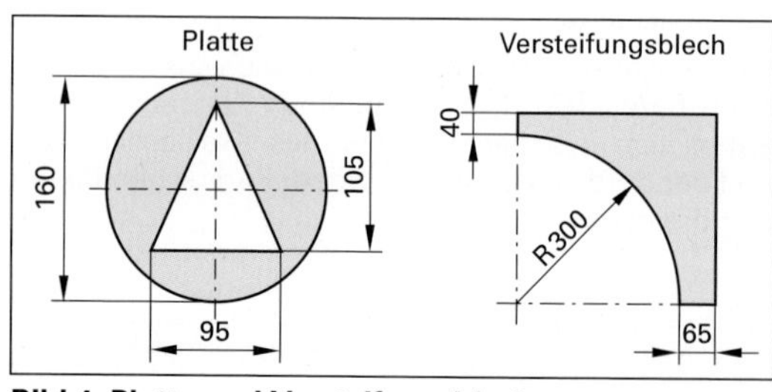

Bild 4: Platte und Versteifungsblech

Lösungen:
1. **a)** s = 18 mm **b)** s = 69 mm **c)** s = 310 mm
2. **a)** $A = 1296\ mm^2$ **b)** $A = 13{,}69\ cm^2$ **c)** $A = 1{,}1025\ m^2$
3. $A = 18\ cm^2$
4. $A = 12{,}5\ cm^2$
5. $A = 45\ cm^2$
6. $A = 19\,588{,}6\ mm^2$
7. $A = 400\ mm^2$
8. x = 22 mm
9. $A = 15\,118{,}7\ mm^2$
10. $A = 53\,414\ mm^2$
11. $A = 314{,}5\ mm^2$
12. $A = a^2 - \frac{a^2 \cdot \pi}{4}$
13. **a)** $A = a^2(1 + \frac{\pi}{3} - \sqrt{3})$ **b)** $A = 4\,538{,}11\ mm^2$

 ⇒ [Weitere Aufgaben im Kapitel 12]

2.3 Volumenberechnungen

2.3.1 Körper gleicher Querschnittsfläche

Würfel, Prisma und Zylinder

Ein Körper nimmt eine Teilmenge des Raumes ein, in dem er sich befindet. Das Maß dieser Teilmenge wird als Rauminhalt oder Volumen des Körpers bezeichnet.

Das Volumen gleich dicker Körper berechnet sich aus dem Produkt von Grundfläche A und Höhe h **(Tabelle 1)**. Diese Formel gilt für alle Körper, deren Grundfläche und Deckfläche kongruent (deckungsgleich) und zueinander parallel sind.

Das Volumen eines Körpers wird in Kubikmeter m³, in Kubikdezimeter dm³, in Kubikzentimeter cm³ oder in Kubikmillimeter mm³ angegeben **(Tabelle 2)**.

Beispiel 1: Lautsprecherbox

Eine Lautsprecherbox ist 30 cm lang, 25 cm breit und 60 cm hoch. Wie groß ist das Volumen der Box a) in cm³; b) in dm³ (Liter); c) in m³?

Lösung:

a) $V = A \cdot h = l \cdot b \cdot h = 30\,\text{cm} \cdot 25\,\text{cm} \cdot 60\,\text{cm} = \mathbf{45000\,cm^3}$

b) $V = 45000\,\text{cm}^3 = 45000 \cdot 10^{-3}\,\text{dm}^3 = \mathbf{45\,dm^3 = 45\,Liter}$

c) $V = 45000\,\text{cm}^3 = 45000 \cdot 10^{-6}\,\text{m}^3 = \mathbf{0{,}045\,m^3}$

Beispiel 2: Hubraum

Ein Vierzylinder-Viertakt-Motor hat eine Zylinderbohrung von 77 mm und einen Hub von 64 mm **(Bild 1)**. Gesucht ist der Hubraum in cm³ und in Liter.

Lösung:

$V = 4 \cdot A \cdot h = 4 \cdot \frac{\pi \cdot d^2}{4} \cdot h = 4 \cdot \frac{\pi \cdot (7{,}7\,\text{cm})^2}{4} \cdot 6{,}4\,\text{cm}$
$= \mathbf{1192\,cm^3}$

$1\,\text{Liter} = 1\,\text{dm}^3 = 1000\,\text{cm}^3 \Leftrightarrow 1192\,\text{cm}^3 = \mathbf{1{,}192\,Liter}$

Aufgaben:

1. Ein Prisma hat die Länge l, die Breite b und die Höhe h in Meter. Um wie viele m³ erhöht sich sein Volumen, wenn
   - **a)** die Länge l verdoppelt wird,
   - **b)** die Länge l und die Breite b verdoppelt werden,
   - **c)** die Länge l, die Breite b und die Höhe h verdoppelt werden?
2. Das Volumen des zusammengesetzten Körpers **(Bild 1)**, dessen Maße in mm angegeben sind, ist in mm³, cm³, dm³ und m³ zu berechnen.

Lösungen:

1. $V_0 = l \cdot b \cdot h$ **a)** $V = 2 \cdot V_0$ **b)** $V = 4 \cdot V_0$
c) $V = 8 \cdot V_0$

2. $V = 12580\,\text{mm}^3 = 12{,}58\,\text{cm}^3 = 1{,}258 \cdot 10^{-2}\,\text{dm}^3$
$= 1{,}258 \cdot 10^{-5}\,\text{m}^3$

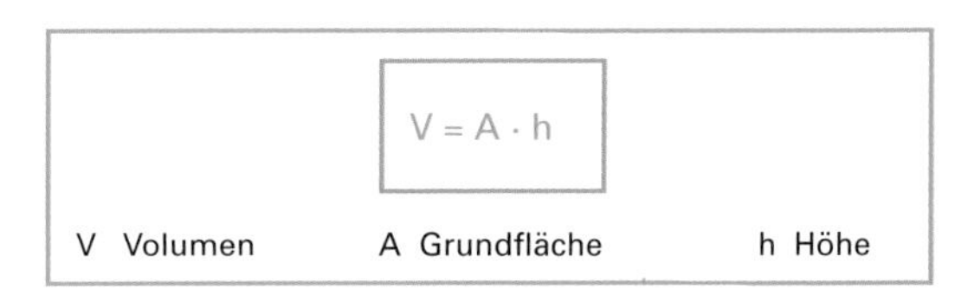

$V = A \cdot h$

V Volumen A Grundfläche h Höhe

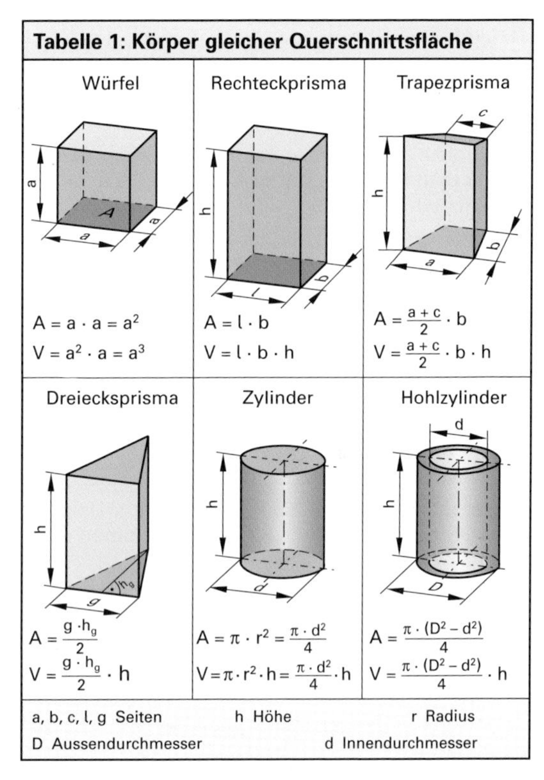

Tabelle 1: Körper gleicher Querschnittsfläche

Würfel	Rechteckprisma	Trapezprisma
$A = a \cdot a = a^2$ $V = a^2 \cdot a = a^3$	$A = l \cdot b$ $V = l \cdot b \cdot h$	$A = \frac{a+c}{2} \cdot b$ $V = \frac{a+c}{2} \cdot b \cdot h$
Dreiecksprisma	**Zylinder**	**Hohlzylinder**
$A = \frac{g \cdot h_g}{2}$ $V = \frac{g \cdot h_g}{2} \cdot h$	$A = \pi \cdot r^2 = \frac{\pi \cdot d^2}{4}$ $V = \pi \cdot r^2 \cdot h = \frac{\pi \cdot d^2}{4} \cdot h$	$A = \frac{\pi \cdot (D^2 - d^2)}{4}$ $V = \frac{\pi \cdot (D^2 - d^2)}{4} \cdot h$

a, b, c, l, g Seiten h Höhe r Radius
D Aussendurchmesser d Innendurchmesser

Tabelle 2: Volumeneinheiten

Einheiten	Umformungen
m³	$1\,\text{m}^3 = 10^3\,\text{dm}^3 = 10^6\,\text{cm}^3 = 10^9\,\text{mm}^3$
dm³	$1\,\text{dm}^3 = 10^{-3}\,\text{m}^3 = 10^3\,\text{cm}^3 = 10^6\,\text{mm}^3$
cm³	$1\,\text{cm}^3 = 10^{-6}\,\text{m}^3 = 10^{-3}\,\text{dm}^3 = 10^3\,\text{mm}^3$
mm³	$1\,\text{mm}^3 = 10^{-9}\,\text{m}^3 = 10^{-6}\,\text{dm}^3 = 10^{-3}\,\text{cm}^3$

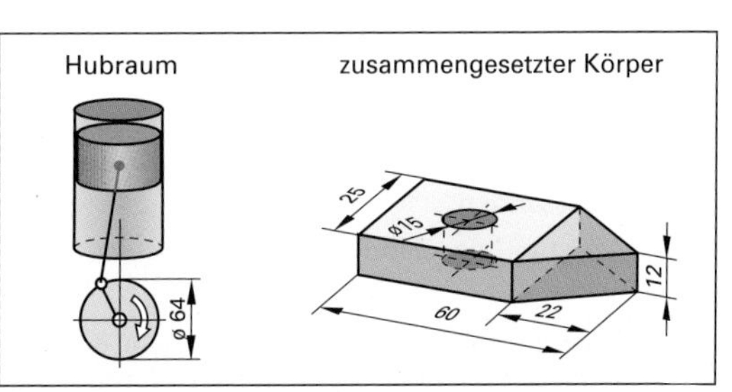

Bild 1: Hubraum und zusammengesetzter Körper

2.3.2 Spitze Körper

Pyramide und Kegel

In der Geometrie spricht man von einer Pyramide, wenn ein Körper als Grundfläche ein beliebiges n-Eck und als Seitenflächen Dreiecke besitzt **(Tabelle 1)**.

Das Volumen einer Pyramide ist gleich dem dritten Teil eines Prismas mit gleicher Grundfläche A und gleicher Höhe h.

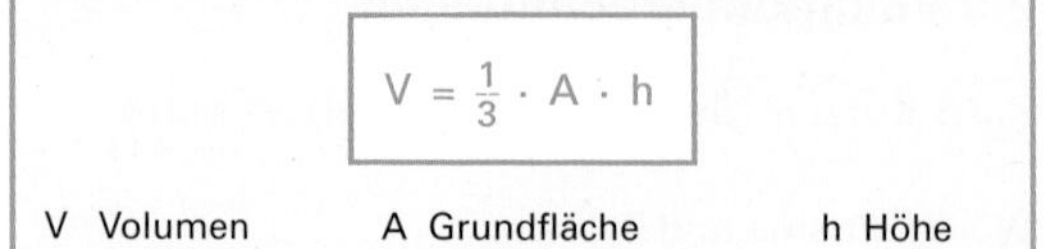

Beispiel 1: Turmspitze

Die Spitze eines Turmes hat die Form einer quadratischen Pyramide mit den Seiten a = 5 m und der Höhe h = 12 m.

Welchen Rauminhalt hat der Dachraum?

Lösung:

$V = \frac{1}{3} \cdot A \cdot h = \frac{1}{3} \cdot 5\text{ m} \cdot 5\text{ m} \cdot 12\text{ m} = \mathbf{100\text{ m}^3}$

Tabelle 1: Spitze Körper

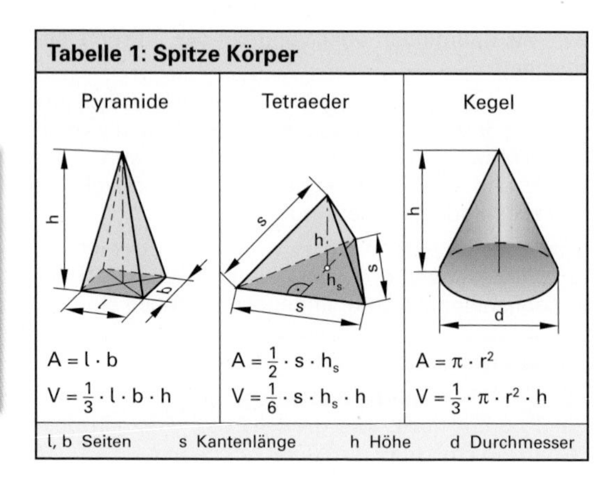

Lässt man bei einem regelmäßigen Vieleck die Eckenzahl gegen eine unendlich große Zahl gehen, so wird aus dem regelmäßigen Vieleck ein Kreis und aus der Vieleckspyramide ein Kegel.

Fasst man den Kegel als Pyramide mit kreisrunder Grundfläche auf, so gilt für das Volumen des Kegels $V = \frac{1}{3} \cdot A \cdot h = \frac{1}{3} \cdot \pi \cdot r^2 \cdot h$.

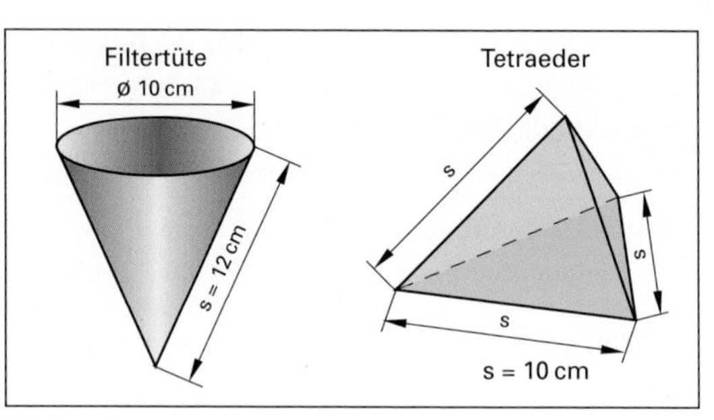

Bild 1: Kegel und Tetraeder

Beispiel 2: Filtertüte

Wie viel Volumen Flüssigkeit in cm^3 und Liter fasst eine Filtertüte, die einen Durchmesser d = 10 cm und deren Mantel eine Länge s = 12 cm hat **(Bild 1)**?

Lösung:

Berechnung der Höhe h mit dem Satz des Pythagoras: $h^2 + r^2 = s^2$; $h = \sqrt{s^2 - r^2}$ mit $r = \frac{d}{2}$ gilt:

$h = \sqrt{(12\text{ cm})^2 - (5\text{ cm})^2} = 10{,}91\text{ cm}$

$V = \frac{1}{3} \cdot A \cdot h = \frac{1}{3} \cdot \pi \cdot r^2 \cdot h = \frac{1}{3} \cdot \pi \cdot (5\text{ cm})^2 \cdot 10{,}91\text{ cm}$

$V = \mathbf{285{,}6\text{ cm}^3 = 0{,}286\text{ Liter}}$

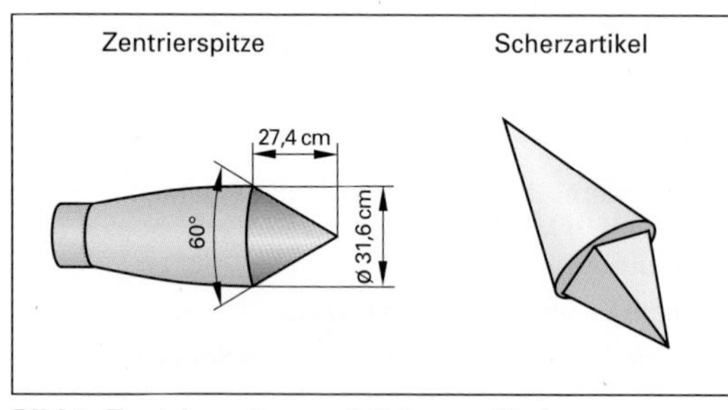

Bild 2: Zentrierspitze und Scherzartikel

Aufgaben:

1. Ein regelmäßiges Tetraeder ist eine Pyramide, deren Grund- und Seitenflächen aus gleichseitigen Dreiecken bestehen. Berechnen Sie das Volumen eines Tetraeders mit der Kantenlänge s = 10 cm **(Bild 1)**.
2. Der Durchmesser eines kegelförmigen Sandhaufens mit einem Kubikmeter und einem Meter Höhe ist zu berechnen.
3. Das Volumen der Zentrierspitze **(Bild 2)** ist zu berechnen.
4. Ein Scherzartikel **(Bild 2)** mit den zwei Körpern Kegel und Pyramide soll gefertigt werden. Der Kegel soll einen Durchmesser d = 10 cm und eine Höhe h = 10 cm besitzen. Die Grundfläche der quadratischen Pyramide darf über die Grundfläche des Kegels nicht hinausragen. Welche Höhe h muss die Pyramide haben, wenn sie das gleiche Volumen wie der Kegel haben soll?

Lösungen:

1. $V = 117{,}78\text{ cm}^3$ **2.** d = 1,954 m
3. $V = 7\,163\text{ cm}^3$ **4.** h = 15,7 cm

2.3.3 Abgestumpfte Körper

Pyramidenstumpf und Kegelstumpf

Wird parallel zur Grundfläche A_1 einer Pyramide oder eines Kegels mit der Höhe H ein Schnitt gelegt, der die Spitze des Körpers mit der Grundfläche A_2 abschneidet, so erhält man einen Pyramidenstumpf bzw. einen Kegelstumpf **(Tabelle 1)**.

Das Volumen eines abgestumpften Körpers ergibt sich aus dem Volumen des spitzen Körpers V_1 minus dem Volumen der fehlenden Spitze V_2.

Beispiel 1: Einfülltrichter

Der Rauminhalt des Einfülltrichters für ein Silo ist in m^3 zu berechnen **(Bild 1)**.

Lösung:

$$V = \frac{1}{3} \cdot h \cdot (A_1 + \sqrt{A_1 \cdot A_2} + A_2)$$

$$= \frac{1}{3} \cdot 3{,}6\,m \cdot (4{,}5\,m \cdot 3\,m + \sqrt{4{,}5 \cdot 3\,m^2 \cdot 3 \cdot 2\,m^2} + 3\,m \cdot 2\,m)$$

$$V = 1{,}2\,m \cdot (13{,}5\,m^2 + 9\,m^2 + 6\,m^2) = \mathbf{34{,}2\,m^3}$$

Beispiel 2: Auffanggefäß für Regenwasser

Ein Gefäß für Regenwasser soll 160 Liter Flüssigkeit aufnehmen können **(Bild 1)**. Der Durchmesser d am Boden soll 50 cm und der Durchmesser D am oberen Rand soll 70 cm betragen.

Welche Höhe h muss das Gefäß haben?

Lösung:

$$V = \frac{1}{3} \cdot \pi \cdot h \cdot (r_1^2 + r_1 \cdot r_2 + r_2^2);\ \text{mit}\ r_1 = \frac{D}{2}\ \text{und}\ r_2 = \frac{d}{2}$$

$$h = \frac{3 \cdot V}{\pi \cdot (r_1^2 + r_1 \cdot r_2 + r_2^2)}$$

$$h = \frac{3 \cdot 160000\,cm^3}{\pi \cdot ((35\,cm)^2 + 35\,cm \cdot 25\,cm + (25\,cm)^2)} = \mathbf{56\,cm}$$

Volumen abgestumpfter Körper

$$V = V_1 - V_2$$

$$V = \frac{1}{3} \cdot A_1 \cdot H - \frac{1}{3} \cdot A_2 \cdot (H - h)$$

V, V_1, V_2 Volumen — A_1 Grundfläche
H, h Höhe — A_2 Deckfläche

Tabelle 1: Abgestumpfte Körper

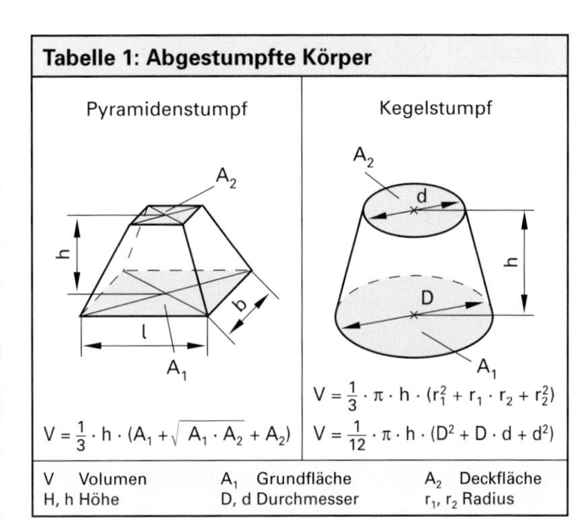

Pyramidenstumpf	Kegelstumpf
$V = \frac{1}{3} \cdot h \cdot (A_1 + \sqrt{A_1 \cdot A_2} + A_2)$	$V = \frac{1}{3} \cdot \pi \cdot h \cdot (r_1^2 + r_1 \cdot r_2 + r_2^2)$ $V = \frac{1}{12} \cdot \pi \cdot h \cdot (D^2 + D \cdot d + d^2)$

V Volumen — A_1 Grundfläche — A_2 Deckfläche
H, h Höhe — D, d Durchmesser — r_1, r_2 Radius

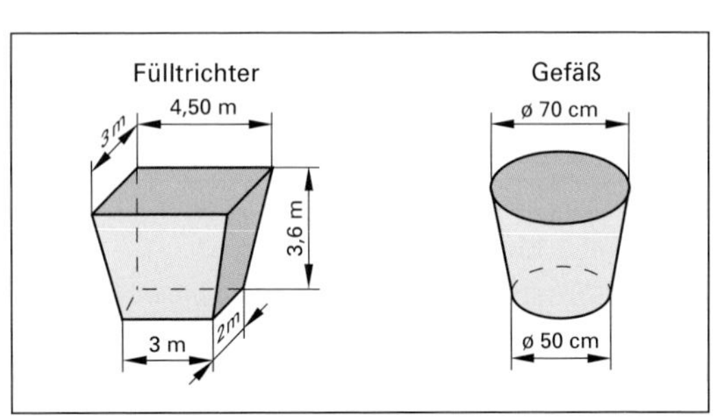

Bild 1: Fülltrichter und Gefäß

Tabelle 2: Maße abgestumpfter Körper

Form der Grundfläche	a) quadratisch	b) rechteckig	c) kreisförmig
Maße der Grundfläche	62 × 62	120 × 80	Ø 180
Maße der Deckfläche	36 × 36	90 × 60	Ø 80
Höhe h des Körpers	75	150	125

Aufgaben:

1. Die Walze eines Mahlwerkes hat die Form eines Kegelstumpfes. Der große Durchmesser misst 1 Meter, der kleine Durchmesser 60 cm und die Höhe h der Walze beträgt 60 cm.
   Berechnen Sie
   a) das Volumen der Walze und
   b) die Masse, wenn das Walzenmaterial eine Dichte $\rho = 7{,}25\,kg/dm^3$ hat.

2. Mit den gegebenen Maßen in Millimeter für abgestumpfte Körper ist für die Aufgaben a, b und c der **Tabelle 2** das Volumen zu berechnen.

3. Bei einem Kegel aus Styropor sind Durchmesser und Höhe gleich. Mit einer Schneidvorrichtung wird er auf halber Höhe getrennt. In welchem Verhältnis steht das Volumen des Kegels zum Volumen des Stumpfes?

Lösungen:

1. a) $V = 307\,876\,cm^3$ **b)** $m = 2232{,}1\,kg$
2. a) $V = 184{,}3\,cm^3$ **b)** $V = 1110\,cm^3$
c) $V = 1741\,cm^3$
3. $\frac{V_P}{V_S} = \frac{32}{21}$

2.3.4 Kugelförmige Körper

Vollkugel und Halbkugel

Rotiert ein Halbkreis mit dem Durchmesser $d = 2 \cdot r$ um die Durchmesserachse, so entsteht als Rotationskörper eine Kugel **(Tabelle 1)**.

Das Volumen einer Halbkugel mit dem Durchmesser d ist gleich dem Volumen eines kegelförmig ausgebohrten Zylinders mit dem Durchmesser d **(Tabelle 1)**. (Satz von Cavalieri [1])

$$V_{Halbkugel} = \frac{V_{Kugel}}{2} = \pi \cdot r^2 \cdot r - \frac{1}{3} \cdot \pi \cdot r^2 \cdot r = \frac{2}{3} \cdot \pi \cdot r^3$$

Beispiel 1: Voluminavergleich

Wie verhalten sich die Volumina von Zylinder, Kugel und Kegel bei gleicher Höhe h = d und gleichem Durchmesser d **(Bild 1)**?

Lösung:

$$V_{Zylinder} = \frac{\pi \cdot d^3}{4}; \quad V_{Kugel} = \frac{\pi \cdot d^3}{6}; \quad V_{Kegel} = \frac{\pi \cdot d^3}{12}$$

$$V_{Zylinder} : V_{Kugel} : V_{Kegel} = \frac{\pi \cdot d^3}{4} : \frac{\pi \cdot d^3}{6} : \frac{\pi \cdot d^3}{12} = \mathbf{3 : 2 : 1}$$

Kugelabschnitt (Kugelsegment)

Wird eine Kugel von einer Ebene geschnitten, so teilt die Ebene die Kugel in zwei Kugelabschnitte **(Tabelle 1)**.

Das Volumen des Kugelabschnitts mit der Höhe h ist gleich dem abgetrennten Volumen mit der Höhe h eines kegelförmig ausgebohrten Zylinders **(Tabelle 1)**. (Satz von Cavalieri)

Beispiel 2: Eintauchvolumen

Ein Ball mit 14 cm Durchmesser schwimmt im Wasser und taucht h = 1,5 cm ein **(Bild 1)**. Welches Volumen verdrängt der Ball?

Lösung:

$$V = \frac{1}{3} \cdot \pi \cdot h^2 \cdot (3 \cdot r - h)$$

$$V = \frac{1}{3} \cdot \pi(1{,}5\ \text{cm})^2 \cdot (3 \cdot 7\ \text{cm} - 1{,}5\ \text{cm}) = \mathbf{45{,}95\ cm^3}$$

Kugelausschnitt (Kugelsektor)

Verbindet man den Begrenzungskreis des Kugelabschnitts mit dem Mittelpunkt der Kugel, so erhält man einen Kugelausschnitt.

Das Volumen des Kugelausschnitts setzt sich aus der Summe von Kugelabschnitt und Kegel zusammen **(Tabelle 1)**.

Aufgaben:

1. Ein kugelförmiger Behälter für Gas soll ein Volumen von 20000 m³ haben. Welcher innere Durchmesser ist nötig?
2. Berechnen Sie die Masse von
   a) 1000 Stahlkugeln bei 1 mm Durchmesser ($\rho = 7{,}85\ g/cm^3$)
   b) 1 Polystyrolkugel mit 1 m Durchmesser ($\rho = 24\ kg/m^3$)

Tabelle 1: Kugelförmige Körper

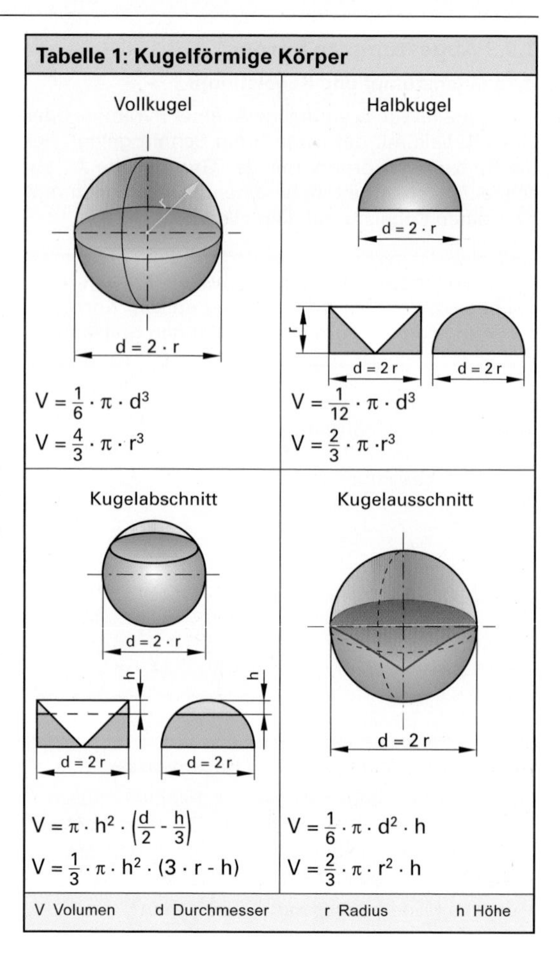

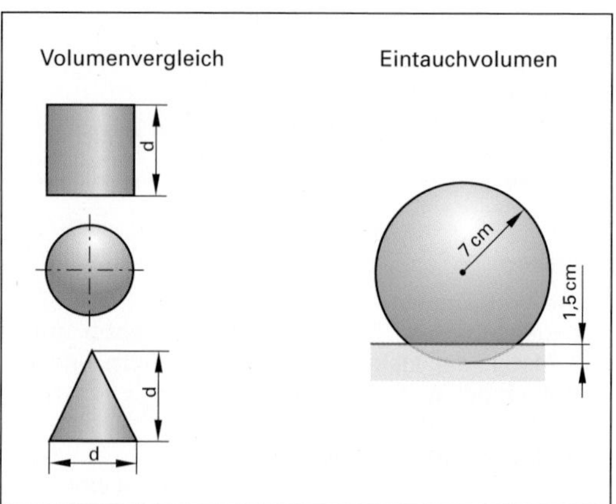

Bild 1: Volumenvergleich und Eintauchvolumen

Lösungen:

1. d = 33,678 m
2. **a)** V = 523,6 mm³ m = 4,11 g
   b) V = 0,5236 m³ m = 12,566 kg

[1] Bonaventura Cavalieri, 1598–1647

2.4 Trigonometrische Beziehungen

2.4.1 Ähnliche Dreiecke

Eine Wegstrecke mit dem Anstiegswinkel α steigt vom Punkt S
um s_1 = 50 m zum Punkt S_1 um den Höhenunterschied h_1 = 5 m;
um s_2 = 100 m zum Punkt S_2 um den Höhenunterschied h_2 = 10 m;
um s_3 = 150 m zum Punkt S_3 um den Höhenunterschied h_3 = 15 m **(Bild 1)**.

Die rechtwinkligen Dreiecke SL_1S_1 ; SL_2S_2 und SL_3S_3 sind ähnlich, da sie alle den Winkel α gemeinsam haben **(Bild 1)**.
Aus der Ähnlichkeit folgt:

$$\frac{h_1}{s_1} = \frac{h_2}{s_2} = \frac{h_3}{s_3} = \frac{1}{10}$$

Ähnliche Dreiecke

$$\frac{h_1}{s_1} = \frac{h_2}{s_2} = \frac{h_3}{s_3} = \dots = \frac{h_n}{s_n}$$

s_1, s_2, s_3, s_n Streckenabschnitte

h_1, h_2, h_3, h_n Höhenunterschiede

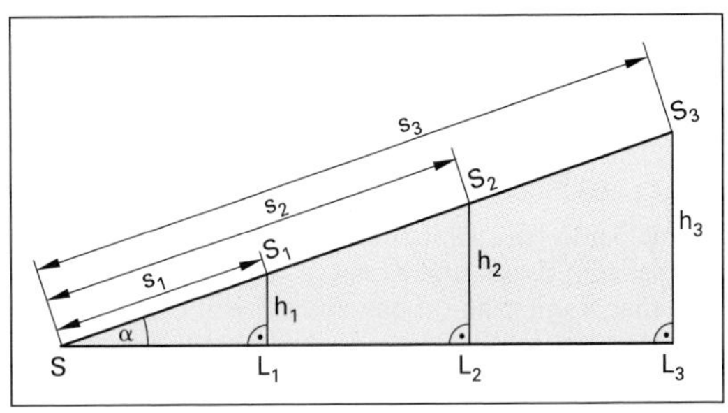

Bild 1: Wegstrecke und ähnliche rechtwinklige Dreiecke

2.4.2 Rechtwinklige Dreiecke

Für spitze Winkel α können die Winkelfunktionen Sinus = sin α, Kosinus = cos α, Tangens = tan α und Kotangens = cot α auch als Beziehungen zwischen Seitenlängen im rechtwinkligen Dreieck ausgedrückt werden **(Bild 2)**. Die dem rechten Winkel gegenüberliegende Seite wird als Hypotenuse, die dem spitzen Winkel anliegende Seite als Ankathete und die dem spitzen Winkel gegenüberliegende Seite als Gegenkathete bezeichnet **(Tabelle 1)**.

- Der Sinus eines Winkels ist gleich dem Längenverhältnis von Gegenkathete zur Hypotenuse
- Der Kosinus eines Winkels ist gleich dem Längenverhältnis von Ankathete zur Hypotenuse
- Der Tangens eines Winkels ist gleich dem Längenverhältnis von Gegenkathete zur Ankathete
- Der Kotangens eines Winkels ist gleich dem Längenverhältnis von Ankathete zur Gegenkathete

Tabelle 1: Winkelfunktionen

$\sin\alpha = \frac{a}{c}$	$\cos\alpha = \frac{b}{c}$
$\tan\alpha = \frac{a}{b}$	$\cot\alpha = \frac{b}{a}$
α Winkel zwischen b und c;	a Gegenkathete zu α
b Ankathete zu α	c Hypotenuse

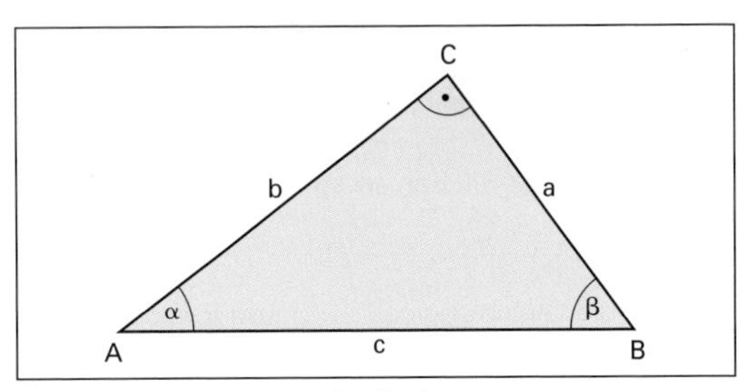

Bild 2: Rechtwinkliges Dreieck

Beispiel 1: Sinus, Kosinus und Tangens

Berechnen Sie zum Winkel α **(Bild 2)** den Sinus, den Kosinus und den Tangens, wenn a = 3 m, b = 4 m und c = 5 m sind.

Lösung:

$$\sin\alpha = \frac{\text{Gegenkathete}}{\text{Hypotenuse}} = \frac{a}{c} = \frac{3\text{ m}}{5\text{ m}}$$
$= \mathbf{0{,}6}$

$$\cos\alpha = \frac{\text{Ankathete}}{\text{Hypotenuse}} = \frac{b}{c} = \frac{4\text{ m}}{5\text{ m}}$$
$= \mathbf{0{,}8}$

$$\tan\alpha = \frac{\text{Gegenkathete}}{\text{Ankathete}} = \frac{a}{b} = \frac{3\text{ m}}{4\text{ m}}$$
$= \mathbf{0{,}75}$

Ist ein Winkel in Grad gegeben, so kann mit dem Taschenrechner der Wert des Sinus, Kosinus oder Tangens berechnet werden. Dabei muss der Rechner im Modus Grad (DEG) stehen. Bei den meisten Taschenrechnern wird erst der Winkel eingegeben und dann die Funktionstaste gedrückt.

Beispiel 2: Winkel α = 50°

Berechnen Sie für einen Winkel α = 50° in einem rechtwinkligen Dreieck a) den sin α, b) den cos α, c) den tan α.

Lösung:

Rechner in Modus DEG

Eingabe: 50 und dann die entsprechenden Funktionstasten sin oder cos oder tan betätigen.

a) sin 50° = **0,766** **b)** cos 50° = **0,643**

c) tan 50° = **1,192**

2.4.3 Einheitskreis

Der Einheitskreis hat den Radius r = 1 Längeneinheit **(Bild 1)**. Betrachtet man den I. Quadranten des Einheitskreises, in dem der Schenkel $\overline{MP}$ = r einen Winkel α überstreicht, lässt sich der Zusammenhang zwischen dem Winkel α in Grad und b im Bogenmaß ableiten und es gilt: $\frac{\alpha}{360°} = \frac{\widehat{b}}{2 \cdot \pi}$

Gleichfalls kann ein rechtwinkliges Dreieck ALP gebildet werden **(Bild 1)**, in dem gilt:

$$\sin\alpha = \frac{\text{Gegenkathete}}{\text{Hypotenuse}} = \frac{\text{Gegenkathete}}{1} = \text{Gegenkathete}$$

$$\cos\alpha = \frac{\text{Ankathete}}{\text{Hypotenuse}} = \frac{\text{Ankathete}}{1} = \text{Ankathete}$$

$$\tan\alpha = \frac{\text{Gegenkathete}}{\text{Ankathete}} = \frac{\sin\alpha}{\cos\alpha}$$

Somit kann im Einheitskreis einem bestimmten Winkel sein Sinus und Kosinus zugewiesen werden. Genauso kann man umgekehrt der Höhe der Gegenkathete und der Länge der Ankathete den Winkel zuordnen. Dabei muss bei der Berechnung mit dem Taschenrechner vor dem Drücken der Funktionstaste die Taste [SHIFT] oder [INV] gedrückt werden, um arcsin ($\sin^{-1}$) oder arccos ($\cos^{-1}$) zu erhalten.

Beispiel 1: Winkelberechnung im Einheitskreis

Berechnen Sie für einen Winkel α = 30° im Einheitskreis den sin α **(Bild 2)**.

Lösung:

Rechner in Modus DEG

Eingabe: 30 und dann die Taste sin drücken.

$\Rightarrow \sin\ 30° = \mathbf{0{,}5}$

Dieses Ergebnis bedeutet, dass die Gegenkathete 0,5-mal so lang ist wie der Radius im Einheitskreis.

Beispiel 2: Winkelberechnung

Die Ankathete im Einheitskreis besitzt die Länge 0,5. Berechnen Sie den entsprechenden Winkel (Bild 2).

Lösung:

Es gilt die Gleichung cos α = 0,5 zu lösen.

$\Rightarrow \alpha = \arccos 0{,}5 = \cos^{-1} 0{,}5$

Rechner in Modus DEG

Eingabe: 0,5 und dann die Tasten [SHIFT] bzw. [INV] drücken.

$\Rightarrow \cos^{-1} 0{,}5 = 60°$

Dieses Ergebnis bedeutet, dass einer Länge der Ankathete von 0,5 LE im Einheitskreis ein Winkel α = 60° zuzuordnen ist.

Wendet man im Einheitskreis **(Bild 1)** den Lehrsatz des Pythagoras an, so gilt:

$(\sin\alpha)^2 + (\cos\alpha)^2 = r^2 = 1^2 = 1$

Als Schreibweise für diese Gleichung gilt:

$\sin^2\alpha + \cos^2\alpha = 1$

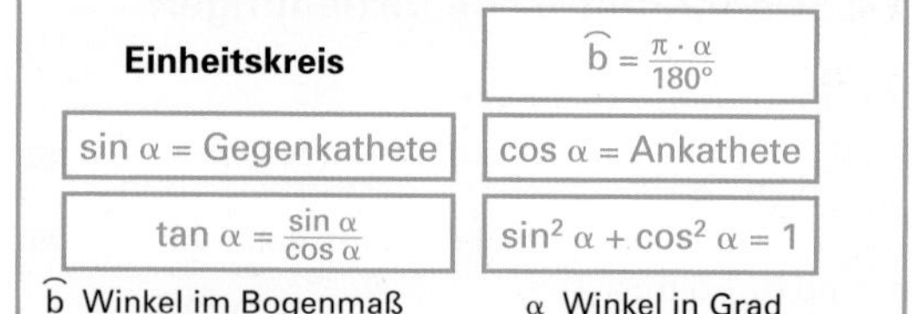

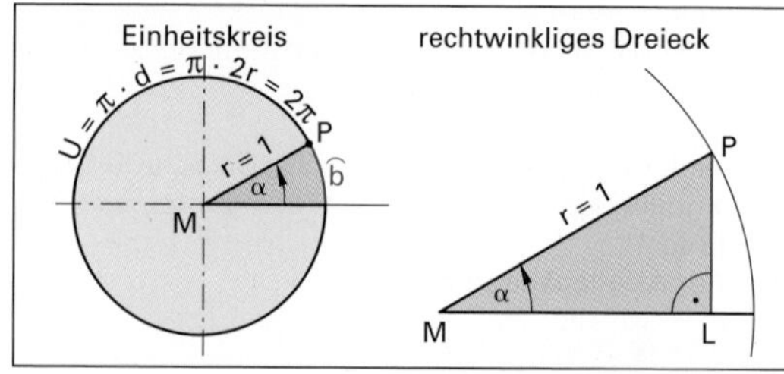

Bild 1: Einheitskreis und Dreieck im Einheitskreis

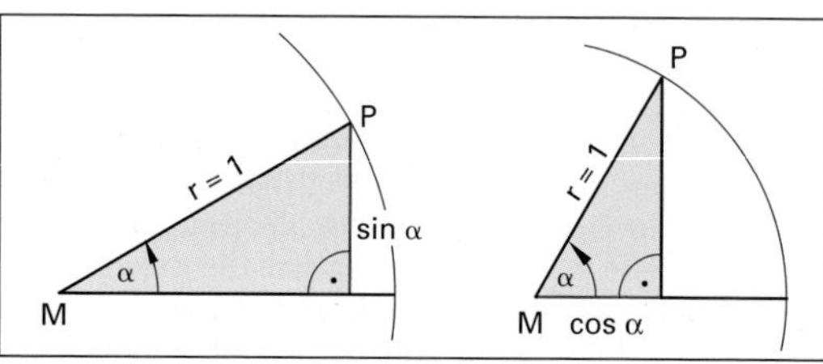

Bild 2: Zuordnung im Einheitskreis

Beispiel 3: sin α

Der „trigonometrische Pythagoras"
$\sin^2\alpha + \cos^2\alpha = 1$ ist nach sin α aufzulösen.

Lösung:

$\sin^2\alpha = 1 - \cos^2\alpha \quad |\sqrt{\ }$

$\sin\alpha = \pm\sqrt{1 - \cos^2\alpha}$

Aufgaben:

1. Berechnen Sie für einen Winkel α = 35°
   a) sin α **b)** cos α **c)** tan α.
2. Der Taschenrechner zeigt nach der Berechnung von Gegenkathete zu Hypotenuse den Wert 0,707 10. Berechnen Sie den Winkel α.
3. In einem rechtwinkligen Dreieck haben die Katheten a = 9 m und b = 12 m. Berechnen Sie die spitzen Winkel α und β sowie die Länge der Hypotenuse.
4. In der Gleichung $\sin^2\alpha + \cos^2\alpha = 1$ ist der Funktionswert sin α durch den Funktionswert tan α auszudrücken.

Lösungen:

1. a) sin 35° = 0,573 6 **b)** cos 35° = 0,819
c) tan 35° = 0,7

2. α = 45°

3. c = 15 m; α = 36,87°; β = 53,13°

4. $\sin\alpha = \frac{\tan\alpha}{\pm\sqrt{1 + \tan^2\alpha}}$

2.4.4 Sinussatz und Kosinussatz

Sinussatz

Sollen in einem beliebigen Dreieck **(Bild 1)** Seitenlängen bzw. Winkelgrößen berechnet werden, so kann dies nicht mit den Winkelfunktionen für rechtwinklige Dreiecke geschehen. Errichtet man im allgemeinen Dreieck z. B. auf der Seite c die Höhe h_c, so erhält man zwei rechtwinklige Dreiecke ADC bzw. BCD **(Bild 1)**.

Im rechtwinkligen Dreieck ADC gilt:

$$\sin\alpha = \frac{h_c}{b};\; h_c = b \cdot \sin\alpha$$

Im rechtwinkligen Dreieck BCD gilt:

$$\sin\beta = \frac{h_c}{a};\; h_c = a \cdot \sin\beta$$

Werden beide Gleichungen gleichgesetzt gilt:

$$b \cdot \sin\alpha = a \cdot \sin\beta;$$

durch Umstellen: $\frac{a}{\sin\alpha} = \frac{b}{\sin\beta}$

Wird auf einer anderen Seite im Dreieck das Lot errichtet, so stellt sich auch für den Winkel γ heraus, dass in einem allgemeinen Dreieck das Verhältnis von Dreiecksseite zu gegenüberliegendem Winkel gleich ist **(Bild 2)**.

Beispiel 1: Allgemeines Dreieck

Für das allgemeine Dreieck **(Bild 1)** gilt: a = 4 m; $\alpha = 30°$; $\beta = 50°$. Zu berechnen sind die fehlenden Größen.

Lösung:

$$\frac{a}{\sin\alpha} = \frac{b}{\sin\beta}$$

$$b = \frac{a \cdot \sin\beta}{\sin\alpha} = \frac{4\,\text{m} \cdot \sin 50°}{\sin 30°} = 6{,}13\,\text{m.}$$

$$\gamma = 180° - (\alpha + \beta) = 180° - (30° + 50°) = \mathbf{100°}$$

$$\frac{a}{\sin\alpha} = \frac{c}{\sin\gamma}$$

$$c = \frac{a \cdot \sin\gamma}{\sin\alpha} = \frac{4\,\text{m} \cdot \sin 100°}{\sin 30°} = \mathbf{7{,}88\,m}$$

Kosinussatz

Sind von einem Dreieck nur die drei Seiten bekannt oder zwei Seiten und der eingeschlossene Winkel **(Bild 3)**, so kann mit dem Sinussatz keine weitere Größe berechnet werden. Für dieses Problem benötigt man den Kosinussatz.

Beispiel 2: Spitzwinkliges Dreieck

Gegeben ist ein allgemeines spitzwinkliges Dreieck ABC. Errichten Sie die Höhe h_a und es entsteht ein rechtwinkliges Dreieck ABD **(Bild 4)**.

Wenden Sie den Satz des Pythagoras an.

Lösung:

$c^2 = e^2 + f^2$ (1)

mit $f = a - d$; $d = b \cdot \cos\gamma$

wird $f = a - b \cdot \cos\gamma$ (2)

sowie $e = b \cdot \sin\gamma$ (3)

(2) und (3) in (1): $c^2 = (a - b \cdot \cos\gamma)^2 + (b \cdot \sin\gamma)^2$

$\Leftrightarrow c^2 = \mathbf{a^2 + b^2 - 2 \cdot a \cdot b \cdot \cos\gamma}$

Sinussatz

$$\frac{a}{\sin\alpha} = \frac{b}{\sin\beta} = \frac{c}{\sin\gamma}$$

Kosinussatz

$$a^2 = b^2 + c^2 - 2 \cdot b \cdot c \cdot \cos\alpha$$

$$b^2 = a^2 + c^2 - 2 \cdot a \cdot c \cdot \cos\beta$$

$$c^2 = a^2 + b^2 - 2 \cdot a \cdot b \cdot \cos\gamma$$

a, b, c Seiten im allgemeinen Dreieck

α, β, γ Winkel im allgemeinen Dreieck

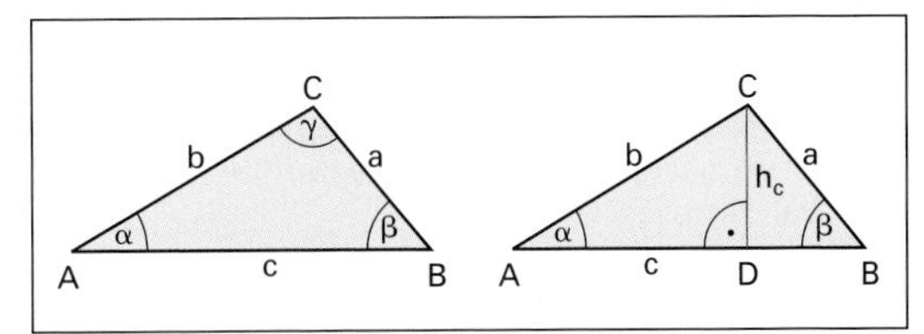

Bild 1: Allgemeines Dreieck

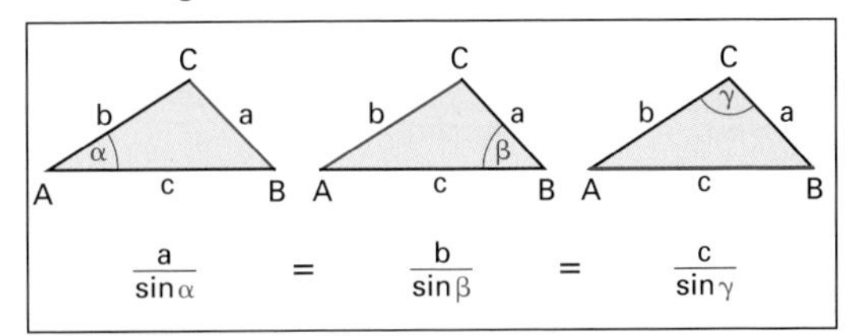

Bild 2: Sinussatz

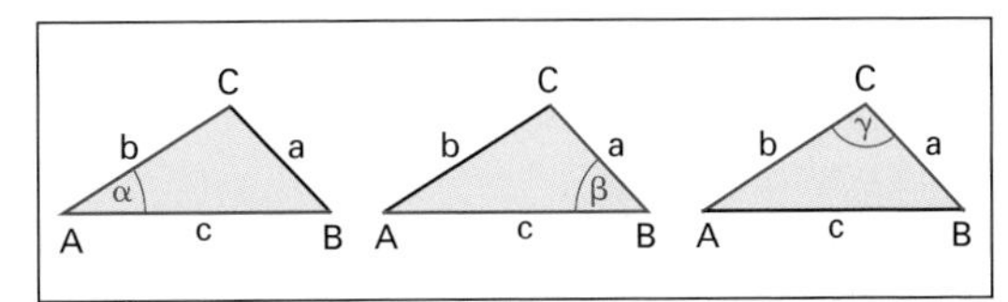

Bild 3: Kosinussatz

Das Ergebnis aus Beispiel 2 wird als Kosinussatz bezeichnet. Durch ähnliche Berechnungen können auch die Gleichungen für a^2 bzw. b^2 hergeleitet werden.

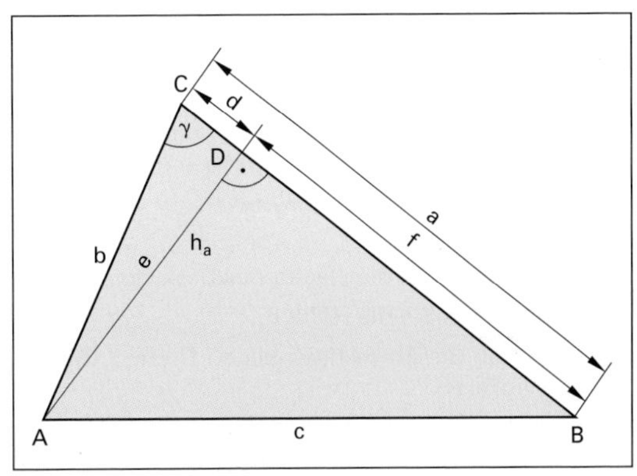

Bild 4: Spitzwinkliges Dreieck

2.4.5 Winkelberechnung

Umkehrung der trigonometrischen Funktion

Mithilfe der mathematischen Gesetze kann jeder Winkel im rechtwinkligen Dreieck aus den Seitenlängen a, b und c berechnet werden **(Bild 1)**.

Soll mit der Gleichung $\sin \alpha = \frac{a}{c}$ der Winkel α berechnet werden, so muss auf beiden Seiten der Gleichung der arcsin angewendet werden. Es gilt:

$$\sin \alpha = \frac{a}{c} \qquad | \arcsin$$
$$\arcsin(\sin \alpha) = \arcsin\left(\frac{a}{c}\right)$$
$$\alpha = \arcsin\left(\frac{a}{c}\right)$$

Die gleiche Vorgehensweise gilt für den Kosinus und für den Tangens.

Winkelberechnung mit dem Taschenrechner

Werden mit dem Taschenrechner Berechnungen in der Trigonometrie durchgeführt, muss erst der korrekte Modus eingestellt werden **(Tabelle 1)**. Dies geschieht, je nach Rechnertyp, mit der Taste [MODE] oder der Taste [DRG] **(Bild 2)**.

Um einen Winkel mit dem arcsin zu berechnen, wird am Taschenrechner die Taste [$\sin^{-1}$] gedrückt. Vor dem Drücken dieser Funktionstaste muss, je nach Rechnertyp, die Taste [SHIFT] oder [INV] oder [2nd] gedrückt werden **(Bild 2)**.

Beispiel 1: Winkelberechnung

Berechnen Sie im rechtwinkligen Dreieck **(Bild 3)** den Winkel α

a) mit dem arcsin

b) mit dem arccos

Lösung:

Modus DEG anwählen

a) $\sin \alpha = \frac{a}{c} = \frac{6\text{ cm}}{10\text{ cm}} = 0{,}6 \qquad | \arcsin$

$\alpha = \arcsin(0{,}6)$

Eingabe: .6 [2nd] sin

Anzeige: 36.86989765 $\Rightarrow \alpha =$ **36,7°**

b) $\cos \alpha = \frac{b}{c} = \frac{8\text{ cm}}{10\text{ cm}} = 0{,}8 \qquad | \arccos$

$\alpha = \arccos(0{,}8)$

Eingabe: .8 [2nd] cos

Anzeige: 36.86989765 $\Rightarrow \alpha =$ **36,7°**

Aufgaben:

1. Gegeben ist ein rechtwinkliges Dreieck ABC mit den Seiten a = 8 m; b = 6 m und c = 10 m.
   a) Berechnen Sie die Innenwinkel α, β und γ des Dreiecks ABC.
   b) Berechnen Sie die Fläche des Dreiecks.
   c) Berechnen Sie die Höhe h_c.
2. Berechnen Sie im rechtwinkligen Dreieck **(Bild 3)** den Winkel β
   a) mit dem arcsin
   b) mit dem arccos
   c) mit dem arctan

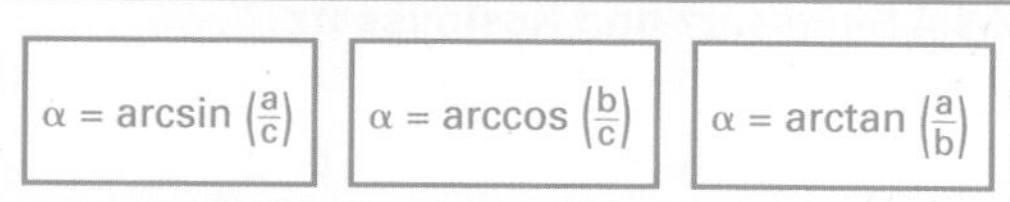

$\alpha = \arcsin\left(\frac{a}{c}\right)$ $\quad$ $\alpha = \arccos\left(\frac{b}{c}\right)$ $\quad$ $\alpha = \arctan\left(\frac{a}{b}\right)$

α Winkel zwischen den Seiten b und c
a Gegenkathete zum Winkel α
b Ankathete zum Winkel α
c Hypotenuse
arcsin $\sin^{-1}$-Taste beim Taschenrechner

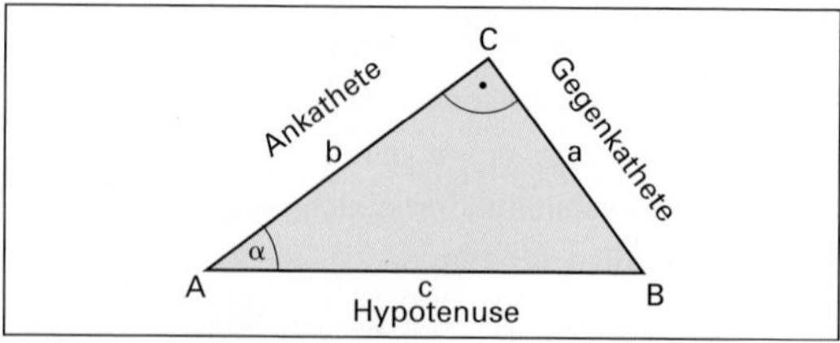

Bild 1: Rechtwinkliges Dreieck

Tabelle 1: Winkelargumente

Art, Modus	Erklärung	Vollkreiswinkel
DEG, DRG	Grad, Altgrad	360°
RAD	Bogenmaß	2π
GRAD	Neugrad	400°

Bild 2: Taschenrechner

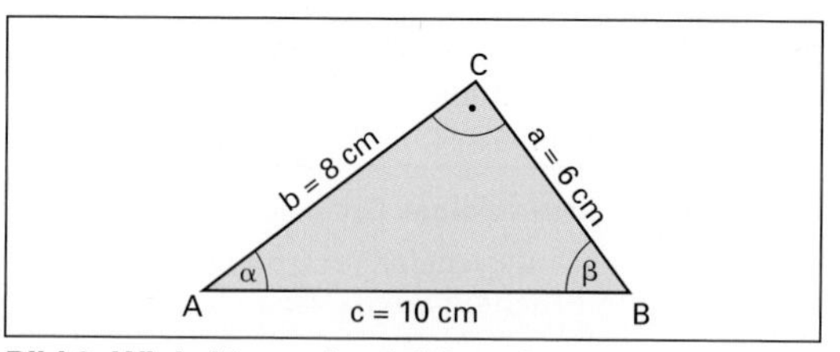

Bild 3: Winkel im rechtwinkligen Dreieck

Lösungen:

1. **a)** $\alpha = 53{,}13°$; $\beta = 36{,}87°$; $\gamma = 90°$
   b) $A = 24\text{ m}^2$
   c) $h_c = 4{,}8\text{ m}$
2. **a)** $\beta = \arcsin(0{,}8) \Rightarrow \beta = 53{,}13°$
   b) $\beta = \arccos(0{,}6) \Rightarrow \beta = 53{,}13°$
   c) $\beta = \arctan\left(\frac{4}{3}\right) \Rightarrow \beta = 53{,}13°$

Überprüfen Sie Ihr Wissen!

Rechtwinklige Dreiecke

1. Berechnen Sie zu den Winkeln bzw. zu den Funktionswerten in **Tabelle 1** die fehlenden Größen.
2. Die fehlenden Werte der **Tabelle 2** sind zu berechnen.
3. Eine Scheibe aus Kunststoff soll durch spanendes Verfahren hergestellt werden. Berechnen Sie den Winkel α der Scheibe **(Bild 1)**.
4. Eine 1245 m lange Straße hat einen mittleren Steigungswinkel von 8,832°. Wie groß ist die Höhendifferenz?
5. Eine quadratische gerade Pyramide hat eine Grundfläche $A = 576\ cm^2$ und ein Volumen $V = 4992\ cm^3$ **(Bild 1)**. Zu berechnen sind **a)** die Seiten a und die Höhe h der Pyramide, **b)** der Winkel α einer Seitenfläche mit der Grundfläche, **c)** der Winkel β einer Seitenkante mit der Grundfläche, **d)** der Winkel γ zwischen zwei benachbarten Seitenkanten.
6. Die Lichtquelle einer Lichtschranke strahlt in einem Winkel von 15° Licht aus **(Bild 2)**.
   a) In welcher Entfernung muss ein Fotowiderstand mit einer wirksamen Kreisfläche $A = 0{,}785\ cm^2$ aufgestellt werden, damit dieser voll ausgeleuchtet wird?
   b) Wie groß ist die ausgeleuchtete Kreisfläche in 10 cm Entfernung?

Allgemeine Dreiecke

7. Berechnen Sie für ein allgemeines Dreieck die fehlenden Seiten und Winkel, wenn gegeben sind:
   a) a = 15 cm, b = 8,7 cm, γ = 66,4°
   b) b = 9,4 cm, c = 6,8 cm, α = 34,6°
   c) a = 132 cm, b = 187 cm, c = 89 cm
8. Gegeben ist das Schema eines Verladekrans **(Bild 3)**. Berechnen Sie die Trägerlänge a und die Höhe h.
9. Gegeben ist ein Parallelogramm **(Bild 3)**. Zu ermitteln sind die Diagonalen e und f der beiden Ecklinien.

Tabelle 1: Größen in einem rechtwinkligen Dreieck

Winkel	Funktionswert			
	α	$\sin\alpha$	$\cos\alpha$	$\tan\alpha$
a)	10°	?	?	?
b)	?	?	0,9367	?
c)	?	0,5821	?	?

Tabelle 2: Angaben in einem rechtwinkligen Dreieck

Seite; Winkel	a)	b)	c)	d)	e)
Hypotenuse c in mm	62	?	350	784	?
Kathete a in mm	?	30	?	?	760
Kathete b in mm	?	40	?	?	?
Winkel α	55°	?	?	?	42,67°
Winkel β	?	?	50°	17,67°	?

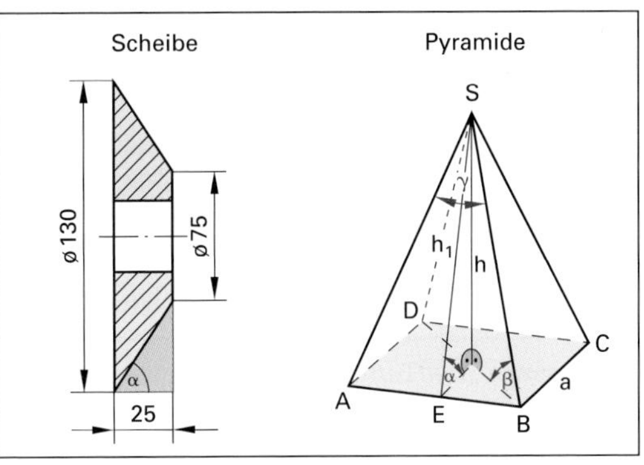

Bild 1: Scheibe und Pyramide

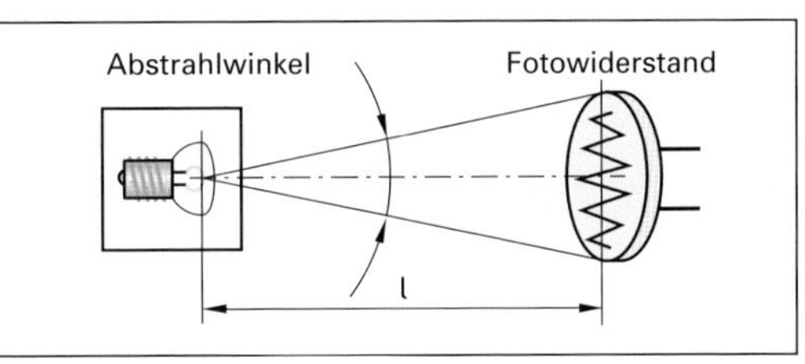

Bild 2: Lichtschranke

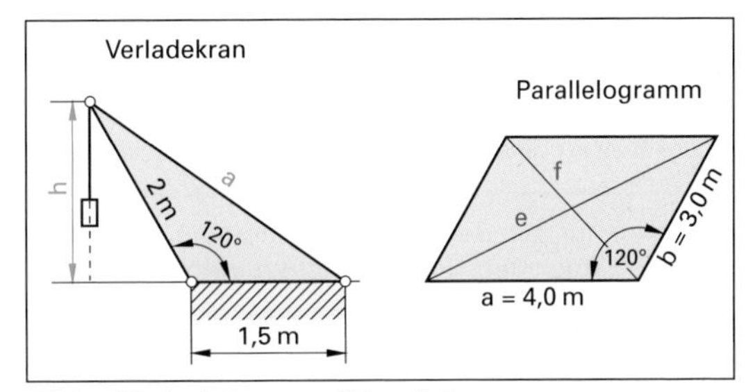

Bild 3: Verladekran und Parallelogramm

Lösungen:

1. **a)** $\sin\alpha = 0{,}1736$; $\cos\alpha = 0{,}9848$; $\tan\alpha = 0{,}1763$
   b) $\alpha = 20{,}5°$; $\sin\alpha = 0{,}3502$; $\tan\alpha = 0{,}3739$
   c) $\alpha = 35{,}6°$; $\cos\alpha = 0{,}8131$; $\tan\alpha = 0{,}7159$
2. **a)** a = 50,8 mm; b = 35,6 mm; β = 35°
   b) c = 50 mm; α = 36,87°, β = 53,13°
   c) a = 225 mm; b = 268 mm; α = 40°
   d) a= 747 mm; b = 238 mm; α = 72,33°
   e) c = 1121 mm; b = 824 mm; β = 47,33°
3. α = 47,72°
4. h = 191,15 m
5. a = 24 cm; h = 26 cm; α = 65,22°; β = 56,86°; γ = 45,5°
6. **a)** l = 3,8 cm
   b) $A = 5{,}44\ cm^2$
7. **a)** c = 14 cm; α = 79°; β = 34,6°
   b) a = 5,42 cm; β = 100°; γ = 45,4°
   c) α = 40,1°; β = 114,2°; γ = 25,7°
8. a = 3,04 m; h = 1,73 m
9. e = 6,08 m; f = 3,61 m

⇒ [Weitere Aufgaben im Kapitel 12]

3 Vektorrechnung

3.1 Der Vektorbegriff

In der Natur unterscheidet man physikalische Größen, die keine Richtung haben, z. B. Masse oder Temperatur, von Größen, die eine Richtung haben, z. B. Kraft oder Weg.

> Vektoren haben einen Betrag und eine Richtung.

Die Aussage „Der Turm ist einen Kilometer entfernt" wird erst durch einen Zusatz „im Süden", „im Westen" oder „auf der Spitze des Berges" eindeutig definiert. Größen, die ohne Richtungsangabe vollständig definiert sind, z. B. eine Temperatur von 25°C, nennt man Skalare.

> Skalare bestehen aus einem Zahlenwert.

Im Unterschied zu einem Skalar stellt man einen Vektor durch einen Pfeil dar. Auch sein Formelzeichen wird mit einem Pfeil versehen, z. B. Kraft $\vec{F}$, Weg $\vec{s}$ oder Geschwindigkeit $\vec{v}$ **(Tabelle 1, Bild 1)**.

Auf zwei unterschiedliche Massen wirken unterschiedliche Kräfte zur Erde **(Bild 2)**. Zwar haben die Kraftvektoren dieselbe Richtung, aber deren Beträge unterscheiden sich.

> Der Betrag eines Vektors ist seine Zeigerlänge.

Gibt man nur den Betrag eines Vektors an, kann man den Pfeil über dem Formelzeichen weglassen, z. B. F_1 = 15 N oder F_2 = 20 N **(Bild 2)**.

Flugzeuge, die in unterschiedliche Richtungen fliegen oder die mit unterschiedlichen Geschwindigkeiten unterwegs sind, haben verschiedene Geschwindigkeitsvektoren **(Bild 1)**. Stimmen jedoch wie bei den Flugzeugen C und D Richtung und Geschwindigkeitsbetrag überein, besitzen beide Flugzeuge denselben Geschwindigkeitsvektor, z. B. $\vec{v}_3$.

> Alle Pfeile gleicher Richtung und gleicher Länge im Raum stellen den gleichen Vektor dar.

Damit ist ein einzelner Pfeil nur ein Stellvertreter eines Vektors, also von unendlich vielen, gleichen Pfeilen.

Aufgaben:

1. Wodurch unterscheidet sich ein Vektor von einem Skalar?
2. Ordnen Sie folgende physikalische Größen nach Vektoren und nach Skalaren: elektrischer Strom I, Beschleunigung a, Wärmemenge Q, Frequenz f, elektrische Feldstärke E, Arbeit W, Widerstand R.

Lösungen:

1. Ein Vektor hat eine Richtung.
2. Vektoren: $\vec{I}$, $\vec{a}$, $\vec{E}$, Skalare: Q, f, W, R

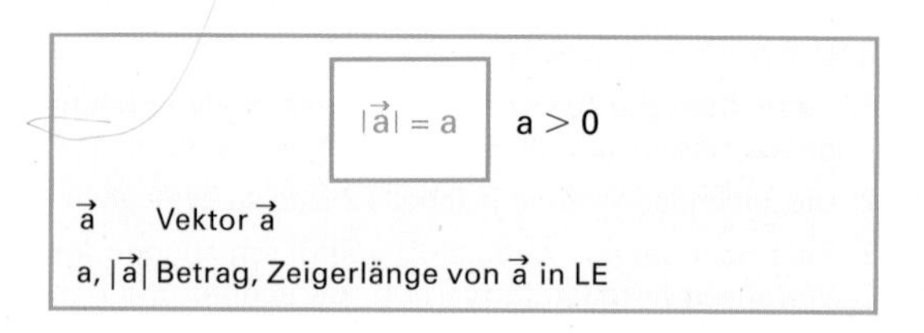

Tabelle 1: Eigenschaften physikalischer Größen

Eigenschaft	Vektoren	Skalare
Darstellung	Zeiger, Pfeil	Wert und Einheit
besondere Merkmale	Sie besitzen eine Richtung und einen Betrag (Zeigerlänge).	Sie sind richtungsunabhängig. Sie haben nur einen Zahlenwert.
Beispiele	Kraft $\vec{F}$ Weg $\vec{s}$ Geschwindigkeit $\vec{v}$ Kraftmoment $\vec{M}$ Spannung $\vec{U}$	Masse m Temperatur ϑ Zeit t

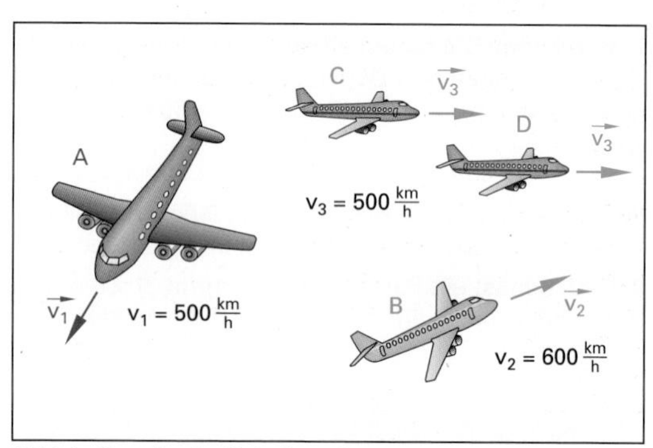

Bild 1: Geschwindigkeitsvektoren

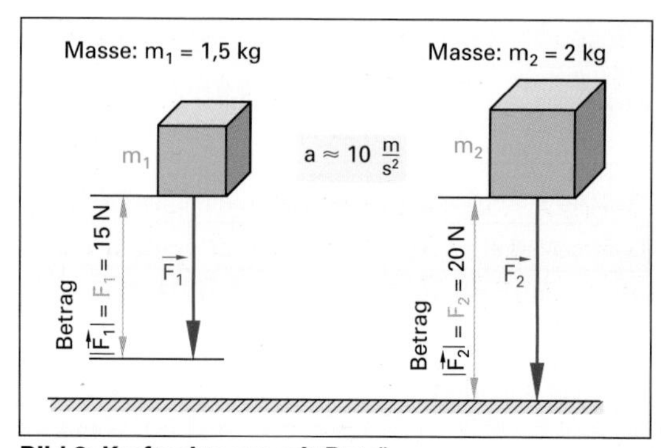

Bild 2: Kraftvektoren mit Beträgen

3.2 Darstellung von Vektoren im Raum

Um Vektoren im Raum darstellen zu können, verwendet man ein kartesisches [1] Koordinatensystem mit den drei Koordinatenachsen x_1-Achse, x_2-Achse und x_3-Achse **(Bild 1)**. Die x_2-Achse und x_3-Achse liegen in der Blattebene. Die x_1-Achse steht senkrecht auf der Blattebene. Sie wird in der Regel so gezeichnet, dass die Winkel zur x_2-Achse 45° bzw. 135° betragen. Die Skalierung wird auf der x_1-Achse verkürzt angebracht. Beträgt 1 LE (eine Längeneinheit) der x_2-Achse und x_3-Achse jeweils 1 cm, so ist 1 LE auf der x_1-Achse nur $\frac{1}{\sqrt{2}}$ cm = 0,707 cm. Das entspricht der Diagonalen eines Rechtecks auf einem karierten Blatt.

Der Ursprung des Koordinatensystems ist der Punkt O (0|0|0).

Alle anderen Punkte werden entsprechend ihrer Position angegeben, z. B. A (3|0|0), P (3|5|0) oder Q (0|5|0) **(Bild 1)**.

Punkte im Raum werden durch ihre Position, d. h. durch Koordinatenwerte angegeben.

Beispiel 1: Koordinatendarstellung

Geben Sie die Punkte R, S, T und U aus **Bild 1** mit Koordinatenwerten an.

Lösung:

R (3|0|3), S (3|5|4), T (0|5|4), U (0|0|3)

Die Punkte aus **Bild 1** sind die Eckpunkte eines Geräteschuppens. Die Kanten des Schuppens werden durch die Vektoren $\vec{a}$ bis $\vec{e}$ dargestellt. Um einen Vektor, z. B. $\vec{a}$ zu beschreiben, wird der Weg vom Pfeilanfang bis zur Pfeilspitze nachgefahren. Dabei wird geprüft, wieweit man sich jeweils in die drei Richtungen der Koordinatenachsen bewegt hat. Beim Nachfahren des Vektors $\vec{a}$ bewegt man sich vom Pfeilbeginn bis zum Pfeilende nur in x_1-Richtung, die anderen beiden Richtungsanteile (Richtungskomponenten) sind null. Die Vektorschreibweise lautet:

$$\vec{a} = \begin{pmatrix} 3 \\ 0 \\ 0 \end{pmatrix}$$

Ein Vektor wird durch seine Richtungsanteile beschrieben, die man erhält, wenn man den Vektor von Pfeilanfang bis zu Pfeilende durchfährt.

Beispiel 2: Vektorschreibweise

Geben Sie die Vektoren $\vec{b}$, $\vec{c}$ und $\vec{d}$ aus **Bild 1** in Vektorschreibweise an.

Lösung:

$$\vec{b} = \begin{pmatrix} 0 \\ 5 \\ 0 \end{pmatrix}; \vec{c} = \begin{pmatrix} 0 \\ 0 \\ 3 \end{pmatrix}; \vec{d} = \begin{pmatrix} 0 \\ 0 \\ 4 \end{pmatrix}$$

[1] benannt nach Descartes, franz. Mathematiker

Punkt A: $A\,(a_1|a_2|a_3)$

Vektor $\vec{c}$: $\vec{c} = \begin{pmatrix} c_1 \\ c_2 \\ c_3 \end{pmatrix}$

a_1; a_2; a_3 Koordinatenwerte des Raumpunktes A

c_1; c_2; c_3 Richtungsanteile (Komponenten) des Vektors $\vec{c}$

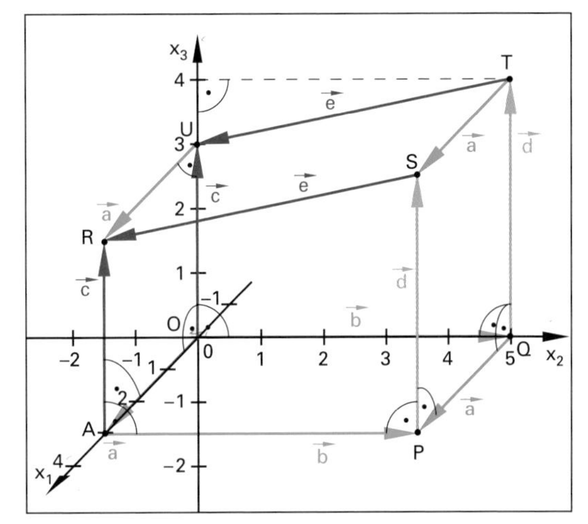

Bild 1: Punkte und Vektoren im Raum

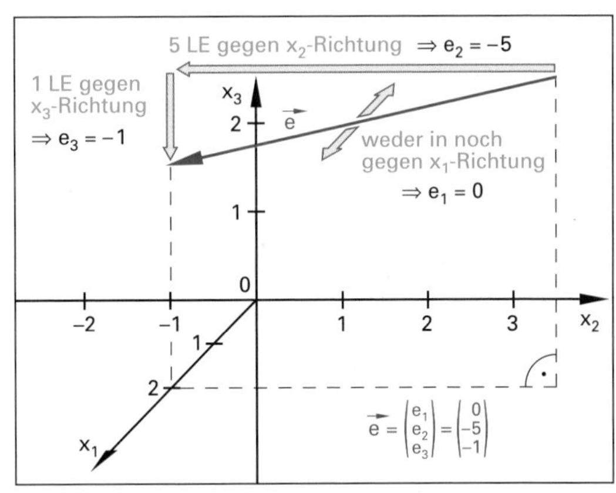

Bild 2: Komponenten des Vektors $\vec{e}$

Beim Durchfahren des Vektors $\vec{e}$ bewegt man sich um 5 LE nach links und um 1 LE nach unten, d. h. jeweils entgegengesetzt zu den zugehörigen Koordinatenrichtungen **(Bild 1** und **Bild 2)**. Deshalb sind die Richtungsanteile negativ:

$$\vec{e} = \begin{pmatrix} 0 \\ -5 \\ -1 \end{pmatrix}$$

Richtungsanteile (Komponenten) eines Vektors, die entgegen der Koordinatenachsen gerichtet sind, haben ein negatives Vorzeichen.

Der Vektor $\vec{e}$ kann auch als Vektor zwischen den Punkten S und R oder den Punkten U und T ausgedrückt werden: $\vec{e} = \overrightarrow{SR} = \overrightarrow{UT}$.

Ein Pfeil des Vektors $\vec{a}$ beginnt im Koordinatenursprung und endet mit der Pfeilspitze im Punkt A **(Bild 1)**. Die Werte der Richtungskomponenten von $\vec{a}$ stimmen dann mit den Koordinatenwerten von A überein, d. h. $\vec{a}$ beschreibt den Ort des Punktes A eindeutig. Den Vektor $\vec{a}$ nennt man deshalb Ortsvektor.

Ein Ortsvektor beginnt im Ursprung des Koordinatensystems und seine Richtungskomponenten geben den Ort (Punkt) an, an welchem er endet.

$$\overrightarrow{OA} = \vec{a} = \begin{pmatrix} a_1 \\ a_2 \\ a_3 \end{pmatrix}$$

$$a = \sqrt{a_1^2 + a_2^2 + a_3^2} \quad a > 0$$

$\overrightarrow{OA}$, $\vec{a}$ Ortsvektor zum Punkt A (a_1, a_2, a_3)

a, $|\vec{a}|$ Betrag des Vektors $\vec{a}$

Betrag eines Vektors

Um die Länge eines Vektors zu berechnen, addiert man zunächst zwei der Richtungsanteile geometrisch mithilfe des Satzes von Pythagoras, z. B.

(1): $x^2 = a_1^2 + a_2^2$

(Bild 1). Die dritte Richtungskomponente a_3 steht senkrecht auf der Strecke x. Für die Zeigerlänge a kann deshalb wieder der Satz des Pythagoras angewendet werden:

(2): $a^2 = x^2 + a_3^2$

In diese Formel wird nun die erste Gleichung für x^2 eingesetzt:

(2) in (1): $a^2 = a_1^2 + a_2^2 + a_3^2$

Durch Radizieren erhält man den Betrag von $\vec{a}$:

$$a = \sqrt{a_1^2 + a_2^2 + a_3^2}$$

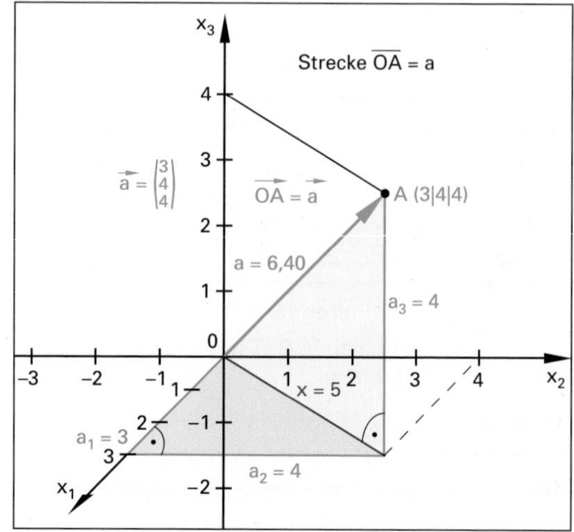

Bild 1: Ortsvektor und Betrag

Beispiel 1:

Berechnen Sie den Betrag von $\vec{a}$ aus **Bild 1**.

Lösung:

$a = \sqrt{3^2 + 4^2 + 4^2} = \sqrt{41} = \mathbf{6{,}4}$

Der Betrag eines Vektors ist die Wurzel der Summe aus den Quadraten der Richtungskomponenten.

Aufgaben:

1. Die Pyramide in **Bild 2** hat einen quadratischen Grundriss.

a) Geben Sie die Punkte A, B, C und D an.

b) Geben Sie die Ortsvektoren $\overrightarrow{OA}$, $\overrightarrow{OB}$, $\overrightarrow{OC}$ und $\overrightarrow{OD}$ an.

c) Geben Sie den Vektor $\vec{h}$ und den Betrag h an.

d) Geben Sie die Vektoren $\overrightarrow{AD}$, $\overrightarrow{BD}$, $\overrightarrow{CD}$ an und berechnen Sie deren Beträge $|\overrightarrow{AD}|$, $|\overrightarrow{BD}|$ und $|\overrightarrow{CD}|$.

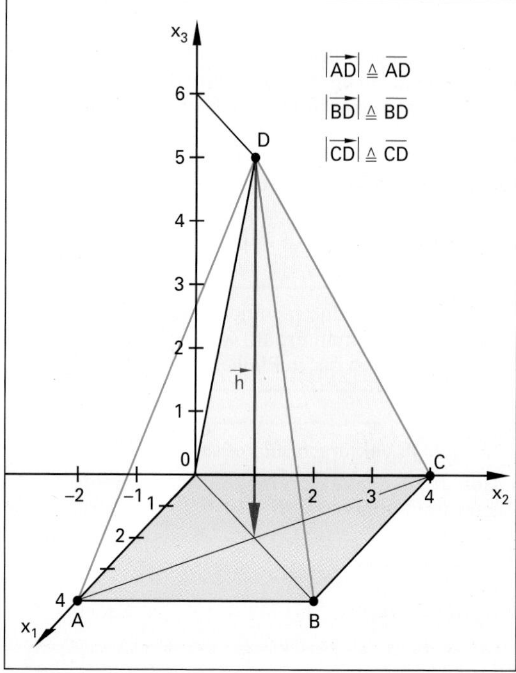

Bild 2: Pyramide

1. Lösungen:

a) A (4|0|0); B (4|4|0); C (0|4|0); D (2|2|6)

b) $\overrightarrow{OA} = \begin{pmatrix} 4 \\ 0 \\ 0 \end{pmatrix}$; $\overrightarrow{OB} = \begin{pmatrix} 4 \\ 4 \\ 0 \end{pmatrix}$; $\overrightarrow{OC} = \begin{pmatrix} 0 \\ 4 \\ 0 \end{pmatrix}$; $\overrightarrow{OD} = \begin{pmatrix} 2 \\ 2 \\ 6 \end{pmatrix}$

c) $\vec{h} = \begin{pmatrix} 0 \\ 0 \\ -6 \end{pmatrix}$; h = 6

d) $\overrightarrow{AD} = \begin{pmatrix} -2 \\ 2 \\ 6 \end{pmatrix}$; $\overrightarrow{BD} = \begin{pmatrix} -2 \\ -2 \\ 6 \end{pmatrix}$; $\overrightarrow{CD} = \begin{pmatrix} 2 \\ -2 \\ 6 \end{pmatrix}$;

$|\overrightarrow{AD}| = |\overrightarrow{BD}| = |\overrightarrow{CD}| = 2\sqrt{11} = 6{,}63$

3.3 Verknüpfungen von Vektoren

3.3.1 Vektoraddition

Eine Fähre überquert einen Fluss mit der Geschwindigkeit $\vec{v}_1 = 5\,\frac{m}{s}$ **(Bild 1)**. Der Fluss hat die Strömungsgeschwindigkeit $\vec{v}_2 = 3\,\frac{m}{s}$. Um nicht flussabwärts getrieben zu werden, steuert die Fähre leicht gegen die Flussströmung. Die Summe der Vektoren $\vec{v}_1$ und $\vec{v}_2$ erhält man, indem man den Anfangspunkt eines Vektors, z.B. $\vec{v}_2$, an den Endpunkt des anderen anfügt. Der Summenvektor zeigt dann vom Anfangspunkt von $\vec{v}_1$ zum Endpunkt von $\vec{v}_2$. Diese Art der Summenbildung heißt geometrische Addition.

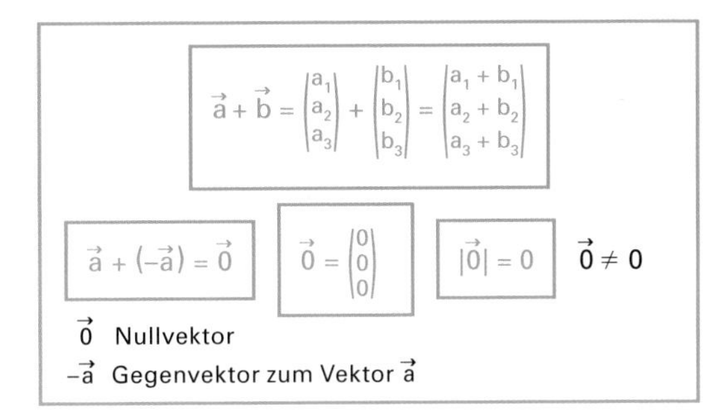

Vektoren werden geometrisch addiert.

Man schreibt: $\vec{v}_{ges} = \vec{v}_1 + \vec{v}_2$ oder $\vec{v}_2 + \vec{v}_1$

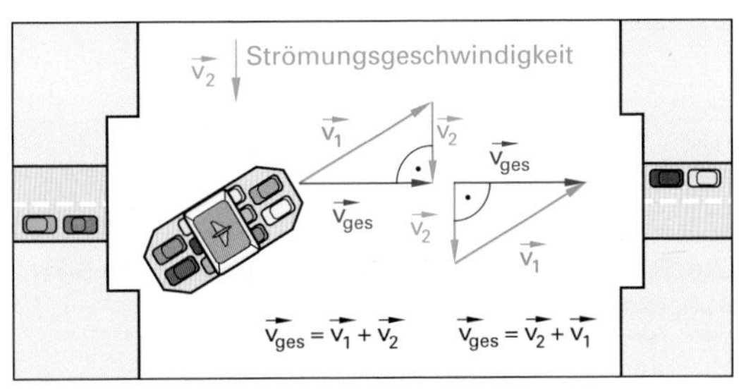

Bild 1: Fähre

Beispiel 1: Geometrische Addition

Berechnen Sie mithilfe des Satzes von Pythagoras den Betrag der Geschwindigkeitssumme in **Bild 1**.

Lösung:

$v_{ges} = \sqrt{5^2 - 3^2}\,\frac{m}{s} = \mathbf{4\,\frac{m}{s}}$

Addiert man die Vektoren $\vec{a}$ und $\vec{b}$ im **Bild 2**, gelangt man an den Punkt C (0|4|3). Im Punkt C endet der Ortsvektor $\vec{c}$. Die Richtungskomponenten von $\vec{c}$ erhält man, indem man jeweils die Werte gleicher Richtungskomponenten von $\vec{a}$ und $\vec{b}$ addiert. Es gilt:

$$\vec{c} = \vec{a} + \vec{b} = \begin{pmatrix} 3 \\ 4 \\ 1 \end{pmatrix} + \begin{pmatrix} -3 \\ 0 \\ 2 \end{pmatrix} = \begin{pmatrix} 3-3 \\ 4+0 \\ 1+2 \end{pmatrix} = \begin{pmatrix} 0 \\ 4 \\ 3 \end{pmatrix}$$

Allgemein gilt dann:

$$\vec{c} = \begin{pmatrix} a_1 \\ a_2 \\ a_3 \end{pmatrix} + \begin{pmatrix} b_1 \\ b_2 \\ b_3 \end{pmatrix} = \begin{pmatrix} a_1 + b_1 \\ a_2 + b_2 \\ a_3 + b_3 \end{pmatrix}$$

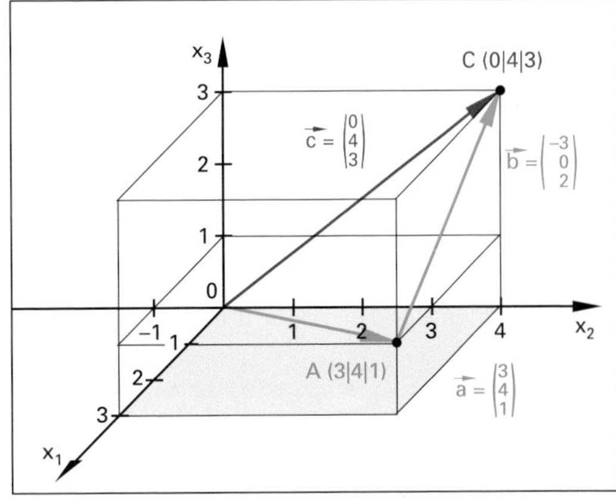

Bild 2: Vektoraddition

Gegenvektor und Nullvektor

Der Ortsvektor $\vec{a}$ endet im Punkt A (0|4|3) **(Bild 3)**. Der Vektor $\vec{b}$ verläuft vom Punkt A zurück zum Koordinatenursprung. Da $\vec{b}$ die gleiche Länge wie $\vec{a}$ hat, aber genau in entgegengesetzter Richtung verläuft, heißt er Gegenvektor. Es gilt: $\vec{b} = -\vec{a}$.

Addiert man $\vec{a}$ und seinen Gegenvektor $-\vec{a}$, erhält man den Nullvektor $\vec{0}$.

Der Nullvektor hat den Betrag null, seine Richtung ist nicht definiert (festgelegt).

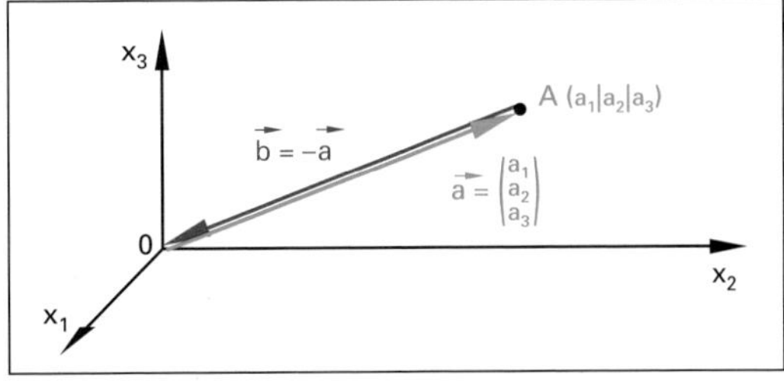

Bild 3: Gegenvektor

Aufgaben:

1. Warum lassen sich bei der Vektoraddition nicht einfach die Beträge der Vektoren addieren?
2. Ein Drachenflieger fliegt mit konstanter Geschwindigkeit von 30 $\frac{km}{h}$ geradeaus und sinkt dabei um 2,17 $\frac{m}{s}$. Berechnen Sie die Gesamtgeschwindigkeit.

Lösungen:

1. Vektoren werden geometrisch addiert.
2. $v = 31\,\frac{km}{h}$

Gleichheit von Vektoren

Nur wenn die Beträge und die Richtungen von zwei Vektoren gleich sind, dann sind auch die Vektoren gleich **(Bild 1)**. Damit besitzen auch beide dieselben Richtungskomponenten.

> Bei gleichen Vektoren stimmen alle drei Richtungskomponenten überein.

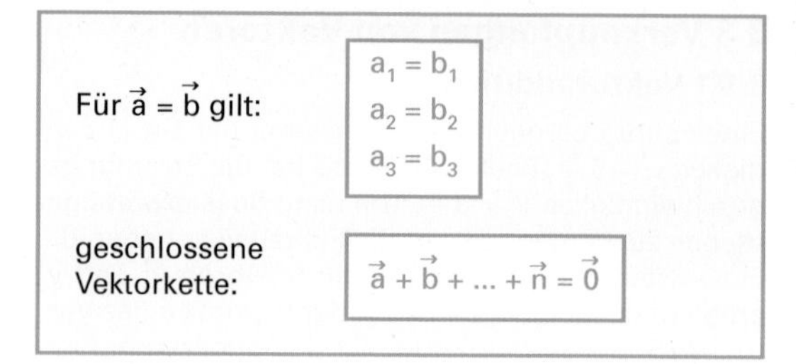

Für $\vec{a} = \vec{b}$ gilt: $a_1 = b_1$, $a_2 = b_2$, $a_3 = b_3$

geschlossene Vektorkette: $\vec{a} + \vec{b} + ... + \vec{n} = \vec{0}$

Vektorketten

Eine Taschenlampe enthält zwei Batterien, die hintereinander geschaltet sind **(Bild 2)**. Addiert man alle Spannungen für genau einen Umlauf in Stromrichtung, erhält man den Nullvektor:

$$\left(-\vec{U}_{01}\right) + \vec{U}_{i1} + \left(-\vec{U}_{02}\right) + \vec{U}_{i2} + \vec{U}_L = \vec{0}$$

> Die Vektorsumme einer geschlossenen Vektorkette ist der Nullvektor $\vec{0}$.

Durch Umstellen der Gleichung erhält man die Spannung an der Lampe:

$$\vec{U}_L = \vec{U}_{01} + \vec{U}_{02} - \vec{U}_{i1} - \vec{U}_{i2}$$

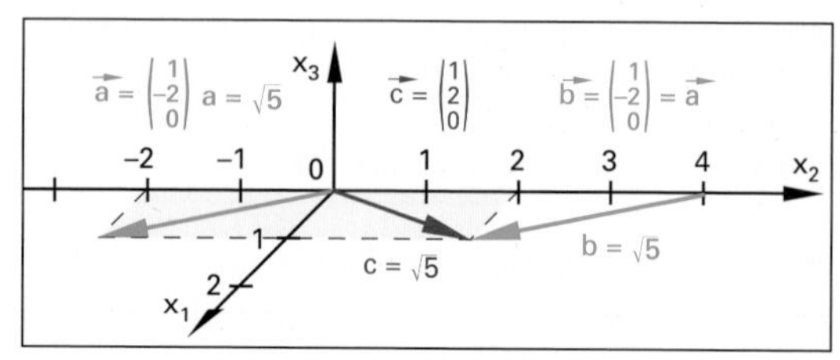

Bild 1: Gleichheit von Vektoren

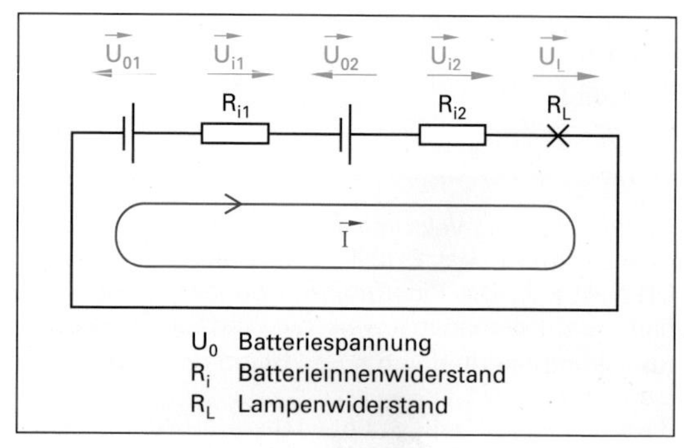

Bild 2: Taschenlampenstromkreis

Aufgaben:

1. Gegeben sind $\vec{a} = \begin{pmatrix}3\\-4\\2,4\end{pmatrix}$, $\vec{b} = \begin{pmatrix}-2,3\\-3,1\\1,2\end{pmatrix}$ und $\vec{c} = \begin{pmatrix}-4\\2,2\\-5\end{pmatrix}$.

Berechnen Sie die Summen $\vec{a} + \vec{b}$, $\vec{a} + \vec{c}$, $\vec{b} + \vec{c}$.

2. Die Vektoren im Treppenhaus aus **Bild 3** bilden eine geschlossene Vektorkette,

a) Stellen Sie die Gleichung für die Vektorkette beginnend im Punkt A allgemein auf.

b) Stellen Sie die Gleichung nach $\overrightarrow{DE} = \vec{h}$ um.

c) Berechnen Sie den Vektor $\vec{h}$ und seinen Betrag h.

3. Gegeben sind $\vec{a} = \begin{pmatrix}4 + x\\5\\3z\end{pmatrix}$ und $\vec{b} = \begin{pmatrix}7\\2,5y\\9\end{pmatrix}$.

Berechnen Sie x, y und z, sodass $\vec{a} = \vec{b}$ gilt.

Lösungen:

1. $\begin{pmatrix}0,7\\-7,1\\3,6\end{pmatrix}$; $\begin{pmatrix}-1\\-1,8\\-2,6\end{pmatrix}$; $\begin{pmatrix}-6,3\\-0,9\\-3,8\end{pmatrix}$

2. a) $\vec{a} + \vec{b} + \vec{c} + \vec{d} + \vec{a} + \vec{b} + \vec{c} + \vec{d} - \vec{h} = \vec{0}$

b) $\vec{h} = \vec{a} + \vec{b} + \vec{c} + \vec{d} + \vec{a} + \vec{b} + \vec{c} + \vec{d}$

c) $\vec{h} = \begin{pmatrix}0\\0\\6\end{pmatrix}$; h = 6

3. x = 3; y = 2; z = 3

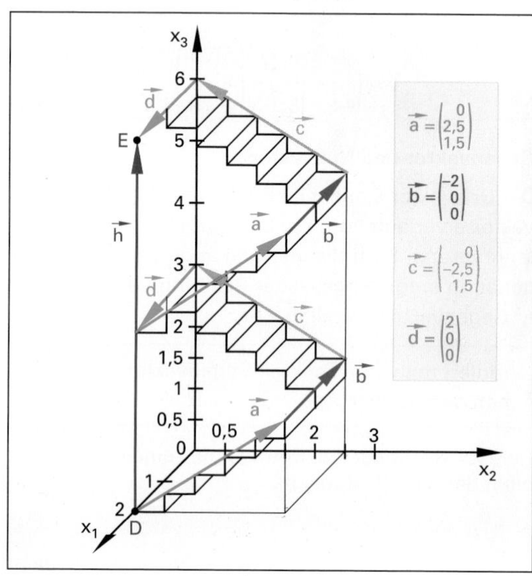

Bild 3: Treppenhaus

3.3.2 Verbindungsvektor, Vektorsubtraktion

Zwei Leuchttürme auf einer Insel befinden sich an den Endpunkten A (2|2|0,5) und B (1|4|1) der Ortsvektoren $\vec{a}$ und $\vec{b}$ **(Bild 1)**. Eine Längeneinheit entspricht hundert Meter (1 LE = 100 m). Um die Entfernung c zwischen den Leuchttürmen zu ermitteln, stellt man die Gleichung für die geschlossene Vektorkette auf:

$$\vec{a} + \vec{c} - \vec{b} = \vec{0}$$

Diese Gleichung wird nach dem Vektor $\vec{c}$ umgestellt:

$$\vec{c} = \vec{b} - \vec{a}$$

> Der Verbindungsvektor zwischen zwei Ortsvektoren verläuft zwischen deren Pfeilspitzen.

Durchläuft man den Vektor $\vec{c}$, bewegt man sich 1 LE gegen x_1-Richtung, 2 LE in x_2-Richtung und 0,5 LE in x_3-Richtung. Für $\vec{c}$ gilt also:

$$\vec{c} = \begin{pmatrix} -1 \\ 2 \\ 0{,}5 \end{pmatrix}$$

Dasselbe Ergebnis erhält man, wenn man die Richtungskomponenten von $\vec{a}$ von den Richtungskomponenten von $\vec{b}$ subtrahiert:

$$\vec{b} - \vec{a} = \begin{pmatrix} 1-2 \\ 4-2 \\ 1-0{,}5 \end{pmatrix} = \begin{pmatrix} -1 \\ 2 \\ 0{,}5 \end{pmatrix}$$

> Die Richtungskomponenten eines Verbindungsvektors sind gleich den Differenzen der Richtungskomponenten der voneinander zu subtrahierenden Vektoren.

Zur Berechnung der Entfernung der beiden Leuchttürme muss der Betrag c des Vektors $\vec{c}$ gebildet werden:

$$c = \sqrt{(-1)^2 + 2^2 + 0{,}5^2} = \sqrt{1 + 4 + 0{,}25} = \sqrt{5{,}25} = 2{,}291 \text{ LE}$$

Da eine Längeneinheit 100 m beträgt, muss das Rechenergebnis mit 100 multipliziert werden:

$$c = 2{,}291 \cdot 100 \text{ m} = 229{,}1 \text{ m}$$

Die Leuchttürme sind 229 m voneinander entfernt.

$$\vec{c} = \overrightarrow{AB} = \vec{b} - \vec{a} = \begin{pmatrix} b_1 - a_1 \\ b_2 - a_2 \\ b_3 - a_3 \end{pmatrix}$$

$\vec{c}$ Verbindungsvektor

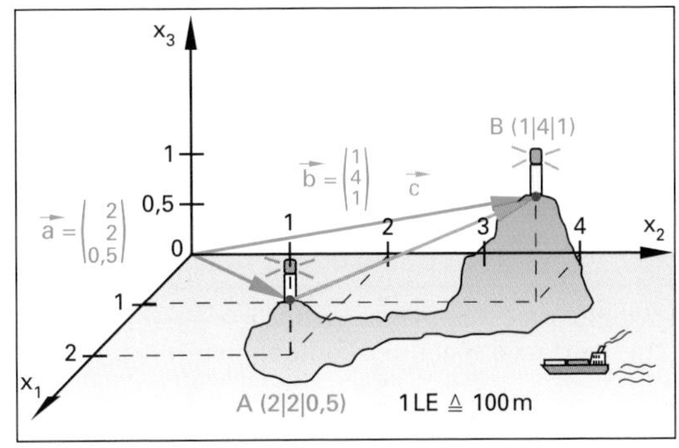

Bild 1: Vektorsubtraktion

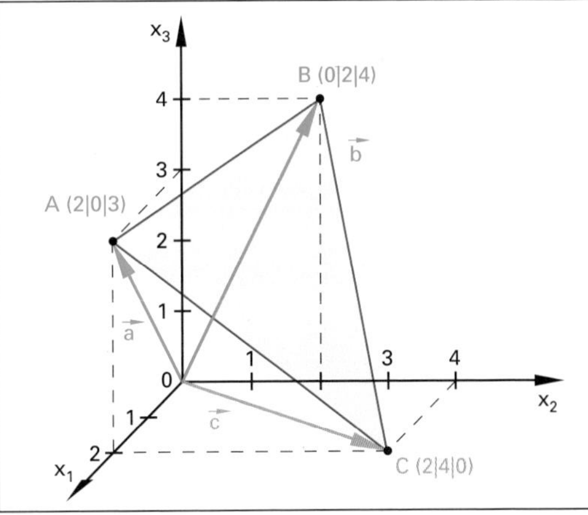

Bild 2: Dreieck ABC

Aufgaben:

1. Gegeben sind
$\vec{a} = \begin{pmatrix} 3 \\ -4 \\ 2{,}4 \end{pmatrix}$, $\vec{b} = \begin{pmatrix} -2{,}3 \\ -3{,}1 \\ 1{,}2 \end{pmatrix}$ und $\vec{c} = \begin{pmatrix} -4 \\ 2{,}2 \\ -5 \end{pmatrix}$
Berechnen Sie die Differenzen $\vec{a} - \vec{b}$, $\vec{a} - \vec{c}$, $\vec{b} - \vec{c}$.

2. Berechnen Sie vom Dreieck in **Bild 2** die Vektoren der Seiten $\overrightarrow{AB}$, $\overrightarrow{BC}$ und $\overrightarrow{AC}$ sowie deren Beträge, also die Strecken $\overline{AB}$, $\overline{BC}$ und $\overline{AC}$.

3. Ein Parallelogramm ABCD hat die Punkte A (3|0|–3), B (1|1|1) und C (0|0|6).
   a) Berechnen Sie den Punkt D.
   b) Berechnen Sie die Seitenlängen.
   c) Berechnen Sie die Längen der beiden Diagonalen.

4. Ein Dreieck hat die Punkte A (2|0|2), B (1|5|1) und C (–1|2|3). **a)** Zeichnen Sie das Dreieck in ein Koordinatensystem, **b)** Berechnen Sie die Seitenlängen.

Lösungen:

1. $\begin{pmatrix} 5{,}3 \\ -0{,}9 \\ 1{,}2 \end{pmatrix}$; $\begin{pmatrix} 7 \\ -6{,}2 \\ 7{,}4 \end{pmatrix}$; $\begin{pmatrix} 1{,}7 \\ -5{,}3 \\ 6{,}2 \end{pmatrix}$

2. $\begin{pmatrix} -2 \\ 2 \\ 1 \end{pmatrix}$; $\begin{pmatrix} 2 \\ 2 \\ -4 \end{pmatrix}$; $\begin{pmatrix} 0 \\ 4 \\ -3 \end{pmatrix}$; 3; 4,9; 5

3. a) D(2|–1|2)
b) 4,58; 5,2
c) 9,49; 2,45

4. b) 5,2; 4,12; 3,74

⇒ [Weitere Aufgaben im Kapitel 12]

3.3.3 Skalare Multiplikation, S-Multiplikation

Eine Seilbahn fährt zur Bergstation hinauf **(Bild 1)**. Sie befindet sich im Punkt A, bei welchem Sie ein Viertel der Fahrstrecke zurückgelegt hat. Setzt man vier Pfeile des Vektors $\vec{a}$ hintereinander, erhält man $\vec{b}$.

Es gilt:

$$\vec{b} = \vec{a} + \vec{a} + \vec{a} + \vec{a} = 4 \cdot \vec{a}$$

$$\vec{b} = m \cdot \vec{a} = \begin{pmatrix} m \cdot a_1 \\ m \cdot a_2 \\ m \cdot a_3 \end{pmatrix} \qquad b = |m \cdot \vec{a}| = m \cdot a$$

m Verlängerungsfaktor oder Verkürzungsfaktor

$m \cdot \vec{a}$ Skalare Multiplikation, S-Multiplikation

Bei der S-Multiplikation wird ein Skalar m mit einem Vektor $\vec{a}$ multipliziert.

Zerlegt man die Vektoren $\vec{a}$ und $\vec{b}$ in ihre Richtungskomponenten, erkennt man, dass jede Richtungskomponente von $\vec{b}$ um das Vierfache größer ist als die entsprechende Richtungskomponente von $\vec{a}$.

Multipliziert man einen Vektor mit einem Skalar m, wird jede Richtungskomponente mit m multipliziert.

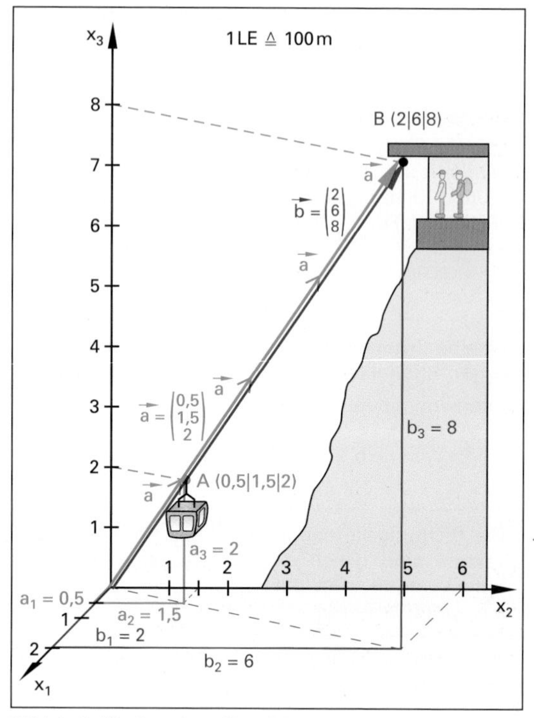

Bild 1: Seilbahn ohne Durchhang

Beispiel 1: Zeigerlängen von $\vec{a}$ und $\vec{b}$

Berechnen Sie die Beträge der Vektoren $\vec{a}$ und $\vec{b}$ aus **Bild 1**.

Lösung:

$a = \sqrt{0,25 + 2,25 + 4} = \sqrt{6,5} = \mathbf{2,55\ LE}$

$b = \sqrt{4 + 36 + 64} = \sqrt{104} = \sqrt{16 \cdot 6,5} = 4 \cdot \sqrt{6,5}$

$= \mathbf{10,2\ LE}$

Die Rechnung zeigt, dass sich auch der Betrag vervierfacht hat.

Für die skalare Multiplikation (S-Multiplikation) sind Rechengesetze anwendbar **(Tabelle 1)**.

Tabelle 1: Rechengesetze zur S-Multiplikation

Gesetz	Gleichung
Kommutativgesetz	$m \cdot \vec{a} = \vec{a} \cdot m$
Assoziativgesetz	$m \cdot (n \cdot \vec{a}) = (m \cdot n) \cdot \vec{a}$
Distributivgesetz	$m \cdot (\vec{a} + \vec{b}) = m \cdot \vec{a} + m \cdot \vec{b}$ $(m + n) \cdot \vec{a} = m \cdot \vec{a} + n \cdot \vec{a}$

Aufgaben:

1. Gegeben sind die Punkte A (1|2|3) und B (5|6|5)

a) Berechnen Sie den Betrag des Vektors $\vec{c} = 2 \cdot \overrightarrow{AB}$.

b) Berechnen Sie den Betrag des Vektors $\vec{d} = \frac{1}{3} \cdot \overrightarrow{AB}$.

2. Gegeben sind $\vec{a} = \begin{pmatrix} 3,6 \\ -12 \\ 9 \end{pmatrix}$ und $\vec{b} = \begin{pmatrix} 2,4 \\ 16 \\ -8 \end{pmatrix}$.

Berechnen Sie:

a) $\vec{c} = \frac{1}{3} \cdot \vec{a} - \frac{1}{4} \cdot \vec{b}$

b) $\vec{d} = 2,5 \cdot (\vec{a} + \vec{b})$

c) $\vec{e} = \frac{1}{2} \cdot (\vec{a} + 2 \cdot \vec{b})$

d) $\vec{f} = \frac{1}{2} \cdot (\vec{a} + \vec{b}) - \frac{1}{3} \cdot \vec{a}$

3. Stellen Sie nach $\vec{c}$ um:

a) $\vec{a} - 2 \cdot \vec{c} + \frac{1}{4} \cdot \vec{b} = \vec{c} - \frac{3}{4} \cdot \vec{b} - 4 \cdot \vec{a}$

b) $2 \cdot (\vec{c} - \vec{a}) = -1 \cdot (\vec{b} + \vec{c} + \vec{a}) + 4 \cdot \vec{b}$

4. Gegeben sind $\vec{a} = \begin{pmatrix} 4 \\ 3 \\ 2 \end{pmatrix}$ und $\vec{b} = \begin{pmatrix} x \\ 3y \\ 4z \end{pmatrix}$.

Berechnen Sie x, y und z für $\vec{b} = 2\vec{a}$.

Lösungen:

1. a) 12 **b)** 2

2. a) $\begin{pmatrix} 0,6 \\ -8 \\ 5 \end{pmatrix}$ **b)** $\begin{pmatrix} 15 \\ 10 \\ 2,5 \end{pmatrix}$ **c)** $\begin{pmatrix} 4,2 \\ 10 \\ -3,5 \end{pmatrix}$ **d)** $\begin{pmatrix} 1,8 \\ 6 \\ -2,5 \end{pmatrix}$

3. a) $\frac{1}{3} \cdot (5\vec{a} + \vec{b})$ **b)** $\frac{1}{3}\vec{a} + \vec{b}$

4. x = 8; y = 2; z = 1

 ⇒ [WEITERE AUFGABEN IM KAPITEL 12]

3.3.4 Einheitsvektor

Der Ortsvektor $\vec{a}$ beschreibt den geradlinigen Aufstieg zum Gipfelkreuz im Punkt A (–1|2|2) eines Berges **(Bild 1)**. Eine Längeneinheit beträgt 1 km. Um festzustellen, welche Höhe man nach 1 km Wegstrecke erreicht hat, benötigt man den Einheitsvektor $\vec{a^0}$ mit dem Betrag $a^0 = 1$ längs zum Vektor $\vec{a}$ **(Bild 1)**.

Einheitsvektoren haben den Betrag 1.

Um den Verkürzungsfaktor von $\vec{a}$ auf $\vec{a^0}$ zu erhalten, berechnet man den Betrag a des Vektors $\vec{a}$.

Beispiel 1: Betragsbildung

Berechnen Sie den Betrag des Vektors $\vec{a}$ **(Bild 1)**.

Lösung:

$a = \sqrt{1 + 4 + 4} = \sqrt{9} = \mathbf{3\ LE}$

Die gesamte Wegstrecke beträgt 3 km und ist somit drei Mal so lang wie a^0. Es gilt:

$$\vec{a} = 3 \cdot \vec{a^0}$$

Beispiel 2: Einheitsvektor

Berechnen Sie den Vektor $\vec{a^0}$.

Lösung:

$$\vec{a^0} = \frac{1}{3} \cdot \vec{a} = \frac{1}{3} \cdot \begin{pmatrix} -1 \\ 2 \\ 2 \end{pmatrix} = \begin{pmatrix} \mathbf{-0{,}33} \\ \mathbf{0{,}67} \\ \mathbf{0{,}67} \end{pmatrix}$$

Die x_3-Komponente gibt die Höhe an. Nach 1 km Wegstrecke wurden also 670 m Höhe erreicht.

Die Einheitsvektoren der Koordinatenachsen nennt man $\vec{e_1}$, $\vec{e_2}$ und $\vec{e_3}$ **(Bild 2)**. Jeder Vektor kann mithilfe dieser Vektoren ausgedrückt werden, z. B. Vektor $\vec{a}$ in **Bild 2**. Allgemein gilt:

$$\vec{a} = a_1 \cdot \vec{e_1} + a_2 \cdot \vec{e_2} + a_3 \cdot \vec{e_3}$$

oder:

$$\vec{a} = a_1 \cdot \begin{pmatrix} 1 \\ 0 \\ 0 \end{pmatrix} + a_2 \cdot \begin{pmatrix} 0 \\ 1 \\ 0 \end{pmatrix} + a_3 \cdot \begin{pmatrix} 0 \\ 0 \\ 1 \end{pmatrix}$$

Aufgaben:

1. Zeigen Sie, dass der Vektor $\vec{a^0}$ aus **Bild 1** die Länge 1 besitzt.
2. Gegeben sind $\vec{a} = \begin{pmatrix} 6 \\ -12 \\ 9 \end{pmatrix}$ und $\vec{b} = \begin{pmatrix} -4 \\ 16 \\ -8 \end{pmatrix}$.
   Berechnen Sie deren Einheitsvektoren.
3. Der Vektor $\vec{a}$ besitzt den Einheitsvektor $\begin{pmatrix} 0{,}6 \\ 0 \\ -0{,}8 \end{pmatrix}$.
   Berechnen Sie $\vec{a}$, wenn seine Zeigerlänge 7 LE beträgt.

Lösungen:

1. $a^0 = 1$
2. $\vec{a^0} = \begin{pmatrix} 0{,}37 \\ -0{,}74 \\ 0{,}56 \end{pmatrix}$ $\quad \vec{b^0} = \begin{pmatrix} -0{,}22 \\ 0{,}87 \\ -0{,}44 \end{pmatrix}$
3. $\vec{a} = \begin{pmatrix} 4{,}2 \\ 0 \\ -5{,}6 \end{pmatrix}$

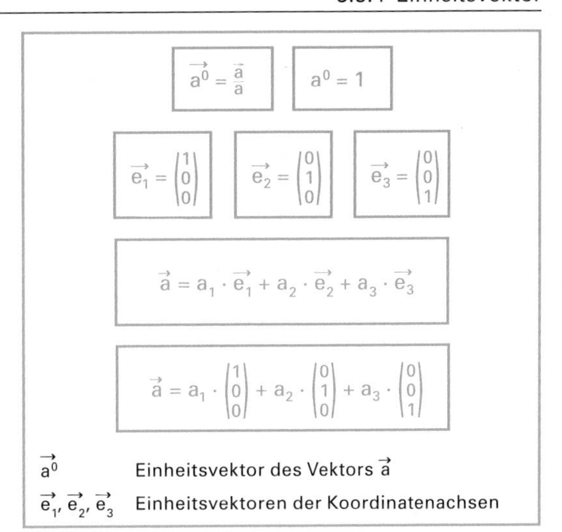

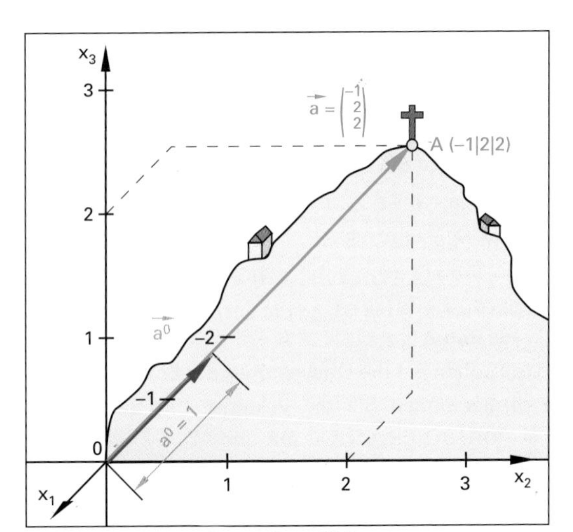

Bild 1: Einheitsvektor eines Vektors

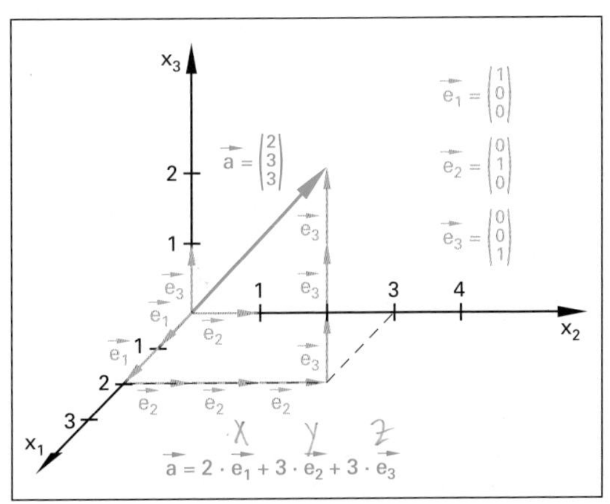

Bild 2: Einheitsvektoren der Koordinatenachsen

Überprüfen Sie Ihr Wissen!

1. Die Raumpunkte A und P bis V sind Eckpunkte des Prismas aus **Bild 1**.
   a) Geben Sie alle Punkte an.
   b) Geben Sie die Kantenvektoren $\vec{a}$ bis $\vec{f}$ an.
2. Bestimmen Sie die Beträge und die Einheitsvektoren der Vektoren $\vec{a}$ bis $\vec{f}$ aus **Bild 1**.
3. Die Vektoren der Raumdiagonalen aus **Bild 1** sind $\vec{x} = \overrightarrow{SQ}$, $\vec{y} = \overrightarrow{AU}$ und $\vec{z} = \overrightarrow{VP}$. Geben Sie die Raumdiagonalen in Vektorschreibweise an und berechnen Sie deren Längen.
4. Geben Sie die Vektoren $\vec{x}$, $\vec{y}$ und $\vec{z}$ aus Aufgabe 3 in Abhängigkeit der Kantenvektoren an.
5. Welcher mathematische Zusammenhang besteht im **Bild 1** zwischen den Vektoren $\vec{b}$ und $\vec{f}$ und den Vektoren $\vec{c}$ und $\vec{d}$?
6. Berechnen Sie die Beträge und die Einheitsvektoren von folgenden Vektoren:
   $\vec{a} = \begin{pmatrix}2\\0\\3\end{pmatrix}$; $\vec{b} = \begin{pmatrix}0\\-8\\6\end{pmatrix}$; $\vec{c} = \begin{pmatrix}1\\-4\\8\end{pmatrix}$; $\vec{d} = \begin{pmatrix}-4\\4\\2\end{pmatrix}$; $\vec{e} = \begin{pmatrix}-7\\0\\11\end{pmatrix}$; $\vec{f} = \begin{pmatrix}-1\\0\\0{,}5\end{pmatrix}$
7. Berechnen Sie aus den Vektoren aus Aufgabe 6:
   a) $\vec{u} = \vec{a} + \vec{b} + \vec{c}$ **b)** $\vec{v} = \vec{d} - \vec{e} + \vec{f}$
   c) $\vec{w} = 2\vec{a} - \vec{b} + 0{,}5 \cdot \vec{d}$ **d)** $\vec{x} = -2\vec{d} - (\vec{e} + 2\vec{f})$
   e) $\vec{y} = 3 \cdot (\vec{a} - 2\vec{b}) + \vec{c}$ **f)** $\vec{z} = 0{,}25 \cdot \vec{d} - 2(\vec{e} - \vec{f})$
8. Die Punkte A bis D sind die Eckpunkte des Vierecks aus **Bild 2**.
   a) Geben Sie die Ortsvektoren der Eckpunkte an.
   b) Berechnen Sie die Vektoren der Seiten: $\overrightarrow{AB}$, $\overrightarrow{BA}$, $\overrightarrow{BC}$, $\overrightarrow{CB}$, $\overrightarrow{CD}$, $\overrightarrow{DC}$, $\overrightarrow{DA}$ und $\overrightarrow{AD}$.
   c) Berechnen Sie die Längen der Seiten AB, BC, CD und DA.
9. Der First des Hausdaches in **Bild 3** hat die Eckpunkte A (2|3|9) und B (−13|23|9). Eine Längeneinheit beträgt einen Meter. Im Punkt P, der einen Meter vom Punkt A entfernt ist, wird eine Antenne montiert. Berechnen Sie die Koordinaten des Punktes P.

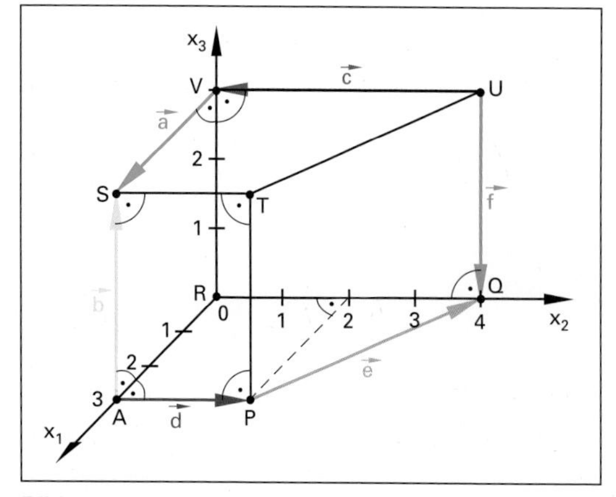

Bild 1: Prisma

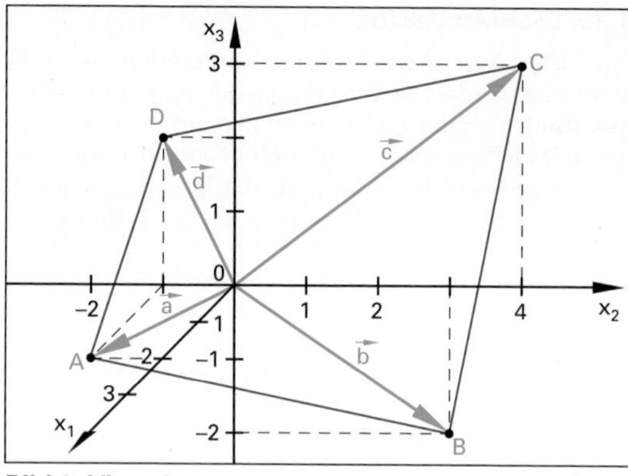

Bild 2: Viereck

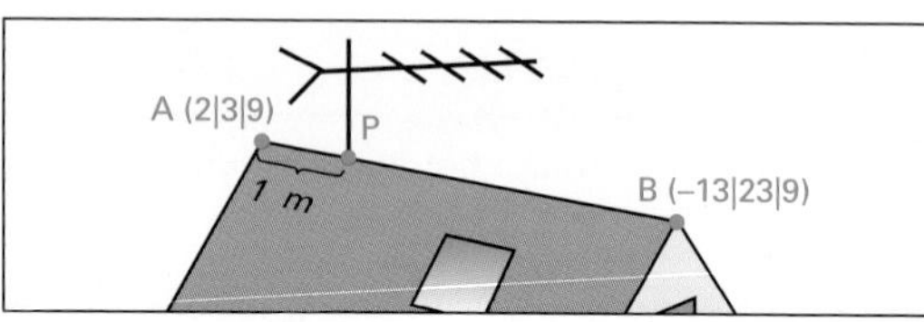

Bild 3: Hausdach

Lösungen:

1. a) A (3|0|0); P (3|2|0); Q (0|4|0); R (0|0|0); S (3|0|3); T (3|2|3); U (0|4|3); V (0|0|3)

b) $\vec{a} = \begin{pmatrix}3\\0\\0\end{pmatrix}$; $\vec{b} = \begin{pmatrix}0\\0\\3\end{pmatrix}$; $\vec{c} = \begin{pmatrix}0\\-4\\0\end{pmatrix}$; $\vec{d} = \begin{pmatrix}0\\2\\0\end{pmatrix}$; $\vec{e} = \begin{pmatrix}-3\\2\\0\end{pmatrix}$; $\vec{f} = \begin{pmatrix}0\\0\\-3\end{pmatrix}$

2. a) a = 3; b = 3; c = 4; d = 2; e = 3,6; f = 3

$\vec{a^0} = \begin{pmatrix}1\\0\\0\end{pmatrix}$; $\vec{b^0} = \begin{pmatrix}0\\0\\1\end{pmatrix}$; $\vec{c^0} = \begin{pmatrix}0\\-1\\0\end{pmatrix}$; $\vec{d^0} = \begin{pmatrix}0\\1\\0\end{pmatrix}$;

$\vec{e^0} = \begin{pmatrix}-0{,}83\\0{,}56\\0\end{pmatrix}$; $\vec{f^0} = \begin{pmatrix}0\\0\\-1\end{pmatrix}$

3. $\vec{x} = \begin{pmatrix}-3\\4\\-3\end{pmatrix}$; $\vec{y} = \begin{pmatrix}-3\\4\\3\end{pmatrix}$; $\vec{z} = \begin{pmatrix}3\\2\\-3\end{pmatrix}$; x = y = 5,83; z = 4,69

4. $\vec{x} = -\vec{b} + \vec{d} + \vec{e}$; $\vec{y} = \vec{d} + \vec{e} - \vec{f}$; $\vec{z} = \vec{a} - \vec{b} + \vec{d}$

5. $\vec{b} = -\vec{f}$ und $\vec{c} = -2 \cdot \vec{d}$

6. a = 3,6; b = 10; c = 9; d = 6; e = 13,04; f = 1,12

$\vec{a^0} = \begin{pmatrix}0{,}56\\0\\0{,}83\end{pmatrix}$; $\vec{b^0} = \begin{pmatrix}0\\-0{,}8\\0{,}6\end{pmatrix}$; $\vec{c^0} = \begin{pmatrix}0{,}11\\-0{,}44\\0{,}89\end{pmatrix}$

$\vec{d^0} = \begin{pmatrix}-0{,}67\\0{,}67\\0{,}33\end{pmatrix}$; $\vec{e^0} = \begin{pmatrix}-0{,}54\\0\\0{,}84\end{pmatrix}$; $\vec{f^0} = \begin{pmatrix}-0{,}89\\0\\0{,}45\end{pmatrix}$

7. $\vec{u} = \begin{pmatrix}3\\-12\\17\end{pmatrix}$; $\vec{v} = \begin{pmatrix}2\\4\\-8{,}5\end{pmatrix}$; $\vec{w} = \begin{pmatrix}2\\10\\1\end{pmatrix}$; $\vec{x} = \begin{pmatrix}17\\-8\\-16\end{pmatrix}$;

$\vec{y} = \begin{pmatrix}7\\44\\-19\end{pmatrix}$; $\vec{z} = \begin{pmatrix}11\\1\\-20{,}5\end{pmatrix}$

8. a) $\vec{a} = \begin{pmatrix}2\\-1\\0\end{pmatrix}$; $\vec{b} = \begin{pmatrix}0\\3\\-2\end{pmatrix}$; $\vec{c} = \begin{pmatrix}0\\4\\3\end{pmatrix}$; $\vec{d} = \begin{pmatrix}0\\-1\\2\end{pmatrix}$

b) $\overrightarrow{AB} = \begin{pmatrix}-2\\4\\-2\end{pmatrix}$; $\overrightarrow{BA} = \begin{pmatrix}2\\-4\\2\end{pmatrix}$; $\overrightarrow{BC} = \begin{pmatrix}0\\1\\5\end{pmatrix}$; $\overrightarrow{CB} = \begin{pmatrix}0\\-1\\-5\end{pmatrix}$

c) $\overrightarrow{CD} = \begin{pmatrix}0\\-5\\-1\end{pmatrix}$; $\overrightarrow{DC} = \begin{pmatrix}0\\5\\1\end{pmatrix}$; $\overrightarrow{DA} = \begin{pmatrix}2\\0\\-2\end{pmatrix}$; $\overrightarrow{AD} = \begin{pmatrix}-2\\0\\2\end{pmatrix}$;

$\overline{AB} = 4{,}9$; $\overline{BC} = 5{,}1$; $\overline{CD} = 5{,}1$; $\overline{DA} = 2{,}83$

9. P (1,4|3,8|9)

3.3.5 Strecke, Mittelpunkt

Der Pilot eines Flugzeuges wird vom Bordcomputer aufgefordert tiefer zu fliegen, um einem anderen Flugzeug auszuweichen. Auf der Strecke von Punkt A bis zu Punkt B senkt der Pilot das Flugzeug von einer Höhe von 9 km auf die Höhe von 8 km, also um 1000 Höhenmeter ab (**Bild 1**, 1 LE ≙ 1 km).

Beispiel 1: Streckenlänge

Berechnen Sie die Länge der Strecke von A nach B.

Lösung:

Vektor für die Strecke

$$\overrightarrow{AB} = \vec{b} - \vec{a} = \begin{pmatrix} 1-1 \\ 8-0 \\ 8-9 \end{pmatrix} = \begin{pmatrix} 0 \\ 8 \\ -1 \end{pmatrix}$$

Betrag des Vektors $|\overrightarrow{AB}| = \sqrt{0 + 64 + 1} = \sqrt{65}$

Streckenlänge $\overline{AB}$ = **8,062 km**

Um den Ortsvektor $\vec{m}$ zum Mittelpunkt der Strecke zu erhalten, bildet man die Vektorkette am Dreieck OAM und stellt die Gleichung nach $\vec{m}$ um:

$$\vec{a} + \frac{1}{2} \cdot (\vec{b} - \vec{a}) - \vec{m} = \vec{0} \qquad | + \vec{m}$$

$$\vec{m} = \vec{a} + \frac{1}{2} \cdot \vec{b} - \frac{1}{2} \cdot \vec{a}$$

$$\vec{m} = \frac{1}{2} \cdot \vec{a} + \frac{1}{2} \cdot \vec{b}$$

$$\vec{m} = \frac{1}{2} \cdot (\vec{a} + \vec{b})$$

$$\vec{m} = \frac{\vec{a} + \vec{b}}{2}$$

Beispiel 2: Streckenmittelpunkt

Berechnen Sie den Mittelpunkt der Strecke AB.

Lösung:

$$\vec{m} = \frac{1}{2} \cdot \begin{pmatrix} 1+1 \\ 0+8 \\ 9+8 \end{pmatrix} = \frac{1}{2} \cdot \begin{pmatrix} 2 \\ 8 \\ 17 \end{pmatrix} = \begin{pmatrix} 1 \\ 4 \\ 8{,}5 \end{pmatrix}; \textbf{ M (1|4|8,5)}$$

Um zu berechnen, welche Höhe das Flugzeug nach einem geflogenen Kilometer Flugstrecke vom Punkt A aus noch hat, muss der Einheitsvektor des Vektors _ › AB gebildet werden:

$$\overrightarrow{AB^0} = \frac{\overrightarrow{AB}}{|\overrightarrow{AB}|}$$

$$\overrightarrow{AB^0} = \frac{1}{8{,}062} \cdot \begin{pmatrix} 0 \\ 8 \\ -1 \end{pmatrix} = \begin{pmatrix} 0 \\ 0{,}992 \\ -0{,}124 \end{pmatrix}$$

Beispiel 3: Streckenabschnitt

Berechnen Sie die Flughöhe auf der Strecke AB 1000 m vom Punkt A entfernt.

Lösung:

Erreichter Raumpunkt

$$\vec{c} = \vec{a} + \overrightarrow{AB^0} = \begin{pmatrix} 1 \\ 0 \\ 9 \end{pmatrix} + \begin{pmatrix} 0 \\ 0{,}992 \\ -0{,}124 \end{pmatrix} = \begin{pmatrix} 1 \\ 0{,}992 \\ 8{,}876 \end{pmatrix}$$

$c_3 = 8{,}876 \Rightarrow$ Höhe h = **8876 m**

$$\overrightarrow{AB} = \vec{b} - \vec{a}$$

$$M\,(m_1|m_2|m_3)$$

$$\vec{m} = \frac{\vec{a} + \vec{b}}{2} = \begin{pmatrix} m_1 \\ m_2 \\ m_3 \end{pmatrix}$$

$\overrightarrow{AB}$ Streckenvektor (Verbindungsvektor)
$|\overrightarrow{AB}|$ Betrag des Vektors $\overrightarrow{AB}$
$\overline{AB}$ Länge der Strecke AB
$\vec{m}$ Ortsvektor zum Mittelpunkt M
M Mittelpunkt von $\overline{AB}$

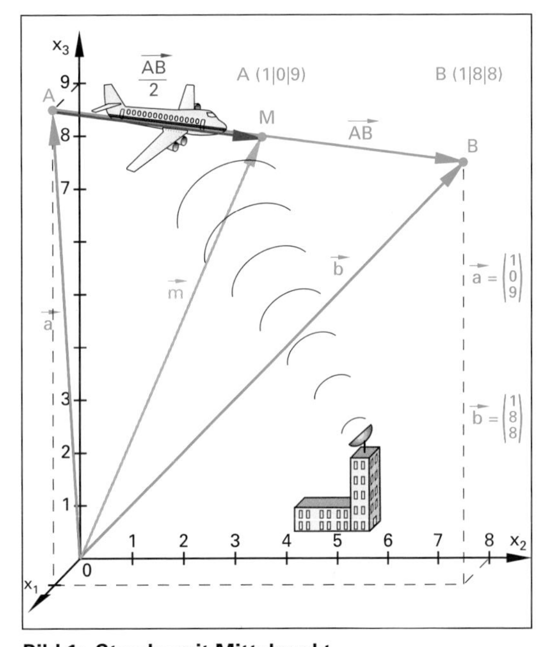

Bild 1: Strecke mit Mittelpunkt

Aufgaben:

1. Berechnen Sie die Höhe des Flugzeuges aus **Bild 1**
   a) nach $\frac{2}{3}$ der Wegstrecke,
   b) 5 km vom Punkt A entfernt.
2. Berechnen Sie den Mittelpunkt zwischen A (1|–2|0) und B (–1|12|–8).
3. Die Strecke AB mit A (3|–2|2) hat den Mittelpunkt M (4|1|–2). Berechnen Sie den Punkt B.

Lösungen:

1. a) h = 8333 m **b)** 8380 m
2. M (0|5|–4)
3. B (5|4|–6)

3.3.6 Skalarprodukt

Verläuft beim Wasserski das Zugseil parallel zur Wasseroberfläche, liegen die Vektoren Kraft $\vec{F}$ und Weg $\vec{s}$ parallel zueinander **(Bild 1)**. Das Produkt der Beträge F und s ergibt den Skalar W, die mechanische Arbeit.

> Das Skalarprodukt ist der Skalar, der sich aus der Multiplikation zweier Vektoren ergibt.

Beispiel 1: Skalarprodukt paralleler Vektoren

Die Vektoren $\vec{a} = \begin{pmatrix} 3 \\ 0 \\ 4 \end{pmatrix}$ und $\vec{b} = \begin{pmatrix} 1{,}5 \\ 0 \\ 2 \end{pmatrix}$ sind parallel.

Berechnen Sie das Skalarprodukt.

Lösung:

$a = \sqrt{9 + 0 + 16} = 5$

$b = \sqrt{4 + 0 + 2{,}25} = 2{,}5$

$\vec{a} \circ \vec{b} = a \cdot b = 5 \cdot 2{,}5 = \mathbf{12{,}5}$

Beim Schlepplift am Skihang hat die Kraft $\vec{F}$ eine andere Richtung als der Weg $\vec{s}$ **(Bild 2)**. Bei der Berechnung der mechanischen Arbeit W ist nur die Kraftkomponente in Wegrichtung, also $F \cdot \cos\varphi$, wirksam.

> Je kleiner der Winkel zwischen zwei Vektoren ist, desto größer ist ihr Skalarprodukt.

Beispiel 2: Skalarprodukt beim Schlepplift

Der Skifahrer in **Bild 2** wird vom Schlepplift mit der Kraft F = 601 N gezogen. Der Weg beträgt 300 m. Berechnen Sie das Skalarprodukt, wenn der Winkel zwischen den Vektoren 33,7° beträgt.

Lösung:

$W = \vec{F} \circ \vec{s} = F \cdot s \cdot \cos\varphi = 601\ \text{N} \cdot 300\ \text{m} \cdot \cos 33{,}7°$

$W = 150\,001\ \text{Nm} = \mathbf{150\ kNm}$.

Wenn der Winkel zwischen Fahrtrichtung und Zugkraft rechtwinklig ist, wird in Fahrtrichtung keine mechanische Arbeit verrichtet **(Bild 3)**. Das Skalarprodukt aus Kraft und Weg ist null.

> Stehen zwei Vektoren senkrecht aufeinander, ist ihr Skalarprodukt null.

Beispiel 3: Leiterwagen

Der Leiterwagen in **Bild 3** soll in Richtung $\vec{s}$ 100 m bewegt werden. Es wirkt die Kraft $\vec{F}$ mit F = 50 N. Berechnen Sie die Arbeit W.

Lösung:

$W = 50\ \text{N} \cdot 100\ \text{m} \cdot \cos 90° = \mathbf{0\ Nm}$

$$\vec{a} \circ \vec{b} = a \cdot b \cdot \cos\varphi$$

Bei $\vec{a} \parallel \vec{b}$: $\vec{a} \circ \vec{b} = a \cdot b$

Bei $\vec{a} \perp \vec{b}$: $\vec{a} \circ \vec{b} = 0$

$\vec{a}, \vec{b}$	Vektoren
a, b	Beträge der Vektoren $\vec{a}$ und $\vec{b}$
φ	eingeschlossener Winkel von $\vec{a}$ und $\vec{b}$
$\circ$	Operator für die skalare Multiplikation
$\vec{a} \circ \vec{b}$	Skalarprodukt aus $\vec{a}$ und $\vec{b}$

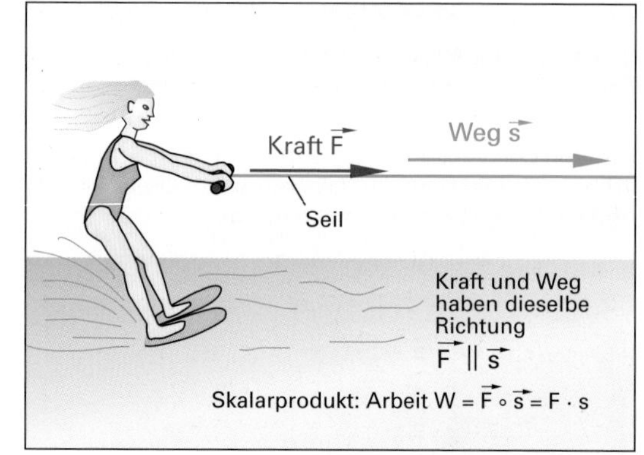

Bild 1: Skalarprodukt von parallelen Vektoren

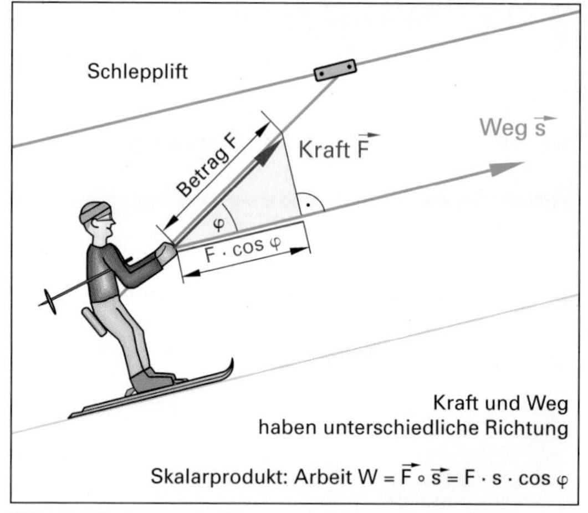

Bild 2: Skalarprodukt von nicht parallelen Vektoren

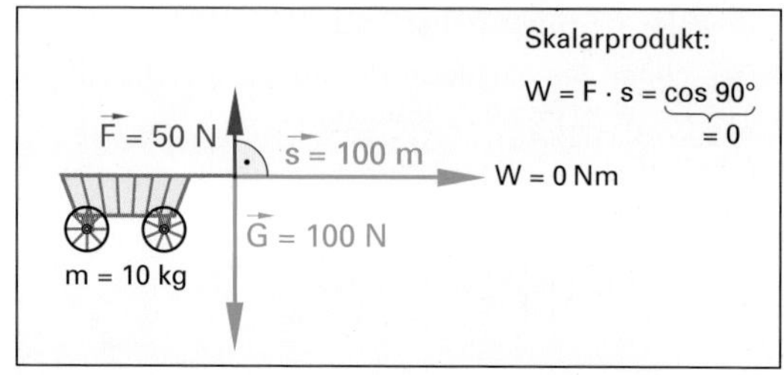

Bild 3: Skalarprodukt orthogonaler Vektoren

Zur Berechnung des Skalarproduktes mit Raumvektoren zerlegt man die Vektoren $\vec{a}$ und $\vec{b}$ in ihre zu den Koordinatenachsen parallele Komponenten **(Bild 1)**. Es gilt :

$$\vec{a} = \vec{a_1} + \vec{a_2} + \vec{a_3} \text{ und } \vec{b} = \vec{b_1} + \vec{b_2} + \vec{b_3}$$

Man bildet das Skalarprodukt:

$$\vec{a} \circ \vec{b} = (\vec{a_1} + \vec{a_2} + \vec{a_3}) \circ (\vec{b_1} + \vec{b_2} + \vec{b_3})$$

$$= \underbrace{\vec{a_1} \circ \vec{b_1}}_{= a_1 \cdot b_1,\ \text{da parallel}} + \underbrace{\vec{a_1} \circ \vec{b_2} + \vec{a_1} \circ \vec{b_3} + \vec{a_2} \circ \vec{b_1}}_{= 0,\ \text{da senkrechte Paare}} + \underbrace{\vec{a_2} \circ \vec{b_2}}_{= a_2 \cdot b_2,\ \text{da parallel}}$$

$$+ \underbrace{\vec{a_2} \circ \vec{b_3} + \vec{a_3} \circ \vec{b_1} + \vec{a_3} \circ \vec{b_2}}_{= 0,\ \text{da senkrechte Paare}} + \underbrace{\vec{a_3} \circ \vec{b_3}}_{= a_3 \cdot b_3,\ \text{da parallel}}$$

Durch Ausmultiplizieren erhält man neun Skalarprodukte, die entweder durch parallele oder orthogonale Vektoren gebildet werden. Sind die Vektoren orthogonal, ist das Skalarprodukt null, sind sie parallel, ist das Skalarprodukt das Produkt der Beträge. Somit gilt:

$$\vec{a} \circ \vec{b} = a_1 \cdot b_1 + a_2 \cdot b_2 + a_3 \cdot b_3$$

Beispiel 1: Skalarprodukt

Berechnen Sie das Skalarprodukt aus **Bild 1**.

Lösung:

$$\vec{a} \circ \vec{b} = \begin{pmatrix} 4{,}5 \\ 6 \\ 5 \end{pmatrix} \circ \begin{pmatrix} 6 \\ 8 \\ 0 \end{pmatrix}$$

$$\vec{a} \circ \vec{b} = 4{,}5 \cdot 6 + 6 \cdot 8 + 5 \cdot 0 = 27 + 48 + 0 = \mathbf{75}$$

Stellt man die Formel der vorhergehenden Seite nach dem Winkel φ um und setzt die neu gewonnene Formel für das Skalarprodukt ein, lässt sich der eingeschlossene Winkel zwischen zwei Vektoren berechnen. Es gilt:

$$\cos \varphi = \frac{\vec{a} \circ \vec{b}}{a \cdot a}$$

$$\Rightarrow \varphi = \arccos \frac{\vec{a} \circ \vec{b}}{a \cdot b}$$

Beispiel 2: Winkel zwischen zwei Vektoren

Berechnen Sie den Winkel φ aus **Bild 1**.

Lösung:

$$\cos \varphi = \frac{75}{\sqrt{81{,}25} \cdot 10} = 0{,}83205$$

$$\varphi = \arccos 0{,}83205 = \mathbf{33{,}69°}$$

Aufgaben:

1. Berechnen Sie die Skalarprodukte der Vektoren

a) $\vec{a} = \begin{pmatrix} 2{,}5 \\ -3 \\ 1 \end{pmatrix}; \vec{b} = \begin{pmatrix} 4 \\ 0{,}5 \\ -1{,}5 \end{pmatrix}$

b) $\vec{c} = \begin{pmatrix} 3 \\ -5 \\ 4 \end{pmatrix}; \vec{d} = \begin{pmatrix} 11 \\ 16 \\ 12 \end{pmatrix}$

$$\vec{a} \circ \vec{b} = a_1 \cdot b_1 + a_2 \cdot b_2 + a_3 \cdot b_3$$

$$\begin{pmatrix} a_1 \\ a_2 \\ a_3 \end{pmatrix} \circ \begin{pmatrix} b_1 \\ b_2 \\ b_3 \end{pmatrix} = a_1 \cdot b_1 + a_2 \cdot b_2 + a_3 \cdot b_3$$

$$\cos \varphi = \frac{\vec{a} \circ \vec{b}}{a \cdot b}$$

φ eingeschlossener Winkel von $\vec{a}$ und $\vec{b}$; $\varphi = \sphericalangle(\vec{a}, \vec{b})$

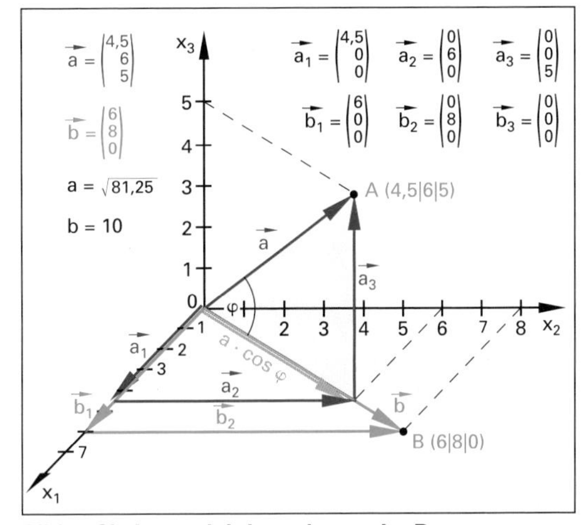

Bild 1: Skalarproduktberechnung im Raum

2. Berechnen Sie die eingeschlossenen Winkel der Vektorpaare aus Aufgabe 1.
3. Überprüfen Sie, ob folgende Vektoren senkrecht zueinander stehen.

a) $\vec{a} = \begin{pmatrix} 3 \\ -5 \\ 4 \end{pmatrix}; \vec{b} = \begin{pmatrix} 1{,}3 \\ 12 \\ 4 \end{pmatrix}$

b) $\vec{c} = \begin{pmatrix} 3 \\ -5 \\ 4 \end{pmatrix}; \vec{d} = \begin{pmatrix} -4 \\ -0{,}4 \\ 2{,}5 \end{pmatrix}$

4. Ein Dreieck hat die Punkte A (2|–2|–1), B (–2|0|–5) und C (6|–1|–1). Berechnen Sie die Innenwinkel.
5. Ein Dreieck hat die Punkte A (3|–4|1), B (5|6|–3) und C (7|–1|c_3). Berechnen Sie c_3 so, dass im Punkt B ein rechter Winkel entsteht.

Lösungen:

1. a) 7 **b)** 1
2. a) 66,19° **b)** 89,65°
3. a) nein **b)** ja
4. $\alpha = 124{,}5°$; $\beta = 22{,}2°$; $\gamma = 33{,}3°$
5. –19,5

Überprüfen Sie Ihr Wissen!

1. Auf der Stange **Bild 1** sollen fünf Lampen in gleichmäßigen Abständen aufgehängt werden. Berechnen Sie die Aufhängepunkte B, C und D.
2. Die Punkte A (1|0|1) und B (0|1|1) liegen auf der Raumgeraden g **(Bild 2)**. Berechnen Sie den Abstand zwischen A und B sowie den Mittelpunkt M.
3. Prüfen Sie, ob folgende Vektoren orthogonal sind:

   a) $\vec{a} = \begin{pmatrix} 2 \\ 0 \\ 3 \end{pmatrix}$ und $\vec{b} = \begin{pmatrix} 0 \\ -8 \\ 6 \end{pmatrix}$

   b) $\vec{a} = \begin{pmatrix} 2,5 \\ 1 \\ -4 \end{pmatrix}$ und $\vec{b} = \begin{pmatrix} -2 \\ 9 \\ 1 \end{pmatrix}$

   c) $\vec{a} = \begin{pmatrix} 1,3 \\ -4 \\ 1 \end{pmatrix}$ und $\vec{b} = \begin{pmatrix} 5 \\ 2 \\ 1,5 \end{pmatrix}$

   d) $\vec{a} = \begin{pmatrix} 2,2 \\ 0 \\ -3 \end{pmatrix}$ und $\vec{b} = \begin{pmatrix} 8 \\ -8 \\ 5,5 \end{pmatrix}$

4. Berechnen Sie das Skalarprodukt und den eingeschlossenen Winkel folgender Vektoren:

   a) $\vec{a} = \begin{pmatrix} 2 \\ 0 \\ 3 \end{pmatrix}$ und $\vec{b} = \begin{pmatrix} 1 \\ -8 \\ 6 \end{pmatrix}$

   b) $\vec{a} = \begin{pmatrix} 2,5 \\ 2 \\ -4 \end{pmatrix}$ und $\vec{b} = \begin{pmatrix} -2 \\ 9 \\ 2 \end{pmatrix}$

   c) $\vec{a} = \begin{pmatrix} 3 \\ -4 \\ 10 \end{pmatrix}$ und $\vec{b} = \begin{pmatrix} 5 \\ 2 \\ 1,5 \end{pmatrix}$

   d) $\vec{a} = \begin{pmatrix} 7 \\ 0 \\ -3 \end{pmatrix}$ und $\vec{b} = \begin{pmatrix} 8 \\ -8 \\ 9 \end{pmatrix}$

5. Das Segel des Segelschiffes in **Bild 3** bildet ein Dreieck mit den Punkten A (0|0,5|0,5), B (–0,5|6,5|1) und C (0|0|5).

   a) Berechnen Sie die Kantenlängen des Segels.

   b) Berechnen Sie die Winkel α, β und γ.
6. Ein Dreieck hat die Eckpunkte A (7|3|4), B (3|5|0) und C (11|4|4). Berechnen Sie die Seitenlängen und die Innenwinkel.
7. Der Wagen aus **Bild 4** wird mit der Kraft F vom Punkt 0 (0|0|0) zum Punkt S (0|99,5|10) gezogen. Die Einheit des Weges ist Meter m, die Einheit der Kraft ist Newton N.

   a) Berechnen Sie die Weglänge s.

   b) Berechnen Sie den Betrag F der Kraft $\vec{F}$.

   c) Berechnen Sie mithilfe des Skalarprodukts $W = \vec{F} \circ \vec{s}$ die mechanische Arbeit W.

   d) Unter welchem Winkel φ gegenüber der Strecke wird der Wagen nach oben gezogen?

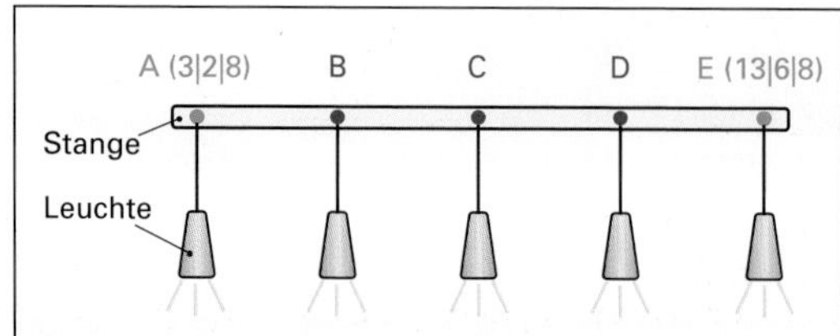

Bild 1: Leuchten

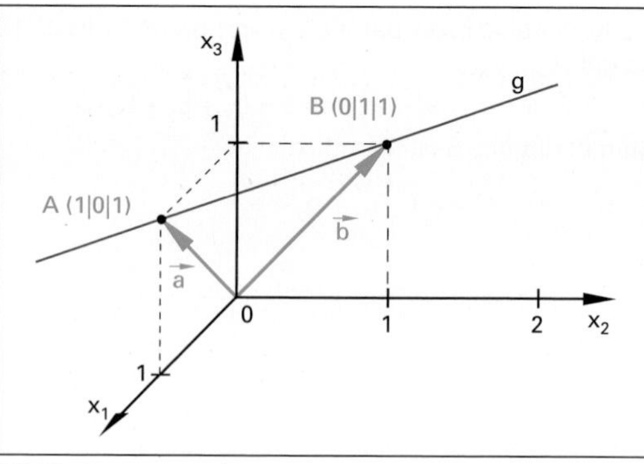

Bild 2: Raumgerade

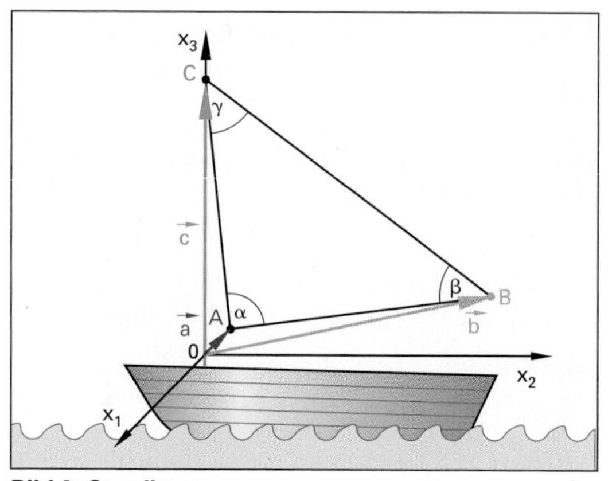

Bild 3: Segelboot

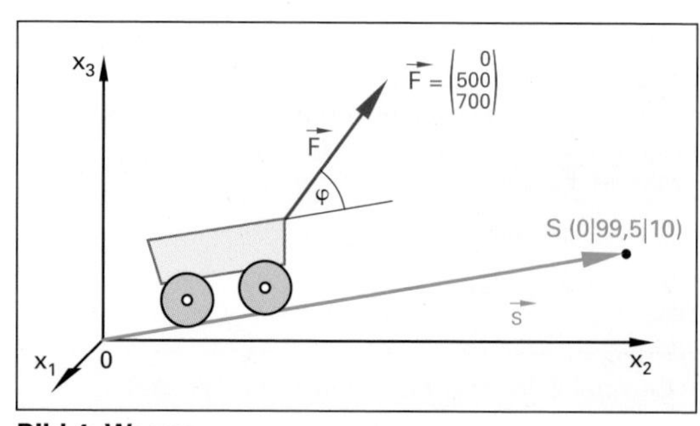

Bild 4: Wagen

Lösungen:

1. C (8|4|8); B (5,5|3|8); D (10,5|5|8)
2. $|\overrightarrow{AB}| = 1{,}414$; M $\left(\frac{1}{2}\middle|\frac{1}{2}\middle|1\right)$
3. **a)** $\vec{a} \not\perp \vec{b}$ **b)** $\vec{a} \perp \vec{b}$ **c)** $\vec{a} \perp \vec{b}$ **d)** $\vec{a} \not\perp \vec{b}$
4. **a)** 20; 56,56° **b)** 5; 84,06° **c)** 22; 69,39° **d)** 29; 74,74°
5. **a)** 6,04; 4,53; 7,65 **b)** 91,6°; 36,3°; 52,2°
6. 6; 9; 4,12 und 124,5°; 22,2°; 33,3°
7. **a)** 100 m **b)** 860 N **c)** 56750 Nm **d)** 48,7°

3.4 Lineare Abhängigkeit von Vektoren

3.4.1 Zwei Vektoren im Raum

Auf einem Bahndamm mit zwei parallelen Gleisen kommen sich zwei Züge entgegen **(Bild 1)**. Zug B fährt doppelt so schnell wie Zug A. Für die entgegengerichteten Geschwindigkeitsvektoren gilt:

$$\vec{b} = -2 \cdot \vec{a}$$

Parallele Vektoren heißen auch kollinear.

Sind zwei Vektoren parallel, so sind sie voneinander linear abhängig, d. h. einer der Vektoren kann mit der Formel $\vec{b} = m \cdot \vec{a}$ aus dem anderen berechnet werden. Der Multiplikator m darf dabei nicht null sein. Für verschiedene Werte von m ändern sich die Beträge und die Richtungen der Vektoren $\vec{a}$ und $\vec{b}$ **(Tabelle 1)**.

Beispiel 1: Parallele Vektoren

Zeigen Sie, dass $\vec{a} = \begin{pmatrix} 0{,}3 \\ -0{,}4 \\ -1 \end{pmatrix}$ und $\vec{b} = \begin{pmatrix} -1{,}5 \\ 2 \\ 5 \end{pmatrix}$ parallel sind.

Lösung:

$$\begin{pmatrix} -1{,}5 \\ 2 \\ 5 \end{pmatrix} = m \cdot \begin{pmatrix} 0{,}3 \\ -0{,}4 \\ -1 \end{pmatrix} \begin{matrix} \Rightarrow m = -5 \\ \Rightarrow m = -5 \\ \Rightarrow m = -5 \end{matrix}$$

Die Vektoren $\vec{a}$ und $\vec{b}$ sind parallel.

Für die nicht parallelen Vektoren $\vec{c}$ und $\vec{d}$ aus **Bild 2** gilt:

$$\vec{d} \neq m \cdot \vec{c} \text{ mit } m \neq 0$$

Zwei nicht parallele Vektoren sind linear unabhängig bzw. nicht kollinear.

Beispiel 2: Linear unabhängige Vektoren

Zeigen Sie, dass die Vektoren $\vec{c} = \begin{pmatrix} 1 \\ 2 \\ 1 \end{pmatrix}$ und $\vec{d} = \begin{pmatrix} 2 \\ 4 \\ -2 \end{pmatrix}$ nicht kollinear (linear unabhängig) sind.

Lösung:

$$\begin{pmatrix} 2 \\ 4 \\ -2 \end{pmatrix} = m \cdot \begin{pmatrix} 1 \\ 2 \\ 1 \end{pmatrix} \begin{matrix} \Rightarrow m = 2 \\ \Rightarrow m = 2 \\ \Rightarrow m = -2 \end{matrix}$$

Es gibt keinen gemeinsamen Wert m für alle drei Richtungskomponenten. **Die Vektoren $\vec{c}$ und $\vec{d}$ sind linear unabhängig, also nicht kollinear.**

Aufgaben:

1. Welche Bedeutung hat die Eigenschaft kollinear?
2. Sind alle kollinearen Vektoren gleichgerichtet?
3. Welche Bedeutung hat die Eigenschaft linear unabhängig?

$$\vec{a} = m \cdot \vec{b} \qquad m \in \mathbb{R}\setminus\{0\}$$

$\vec{a}, \vec{b}$ parallele (kollineare) Vektoren
m Faktor (Skalar)

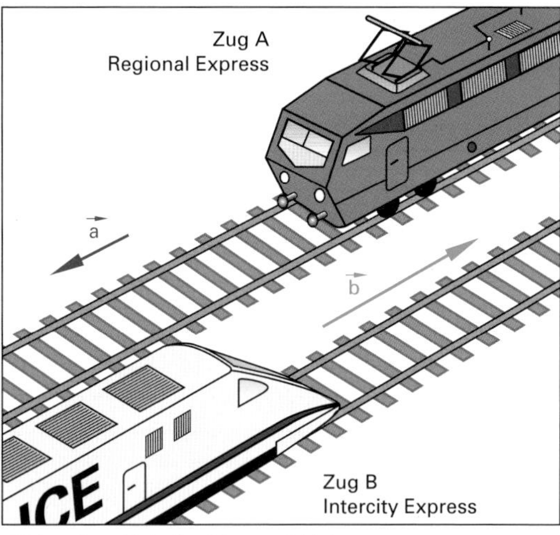

Bild 1: Parallele (kollineare) Vektoren

Tabelle 1: Abhängigkeiten paralleler Vektoren $\vec{b} = m \cdot \vec{a}$

Fall	Richtungen von $\vec{a}$ und $\vec{b}$	Beträge von $\vec{a}$ und $\vec{b}$
$-\infty < m < -1$	entgegengerichtet	$b > a$
$m = -1$; $\vec{a} = -\vec{b}$	entgegengerichtet	$b = a$
$-1 < m < 0$	entgegengerichtet	$b < a$
$0 < m < 1$	gleiche Richtung	$b < a$
$m = 1$; $\vec{a} = \vec{b}$	gleiche Richtung	$b = a$
$1 < m < \infty$	gleiche Richtung	$b > a$

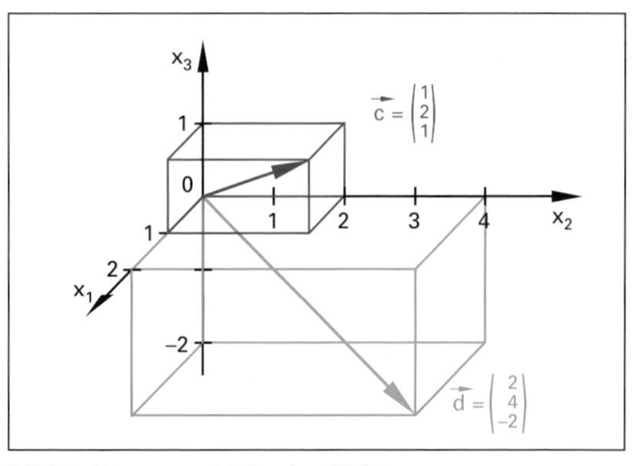

Bild 2: Linear unabhängige Vektoren

Lösungen:
1. Parallel.
2. Nein, auch entgegengerichtet möglich.
3. Nicht parallel, nicht kollinear.

3.4.2 Drei Vektoren im Raum

Auf einem Hausdach befinden sich sechs Solarmodule mit den Kantenvektoren $\vec{a}$ und $\vec{b}$. Sie bilden zusammen ein Solarfeld **(Bild 1)**. Der Vektor $\vec{c}$ ist der Diagonalenvektor des Solarfeldes. Es gilt:

$$\vec{c} = 3 \cdot \vec{a} + 2 \cdot \vec{b} = 3 \cdot \begin{pmatrix} 0 \\ 1 \\ 0 \end{pmatrix} + 2 \cdot \begin{pmatrix} -1 \\ 0 \\ 1 \end{pmatrix} = \begin{pmatrix} 0-2 \\ 3+0 \\ 0+2 \end{pmatrix} = \begin{pmatrix} -2 \\ 3 \\ 2 \end{pmatrix}$$

Drei Vektoren unterschiedlicher Richtung heißen komplanar, wenn sie in einer Ebene liegen.

Komplanare (von lat. communis = gemeinsam und planum = Ebene) Vektoren sind voneinander linear abhängig, d.h. einer der Vektoren, z.B. $\vec{c}$, kann mit der Formel $\vec{c} = m \cdot \vec{a} + n \cdot \vec{b}$ aus den beiden anderen berechnet werden. Die Multiplikatoren m und n dürfen dabei nicht null sein. Für verschiedene Werte von m und n ändern sich Richtung und Länge des Vektors $\vec{c}$ in der durch $\vec{a}$ und $\vec{b}$ festgelegten Ebene.

Beispiel 1: Linear abhängige Vektoren

Zeigen Sie, dass $\vec{a} = \begin{pmatrix} 5 \\ 7 \\ 3 \end{pmatrix}$, $\vec{b} = \begin{pmatrix} 3 \\ 1 \\ 3 \end{pmatrix}$ und $\vec{c} = \begin{pmatrix} 2 \\ 6 \\ 0 \end{pmatrix}$ in einer Ebene liegen.

Lösung:

$$\vec{c} = m \cdot \vec{a} + n \cdot \vec{b}$$

$$\begin{pmatrix} 2 \\ 6 \\ 0 \end{pmatrix} = m \cdot \begin{pmatrix} 5 \\ 7 \\ 3 \end{pmatrix} + n \cdot \begin{pmatrix} 3 \\ 1 \\ 3 \end{pmatrix}$$

Man sieht, dass man $\vec{c}$ erhält, wenn man $\vec{b}$ von $\vec{a}$ subtrahiert. Damit ist die Gleichung für $m = 1$ und $n = -1$ für alle drei Richtungskomponenten erfüllt.

Die Vektoren sind für m = 1 und n = –1 komplanar.

Die Vektorgleichung aus dem Beispiel 1 lässt sich als lineares Gleichungssystem mit *drei Gleichungen* ausdrücken, welches nur *zwei Unbekannte* enthält.

$$\left.\begin{array}{ll} (1) & 2 = 5\,m + 3\,n \\ (2) & 6 = 7\,m + n \\ (3) & 0 = 3\,m + 3\,n \end{array}\right\} (1) - (3)$$

Damit ist das Gleichungssystem überbestimmt. Aus zwei der drei Gleichungen berechnet man die Unbekannten m und n und setzt die berechneten Werte in die dritte Gleichung ein.

$$\begin{array}{lll} (1)-(3): & 2 = 2\,m & \\ & m = 1 & (4) \\ (4) \text{ in } (3): & 0 = 3 + 3\,n & \\ & n = -1 & (5) \end{array}$$

Ist diese Gleichung, hier (2) erfüllt, sind die Vektoren komplanar, ist die dritte Gleichung nicht erfüllt, sind die Vektoren linear unabhängig.

$$\begin{array}{ll} (4), (5) \text{ in } (2): & 6 = 7 \cdot 1 + (-1) \\ & 6 = 6 \text{ Bedingung erfüllt} \end{array}$$

$$\vec{c} = m \cdot \vec{a} + n \cdot \vec{b} \qquad m \text{ und } n \in \mathbb{R}\setminus\{0\}$$

$\vec{a}, \vec{b}, \vec{c}$ komplanare (linear abhängige) Vektoren
m, n Faktoren

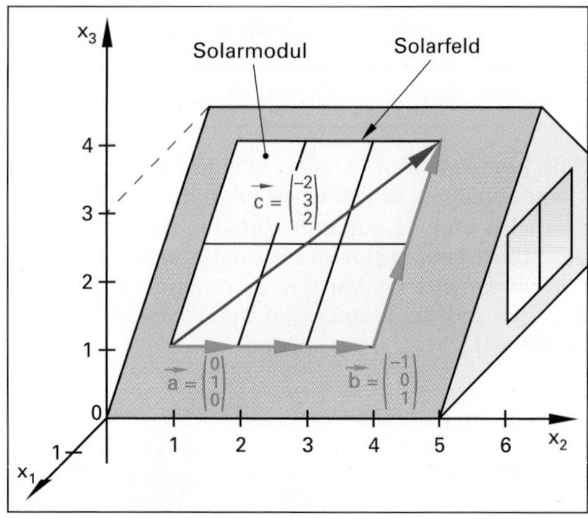

Bild 1: Komplanare (linear abhängige) Vektoren

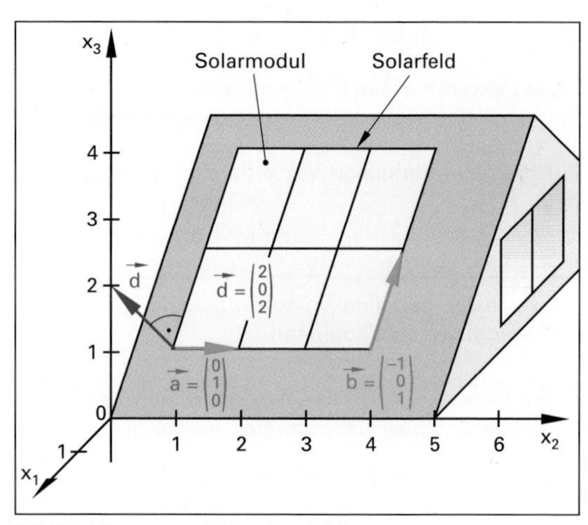

Bild 2: Linear unabhängige Vektoren

Aufgaben:

1. Welche Bedeutung hat die Eigenschaft komplanar?
2. Gegeben sind $\vec{a} = \begin{pmatrix} 4 \\ 4 \\ -4 \end{pmatrix}$, $\vec{b} = \begin{pmatrix} 1 \\ -3 \\ 2 \end{pmatrix}$ und $\vec{c} = \begin{pmatrix} 4 \\ -4 \\ 2 \end{pmatrix}$.
   Für welche Werte m und n sind die Vektoren komplanar; $\vec{c} = m \cdot \vec{a} + n \cdot \vec{b}$.

Lösungen:

1. In einer Ebene liegend.
2. m = 0,5 und n = 2.

⇒ [Weitere Aufgaben im Kapitel 12]

Der Vektor $\vec{d}$ steht senkrecht zum Solarfeld **(Bild 2, vorhergehende Seite)**. Er kann nicht aus den Vektoren $\vec{a}$ und $\vec{b}$ rechnerisch gebildet werden. Die Vektoren sind linear unabhängig.

> Drei Vektoren verschiedener Richtung sind linear unabhängig, wenn sie nicht in einer Ebene liegen.

Für linear unabhängige Vektoren gilt:

$$\vec{d} \neq m \cdot \vec{a} + n \cdot \vec{b} \text{ mit } m \neq 0 \text{ und } n \neq 0$$

Beispiel 1: Linear unabhängige Vektoren

Zeigen Sie, dass die Vektoren im **Bild 2, vorhergehende Seite**, linear unabhängig, d.h. nicht komplanar sind.

Lösung:

Aus $\vec{d} = m \cdot \vec{a} + n \cdot \vec{b}$ erhält man das Gleichungssystem:

$$(1)\ 2 = 0 \cdot m - 1 \cdot n \Rightarrow \quad n = -2$$

$$(2)\ 0 = 1 \cdot m + 0 \cdot n \Rightarrow \quad m = 0$$

$$(3)\ 2 = 0 \cdot m + 1 \cdot n$$

Aus den Gleichungen (1) und (2) erhält man das Wertepaar m = 0 und n = –2.

Setzt man diese Werte in Gleichung (3) ein, ergibt sich:

$$(3)\ 2 = 0 \cdot 0 + 1 \cdot (-2)$$

$$2 = -2 \quad \text{falsch} \quad \mathbf{L = \{\,\}}$$

Die Gleichung (3) ist nicht erfüllt. Es existiert kein Wertepaar m und n für welches das ganze Gleichungssystem erfüllt ist. Somit sind die Vektoren $\vec{a}$, $\vec{b}$ und $\vec{d}$ linear unabhängig. Sie liegen nicht in einer Ebene.

3.4.3 Vier Vektoren im Raum

Drei linear unabhängige Vektoren $\vec{a}$, $\vec{b}$ und $\vec{c}$ haben unterschiedliche Richtungen **(Bild 1)**. Mit der Vektorgleichung (Linearkombination)

$$\vec{d} = l \cdot \vec{a} + m \cdot \vec{b} + n \cdot \vec{c}$$

erhält man jeden beliebigen Vektor im Raum.

Beispiel 2: Vier Vektoren im Raum

Zeigen Sie, dass die Vektoren im **Bild 1** für l = –2, m = 1 und n = 1 linear abhängig sind.

Lösung:

Aus der Zeichnung werden die Vektoren abgelesen:

$$\vec{a} = \begin{pmatrix}1\\0\\0\end{pmatrix}, \vec{b} = \begin{pmatrix}1\\1\\0\end{pmatrix}, \vec{c} = \begin{pmatrix}0\\1\\2\end{pmatrix} \text{ und } \vec{d} = \begin{pmatrix}-1\\2\\2\end{pmatrix}$$

Es gilt:

$$\vec{d} = 2 \cdot \vec{a} + \vec{b} + \vec{c} = -2 \cdot \begin{pmatrix}1\\0\\0\end{pmatrix} + \begin{pmatrix}1\\1\\0\end{pmatrix} + \begin{pmatrix}0\\1\\2\end{pmatrix} = \begin{pmatrix}-2+1+0\\0+1+1\\0+0+2\end{pmatrix}$$

$$\vec{d} = \begin{pmatrix}-1\\2\\2\end{pmatrix}$$

Die Vektoren sind linear abhängig.

> $\vec{d} = l \cdot \vec{a} + m \cdot \vec{b} + n \cdot \vec{c}$ l, m und n $\in \mathbb{R}\setminus\{0\}$
>
> $\vec{a}, \vec{b}, \vec{c}, \vec{d}$ linear abhängige Vektoren
>
> l, m, n   Faktoren

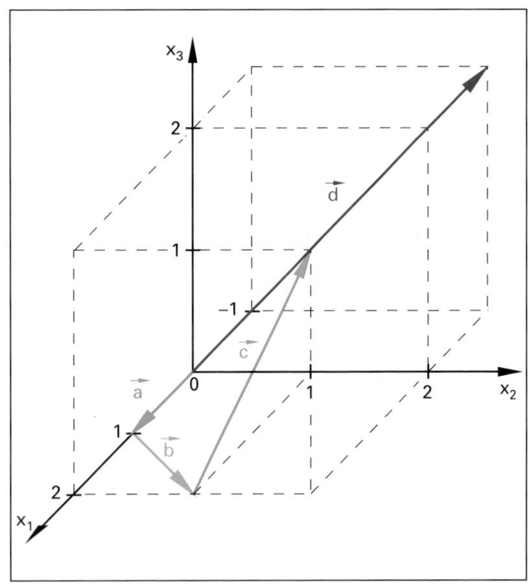

Bild 1: Linear abhängige Vektoren im Raum

> Vier Vektoren unterschiedlicher Richtung sind im dreidimensionalen Raum immer linear abhängig.

Aus diesem Grund benötigt man die drei Koordinatenachsen mit ihren Basisvektoren, um jeden Raumvektor darstellen zu können.

Aufgaben:

1. Prüfen Sie, ob folgende Vektoren parallel sind:

a) $\vec{a} = \begin{pmatrix}3{,}6\\-6\\7{,}2\end{pmatrix}, \vec{b} = \begin{pmatrix}-3\\5\\-6\end{pmatrix}$

b) $\vec{a} = \begin{pmatrix}6\\-10\\-12\end{pmatrix}, \vec{b} = \begin{pmatrix}-3\\5\\-6\end{pmatrix}$

2. Prüfen Sie, ob folgende Vektoren in einer Ebene liegen:

a) $\vec{a} = \begin{pmatrix}6\\9\\12\end{pmatrix}, \vec{b} = \begin{pmatrix}2\\1\\-1\end{pmatrix}, \vec{c} = \begin{pmatrix}8\\6\\1\end{pmatrix}$

b) $\vec{a} = \begin{pmatrix}3\\4\\2\end{pmatrix}, \vec{b} = \begin{pmatrix}2\\-2\\4\end{pmatrix}, \vec{c} = \begin{pmatrix}6\\6\\3\end{pmatrix}$

Lösungen:

1. a) parallel   **b)** linear unabhängig

2. a) in einer Ebene   **b)** nicht in einer Ebene

3.5 Orthogonale Projektion

Der Zeiger einer Sonnenuhr, Vektor $\vec{b}$, wird an einem Sommertag mittags um 12.00 Uhr von senkrecht einfallenden parallelen Sonnenstrahlen getroffen **(Bild 1)**. Der Schatten fällt auf den Markierungsvektor $\vec{a}$ um 12.00 Uhr. Den Schattenvektor erhält man durch orthogonale Projektion des Sonnenuhrzeigers auf die 12-Uhr-Markierungslinie.

Der durch orthogonale Projektion gewonnene Vektor $\vec{b_a}$ ist das senkrechte Abbild des Vektors $\vec{b}$ auf den Vektor $\vec{a}$.

Betrag des Vektors $\vec{b_a}$

Die Vektoren $\vec{b}$ und $\vec{b_a}$ bilden zusammen mit der Projektionslinie ein rechtwinkeliges Dreieck **(Bild 2)**. Für die Seitenlänge b_a gilt: $b_a = b \cdot \cos\varphi$.

Stellt man die Gleichung für das Skalarprodukt von $\vec{a}$ und $\vec{b}$ auf, kann $b \cdot \cos\varphi$ durch b_a ersetzt werden:

$$\vec{a} \circ \vec{b} = a \cdot b \cdot \cos\varphi$$

$$\vec{a} \circ \vec{b} = a \cdot b_a$$

Durch Umstellen erhält man die Zeigerlänge b_a:

$$b_a = \frac{\vec{a} \circ \vec{b}}{a}$$

Richtung des Vektors $\vec{b_a}$

Die Vektoren $\vec{b_a}$ und $\vec{a}$ haben dieselbe Richtung. Ihre Einheitsvektoren sind deshalb identisch:

$$\vec{b_a^0} = \vec{a^0} = \frac{\vec{a}}{a}$$

Berechnung von $\vec{b_a}$

Ein Vektor ist das Produkt seines Betrages und seines Einheitsvektors **(siehe Abschnitt 3.3.4)**. Es gilt:

$$\vec{b_a} = b_a \cdot \vec{b_a^0} = \frac{\vec{a} \circ \vec{b}}{a} \cdot \frac{\vec{a}}{a} = \frac{\vec{a} \circ \vec{b}}{a^2} \cdot \vec{a}$$

Beispiel 1: Projizierter Schatten

Berechnen Sie den Vektor $\vec{b_a}$ aus $\vec{a}$ und $\vec{b}$ von **Bild 1**.

Lösung:

$$\vec{b_a} = \frac{\vec{a} \circ \vec{b}}{a^2} \cdot \vec{a} = \frac{6 \cdot 4{,}5 + 8 \cdot 6 + 0 \cdot 5}{6^2 + 8^2 + 0^2} \cdot \begin{pmatrix} 6 \\ 8 \\ 0 \end{pmatrix} = \frac{75}{100} \cdot \begin{pmatrix} 6 \\ 8 \\ 0 \end{pmatrix}$$

$$= 0{,}75 \cdot \begin{pmatrix} 6 \\ 8 \\ 0 \end{pmatrix} \Rightarrow \vec{b_a} = \begin{pmatrix} \mathbf{4{,}5} \\ \mathbf{6} \\ \mathbf{0} \end{pmatrix}$$

Aufgaben:

1. Berechnen Sie Länge und Einheitsvektor des Schattens von **Bild 1** aus den Vektoren $\vec{a}$ und $\vec{b}$.
2. Gegeben ist das Parallelogramm aus **Bild 3** mit A (3|2|1), B (3|7|–4) und C (1|11|–8).
   a) Berechnen Sie die Seitenvektoren.
   b) Ermitteln Sie den Punkt D.
   c) Berechnen Sie mithilfe der orthogonalen Projektion den Punkt E und die Höhe h.

$$\vec{b_a} = \frac{\vec{a} \circ \vec{b}}{a^2} \cdot \vec{a}$$

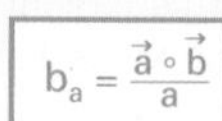

$$b_a = \frac{\vec{a} \circ \vec{b}}{a}$$

$$\vec{b_a^0} = \frac{\vec{a}}{a}$$

$\vec{b_a}$ orthogonale Projektion des Vektors $\vec{b}$ auf den Vektor $\vec{a}$

b_a Betrag (Zeigerlänge) von $\vec{b_a}$

$\vec{b_a^0}$ Einheitsvektor (Richtung) von $\vec{b_a}$

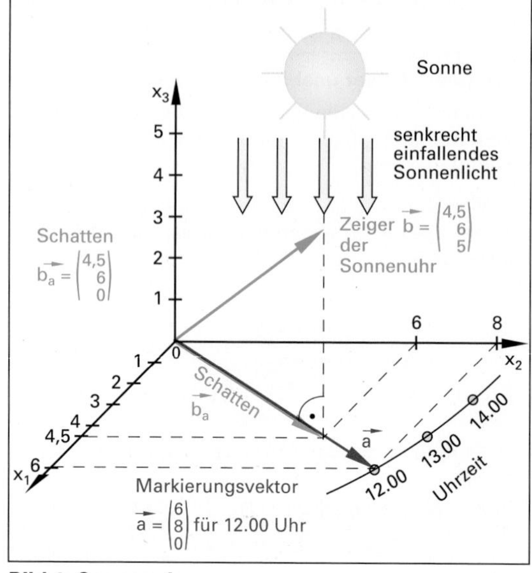

Bild 1: Sonnenuhr

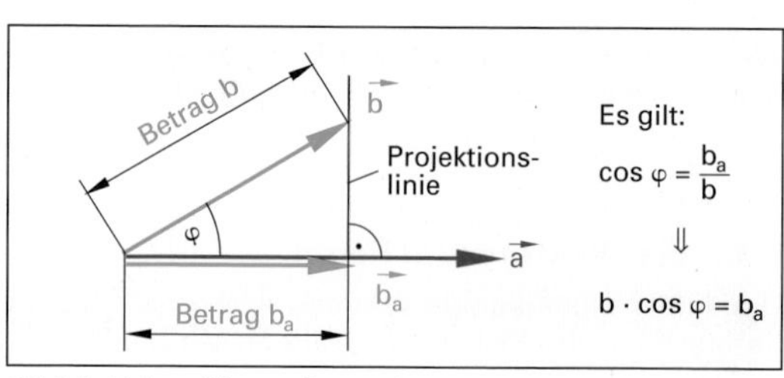

Bild 2: Zeigerlänge der orthogonalen Projektion

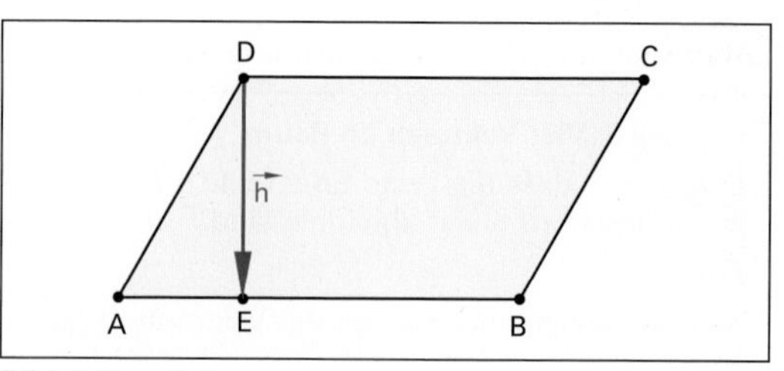

Bild 3: Parallelogramm

Lösungen:

1. $b_a = 7{,}5$ und $\vec{b_a^0} = \begin{pmatrix} 0{,}6 \\ 0{,}8 \\ 0 \end{pmatrix}$
2. **a)** $\vec{AB} = \vec{CD} = \begin{pmatrix} 0 \\ 5 \\ -5 \end{pmatrix}$, $\vec{AD} = \vec{BC} = \begin{pmatrix} -2 \\ 4 \\ -4 \end{pmatrix}$
   b) D (1|6|–3)
   c) E (3|6|–3), h = 2

3.6 Lotvektoren

3.6.1 Lotvektoren zu einem einzelnen Vektor

Auf einem Antennenmast, dem Vektor $\vec{a}$, sind mehrere Antennen, die Vektoren $\vec{n}$, befestigt **(Bild 1)**. Die Antennen weisen in verschiedene Richtungen, sind aber alle im rechten Winkel am Antennenmast befestigt.

Die Lotvektoren $\vec{n}$ zu einem Vektor $\vec{a}$ stehen alle senkrecht auf $\vec{a}$.

$$\vec{a} \circ \vec{n} = 0$$

$\vec{n}$ Lotvektor zum Vektor $\vec{a}$

Der Vektor $\vec{a}$ besitzt damit unendlich viele Lotvektoren. Alle Lotvektoren von $\vec{a}$ können in eine Ebene gelegt werden, d.h. sie sind untereinander kollinear oder komplanar. Um einen Lotvektor von $\vec{a}$ zu berechnen, bildet man das Skalarprodukt von $\vec{a}$ und $\vec{n}$, welches null ist, weil die Vektoren orthogonal sind.

Das Skalarprodukt aus einem Vektor und einem seiner Lotvektoren ist null.

$$\vec{a} \circ \vec{n} = a_1 \cdot n_1 + a_2 \cdot n_2 + a_3 \cdot n_3 = 0$$

Für $\vec{a}$ und $\vec{n_4}$ aus **Bild 1** gilt:

$$\vec{a} \circ \vec{n} = 0 \cdot (-1) + 0 \cdot 2 + 4 \cdot 0 = 0$$

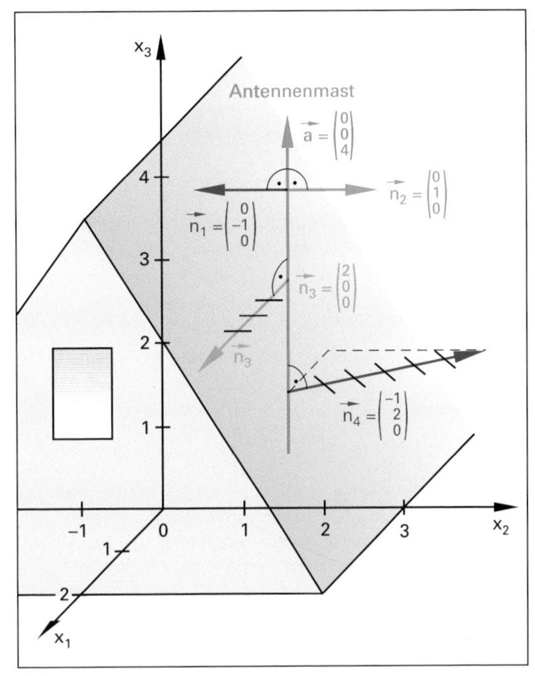

Bild 1: Antennenmast

Beispiel 1: Skalarprodukt

Bilden Sie das Skalarprodukt des Vektors $\vec{b}$ aus **Bild 2** und einem beliebigen Lotvektoren $\vec{n}$.

Lösung:

$\vec{b} \circ \vec{n} = \mathbf{2 \cdot n_1 + 3 \cdot n_2 + 3 \cdot n_3 = 0}$

Man erhält eine Gleichung mit den drei unbekannten Richtungskomponenten n_1, n_2 und n_3. Würden diese Richtungskomponenten jetzt schon eindeutig mit Zahlenwerten festliegen, hätte der Vektor $\vec{b}$ nur einen einzigen Lotvektor, aber nicht unendlich viele. Um eine der unendlich vielen Lösungen zu erhalten, dürfen zwei der drei Richtungskomponenten frei gewählt werden.

Bei der Berechnung von $\vec{n}$ werden zwei Richtungskomponenten so gewählt, dass sich ein Lotvektor ergibt, der vom Nullvektor verschieden ist.

Für den Vektor $\vec{b}$ müssen also zwei Komponenten, z. B. n_1 und n_2, frei gewählt werden, wobei nur eine davon null sein darf.

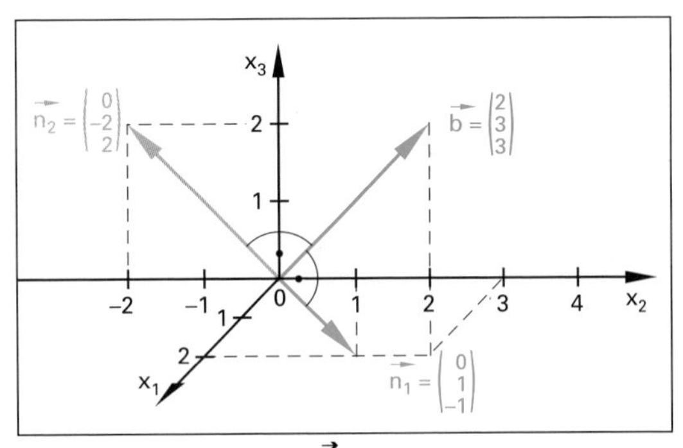

Bild 2: Lotvektoren von $\vec{b}$

Beispiel 2: Lotvektor

Berechnen Sie einen Lotvektor des Vektors $\vec{b}$ aus **Bild 2**.

Lösung:

Frei gewählt wird $n_1 = 0$ und $n_2 = 1$. Man erhält:

$\vec{b} \circ \vec{n} = 2 \cdot 0 + 3 \cdot 1 + 3 \cdot n_3 = 0$

$3 \cdot n_3 = -3$

$n_3 = -1$

Für $\vec{n}$ gilt dann: $\mathbf{n} = \begin{pmatrix} \mathbf{0} \\ \mathbf{1} \\ \mathbf{-1} \end{pmatrix}$

Beispiel 3: Lotvektor zu $\vec{b}$

Berechnen Sie einen Lotvektor zu $\vec{b}$ aus **Bild 2** mit $n_1 = 3$.

Lösung:

Frei gewählt: $n_2 = 1$

$\Rightarrow \vec{b} \circ \vec{n} = 2 \cdot 3 + 3 \cdot 1 + 3n_3 = 0$

$6 + 3 + 3n = 0$

$n_3 = -3$

$\Rightarrow \vec{\mathbf{n}} = \begin{pmatrix} \mathbf{3} \\ \mathbf{1} \\ \mathbf{-3} \end{pmatrix}$

3.6.2 Lotvektoren einer Ebene

Längs zu einem geraden Straßenabschnitt verläuft der Vektor $\vec{a}$ und quer dazu der Vektor $\vec{b}$ **(Bild 1)**. Die Vektoren $\vec{a}$ und $\vec{b}$ spannen somit die Straßenebene auf. Senkrecht auf dieser Ebene stehen die Straßenbegrenzungspfosten $\vec{n_1}$ und der Beleuchtungsmast $\vec{n_2}$. Die Vektoren $\vec{n_1}$ und $\vec{n_2}$ sind Lotvektoren der Straßenebene.

Die Lotvektoren $\vec{n}$ einer Ebene stehen alle senkrecht auf den beiden Vektoren, die die Ebene aufspannen.

Die Ebene E besitzt damit unendlich viele Lotvektoren. Alle diese Lotvektoren verlaufen parallel, d. h. sie sind kollinear. Um einen Lotvektor der Ebene, die durch $\vec{a}$ und $\vec{b}$ aufgespannt ist, zu berechnen, bildet man sowohl das Skalarprodukt von $\vec{a}$ und $\vec{n}$ als auch das Skalarprodukt von $\vec{b}$ und $\vec{n}$. Beide Skalarprodukte sind null.

$$\vec{a} \circ \vec{n} = a_1 \cdot n_1 + a_2 \cdot n_2 + a_3 \cdot n_3 = 0$$
$$\vec{b} \circ \vec{n} = b_1 \cdot n_1 + b_2 \cdot n_2 + b_3 \cdot n_3 = 0$$

Sind die Vektoren $\vec{a}$ und $\vec{b}$ bekannt, erhält man für die drei unbekannten Richtungskomponenten n_1, n_2 und n_3 ein lineares Gleichungssystem mit zwei Gleichungen. Dies liegt daran, dass es unendlich viele parallele Lotvektoren gibt. Da zwei Gleichungen vorhanden sind, darf nur eine Richtungskomponente frei gewählt werden.

Bei der Berechnung von $\vec{n}$ wird eine Richtungskomponente so gewählt, dass sich ein Lotvektor ergibt, der vom Nullvektor verschieden ist.

Beispiel 1: Lotvektor

Berechnen Sie einen Lotvektor zur Straßenebene aus **Bild 1**.

Lösung:

$\vec{a} \circ \vec{n} = 5 \cdot n_1 + 0 \cdot n_2 + 0 \cdot n_3 = 0 \quad \Rightarrow n_1 = 0$

$\vec{b} \circ \vec{n} = 0 \cdot n_1 + 5 \cdot n_2 + 0 \cdot n_3 = 0 \quad \Rightarrow n_2 = 0$

Eine Richtungskomponente muss frei gewählt werden, z. B. $n_3 = 1$

Für $\vec{n}$ gilt dann: $\vec{\mathbf{n}} = \begin{pmatrix} 0 \\ 0 \\ 1 \end{pmatrix}$

Beispiel 2: Lotvektor

Berechnen Sie zwei Lotvektoren der Ebene in **Bild 2**.

Lösung:

$\vec{a} \circ \vec{n} = 0 \cdot n_1 + 4 \cdot n_2 + 3 \cdot n_3 = 0 \quad (1)$

$\vec{b} \circ \vec{n} = 2 \cdot n_1 + 2 \cdot n_2 + 0 \cdot n_3 = 0 \quad (2)$

Gewählt wird z. B. $n_2 = 3$ und man erhält:

- aus Gleichung (1): $n_3 = -4$
- aus Gleichung (2): $n_1 = -3$

Für $\vec{n}$ gilt dann: $\vec{\mathbf{n}} = \begin{pmatrix} -3 \\ 3 \\ -4 \end{pmatrix}$ **oder** $\vec{\mathbf{n}} = \begin{pmatrix} -6 \\ 6 \\ -8 \end{pmatrix}$

$$\vec{a} \circ \vec{n} = 0 \qquad \vec{b} \circ \vec{n} = 0 \qquad \vec{a^0} \neq \vec{b^0}$$

$\vec{a}, \vec{b}$ zwei Vektoren, die eine Ebene aufspannen

$\vec{n}$ beliebiger Lotvektor der Ebene

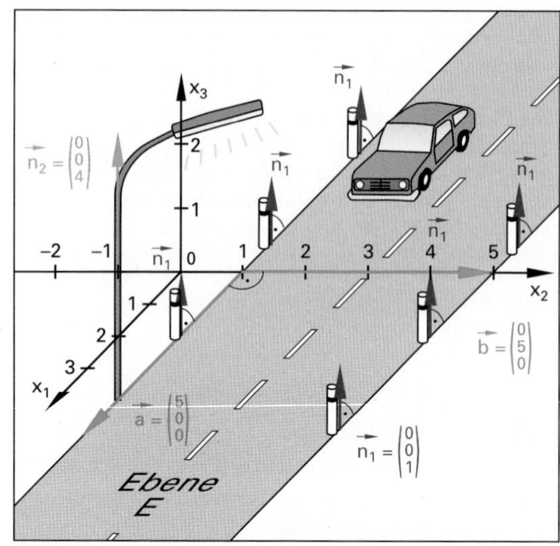

Bild 1: Straßenpfosten und Beleuchtung

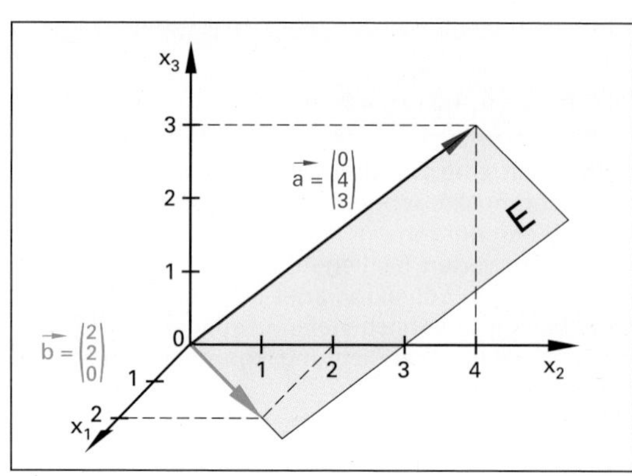

Bild 2: Ebene im Raum

Aufgabe:

1. Die Vektoren $\vec{a} = \begin{pmatrix} -2 \\ 2 \\ 2 \end{pmatrix}$ und $\vec{b} = \begin{pmatrix} 3 \\ 2 \\ 1 \end{pmatrix}$ liegen in einer Ebene E.

   a) Berechnen Sie den Lotvektor $\vec{n}$, der die Komponente $n_3 = 5$ enthält.

   b) Berechnen Sie die Lotvektoren $\vec{n}$ mit der Länge $\sqrt{168}$.

Lösung:

1. a) $\vec{n} = \begin{pmatrix} 1 \\ -4 \\ 5 \end{pmatrix}$

b) $\vec{n} = \begin{pmatrix} 2 \\ -8 \\ 10 \end{pmatrix}$; $\vec{n} = \begin{pmatrix} -2 \\ 8 \\ -10 \end{pmatrix}$

 ⇒ [Weitere Aufgaben im Kapitel 12]

3.7 Vektorprodukt

Beim Rad fahren nimmt der Pedalarm bei jeder Umdrehung eine Lage ein, bei der das Kraftmoment $\vec{M}$ maximal ist **(Bild 1)**. Die Kraft $\vec{F}$ des Fußes wirkt dann genau senkrecht zum Hebelarm $\vec{r}$. Der Vektor $\vec{M}$ ist das Vektorprodukt aus Hebelarm $\vec{r}$ und Kraft $\vec{F}$ und steht senkrecht zu $\vec{r}$ und $\vec{F}$.

Die Vektoren $\vec{r}$, $\vec{F}$ und ihr Vektorprodukt $\vec{M}$ bilden in dieser Reihenfolge ein Rechtssystem.

Hält man also die rechte Hand so, dass die gekrümmten Finger die Drehrichtung beschreiben, zeigt der abgespreizte Daumen in dieselbe Richtung wie das Vektorprodukt $\vec{M}$ **(Bild 1)**. Zur Unterscheidung vom Skalarprodukt wird der Operator der Multiplikation beim Vektorprodukt als Kreuz dargestellt ($\vec{r} \times \vec{F}$).

Das Vektorprodukt $\vec{M}$ heißt auch Kreuzprodukt.

Stehen die Vektoren $\vec{r}$ und $\vec{F}$ senkrecht aufeinander, ergibt das Produkt ihrer Beträge $r \cdot F$ den Betrag M des Vektors $\vec{M}$.

Beispiel 1:

Im **Bild 1** beträgt der Hebelarm 20 cm und die Kraft 400 N. Berechnen Sie den Betrag des Kraftmomentes.

Lösung:

$M = r \cdot F = 0{,}2\ \text{m} \cdot 400\ \text{N} = \mathbf{80\ Nm}$

Beim Lösen einer Schraube wirkt die Kraft $\vec{F}$ nicht im rechten Winkel zum Hebelarm **(Bild 2)**. Der wirksame Hebelarm $\vec{r} \cdot \sin\varphi$ zeigt von der Drehachse senkrecht auf die Kraft $\vec{F}$. Je kleiner der Winkel φ in **Bild 2** ist, desto kleiner wird der wirksame Hebelarm und desto kleiner wird der Betrag M des Kraftmomentes.

Beispiel 2:

Berechnen Sie den Betrag M des Vektorproduktes $\vec{M}$ für r = 20 cm, F = 100 N und $\varphi = 64°$.

Lösung:

$M = r \cdot F \cdot \sin\varphi = 0{,}2\ \text{m} \cdot 100\ \text{N} \cdot 0{,}9 = \mathbf{18\ Nm}$

Die Strecke $r \cdot \sin\varphi$ ist die Höhe des Parallelogramms, bei dem die Zeigerlängen r und F die Seiten bilden.

Der Betrag M des Vektorproduktes $\vec{M}$ ist gleich der Fläche des Parallelogramms, das die Vektoren $\vec{r}$ und $\vec{F}$ aufspannen.

Ist der Winkel zwischen Hebelarm und Kraft null, entsteht kein Kraftmoment **(Bild 3)**. Das Vektorprodukt ist der Nullvektor und dessen Betrag ist null.

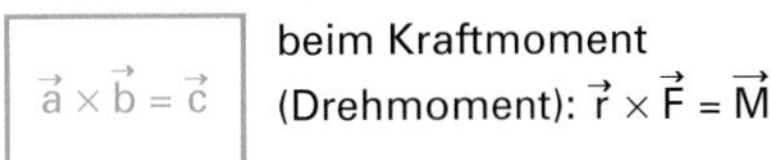

$\vec{a} \times \vec{b} = \vec{c}$ — beim Kraftmoment (Drehmoment): $\vec{r} \times \vec{F} = \vec{M}$

$c = |\vec{a} \times \vec{b}| = a \cdot b \cdot \sin\varphi$ — beim Kraftmoment $M = r \cdot F \cdot \sin\varphi$

Bei $\vec{a} \perp \vec{b}$ gilt: $c = |\vec{a} \times \vec{b}| = a \cdot b$

Bei $\vec{a} \parallel \vec{b}$ gilt: $c = |\vec{a} \times \vec{b}| = 0$

a, b, c Beträge der Vektoren $\vec{a}$, $\vec{b}$, $\vec{c}$

φ Winkel zwischen $\vec{a}$ und $\vec{b}$

$\times$ Operator für Vektorprodukt

$\vec{a} \times \vec{b}$ Vektorprodukt aus $\vec{a}$ und $\vec{b}$

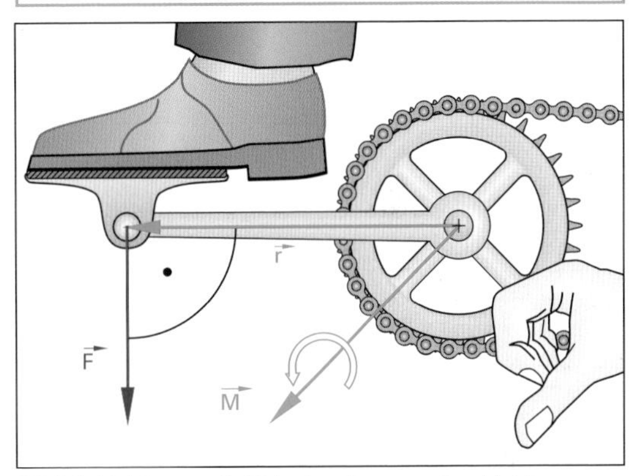

Bild 1: Vektorprodukt bei orthogonalen Vektoren

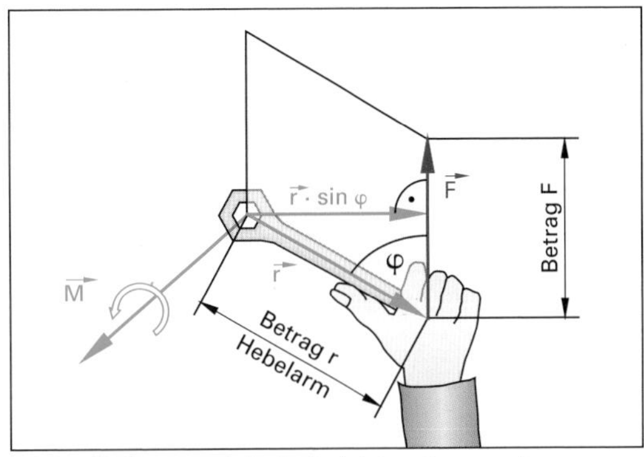

Bild 2: Vektorprodukt bei nicht orthogonalen Vektoren

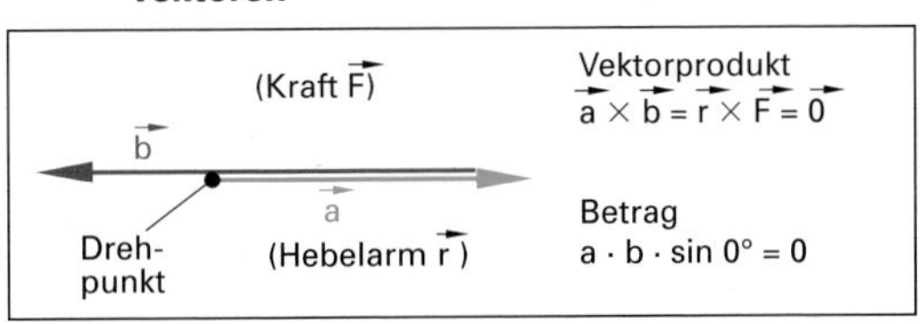

Bild 3: Vektorprodukt paralleler Vektoren

Das Vektorprodukt paralleler Vektoren ist null.

Zeigt ein Vektor $\vec{a}$ in x_1-Richtung und ein Vektor $\vec{b}$ in x_2-Richtung, so zeigt ihr Vektorprodukt in x_3-Richtung **(Bild 1)**.

Beispiel 1: Vektorprodukt

In **Bild 1** ist $\vec{a} = \begin{pmatrix} 2 \\ 0 \\ 0 \end{pmatrix}$ und $\vec{b} = \begin{pmatrix} 0 \\ 1{,}5 \\ 0 \end{pmatrix}$. Berechnen Sie $\vec{c}$.

Lösung:

Betrag $c = a \cdot b \cdot \sin 90° = 2 \cdot 1{,}5 \cdot 1 = 3$

Vektor $\vec{c} = \begin{pmatrix} 0 \\ 0 \\ 3 \end{pmatrix}$

Vertauscht man im Vektorprodukt die Vektoren $\vec{a}$ und $\vec{b}$, ändert sich die Drehrichtung des Rechtssystems. Das Vektorprodukt zeigt in die entgegengesetzte Richtung **(Bild 2)**.

Beispiel 2: Tausch von $\vec{a}$ und $\vec{b}$

Berechnen Sie $\vec{d}$ aus **Bild 1**.

Lösung:

Betrag $d = a \cdot b \cdot \sin 90° = 2 \cdot 1{,}5 \cdot 1 = 3$

Vektor $\vec{d} = \begin{pmatrix} 0 \\ 0 \\ -3 \end{pmatrix}$

Vertauscht man die Vektoren des Vektorproduktes, ändert sich das Vorzeichen.

Somit gilt: $\vec{a} \times \vec{b} = -(\vec{b} \times \vec{a})$

Bildet man das Vektorprodukt aus jeweils zwei Einheitsvektoren der drei Koordinatenachsen, erhält man immer einen Einheitsvektor auf der dritten Koordinatenachse **(Tabelle 1)**. Das Vorzeichen des dritten Vektors ist so festgelegt, dass das Rechtssystem eingehalten wird. Multipliziert man einen Einheitsvektor mit sich selbst, erhält man wegen der Parallelität den Nullvektor.

Um zwei Vektoren zu multiplizieren, die nicht orthogonal liegen **(Bild 2)**, zerlegt man sie mithilfe der Einheitsvektoren der Koordinatenachsen:

$$\vec{a} = \begin{pmatrix} 1 \\ 2 \\ 1 \end{pmatrix} = 1 \cdot \vec{e}_1 + 2 \cdot \vec{e}_2 + 1 \cdot \vec{e}_3$$

$$\vec{b} = \begin{pmatrix} 0 \\ 2 \\ 2 \end{pmatrix} = 0 \cdot \vec{e}_1 + 2 \cdot \vec{e}_2 + 2 \cdot \vec{e}_3$$

Anschließend werden die zerlegten Vektoren multipliziert:

$$\begin{aligned} \vec{a} \times \vec{b} &= (1 \cdot \vec{e}_1 + 2 \cdot \vec{e}_2 + 1 \cdot \vec{e}_3) \times (0 \cdot \vec{e}_1 + 2 \cdot \vec{e}_2 + 2 \cdot \vec{e}_3) \\ &= (\vec{e}_1 + 2 \cdot \vec{e}_2 + \vec{e}_3) \times (2 \cdot \vec{e}_2 + 2 \cdot \vec{e}_3) \\ &= \underbrace{\vec{e}_1 \times (2 \cdot \vec{e}_2)}_{2 \cdot \vec{e}_3} + \underbrace{\vec{e}_1 \times (2 \cdot \vec{e}_3)}_{-2 \cdot \vec{e}_2} + \underbrace{2 \cdot \vec{e}_2 \times (2 \cdot \vec{e}_2)}_{\vec{0}\text{, da parallel}} \\ &\quad + \underbrace{2 \cdot \vec{e}_2 \times (2 \cdot \vec{e}_3)}_{4 \cdot \vec{e}_1} + \underbrace{\vec{e}_3 \times (2 \cdot \vec{e}_2)}_{-2 \cdot \vec{e}_1} + \underbrace{\vec{e}_3 \times (2 \cdot \vec{e}_3)}_{\vec{0}\text{, da parallel}} \end{aligned}$$

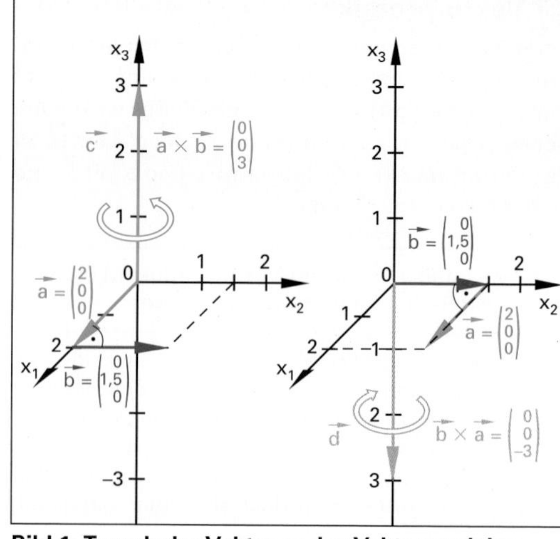

Bild 1: Tausch der Vektoren des Vektorprodukts

Tabelle 1: Vektorprodukte der Einheitsvektoren der Koordinatenachsen			
Vektorprodukt	Ergebnis	Vektorprodukt	Ergebnis
$\vec{e}_1 \times \vec{e}_2$	$\vec{e}_3$	$\vec{e}_2 \times \vec{e}_1$	$-\vec{e}_3$
$\vec{e}_2 \times \vec{e}_3$	$\vec{e}_1$	$\vec{e}_3 \times \vec{e}_2$	$-\vec{e}_1$
$\vec{e}_3 \times \vec{e}_1$	$\vec{e}_2$	$\vec{e}_1 \times \vec{e}_3$	$-\vec{e}_2$
Einheitsvektor mit sich selbst multipliziert			
$\vec{e}_1 \times \vec{e}_1$	$\vec{0}$	$\vec{e}_3 \times \vec{e}_3$	$\vec{0}$

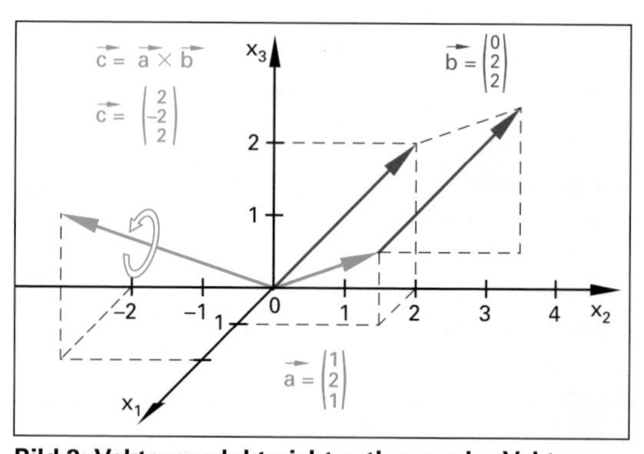

Bild 2: Vektorprodukt nicht orthogonaler Vektoren

Die durch Ausmultiplizieren entstandenen Teilprodukte werden mithilfe der **Tabelle 1** berechnet. Man erhält:

$$\begin{aligned} \vec{a} \times \vec{b} &= 4 \cdot \vec{e}_1 + (-2) \cdot \vec{e}_1 + (-2) \cdot \vec{e}_2 + 2 \cdot \vec{e}_3 \\ &= 2 \cdot \vec{e}_1 - 2 \cdot \vec{e}_2 + 2 \cdot \vec{e}_3 \\ &= \begin{pmatrix} 2 \\ -2 \\ 2 \end{pmatrix} \end{aligned}$$

Der Vektor $\vec{c} = \vec{a} \times \vec{b}$ steht senkrecht zum Parallelogramm, welches von den Vektoren $\vec{a}$ und $\vec{b}$ aufgespannt wird **(Bild 2)**.

Verallgemeinert man die eben durchgeführte Rechnung mit den Vektoren

$$\vec{a} = \vec{a_1} \cdot \vec{e_1} + \vec{a_2} \cdot \vec{e_2} + \vec{a_3} \cdot \vec{e_3} \quad \text{und}$$
$$\vec{b} = \vec{b_1} \cdot \vec{e_1} + \vec{b_2} \cdot \vec{e_2} + \vec{b_3} \cdot \vec{e_3}$$

erhält man die Gleichung:

$$\vec{a} \times \vec{b} = \begin{pmatrix} a_2b_3 - a_3b_2 \\ a_3b_1 - a_1b_3 \\ a_1b_2 - a_2b_1 \end{pmatrix}$$

Beispiel 1:

Berechnen Sie das Vektorprodukt $\vec{a} \times \vec{b}$ der Vektoren

$\vec{a} = \begin{pmatrix} 2 \\ -4 \\ 3 \end{pmatrix}$ und $\vec{b} = \begin{pmatrix} -1 \\ 5 \\ 0{,}5 \end{pmatrix}$.

Lösung:

$$\vec{a} \times \vec{b} = \begin{pmatrix} (-4) \cdot 0{,}5 - 3 \cdot 5 \\ 3 \cdot (-1) - 2 \cdot 0{,}5 \\ 2 \cdot 5 - (-4) \cdot (-1) \end{pmatrix} = \begin{pmatrix} -2 - 15 \\ -3 - 1 \\ 10 - 4 \end{pmatrix} = \begin{pmatrix} \mathbf{-17} \\ \mathbf{-4} \\ \mathbf{6} \end{pmatrix}$$

Aufgaben:

1. Gegeben sind die Vektoren
$\vec{a} = \begin{pmatrix} 2 \\ 3 \\ 5 \end{pmatrix}$, $\vec{b} = \begin{pmatrix} -1 \\ 4 \\ 2 \end{pmatrix}$ und $\vec{c} = \begin{pmatrix} 2 \\ -3 \\ 7 \end{pmatrix}$
Berechnen Sie die Vektorprodukte $\vec{a} \times \vec{b}$, $\vec{a} \times \vec{c}$, $\vec{b} \times \vec{c}$ und $\vec{c} \times \vec{b}$.

2. Zeigen Sie mithilfe des Vektorprodukts, dass die Vektoren $\vec{a} = \begin{pmatrix} 3 \\ -9 \\ 6 \end{pmatrix}$ und $\vec{b} = \begin{pmatrix} -4 \\ 12 \\ -8 \end{pmatrix}$ parallel sind.

3. Ein Parallelogramm hat die Seitenvektoren
$\overrightarrow{AB} = \begin{pmatrix} 1 \\ 4 \\ 1 \end{pmatrix}$ und $\overrightarrow{AD} = \begin{pmatrix} -1 \\ 2 \\ 4 \end{pmatrix}$. Berechnen Sie die Fläche.

4. Gegeben sind die Punkte A, B und C eines Parallelogramms **(Bild 1)**. Berechnen Sie
   a) den Punkt D,
   b) den Flächeninhalt des Parallelogramms ABCD und des Dreiecks ABD,
   c) die Höhe h und
   d) den Winkel β.

5. Eine Schraube wird mit einer Kraft F = 250 N angezogen. Der Hebelarm beträgt 30 cm. Berechnen Sie den Betrag des Drehmomentes, wenn der Winkel zwischen Hebelarm und Kraft 80° beträgt.

6. Ein Wasserbüffel wird für die Pumpanlage eines Bewässerungsbrunnens eingesetzt **(Bild 2)**.
Es gilt $\vec{r} = \begin{pmatrix} 6\text{ m} \\ -6\text{ m} \\ 0 \end{pmatrix}$ und $\vec{F} = \begin{pmatrix} 1500\text{ N} \\ 1500\text{ N} \\ 0 \end{pmatrix}$.
Berechnen Sie das Kraftmoment $\vec{M}$.

$$\vec{a} \times \vec{b} = (a_2b_3 - a_3b_2) \cdot \vec{e_1} + (a_3b_1 - a_1b_3) \cdot \vec{e_2} + (a_1b_2 - a_2b_1) \cdot \vec{e_3}$$

$$\vec{a} \times \vec{b} = \begin{pmatrix} a_2b_3 - a_3b_2 \\ a_3b_1 - a_1b_3 \\ a_1b_2 - a_2b_1 \end{pmatrix}$$

a_1, a_2, a_3	Richtungskomponenten des Vektors $\vec{a}$
b_1, b_2, b_3	Richtungskomponenten des Vektors $\vec{b}$
$\vec{e_1}, \vec{e_2}, \vec{e_3}$	Einheitsvektoren der Koordinatenachsen

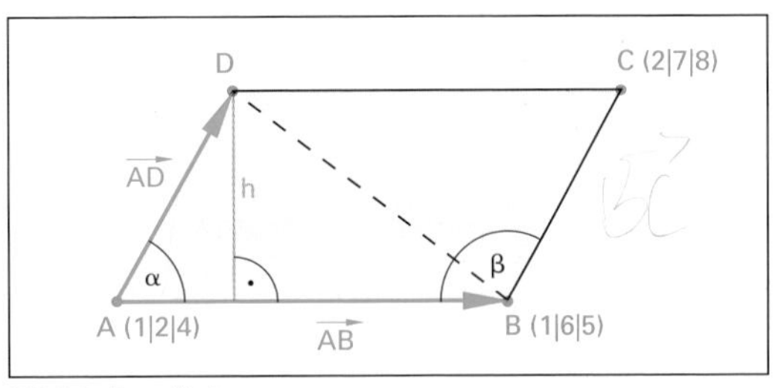

Bild 1: Parallelogramm

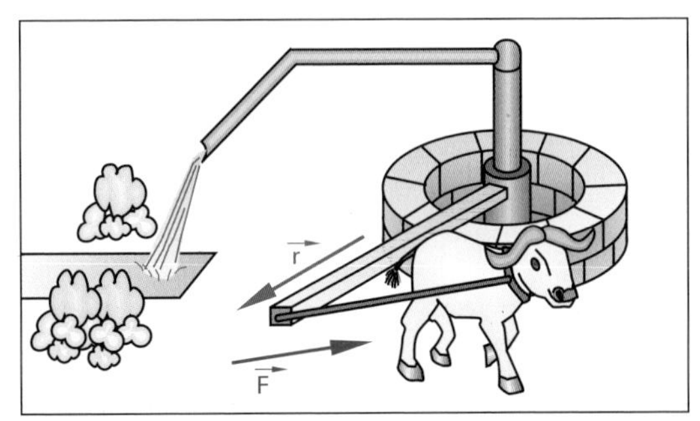

Bild 2: Wasserbüffel

Lösungen:

1. $\vec{a} \times \vec{b} = \begin{pmatrix} -14 \\ -9 \\ 11 \end{pmatrix}$; $\vec{a} \times \vec{c} = \begin{pmatrix} 36 \\ -4 \\ -12 \end{pmatrix}$;
$\vec{b} \times \vec{c} = \begin{pmatrix} 34 \\ 11 \\ -5 \end{pmatrix}$; $\vec{c} \times \vec{b} = \begin{pmatrix} -34 \\ -11 \\ 5 \end{pmatrix}$

2. $\vec{a} \times \vec{b} = \vec{0}$

3. A = 16,03 FE

4. **a)** D (2|3|7) **b)** A_P = 11,75 FE, A_D = 5,87 FE
   c) h = 2,85 LE **d)** $\alpha = 59{,}2° \Rightarrow \beta = 120{,}8°$

5. M = 73,86 Nm

6. $\vec{M} = \begin{pmatrix} 0 \\ 0 \\ 18000\text{ N} \end{pmatrix} = 18000\text{ N} \cdot \begin{pmatrix} 0 \\ 0 \\ 1 \end{pmatrix}$

Überprüfen Sie Ihr Wissen!

1. Prüfen Sie, ob folgende Vektoren parallel sind.

   a) $\vec{a} = \begin{pmatrix} -2 \\ 3 \\ 4 \end{pmatrix}$ und $\vec{b} = \begin{pmatrix} -0{,}25 \\ 0{,}375 \\ 0{,}8 \end{pmatrix}$ **b)** $\vec{a} = \begin{pmatrix} 12 \\ -6 \\ 24 \end{pmatrix}$ und $\vec{b} = \begin{pmatrix} -2 \\ 1 \\ -4 \end{pmatrix}$

   c) $\vec{a} = \begin{pmatrix} -2{,}6 \\ 0 \\ 6{,}5 \end{pmatrix}$ und $\vec{b} = \begin{pmatrix} -2 \\ 0 \\ 5 \end{pmatrix}$ **d)** $\vec{a} = \begin{pmatrix} 2 \\ 0 \\ -3 \end{pmatrix}$ und $\vec{b} = \begin{pmatrix} 8 \\ 0 \\ 12 \end{pmatrix}$

2. Prüfen Sie, ob folgende Vektoren in einer Ebene liegen, d. h. ob sie komplanar sind.

   a) $\vec{a} = \begin{pmatrix} 2 \\ 2 \\ 3 \end{pmatrix}$, $\vec{b} = \begin{pmatrix} 1 \\ -8 \\ 6 \end{pmatrix}$ und $\vec{c} = \begin{pmatrix} 7 \\ -20 \\ 24 \end{pmatrix}$

   b) $\vec{a} = \begin{pmatrix} 3 \\ 10 \\ 4 \end{pmatrix}$, $\vec{b} = \begin{pmatrix} -2 \\ -8 \\ -3 \end{pmatrix}$ und $\vec{c} = \begin{pmatrix} 20 \\ 60 \\ 25 \end{pmatrix}$

3. Beim Parallelogramm aus **Bild 1** wird der Seitenvektor $\overrightarrow{AD}$ auf den Seitenvektor $\overrightarrow{AB}$ orthogonal projiziert. Berechnen Sie die orthogonale Projektion sowie die Höhe und Fläche des Parallelogramms.

4. Bestimmen Sie drei Lotvektoren unterschiedlicher Richtung zum Vektor $\vec{a} = \begin{pmatrix} 2 \\ 2 \\ 3 \end{pmatrix}$.

5. Das Spiegelteleskop aus **Bild 2** ist nach der Fläche ausgerichtet, die die Vektoren $\vec{a}$ und $\vec{b}$ aufspannen. Auf die Fläche senkrecht auftreffende Lichtwellen, hier der Lotvektor $\vec{n}$, werden empfangen. Berechnen Sie den Lotvektor $\vec{n}_{15}$ mit der Länge 15.

6. Berechnen Sie das Vektorprodukt von:

   a) $\vec{a} = \begin{pmatrix} -2 \\ -1 \\ 2 \end{pmatrix}$, $\vec{b} = \begin{pmatrix} 5 \\ 3 \\ 8 \end{pmatrix}$

   b) $\vec{a} = \begin{pmatrix} 2 \\ 6 \\ 4 \end{pmatrix}$, $\vec{b} = \begin{pmatrix} -2 \\ 1 \\ -4 \end{pmatrix}$

   c) $\vec{a} = \begin{pmatrix} 2 \\ 1 \\ 2 \end{pmatrix}$, $\vec{b} = \begin{pmatrix} 5 \\ 3 \\ 8 \end{pmatrix}$

7. Die Lichtmaschine in **Bild 3** wird mit der Kraft $\vec{F}$ über einen Keilriemen angetrieben. Berechnen Sie den Betrag M des Kraftmoments $\vec{M}$.

8. Der Kolben in **Bild 4** treibt über eine Gelenkstange ein Rad an. Berechnen Sie das Kraftmoment $\vec{M}$.

9. Berechnen Sie den Flächeninhalt des Parallelogramms aus **Bild 1** mithilfe des Vektorprodukts.

Lösungen:

1. a) $\vec{a} \nparallel \vec{b}$ **b)** $\vec{a} \parallel \vec{b}$ **c)** $\vec{a} \parallel \vec{b}$ **d)** $\vec{a} \nparallel \vec{b}$

2. a) komplanar **b)** komplanar

3. $\overrightarrow{AD}_{AB} = \begin{pmatrix} 0 \\ 1 \\ 0 \end{pmatrix}$, h = 3,6 LE; A = 14,42 FE

4. $\begin{pmatrix} 1 \\ -1 \\ 0 \end{pmatrix}$; $\begin{pmatrix} 3 \\ 0 \\ -2 \end{pmatrix}$; $\begin{pmatrix} 0 \\ -3 \\ 2 \end{pmatrix}$ **5.** $\overrightarrow{n_{15}} = \begin{pmatrix} -5 \\ 10 \\ -10 \end{pmatrix}$

6. a) $\begin{pmatrix} -14 \\ 26 \\ -1 \end{pmatrix}$ **b)** $\begin{pmatrix} -28 \\ 0 \\ 14 \end{pmatrix}$ **c)** $\begin{pmatrix} 2 \\ -6 \\ 1 \end{pmatrix}$

7. 500 Nm **8.** $\begin{pmatrix} 12\ \text{Nm} \\ 0 \\ 0 \end{pmatrix}$ **9.** A = 14,42 FE

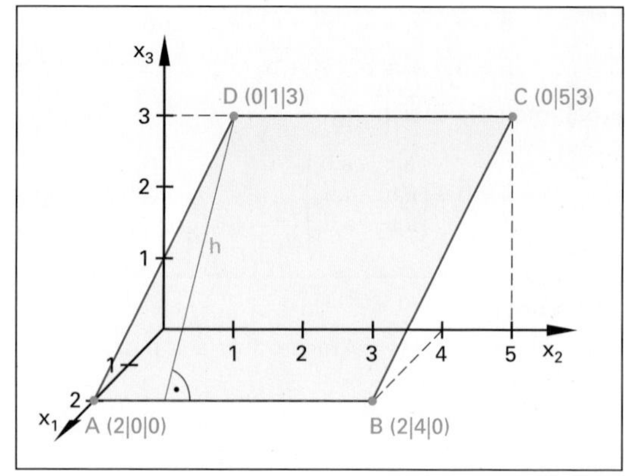

Bild 1: Parallelogramm

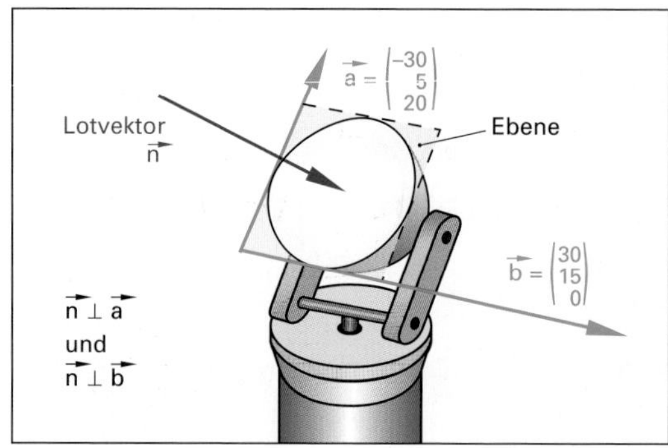

Bild 2: Spiegelteleskop

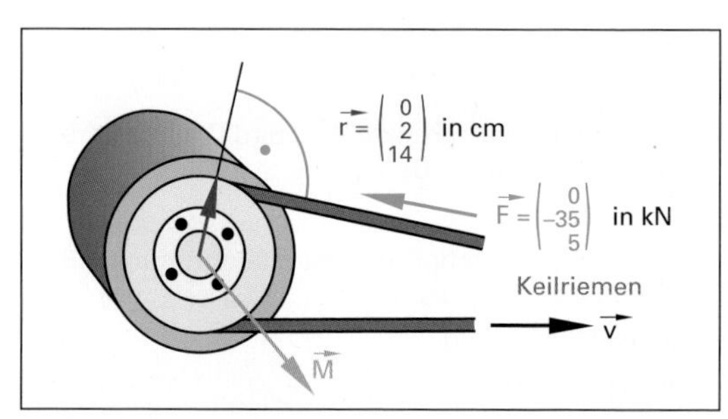

Bild 3: Lichtmaschine

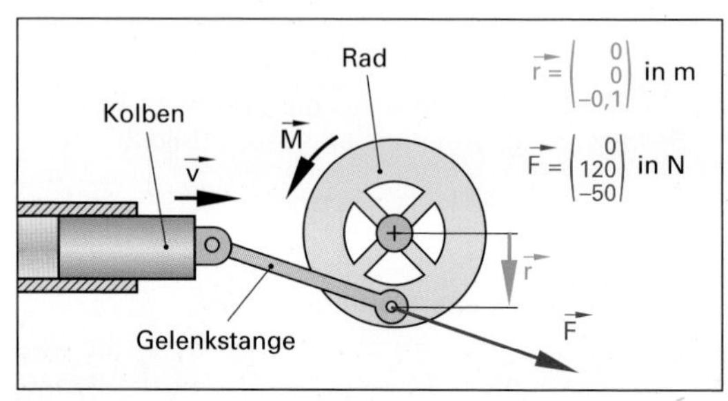

Bild 4: Radantrieb

 ⇒ [Weitere Aufgaben im Kapitel 12]

3.8 Vektorgleichung einer Geraden im Raum

Zwei-Punkte-Form

So wie zwei Personen einen Balken in einer festen Position halten **(Bild 1)**, so wird eine Gerade im Raum durch zwei Punkte P und Q eindeutig bestimmt.

Der Vektor $\overrightarrow{PQ} = \vec{q} - \vec{p}$ ist dabei ein Stück der durch P und Q bestimmten Geraden g und wird Richtungsvektor $\vec{u}$ genannt. Der Richtungsvektor $\vec{u}$ ist ein freier Vektor, dessen Lage durch die Ortsvektoren $\overrightarrow{OP}$ und $\overrightarrow{OQ}$ im Raum bestimmt wird. Somit ist die Vektorgleichung einer Geraden im Raum eine Addition von einem Ortsvektor, auch Stützvektor genannt und einem Richtungsvektor. Durch Verlängerung oder Verkürzung von $\overrightarrow{PQ}$ durch den Parameter r **(Bild 2)** erhält man von Punkt P aus jeden Geradenpunkt X.

Jedem Wert $r \in \mathbb{R}$ ist genau ein Geradenpunkt X oder ein Ortsvektor $\vec{x}$ zugeordnet.

Zwei-Punkte-Form:

$$g: \vec{x} = \overrightarrow{OP} + r \cdot (\overrightarrow{OQ} - \overrightarrow{OP}) = \vec{p} + r \cdot \overrightarrow{PQ}$$

Punkt-Richtungs-Form:

$$g: \vec{x} = \vec{p} + r \cdot \vec{u}$$

Richtungsvektor:

$$\vec{u} = \overrightarrow{PQ} = \vec{q} - \vec{p}$$

g	Gerade g	$\vec{u}$	Richtungsvektor
r	Parameter, $r \in \mathbb{R}$	$\vec{x}$	Ortsvektor zum Punkt X
$\vec{p} = \overrightarrow{OP}$	Stützvektor	$\overrightarrow{OP}$	Ortsvektor zum Punkt P
P	Stützpunkt, Aufpunkt	$\overrightarrow{OQ}$	Ortsvektor zum Punkt Q

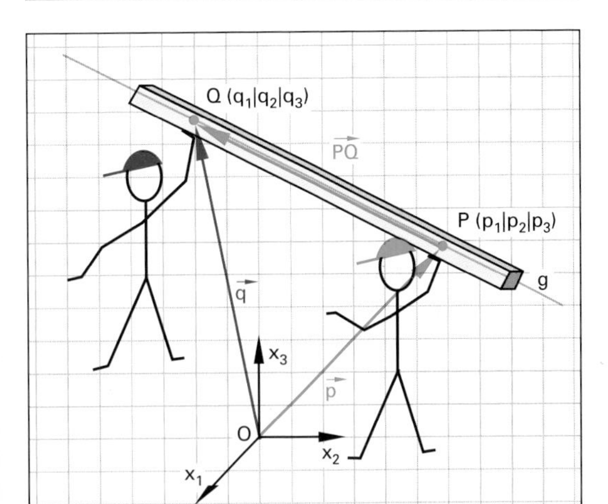

Bild 1: Eine Gerade im Raum

Beispiel 1:

Eine Gerade geht durch die Punkte P (2|4|3) und Q (−3|0|2).

a) Bestimmen Sie die Vektorgleichung der Geraden.

b) Zeichnen Sie in ein räumliches Koordinatensystem die Gerade g ein.

c) Bestimmen Sie die Punkte A bis D der Geraden g für $r_1 = -1$, $r_2 = 0$, $r_3 = 1$ und $r_4 = 2$.

Lösung:

a) $g: \vec{x} = \vec{p} + r \cdot (\vec{q} - \vec{p});\quad r \in \mathbb{R}$

$$\mathbf{g: \vec{x} = \begin{pmatrix}2\\4\\3\end{pmatrix} + r \cdot \begin{pmatrix}-3-2\\0-4\\2-3\end{pmatrix} = \begin{pmatrix}2\\4\\3\end{pmatrix} + r \cdot \begin{pmatrix}-5\\-4\\-1\end{pmatrix}}$$

b) **Bild 2**: Man trägt zuerst den Pfeil des Stützvektors $\vec{p} = \overrightarrow{OP} = \begin{pmatrix}2\\4\\3\end{pmatrix}$ in das Koordinatensystem ein, dessen Anfangspunkt im Ursprung 0 liegt. Der Anfangspunkt des Richtungsvektors $\vec{u} = (\vec{q} - \vec{p}) = \begin{pmatrix}-5\\-4\\-1\end{pmatrix}$ liegt an der Spitze des Pfeils von $\vec{p}$. Man zeichnet die Gerade g so, dass der Pfeil von $\vec{u}$ auf g liegt.

c) Für $r_1 = -1$ gilt

$$g: \vec{x} = \begin{pmatrix}2\\4\\3\end{pmatrix} + (-1)\begin{pmatrix}-5\\-4\\1\end{pmatrix} = \begin{pmatrix}7\\8\\2\end{pmatrix}$$

A (7|8|2), B (2|4|3), C (−3|0|2), D (−8|−4|1)

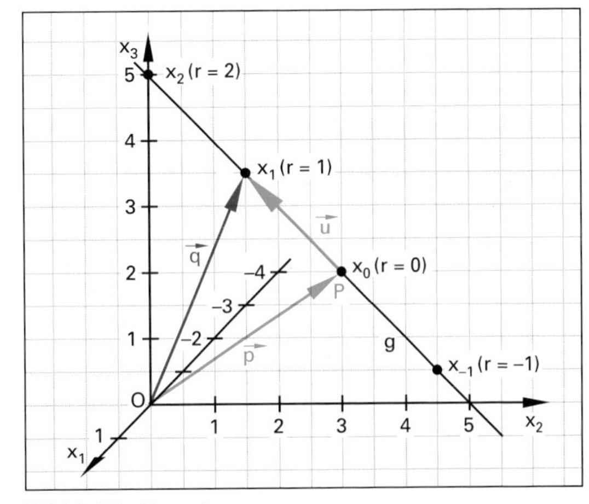

Bild 2: Die Gerade g

Aufgabe:

1. Eine Gerade g geht durch die Punkte P_1 (0|4|2,5) und P_2 (9|7|4).

   a) Bestimmen Sie die Vektorgleichung der Geraden g.

   b) Für welche Parameter r_1, r_2 und r_3 ergeben sich die Punkte A (0|4|2,5), B (18|10|5,5) und C (−27|−5|−2)?

Lösung:

1. a) $g: \vec{x} = \begin{pmatrix}0\\4\\2{,}5\end{pmatrix} + r \cdot \begin{pmatrix}9\\3\\1{,}5\end{pmatrix};\quad r \in \mathbb{R}$

b) $r_1 = 0$

$r_2 = 2$

$r_3 = -3$

Punkt-Richtungs-Form

Wenn der Richtungsvektor in die Zwei-Punkte-Form der Geradengleichung eingesetzt wird, erhält man die Punkt-Richtungs-Form der Geradengleichung. Die Vektorgleichung der Geraden aus dem vorhergehenden Beispiel lautet in der Punkt-Richtungs-Form dann:

$$g: \vec{x} = \vec{p} + r \cdot \vec{u} = \begin{pmatrix} 2 \\ 4 \\ 3 \end{pmatrix} + r \cdot \begin{pmatrix} -5 \\ -4 \\ -1 \end{pmatrix}; \quad r \in \mathbb{R}$$

Punktprobe einer Geraden

Mit der Punktprobe wird überprüft, ob ein beliebiger Punkt auf einer gegebenen Geradengleichung liegt. Dazu wird der Ortsvektor des Punktes in die Geradengleichung für $\vec{x}$ eingesetzt.

Beispiel 1:

$$g: \vec{x} = \begin{pmatrix} 3 \\ 5 \\ 3 \end{pmatrix} + r \cdot \begin{pmatrix} -6 \\ -2 \\ -1 \end{pmatrix}; \quad r \in \mathbb{R}$$

a) Zeichnen Sie die Gerade g in ein räumliches Koordinatensystem ein.

b) Liegen die Punkte C (–6|2|1,5) und D (1|3|1) auf der Geraden g?

Lösung:

a) **Bild 1** b) Punktprobe für C:

$$\vec{c} = \vec{p} + r \cdot \vec{u}$$

$$g: \begin{pmatrix} -6 \\ 2 \\ 1{,}5 \end{pmatrix} = \begin{pmatrix} 3 \\ 5 \\ 3 \end{pmatrix} + r \cdot \begin{pmatrix} -6 \\ -2 \\ -1 \end{pmatrix} \begin{matrix} (1) \\ (2) \\ (3) \end{matrix}$$

$$\left.\begin{matrix} (1)\ -6 = 3 + r(-6) \Rightarrow r = 1{,}5 \\ (2)\ \ 2 = 5 + r(-2) \Rightarrow r = 1{,}5 \\ (3)\ 1{,}5 = 3 + r(-1) \Rightarrow r = 1{,}5 \end{matrix}\right\} \text{erfüllt}$$

Punkt C liegt auf der Geraden g.

Punktprobe für D:

$$\vec{d} = \vec{p} + r \cdot \vec{u}$$

$$g: \begin{pmatrix} 1 \\ 3 \\ 1 \end{pmatrix} = \begin{pmatrix} 3 \\ 5 \\ 3 \end{pmatrix} + r \cdot \begin{pmatrix} -6 \\ -2 \\ -1 \end{pmatrix} \left.\begin{matrix} \Rightarrow r = \frac{1}{3} \\ \Rightarrow r = 1 \\ \Rightarrow r = 2 \end{matrix}\right\} \text{nicht erfüllt}$$

Punkt D liegt nicht auf der Geraden g.

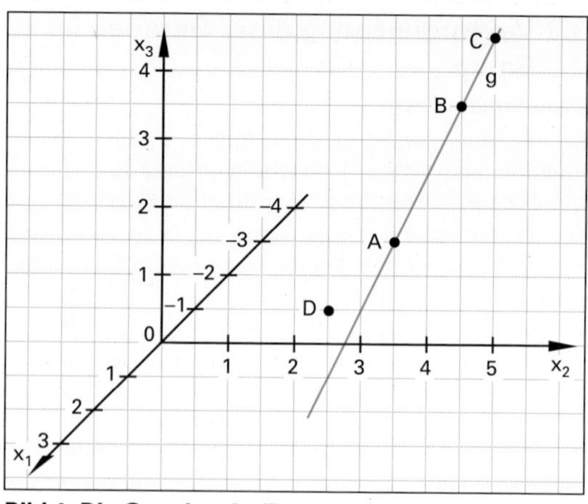

Bild 1: Die Gerade g im Raum

Aufgaben:

1. Ein Dreieck hat die Ecken A (–3|–4|5), B (3|6|–4) und C (1|3|2). Stellen Sie die Geradengleichungen g, h und i durch die Dreieckseiten auf.

2. Durch P (2|–5|–3) gehen Geraden g, h und i mit den folgenden Richtungsvektoren:

$$\vec{u} = \begin{pmatrix} 1 \\ 0 \\ -3 \end{pmatrix} \quad \vec{v} = \begin{pmatrix} 3 \\ 5 \\ 0 \end{pmatrix} \quad \vec{w} = \begin{pmatrix} -3 \\ 4 \\ 1 \end{pmatrix}.$$

a) Stellen Sie die Geradengleichungen auf.

b) Zeichnen Sie die Geraden g, h und i in ein räumliches Koordinatensystem ein mit folgenden Abmessungen:
x_1-Achse mit $-4 \leq x_1 \leq 16$
x_2-Achse mit $-8 \leq x_2 \leq 2$
x_3-Achse mit $-8 \leq x_3 \leq 2$

3. Gegeben sind die Punkte A (2|7|–2), B (5|4|1) und D (–4|3t + 1|–8).

a) Bestimmen Sie die Gleichung der Geraden g durch die Punkte A und B.

b) Mit der Punktprobe können auch Punkte mit unvollständiger Parameterangabe ermittelt werden. Bestimmen Sie t so, dass der Punkt D auf der Geraden g liegt.

Lösungen:

1. $g: \vec{x} = \begin{pmatrix} 3 \\ 6 \\ -4 \end{pmatrix} + r \cdot \begin{pmatrix} -2 \\ -3 \\ 6 \end{pmatrix}; \quad r \in \mathbb{R}$

$h: \vec{x} = \begin{pmatrix} 1 \\ 3 \\ 2 \end{pmatrix} + s \cdot \begin{pmatrix} -4 \\ -7 \\ 3 \end{pmatrix}; \quad s \in \mathbb{R}$

$i: \vec{x} = \begin{pmatrix} -3 \\ -4 \\ 5 \end{pmatrix} + t \cdot \begin{pmatrix} 6 \\ 10 \\ -9 \end{pmatrix}; \quad t \in \mathbb{R}$

2. a) $g: \vec{x} = \begin{pmatrix} 2 \\ -5 \\ -3 \end{pmatrix} + r \cdot \begin{pmatrix} 1 \\ 0 \\ -3 \end{pmatrix}; \quad r \in \mathbb{R}$

$h: \vec{x} = \begin{pmatrix} 2 \\ -5 \\ -3 \end{pmatrix} + s \cdot \begin{pmatrix} 3 \\ 5 \\ 0 \end{pmatrix}; \quad s \in \mathbb{R}$

$i: \vec{x} = \begin{pmatrix} 2 \\ -5 \\ -3 \end{pmatrix} + t \cdot \begin{pmatrix} -3 \\ 4 \\ 1 \end{pmatrix}; \quad t \in \mathbb{R}$

3. a) $g: \vec{x} = \begin{pmatrix} 2 \\ 7 \\ -2 \end{pmatrix} + r \cdot \begin{pmatrix} 3 \\ -3 \\ 3 \end{pmatrix}; \quad r \in \mathbb{R}$

b) $t = 4 \Rightarrow$ D (–4|13|–8)

Spurpunkte einer Geraden

Spurpunkte nennt man die Schnittpunkte (Durchstoßpunkte) einer Geraden mit den Koordinatenebenen.

Zum Beispiel wenn eine Gerade die

- x_1x_2-Ebene durchstößt, muss $x_3 = 0$ sein,
- x_2x_3-Ebene durchstößt, muss $x_1 = 0$ sein,
- x_3x_1-Ebene durchstößt, muss $x_2 = 0$ sein.

Es gibt maximal 3 Spurpunkte je Gerade (**Tabelle 1** und **Bild 1**).

Es sind sechs Lösungsmöglichkeiten zu unterscheiden (**Tabelle 2**).

Beispiel 1:

$$g: \vec{x} = \begin{pmatrix} -1 \\ 4{,}5 \\ 1 \end{pmatrix} + r \cdot \begin{pmatrix} 2 \\ -3 \\ 2 \end{pmatrix} \quad r \in \mathbb{R}$$

a) Bestimmen Sie die Spurpunkte der Geraden g

b) Zeichnen Sie die Gerade g und die Spurpunkte in ein räumliches Koordinatensystem ein.

Lösung:

a) Spurpunkt S_{12} liegt in der x_1x_2-Ebene $\Rightarrow x_3 = 0$

$$\begin{matrix}(1)\\(2)\\(3)\end{matrix}\ \overrightarrow{s_{12}} = \begin{pmatrix} x_1 \\ x_2 \\ 0 \end{pmatrix} = \begin{pmatrix} -1 \\ 4{,}5 \\ 1 \end{pmatrix} + r \cdot \begin{pmatrix} 2 \\ -3 \\ 2 \end{pmatrix} \Rightarrow r = -0{,}5$$

r in die Geradengleichung g einsetzen.

$$\overrightarrow{s_{12}} = \begin{pmatrix} x_1 \\ x_2 \\ 0 \end{pmatrix} = \begin{pmatrix} -1 \\ 4{,}5 \\ 1 \end{pmatrix} + (-0{,}5) \cdot \begin{pmatrix} 2 \\ -3 \\ 2 \end{pmatrix} = \begin{pmatrix} -2 \\ 6 \\ 0 \end{pmatrix}$$

Man erhält den Spurpunkt in der x_1x_2-Ebene.

$S_{12}\,(-2|6|0)$

Weitere Spurpunkte: $S_{23}\,(0|3|2)$ und $S_{13}\,(2|0|4)$

b) **Bild 1**

Aufgaben:

1. Gegeben ist die Gerade

$$g: \vec{x} = \begin{pmatrix} 4 \\ 3 \\ -3 \end{pmatrix} + r \cdot \begin{pmatrix} 4 \\ -2 \\ 6 \end{pmatrix}; \quad r \in \mathbb{R}$$

a) Berechnen Sie alle Spurpunkte der Geraden g.

b) Zeichnen Sie die Gerade mit den Spurpunkten in ein räumliches Koordinatensystem ein.

2. Gegeben ist die Gerade

$$g: \vec{x} = \begin{pmatrix} 2 \\ 7 \\ -2 \end{pmatrix} + r \cdot \begin{pmatrix} 3 \\ -3 \\ 3 \end{pmatrix}; \quad r \in \mathbb{R}$$

a) Zeigen Sie, dass die Punkte $S_{23}\,(0|9|-4)$ und $S_{13}\,(9|0|5)$ Spurpunkte der Geraden g sind.

b) Berechnen Sie die Koordinaten des dritten Spurpunktes S_{12}.

Lösungen:

1. a) $S_{12}\,(6|2|0)$; $S_{23}\,(0|5|-9)$; $S_{13}\,(10|0|6)$

b) siehe Löser

2. a) $S_{23} \in g$; $S_{13} \in g$ **b)** $S_{12}\,(4|5|0)$

Tabelle 1: Spurpunkte einer Geraden im Raum		
Ebene	Rechenweg	Spurpunkt
x_2x_3	$\begin{pmatrix} 0 \\ x_2 \\ x_3 \end{pmatrix} = \begin{pmatrix} p_1 \\ p_2 \\ p_3 \end{pmatrix} + r \cdot \begin{pmatrix} u_1 \\ u_2 \\ u_3 \end{pmatrix}$	$S_{23}\,(0|x_2|x_3)$
x_1x_3	$\begin{pmatrix} x_1 \\ 0 \\ x_3 \end{pmatrix} = \begin{pmatrix} p_1 \\ p_2 \\ p_3 \end{pmatrix} + r \cdot \begin{pmatrix} u_1 \\ u_2 \\ u_3 \end{pmatrix}$	$S_{13}\,(x_1|0|x_3)$
x_1x_2	$\begin{pmatrix} x_1 \\ x_2 \\ 0 \end{pmatrix} = \begin{pmatrix} p_1 \\ p_2 \\ p_3 \end{pmatrix} + r \cdot \begin{pmatrix} u_1 \\ u_2 \\ u_3 \end{pmatrix}$	$S_{12}\,(x_1|x_2|0)$

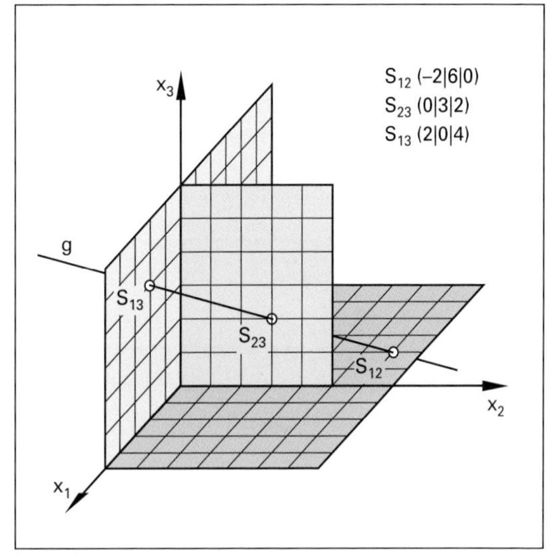

Bild 1: Gerade g mit Spurpunkten

Tabelle 2: Lösungsfälle für Spurpunkte		
Fall	Zahl der Spurpunkte	Erklärung
1	3 Spurpunkte	Die Gerade schneidet alle Koordinatenebenen.
2	2 Spurpunkte	Die Gerade ist zu genau einer Koordinatenebene parallel.
3	1 Spurpunkt	Die Gerade ist zu genau einer Koordinatenachse parallel.
4	1 Spurpunkt auf einer Koordinatenachse und eine Geradengleichung in der Koordinatenebene.	Die Gerade liegt in einer Koordinatenebene und ist parallel zu einer Koordinatenachse.
5	2 Spurpunkte auf den Koordinatenachsen und eine Geradengleichung in der Koordinatenebene.	Die Gerade liegt in einer Koordinatenebene und ist nicht parallel zu einer Koordinatenachse.
6	Koordinatenursprung $S \equiv O\,(0|0|0)$	Die Gerade liegt auf einer Koordinatenachse.

Beispiel 1:

g: $\vec{x} = \begin{pmatrix} 2 \\ 1 \\ 2 \end{pmatrix} + r \cdot \begin{pmatrix} 0 \\ 3 \\ -1 \end{pmatrix}$; $r \in \mathbb{R}$

a) Bestimmen Sie alle Spurpunkte der Geraden g.

b) Zeichnen Sie die Gerade g mit den Spurpunkten in ein räumliches Koordinatensystem ein.

Lösung:

a) g: $\vec{x} = \vec{p} + r \cdot \vec{u}$

$$\begin{matrix}(1)\\(2)\\(3)\end{matrix}\ g: \begin{pmatrix} 0 \\ x_2 \\ x_3 \end{pmatrix} = \begin{pmatrix} 2 \\ 1 \\ 2 \end{pmatrix} + r \cdot \begin{pmatrix} 0 \\ 3 \\ -1 \end{pmatrix}$$

(1) $0 = 2 + 0 \Rightarrow \mathbf{L = \{\ \}}$

Es gibt keinen Spurpunkt in der x_2x_3-Ebene.

Nachdem jeweils $x_2 = 0$ und $x_3 = 0$ gesetzt werden, erhält man folgende Spurpunkte:

$S_{13}\left(2|0|\frac{7}{3}\right)$, $S_{12}\,(2|7|0)$

b) **Bild 1**

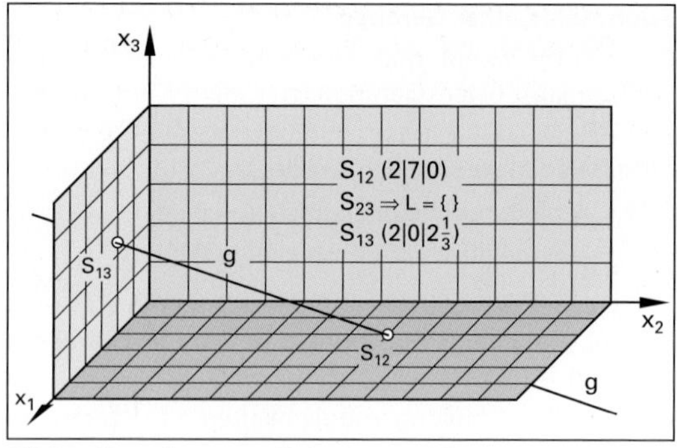

Bild 1: Gerade g parallel zur x_2x_3-Ebene

Beispiel 2:

g: $\vec{x} = \begin{pmatrix} 0 \\ 4 \\ 3 \end{pmatrix} + r \cdot \begin{pmatrix} 0 \\ -3 \\ -1 \end{pmatrix}$; $r \in \mathbb{R}$

a) Bestimmen Sie die Spurpunkte der Geraden g.

b) Zeichnen Sie die Gerade g mit den Spurpunkten in ein räumliches Koordinatensystem ein.

c) Wie kann man schon an der Geradengleichung g erkennen, dass die Gerade g in der x_2x_3-Ebene liegt?

Lösung:

a) g: $\vec{x} = \vec{p} + r \cdot \vec{u}$

$$\begin{matrix}(1)\\(2)\\(3)\end{matrix}\ g: \begin{pmatrix} 0 \\ x_2 \\ x_3 \end{pmatrix} = \begin{pmatrix} 0 \\ 4 \\ 3 \end{pmatrix} + r \cdot \begin{pmatrix} 0 \\ -3 \\ -1 \end{pmatrix}$$

(1) $0 = 0$

(2) $x_2 = 4 - 3r \Rightarrow r = -\frac{1}{3}(-4 + x_2)$

(3) $x_3 = 3 - r \Rightarrow r = -(-3 + x_3)$

(2) = (3)

$-\frac{1}{3}(-4 + x_2) = -(-3 + x_3)$

$\mathbf{x_2 = 3x_3 - 5}$ **und** $\mathbf{x_1 = 0}$

Die Lösung stellt eine Gerade in der x_2x_3-Ebene dar. Nachdem jeweils $x_2 = 0$ und $x_3 = 0$ gesetzt werden, erhält man folgende Spurpunkte: $\mathbf{S_{12}\,(0|-5|0)}$, $\mathbf{S_{13}\left(0|0|1\frac{2}{3}\right)}$

b) **Bild 2**

c) Alle x_1-Komponenten vom Stütz- und vom Richtungsvektor der Geraden g liegen in der x_2x_3-Ebene ($p_1 = u_1 = 0$).

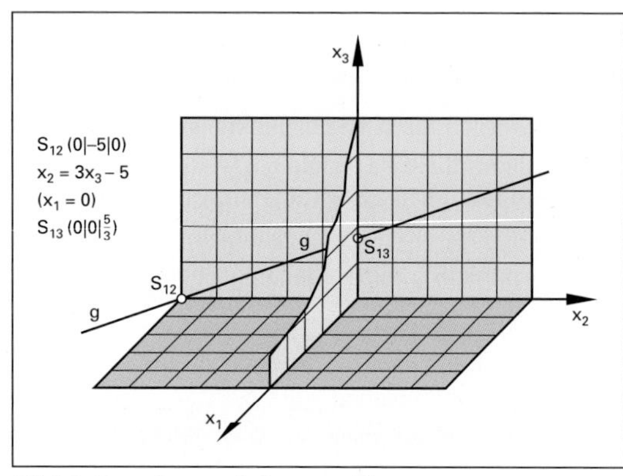

Bild 2: Gerade g auf der x_2x_3-Ebene

Aufgaben:

1. Gegeben ist die Gerade g: $\vec{x} = \begin{pmatrix} -4 \\ 4 \\ 2 \end{pmatrix} + r \cdot \begin{pmatrix} 0 \\ -2 \\ 1 \end{pmatrix}$; $r \in \mathbb{R}$

a) Berechnen Sie die Spurpunkte der Geraden g in den Koordinatenebenen.

b) Welche besondere Lage hat die Gerade g im Koordinatensystem?

2. Gegeben ist die Gerade g: $\vec{x} = \begin{pmatrix} 2 \\ 0 \\ 0 \end{pmatrix} + r \cdot \begin{pmatrix} 2 \\ 1 \\ 0 \end{pmatrix}$; $r \in \mathbb{R}$

a) Berechnen Sie die Koordinaten der Schnittpunkte der Geraden g mit den Koordinatenebenen.

b) Beschreiben Sie die besondere Lage von g bezüglich der Koordinatenebenen.

Lösungen:

1. a) $S_{12}\,(-4|8|0)$, S_{23} existiert nicht $\Rightarrow L = \{\ \}$, $S_{13}\,(-4|0|4)$

b) g || x_2x_3-Ebene

2. a) $S_{23}\,(0|-1|0)$, $S_{13}\,(2|0|0)$, x_1x_2-Ebene $\Rightarrow x_2 = 0{,}5x_1 - 1$

b) g liegt in der x_1x_2-Ebene

3.9 Orthogonale Projektion von Punkten und Geraden auf eine Koordinatenebene

Orthogonale Projektion von Punkten

Ein Punkt im Raum lässt sich senkrecht auf eine Koordinatenebene oder eine Koordinatenachse projizieren **(Tabelle 1)**.

Als Parallelprojektion bezeichnet man eine Projektion, bei der alle Projektionsstrahlen parallel verlaufen. Die Richtung der Projektionsstrahlen nennt man die Projektionsrichtung. Schneiden die Projektionsstrahlen die Bildebene rechtwinklig, so nennt man die Parallelprojektion rechtwinklig oder orthogonal.

Ein praktisches Beispiel für die rechtwinklige Parallelprojektion ist die Darstellung eines Körpers in Vorder-, Drauf- und Seitenansicht, wie sie in der Technik üblich ist **(Bild 1)**.

Im Folgenden kommen nur rechtwinklige Parallelprojektionen vor und die Bildebenen sind die Koordinatenebenen.

Beispiel 1: Projektionen des Dreiecks ABC

Ein Dreieck besteht aus den Punkten A (3|1|2), B (3|5|4) und C (1|2|4).

a) Zeichnen Sie das Dreieck in ein räumliches Koordinatensystem ein.

b) Das Dreieck wird orthogonal auf die Koordinatenebenen projiziert. Geben Sie die Bildpunkte von A, B und C an.

c) Zeichnen Sie die Bildflächen.

Lösung:

a) **Bild 2**

b) Orthogonale Projektion auf die x_1x_2-Ebene. Die x_3-Werte der Punkte werden gleich null gesetzt.
A_{12} (3|1|0), B_{12} (3|5|0), C_{12} (1|2|0)

Orthogonale Projektion auf die x_2x_3-Ebene. Die x_1-Werte der Punkte werden gleich null gesetzt.
A_{23} (0|1|2), B_{23} (0|5|4), C_{23} (0|2|4)

Orthogonale Projektion auf die x_1x_3-Ebene: Die x_2-Werte der Punkte werden gleich null gesetzt.
A_{13} (3|0|2), B_{13} (3|0|4), C_{13} (1|0|4)

c) **Bild 2**

Aufgaben:

1. Gegeben sind die Punkte A (3|2|8), B (12|11|8), C (10|13|8) und D (1|4|8) einer ebenen Fläche.
   a) Bestimmen Sie die senkrechte Projektion der Punkte A, B, C und D auf die x_1x_2-Ebene.
   b) Die Punkte A, B, C, D und A_{12}, B_{12}, C_{12}, D_{12} sind die Eckpunkte eines Quaders. Zeichnen Sie den Quader in ein räumliches Koordinatensystem ein.
2. Gegeben sind die Punkte A (6|3|5), B_{12} (10|9|0), C_{23} (0|10|5), D (3|4|5), B_{13} (10|0|5) und C_{12} (7|10|0).
   a) Geben Sie alle 4 Punkte der Fläche ABCD an.
   b) Zeichnen Sie die Fläche ABCD mit allen Projektionen in ein räumliches Koordinatensystem ein.
   c) Welche besondere Lage hat die Fläche ABCD ?

Tabelle 1: Orthogonale Projektion des Punktes A (a_1|a_2|a_3) (Bild 2)

Art	Projektionspunkt
Projektion auf die x_1x_2-Ebene	A_{12} (a_1|a_2|0)
Projektion auf die x_2x_3-Ebene	A_{23} (0|a_2|a_3)
Projektion auf die x_1x_3-Ebene	A_{13} (a_1|0|a_3)
Projektion auf die x_1-Achse	A_1 (a_1|0|0)
Projektion auf die x_2-Achse	A_2 (0|a_2|0)
Projektion auf die x_3-Achse	A_3 (0|0|a_3)

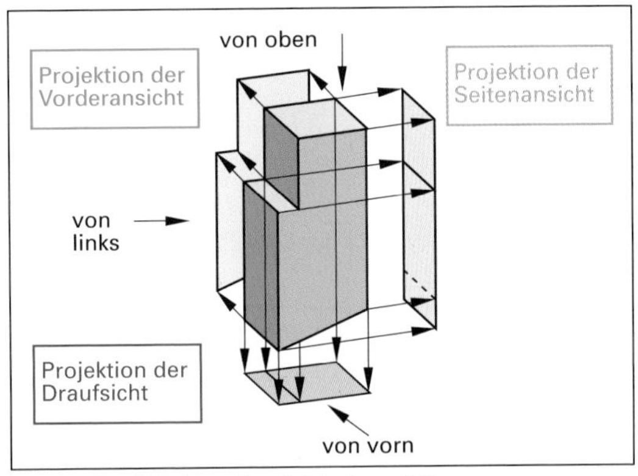

Bild 1: Drei-Seiten-Ansicht eines Körpers

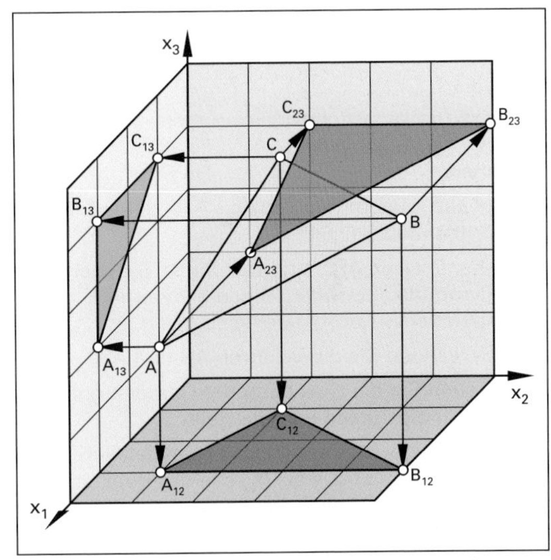

Bild 2: Orthogonale Projektion in die Koordinatenebenen

Lösungen:

1. **a)** A_{12} (3|2|0), B_{12} (12|11|0), C_{12} (10|13|0), D_{12} (1|4|0) **b)** siehe Löser
2. **a)** A (6|3|5), B (10|9|5), C (7|10|5), D (3|4|5)
   b) siehe Löser **c)** Fläche ABCD || zur x_1x_2-Ebene

Orthogonale Projektion von Geraden

Nicht nur Punkte, sondern auch eine Gerade im Raum kann auf die Koordinatenebenen projiziert werden. Um die Projektion der Geraden g in der x_1x_2-Ebene darzustellen, wird bei der Geraden g beim Stützvektor $\overrightarrow{p_3} = 0$ und beim Richtungsvektor $\overrightarrow{u_3} = 0$ gesetzt **(Tabelle 1)**.

Beispiel 1: Projektionsgerade

g: $\vec{x} = \begin{pmatrix} 0 \\ 3 \\ 2 \end{pmatrix} + r \cdot \begin{pmatrix} 3 \\ -3 \\ -2 \end{pmatrix}$; $r \in \mathbb{R}$

a) Bestimmen Sie von der Geraden g die Projektionsgeraden auf allen drei Koordinatenebenen.

b) Zeichnen Sie die Gerade g und die Projektionsgeraden g_{12}, g_{23} und g_{13} in ein räumliches Koordinatensystem ein.

Lösung:

a) Projektionsgerade auf der x_1x_2-Ebene $\Rightarrow p_3 = u_3 = 0$

g_{12}: $\vec{x} = \begin{pmatrix} 0 \\ 3 \\ 0 \end{pmatrix} + r \cdot \begin{pmatrix} 3 \\ -3 \\ 0 \end{pmatrix}$

Projektionsgerade auf der x_2x_3-Ebene $\Rightarrow p_1 = u_1 = 0$

g_{23}: $\vec{x} = \begin{pmatrix} 0 \\ 3 \\ 2 \end{pmatrix} + r \cdot \begin{pmatrix} 0 \\ -3 \\ -2 \end{pmatrix}$

Projektionsgerade auf der x_1x_3-Ebene $\Rightarrow p_2 = u_2 = 0$

g_{13}: $\vec{x} = \begin{pmatrix} 0 \\ 0 \\ 2 \end{pmatrix} + r \cdot \begin{pmatrix} 3 \\ 0 \\ -2 \end{pmatrix}$

b) **Bild 1**

Tabelle 1: Orthogonale Projektion von Geraden

Art	Projektionsgerade
Projektion auf die x_1x_2-Ebene	g: $\vec{x} = \begin{pmatrix} p_1 \\ p_2 \\ 0 \end{pmatrix} + r \cdot \begin{pmatrix} u_1 \\ u_2 \\ 0 \end{pmatrix}$
Projektion auf die x_2x_3-Ebene	g: $\vec{x} = \begin{pmatrix} 0 \\ p_2 \\ p_3 \end{pmatrix} + r \cdot \begin{pmatrix} 0 \\ u_2 \\ u_3 \end{pmatrix}$
Projektion auf die x_1x_3-Ebene	g: $\vec{x} = \begin{pmatrix} p_1 \\ 0 \\ p_3 \end{pmatrix} + r \cdot \begin{pmatrix} u_1 \\ 0 \\ u_3 \end{pmatrix}$

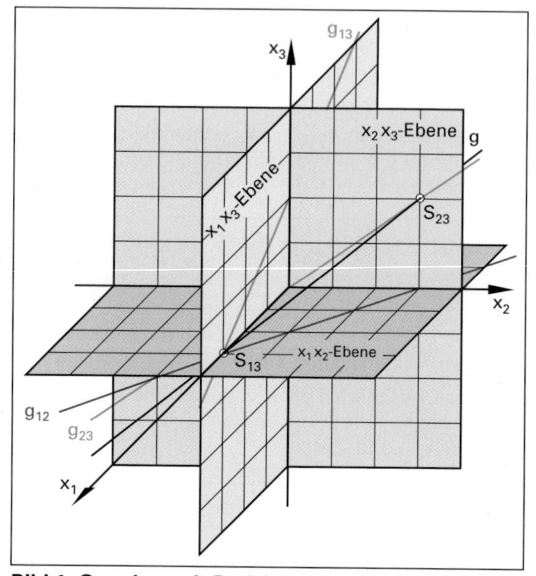

Bild 1: Gerade g mit Projektionsgeraden

Aufgaben:

1. Gegeben sind die Punkte A (1|2|0), B (8|8|0), C (3|10|0) und S (2|6|8).

a) Das Dreieck ABC und der Punkt S bilden eine Pyramide. Zeichnen Sie die Pyramide in ein räumliches Koordinatensystem ein.

b) Berechnen Sie die Vektoren $\overrightarrow{AB}$ und $\overrightarrow{AS}$.

c) Geben Sie die Gleichung der Geraden g an, die durch die Punkte B und S geht.

d) Die senkrechte Parallelprojektion der Geraden g auf die x_1x_2-Ebene sei g_{12}, die des Punktes S sei S_{12}. Geben Sie eine Gleichung g_{12} und die Koordinaten von S_{12} an und zeichnen Sie g_{12} und S_{12} in das Koordinatensystem ein.

e) Die Grundfläche der Pyramide soll durch Spiegelung des Punktes B an S_{12} in ein Parallelogramm ABCD umgewandelt werden. Berechnen Sie die Koordinaten des Punktes D.

2. Gegeben sind Punkt A (–2|2|6) und die Geraden

g: $\vec{x} = \begin{pmatrix} 6 \\ 2 \\ 2 \end{pmatrix} + r \cdot \begin{pmatrix} 2 \\ 0 \\ -1 \end{pmatrix}$ und h: $\vec{x} = \begin{pmatrix} 0 \\ 0 \\ 7 \end{pmatrix} + s \cdot \begin{pmatrix} -2 \\ -1 \\ 2 \end{pmatrix}$; $r, s \in \mathbb{R}$

a) Untersuchen Sie, ob A auf g und ob A auf h liegt.

b) Bestimmen Sie alle Spurpunkte von g in den Koordinatenebenen. Welche besondere Lage hat g im Koordinatensystem? (Begründung)

c) Die Gerade g wird achsenparallel auf jede der Koordinatenebenen projiziert. Untersuchen Sie für jede Projektion, ob sie zu einer Koordinatenachse oder zur Geraden g parallel ist.

d) Stellen Sie die Gerade g und ihre Projektionen auf die Koordinatenebenen in einem dreidimensionalen Koordinatensystem dar.

Lösungen:

1. a) siehe Löser **b)** $\overrightarrow{AB} = \begin{pmatrix} 7 \\ 6 \\ 0 \end{pmatrix}$, $\overrightarrow{AS} = \begin{pmatrix} 1 \\ 4 \\ 8 \end{pmatrix}$

c) g: $\vec{x} = \begin{pmatrix} 8 \\ 8 \\ 0 \end{pmatrix} + r \cdot \begin{pmatrix} -6 \\ -2 \\ 8 \end{pmatrix}$

d) $g_{12}: \vec{x} = \begin{pmatrix} 8 \\ 8 \\ 0 \end{pmatrix} + s \begin{pmatrix} -6 \\ -2 \\ 0 \end{pmatrix}$; $r, s \in \mathbb{R}$; S_{12} (2|6|0)

e) D (–4|4|0)

2. a) A liegt auf g aber nicht auf h.

b) S_{12} (10|2|0), S_{23} (0|2|5), $S_{13} \Rightarrow L = \{\}$

g || x_1x_3-Ebene, weil es keinen Spurpunkt in der x_1x_3-Ebene gibt.

c) Gerade g_{12} || x_1-Achse, Gerade g_{23} || x_3-Achse und Gerade g_{13} || zur Geraden g.

d) siehe Löser

3.10 Gegenseitige Lage von Geraden

Zwei im Raum liegende Geraden haben die Gleichungen g: $\vec{x} = \vec{p} + r \cdot \vec{u}$, h: $\vec{x} = \vec{q} + s \cdot \vec{v}$. Es gibt vier Möglichkeiten, wie sie zueinander liegen:

- sie sind parallel zueinander,
- sie fallen zusammen (sind identisch),
- sie schneiden sich oder
- die Geraden sind windschief zueinander.

Windschiefe Geraden verlaufen ohne Schnittpunkt schräg zueinander.

Parallele Geraden

Parallele Geraden findet man häufig in der Natur und in der Technik. Zwei parallele Bäume oder Eisenbahnschienen, zwei parallel laufende Kanten an einem Gebäude oder vier parallele Freileitungen, die von Haus zu Haus gespannt sind (**Bild 1**, der Durchhang der Leitungen wird vernachlässigt).

Die Richtungen der einzelnen Leitungen sind gleich. Auf die Punkt-Richtungs-Form (Parameterform) der Geradengleichung übertragen, heißt das, dass die Richtungsvektoren kollinear sein müssen.

Parallelitätsbedingung:
Zwei Geraden sind parallel, wenn die Richtungsvektoren $\vec{u}$ und $\vec{v}$ kollinear sind.

Beispiel 1:

a) Gibt es für die Geraden

$$g: \vec{x} = \begin{pmatrix}2\\-2\\3\end{pmatrix} + r \cdot \begin{pmatrix}3\\4\\1\end{pmatrix};\ h: \vec{x} = \begin{pmatrix}-4\\1\\0\end{pmatrix} + s \cdot \begin{pmatrix}-6\\-8\\-2\end{pmatrix};\ r, s \in \mathbb{R}$$

einen Parameter m, der die Parallelitätsbedingung erfüllt?

b) Zeichnen Sie in ein räumliches Koordinatensystem die beiden Geraden g und h ein.

Lösung:

a) durch Einsetzen von $\vec{u}$ und $\vec{v}$ in die Parallelitätsbedingung $\vec{u} = m \cdot \vec{v}$

$$\begin{matrix}(1)\\(2)\\(3)\end{matrix}\quad \begin{pmatrix}3\\4\\1\end{pmatrix} = m \cdot \begin{pmatrix}-6\\-8\\-2\end{pmatrix}$$

und Lösen des Gleichungssystems

$$\left.\begin{matrix}(1) & 3 = m \cdot (-6) \Rightarrow m = -0{,}5\\(2) & 4 = m \cdot (-8) \Rightarrow m = -0{,}5\\(3) & 1 = m \cdot (-2) \Rightarrow m = -0{,}5\end{matrix}\right\} \mathbf{m = -0{,}5} \Rightarrow g \parallel h$$

b) **Bild 2**

Parallelitätsbedingung $\vec{u} = m \cdot \vec{v}$

$\vec{u}$ Richtungsvektor von der Geraden g
$\vec{v}$ Richtungsvektor von der Geraden h
m Parameter, $m \in \mathbb{R}^*$

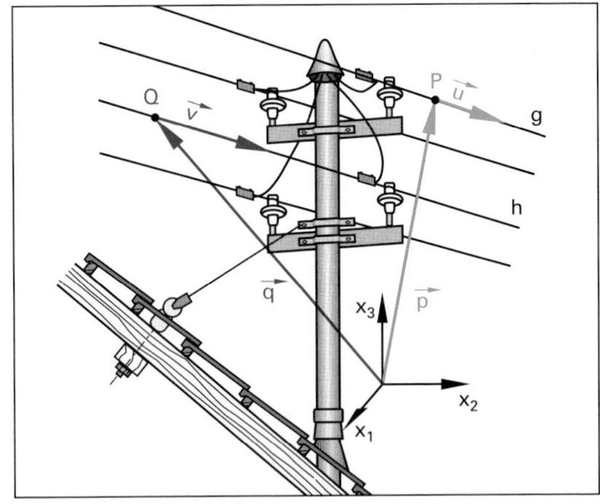

Bild 1: Parallele Freileitungen

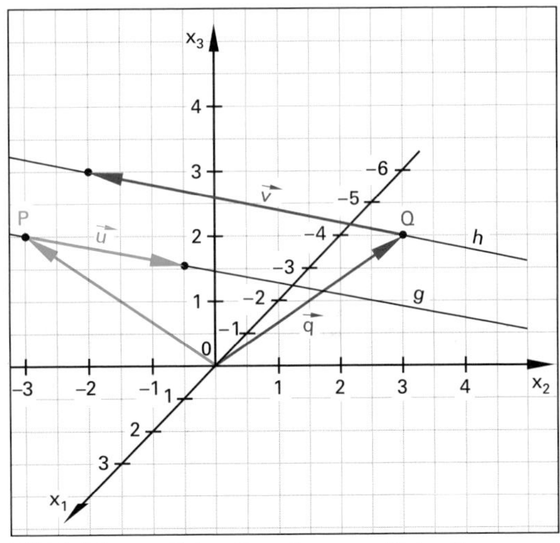

Bild 2: Die parallelen Geraden g und h im Raum

Aufgaben:

1. Untersuchen Sie das Geradenpaar

$$g: \vec{x} = \begin{pmatrix}3\\5{,}5\\1\end{pmatrix} + r \cdot \begin{pmatrix}4\\-3\\6\end{pmatrix} \quad h: \vec{x} = \begin{pmatrix}5\\-2\\4\end{pmatrix} + s \cdot \begin{pmatrix}-6\\4{,}5\\-9\end{pmatrix};\quad r, s \in \mathbb{R}$$

a) auf Parallelität und

b) zeichnen Sie die Geraden g und h in ein räumliches Koordinatensystem ein.

2. Eine Gerade g geht durch die Punkte A (–3|–4|5) und B (1|3|2). Eine zweite Gerade h mit der folgenden Gleichung ist auf Parallelität zu prüfen.

$$h: \vec{x} = \begin{pmatrix}2\\4\\1\end{pmatrix} + s \cdot \begin{pmatrix}1{,}6\\2{,}8\\-1{,}2\end{pmatrix};\quad s \in \mathbb{R}$$

Lösungen:

1. a) g || h **b)** siehe Löser

2. g: $\vec{x} = \begin{pmatrix}1\\3\\2\end{pmatrix} + r \cdot \begin{pmatrix}-4\\-7\\3\end{pmatrix}$; g || h

Identische Geraden

Ein Sonderfall der Parallelität ist das Zusammenfallen zweier Geraden, man sagt, sie sind identisch. Wie aus **Bild 1** hervorgeht, ist die Parallelitätsbedingung $\vec{u} = m \cdot \vec{v}$ erfüllt. Zusätzlich stellen g und h dieselbe Gerade dar. Wenn wir nun g und h gleichsetzen, müssen unendlich viele Punkte der Geraden die Lösung sein.

Gleichheitsbedingung:

Zwei Geraden sind gleich, wenn die Vektorengleichung $\vec{x_g} = \vec{x_h}$ unendlich viele Lösungen hat.

Beispiel 1:

Gegeben sind:

g: $\vec{x} = \vec{p} + r \cdot \vec{u}$ und h: $\vec{x} = \vec{q} + s \cdot \vec{v}$

g: $\vec{x} = \begin{pmatrix} 4 \\ 2 \\ -2 \end{pmatrix} + r \cdot \begin{pmatrix} 1 \\ 2 \\ 3 \end{pmatrix}$ h: $\vec{x} = \begin{pmatrix} 5 \\ 4 \\ 1 \end{pmatrix} + s \cdot \begin{pmatrix} 2 \\ 4 \\ 6 \end{pmatrix}$; $r, s \in \mathbb{R}$

a) Zeigen Sie, dass g und h identisch sind.

b) Zeichnen Sie die Geraden g und h in ein räumliches Koordinatensystem ein.

Lösung:

a) g und h in die Gleichheitsbedingung einsetzen und das Gleichungssystem lösen.

$\vec{x_g} = \vec{x_h}$

(1) $4 + r = 5 + 2s \Rightarrow r = 2s + 1$

(2) $2 + 2r = 4 + 4s \Rightarrow r = 2s + 1$

(3) $-2 + 3r = 1 + 6s \Rightarrow r = 2s + 1$

Das Ergebnis $r = 2s + 1$ zeigt, dass für ein beliebiges s ein entsprechendes r existiert. Das Gleichungssystem hat unendlich viele Lösungen, **die Geraden sind identisch**.

b) **Bild 2**

Beispiel 2:

Lösen Sie die Aufgabe von Beispiel 1, indem Sie zuerst die Geraden g und h auf Parallelität überprüfen.

a) Parallelitätsbedingung

$\vec{u} = m \cdot \vec{v}$

$\begin{pmatrix} 1 \\ 2 \\ 3 \end{pmatrix} = m \cdot \begin{pmatrix} 2 \\ 4 \\ 6 \end{pmatrix} \begin{matrix} \Rightarrow m = 0{,}5 \\ \Rightarrow m = 0{,}5 \\ \Rightarrow m = 0{,}5 \end{matrix} \Bigg\}$ $\mathbf{m = 0{,}5 \Rightarrow g \parallel h}$

b) Bei Gleichheit der Geraden liegen die Stützpunkte P und Q auf der gemeinsamen Geraden. Um dies zu überprüfen, setzt man den Stützvektor der einen Geradengleichung in die andere Gleichung ein und löst das Gleichungssystem.

$\vec{q} = \vec{p} + r \cdot \vec{u}$

(1), (2), (3): $\begin{pmatrix} 5 \\ 4 \\ 1 \end{pmatrix} = \begin{pmatrix} 4 \\ 2 \\ -2 \end{pmatrix} + r \cdot \begin{pmatrix} 1 \\ 2 \\ 3 \end{pmatrix} \begin{matrix} \Rightarrow r = 1 \\ \Rightarrow r = 1 \\ \Rightarrow r = 1 \end{matrix} \Bigg\}$ $\mathbf{r = 1 \Rightarrow g = h}$

Zwei Geraden sind gleich, wenn

a) die Parallelitätsbedingung erfüllt ist **und**

b) der Stützpunkt P von g auf h liegt **oder** der Stützpunkt Q von h auf g liegt.

Gleichheitsbedingung

$\vec{x_g} = \vec{x_h}$

$\vec{p} + r \cdot \vec{u} = \vec{q} + s \cdot \vec{v}$

$\vec{p}$ Stützvektor von der Geraden g
$\vec{q}$ Stützvektor von der Geraden h
$\vec{u}$ Richtungsvektor von der Geraden g
$\vec{v}$ Richtungsvektor von der Geraden h
r, s Parameter der Geradengleichungen $r, s \in \mathbb{R}$

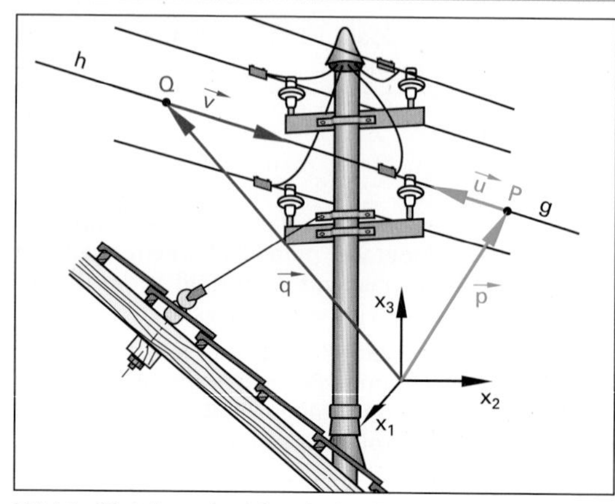

Bild 1: Gleiche oder identische Freileitungen

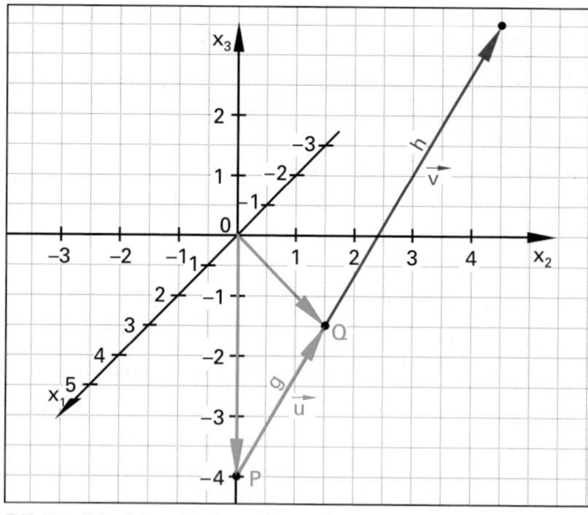

Bild 2: Die identischen Geraden g und h im Raum

Aufgaben:

1. Untersuchen Sie das folgende Geradenpaar auf Gleichheit

g: $\vec{x} = \begin{pmatrix} 3 \\ 5{,}5 \\ -1 \end{pmatrix} + r \cdot \begin{pmatrix} 4 \\ -3 \\ 6 \end{pmatrix}$; h: $\vec{x} = \begin{pmatrix} 13 \\ -2 \\ 14 \end{pmatrix} + s \cdot \begin{pmatrix} -6 \\ 4{,}5 \\ -9 \end{pmatrix}$

2. Untersuchen Sie das folgende Geradenpaar auf Parallelität und Gleichheit

g: $\vec{x} = \begin{pmatrix} 2 \\ 8 \\ 0 \end{pmatrix} + r \cdot \begin{pmatrix} 0 \\ -4 \\ 10 \end{pmatrix}$; h: $\vec{x} = \begin{pmatrix} 1 \\ 4 \\ 0 \end{pmatrix} + s \cdot \begin{pmatrix} 0 \\ 0{,}8 \\ -2 \end{pmatrix}$

Lösungen:

1. g = h

2. $g \parallel h$, $g \neq h$

Schnittpunkt und Schnittwinkel zweier Geraden

Die Kirchturmspitze in **Bild 1** besteht aus verschiedenen Dreiecksflächen, deren Kanten man als Geradengleichungen

$g: \vec{x} = \vec{p} + r \cdot \vec{u}$ und

$h: \vec{x} = \vec{q} + s \cdot \vec{v}$

ausdrücken kann.

Die Turmspitze entspricht dem Schnittpunkt S der Geraden. Um den Schnittpunkt zu berechnen, werden die Geradengleichungen von g und h gleichgesetzt. Diese Vektorgleichung hat dann genau eine Lösung, den Schnittpunkt.

Bedingung für den Schnittpunkt:

Die Vektorgleichung

$\vec{x_g} = \vec{x_h}$, d.h.

$\vec{p} + r \cdot \vec{u} = \vec{q} + s \cdot \vec{v}$

hat genau eine Lösung.

$\vec{p}$ Stützvektor der Geraden g

$\vec{q}$ Stützvektor der Geraden h

$\vec{u}$ Richtungsvektor der Geraden g

$\vec{v}$ Richtungsvektor der Geraden h

r, s Parameter der Geradengleichungen

Beispiel 1:

Bestimmen Sie

a) den Schnittpunkt der Geraden.

$$g: \vec{x} = \begin{pmatrix} 4 \\ -1 \\ 3 \end{pmatrix} + r \cdot \begin{pmatrix} -1 \\ 1{,}5 \\ 0 \end{pmatrix};\ r \in \mathbb{R}$$

$$h: \vec{x} = \begin{pmatrix} -2 \\ 1 \\ -3 \end{pmatrix} + s \cdot \begin{pmatrix} 2 \\ 0{,}5 \\ 3 \end{pmatrix};\ s \in \mathbb{R}$$

b) Zeichnen Sie in ein räumliches Koordinatensystem die Geraden g und h ein.

Lösung:

a) Durch Gleichsetzen der Geradengleichungen

$$\vec{x_g} = \vec{x_h}$$

$$\begin{matrix}(1)\\(2)\\(3)\end{matrix} \begin{pmatrix} 4 \\ -1 \\ 3 \end{pmatrix} + r \cdot \begin{pmatrix} -1 \\ 1{,}5 \\ 0 \end{pmatrix} = \begin{pmatrix} -2 \\ 1 \\ -3 \end{pmatrix} + s \cdot \begin{pmatrix} 2 \\ 0{,}5 \\ 3 \end{pmatrix}$$

und Lösen des Gleichungssystems erhält man

(1) $-r - 2s = -6$

(2) $1{,}5r - 0{,}5s = 2$

(3) $-3s = -6$

$\mathbf{s = 2}$

s = 2 in Gleichung (2) eingesetzt

$1{,}5r - 0{,}5 \cdot 2 = 2$

$\mathbf{r = 2}$

Den Schnittpunkt S erhält man, indem r = 2 in die Geradengleichung g oder s = 2 in die Geradengleichung für h einsetzt.

$$g: \vec{x} = \overrightarrow{OS} = \vec{p} + 2 \cdot \vec{u}$$

$$g: \vec{x} = \overrightarrow{OS} = \begin{pmatrix} 4 \\ -1 \\ 3 \end{pmatrix} + 2 \cdot \begin{pmatrix} -1 \\ 1{,}5 \\ 0 \end{pmatrix} \Rightarrow \mathbf{S\ (2|2|3)}$$

$$h: \vec{x} = \overrightarrow{OS} = \vec{q} + 2 \cdot \vec{v}$$

$$h: \vec{x} = \overrightarrow{OS} = \begin{pmatrix} -2 \\ 1 \\ -3 \end{pmatrix} + 2 \cdot \begin{pmatrix} 2 \\ 0{,}5 \\ 3 \end{pmatrix} \Rightarrow \mathbf{S\ (2|2|3)}$$

b) **Bild 2**

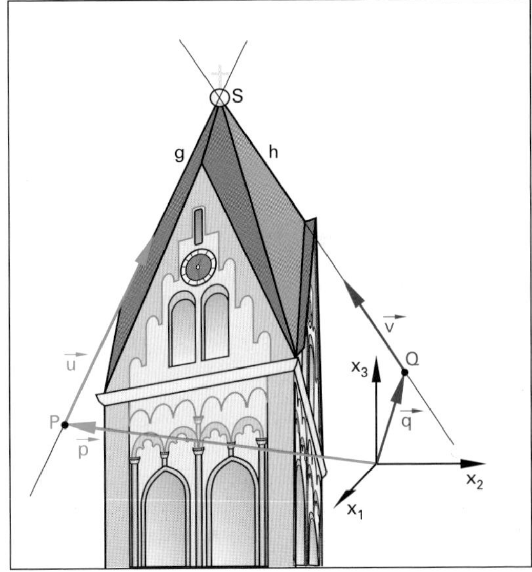

Bild 1: Die Turmspitze als Schnittpunkt zweier Geraden

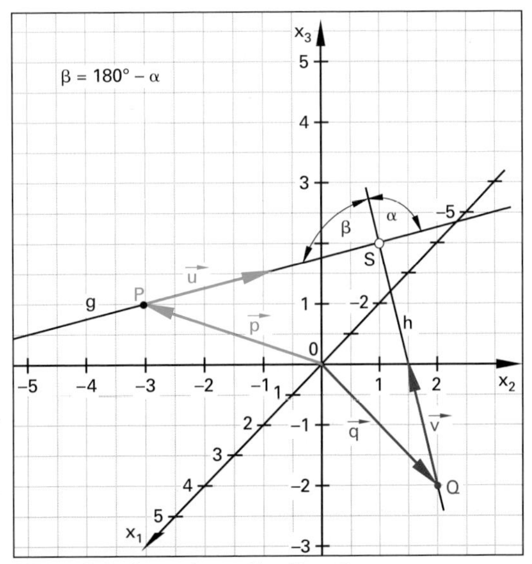

Bild 2: Schnittpunkt zweier Geraden

Beispiel 1:

Berechnen Sie den Schnittwinkel der Geraden g und h vom Beispiel vorhergehender Seite.

Lösung:

Wie man aus **Bild 2**, (Beispiel) **vorhergehender Seite** erkennen kann, bilden die Richtungsvektoren $\vec{u}$ und $\vec{v}$ der Geradengleichungen g und h den Winkel im Schnittpunkt.

$$\cos\alpha = \frac{\vec{u} \circ \vec{v}}{u \cdot v} = \frac{\begin{pmatrix} -1 \\ 1{,}5 \\ 0 \end{pmatrix} \circ \begin{pmatrix} 2 \\ 0{,}5 \\ 3 \end{pmatrix}}{\sqrt{3{,}25} \cdot \sqrt{13{,}25}} = -0{,}1905 \Rightarrow \alpha = \mathbf{101^\circ}$$

$$\beta = \mathbf{79^\circ}$$

Beim Schnitt zweier Geraden ergeben sich immer zwei Winkel, die sich zu 180° ergänzen. In der Regel wird der spitze Winkel (kleinerer Wert) als Schnittwinkel bezeichnet.

Schnittwinkel α zweier sich schneidender Geraden:

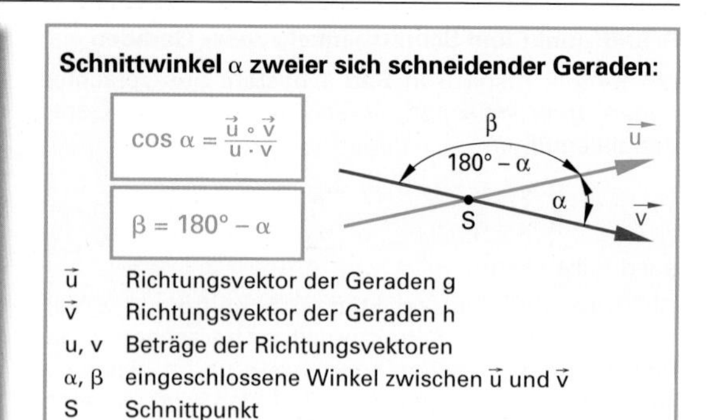

$$\cos\alpha = \frac{\vec{u} \circ \vec{v}}{u \cdot v}$$

$$\beta = 180^\circ - \alpha$$

- $\vec{u}$ Richtungsvektor der Geraden g
- $\vec{v}$ Richtungsvektor der Geraden h
- u, v Beträge der Richtungsvektoren
- α, β eingeschlossene Winkel zwischen $\vec{u}$ und $\vec{v}$
- S Schnittpunkt

Zusammenfassung

Geraden können parallel, identisch sein, sich schneiden oder windschief sein. Zur Bestimmung der Lage ist eine systematische Vorgehensweise erforderlich **(Tabelle 1)**.

Tabelle 1: Bestimmung der gegenseitigen Lage zweier Geraden im Raum

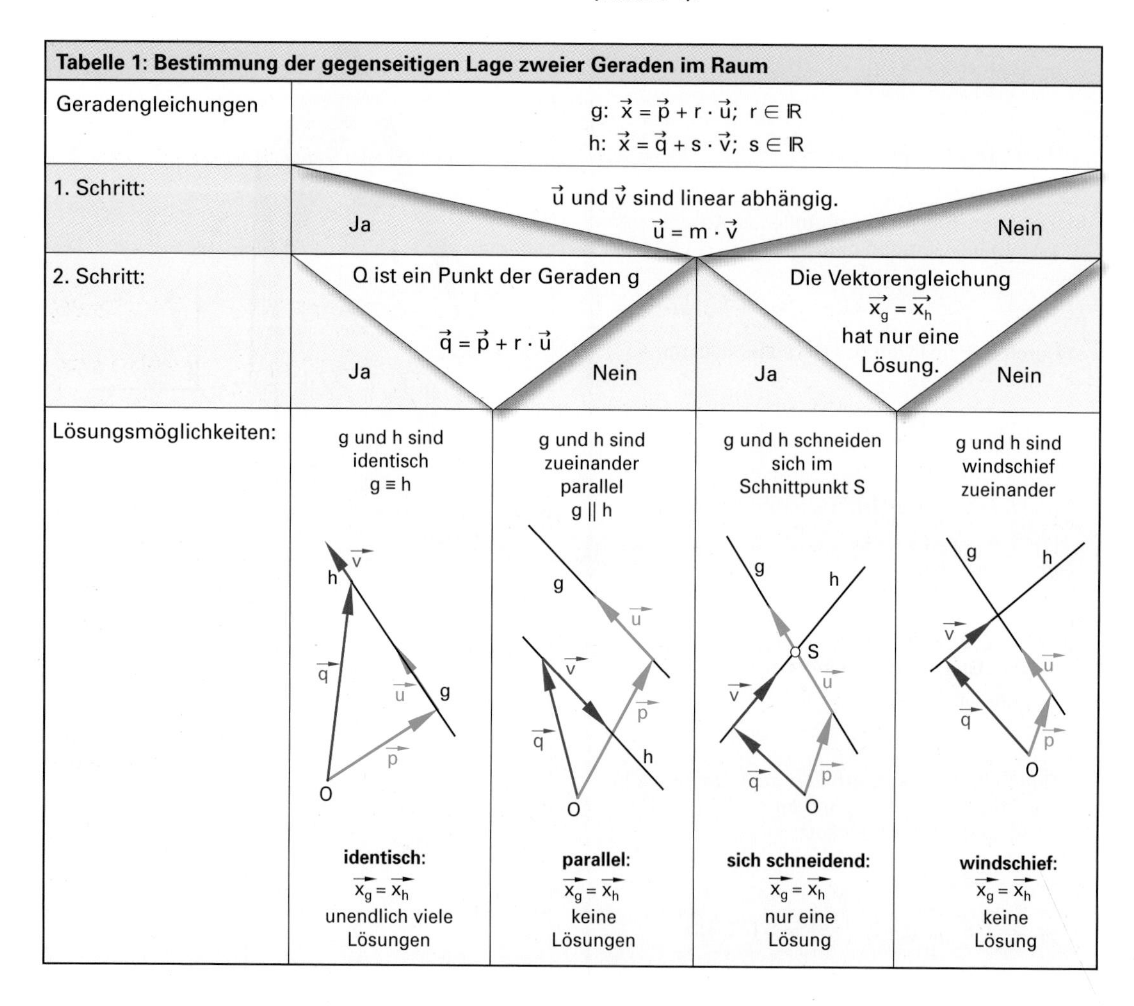

Geradengleichungen	g: $\vec{x} = \vec{p} + r \cdot \vec{u}$; $r \in \mathbb{R}$ h: $\vec{x} = \vec{q} + s \cdot \vec{v}$; $s \in \mathbb{R}$			
1. Schritt:	$\vec{u}$ und $\vec{v}$ sind linear abhängig. $\vec{u} = m \cdot \vec{v}$ — Ja		Nein	
2. Schritt:	Q ist ein Punkt der Geraden g $\vec{q} = \vec{p} + r \cdot \vec{u}$ — Ja	Nein	Die Vektorengleichung $\vec{x_g} = \vec{x_h}$ hat nur eine Lösung. — Ja	Nein
Lösungsmöglichkeiten:	g und h sind identisch g ≡ h	g und h sind zueinander parallel g ∥ h	g und h schneiden sich im Schnittpunkt S	g und h sind windschief zueinander
	identisch: $\vec{x_g} = \vec{x_h}$ unendlich viele Lösungen	**parallel:** $\vec{x_g} = \vec{x_h}$ keine Lösungen	**sich schneidend:** $\vec{x_g} = \vec{x_h}$ nur eine Lösung	**windschief:** $\vec{x_g} = \vec{x_h}$ keine Lösung

Beispiel 1: Übung zum Struktogramm

Bestimmen Sie die gegenseitige Lage der Geraden g und h. **(Bild 1)**

g: $\vec{x} = \begin{pmatrix} 4 \\ -1 \\ 3 \end{pmatrix} + r \cdot \begin{pmatrix} -2 \\ 3 \\ 0 \end{pmatrix}$ h: $\vec{x} = \begin{pmatrix} 2 \\ 4 \\ 2 \end{pmatrix} + s \cdot \begin{pmatrix} 2 \\ 1,5 \\ 2,5 \end{pmatrix}$

Lösung:

1. Nach **Tabelle, vorhergehende Seite,** werden zuerst die Richtungsvektoren auf lineare Abhängigkeit geprüft.

$$\vec{u} = m \cdot \vec{v}$$

$$\begin{pmatrix} -2 \\ 3 \\ 0 \end{pmatrix} = m \cdot \begin{pmatrix} 2 \\ 1,5 \\ 2,5 \end{pmatrix} \quad \begin{matrix} \Rightarrow \mathbf{m = -1} \\ \Rightarrow \mathbf{m = 2} \\ \Rightarrow \mathbf{m = 0} \end{matrix}$$

Die Richtungsvektoren sind linear unabhängig.

⇒ **Die Geraden schneiden sich oder sind windschief.**

2. Die zweite Prüfung nach dem Struktogramm lautet:

$$\vec{x_g} = \vec{x_h}$$

$$\begin{matrix} (1) \\ (2) \\ (3) \end{matrix} \begin{pmatrix} 4 \\ -1 \\ 3 \end{pmatrix} + r \cdot \begin{pmatrix} -2 \\ 3 \\ 0 \end{pmatrix} = \begin{pmatrix} 2 \\ 4 \\ 2 \end{pmatrix} + s \cdot \begin{pmatrix} 2 \\ 1,5 \\ 2,5 \end{pmatrix}$$

(1) $4 - 2r = 2 + 2s$

(2) $-1 + 3r = 4 + 1,5s$

(3) $3 = 2 + 2,5s$

$\mathbf{s = 0,4}$

s = 0,4 in Gleichung (2) eingesetzt ergibt:

(2) $-1 + 3r = 4 + 1,5 \cdot 0,4$

$3r = 5,6$

$r = \frac{56}{30} = \frac{28}{15}$

Probe:

s = 0,4 und $r = \frac{28}{15}$ in Gleichung (1) einsetzen.

(1) $4 - 2r = 2 + 2s$

$4 - \frac{2 \cdot 28}{15} = 2 + 2 \cdot 0,4$

$0,266 \neq 2,8$

Das Gleichungssystem hat keine Lösung.

⇒ **Die Geraden g und h sind windschief.**

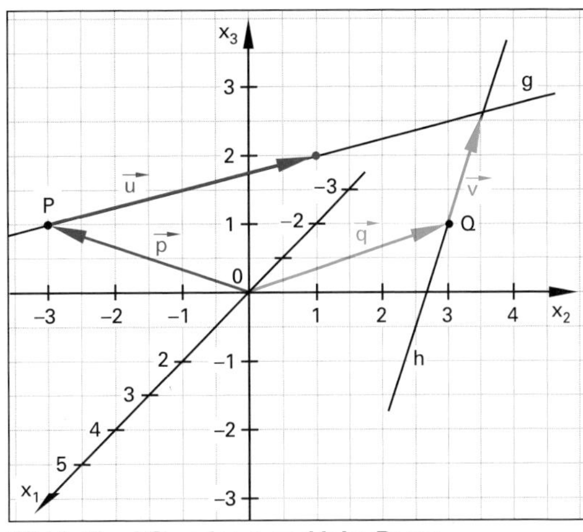

Bild 1: Zwei Geraden g und h im Raum

Aufgaben:

1. a) Zeigen Sie, dass sich die Geraden g und h schneiden

g: $\vec{x} = \begin{pmatrix} -4 \\ 8 \\ 0 \end{pmatrix} + r \cdot \begin{pmatrix} 3 \\ -2 \\ 0 \end{pmatrix}$ h: $\vec{x} = \begin{pmatrix} -4 \\ 0 \\ 4 \end{pmatrix} + s \cdot \begin{pmatrix} 3 \\ 0 \\ -1 \end{pmatrix}$; $r, s \in \mathbb{R}$

b) Berechnen Sie die Koordinaten des Schnittpunktes und den spitzen Schnittwinkel zwischen diesen Geraden.

c) Zeichnen Sie die Geraden g und h in ein dreidimensionales Koordinatensystem ein.

2. Die Gerade g mit dem Stützvektor $\vec{p} = \begin{pmatrix} 2 \\ 4 \\ 5 \end{pmatrix}$ geht durch den Punkt A (3|7|7).

Die Gerade h geht durch den Punkt B (3|1|0) und hat den Richtungsvektor

$\vec{v} = \begin{pmatrix} -2 \\ 0 \\ 3 \end{pmatrix}$.

a) Bestimmen Sie die Geradengleichung von g und h.

b) Welche Lage haben die Geraden zueinander?

3. Prüfen Sie, welche der folgenden Geraden sich schneiden.

a) Berechnen Sie Schnittpunkte und Schnittwinkel aller Geraden.

b) Zeichnen Sie die Geraden in ein räumliches Koordinatensystem ein (1 LE ≙ 1 cm).

g: $\vec{x} = \begin{pmatrix} 3 \\ 4 \\ 8 \end{pmatrix} + r \cdot \begin{pmatrix} -2 \\ -1 \\ -3 \end{pmatrix}$; $r \in \mathbb{R}$

h: $\vec{x} = \begin{pmatrix} 2 \\ -4 \\ 8 \end{pmatrix} + s \cdot \begin{pmatrix} -1 \\ 2 \\ -2 \end{pmatrix}$; $s \in \mathbb{R}$

i: $\vec{x} = \begin{pmatrix} 3 \\ 1 \\ 4 \end{pmatrix} + t \cdot \begin{pmatrix} -2 \\ -1,5 \\ 0 \end{pmatrix}$; $t \in \mathbb{R}$

4. Ein Dreieck ABC wird durch zwei von A (3|–1|0) ausgehende Vektoren bestimmt.

$\overrightarrow{AC} = \begin{pmatrix} 2 \\ 2 \\ 8 \end{pmatrix}$, $\overrightarrow{AB} = \begin{pmatrix} 0 \\ 7 \\ 0 \end{pmatrix}$

Im Dreieck schneiden sich die drei Seitenhalbierenden im Schwerpunkt H. Berechnen Sie die Koordinaten des Schwerpunktes.

Lösungen:

1. a) $\vec{x_g} = \vec{x_h}$, t = 4, r = 4 **b)** S (8|0|0); $\alpha = 37,9°$

c) siehe Löser

2. a) g: $\vec{x} = \begin{pmatrix} 2 \\ 4 \\ 5 \end{pmatrix} + r \cdot \begin{pmatrix} 1 \\ 3 \\ 2 \end{pmatrix}$; h: $\vec{x} = \begin{pmatrix} 3 \\ 1 \\ 0 \end{pmatrix} + s \cdot \begin{pmatrix} -2 \\ 0 \\ 3 \end{pmatrix}$

b) S (1|1|3); $\alpha = 72,8°$

3. a) $\vec{x_g} \cap \vec{x_h}$; S_1 (–1|2|2); $\alpha = 57,7°$; Rest windschief

b) siehe Löser

4. S $(3,\overline{6}|2|2,\overline{6})$

3.11 Abstandsberechnungen

3.11.1 Abstand Punkt–Gerade und Lotfußpunkt

Den kürzesten Abstand d des Punktes A $(a_1|a_2|a_3)$ von der Geraden g: $\vec{x} = \vec{p} + r \cdot \vec{u}$ kann man mit zwei Lösungswegen ermitteln.

Lösungsweg 1:

1. Schritt: Zuerst wird die Gleichung für den Vektor $\overrightarrow{AF} = \vec{d}$ aufgestellt **(Bild 1)**.

(1) $\vec{d} = \vec{f} - \vec{a}$

$\vec{d} = (\vec{p} + r \cdot \vec{u}) - \vec{a}$

2. Schritt: Der Vektor $\vec{d}$ muss senkrecht auf dem Richtungsvektor $\vec{u}$ stehen, um die kürzeste Entfernung des Punktes A von der Geraden g zu erhalten. Das Skalarprodukt von $\vec{d}$ und $\vec{u}$ muss also null ergeben. Somit erhält man ein Gleichungssystem mit zwei Unbekannten.

(2) $\vec{d} \circ \vec{u} = 0$

3. Schritt: Durch Lösen des Gleichungssystems erhält man r und $\vec{d}$.

(1) in (2) $\vec{d} \circ \vec{u} = [(\vec{p} + r \cdot \vec{u}) - \vec{a}] \circ \vec{u} = 0$

4. Schritt: Der Betrag von $\vec{d}$ ist dann der kürzeste Abstand des Punktes A von der Geraden g.

Der Lotfußpunkt ergibt sich aus der Gleichung

$$\vec{f} = \vec{a} + \vec{d}$$

Beispiel 1: Abstand Punkt–Gerade

Gegeben ist die Gerade g: $\vec{x} = \begin{pmatrix}1\\0\\1\end{pmatrix} + r \cdot \begin{pmatrix}2\\5\\2\end{pmatrix}$ und der Punkt A (–3|–5|1).

a) Wie groß ist der kürzeste Abstand zwischen der Geraden g und dem Punkt A?

b) Zeichnen Sie die Aufgabenstellung und die Lösung in ein Koordinatensystem ein.

Lösung:

a) $\vec{d} \circ \vec{u} = [(\vec{p} + r \cdot \vec{u}) - \vec{a}] \circ \vec{u} = 0$

$$0 = \left[\begin{pmatrix}1\\0\\1\end{pmatrix} + r \cdot \begin{pmatrix}2\\5\\2\end{pmatrix} - \begin{pmatrix}-3\\-5\\1\end{pmatrix}\right] \circ \begin{pmatrix}2\\5\\2\end{pmatrix}$$

$0 = 33 + 33r \qquad r = -1$

r in die Geradengleichung g eingesetzt ergibt den Lotfußpunkt F.

$$\vec{f} = \vec{p} + r \cdot \vec{u} = \begin{pmatrix}1\\0\\1\end{pmatrix} + (-1) \cdot \begin{pmatrix}2\\5\\2\end{pmatrix} = \begin{pmatrix}-1\\-5\\-1\end{pmatrix}$$

Der Vektor vom Punkt zur Geraden g ergibt sich aus der Formel $\vec{d} = \vec{f} - \vec{a}$.

$$\vec{d} = \begin{pmatrix}-1\\-5\\-1\end{pmatrix} - \begin{pmatrix}-3\\-5\\1\end{pmatrix} = \begin{pmatrix}2\\0\\-2\end{pmatrix}$$

$|\vec{d}| = \sqrt{2^2 + 0^2 + 2^2} = \sqrt{8} = \mathbf{2{,}83}$

b) **Bild 2**

$$g:\ \vec{x} = \vec{p} + r \cdot \vec{u};\ r \in \mathbb{R}$$
$$\overrightarrow{AF} = \vec{d} = (\vec{p} + r \cdot \vec{u}) - \vec{a}$$
$$\vec{d} \circ \vec{u} = 0$$
$$d = \overline{AF}$$
$$\vec{f} = \vec{a} + \vec{d}$$

g Gerade g

$\overrightarrow{AF}$ Vektor mit kürzestem Abstand von A auf g.

d Kürzester Abstand vom Punkt A zur Geraden g

F Lotfußpunkt

$\vec{f}$ Ortsvektor zum Lotfußpunkt F

$\vec{a}$ Ortsvektor zum Punkt A

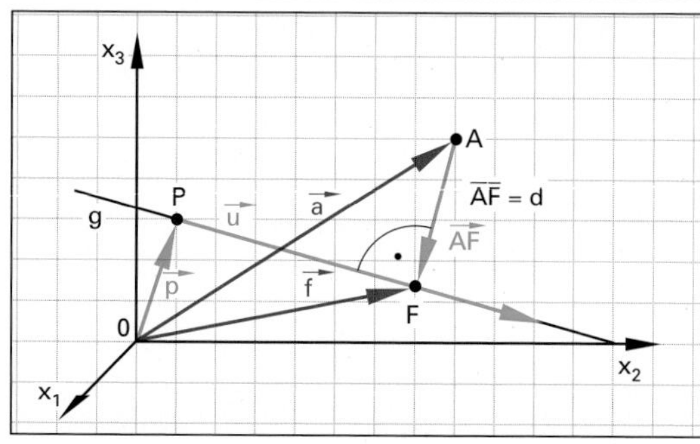

Bild 1: Kürzester Abstand d Punkt–Gerade

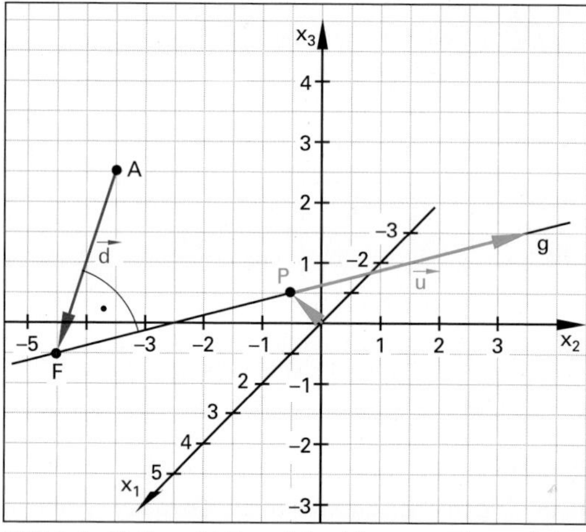

Bild 2: Lotfußpunkt F und der kürzeste Abstand d

Aufgabe:

1. Die Gleichung einer Geraden g lautet:

g: $\vec{x} = \vec{p} + r \cdot \vec{u} = \begin{pmatrix}1\\0\\1\end{pmatrix} + r \cdot \begin{pmatrix}2\\5\\2\end{pmatrix};\ r \in \mathbb{R}$

a) Wie groß ist der Abstand d des Punktes Q (5|3|–2) von dieser Geraden?

b) Zeichnen Sie die Lösung in ein räumliches Koordinatensystem ein.

Lösung: 1. a) $d = \sqrt{\frac{833}{33}} = 5{,}02$ **b)** siehe Löser

Lösungsweg 2:

Die orthogonale Projektion wurde im Kapitel 3.5 behandelt, sie erleichtert die Berechnung des kürzesten Abstandes von einem Punkt zu einer Geraden.

Der Vektor $\overrightarrow{PF}$ ist die orthogonale Projektion vom Vektor $\overrightarrow{PA}$ auf den Richtungsvektor $\vec{u}$. Es gilt:

$$\overrightarrow{PF} = \frac{\overrightarrow{PA} \circ \vec{u}}{u^2} \cdot \vec{u} \quad \text{mit}$$

$$\overrightarrow{PA} = \vec{a} - \vec{p} \quad \text{ergibt sich}$$

(1) $$\overrightarrow{PF} = \frac{(\vec{a} - \vec{p}) \circ \vec{u}}{u^2} \cdot \vec{u} \quad \textbf{(Bild 1)}$$

Der Abstandsvektor $\vec{d}$ ist der Verbindungsvektor von $\overrightarrow{PA}$ und $\overrightarrow{PF}$. Es gilt:

(2) $$\vec{d} = -\overrightarrow{PA} + \overrightarrow{PF} = -(\vec{a} - \vec{p}) + \overrightarrow{PF} = (\vec{p} - \vec{a}) + \overrightarrow{PF}$$

(1) in (2) $$\vec{d} = \vec{p} - \vec{a} + \frac{(\vec{a} - \vec{p}) \circ \vec{u}}{u^2} \cdot \vec{u}$$

$$\vec{d} = \vec{p} - \vec{a} - \frac{(\vec{p} - \vec{a}) \circ \vec{u}}{u^2} \cdot \vec{u}$$

$$d = \sqrt{d_1^2 + d_2^2 + d_3^2} \qquad \vec{f} = \vec{a} + \vec{d}$$

- d kürzester Abstand vom Punkt zur Geraden
- $\vec{d}$ Abstandsvektor
- $\vec{f}$ Ortsvektor zum Lotfußpunkt F
- $\vec{u}$ Richtungsvektor der Geraden g
- u Länge des Richtungsvektors $\vec{u}$
- $\vec{p}$ Stützvektor der Geraden g
- $\vec{a}$ Ortsvektor zum Punkt A

Beispiel 1: Abstand Punkt–Gerade, Lotfußpunkt

Die Gleichung einer Geraden g lautet:

$$g: \vec{x} = \begin{pmatrix} -1 \\ -1 \\ -1 \end{pmatrix} + r \cdot \begin{pmatrix} 1 \\ 2 \\ -2 \end{pmatrix}; \quad r \in \mathbb{R}$$

a) Bestimmen Sie den kürzesten Abstand d des Punktes A (−2|3|4) von der Geraden g.

b) Geben Sie den Lotfußpunkt F an.

c) Zeichnen Sie die Gerade g und alle Vektoren in ein räumliches Koordinatensystem ein.

Lösung:

a) $$\vec{d} = \vec{p} - \vec{a} + \frac{(\vec{a} - \vec{p}) \circ \vec{u}}{u^2} \cdot \vec{u}$$

$$\vec{d} = \begin{pmatrix} -1-(-2) \\ -1-3 \\ -1-4 \end{pmatrix} + \frac{\begin{pmatrix} -2-(-1) \\ 3-(-1) \\ 4-(-1) \end{pmatrix} \circ \begin{pmatrix} 1 \\ 2 \\ -2 \end{pmatrix}}{(\sqrt{9})^2} \cdot \begin{pmatrix} 1 \\ 2 \\ -2 \end{pmatrix}$$

$$\vec{d} = \frac{1}{3} \cdot \begin{pmatrix} 2 \\ -14 \\ -13 \end{pmatrix} \Rightarrow d = \sqrt{41} = \mathbf{6{,}40\ LE}$$

b) $$\vec{f} = \vec{a} + \vec{d} = \begin{pmatrix} -2 \\ 3 \\ 4 \end{pmatrix} + \frac{1}{3} \cdot \begin{pmatrix} 2 \\ -14 \\ -13 \end{pmatrix} = \frac{1}{3} \cdot \begin{pmatrix} -4 \\ -5 \\ -1 \end{pmatrix}$$

$$\mathbf{F}\left(-\tfrac{4}{3} \middle| -\tfrac{5}{3} \middle| -\tfrac{1}{3}\right)$$

c) **Bild 2**

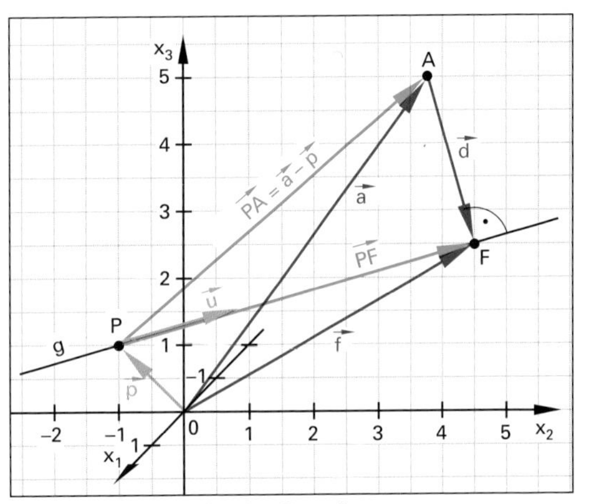

Bild 1: Abstand d Punkt–Gerade

Aufgabe:

1. Die Gleichung einer Geraden g lautet:

$$g: \vec{x} = \begin{pmatrix} -3 \\ 3 \\ 5 \end{pmatrix} + r \cdot \begin{pmatrix} 4 \\ -7 \\ -7 \end{pmatrix}; \quad r \in \mathbb{R}$$

a) Welchen Abstand hat der Punkt A (2|1|−3) von der Geraden g?

b) Berechnen Sie den Lotfußpunkt F.

c) Zeichnen Sie die Lösung in ein räumliches Koordinatensystem ein.

Lösung:

1. a) $d = \frac{1}{19}\sqrt{7923} = 4{,}68$ LE **b)** $F\left(\frac{3}{19} \middle| -\frac{48}{19} \middle| -\frac{10}{19}\right)$

c) siehe Löser

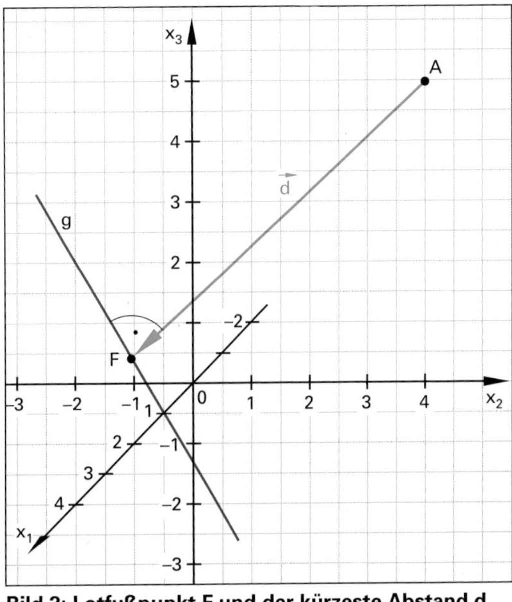

Bild 2: Lotfußpunkt F und der kürzeste Abstand d

3.11.2 Kürzester Abstand zweier windschiefer Geraden

Gegeben sind zwei windschiefe Geraden g und h.

(1) g: $\vec{x} = \vec{p} + r \cdot \vec{u};\; r \in \mathbb{R}$

(2) h: $\vec{x} = \vec{q} + s \cdot \vec{v};\; r \in \mathbb{R}$

Der kürzeste Abstand von g und h ist der Betrag des Vektors $\vec{d}$ mit A ∈ g und B ∈ h **(Bild 1)**.

$$A \in g \Rightarrow \vec{a} = \vec{p} + r \cdot \vec{u}$$

$$B \in h \Rightarrow \vec{b} = \vec{q} + s \cdot \vec{v}$$

(3) Vektor $\vec{d}$: $\vec{d} = \vec{b} - \vec{a}$

Um den kürzesten Abstand zwischen den Geraden g und h zu ermitteln, muss der Vektor $\overrightarrow{AB}$ auf den Richtungsvektoren $\vec{u}$ und $\vec{v}$ senkrecht (orthogonal) stehen. Das Skalarprodukt von $\vec{d} \circ \vec{u}$ und $\vec{d} \circ \vec{v}$ muss also jeweils null ergeben. Daraus ergibt sich folgendes Gleichungssystem:

(4) $(\vec{b} - \vec{a}) \circ \vec{u} = [(\vec{q} + s \cdot \vec{v}) - (\vec{p} + r \cdot \vec{u})] \circ \vec{u} = 0$

(5) $(\vec{b} - \vec{a}) \circ \vec{v} = [(\vec{q} + s \cdot \vec{v}) - (\vec{p} + r \cdot \vec{u})] \circ \vec{v} = 0$

Nachdem das lineare Gleichungssystem (LGS) gelöst ist, erhält man r und s und damit auch die Ortsvektoren $\vec{a}$ und $\vec{b}$.

Die Ortsvektoren $\vec{a}$ und $\vec{b}$ in die Gleichung (3) eingesetzt, ergibt den Vektor $\vec{d}$.

Der Betrag von $\vec{d}$ ist der Abstand d zwischen den windschiefen Geraden.

Beispiel 1:

Kürzester Abstand zweier windschiefer Geraden

g: $\vec{x} = \begin{pmatrix}5\\2\\4\end{pmatrix} + r \cdot \begin{pmatrix}3\\0\\3\end{pmatrix}$; h: $\vec{x} = \begin{pmatrix}0\\1\\3\end{pmatrix} + s \cdot \begin{pmatrix}0\\3\\0\end{pmatrix}$; $r, s \in \mathbb{R}$

a) Berechnen Sie den kürzesten Abstand d zwischen den windschiefen Geraden g und h.

b) Zeichnen Sie die Aufgabenstellung in ein räumliches Koordinatensystem ein.

Lösung:

a) $[(\vec{q} + s \cdot \vec{v}) - (\vec{p} + r \cdot \vec{u})] \circ \vec{u} = 0$

$$\left[\begin{pmatrix}0\\1\\3\end{pmatrix} + s \cdot \begin{pmatrix}0\\3\\0\end{pmatrix} - \begin{pmatrix}5\\2\\4\end{pmatrix} - r \cdot \begin{pmatrix}3\\0\\3\end{pmatrix}\right] \circ \begin{pmatrix}3\\0\\3\end{pmatrix} = 0 \Rightarrow \mathbf{r = -1}$$

$[(\vec{q} + s \cdot \vec{v}) - (\vec{p} + r \cdot \vec{u})] \circ \vec{v} = 0$

$$\left[\begin{pmatrix}0\\1\\3\end{pmatrix} + s \cdot \begin{pmatrix}0\\3\\0\end{pmatrix} - \begin{pmatrix}5\\2\\4\end{pmatrix} - r \cdot \begin{pmatrix}3\\0\\3\end{pmatrix}\right] \circ \begin{pmatrix}0\\3\\0\end{pmatrix} = 0 \Rightarrow \mathbf{s = \frac{1}{3}}$$

$$g: \vec{a} = \begin{pmatrix}5\\2\\4\end{pmatrix} + (-1) \cdot \begin{pmatrix}3\\0\\3\end{pmatrix} = \begin{pmatrix}2\\2\\1\end{pmatrix} \Rightarrow \mathbf{A\ (2|2|1)}$$

$$h: \vec{b} = \begin{pmatrix}0\\1\\3\end{pmatrix} + \frac{1}{3} \cdot \begin{pmatrix}0\\3\\0\end{pmatrix} = \begin{pmatrix}0\\2\\3\end{pmatrix} \Rightarrow \mathbf{B\ (0|2|3)}$$

$$\vec{d} = \vec{b} - \vec{a} = \begin{pmatrix}0-2\\2-2\\3-1\end{pmatrix} = \begin{pmatrix}-2\\0\\2\end{pmatrix} \Rightarrow \mathbf{|\vec{d}| = \sqrt{8}}$$

b) **Bild 2**

$(\vec{b} - \vec{a}) \circ \vec{u} = [(\vec{q} + s \cdot \vec{v}) - (\vec{p} + r \cdot \vec{u})] \circ \vec{u} = 0$

$(\vec{b} - \vec{a}) \circ \vec{v} = [(\vec{q} + s \cdot \vec{v}) - (\vec{p} + r \cdot \vec{u})] \circ \vec{v} = 0$

$\vec{d} = \vec{b} - \vec{a} = \overrightarrow{AB}$

$d = |\overrightarrow{AB}|$

g:	$\vec{x} = \vec{p} + r \cdot \vec{u}$	Gerade g
h:	$\vec{x} = \vec{q} + s \cdot \vec{v}$	Gerade h
A	Punkt auf der Geraden g	
B	Punkt auf der Geraden h	
$\vec{d}$	Abstandsvektor zwischen den Geraden g und h	
d	Abstand zwischen den Geraden g und h	

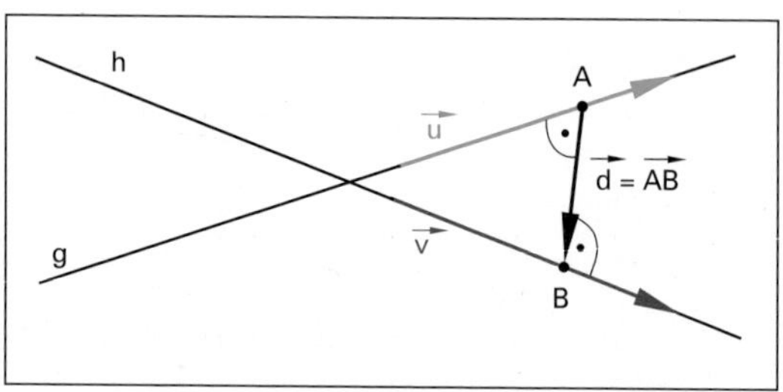

Bild 1: Kürzester Abstand zweier windschiefer Geraden

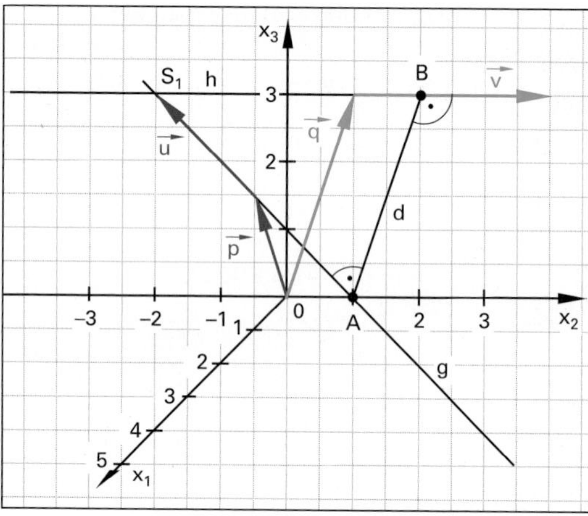

Bild 2: Abstand zweier windschiefer Geraden

Aufgabe:

1. Gegeben sind die Geraden g und h.

g: $\vec{x} = \begin{pmatrix}1\\-2\\1\end{pmatrix} + r \cdot \begin{pmatrix}2\\6\\8\end{pmatrix}$; h: $\vec{x} = \begin{pmatrix}1\\0\\6\end{pmatrix} + s \cdot \begin{pmatrix}0\\-3\\-1\end{pmatrix}$ $r, s \in \mathbb{R}$

a) Berechnen Sie den Abstand d zwischen den windschiefen Geraden g und h.

b) Zeichnen Sie die Lösung in ein räumliches Koordinatensystem ein.

Lösung:

1. a) $d = \sqrt{\frac{91}{49}} = 1{,}36$ **b)** siehe Löser

3.11.3 Abstand zwischen parallelen Geraden

Zwei parallele Geraden g und h haben in ihrem gesamten Verlauf den gleichen Abstand. Die Geraden zeigen die Flugbahnen von zwei Flugzeugen **(Bild 1)**. Zur Berechnung des kürzesten Abstands nimmt man einen beliebigen Punkt einer Geraden und berechnet den Abstand zur anderen Geraden **(Bild 1)**. Der Rechenweg ist gleich wie im Kapitel „Abstand Punkt–Gerade".

Beispiel 1: Abstandsberechnung

Die Geraden g und h sind parallel.

g: $\vec{x} = \begin{pmatrix} 3 \\ -2 \\ 0 \end{pmatrix} + r \cdot \begin{pmatrix} -2 \\ 2 \\ 1 \end{pmatrix}$; h: $\vec{x} = \begin{pmatrix} 4 \\ 3 \\ 0 \end{pmatrix} + s \cdot \begin{pmatrix} 1 \\ -1 \\ -0,5 \end{pmatrix}$; r, s $\in \mathbb{R}$

a) Bestimmen Sie den Abstand d zwischen den Geraden.

b) Zeichnen Sie die Aufgabenstellung mit Lösung in ein räumliches Koordinatensystem ein.

Lösung:

a) Als Punkt A wählt man z. B. den Stützpunkt Q aus der Geradengleichung von h ⇒ Q (4|3|0)

$\overrightarrow{AF} \circ \vec{u} = [(\vec{p} + r \cdot \vec{u}) - \vec{a}] \circ \vec{u} = 0$

$0 = \left[\begin{pmatrix} 3 \\ -2 \\ 0 \end{pmatrix} + r \cdot \begin{pmatrix} -2 \\ 2 \\ 1 \end{pmatrix} - \begin{pmatrix} 4 \\ 3 \\ 0 \end{pmatrix}\right] \circ \begin{pmatrix} -2 \\ 2 \\ 1 \end{pmatrix}$

$= \left[\begin{pmatrix} -1 \\ -5 \\ 0 \end{pmatrix} + r \cdot \begin{pmatrix} -2 \\ 2 \\ 1 \end{pmatrix}\right] \circ \begin{pmatrix} -2 \\ 2 \\ 1 \end{pmatrix}$

$0 = (2 - 10) + r \cdot (4 + 4 + 1) = -8 + 9r;\ r = \frac{8}{9}$

r in die Geradengleichung g eingesetzt ergibt $\vec{f}$.

$\vec{f} = \vec{p} + r \cdot \vec{u} = \begin{pmatrix} 3 \\ -2 \\ 0 \end{pmatrix} + \frac{8}{9} \cdot \begin{pmatrix} -2 \\ 2 \\ 1 \end{pmatrix} = \frac{1}{9} \cdot \begin{pmatrix} 11 \\ -2 \\ 8 \end{pmatrix} = \begin{pmatrix} 1,22 \\ -0,22 \\ 0,89 \end{pmatrix}$

Der Vektor vom Punkt Q zum Lotfußpunkt der Geraden g ergibt sich aus der Formel $\overrightarrow{QF} = \vec{f} - \vec{a}$.

$\overrightarrow{QF} = \frac{1}{9} \cdot \begin{pmatrix} 11 \\ -2 \\ 8 \end{pmatrix} - \begin{pmatrix} 4 \\ 3 \\ 0 \end{pmatrix} = \frac{1}{9} \cdot \begin{pmatrix} -25 \\ -29 \\ 8 \end{pmatrix} = \begin{pmatrix} -2,78 \\ -3,22 \\ 0,89 \end{pmatrix}$

Der Abstand ergibt sich dann aus $|\overrightarrow{QF}| = d$.

$|\overrightarrow{QF}| = \frac{1}{9}\sqrt{25^2 + 29^2 + 8^2} = \sqrt{\frac{170}{9}} = \mathbf{4,35}$

b) **Bild 1**

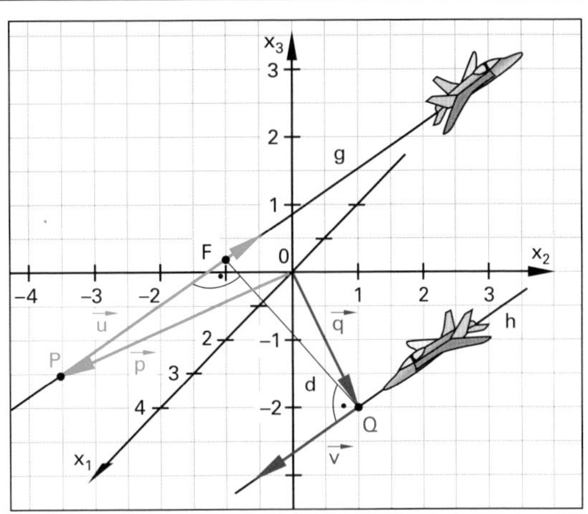

Bild 1: Abstand zwischen parallelen Geraden

Bild 2: Abstand zweier Hochspannungsleitungen

Aufgaben:

1. Berechnen Sie den Abstand zweier Hochspannungsleiter, die durch die Geraden g und h idealisiert dargestellt werden **(Bild 2)**.

g: $\vec{x} = \begin{pmatrix} 4 \\ 3 \\ 1 \end{pmatrix} + r \cdot \begin{pmatrix} 4 \\ 3 \\ 4 \end{pmatrix}$ h: $\vec{x} = \begin{pmatrix} 9 \\ 0,5 \\ 3 \end{pmatrix} + s \cdot \begin{pmatrix} 2 \\ 1,5 \\ 2 \end{pmatrix}$; r, s $\in \mathbb{R}$

2. Der Abstand eines Punktes zu einer Geraden kann in einem räumlichen Koordinatensystem wegen der perspektivischen Verzerrung nicht abgelesen werden. In dieser Aufgabe liegt die Gerade g und der Punkt Q (4|5|0) in der x_1x_2-Ebene.

g: $\vec{x} = \begin{pmatrix} 5 \\ 1 \\ 0 \end{pmatrix} + r \cdot \begin{pmatrix} -4 \\ 1 \\ 0 \end{pmatrix}$; r $\in \mathbb{R}$

a) Zeichnen Sie die Aufgabenstellung in ein zweidimensionales Schaubild (x_1x_2-Ebene) ein und ermitteln Sie zeichnerisch den Abstand zwischen Q und der Geraden g.

b) Berechnen Sie den Abstand zwischen Q und der Geraden g und vergleichen Sie sie mit der zeichnerischen Lösung.

3. Gegeben ist die Gerade g.

g: $\vec{x} = \begin{pmatrix} 0 \\ 6 \\ 2 \end{pmatrix} + r \cdot \begin{pmatrix} 0 \\ -3 \\ 1 \end{pmatrix}$; r $\in \mathbb{R}$

a) Welche besondere Lage hat die Gerade g?

b) Wie groß ist der Abstand der Geraden g vom Ursprung O (0|0|0)? Lösen Sie diese Aufgabe rechnerisch und zeichnerisch.

4. Berechnen Sie den Abstand des Ursprungs O (0|0|0) von der Geraden g.

g: $\vec{x} = \begin{pmatrix} 8 \\ 5 \\ -2 \end{pmatrix} + r \cdot \begin{pmatrix} 2 \\ -2 \\ 0 \end{pmatrix}$; r $\in \mathbb{R}$

Lösungen:

1. d = 5

2. a) siehe Löser **b)** $|\overrightarrow{QF}| = d = \sqrt{13,24} = 3,64$

3. a) g liegt in der x_2x_3-Ebene

b) $|\overrightarrow{QF}| = d = \sqrt{14,4} = 3,79$

4. $|\overrightarrow{QF}| = d = \sqrt{88,5} = 9,41$

Überprüfen Sie Ihr Wissen!

1. Eine Gerade g geht durch die Punkte A (6|2,5|5) und B (9|–0,5|11). Eine zweite Gerade h, die durch die Punkte C (7|2,5|5) und D (1|7|–4) geht, ist auf Parallelität zu g zu prüfen.

2. Wie muss a ∈ ℝ und b ∈ ℝ gewählt werden, damit die Geraden g und h gleich sind?

$$g: \vec{x} = \begin{pmatrix} 3 \\ 5{,}5 \\ -1 \end{pmatrix} + r \cdot \begin{pmatrix} a \\ -3 \\ 6 \end{pmatrix}; \quad h: \vec{x} = \begin{pmatrix} 13 \\ -2 \\ 2b \end{pmatrix} + s \cdot \begin{pmatrix} -6 \\ 4{,}5 \\ -9 \end{pmatrix}$$

3. Wählen Sie a ∈ ℝ und b ∈ ℝ so, dass die Geraden g und h parallel sind.

$$g: \vec{x} = \begin{pmatrix} b \\ 8 \\ 0 \end{pmatrix} + r \cdot \begin{pmatrix} 0 \\ 2a \\ 5 \end{pmatrix}; \quad h: \vec{x} = \begin{pmatrix} 1 \\ 4 \\ 0 \end{pmatrix} + s \cdot \begin{pmatrix} 0 \\ 0{,}4 \\ a \end{pmatrix}$$

4. Berechnen Sie a ∈ ℝ so, dass sich die Geraden g und h schneiden. Berechnen Sie auch den Schnittpunkt.

$$g: \vec{x} = \begin{pmatrix} 7 \\ -2 \\ a \end{pmatrix} + r \cdot \begin{pmatrix} 2 \\ 3 \\ 1 \end{pmatrix}; \quad h: \vec{x} = \begin{pmatrix} 2a \\ -6 \\ -1 \end{pmatrix} + s \cdot \begin{pmatrix} 1 \\ 1 \\ 2 \end{pmatrix}$$

5. Gegeben sind die Punkte A (3|2|8), B (12|11|8), C (10|13|8) und D (1|4|8).

a) Durch senkrechte Projektion der Punkte A, B, C und D auf die x_1x_2-Ebene entstehen die Bildpunkte A', B', C' und D'. Geben Sie die Koordinaten dieser Punkte an.

Die Punkte A, B, C, D und A', B', C', D' sind die Eckpunkte eines Quaders. Zeichnen Sie den Quader in ein räumliches Koordinatensystem ein.

b) Schneiden sich die Raumdiagonalen CA' und AC'? Geben Sie gegebenenfalls die Koordinaten des Schnittpunktes an und berechnen Sie den Schnittwinkel dieser Raumdiagonalen. Zeichnen Sie die Raumdiagonalen in die Zeichnung ein.

6. Gegeben sind die Punkte A (–4|8|0), B (–4|0|4), C (–4|0|0) und D (5|2|1) sowie die Gerade

$$g: \vec{x} = \begin{pmatrix} -4 \\ 4 \\ 2 \end{pmatrix} + r \cdot \begin{pmatrix} 0 \\ -2 \\ 1 \end{pmatrix}; \quad r \in \mathbb{R}.$$

a) Berechnen Sie die Spurpunkte der Geraden g in den Koordinatenebenen. Welche besondere Lage hat die Gerade g im Koordinatensystem?

b) Der Punkt E ist die senkrechte Projektion von D auf die x_1x_3-Ebene, der Punkt F ist die senkrechte Projektion von D auf die x_1x_2-Ebene. Bestimmen Sie die Koordinaten von E und F.

c) Zeichnen Sie die Punkte A, B, C, D, E und F und die Gerade g in ein dreidimensionales Koordinatensystem.

d) Zeigen Sie, dass das Dreieck ABC rechtwinklig ist. Das Dreieck ABC bildet mit S (8|0|0) als Spitze eine Pyramide. Berechnen Sie deren Volumen.

7. Gegeben sind die Punkte A (5|4|1), B (0|4|1) und C (0|1|5) sowie die Gerade

$$g: \vec{x} = \begin{pmatrix} 2 \\ 0 \\ 0 \end{pmatrix} + r \cdot \begin{pmatrix} 2 \\ 1 \\ 0 \end{pmatrix}; \quad r \in \mathbb{R}$$

a) Zeigen Sie, dass C nicht auf der Geraden durch A und B liegt.

b) Zeigen Sie, dass das Dreieck ABC gleichschenklig und rechtwinklig ist.

c) Berechnen Sie die Koordinaten der Schnittpunkte der Geraden g mit den Koordinatenebenen und beschreiben Sie die besondere Lage von g bezüglich der Koordinatenebenen.

d) Die senkrechte Parallelprojektion von g auf die x_1x_3-Ebene sei die Gerade g_{13}. Geben Sie die Gleichung für g_{13} an.

e) Unter welchem Winkel schneidet g die x_1-Achse?

f) Stellen Sie alle Ergebnisse in einem räumlichen Koordinatensystem dar.

8. Gegeben sind die Geraden

$$g: \vec{x} = \begin{pmatrix} 10 \\ 2 \\ -10 \end{pmatrix} + r \cdot \begin{pmatrix} 2 \\ 0{,}5 \\ -3 \end{pmatrix}; \quad r \in \mathbb{R} \text{ und}$$

$$h: \vec{x} = \begin{pmatrix} 4 \\ -1 \\ 6 \end{pmatrix} + s \cdot \begin{pmatrix} 0 \\ -2 \\ 6 \end{pmatrix}; \quad s \in \mathbb{R}.$$

a) Überprüfen Sie die gegenseitige Lage der Geraden g und h.

b) Zwischen welchem Punkt A auf der Geraden g und Punkt B auf der Geraden h liegt der kürzeste Abstand?

c) Berechnen Sie den kürzesten Abstand zwischen den Geraden g und h.

Lösungen:

1. g zu h nicht parallel

2. a = 4, b = 7

3. a = 1 oder a = –1, b ∈ ℝ

4. a = 2 und S (5|–5|1)

5. a) A' (3|2|0), B' (12|11|0), C' (10|13|0), D' (1|4|0)
b) S (6,5|7,5|4), $\alpha = 117°$

6. a) $S_{12} \equiv A$ (–4|8|0), $S_{13} \equiv B$ (–4|0|4), x_2x_3-Ebene keine Spurpunkte, g || x_2x_3-Ebene
b) E (5|0|1), F (5|2|0)
c) siehe Löser
d) V = 64 VE

7. a) $g_{AB}: \vec{x} = \begin{pmatrix} 5 \\ 4 \\ 1 \end{pmatrix} + k \cdot \begin{pmatrix} -5 \\ 0 \\ 0 \end{pmatrix}$; C liegt nicht auf g_{AB}
b) $|\overrightarrow{AB}| = 5$, $|\overrightarrow{BC}| = 5$, $|\overrightarrow{CA}| = 5 \cdot \sqrt{2}$, $\overrightarrow{AB} \circ \overrightarrow{BC} = 0$
c) S_{23} (0|–1|0), S_{13} (2|0|0), g liegt in der x_1x_2-Ebene
d) $g_{13}: \vec{x} = t \cdot \begin{pmatrix} 1 \\ 0 \\ 0 \end{pmatrix}$; t ∈ ℝ
e) $\alpha = 26{,}6°$
f) siehe Löser

8. a) Windschiefe Geraden
b) A (3,82|0,46|–0,73), B (4|1,17|–0,5)
c) $d = \frac{10}{13}$

3.12 Ebenengleichung

Eine Ebene ist ein zweidimensionales Gebilde im Raum. Sie ist eindeutig festgelegt durch

- einen Punkt und zwei linear unabhängige Richtungsvektoren,
- drei Punkte, die nicht alle auf einer Geraden liegen.

3.12.1 Vektorielle Parameterform der Ebene

Durch einen Punkt A und zwei Vektoren $\vec{u}$ und $\vec{v}$ mit $\vec{u} \nparallel \vec{v}$ ist eine Ebene E bestimmt **(Bild 1)**. Für jeden Ortsvektor $\vec{x}$, der zum Punkt X auf der Ebene E weist, gilt für zwei Parameter r und s die Parameterform (Punkt-Richtungsform) der Ebenengleichung:

$$E: \vec{x} = \vec{a} + r\vec{u} + s\vec{v}; \quad r, s \in \mathbb{R}.$$

Durchlaufen die Parameter r und s alle reellen Zahlen, so erhält man mit der Ebenengleichung alle Punkte der Ebene.

$$E: \vec{x} = \vec{a} + r\vec{u} + s\vec{v} \quad r, s \in \mathbb{R}.$$

E	Bezeichnung der Ebene
$\vec{x}$	Ortsvektor zum Punkt X auf der Ebene E
$\vec{a}$	Ortsvektor zum Punkt A auf der Ebene E
$\vec{u}, \vec{v}$	Richtungsvektoren der Ebene E
r, s	Stauchungs- oder Streckungsfaktoren der Richtungsvektoren (Parameter)

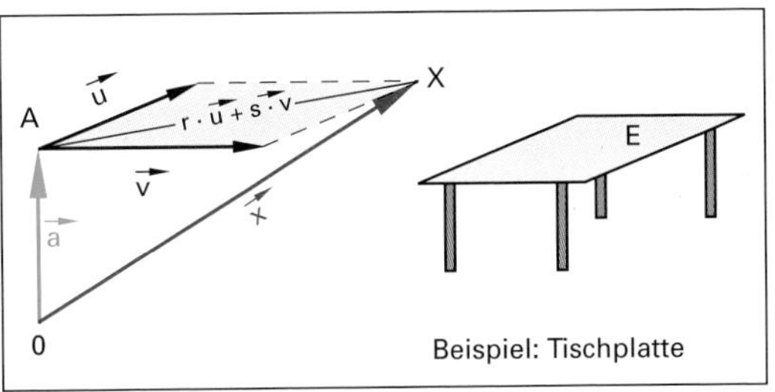

Bild 1: Punkt-Richtungsform der Ebene E

Beispiel 1: Parameterform

Gegeben ist die Parameterform der Ebenengleichung

$$E: \vec{x} = \begin{pmatrix}1\\0\\1\end{pmatrix} + r \cdot \begin{pmatrix}0\\1\\2\end{pmatrix} + s \cdot \begin{pmatrix}1\\2\\3\end{pmatrix}; \quad r, s \in \mathbb{R}.$$

a) Geben Sie die Richtungsvektoren $\vec{u}$ und $\vec{v}$ der Ebene E an.

b) Geben Sie für r = 1 und s = −1 den Punkt X der Ebene an **(Bild 1)**.

Lösung:

a) $\vec{\mathbf{u}} = \begin{pmatrix}\mathbf{0}\\\mathbf{1}\\\mathbf{2}\end{pmatrix}; \ \vec{\mathbf{v}} = \begin{pmatrix}\mathbf{1}\\\mathbf{2}\\\mathbf{3}\end{pmatrix}$

b) $\vec{x} = \begin{pmatrix}1\\0\\1\end{pmatrix} + 1 \cdot \begin{pmatrix}0\\1\\2\end{pmatrix} - 1 \cdot \begin{pmatrix}1\\2\\3\end{pmatrix} = \begin{pmatrix}0\\-1\\0\end{pmatrix} \Rightarrow \mathbf{X\ (0|-1|0)}$

Schreibt man die Vektoren $\vec{x}$, $\vec{a}$, $\vec{u}$ und $\vec{v}$ in der Spaltenschreibweise

$$\begin{pmatrix}x_1\\x_2\\x_3\end{pmatrix} = \begin{pmatrix}a_1\\a_2\\a_3\end{pmatrix} + r \cdot \begin{pmatrix}u_1\\u_2\\u_3\end{pmatrix} + s \cdot \begin{pmatrix}v_1\\v_2\\v_3\end{pmatrix}; \quad r, s \in \mathbb{R}$$

so entspricht dies den drei Koordinatengleichungen

(1) $x_1 = a_1 + r \cdot u_1 + s \cdot v_1$

(2) $x_2 = a_2 + r \cdot u_2 + s \cdot v_2$

(3) $x_3 = a_3 + r \cdot u_3 + s \cdot v_3$

Beispiel 2: Koordinatengleichungen

Geben Sie die Koordinatengleichungen der Ebene E aus Beispiel 1 an.

Lösung:

(1) $x_1 = 1 + r \cdot 0 + s \cdot 1 = \mathbf{1 + s}$

(2) $x_2 = 0 + r \cdot 1 + s \cdot 2 = \mathbf{r + 2 \cdot s}$

(3) $x_3 = 1 + r \cdot 2 + s \cdot 3 = \mathbf{1 + 2 \cdot r + 3 \cdot s}$

Aufgaben:

1. Eine Ebene E ist durch den Punkt A (0|0|3) und die Richtungsvektoren

$$\vec{u} = \begin{pmatrix}1\\1\\1\end{pmatrix} \text{ und } \vec{v} = \begin{pmatrix}-1\\1\\2\end{pmatrix}$$

bestimmt.

a) Geben Sie die Gleichung der Ebene E in Parameterform an.

b) Geben Sie für r = −1 und s = 2 den Punkt X der Ebene E.

2. Die Gleichung der Ebene E lautet

$$E: \vec{x} = \begin{pmatrix}4\\0\\2\end{pmatrix} + r \cdot \begin{pmatrix}-3\\-1\\2\end{pmatrix} + s \cdot \begin{pmatrix}-3\\4\\-1\end{pmatrix}; \quad r, s \in \mathbb{R}$$

a) Geben Sie die Richtungsvektoren der Ebene an.

b) Geben Sie die Koordinatengleichungen der Ebene an.

c) Berechnen Sie die Punkte B, C und D der Ebene E. Der Punkt B wird erreicht für r = 0 und s = 1; für Punkt C gilt r = −1 und s = 0 und für D gilt r = −2 und s = 3.

Lösungen:

1. a) $E: \vec{x} = \begin{pmatrix}0\\0\\3\end{pmatrix} + r \cdot \begin{pmatrix}1\\1\\1\end{pmatrix} + s \cdot \begin{pmatrix}-1\\1\\2\end{pmatrix}$

b) X (−3|1|6)

2. a) $\vec{u} = \begin{pmatrix}-3\\-1\\2\end{pmatrix}; \ \vec{v} = \begin{pmatrix}-3\\4\\-1\end{pmatrix}$

b) (1) $x_1 = 4 - 3 \cdot r - 3 \cdot s$

(2) $x_2 = -r + 4 \cdot s$

(3) $x_3 = 2 + 2 \cdot r - s$

c) B (1|4|1), C (7|1|0), D (1|14|−5)

3.12.2 Vektorielle Dreipunkteform einer Ebene

Die Lage einer Ebene E kann durch drei verschiedene Punkte A, B und C, die nicht auf einer Geraden liegen, festgelegt werden. Als Richtungsvektoren $\vec{u}$ und $\vec{v}$ kann man die Differenzvektoren $\overrightarrow{AB} = (\vec{b} - \vec{a})$ und $\overrightarrow{AC} = (\vec{c} - \vec{a})$ wählen **(Bild 1)**. Die Parameterform der Ebenengleichung E hat dann die Form

$$E: \vec{x} = \vec{a} + r \cdot (\vec{b} - \vec{a}) + s \cdot (\vec{c} - \vec{a}); \quad r, s \in \mathbb{R}$$

Beispiel 1: Ebene durch drei Punkte

Gegeben sind die Punkte A (0|1|0), B (1|–1|2) und C (–1|0|–2).

a) Wie lautet die Parameterform der Ebenengleichung E durch die nicht auf einer Geraden liegenden Punkte A, B und C?

b) Geben Sie die Koordinatengleichungen der Ebene E an.

Lösung:

a) $E: \vec{x} = \vec{a} + r \cdot (\vec{b} - \vec{a}) + s \cdot (\vec{c} - \vec{a}); \quad r, s \in \mathbb{R}$

$$\vec{x} = \begin{pmatrix} 0 \\ 1 \\ 0 \end{pmatrix} + r \cdot \begin{pmatrix} 1-0 \\ -1-1 \\ 2-0 \end{pmatrix} + s \cdot \begin{pmatrix} -1-0 \\ 0-1 \\ -2-0 \end{pmatrix}$$

$$\boldsymbol{\vec{x} = \begin{pmatrix} 0 \\ 1 \\ 0 \end{pmatrix} + r \cdot \begin{pmatrix} 1 \\ -2 \\ 2 \end{pmatrix} + s \cdot \begin{pmatrix} -1 \\ -1 \\ -2 \end{pmatrix}}$$

b) (1) $x_1 = 0 + r \cdot 1 + s \cdot (-1) \quad = \mathbf{r - s}$

(2) $x_2 = 1 + r \cdot (-2) + s \cdot (-1) \quad = \mathbf{1 - 2 \cdot r - s}$

(3) $x_3 = 0 + r \cdot 2 + s \cdot (-2) \quad = \mathbf{2 \cdot r - 2 \cdot s}$

Aufgaben:

1. Erstellen Sie die Parameterform der Gleichung der Ebene E, in der die Punkte A (0|–1|1), B (–2|0|–2) und C (1|2|3) liegen.
2. Geben Sie die Parameterform einer Ebene P an, die parallel zur Ebene E aus Aufgabe 1 ist und den Punkt A (0|–1| 2) enthält.
3. Gegeben ist die Gerade g **(Bild 2)** und der Punkt P (1|–2|0).
   a) Überprüfen Sie, ob P auf g liegt.
   b) Berechnen Sie die Länge des Vektors $\overrightarrow{AP}$.
   c) Erstellen Sie eine Parameterform der Ebenengleichung E, die sowohl die Gerade g als auch den Punkt P enthält.
   d) Erstellen Sie die Gleichung einer Ebene F, die senkrecht auf E steht und durch den Ursprung verläuft.
4. Gegeben sind die parallelen Geraden
   $g: \vec{x} = \begin{pmatrix} 1 \\ 2 \\ 3 \end{pmatrix} + r \cdot \begin{pmatrix} 1 \\ 1 \\ 1 \end{pmatrix}; \quad r \in \mathbb{R}$ und
   $h: \vec{x} = \begin{pmatrix} 0 \\ 0 \\ 1 \end{pmatrix} + s \cdot \begin{pmatrix} 2 \\ 2 \\ 2 \end{pmatrix}; \quad s \in \mathbb{R}.$
   Geben Sie eine Gleichung der Ebene E an, in der die Geraden g und h liegen.

$$E: \vec{x} = \vec{a} + r \cdot (\vec{b} - \vec{a}) + s \cdot (\vec{c} - \vec{a}) \quad r, s \in \mathbb{R}$$

E Bezeichnung der Ebene
$\vec{x}$ Ortsvektor zum Punkt X auf der Ebene E
$\vec{a}$ Ortsvektor zum Punkt A auf der Ebene E
$\vec{b}$ Ortsvektor zum Punkt B auf der Ebene E
$\vec{c}$ Ortsvektor zum Punkt C auf der Ebene E
r, s Stauchungs- oder Streckungsfaktoren der Richtungsvektoren (Parameter)

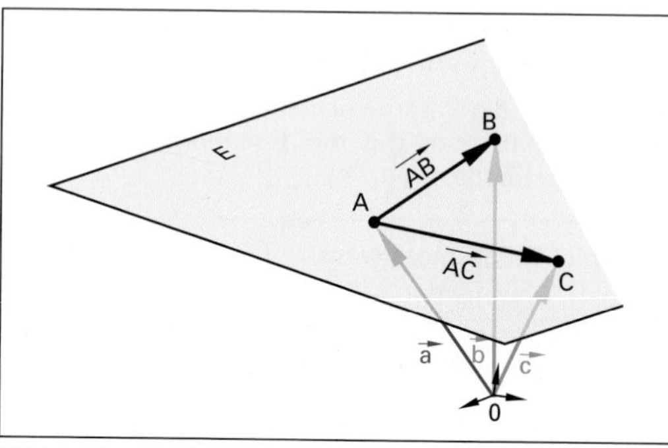

Bild 1: Ebene durch drei Punkte

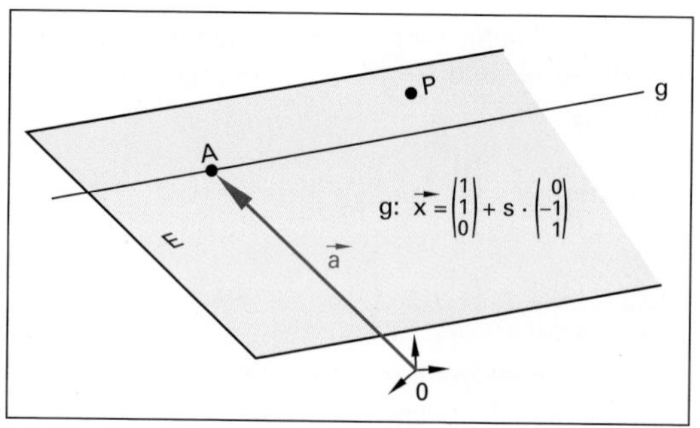

Bild 2: Gerade und Punkt

Lösungen:

1. $E: \vec{x} = \begin{pmatrix} 0 \\ -1 \\ 1 \end{pmatrix} + r \cdot \begin{pmatrix} -2 \\ 1 \\ -3 \end{pmatrix} + s \cdot \begin{pmatrix} 1 \\ 3 \\ 2 \end{pmatrix}; \quad r, s \in \mathbb{R}$

2. $P: \vec{x} = \begin{pmatrix} 0 \\ -1 \\ 2 \end{pmatrix} + r \cdot \begin{pmatrix} -2 \\ 1 \\ -3 \end{pmatrix} + s \cdot \begin{pmatrix} 1 \\ 3 \\ 2 \end{pmatrix}; \quad r, s \in \mathbb{R}$

3. a) $P \notin g$

b) $|\overrightarrow{AP}| = 3$ LE

c) $E: \vec{x} = \begin{pmatrix} 1 \\ 1 \\ 0 \end{pmatrix} + r \cdot \begin{pmatrix} 0 \\ -1 \\ 1 \end{pmatrix} + s \cdot \begin{pmatrix} 0 \\ -3 \\ 0 \end{pmatrix}; \quad r, s \in \mathbb{R}$

d) $F: \vec{x} = r \cdot \begin{pmatrix} 0 \\ -1 \\ 1 \end{pmatrix} + s \cdot \begin{pmatrix} 1 \\ 0 \\ 0 \end{pmatrix}; \quad r, s \in \mathbb{R}$

4. $E: \vec{x} = \begin{pmatrix} 1 \\ 2 \\ 3 \end{pmatrix} + r \cdot \begin{pmatrix} 1 \\ 1 \\ 1 \end{pmatrix} + s \cdot \begin{pmatrix} 1 \\ 2 \\ 2 \end{pmatrix}; \quad r, s \in \mathbb{R}$

3.12.3 Parameterfreie Normalenform

Im Raum ist die Ebene E: $\vec{x} = \vec{a} + r\vec{u} + s\vec{v}$ gegeben. Senkrecht auf dieser Ebene steht der Vektor $\vec{n}$ **(Bild 1)**. Multipliziert man die Gleichung der Ebene E mit dem Vektor $\vec{n}$, so erhält man eine parameterfreie Gleichung, da $\vec{n} \circ \vec{u} = 0$ und $\vec{n} \circ \vec{v} = 0$.

Normalenvektor $\vec{n}$

Ein Vektor $\vec{n}$, der senkrecht (orthogonal) auf den Richtungsvektoren $\vec{u}$ und $\vec{v}$ steht, wird als Normalenvektor bezeichnet. Man erhält den Normalenvektor $\vec{n}$ entweder durch Lösen des Gleichungssystems

$$\vec{n} \circ \vec{u} = 0 \wedge \vec{n} \circ \vec{v} = 0$$

oder durch das Vektorprodukt

$$\vec{n} = \vec{u} \times \vec{v} = \begin{pmatrix} u_2v_3 - u_3v_2 \\ u_3v_1 - u_1v_3 \\ u_1v_2 - u_2v_1 \end{pmatrix}$$

Beispiel 1: Normalenvektor

Gegeben ist die Parameterform der Ebenengleichung E

$$E: \vec{x} = \begin{pmatrix} 1 \\ 0 \\ 1 \end{pmatrix} + r \cdot \begin{pmatrix} 0 \\ 1 \\ 2 \end{pmatrix} + s \cdot \begin{pmatrix} 1 \\ 2 \\ 3 \end{pmatrix}; \quad r, s, \in \mathbb{R}$$

Berechnen Sie einen Vektor $\vec{n}$, der senkrecht auf der Ebene E steht.

Lösung:

$$\vec{n} = \begin{pmatrix} 0 \\ 1 \\ 2 \end{pmatrix} \times \begin{pmatrix} 1 \\ 2 \\ 3 \end{pmatrix} = \begin{pmatrix} 3-4 \\ 2-0 \\ 0-1 \end{pmatrix} = \begin{pmatrix} \mathbf{-1} \\ \mathbf{2} \\ \mathbf{-1} \end{pmatrix}$$

Parameterfreie vektorielle Normalenform

Wird die Parameterform der Ebene E mit dem Normalenvektor $\vec{n}$ der Ebene E multipliziert, so gilt:

$$\vec{x} = \vec{a} + r\vec{u} + s\vec{v} \mid \circ \vec{n}$$

$$\vec{n} \circ \vec{x} = \vec{n} \circ \vec{a} + \underbrace{r\vec{n} \circ \vec{u}}_{=0} + \underbrace{s\vec{n} \circ \vec{v}}_{=0}$$

$$\vec{n} \circ \vec{x} = \vec{n} \circ \vec{a} \qquad \mid \text{umstellen}$$

$$\vec{n} \circ \vec{x} - \vec{n} \circ \vec{a} = 0 \qquad \mid \text{ausklammern}$$

$$\mathbf{\vec{n} \circ (\vec{x} - \vec{a}) = 0}$$

Beispiel 2: Vektorielle Normalenform

Geben Sie die vektorielle Normalenform der Ebene E aus Beispiel 1 an.

Lösung:

$\vec{n} \circ (\vec{x} - \vec{a}) = 0$

$$\begin{pmatrix} \mathbf{-1} \\ \mathbf{2} \\ \mathbf{-1} \end{pmatrix} \circ \left[\begin{pmatrix} x_1 \\ x_2 \\ x_3 \end{pmatrix} - \begin{pmatrix} 1 \\ 0 \\ 1 \end{pmatrix} \right] = \mathbf{0}$$

(Der Normalenvektor $\vec{n}$ wurde in Beispiel 1 errechnet).

$\vec{n} = \vec{u} \times \vec{v}$ $\qquad$ E: $\vec{n} \circ (\vec{x} - \vec{a}) = 0$

E: $n_1 \cdot x_1 + n_2 \cdot x_2 + n_3 \cdot x_3 - n_0 = 0$

E	Bezeichnung der Ebene
$\vec{n}$	Normalenvektor der Ebene
n_1, n_2, n_3	Komponenten des Normalenvektors
n_0	skalare Größe
x_1, x_2, x_3	Variablen der Ebenengleichung (Koordinaten)
$\vec{u}, \vec{v}$	Richtungsvektoren der Ebene
$\vec{a}$	Ortsvektor zu einem beliebigen Punkt A der Ebene

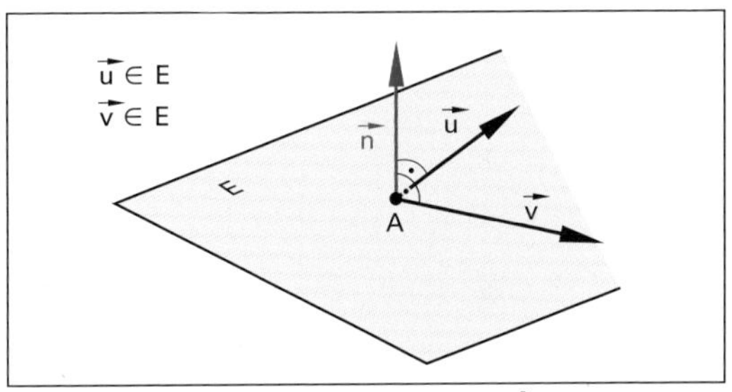

Bild 1: Ebene E mit Normalenvektor $\vec{n}$

Parameterfreie lineare Normalenform

Schreibt man die Vektoren der Gleichung $\vec{n} \circ (\vec{x} - \vec{a}) = 0$ in der Spaltenschreibweise, gilt:

$$\begin{pmatrix} n_1 \\ n_2 \\ n_3 \end{pmatrix} \circ \left[\begin{pmatrix} x_1 \\ x_2 \\ x_3 \end{pmatrix} - \begin{pmatrix} a_1 \\ a_2 \\ a_3 \end{pmatrix} \right] = 0$$

Wird das Skalarprodukt berechnet, erhält man in den Variablen x_1, x_2 und x_3 eine lineare Normalenform der Ebenengleichung

$n_1 \cdot x_1 + n_2 \cdot x_2 + n_3 \cdot x_3 - (n_1 \cdot a_1 + n_2 \cdot a_2 + n_3 \cdot a_3) = 0$

Setzt man den Term $(n_1 \cdot a_1 + n_2 \cdot a_2 + n_3 \cdot a_3) = n_0$, folgt die Ebenengleichung in Normalenform

E: $\mathbf{n_1 \cdot x_1 + n_2 \cdot x_2 + n_3 \cdot x_3 - n_0 = 0}$

Beispiel 3:

Normalenform der Ebenengleichung

Geben Sie die lineare Normalenform der Ebenengleichung E aus Beispiel 1 an.

Lösung:

E: $n_1 \cdot x_1 + n_2 \cdot x_2 + n_3 \cdot x_3$

$\quad - (n_1 \cdot a_1 + n_2 \cdot a_2 + n_3 \cdot a_3) = 0$

E: $-1 \cdot x_1 + 2 \cdot x_2 + (-1) \cdot x_3$

$\quad - (-1 \cdot 1 + 2 \cdot 0 + (-1) \cdot 1) = 0$

E: $\mathbf{-x_1 + 2 \cdot x_2 - x_3 + 2 = 0}$

3.13 Ebene–Punkt

Ein Punkt P kann in einer Ebene E liegen oder sich außerhalb der Ebene befinden. Liegt er außerhalb, kann der Abstand des Punktes von der Ebene berechnet werden.

3.13.1 Punkt P liegt in der Ebene E

Mit der Gleichung der Ebene E:

$$n_1x_1 + n_2x_2 + n_3x_3 - n_0 = 0$$

wird jeder Punkt der Ebene E beschrieben. Soll überprüft werden, ob ein Punkt P $(p_1|p_2|p_3)$ in der Ebene E liegt, so werden die Koordinaten p_1, p_2 und p_3 des Punktes P in die Ebenengleichung für x_1, x_2 und x_3 eingesetzt. Entsteht eine wahre Aussage, so liegt P in E. Entsteht eine falsche Aussage, so liegt P nicht in E.

Beispiel 1: P ∈ E?

Überprüfen Sie, ob die Punkte P_1 (1|–2|0) und P_2 (1|2|3) Element der Ebene E: $2x_1 - x_2 + x_3 - 4 = 0$ sind.

Lösung:

P_1 in E einsetzen:

$$2 \cdot 1 - 1(-2) + 1 \cdot 0 - 4 = 0$$
$$0 = 0 \text{ (wahr)} \Rightarrow \mathbf{P \in E}$$

P_2 in E einsetzen:

$$2 \cdot 1 - 1 \cdot 2 + 1 \cdot 3 - 4 = 0$$
$$-1 = 0 \text{ (falsch)} \Rightarrow \mathbf{P \notin E}$$

3.13.2 Abstand eines Punktes P zur Ebene E

Liegt ein Punkt P außerhalb der Ebene E, so interessiert der kürzeste Abstand des Punktes zur Ebene.

Hessesche Normalenform HNF

Abstände von der Ebene werden mithilfe von Normaleneinheitsvektoren $\vec{n^0}$ **(Bild 1)** gemessen.

Wird in der Normalengleichung einer Ebene E mit $\vec{n} \circ (\vec{x} - \vec{a}) = 0$ statt des Normalenvektors $\vec{n}$ der Normaleneinheitsvektor $\vec{n^0}$ benützt, so bezeichnet man diese Darstellung als hessesche Normalenform $\vec{n^0} \circ (\vec{x} - \vec{a}) = 0$ der Ebenengleichung, wobei $\vec{n^0} \circ \vec{a} > 0$ gelten muss.

Wird in der hesseschen Normalenform der Ortsvektor $\vec{x}$ durch den Ortsvektor $\vec{p}$ des Punktes P ersetzt, so erhält man den Abstand d des Punktes P von der Ebene E.

$\vec{n^0} = \frac{1}{|\vec{n}|}\vec{n}$ | $|\vec{n^0}| = 1$

$\vec{n^0} \circ (\vec{x} - \vec{a}) = 0$ | $d(P, E) = |\vec{n^0} \circ (\vec{p} - \vec{a})|$

$\vec{n}$	Normalenvektor der Ebene
$\vec{n^0}$	Normaleneinheitsvektor
$\vec{x}$	Ortsvektor zum Punkt X auf der Ebene
$\vec{a}$	Ortsvektor zum Punkt A auf der Ebene
$\vec{p}$	Ortsvektor zum Punkt P
d(P, E)	Abstand des Punktes P von der Ebene E

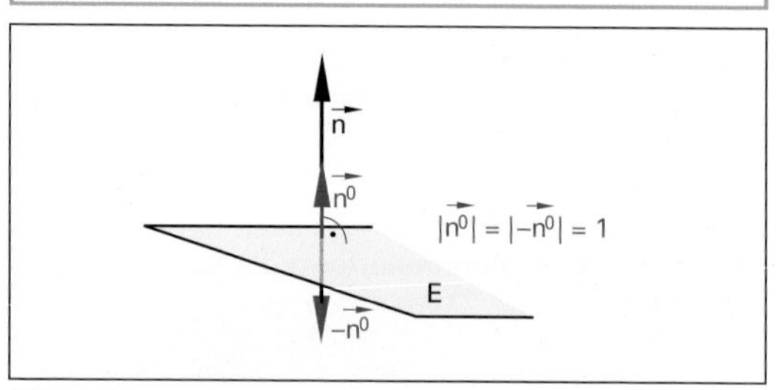

Bild 1: Normalen- und Normaleneinheitsvektor

Beispiel 2: Abstand Punkt–Ebene

Berechnen Sie den Abstand d des Punktes P (1|2|3) von der Ebene E mit $-2x_1 - x_2 + 2x_3 + 4 = 0$

Lösung:

HNF der Ebene: Das konstante Glied muss negativ sein.

$$\Rightarrow -2x_1 - x_2 + 2x_3 + 4 = 0 \mid \cdot (-1)$$
$$\Leftrightarrow 2x_1 + x_2 - 2x_3 - 4 = 0$$
$$\Rightarrow \vec{n} = \begin{pmatrix} 2 \\ 1 \\ -2 \end{pmatrix}; |\vec{n}| = \sqrt{2^2 + 1^2 + (-2)^2} = 3 \Rightarrow \vec{n^0} = \frac{1}{3}\begin{pmatrix} 2 \\ 1 \\ -2 \end{pmatrix}$$

$$\text{HNF: } \frac{2x_1 + x_2 - 2x_3 - 4}{3} = 0$$

$$d(P, E) = \left|\frac{2 \cdot 1 + 1 \cdot 2 - 2 \cdot 3 - 4}{3}\right| = \left|\frac{-6}{3}\right| = |-2| = \mathbf{2\ LE}$$

Aus dem Vorzeichen von d folgt für die Lage des Punktes P:

- $d(P, E) < 0$: Punkt P und Koordinatenursprung 0 liegen auf derselben Seite der Ebene E
- $d(P, E) > 0$: Punkt P und Koordinatenursprung 0 liegen auf verschiedenen Seiten der Ebene E
- $d(P, E) = 0$: Punkt P liegt in der Ebene E.

Aufgabe:

1. Gegeben sind die Ebene E: $2x_1 - x_2 + 3x_3 - 4 = 0$ und die Punkte P (1|2|3) und Q (2|0|0).

a) Erstellen Sie die hessesche Normalenform.

b) Berechnen Sie die Abstände der Punkte P und Q von der Ebene E.

c) Wie weit ist die Ebene E vom Ursprung 0 entfernt?

Lösung:

1. a) HNF: $\frac{2x_1 - x_2 + 3x_3 - 4}{\sqrt{14}} = 0$

b) $d(P, E) = \frac{5}{\sqrt{14}}$; $d(Q, E) = 0$; $Q \in E$

c) $d(0, E) = \left|\frac{-4}{\sqrt{14}}\right| = \frac{4}{\sqrt{14}}$

3.14 Ebene–Gerade

Betrachtet man eine beliebige Ebene eines Parkhauses **(Bild 1)**, so kann bezüglich der Ebene E festgestellt werden, dass z.B.

- der Unterzug (Gerade u) parallel zur Ebene E ist,
- die Wasserablaufrinne (Gerade w) in der Ebene liegt,
- der Stützpfeiler (Gerade n) senkrecht auf der Ebene steht
- eine Strebe (Gerade s) die Ebene unter einem bestimmten Winkel schneidet.

Diese Feststellungen können auch mathematisch nachgewiesen werden.

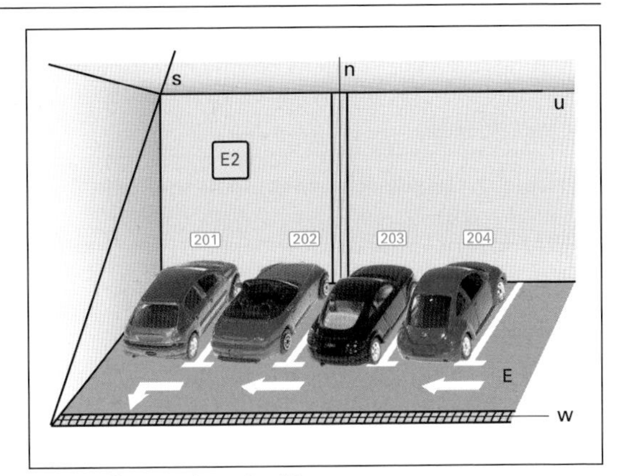

Bild 1: Ebene eines Parkhauses

3.14.1 Gerade parallel zur Ebene

Um nachzuweisen, ob eine Gerade u parallel zu einer Ebene E ist, betrachtet man den Normalenvektor $\vec{n}$ der Ebene E und den Richtungsvektor $\vec{u}$ der Geraden u. Ergibt das Skalarprodukt $\vec{n} \circ \vec{u} = 0$, so liegt die Gerade parallel zur Ebene.

Beispiel 1: Gerade parallel zur Ebene (Bild 2).

Gegeben sind die Ebene E mit

$$E: 3x_1 + 2x_2 + 2x_3 - 12 = 0$$

und die Gerade u mit

$$u: \vec{x} = \begin{pmatrix}1\\1\\1\end{pmatrix} + r\begin{pmatrix}2\\-6\\3\end{pmatrix}; \quad r \in \mathbb{R}$$

Zeigen Sie, dass u || E gilt.

Lösung:

$u \parallel E \Leftrightarrow \vec{u_g} \perp \vec{n} \Rightarrow \vec{u_g} \circ \vec{n} = 0$

$\begin{pmatrix}2\\-6\\3\end{pmatrix} \circ \begin{pmatrix}3\\2\\2\end{pmatrix} = 2 \cdot 3 + (-6) \cdot 2 + 3 \cdot 2 = 6 - 12 + 6 = \mathbf{0}$

$\Rightarrow \vec{u_g} \perp \vec{n} \qquad \Rightarrow \mathbf{u \parallel E}$

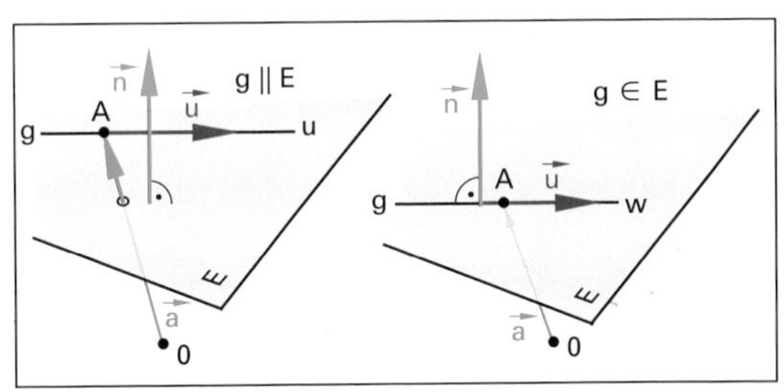

Bild 2: Geraden parallel zur Ebene und in der Ebene

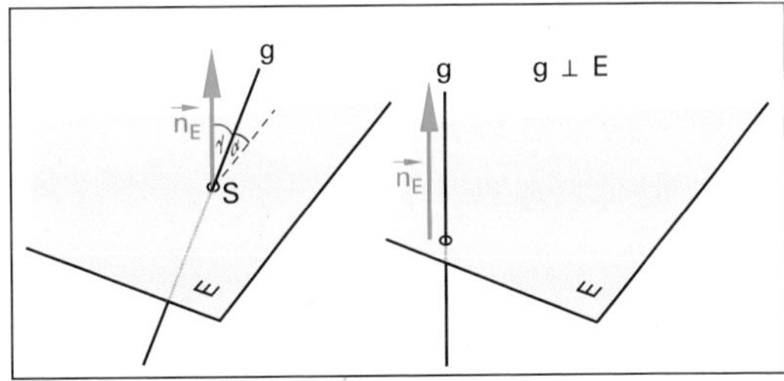

Bild 3: Gerade schneidet Ebene

3.14.2 Gerade liegt in der Ebene

Liegt eine Gerade w in der Ebene E, so müssen Richtungsvektor $\vec{u}$ der Geraden und Normalenvektor $\vec{n}$ der Ebene senkrecht zueinander sein und der Aufpunkt A der Geraden in der Ebene liegen.

Beispiel 2: Gerade liegt in der Ebene (Bild 2).

Zeigen Sie, dass die Gerade w: $\vec{x} = \begin{pmatrix}2\\3\\0\end{pmatrix} + r\begin{pmatrix}2\\-6\\3\end{pmatrix}$

in der Ebene E: $3x_1 + 2x_2 + 2x_3 - 12 = 0$ liegt.

Lösung:

$w \subset E \Leftrightarrow \vec{u_g} \circ \vec{n} = 0 \land A \in E$

$\vec{u_g} \circ \vec{n} = 0; \begin{pmatrix}2\\-6\\3\end{pmatrix} \circ \begin{pmatrix}3\\2\\2\end{pmatrix} = 2 \cdot 3 + (-6) \cdot 2 + 3 \cdot 2$

$= 6 - 12 + 6 = \mathbf{0}$

$A \in E;\ 3 \cdot 2 + 2 \cdot 3 + 2 \cdot 0 - 12 = 0;\ 0 = 0$ (wahr)

$\Rightarrow \mathbf{w \subset E}$

3.14.3 Gerade schneidet Ebene

Liegt eine Gerade nicht parallel zu einer Ebene, so muss die Gerade die Ebene schneiden. Stehen der Richtungsvektor der Geraden und der Normalenvektor der Ebene nicht senkrecht zueinander, so schneidet die Gerade die Ebene unter einem bestimmten Winkel im Schnittpunkt S. Sind Richtungsvektor der Geraden und Normalenvektor der Ebene parallel, so steht die Gerade senkrecht auf der Ebene **(Bild 3)**.

Beispiel 3: Gerade senkrecht auf der Ebene

Gesucht ist eine Gerade g, die den Punkt P (0|1|–2) enthält und senkrecht auf der Ebene E mit E: $-2x_1 + 3x_2 + 1x_3 - 4 = 0$ steht.

Lösung:

Richtungsvektor $\vec{u_g} \parallel \vec{n_E} \land P \in g$

$\mathbf{g:}\ \vec{\mathbf{x}} = \begin{pmatrix}\mathbf{0}\\\mathbf{1}\\\mathbf{-2}\end{pmatrix} + \mathbf{r}\begin{pmatrix}\mathbf{-2}\\\mathbf{3}\\\mathbf{1}\end{pmatrix}; \quad r \in \mathbb{R}$

Die Schnittwinkel zwischen einer Geraden und einer Ebene lassen sich mit dem Normalenvektor $\vec{n}$ der Ebene und dem Richtungsvektor $\vec{u_g}$ der Geraden berechnen **(Bild 1)**.

Beispiel 1: Gerade schneidet Ebene im Punkt S

Die Gerade g mit g: $\vec{x} = \begin{pmatrix} 2 \\ -1 \\ 3 \end{pmatrix} + r\begin{pmatrix} 1 \\ 2 \\ 4 \end{pmatrix}$; $r \in \mathbb{R}$

schneidet die Ebene E $2x_1 + 3x_2 - x_3 - 4 = 0$.

Berechnen Sie

a) den Schnittpunkt S der Geraden g mit der Ebene E und

b) den Winkel α, unter dem die Gerade g die Ebene E schneidet.

Lösung:

a) Koordinaten x_1, x_2 und x_3 der Koordinatengleichung der Geraden in die Ebenengleichung einsetzen.

g in E: $2(2 + r) + 3(-1 + 2r) - (3 + 4r) - 4 = 0$

$4 + 2r - 3 + 6r - 3 - 4r - 4 = 0$

$r = \frac{3}{2}$

r in g: $\vec{x} = \begin{pmatrix} 2 \\ -1 \\ 3 \end{pmatrix} + \frac{3}{2}\begin{pmatrix} 1 \\ 2 \\ 4 \end{pmatrix} = \begin{pmatrix} 3{,}5 \\ 2 \\ 9 \end{pmatrix} \Rightarrow$ **S (3,5|2|9)**

b) Erst wird der Winkel φ zwischen dem Normalenvektor $\vec{n_E}$ der Ebene und dem Richtungsvektor $\vec{u_g}$ der Geraden errechnet. Für den Schnittwinkel α gilt:

$\sin \alpha = \frac{\vec{n_E} \circ \vec{u_g}}{|\vec{n_E}| \cdot |\vec{u_g}|}$ oder

$\alpha = 90° - \varphi$ **(Bild 1)**.

$\cos \varphi = \frac{\vec{n_E} \circ \vec{u_g}}{|\vec{n_E}| \cdot |\vec{u_g}|} = \frac{\begin{pmatrix} 2 \\ 3 \\ -1 \end{pmatrix} \circ \begin{pmatrix} 1 \\ 2 \\ 4 \end{pmatrix}}{\sqrt{2^2 + 3^2 + (-1)^2} \cdot \sqrt{1^2 + 2^2 + 4^2}}$

$= \frac{2 \cdot 1 + 3 \cdot 2 + (-1) \cdot 4}{\sqrt{14} \cdot \sqrt{21}} = \frac{4}{\sqrt{294}} \Rightarrow \varphi = 76{,}5°$

$\alpha = 90° - \varphi = 90° - 76{,}5° = \mathbf{13{,}5°}$

Aufgaben:

1. Überprüfen Sie die Lage der Geraden g und der Ebene E wenn gilt:

   g: $\vec{x} = \begin{pmatrix} 1 \\ 0 \\ 1 \end{pmatrix} + s\begin{pmatrix} 1 \\ 0 \\ 3 \end{pmatrix}$; $s \in \mathbb{R}$ und

   E: $-3x_1 + x_2 + x_3 - 6 = 0$

2. Geben Sie eine Parameterform und eine Normalenform der Ebene E an, die von der Geraden g: $\vec{x} = \begin{pmatrix} 1 \\ 0 \\ 1 \end{pmatrix} + s\begin{pmatrix} 1 \\ 0 \\ 3 \end{pmatrix}$ und dem Punkt P (2|1|0) aufgespannt wird.

3. Die Gerade g: $\vec{x} = \begin{pmatrix} -4 \\ -4 \\ 1 \end{pmatrix} + s\begin{pmatrix} 2 \\ 0 \\ -1 \end{pmatrix}$ $s \in \mathbb{R}$ schneidet die Ebene E: $3x_1 + x_2 - 4x_3 = 0$ **(Bild 1)**.

   a) Geben Sie den Normalenvektor der Ebene E an.

   b) Berechnen Sie den Schnittpunkt S von der Ebene E und der Geraden g.

   c) Berechnen Sie den Schnittwinkel α, unter dem die Gerade g die Ebene E schneidet.

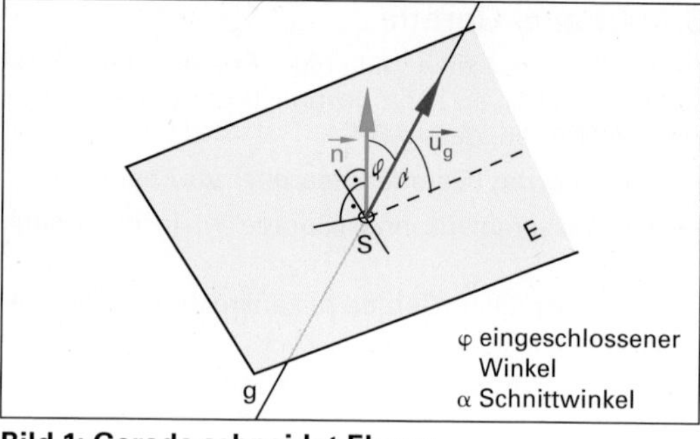

Bild 1: Gerade schneidet Ebene

4. Untersuchen Sie die Lage der Geraden g mit

   g: $\vec{x} = \begin{pmatrix} 6 \\ -3 \\ 1 \end{pmatrix} + s\begin{pmatrix} -2 \\ 3 \\ 1 \end{pmatrix}$ und der Ebene E mit

   E: $3x_1 + 4x_2 - 2x_3 - 4 = 0$

   und geben Sie, falls vorhanden, den Schnittpunkt S und den Schnittwinkel α an.

5. In einem kartesischen Koordinatensystem sind die Ebene E mit E: $2x_1 - 3x_2 - x_3 + 10 = 0$, der Punkt P (−1|0|8) und die Geradenschar g_a mit

   g_a: $\vec{x} = \begin{pmatrix} 2 \\ 0 \\ 2 \end{pmatrix} + s\begin{pmatrix} 2 \\ a \\ 1 \end{pmatrix}$ gegeben.

   a) Zeigen Sie, dass die Ebene E den Punkt P enthält.

   b) Untersuchen Sie, ob es Werte für a gibt, für welche die zugehörige Gerade senkrecht auf der Ebene E steht.

   c) Zeigen Sie, dass für a = 1 die zugehörige Gerade g_1 parallel zur Ebene E verläuft.

   d) Berechnen Sie den Abstand d der Geraden g_1 von E.

   e) Berechnen Sie die Schnittpunkte der Ebene E mit den Koordinatenachsen.

   f) Berechnen Sie für a = 0 den Schnittpunkt S von g_0 und E.

   g) Berechnen Sie den Schnittwinkel zwischen g_0 und E.

Lösungen:

1. g || E; g ∉ E

2. E: $\vec{x} = \begin{pmatrix} 1 \\ 0 \\ 1 \end{pmatrix} + s \cdot \begin{pmatrix} 1 \\ 0 \\ 3 \end{pmatrix} + t \cdot \begin{pmatrix} 1 \\ 1 \\ -1 \end{pmatrix}$; $s, t \in \mathbb{R}$

   E: $-3x_1 + 4x_2 + x_3 + 2 = 0$

3. **a)** $\vec{n} = \begin{pmatrix} 3 \\ 1 \\ -4 \end{pmatrix}$ **b)** S (0|−4|−1); $\alpha = 61°$

4. S (6|−3|1); $\alpha = 11{,}45°$

5. **a)** P ∈ E **b)** $\vec{n_E} \neq s \cdot \vec{u_g}$ **c)** $\vec{n_E} \circ \vec{u_g} = 0$

   d) $d = \frac{12}{\sqrt{14}}$

   e) S_1 (−5|0|0); S_2 (0|$\frac{10}{3}$|0); S_3 (0|0|10)

   f) S (−6|0|−2)

   g) $\alpha = 21°$

3.15 Lagebezeichnung von Ebenen

Betrachtet man die verschiedenen Ebenen eines Parkhauses, so kann festgestellt werden, dass Ebenen parallel zueinander sind oder sich schneiden **(Bild 1)**.

3.15.1 Parallele Ebenen

Zwei Ebenen E und F sind parallel, wenn ihre Normalenvektoren $\vec{n}_E$ und $\vec{n}_F$ linear abhängig (parallel) sind und ein beliebiger Punkt der Ebene E nicht in der Ebene F liegt **(Bild 2)**.

Beispiel 1: Parallele Ebenen

Zeigen Sie, dass die Ebene

$$E\colon\ \vec{x} = \begin{pmatrix}2\\0\\-1\end{pmatrix} + r\cdot\begin{pmatrix}0\\1\\1\end{pmatrix} + s\cdot\begin{pmatrix}1\\-2\\-4\end{pmatrix};\quad r, s \in \mathbb{R}$$

zur Ebene F: $2x_1 - x_2 + x_3 - 5 = 0$ parallel ist.

Lösung:

$E \parallel F \Leftrightarrow \vec{n}_E = s\cdot\vec{n}_F;\ s \in \mathbb{R}$

$$\vec{n}_E = \begin{pmatrix}0\\1\\1\end{pmatrix}\times\begin{pmatrix}1\\-2\\-4\end{pmatrix} = \begin{pmatrix}-2\\1\\-1\end{pmatrix};\quad \vec{n}_F = \begin{pmatrix}2\\-1\\1\end{pmatrix}$$

$\vec{n}_E = -\vec{n}_F \Rightarrow \vec{n}_E \parallel \vec{n}_F$

Punkt A (2|0|–1) in F einsetzen:

$2(2) - 0 + (-1) - 5 = 0$

$-2 = 0$ falsch

$\Rightarrow$ **Ebene E ist parallel zur Ebene F**

Identische Ebenen liegen vor, wenn gilt:

$\vec{n}_E = s\cdot\vec{n}_F;\quad s \in \mathbb{R} \wedge (A_F \in E \vee A_E \in F)$

Beispiel 2: Identische Ebenen

Zeigen Sie, dass die Ebene E aus Beispiel 1 und die Ebene F: $2x_1 - x_2 + x_3 - 3 = 0$ identische Ebenen sind.

Lösung:

Aus Beispiel 1: $\vec{n}_E = \begin{pmatrix}-2\\1\\-1\end{pmatrix};\quad \vec{n}_F = \begin{pmatrix}2\\-1\\1\end{pmatrix}$

$\vec{n}_E = -\vec{n}_F \Rightarrow \vec{n}_E \parallel \vec{n}_F$

Punkt A (2|0|–1) in F:

$2(2) - 0 + (-1) - 3 = 0$

$0 = 0$ wahr

$\Rightarrow$ **Die Ebene E ist identisch mit der Ebene F**

3.15.2 Sich schneidende Ebenen

Sind zwei Ebenen nicht parallel, so schneiden sie einander in einer Geraden g **(Bild 2)**. Dies ist genau dann der Fall, wenn ihre Normalenvektoren linear unabhängig sind. Also $\vec{n}_E \neq r\cdot\vec{n}_F;\ r \in \mathbb{R}$. Um die Schnittgerade der Ebenen zu berechnen, kommt es darauf an, in welcher Form die Ebenengleichungen vorliegen **(Tabelle 1)**.

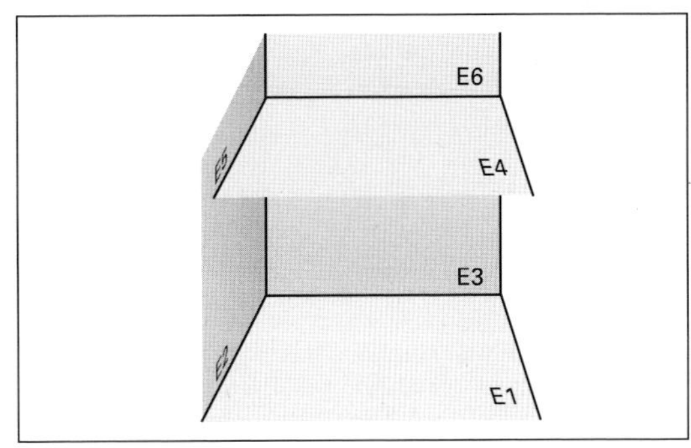

Bild 1: Parkhaus

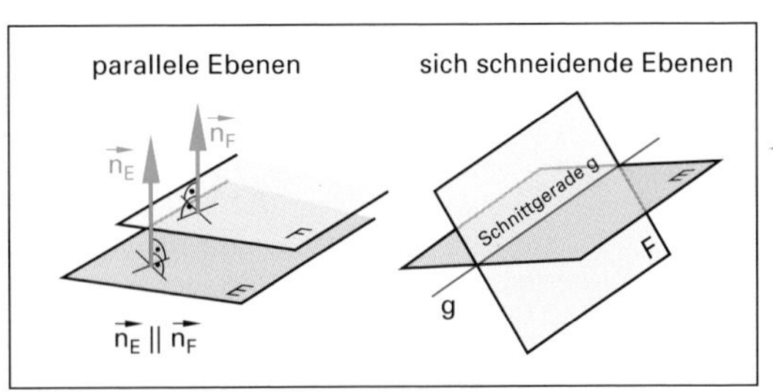

Bild 2: Parallele Ebenen und sich schneidende Ebenen

Tabelle 1: Berechnung der Schnittgeraden g: $\vec{x} = \vec{p} + t\cdot\vec{u}_g$

Gleichungsform der Ebenen	Bestimmung der Schnittgeraden
Beide Ebenen in Parameterform. E: $\vec{x} = \vec{a} + r_1\vec{u}_1 + s_1\vec{v}_1$ F: $\vec{x} = \vec{b} + r_2\vec{u}_2 + s_2\vec{v}_2$	$E \cap F$: $\vec{x}_E = \vec{x}_F$ $\vec{a} + r_1\vec{u}_1 + s_1\vec{v}_1$ $= \vec{b} + r_2\vec{u}_2 + s_2\vec{v}_2$ r_1 und s_1 werden durch r_2 dargestellt. Einsetzen von r_1 und s_1 in E liefert die Gleichung von g mit dem Parameter t.
Eine Ebene in Parameterform, die andere in Normalenform E: $\vec{x} = \vec{a} + r\vec{u} + s\vec{v}$ F: $\vec{n}\circ(\vec{x} - \vec{b}) = 0$	$E \cap F$: $\vec{x}_E$ in F einsetzen $\vec{n}\circ(\vec{a} + r\vec{u} + s\vec{v}) - \vec{n}\circ\vec{b} = 0$ r wird durch s ausgedrückt und in E eingesetzt. Dies ergibt die Schnittgerade g.
Beide Ebenen in Normalenform. E: $n_1x_1 + n_2x_2 + n_3x_3 - n_0 = 0$ F: $n_1x_1 + n_2x_2 + n_3x_3 - n_0 = 0$	$E \cap F$: Es werden zwei Punkte P und Q der Schnittgeraden bestimmt. Setzt man in beide Gleichungen $x_1 = 0$, erhält man P $(0\|p_2\|p_3)$. Setzt man in beide Gleichungen $x_2 = 0$, erhält man Q $(q_1\|0\|q_3)$. g: $\vec{x} = \vec{p} + t\overrightarrow{PQ};\quad t \in \mathbb{R}$

Beispiel 1: Schnittgerade

Ermitteln Sie eine Gleichung der Schnittgeraden g der Ebenen E und F für:

E: $\vec{x} = \begin{pmatrix}1\\2\\-2\end{pmatrix} + r \cdot \begin{pmatrix}1\\1\\2\end{pmatrix} + s \cdot \begin{pmatrix}2\\-1\\1\end{pmatrix}$; r, s ∈ ℝ und

F: $x_1 + 2x_2 - 2x_3 + 3 = 0$

Lösung:

Es bietet sich hier das Einsetzverfahren an, denn die Koordinatengleichung der Parameterform kann einfach in die Normalengleichung eingesetzt werden.

E in F:

$(1 + r + 2 \cdot s) + 2 \cdot (2 + r - s) - 2 \cdot (-2 + 2 \cdot r + s) + 3 = 0$

$12 - r - 2 \cdot s = 0;\ r = 12 - 2 \cdot s$

r in E: $\vec{x} = \begin{pmatrix}1\\2\\-2\end{pmatrix} + (12 - 2 \cdot s)\begin{pmatrix}1\\1\\2\end{pmatrix} + s \cdot \begin{pmatrix}2\\-1\\1\end{pmatrix}$

Die Berechnung und Ordnung der Terme ergibt die Gleichung der Schnittgeraden g.

g: $\vec{x} = \begin{pmatrix}13\\14\\22\end{pmatrix} + s \cdot \begin{pmatrix}0\\-3\\-3\end{pmatrix}$; s ∈ ℝ

Beispiel 2: Lagebeziehungen

Untersuchen Sie, welche Lage
a) die Ebene E relativ zur Ebene F hat,
b) die Ebene F relativ zur Ebene G einnimmt.

E: $\vec{x} = \begin{pmatrix}1\\2\\-2\end{pmatrix} + r \cdot \begin{pmatrix}1\\1\\2\end{pmatrix} + s \cdot \begin{pmatrix}2\\-1\\1\end{pmatrix}$; r, s ∈ ℝ

F: $x_1 + x_2 - x_3 - 6 = 0$

G: $x_1 + 2x_2 - 4 = 0$

Lösung:

a) $E \cap F \Rightarrow$ E in F

$(1 + r + 2 \cdot s) + (2 + r - s) - (-2 + 2 \cdot r + s) - 6 = 0$

$-1 = 0$ (falsch)

⇒ **E und F liegen parallel zueinander**

b) $F \cap G;\ \vec{n}_F \neq s \cdot \vec{n}_G$

⇒ **es existiert eine Schnittgerade.**

Es werden zwei Punkte P und Q der Geraden berechnet.

P: Setze in F und G $x_1 = 0$ ein

1) $x_2 - x_3 - 6 = 0$

2) $2x_2 - 4 = 0 \Rightarrow x_2 = 2 \Rightarrow x_3 = -4$; P (0|2|–4)

Q: Setze in F und G $x_2 = 0$ ein

1) $x_1 - x_3 - 6 = 0$

2) $x_1 - 4 = 0 \Rightarrow x_1 = 4 \Rightarrow x_3 = 2$; Q (4|0|2)

g: $\vec{x} = \vec{p} + r \cdot \overrightarrow{PQ} = \begin{pmatrix}0\\2\\-4\end{pmatrix} + r \cdot \begin{pmatrix}4\\-2\\6\end{pmatrix}$; r ∈ ℝ

$$\cos \varphi = \frac{\vec{n}_E \circ \vec{n}_F}{|\vec{n}_E| \cdot |\vec{n}_F|}$$

$\vec{n}_E, \vec{n}_F$ Normalenvektoren φ Schnittwinkel

$|\vec{n}_E|, |\vec{n}_F|$ Beträge (Längen) der Normalenvektoren

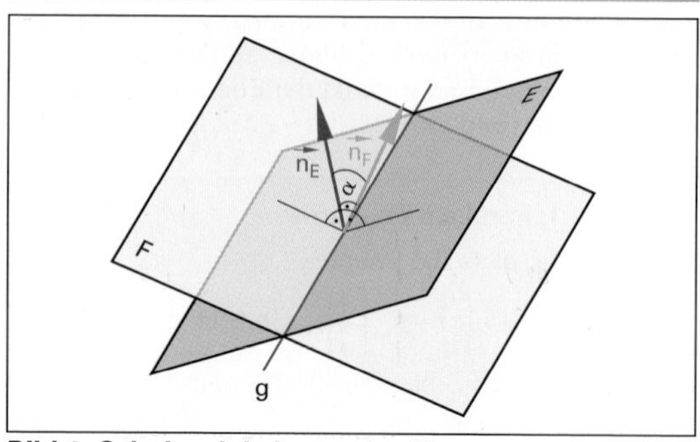

Bild 1: Schnittwinkel α zweier Ebenen

3.15.3 Schnittwinkel zwischen zwei Ebenen

Unter dem Schnittwinkel zweier Ebenen E und F versteht man den Schnittwinkel zweier Lote dieser Ebenen **(Bild 1)**.

Beispiel 3: Schnittwinkel

Berechnen Sie den Schnittwinkel zwischen den Ebenen

E: $-2x_1 + x_2 + 2x_3 - 2 = 0$ und F: $x_2 + x_3 - 6 = 0$

Lösung:

$$\cos \varphi = \frac{\begin{pmatrix}-2\\1\\2\end{pmatrix} \circ \begin{pmatrix}0\\1\\1\end{pmatrix}}{\sqrt{4+1+4} \cdot \sqrt{1+1}} = \frac{3}{3 \cdot \sqrt{2}} = \frac{\sqrt{2}}{2} \Rightarrow \varphi = \mathbf{45°}$$

Aufgaben:

1. Gegeben ist die Ebene

E: $\vec{x} = \begin{pmatrix}1\\2\\-2\end{pmatrix} + r \cdot \begin{pmatrix}1\\1\\2\end{pmatrix} + s \cdot \begin{pmatrix}0\\-2\\3\end{pmatrix}$

a) Geben Sie die Normalenform der Ebene E an.

b) Geben Sie die Gleichung einer Ebene F an, die parallel zur Ebene E ist und durch den Ursprung geht.

c) Unter welchem Winkel schneiden sich die Ebene E und die Ebene G: $-2x_1 + 2x_2 - x_3 - 5 = 0$?

2. Untersuchen Sie, welche Lage die Ebene E relativ zur Ebene F einnimmt. Es gilt:

E: $3x_1 + 3x_2 - 3x_3 - 15 = 0$

F: $\vec{x} = \begin{pmatrix}1\\2\\-2\end{pmatrix} + r \cdot \begin{pmatrix}1\\1\\2\end{pmatrix} + s \cdot \begin{pmatrix}2\\-1\\1\end{pmatrix}$; r, s, ∈ ℝ

Lösungen:

1. a) E: $-7x_1 + 3x_2 + 2x_3 + 5 = 0$

b) F: $-7x_1 + 3x_2 + 2x_3 = 0$ **c)** $\varphi = 40{,}36°$

2. Die Ebenen sind identisch

Überprüfen Sie Ihr Wissen!

1. Ein Saal **(Bild 1)** hat die Maße $l = 16$ m; $b = 8$ m und $h = 4$ m. Erstellen Sie für diesen Saal

a) die Ebenengleichung E_1 für den Fußboden, die Ebenengleichungen E_2 und E_4 für die Seitenwände, die Ebenengleichung E_3 für die Rückwand und die Ebenengleichung E_5 für die Decke jeweils in Normalenform.

b) Geben Sie die Schnittgeraden g der Ebenen E_1 und E_2, der Ebenen E_2 und E_3 und der Ebenen E_4 und E_5 an.

2. Eine Garage mit Pultdach ist festgelegt durch die Eckpunkte A, B, C, D, E, F, G und H **(Bild 2)**. Die Garage ist vorne 4 m und hinten 3 m hoch.

a) Geben Sie eine Gleichung der „Torebene" E_T durch A, B und E in Parameterform und Normalenform an.

b) Bestimmen Sie die Gleichung der „Dachebene" E_D durch F, G und H.

c) Welchen Neigungswinkel hat E_D gegen die x_1x_2-Ebene?

3. Die Punkte O (0|0|0), A (6|0|0), B (0|6|0), C (0|0|6) und F (6|6|6) sind Eckpunkte eines Würfels **(Bild 2)**. Für eine Ebenenschar gilt die Gleichung E_r: $x_1 + x_2 + x_3 - 3(r + 1) = 0$.

a) Die Ebene E_2 schneidet die Koordinatenachsen in den Punkten S_1, S_2 und S_3. Berechnen Sie diese Koordinaten.

b) Durch die Ebene E_2 wird der Würfel in einem regelmäßigen Sechseck geschnitten. Die Eckpunkte des Sechsecks liegen auf den Seiten des Dreiecks $S_1S_2S_3$. Geben Sie die Koordinaten der in der x_2x_3-Ebene liegenden Eckpunkte des Sechsecks an.

c) Die Ebenen E_r sind zueinander parallel. In welcher dieser Ebenen liegt der Ursprung O?

d) Für welche Werte von r schneidet E_r den Würfel in ein Dreieck?

4. In einem kartesischen Koordinatensystem sind der Punkt P (−1|0|8), die Gerade g_a: $\vec{x} = \begin{pmatrix} 2 \\ 0 \\ 2 \end{pmatrix} + r \cdot \begin{pmatrix} 2 \\ a \\ 1 \end{pmatrix}$; $r, a \in \mathbb{R}$ und die Ebene E: $2x_1 - 3x_2 - x_3 + 10 = 0$ gegeben.

a) Zeigen Sie, dass die Ebene E den Punkt P enthält.

b) Für welche Werte von a steht g_a senkrecht auf E?

c) Für welche Werte von a verläuft die Gerade g_a parallel zu E?

5. Gegeben sind die Ebenen E: $3x_1 - 5x_2 + 2x_3 - 8 = 0$ und F: $\begin{pmatrix} 4 \\ 6 \\ 9 \end{pmatrix} \circ \left(\vec{x} - \begin{pmatrix} -4 \\ 0 \\ -9 \end{pmatrix}\right) = 0$

a) Wie verhält sich g: $\vec{x} = \begin{pmatrix} 1 \\ 2 \\ -2 \end{pmatrix} + s \cdot \begin{pmatrix} 8 \\ 2 \\ -7 \end{pmatrix}$; $s \in \mathbb{R}$ bezüglich der Ebene E?

b) Berechnen Sie den Schnittwinkel φ zwischen g und der Ebene F.

c) Stellen Sie die Gleichung der Schnittgeraden zwischen den Ebenen E und F auf.

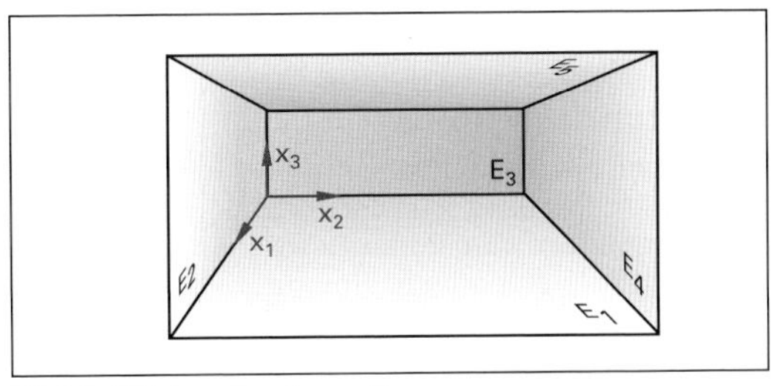

Bild 1: Flächen in einem Raum

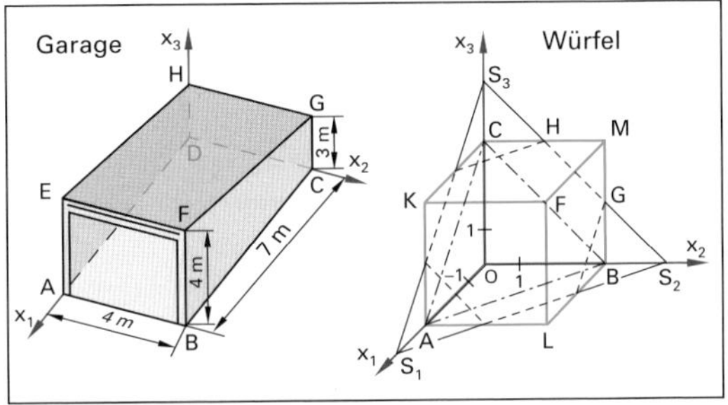

Bild 2: Garage und Würfel

d) Berechnen Sie den Schnittwinkel α unter dem sich die Ebenen E und F schneiden.

6. Die Punkte A (4|1|−1), B (6|3|0) und C_k (0|k|2) sowie die Gerade

g: $\vec{x} = \begin{pmatrix} 6 \\ 3 \\ 0 \end{pmatrix} + r \cdot \begin{pmatrix} -2 \\ 1 \\ 2 \end{pmatrix}$; $r \in \mathbb{R}$ sind gegeben.

a) Geben Sie die Gleichung der Mengen E_k in Parameter- und Normalenform an, die durch die Punkte A, B, C_k festgelegt sind.

b) Bestimmen Sie k jeweils so, dass die entsprechende Ebene aus der Menge E_k parallel zur Geraden g verläuft, zur Geraden g senkrecht steht.

Lösungen:

1. a) E_1: $x_3 = 0$; E_2: $x_2 = 0$; E_4: $x_2 - 8 = 0$;
E_3: $x_1 = 0$; E_5: $x_3 - 4 = 0$

b) $E_1 \cap E_2$: g_{12}: $\vec{x} = r \cdot \begin{pmatrix} 1 \\ 0 \\ 0 \end{pmatrix}$, $E_2 \cap E_3$: g_{23}: $\vec{x} = r \cdot \begin{pmatrix} 0 \\ 0 \\ 1 \end{pmatrix}$;
$E_4 \cap E_5$: g_{45}: $\vec{x} = \begin{pmatrix} 0 \\ 8 \\ 4 \end{pmatrix} + r \cdot \begin{pmatrix} 1 \\ 0 \\ 0 \end{pmatrix}$; $r \in \mathbb{R}$

2. a) E_T: $x_1 - 7 = 0$; E_T: $\vec{x} = \begin{pmatrix} 7 \\ 0 \\ 0 \end{pmatrix} + r \cdot \begin{pmatrix} 0 \\ 1 \\ 0 \end{pmatrix} + s \cdot \begin{pmatrix} 0 \\ 0 \\ 1 \end{pmatrix}$; $r, s \in \mathbb{R}$

b) E_D: $x_1 - 7x_3 + 21 = 0$ **c)** $\alpha = 8{,}13°$

3. a) S_1 (9|0|0); S_2 (0|9|0); S_3 (0|0|9)

b) G (0|6|3); H (0|3|6) **c)** r = −1 **d)** r = 1

4. a) P ∈ E **b)** g_a nicht ⊥ E

c) a = 1

5. a) g parallel E

b) $\varphi = 8{,}8°$ **c)** $\vec{x} = \begin{pmatrix} 2 \\ -4 \\ -9 \end{pmatrix} + s \cdot \begin{pmatrix} 3 \\ 1 \\ -2 \end{pmatrix}$ **d)** $\alpha = 90°$

6. a) E_k: $(7 - k)x_1 - 10x_2 + (6 - 2k)x_3 + 6k - 5 = 0$

b) $g \| E_k$: k = −8; $g \perp E_k$: k = −13

⇒ [Weitere Aufgaben im Kapitel 12]

4 Analysis

4.1 Potenzfunktionen

Funktionen mit dem Funktionsterm x^n heißen Potenzfunktionen. Die Basis x ist die unabhängige Variable. Die Schaubilder von Potenzfunktionen nennt man Parabeln oder Hyperbeln. Potenzfunktionen haben einen ganzzahligen Exponenten.

Ist der Exponent ungerade, so ergeben sich Schaubilder mit einer Punktsymmetrie zum Ursprung **(Tabelle 1)**.

Beispiel 1: Ungerade Potenzfunktion mit positivem Exponenten

Stellen Sie die Potenzfunktionen $f(x) = x^1$, $g(x) = x^3$ und $h(x) = x^5$ als Schaubild dar.

Lösung: **Bild 1, linke Hälfte**

Für $f(x) = x^1$ ist die Potenzfunktion eine Gerade.

Beispiel 2: Ungerade Potenzfunktion mit negativem Exponenten

Stellen Sie die Potenzfunktionen $f(x) = x^{-1}$, $g(x) = x^{-3}$, $h(x) = x^{-5}$ in einem Schaubild dar.

Lösung: **Bild 1, rechte Hälfte**

Ist der Exponent bei Potenzfunktionen ungerade und negativ, z. B. bei $f(x) = x^{-1}$, ergeben sich Schaubilder mit einer Punktsymmetrie zum Ursprung **(Bild 1, rechte Hälfte)**. Das Schaubild einer solchen Funktion besteht allerdings aus zwei Ästen, die keine zusammenhängende Kurve ergeben (gebrochenrationale Funktion).

Schaubilder von Potenzfunktionen mit ungeradem, negativen Exponenten nennt man Hyperbeln.

Bei ungeraden Potenzfunktionen liegen die Schaubilder im 1. Quadranten und im 3. Quadranten. Für negatives Vorzeichen liegen die Schaubilder im 2. Quadranten und im 4. Quadranten.

Ist der Exponent gerade und hat ein positives Vorzeichen, z. B. $f(x) = x^2$, ergeben sich Schaubilder mit einer Achsensymmetrie zur y-Achse **(Bild 2, linke Hälfte)**. Dies sind die bereits bekannten Parabeln der quadratischen Funktionen.

Beispiel 3: Gerade Potenzfunktion mit negativem Exponenten

Stellen Sie die Potenzfunktionen $f(x) = x^{-2}$ und $g(x) = x^{-4}$ als Schaubild dar.

Lösung: **Bild 2, rechte Hälfte**

Die Funktionen sind achsensymmetrisch zur y-Achse **(Bild 2, rechte Hälfte)**. Bei geraden Potenzfunktionen mit $a > 0$ liegen die Schaubilder im 1. Quadranten und im 2. Quadranten. Für $a < 0$ erhält man die Schaubilder durch Spiegelung an der x-Achse im 2. Quadranten und im 4. Quadranten.

$$f(x) = a \cdot x^n \qquad n \in \mathbb{Z}^*$$

x unabhängige Variable (Basis) n Exponent
f(x) Funktionswert an der Stelle x a Koeffizient

Tabelle 1: Potenzfunktionen mit a = 1

Exponent n	Funktionsterm	Symmetrien, Eigenschaften
positiv und ungerade	$x^1; x^3; x^5$ ...	Zum Ursprung symmetrische Gerade und Parabeln.
positiv und gerade	$x^2; x^4; x^6$ ...	Zur y-Achse symmetrische Parabeln.
negativ und ungerade	$x^{-1}; x^{-3}; x^{-5}$ ...	Zum Ursprung symmetrische Hyperbeln.
negativ und gerade	$x^{-2}; x^{-4}; x^{-6}$ ...	Zur y-Achse symmetrische Hyperbeln.

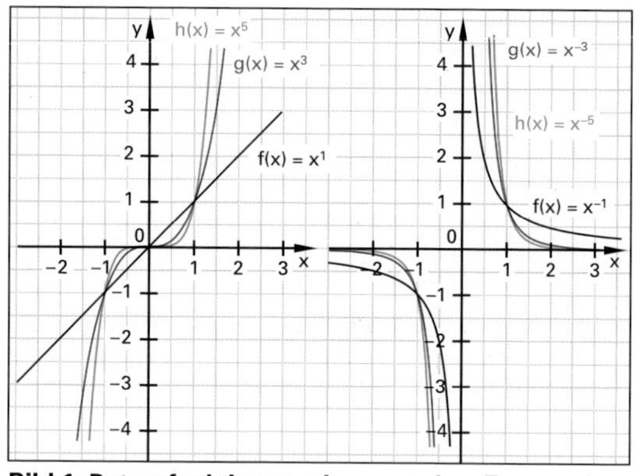

Bild 1: Potenzfunktionen mit ungeradem Exponenten

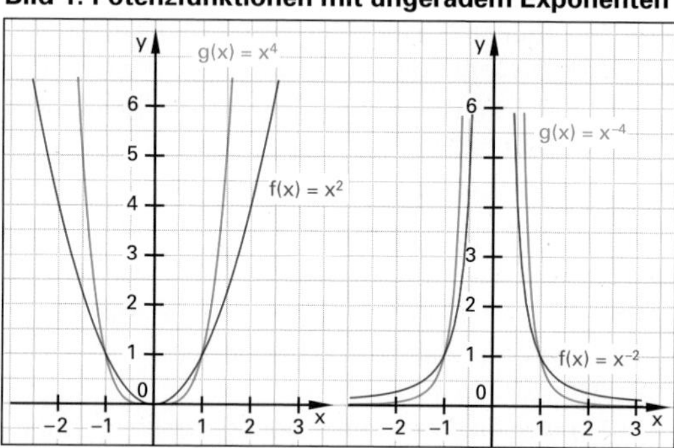

Bild 2: Potenzfunktionen mit geradem Exponenten

Aufgaben:

Bestimmen Sie die gemeinsamen Schnittpunkte der Schaubilder

1. a) $f(x) = x^1$; $g(x) = x^3$; $h(x) = x^5$;
b) $f(x) = x^{-1}$; $g(x) = x^{-3}$

2. $f(x) = x^2$; $g(x) = x^4$

Lösungen: **1. a)** $S_1\,(-1|-1)$, $S_2\,(0|0)$ und $S_3\,(1|1)$
b) $S_1\,(-1|-1)$, $S_2\,(1|1)$
2. $S_1\,(1|1)$, $S_2\,(-1|1)$ und $S_3\,(0|0)$

4.2 Wurzelfunktionen

Wurzelfunktionen sind Potenzfunktionen mit gebrochenem Exponenten $f(x) = a \cdot x^{\frac{1}{n}}$. Bei geraden Wurzelfunktionen ist der Definitionsbereich $D = \mathbb{R}_+$.

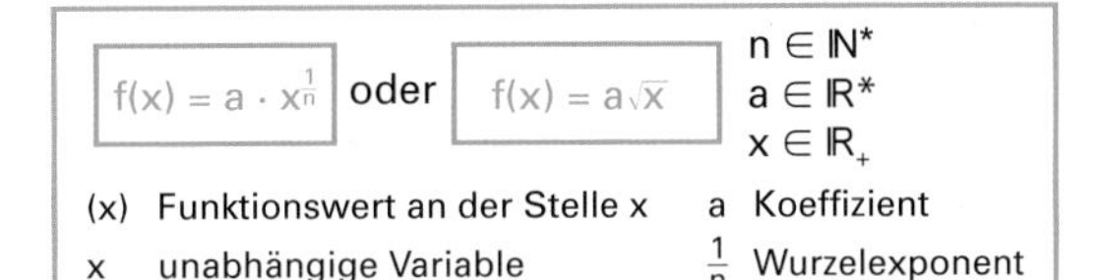

Beispiel 1: Gerade Wurzelfunktion mit a = 1

a) Stellen Sie die Wurzelfunktionen $f(x) = \sqrt{x}$ und $f(x) = \sqrt[4]{x}$ in einem Schaubild dar.

b) Geben Sie die Funktion in der Potenzschreibweise an.

Lösung:

a) **Bild 1** b) $\sqrt{x} = \mathbf{x^{\frac{1}{2}}}$ und $\sqrt[4]{x} = \mathbf{x^{\frac{1}{4}}}$

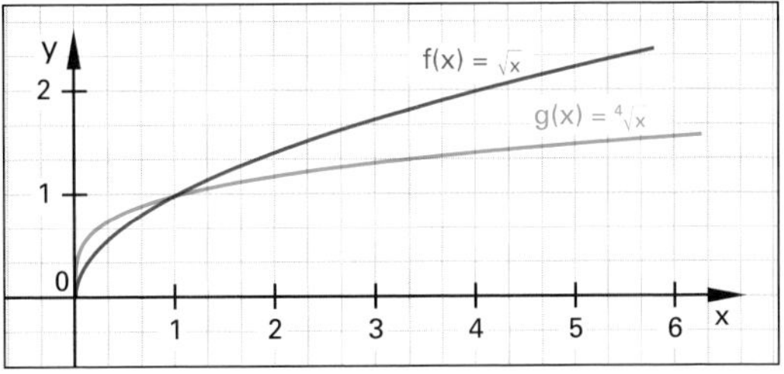

Bild 1: Wurzelfunktionen mit geradem n und a = 1

Schaubilder von Wurzelfunktionen mit geradem n verlaufen nur im 1. Quadranten.

Das Ergebnis einer geraden Wurzel ist stets positiv.

Beispiel 2: n ungerade mit a = 1

a) Stellen Sie die Wurzelfunktionen $f(x) = \sqrt[3]{x}$ und $f(x) = \sqrt[5]{x}$ in einem Schaubild dar.

b) Geben Sie die Funktion in der Potenzschreibweise an.

Lösung:

a) **Bild 2** b) $\sqrt[3]{x} = \mathbf{x^{\frac{1}{3}}}$ und $\sqrt[5]{x} = \mathbf{x^{\frac{1}{5}}}$

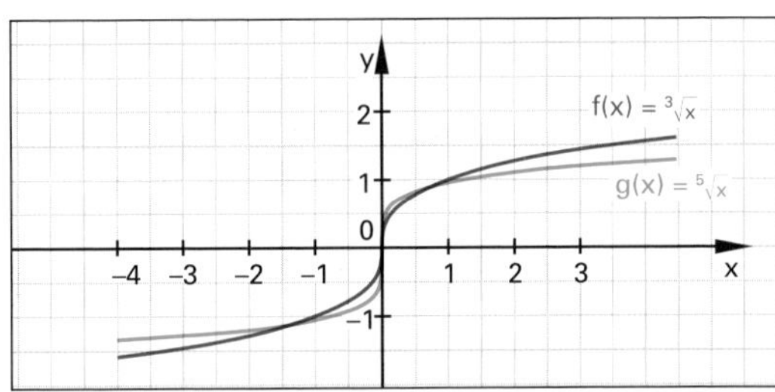

Bild 2: Wurzelfunktionen mit ungeradem n und a = 1

Schaubilder von Wurzelfunktionen mit ungeradem n haben nur Werte im 1. Quadranten und im 3. Quadranten. Der Definitionsbereich ist $D = \mathbb{R}$.

Aufgaben:

1. Für den elektrischen Leiter wird der Leiterquerschnitt als Kreisfläche $A = \pi \cdot \frac{d^2}{4}$ angegeben.
   a) Lösen Sie die Gleichung nach d auf.
   b) Zeichnen Sie in ein Schaubild die Funktion d(A) für A = 1 mm bis A = 16 mm.

2. Das Kugelvolumen ist $V = \frac{4}{3} \cdot \pi \cdot r^3$.
   a) Lösen Sie die Gleichung nach r auf.
   b) Für welche Werte r ist $V(r) \geq 0$?
   c) Erstellen Sie eine Wertetabelle.
   d) Zeichnen Sie das Schaubild der Funktion r = f(V).

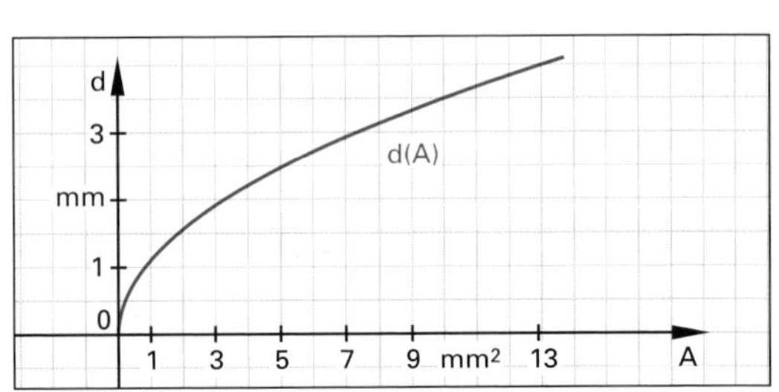

Bild 3: Durchmesser d als Funktion der Fläche A

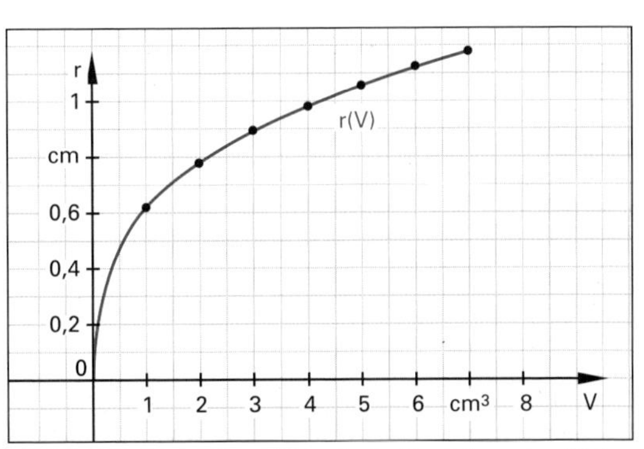

Bild 4: Radius r einer Kugel als Funktion des Volumens V

Lösungen:

1. a) $A = \pi \cdot \frac{d^2}{4} \Rightarrow d = 2\sqrt{\frac{A}{\pi}}$ **b) Bild 3.**

2. a) $V = 4 \cdot \frac{\pi}{3} \cdot r^3 \Rightarrow r = \sqrt[3]{\frac{3}{4} \cdot \frac{V}{\pi}}$ **b)** Für $r \geq 0$.

c)

V	0	1	2	3	4	5	6	7
r	0	0,62	0,78	0,89	0,98	1,06	1,12	1,18

d) Bild 4.

4.3 Ganzrationale Funktionen höheren Grades

4.3.1 Funktion dritten Grades

Ein Möbelhaus verkauft Aufbewahrungsschachteln. Ein Set besteht aus fünf verschieden großen Schachteln, die ineinander untergebracht sind **(Bild 1)**. Die Breite der Schachteln ist immer um 3 cm kürzer als die Länge x und die Höhe ist immer halb so groß wie die Länge.

Beispiel 1: Volumenfunktion

Stellen Sie die Funktionsgleichung für das Schachtelvolumen in Abhängigkeit von x auf.

Lösung:

$f(x) = x \cdot (x - 3) \cdot 0{,}5x$

$\quad = \mathbf{0{,}5 \cdot x^3 - 1{,}5 \cdot x^2}$

Das Schachtelvolumen hängt somit nur von der Länge x ab. Die Summanden der Funktionsgleichung stellen für sich Potenzfunktionen dar.

Addiert man verschiedene Potenzfunktionen, deren Exponenten natürliche Zahlen sind, erhält man ganzrationale Funktionen.

Der Wert des größten Exponenten bestimmt den Grad der Funktion, d. h. die Funktion für das Schachtelvolumen ist dritten Grades.

Beispiel 2: Schaubild der Volumenfunktion

Zeichnen Sie das Schaubild für die Funktion des Schachtelvolumens im Intervall [–1; 3,5].

Lösung: **Bild 2**

Man erkennt, dass die Funktion für das Volumen nur für Werte $x > 3$ sinnvoll ist, da sich sonst negative Volumenwerte ergeben würden. **Bild 1** zeigt, dass die Schachteln für x = 3 die Breite null besitzen. Es gilt:

$f(x) = 0{,}5 \cdot x^3 - 1{,}5 \cdot x^2 \text{ mit } x > 3$

Beispiel 3: Wertetabelle

Stellen Sie eine Wertetabelle für das Schachtelvolumen in Abhängigkeit der Schachtellängen aus **Bild 1** auf. Eine Längeneinheit beträgt 1 cm.

Lösung: **Tabelle 1**

Aufgabe:

1. Eine Serie von Dosen ist ab einer Höhe h von 10 cm zu erhalten. Der Durchmesser d ist immer um 5 cm kleiner als die Höhe. Geben Sie für das Volumen V die Funktionsgleichung mit Definitionsbereich
   - **a)** in Abhängigkeit von d,
   - **b)** in Abhängigkeit von h an.
   - **c)** Berechnen Sie mit beiden Funktionsgleichungen das Volumen für die Höhen 10 cm und 20 cm.

Ganzrationale Funktion n-ten Grades

$$f(x) = a_n \cdot x^n + a_{n-1} \cdot x^{n-1} + \ldots + a_1 \cdot x^1 + a_0$$

3. Grades: $f(x) = a_3 \cdot x^3 + a_2 \cdot x^2 + a_1 \cdot x + a_0$

oder $f(x) = ax^3 + bx^2 + cx + d$

x Variable; $x \in \mathbb{R}$

n Exponent; $n \in \mathbb{N}$

a_i Koeffizienten; $a_i \in \mathbb{R}$, $0 \leq i \leq n$

f(x) Funktionswerte der Stellen x

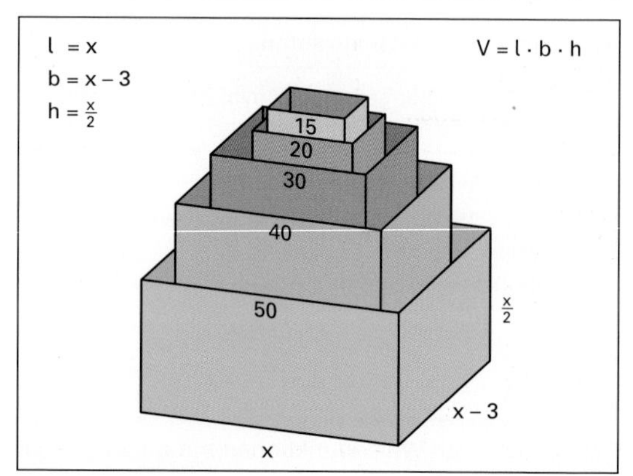

Bild 1: Schachteln

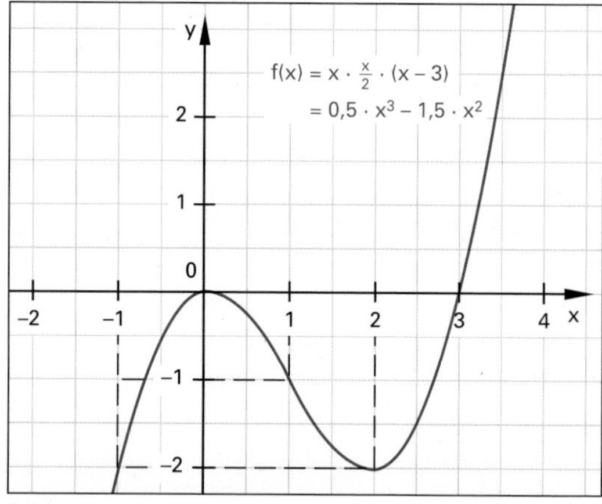

Bild 2: Schaubild für das Schachtelvolumen

Tabelle 1: Schachtelvolumen

Länge x in cm	15	20	30	40	50
Volumen V in ℓ	1,35	3,4	12,15	29,6	58,75

Lösung:

1. **a)** $V(d) = \frac{\pi}{4} \cdot d^3 + 5 \cdot \frac{\pi}{4} \cdot d^2 \text{ mit } d \geq 5$

   b) $V(h) = \frac{\pi}{4} \cdot h^3 - 10 \cdot \frac{\pi}{4} \cdot h^2 + 25 \cdot \frac{\pi}{4} \cdot h \text{ mit } h \geq 10$

   c) $62{,}5 \cdot \pi \text{ cm}^3$; $1\,125 \cdot \pi \text{ cm}^3$

4.3.2 Funktion vierten Grades

In der Gebirgsschlucht **Bild 1** führt eine doppelbögige Brücke über den Bach. Der untere Rand der Brückenbögen entspricht der Kurve der Funktion

$$f(x) = -\frac{x^4}{360} + \frac{x^2}{8} + 8{,}1 \text{ mit } x \in \mathbb{R}$$

und 1 LE = 1 m. Die Wasseroberfläche hat die Höhe null ($y = f(x) = 0$).

Beispiel 1: Gebirgsbrücke

Berechnen Sie die Brückenhöhe an den Stellen 0, 2, 4, 6 und 8.

Lösung: **Tabelle 1**

4.3.3 Nullstellenberechnung

4.3.3.1 Nullstellenberechnung bei biquadratischen Funktionen

Um die Breite der gesamten Brücke auf der Höhe der Wasseroberfläche zu erhalten, muss man die Nullstellen der Funktion 4. Grades berechnen. Ersetzt man in der Funktionsgleichung f(x) für die Brückenbögen das Quadrat der Variablen x, also x^2, durch die Variable u, so erhält man

$$f(u) = -\frac{u^2}{360} + \frac{u}{8} + 8{,}1 \text{ mit } x \in \mathbb{R}$$

f(u) ist die Gleichung einer quadratischen Funktion.

Ganzrationale Funktionen vierten Grades mit nur geraden Exponenten von x heißen biquadratisch.

Das Ersetzen von x^2 durch u nennt man in der Mathematik auch Substituieren oder Substitution.

Substituieren ist das Ersetzen einer Größe durch eine andere zur Vereinfachung mathematischer Ausdrücke.

Die durch Substitution vereinfachte Funktionsgleichung lässt sich einfacher berechnen.

Beispiel 2: Nullstellen von f(u)

Berechnen Sie die Nullstellen von f(u).

Lösung:

$$0 = \frac{-u^2}{360} + \frac{u}{8} + 8{,}1 \quad | \cdot (-360)$$

$$= u^2 - 45u - 2916$$

$$u_{1,2} = (x^2)_{1,2} = \frac{45 \pm \sqrt{45^2 + 4 \cdot 2916}}{2}$$

$$u_{1,2} = \frac{45 \pm 117}{2} \Rightarrow \begin{cases} u_1 = 81 \\ u_2 = -36 \end{cases}$$

$\mathbf{u_1 = 81}$ **oder** $\mathbf{u_2 = -36}$

Die Nullstellen von f(x) erhält man durch Rücksubstituieren, d. h. u wird durch x^2 ersetzt:

$$u_1 = (x^2)_1 = 81 \text{ oder } u_2 = (x^2)_2 = -36$$

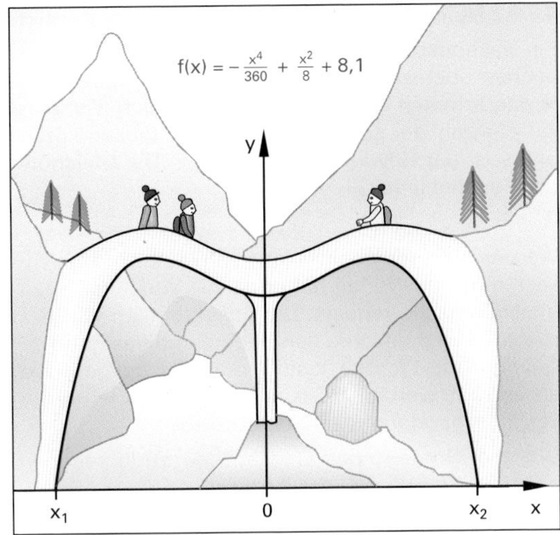

Bild 1: Gebirgsbrücke

Tabelle 1: Brückenhöhe

Stelle x	0	2	4	6	8
Brückenhöhe in m	8,1	$8{,}\overline{5}$	9,39	9	4,72

Für u_1 erhält man $x_{1,2} = \pm\sqrt{81} = \pm 9$. Für u_2 hingegen erhält man keine Lösungen für x, da Wurzeln aus negativen Zahlen über $\mathbb{R}$ nicht definiert sind. Die Richtigkeit des Ergebnisses zeigt die folgende Rechenprobe.

Beispiel 3: Nullstellen von f(x)

Berechnen Sie die Funktionswerte f(x) an den Stellen $x_1 = -9$ und $x_2 = 9$.

Lösung:

$$f(\pm 9) = \frac{-(\pm 9)^4}{360} + \frac{(\pm 9)^2}{8} + 8{,}1$$

$$f(\pm 9) = -18{,}225 + 10{,}125 + 8{,}1 = \mathbf{0}$$

Nullstellenberechnung bei biquadratischen Funktionen erfolgt durch Substituieren von x^2 und Rücksubstituieren mit x^2.

Aufgabe:

1. Berechnen Sie die Nullstellen ($x \in \mathbb{R}$):

a) $f(x) = \frac{x^4}{4} - \frac{5}{4}x^2 + 1$

b) $f(x) = \frac{x^4}{9} - 10x^2 + 81$

c) $f(x) = x^4 - 4{,}25x^2 + 1$

d) $f(x) = \frac{x^4}{27} - x^2 - 12$

Lösung:

1. a) –2; –1; 1; 2 **b)** –9; –3; 3; 9

c) –2; –0,5; 0,5; 2 **d)** –6; 6

⇒ [Weitere Aufgaben im Kapitel 12]

4.3.3.2 Nullstellenberechnung mit dem Nullprodukt

Ein Fachbuchverlag plant den Verkauf eines Fachbuches über einen Zeitraum von drei Jahren. Der Verlag ermittelt eine Gewinnkurve **(Bild 1)**. Dabei ist x die Anzahl der gedruckten Bücher in tausend Stück und y ist der Gewinn G in tausend €. Die Gleichung der Gewinnkurve G lautet

$G(x) = -3 \cdot x^3 + 24{,}3 \cdot x^2 - 29{,}7 \cdot x$ mit $x \geq 0$.

Werden nur sehr wenig Bücher verkauft, sind die Unkosten für den Verlag höher als die Verkaufseinnahmen. Er macht Verluste. Die Schnittpunkte von G(x) mit x-Achse markieren den Beginn und das Ende der Gewinnzone. Werden deutlich mehr Bücher gedruckt, als verkauft werden, müssen sie zu Schleuderpreisen verramscht oder gar vernichtet werden.

Um die Grenzen der Gewinnzone zu berechnen, muss G(x) gleich null gesetzt werden.

Beispiel 1: Gewinnzone

Setzen Sie G(x) gleich null und ermitteln Sie das Nullprodukt für die Nullstellen von G(x), **(Bild 1)**.

Lösung:

$0 = -3 \cdot x^3 + 24{,}3 \cdot x^2 - 29{,}7 \cdot x \quad | : (-3)$

$= x^3 - 8{,}1 \cdot x^2 + 9{,}9 \cdot x \quad |$ Ausklammern von x

$= \mathbf{x \cdot (x^2 - 8{,}1 \cdot x + 9{,}9)}$

Um die Nullstellen zu berechnen, darf auf gar keinen Fall durch x geteilt werden, denn x = 0 ist eine Nullstelle der Kurve und somit Lösung der Gleichung **(Bild 1)**.

Das Nullprodukt ist dann null, wenn einer der Faktoren null ist.

Beispiel 2: Grenzen der Gewinnzone

Berechnen Sie die Nullstellen von G(x).

Lösung:

$\mathbf{0 = x \cdot (x^2 - 8{,}1 \cdot x + 9{,}9)}$

1. Fall: $x = 0 \Rightarrow$ Die Verlustzone beginnt bei $x_1 = 0$.

2. Fall: Klammer = 0

$0 = x^2 - 8{,}1 \cdot x + 9{,}9 \quad | \cdot 10$

$= 10x^2 - 81x + 99$

$$x_{1,2} = \frac{81 \pm \sqrt{81^2 - 4 \cdot 10 \cdot 99}}{20}$$

$$x_{1,2} = \frac{81 \pm 51}{20} \Rightarrow \begin{cases} x_1 = 1{,}5 \\ x_2 = 6{,}6 \end{cases}$$

Die Gewinnzone beginnt bei 1500 gedruckten Büchern und endet bei 6600 gedruckten Büchern.

Wird die Gleichung von G(x) null gesetzt kann x nur deshalb ausgeklammert werden, weil der y-Achsenabschnitt null ist.

$$\boxed{f(x) = x \cdot (ax^2 + bx + c) = 0}$$

$\Rightarrow x = 0$ oder $(ax^2 + bx + c) = 0$

$\Rightarrow$ 1. Faktor: $x_1 = 0$

$\Rightarrow$ 2. Faktor: $x_{2,3} = \frac{-b \pm \sqrt{b^2 - 4ac}}{2a}$

$\Rightarrow N_1(x_1|0);\ N_2(x_2|0);\ N_3(x_3|0)$

$$\boxed{f(x) = a \cdot (x - x_1) \cdot (x - x_2) \cdot (x - x_3)}$$

Satz vom Nullprodukt:

Das Produkt ist null, wenn einer der Faktoren null ist.

$x_1; x_2; x_3$ Nullstellen von f(x)

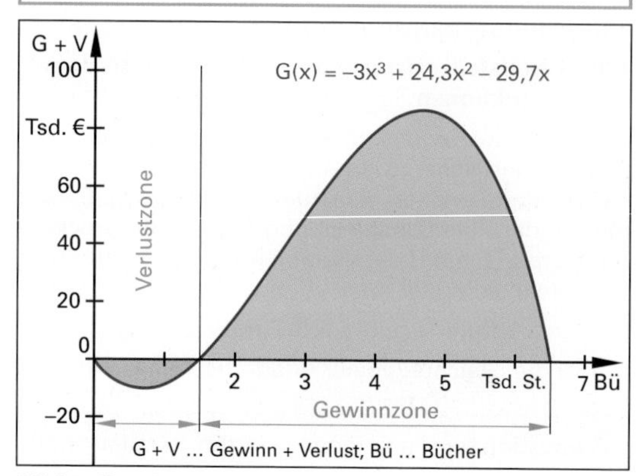

Bild 1: Gewinnkurve

Bei ganzrationalen Funktionen, die durch den Koordinatenursprung verlaufen, wird bei der Nullstellenberechnung das Nullprodukt gebildet.

Die Gewinnkurve G(x) kann mithilfe ihrer Nullstellen wieder aus Linearfaktoren gebildet werden. Es gilt

$G(x) = a \cdot (x - x_1) \cdot (x - x_2) \cdot (x - x_3)$,

wobei a der erste Koeffizient der Gleichung G(x) ist.

Beispiel 3: Gleichung der Gewinnkurve

Bilden Sie G(x) aus Linearfaktoren.

Lösung:

$G(x) = -3 \cdot (x - 0) \cdot (x - 1{,}5) \cdot (x - 6{,}6)$

$= \mathbf{-3 \cdot x^3 + 24{,}3 \cdot x^2 - 29{,}7 \cdot x}$

Aufgabe:

1. Berechnen Sie die Nullstellen ($x \in \mathbb{R}$):

a) $f(x) = 0{,}5 \cdot x^3 - 3 \cdot x^2 + 4 \cdot x$

b) $f(x) = \frac{x^3}{6} - 24 \cdot x$

c) $f(x) = \frac{x^3}{3} - 3 \cdot x^2$

Lösung:

1. a) 0; 2; 4 **b)** 0; –12; 12
c) 0; 0; 9

4.3.3.3 Nullstellenberechnung durch Abspalten von Linearfaktoren

Aufgrund von entstandenen Fixkosten hat der Fachbuchverlag die Gewinnkurve aus Bild 1, vorhergehende Seite, korrigiert **(Bild 1)**. Die untere Grenze der Gewinnkurve bleibt jedoch mit 1500 gedruckten Büchern bestehen. Damit ist eine der drei Nullstellen von G(x) mit der x-Achse bekannt. Für die Nullstellen gilt

$$G(x) = 0$$

$$-3 \cdot x^3 + 21 \cdot x^2 - 15{,}75 \cdot x - 13{,}5 = 0$$

Die linke Gleichungsseite enthält eine Nullstelle bei $x_1 = 1{,}5$ **(Bild 1)**. Deshalb muss sie den Linearfaktor $(x - 1{,}5)$ besitzen. Es gilt somit:

$$(x - 1{,}5) \cdot (a \cdot x^2 + b \cdot x + c) = 0$$

Die rechte Klammer der linken Gleichungsseite enthält die beiden weiteren Nullstellen von G(x). Man nennt den Klammerausdruck auch Restpolynom RP(x). Damit gilt:

$$(x - 1{,}5) \cdot RP(x) = G(x)$$

Bringt man den Linearfaktor $(x - 1{,}5)$ auf die andere Gleichungsseite erhält man:

$RP(x) = G(x) : (x - 1{,}5)$

$RP(x) = (-3 \cdot x^3 + 21 \cdot x^2 - 15{,}75 \cdot x - 13{,}5) : (x - 1{,}5)$

> Wird das Polynom G(x) durch einen Linearfaktor $(x - x_1)$ dividiert, spricht man von einer Polynomdivision.

Beispiel 1: Polynomdivision

Berechnen Sie das Restpolynom RP(x).

Lösung:

$-3x^3 : x = -3x^2$

$(-3x^3 + 21x^2 - 15{,}75x - 13{,}5) : (x - 1{,}5) = \mathbf{-3x^2 + 16{,}5x + 9}$

$\underline{-(-3x^3 + 4{,}5x^2)}$ ← $(x - 1{,}5) \cdot (-3x^2)$

$16{,}5x^2 - 15{,}75x - 13{,}5$ → $16{,}5x^2 : x = 16{,}5x$

$\underline{-(16{,}5x^2 - 24{,}75x)}$ ← $(x - 1{,}5) \cdot 16{,}5x$

$9x - 13{,}5$ → $9x : x = 9$

$\underline{-(9x - 13{,}5)}$ ← $(x - 1{,}5) \cdot 9$

0

Den ersten Summanden des Restpolynoms erhält man durch Division des ersten Summanden von G(x) durch den ersten Summanden des Linearfaktors. Danach wird der Linearfaktor mit dem ersten Summanden des Restpolynoms multipliziert und das Produkt von G(x) abgezogen. Man verfährt so weiter, bis von G(x) null übrig bleibt.

> Die Polynomdivision geht genau auf, d.h. es entsteht kein Rest.

$$RP(x) = \frac{f(x)}{x - x_1} = ax^2 + bx + c$$

$$RP(x) = a \cdot (x - x_2) \cdot (x - x_3)$$

$$f(x) = a \cdot (x - x_1) \cdot (x - x_2) \cdot (x - x_3)$$

RP(x) Restpolynom — a, b, c Koeffizienten
$(x - x_1)$ Linearfaktor — x_1, x_2, x_3 Nullstellen von f(x)

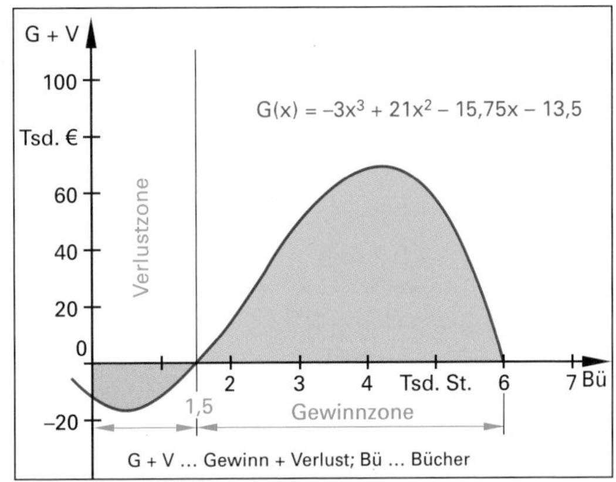

Bild 1: Korrigierte Gewinnkurve

Entsteht bei der Polynomdivision dennoch ein Rest, so enthält der Linearfaktor keine Nullstelle x_1 oder es liegt ein Rechenfehler vor.

Beispiel 2: Restpolynom

Berechnen Sie die im Restpolynom enthaltenen Nullstellen von G(x).

Lösung:

$0 = -3 \cdot x^2 + 16{,}5 \cdot x + 9 \;|: (-3)$

$= x^2 - 5{,}5 \cdot x - 3$

$$x_{1,2} = \frac{5{,}5 \pm \sqrt{5{,}5^2 + 12}}{2}$$

$$x_{1,2} = \frac{5{,}5 \pm 6{,}5}{2} \Rightarrow \begin{cases} x_1 = -0{,}5 \\ x_2 = 6 \end{cases}$$

$\Rightarrow \mathbf{G(x) = -3 \cdot (x - 1{,}5) \cdot (x + 0{,}5) \cdot (x - 6)}$

Die Gewinnzone endet damit bei 6000 gedruckten Büchern.

Aufgabe:

1. Berechnen Sie die Nullstellen x_2 und x_3 für
   a) $f(x) = x^3 - 2{,}5 \cdot x^2 - 8{,}5 \cdot x + 10$ mit $x_1 = 1$
   b) $f(x) = \frac{x^3}{4} - 7 \cdot x - 12$ mit $x_1 = -2$.

Lösung:

1. a) −2,5; 4 **b)** −4; 6

Die Linearabspaltung mit Polynomdivision ist eine ausführliche Division von Hand, die sehr übersichtlich ist. Sie kann aber in der Schreibarbeit abgekürzt werden, wenn man bei der Linearabspaltung nur mit den Koeffizienten von G(x) rechnet. Diese Art der Linearabspaltung nennt man Hornerschema.

Bei der Linearabspaltung nach dem Hornerschema wird nur mit Koeffizienten gerechnet.

Beispiel 1: Hornerschema

Spalten Sie von der Gleichung G(x) von **Bild 1, vorhergehender Seite**, den Linearfaktor $(x - x_1)$ nach dem Hornerschema ab.

Lösung:

Grad:	III	II	I	0
	↓	↓	↓	↓
Koeff.:	–3	21	–15,75	–13,5
$x_1 = 1,5$		–4,5	24,75	13,5
$f(x_1) =$	**–3**	**16,5**	**9**	**0**
	Koeffizienten des Restpolynoms			geht auf

Der erste Koeffizient –3 von G(x) wird mit $x_1 = 1,5$ multipliziert und das Produkt –4,5 unter den zweiten Koeffizienten von G(x) geschrieben. Die beiden Werte werden addiert 21 + (–4,5) = 16,5. Man wiederholt diesen Rechenvorgang so lange, bis sich in der letzten Spalte in der Summe der Wert null ergibt. Dies zeigt, dass die Linearabspaltung ohne Rest aufgeht und $x_1 = 1,5$ tatsächlich Nullstelle von G(x) ist.

Die Zahlenwerte links von der Null sind die Koeffizienten des Restpolynoms $RP(x) = -3x^2 + 16,5x + 9$. Mit ihm werden wie auf der vorhergehenden Seite die weiteren Nullstellen berechnet.

Der Rand des Weinkelchs aus **Bild 1** verläuft nach der Funktion f mit $f(x) = 0,125 \cdot x^4 - 0,25 \cdot x^2 - 1$. Um einen Linearfaktor von f(x) abspalten zu können, benötigt man eine Nullstelle. Da keine Nullstelle gegeben ist, muss sie durch Probieren ermittelt werden. Durch Probieren erhält man die Werte $x_1 = -2$ und $x_2 = 2$.

Beispiel 2: Restpolynom

Ermitteln Sie das Restpolynom von f(x) mithilfe des Hornerschemas.

Lösung:

Grad	IV	III	II	I	0
	0,125	0	–0,25	0	–1
$x_1 = -2$		–0,25	0,5	–0,5	1
	0,125	–0,25	0,25	–0,5	0
$x_2 = 2$		0,25	0	0,5	
	0,125	0	0,25	0	

Restpolynom **$RP(x) = 0,125 \cdot x^2 + 0,25$**

Hornerschema

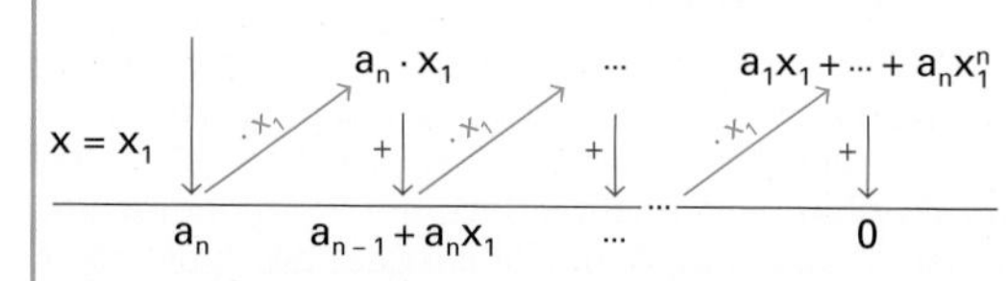

a Koeffizienten von f(x) mit $0 \leq i \leq n$; $n \in \mathbb{N}$

x_1 Nullstelle von f(x)

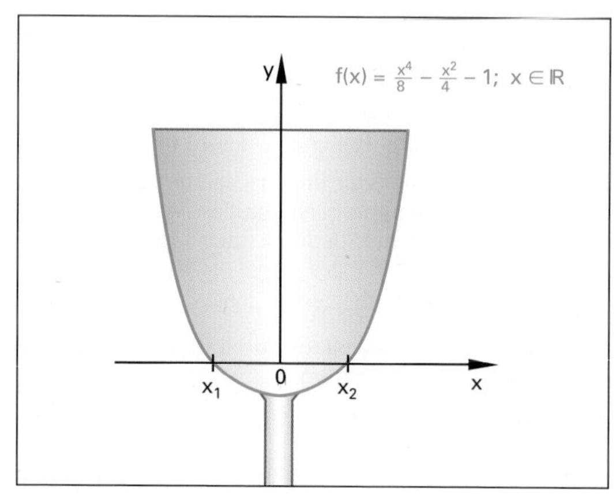

Bild 1: Weinkelch

Da die Rechnung restfrei aufgeht, werden die Nullstellen bestätigt.

Beispiel 3: Weitere Nullstellen

Zeigen Sie, dass die Kurve aus **Bild 1** keine weiteren Nullstellen besitzt.

Lösung:

$0,125 \cdot x^2 + 0,25 = 0$

$x^2 = -2$

$L = \{\}$

Neben den gezeigten Verfahren lassen sich die Nullstellen auch wie in den Kapiteln 8.3.3 und 8.5.1 mit dem Taschenrechner ermitteln.

Aufgabe:

1. Berechnen Sie die fehlenden Nullstellen mithilfe des Hornerschemas ($x \in \mathbb{R}$):

a) $f(x) = x^3 - 9 \cdot x^2 + 26 \cdot x - 24$ mit $x_1 = 2$

b) $f(x) = x^3 - 3 \cdot x^2 + 7 \cdot x - 21$ mit $x_1 = 3$

c) $f(x) = 4 \cdot x^4 - 8 \cdot x^3 - 33 \cdot x^2 + 2 \cdot x + 8$ mit $x_1 = -0,5$; $x_2 = 0,5$.

Lösung:

1. a) 3; 4 **b)** { } **c)** –2; 4

 ⇒ [Weitere Aufgaben im Kapitel 12]

4.3.4 Arten von Nullstellen

Die Funktion f mit f(x) hat die Nullstelle $x_1 = -2$ und berührt die x-Achse für $x > 0$ **(Bild 1)**. Durch Abspalten des Linearfaktors $(x + 2)$ erhält man:

Grad	III	II	I	0
	0,25	−1	−0,75	4,5
$x_1 = -2$:		−0,5	3	−4,5
	0,25	−1,5	2,25	0

Restpolynom $\mathbf{RP(x) = 0{,}25 \cdot x^2 - 1{,}5 \cdot x + 2{,}25}$

Setzt man das Restpolynom null, erhält man:

$$0 = 0{,}25 \cdot x^2 - 1{,}5 \cdot x + 2{,}25 \quad | \cdot 4$$
$$0 = x^2 - 6 \cdot x + 9$$
$$0 = (x - 3)^2$$
$$0 = (x - 3) \cdot (x - 3) \Rightarrow x_B = 3$$

Für den Berührpunkt B (3|0) erhält man den Achsenabschnitt $x_B = 3$ doppelt.

An einer doppelten Nullstelle liegt ein Berührpunkt mit der x-Achse (y = 0).

Die Funktion g mit

$$g(x) = 0{,}5 \cdot x^4 - 0{,}5 \cdot x^3 - 1{,}5 \cdot x^2 + 2{,}5 \cdot x - 1$$

berührt ebenfalls die x-Achse für $x > 0$, hat aber im Berührpunkt einen Vorzeichenwechsel **(Bild 1)**. Ein Berührpunkt auf der x-Achse mit Vorzeichenwechsel heißt Sattelpunkt oder Terrassenpunkt. Spaltet man von g(x) den Linearfaktor $(x + 2)$ erhält man:

Grad	IV	III	II	I	0
	0,5	−0,5	−1,5	2,5	−1
$x_1 = -2$:		−1	3	−3	1
RP(x)	0,5	−1,5	1,5	−0,5	0

Restpolynom $\mathbf{RP(x) = 0{,}5 \cdot x^3 - 1{,}5 \cdot x^2 + 1{,}5 \cdot x - 0{,}5}$

Beispiel 1: Sattelpunkt

Berechnen Sie die x-Koordinate des Sattelpunktes.

Lösung:

$$0 = 0{,}5 \cdot x^3 - 1{,}5 \cdot x^2 + 1{,}5 \cdot x - 0{,}5 \quad | \cdot 2$$
$$= x^3 - 3 \cdot x^2 + 3 \cdot x - 1$$
$$= (x - 1)^3$$
$$= (x - 1) \cdot (x - 1) \cdot (x - 1) \quad \Rightarrow \quad x_{SP} = 1$$

Für den Sattelpunkt SP (1|0) erhält man den Achsenabschnitt $x_{SP} = 1$ dreifach.

An einer dreifachen Nullstelle liegt ein Sattelpunkt.

Je nach Art der Nullstellen lassen sich ganzrationale Funktionen aus Linearfaktoren darstellen **(Tabelle 1)**.

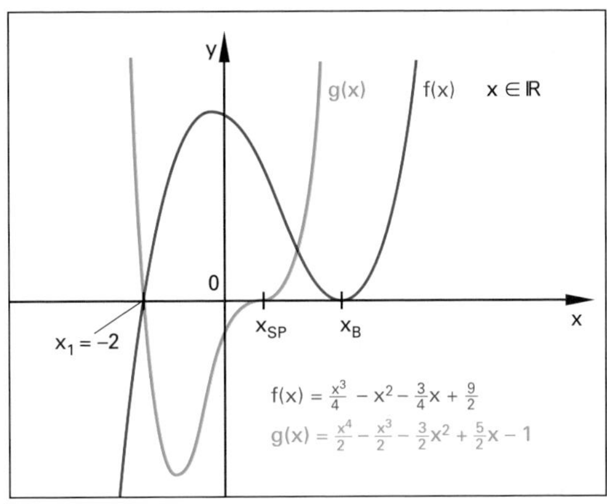

Bild 1: Kurven mit Berührpunkten auf der x-Achse

Tabelle 1: Linearfaktorzerlegung von Kurven 4. Grades

Nullstellen	Schaubild, Gleichung
4 Schnittpunkte	y, 0, f(x), x_1, x_2, x_3, x_4, x $f(x) = a \cdot (x - x_1) \cdot (x - x_2) \cdot (x - x_3) \cdot (x - x_4)$
2 Schnittpunkte, 1 Berührpunkt	y, 0, f(x), x_1, x_2, x_3, x $f(x) = a \cdot (x - x_1) \cdot (x - x_2)^2 \cdot (x - x_3)$
2 Berührpunkte	y, 0, f(x), x_1, x_2, x $f(x) = a \cdot (x - x_1)^2 \cdot (x - x_2)^2$
Sattelpunkt und Schnittpunkt	y, 0, f(x), x_1, x_2, x $f(x) = a \cdot (x - x_1)^3 \cdot (x - x_2)$
keine Schnittpunkte	y, 0, f(x), x Linearfaktorzerlegung ist nicht möglich

Aufgaben:

1. Berechnen Sie den Berührpunkt mit y = 0 von $f(x) = x^3 - 9 \cdot x^2 + 26{,}25 \cdot x - 25$ mit $x_1 = 4$ ($x \in \mathbb{R}$).
2. Berechnen Sie den Sattelpunkt von $f(x) = \frac{x^4}{6} - \frac{x^3}{2} - x^2 + \frac{14}{3}x - 4$ mit $x_1 = -3$ ($x \in \mathbb{R}$).

Lösungen:

1. B (2,5|0) **2.** SP (2|0)

⇒ [Weitere Aufgaben im Kapitel 12]

4.4 Gebrochenrationale Funktionen

Als gebrochenrationale Funktion wird eine Funktion f bezeichnet, die aus einem Zählerpolynom Z(x) und aus einem Nennerpolynom N(x) besteht.

4.4.1 Definitionsmenge

Die Definitionsmenge einer gebrochenrationalen Funktion ist die Menge der reellen Zahlen $\mathbb{R}$ ohne die Nennernullstellen NN **(Tabelle 1)**.

Beispiel 1: Definitionsmenge und Nullstellen

Gegeben ist die Funktion f mit

$f(x) = \frac{x^2 - 1}{x^2 + x}$, $\quad D \in \mathbb{R}$

Bestimmen Sie

a) den Definitionsbereich D,

b) die Nullstellen der Funktion f.

Lösung:

a) Zähler- und Nennerpolynom können faktorisiert werden:

$f(x) = \frac{x^2 - 1}{x^2 + x} = \frac{(x + 1) \cdot (x - 1)}{x \cdot (x + 1)}$.

Die Nennernullstellen sind $x_{N1} = 0$ und $x_{N2} = -1$.

Diese Nullstellen müssen aus der Menge der reellen Zahlen $\mathbb{R}$ ausgeschlossen werden, um D zu erhalten. $\mathbf{D = \mathbb{R} \setminus \{-1, 0\}}$

b) Für Nullstellen gebrochenrationaler Funktionen gilt f(x) = 0. Dies ist der Fall, wenn der Zähler Z(x) = 0 ist. Die berechneten Zählernullstellen ZN müssen im Definitionsbereich liegen.

$f(x) = 0 \Leftrightarrow Z(x) = 0 \Rightarrow (x + 1) \cdot (x - 1) = 0$. Dies gilt für $x_{Z1} = -1$ und $x_{Z2} = 1$. Die Zählernullstelle $x_{Z1} = -1$ ist jedoch nicht Element der Definitonsmenge $\Rightarrow$ **N (1|0)**.

4.4.2 Polstellen

Das Schaubild einer gebrochenrationalen Funktion besitzt eine Polstelle (Unendlichkeitsstelle), wenn die Nennernullstelle NN nicht als Zählernullstelle vorkommt. Diese Nennernullstelle x_0 nennt man Polstelle der Funktion f mit der Gleichung $x = x_N$. Die Funktionswerte des Schaubildes streben nach $+\infty$ oder $-\infty$ **(Bild 1)**.

Beispiel 2: Polstelle und Schaubild

Geben Sie a) die Polstelle an,

b) zeichnen Sie das Schaubild von der Funktion

$f(x) = \frac{1}{x - 1}$; $\quad x \in D$.

Lösung:

a) Die Nennernullstelle lautet x = 1 und ist keine Zählernullstelle $\Rightarrow$ **Pol: x = 1**

b) **Bild 1, linke Hälfte**

Eine Polstelle liegt vor, wenn die Nennernullstelle nicht gleichzeitig Zählernullstelle ist.

$$f(x) = \frac{Z(x)}{N(x)} = \frac{a_z x^z + a_{z-1} x^{z-1} + \ldots + a_0}{b_n x^n + b_{n-1} x^{n-1} + \ldots + b_0;} \qquad N(x) \neq 0$$

Z(x) Zählerpolynom

N(x) Nennerpolynom

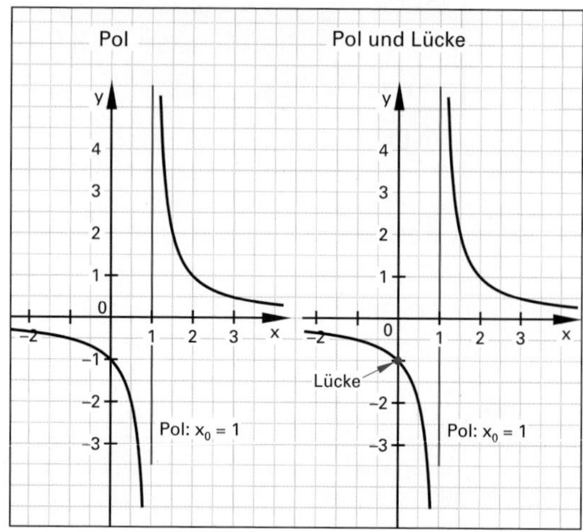

Bild 1: Pol und Lücke

Tabelle 1: Merkmale gebrochenrationaler Funktionen

Bezeichnung	Definition
Definitionsmenge D_f	$D_f = \mathbb{R} \setminus \{x \mid x = NN\}$
Nullstelle	$Z(x_0) = 0 \wedge N(x_0) \neq 0$
Polstelle	$N(x_0) = 0 \wedge Z(x_0) \neq 0$
Lücke	$N(x_0) = 0 \wedge Z(x_0) = 0$

4.4.3 Definitionslücke

Gemeinsame Nullstellen von Zähler Z(x) und Nenner N(x) heißen Lücken der Funktion. Lücken können behoben werden und werden als kleine Kreise im Schaubild gezeichnet **(Bild 1)**.

Beispiel 3: Hebbare Lücke

Untersuchen Sie die Funktion

$f(x) = \frac{x}{x^2 - x}$; $\quad x \in D$

a) auf Lücken.

b) Zeichnen Sie das Schaubild.

Lösung:

a) Nennernullstellen: $x^2 - x = x(x - 1) = 0$

$\Leftrightarrow x_1 = 0 \vee x_2 = 1$.

Zählernullstelle: $x_3 = 0$.

Nennernullstelle $x_2 = 1 \neq$ Zählernullstelle

$\Rightarrow$ Pol x = 1.

Nennernullstelle x_1 = Zählernullstelle x_3

$\Rightarrow$ **Lücke bei x = 0.**

b) **Bild 1, rechte Hälfte**

4.4.4 Grenzwerte

Bei Schaubildern gebrochenrationaler Funktionen gibt es kein charakteristisches Aussehen wie bei Funktionen 2. Grades oder Funktionen 3. Grades. Um sich eine Vorstellung über den Verlauf des Schaubildes zu machen, wird die Funktion an den Rändern des Definitionsbereichs $\lim_{x \to \pm\infty} f(x)$ untersucht (lim von Limes = Grenzwert).

Liegt eine Polstelle x_0 vor, so wird auch hier $\lim_{x \to x_0} f(x)$ untersucht.

$\lim_{x \to x_0 - h} f(x)$ berechnet den linksseitigen Grenzwert,
$\lim_{x \to x_0 + h} f(x)$ berechnet den rechtsseitigen Grenzwert.
Liegt eine Polstelle ungerader Ordnung vor, so wechselt f(x) das Vorzeichen, bei Polstellen gerader Ordnung nicht **(Bild 1)**.

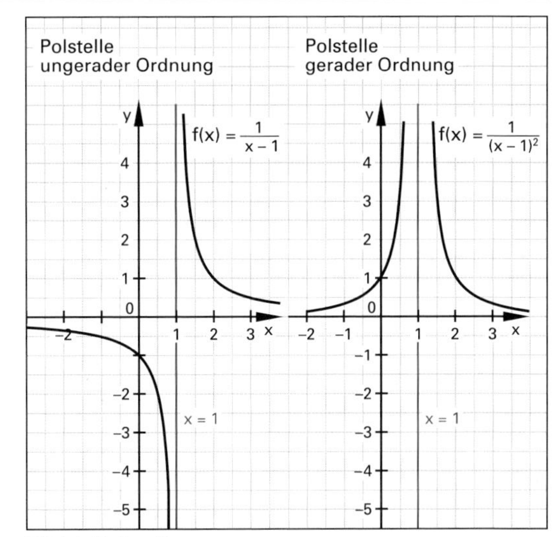

Bild 1: Polstellen

Beispiel 1: Grenzwertbetrachtung

Untersuchen Sie die Funktion $f(x) = \frac{x+1}{x^2}$; $D_f \subset \mathbb{R}$

a) an der Definitionslücke,

b) an den Rändern des Definitionsbereichs.

Lösung:

a) $D_f = \mathbb{R}\setminus\{0\}$

Untersuchung an der Polstelle $x_0 = 0$, Polstelle ist 2. Ordnung.

$$\lim_{x \to 0} = \frac{x+1}{x^2} = \lim_{h \to 0} \frac{(0 \pm h) + 1}{(0 \pm h)^2} = \lim_{h \to 0} \frac{1}{h^2} = \infty$$

b) Untersuchung an den Rändern des Definitionsbereichs

$$\lim_{x \to \pm\infty} = \frac{x+1}{x^2} = \lim_{x \to \pm\infty} \frac{\frac{1}{x} + \frac{1}{x^2}}{1} = \frac{0+0}{1} = \mathbf{0}$$

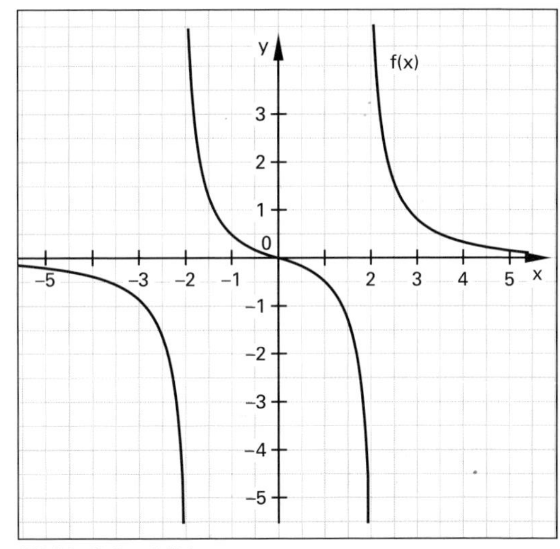

Bild 2: Schaubild

Aufgaben:

1. Geben Sie für die Funktionsgleichungen der Funktionen f die Definitionsmenge $D_f \subset \mathbb{R}$ an.

   a) $f(x) = \frac{x+1}{x^2}$ **b)** $f(x) = \frac{x}{1+x}$

   c) $f(x) = \frac{x}{(x-1)^2}$ **d)** $f(x) = \frac{2x}{(x-1)(x+2)}$

2. Ermitteln Sie aus dem Schaubild in **(Bild 2)**

   a) die Pole und

   b) die Nullstellen der Funktion f.

3. Geben Sie für die Definitionsmenge D_f und die Nullstellen der Funktionen f an.

   a) $f(x) = \frac{x \cdot (1+x)}{(x+1) \cdot (x-1)}$ **b)** $f(x) = \frac{2x}{x^2 + x + 2}$

   c) $f(x) = \frac{x^3 + 1}{x^2 + 1}$ **d)** $f(x) = \frac{x^2 - x - 2}{2x^2 + 2x - 12}$

4. Bestimmen Sie für die Funktionsgleichung $f_a(x) = \frac{(x-1) \cdot (x+2)}{(x+a) \cdot x}$ die Variable a so, dass es sich

   a) um eine Polstelle handelt,

   b) um eine hebbare Lücke handelt.

Lösungen:

1. **a)** $D_f = \mathbb{R}\setminus\{0\}$ **b)** $D_f = \mathbb{R}\setminus\{-1\}$
   c) $D_f = \mathbb{R}\setminus\{1\}$ **d)** $D_f = \mathbb{R}\setminus\{-2; 1\}$

2. **a)** Pol: $x_1 = -2$; $x_2 = 2$ **b)** Nullstelle: $x_0 = 0$

3. **a)** $D_f = \mathbb{R}\setminus\{-1; 1\}$, Nullstelle: x = 0
   b) $D_f = \mathbb{R}$, Nullstelle: x = 0
   c) $D_f = \mathbb{R}$, Nullstelle: x = –1
   d) $D_f = \mathbb{R}\setminus\{-3; 2\}$, Nullstelle: x = –1

4. **a)** $x = 0 \vee a \in \mathbb{R}\setminus\{-1; 2\}$ **b)** a = –1 oder a = 2

4.4.5 Asymptoten

Der Begriff Asymptote (aus dem Griechischen) bedeutet Gerade, der sich das Schaubild der Funktion f im Unendlichen annähert. Um Aussagen über Asymptoten bei gebrochenrationalen Funktionen machen zu können, wird der Grad des Zählerpolynoms z und der Grad des Nennerpolynoms n betrachtet **(Tabelle 1)**.

Es werden drei Fälle unterschieden:

1. Fall: Grad Z(x) < Grad N(x)

Der Grad z des Zählerpolynoms ist kleiner als der Grad des Nennerpolynoms n. In diesem Fall handelt es sich bei der Funktion f um eine **echtgebrochenrationale Funktion.**

Für diesen Funktionstyp gilt:

$\lim\limits_{x \to \pm\infty} f(x) = 0$; die x-Achse ist Asymptote des Schaubildes. Die Gleichung der Asymptote lautet y = 0.

Beispiel 1: Grad des Zählers < Grad des Nenners

Die Funktion $f(x) = \frac{1+x}{x^2}$; $D_f \subset \mathbb{R}$ ist auf Asymptoten zu untersuchen.

Lösung:

$D_f = \mathbb{R} \setminus \{0\}$

Nennernullstelle x = 0, Zählernullstelle x = –1

⇒ **Pol x = 0**

Untersuchung auf waagerechte Asymptoten:

$$\lim_{x \to \pm\infty} \frac{1+x}{x^2} = \lim_{x \to \pm\infty} \frac{\frac{1}{x^2} + \frac{1}{x}}{1} = \frac{0+0}{1} = 0$$

⇒ waagerechte Asymptote mit der Gleichung **y = 0**

2. Fall: Grad Z(x) = Grad N(x)

Der Grad des Zählers z ist gleich dem Grad des Nenners n. In diesem Fall strebt der Funktionswert für $\lim\limits_{x \to \pm\infty} f(x)$ gegen einen konstanten Grenzwert.

Beispiel 2: Grad des Zählers = Grad des Nenners

a) Untersuchen Sie die Funktion $f(x) = \frac{1-x^2}{1+x^2}$; $D \subset \mathbb{R}$ auf Asymptoten.

b) Zeichnen Sie das Schaubild.

Lösung:

a) $D_f = \mathbb{R}$ ⇒ keine Polstellen ⇒ keine senkrechten Asymptoten

$$\lim_{x \to \pm\infty} \frac{1-x^2}{1+x^2} = \lim_{x \to \pm\infty} \frac{\frac{1}{x^2} - \frac{x^2}{x^2}}{\frac{1}{x^2} + \frac{x^2}{x^2}} = \frac{0-1}{0+1} = -1 \Rightarrow$$

Asymptote mit der Gleichung **y = –1**

b) **Bild 1, linke Seite**

3. Fall: Grad Z(x) = Grad N(x) + 1

Ist der Grad des Zählers z größer als der Grad des Nenners n, handelt es sich bei der Funktion f um eine **scheingebrochenrationale Funktion**. Funktionen dieses Typs lassen sich durch Polynomdivision in eine ganzrationale Funktion und eine echtgebrochenrationale Funktion aufteilen. Dabei liefert der Term der ganzrationalen Funktion die Gleichung für die Näherungskurve (Asymptote). Das Schaubild von f schmiegt sich für $x \to \pm\infty$ dem Schaubild der Asymptoten vom Grad z – n an.

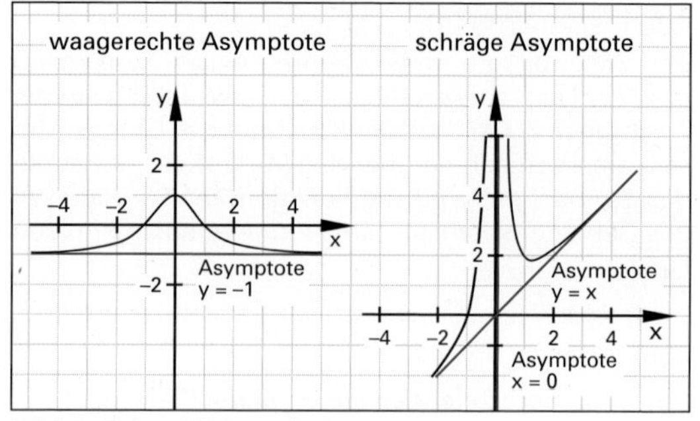

Bild 1: Schaubilder mit Asymptoten

Tabelle 1: Asymptoten bei gebrochenrationalen Funktionen

Grad der Polynome	Funktionsbeispiel		Asymptote
1. Fall $z < n$	$f(x) = \frac{a \cdot x}{b \cdot x^2}$	$\Rightarrow \begin{matrix} z = 1 \\ n = 2 \end{matrix}$	waagerechte Asymptote y = 0
2. Fall $z = n$	$f(x) = \frac{1-2x^2}{1+2x^2}$	$\Rightarrow \begin{matrix} z = 2 \\ n = 2 \end{matrix}$	waagerechte Asymptote, z. B. y = –1
3. Fall $z = n + 1$ $(z > n)$	$f(x) = \frac{mx^3 + tx^2 + c}{x^2}$	$\Rightarrow \begin{matrix} z = 3 \\ n = 2 \end{matrix}$	schiefe Asymptote y = mx + t

z Grad des Zählerpolynoms; n Grad des Nennerpolynoms

Für z = n + 1 erhält man eine schräge Asymptote mit der Gleichung $y = m \cdot x + t$.

Beispiel 3: Grad des Zählers ≥ Grad des Nenners

a) Die Gleichung der Funktion $f(x) = \frac{x^3+1}{x^2}$; $D \subset \mathbb{R}$ ist durch Polynomdivision als Summe einer ganzrationalen Funktion und einer echtgebrochenrationalen Funktion darzustellen.

b) Geben Sie die Asymptoten an und zeichnen Sie das Schaubild.

Lösung:

a) $f(x) = \frac{x^3+1}{x^2} = \frac{x^3}{x^2} + \frac{1}{x^2} = \underbrace{x}_{\text{Asymptote}} + \frac{1}{x^2}$

b) **x = 0** (Pol); **y = x** (schräge Asymptote)

c) **Bild 1, rechte Seite**

Überprüfen Sie Ihr Wissen!

1. Geben Sie die Definitionsmenge folgender Funktionen f an.

a) $f(x) = \frac{2x+1}{x-2}$ **b)** $f(x) = \frac{2x+1}{x^2-2x+2}$

c) $f(x) = \frac{2x+1}{x^2+4}$ **d)** $f(x) = \frac{x^2-1}{x^3+2x^2-x-2}$

2. Untersuchen Sie die Funktionen f auf Polstellen, Nullstellen und hebbare Lücken. Geben Sie die Gleichung des Pols an und bestimmen Sie, ob es sich um Polstellen mit Vorzeichenwechsel oder ohne Vorzeichenwechsel handelt.

a) $f(x) = \frac{x-2}{x-3}$ **b)** $f(x) = \frac{x^2-3x-4}{x-1}$

c) $f(x) = \frac{x-2}{(x-2)^2}$ **d)** $f(x) = \frac{x^2-2x+1}{x^2+2x-3}$

e) $f(x) = \frac{2}{x^2+2}$ **f)** $f(x) = \frac{x^3-2x^2+2x}{x^3+2x^2+2x}$

3. Bestimmen Sie den Wert von u in der Funktion f_u mit $f_u(x) = \frac{x+u}{(x+1)\cdot(x-2)}$; $x \in D_f$; $u \in \mathbb{R}$ so, dass

a) f_u Polstellen besitzt,

b) f_u hebbare Lücken besitzt.

c) Bestimmen Sie die Nullstellen von f_u.

d) Geben Sie alle Asymptoten von f_u an.

4. Bestimmen Sie aus dem Schaubild der gebrochenrationalen Funktion f **(Bild 1)** die Polstellen, Nullstellen und Asymptoten.

5. Faktorisieren Sie den Zähler und den Nenner der gebrochenrationalen Funktion $f(x) = \frac{x^2-2x-8}{x^2+x-2}$; $x \in D_f$ und geben Sie die Definitionsmenge D_f, die Polstellen, die Nullstellen, hebbaren Lücken und die Asymptoten der Funktion f an.

6. Geben Sie für die Funktionsgleichungen a bis d den Grad des Zählers und den Grad des Nenners an. Schließen Sie daraus auf die Asymptoten.

a) $f(x) = \frac{2x^2-4x+1}{x^2}$ **b)** $f(x) = \frac{x^3-x^2+x}{-x^3+1}$

c) $f(x) = \frac{x^2+2x+1}{x^3-1}$ **d)** $f(x) = \frac{x^3+2x^2+9x+2}{2x^2+2}$

7. Schreiben Sie die scheingebrochenrationalen Funktionen f durch Polynomdivision als Summe einer ganzrationalen Funktion und einer echtgebrochenrationalen Funktion der Form $f(x) = \frac{Z(x)}{N(x)} = g(x) + R(x)$ und geben Sie die Gleichung der schiefen Asymptote an.

a) $f(x) = \frac{x^3+2x^2+9x+2}{2x^2+2}$ **b)** $f(x) = \frac{x^2-3x+2}{3x}$

c) $f(x) = \frac{x^2+2x}{x-1}$ **d)** $f(x) = \frac{-x^3-2x^2+4}{2x^2}$

8. Bestimmen Sie alle Asymptoten zu den Schaubildern folgender Funktionen f

a) $f(x) = \frac{x^2-2x-1}{x+1}$ **b)** $f(x) = \frac{3x^2-5}{2x+1}$

c) $f(x) = \frac{3-x}{5+x}$ **d)** $f(x) = \frac{x^2-9}{x^2-4}$

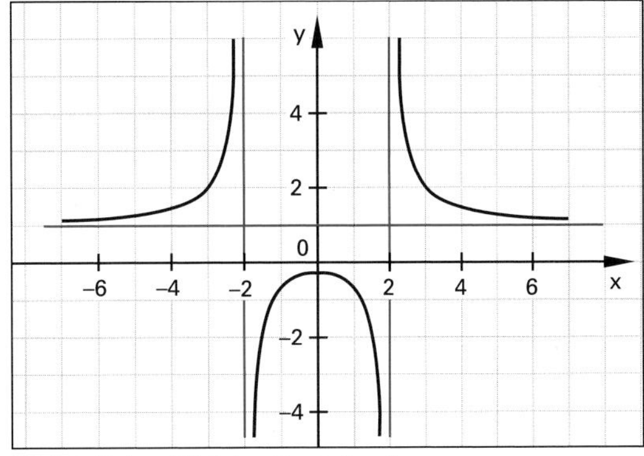

Bild 1: Schaubild der Funktion f

Lösungen:

1. a) $D_f = \mathbb{R}\setminus\{2\}$ **b)** $D_f = \mathbb{R}$ **c)** $D_f = \mathbb{R}$

d) $D_f = \mathbb{R}\setminus\{-2; -1; 1\}$

2. a) $D_f = \mathbb{R}\setminus\{3\}$; Pol $x = 3$ mit Vorzeichenwechsel; Nullstelle: $x = 2$

b) $D_f = \mathbb{R}\setminus\{1\}$; Pol $x = 1$ mit Vorzeichenwechsel; Nullstellen: $x_1 = -1$, $x_2 = 4$

c) $D_f = \mathbb{R}\setminus\{2\}$; Pol $x = 2$ mit Vorzeichenwechsel; keine Nullstelle

d) $D_f = \mathbb{R}\setminus\{-3, 1\}$; Pol $x = -3$ mit Vorzeichenwechsel; hebbare Lücke $x = 1$; keine Nullstelle

e) $D_f = \mathbb{R}$; kein Pol; keine Nullstelle

f) $D_f = \mathbb{R}\setminus\{0\}$; kein Pol
hebbare Lücke bei $x = 0$; keine Nullstelle

3. a) Pol $x = -1$ bzw. $x = 2$ für $u \in \mathbb{R}\setminus\{-1; 2\}$

b) Hebbare Lücke für $u = +1$ oder $u = -2$

c) Nullstellen für $x = -u$; $u \in \mathbb{R}\setminus\{+1; -2\}$

d) senkrechte Asymptote $x = -1$ für $u \neq +1$ oder $x = 2$ für $u \neq -2$;
waagerechte Asymptote $y = 0$

4. Pol: $x = \pm 2$; keine Nullstellen; Asymptoten: $x = -2$, $x = 2$, $y = 1$

5. $D_f = \mathbb{R}\setminus\{-2, 1\}$; Pol $x = 1$; Nullstelle $x = 4$, hebbare Lücke $x = -2$; Asymptoten $x = 1$; $y = 1$

6. a) z = 2, n = 2, waagerechte Asymptote

b) z = 3, n = 3, waagerechte Asymptote

c) z = 2, n = 3, waagerechte Asymptote

d) z = 3, n = 2, schiefe Asymptote

7. a) $f(x) = \frac{1}{2}x + 1 + \frac{4x}{x^2+1}$; $y = \frac{1}{2}x + 1$

b) $f(x) = \frac{1}{3}x - 1 + \frac{2}{3x}$; $y = \frac{1}{3}x - 1$

c) $f(x) = x + 3 + \frac{3}{x-1}$; $y = x + 3$

d) $f(x) = -\frac{1}{2}x - 1 + \frac{2}{x^2}$; $y = -\frac{1}{2}x - 1$

8. a) $x = -1$, $y = x - 3$ **b)** $x = -\frac{1}{2}$, $y = \frac{3}{2}x - \frac{3}{4}$

c) $x = -5$, $y = -1$ **d)** $x_{1,2} = \pm 2$; $y = 1$

4.5 Exponentialfunktion

Bei Exponentialfunktionen ist der Exponent die unabhängige Variable. Die Funktion lautet $f(x) = a \cdot b^x$. Der Kurvenverlauf hängt von der Größe b ab **(Bild 1)**. Der Koeffizient a ist der Funktionswert bei x = 0, hier a = 1. Für b > 1 ergeben sich monoton steigende Funktionen. Dies ist z. B. beim Kapitalzuwachs durch Zinsen der Fall. Ist b = 1, ergibt sich eine waagerechte Gerade. Gilt 0 < b < 1, ergeben sich monoton fallende Funktionen. Mit einer solchen Funktion werden z. B. die Zerfallsgesetze beschrieben.

> Der Kurvenverlauf der Exponentialfunktion hängt von der Größe der Basis b und von a ab.

$f(x) = a \cdot b^x$ $b > 0;\ x \in \mathbb{R};\ a \in \mathbb{R}^*$

f(x) Funktionswert an der Stelle x — a Koeffizient
x unabhängige Variable — b Basis

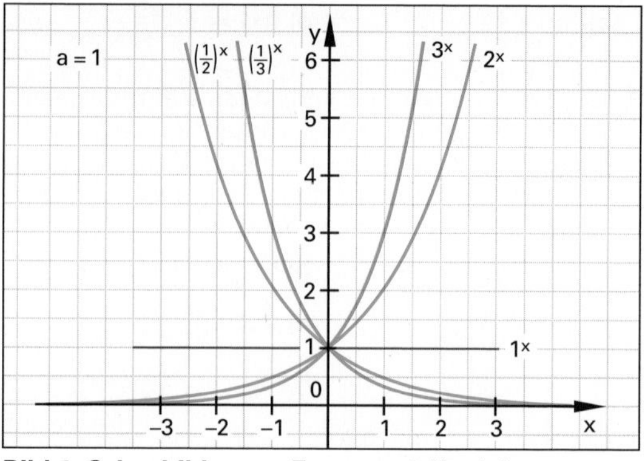

Bild 1: Schaubilder von Exponentialfunktionen

Exponentielles Wachstum (Basis: b > 0)

Bei der Zinseszinsrechnung wird für einen festen Zinsfaktor q das Kapital K nach einer Anzahl von n Jahren berechnet. Das Kapital K ist also eine Funktion der Anzahl n der Jahre **(Bild 2)**.

$K = K_0 \cdot q^n$ $q = 1 + \frac{p}{100}$ $K = K_0 \cdot \left(1 + \frac{p}{100}\right)^n$

K_0 Anfangskapital — K Endkapital — p Zinssatz
q Zinsfaktor — n Anzahl der Jahre

Beispiel 1: Kapitalbildung

Für ein Anfangskapital K_0 = 100 €, einen Zinssatz von 5% (p = 5) und einer Sparzeit n von 30 Jahren soll das Kapital K berechnet werden. Erstellen Sie a) eine Wertetabelle, b) das Schaubild der Funktion. c) Entnehmen Sie dem Schaubild, wann sich das Kapital verdoppelt hat.

Lösung:

a) $q = 1 + \frac{p}{100} = 1 + \frac{5}{100} = 1{,}05$ dann einsetzen in

$K = K_0 \cdot q^n = 100 \cdot (1{,}05)^n$ oder mit

$K = K_0 \cdot \left[1 + \left(\frac{p}{100}\right)^n\right] = 100 \cdot (1{,}05)^n$

n in Jahren	0	5	10	15	20	25	30
K in €	100	127,6	162,8	207,8	265,3	338,6	432,2

b) **Bild 2** c) Abgelesen: **n = 14,5 Jahre**

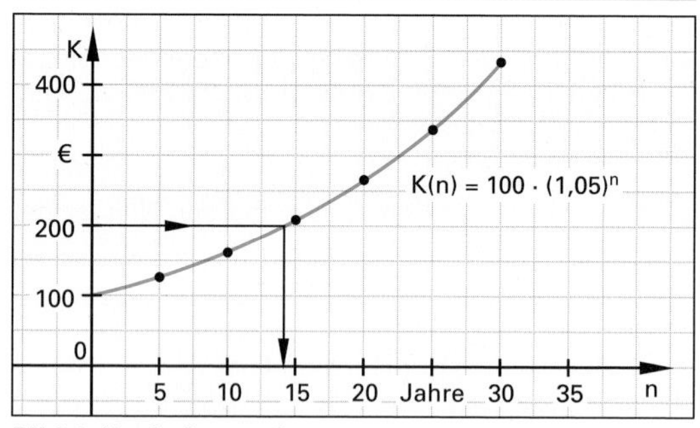

Bild 2: Kapitalzuwachs

Exponentieller Zerfall (Basis: 0 < b < 1)

Bei der Heilbehandlung wird die radioaktive Strahlung von Kobalt 60 verwendet. Die Wirksamkeit der Bestrahlung nimmt durch Zerfall der Atome entsprechend dem Zerfallsgesetz ab. Die Halbwertszeit t_H von Kobalt 60 beträgt 30 Jahre. Mit dem Zerfallsgesetz kann berechnet werden, wie viele Atomkerne N nach einer bestimmten Zeit noch radioaktiv sind.

N Anzahl nicht zerfallener Atomkerne
N_0 Anzahl nicht zerfallener Atomkerne zu Beginn
t Zeit — t_H Halbwertszeit

Beispiel 2: Zerfallszeit von Kobalt 60

Erstellen Sie a) eine Wertetabelle für $y = N/N_0$ und t_H = 30 Jahre für eine Zeit von 50 Jahren, b) das Schaubild der Zerfallsfunktion N(t).

Lösung:

a) mit $N(t) = N_0 \cdot \left(\frac{1}{2}\right)^{\frac{t}{30}}$

t in Jahren	0	10	20	30	40	50	60
$y = N/N_0$	1	0,79	0,63	0,5	0,39	0,33	0,25

b) **Bild 3**

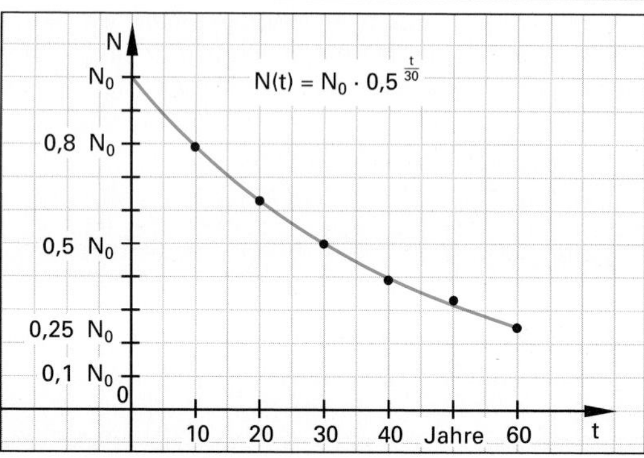

Bild 3: Zerfallskurve von Kobalt 60

4.6 e-Funktion

Funktionen mit der Basis e werden natürliche Exponentialfunktionen genannt. Diese Funktionen nennt man kurz e-Funktionen. Bei PC-Software wird oft die Schreibweise exp(x) oder EXP(x) benutzt. Die Zahl e wird als eulersche Zahl [1] bezeichnet.

Ein Computermagazin veröffentlicht, dass der Zuwachs an Internetnutzern nach der „e-Funktion" erfolgt. Zu Beginn waren 1 Million Nutzer vorhanden.

Beispiel 1: Weltweite Zunahme der Internetnutzer

Erstellen Sie a) eine Wertetabelle für die Zunahme in 6 Jahren mit b = 1 und b) stellen Sie das Schaubild der Zunahme dar.

Lösung:

a) **Bild 1** und b) **Bild 1**

Bei vielen Funktionen in Natur und Technik entspricht der Zuwachs einer e-Funktion.

Beispiel 2: Barometrische Formel

Erstellen Sie a) eine Wertetabelle für den Luftdruck $y = \frac{p}{p_0}$ und b = –0,125 und b) das Schaubild der Funktion.

Lösung:

a), b) **Bild 2**

Die in **Bild 2** dargestellte e-Funktion hat einen Exponenten mit negativem Vorzeichen ($b < 0$). Der Wert der Funktion geht vom Anfangswert 1 gegen den Wert null. Funktionen mit negativem b werden auch Abklingfunktionen genannt.

Funktionen der Form $f(x) = a \cdot (1 - e^{-x})$ nennt man Sättigungsfunktionen, da sie sich dem Sättigungswert a annähern.

Umrechnung von Exponentialfunktionen in eine e-Funktion

Jede Exponentialfunktion kann in eine e-Funktion umgerechnet werden.

Beispiel 3: Zinsformel in eine e-Funktion umformen

Formen Sie die Zinsfunktion $\frac{K}{K_0} = 1{,}05^n$ in eine entsprechende e-Funktion um.

Lösung:

Da der natürliche Logarithmus die Basis e hat, gilt: $\frac{K}{K_0} = e^{\ln 1{,}05^n}$

Nach dem 3. Logarithmengesetz kann n als Multiplikator vor den ln gesetzt werden:

$$\mathbf{\frac{K}{K_0} = e^{n \cdot \ln 1{,}05}}$$

[1] Leonhard Euler, Schweizer Mathematiker 15.4.1707–18.9.1783

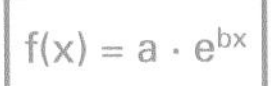

$e \approx 2{,}718281828459\ldots$

$a \in \mathbb{R}^*$, $b \in \mathbb{R}$, $x \in D$

f(x) Funktionswert an der Stelle x

a, b Koeffizienten

e Basis, Euler'sche Zahl

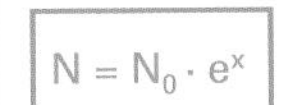

$x = \frac{t}{a}$

a Sättigungswert

t Zeit

N Zahl der Internetnutzer

N_0 Anfangszahl

x Zeit in Jahren

y = N

x	0	1	2	3	4	5	6
y	1	2,72	7,4	20,1	54,6	148,4	403,4

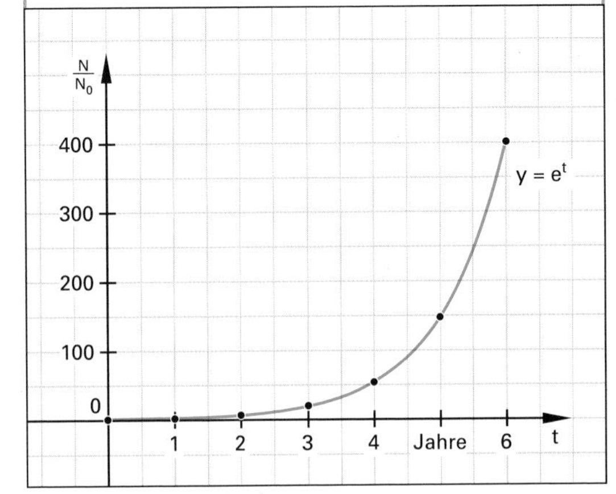

Bild 1: Zunahme der Internetnutzer

$p = p_0 \cdot e^{-0{,}125 \cdot x}$

$x = \frac{h}{m}$

p_0 Anfangswert in Meereshöhe = 1 bar

x Meereshöhe/Meter

p Druck

x	0	0,125	0,25	0,5	0,75	1	1,5
$\frac{p}{p_0}$	1	0,88	0,77	0,6	0,47	0,36	0,22

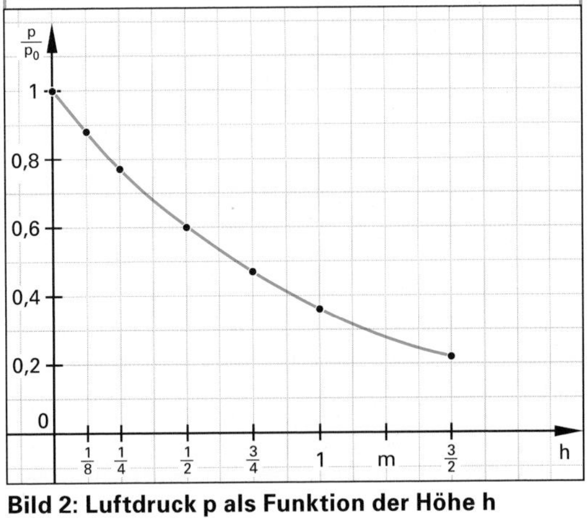

Bild 2: Luftdruck p als Funktion der Höhe h

4.7 Logarithmische Funktion

Logarithmusfunktionen sind die Umkehrfunktionen der Exponentialfunktionen. In der Praxis werden die Logarithmusfunktionen zur Basis 10, zur Basis e und zur Basis 2 verwendet **(Tabelle 1)**. Die Logarithmusfunktion zur Basis 10 wird z. B. zur Berechnung von Verstärkungen bei Verstärkeranlagen, des Wirkungsgrades von Lautsprecherboxen, Dämpfungen in Antennenanlagen oder Lautstärkeermittlungen von Geräuschquellen eingesetzt. Der natürliche Logarithmus wird z. B. zur Zeitberechnung von Schwingungen oder elektrischen Ladevorgängen bei Kondensatoren eingesetzt. Der binäre Logarithmus wird in der Datentechnik verwendet.

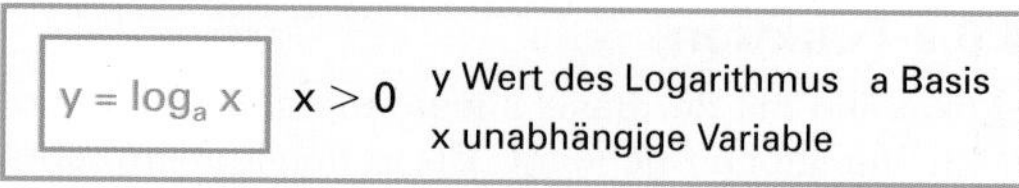

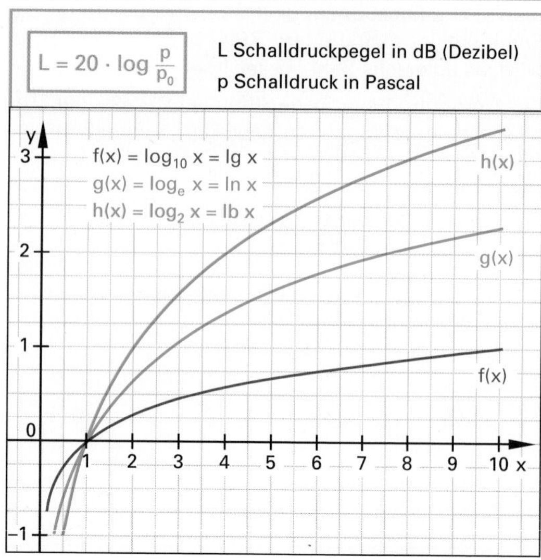

Bild 1: Schaubilder besonderer Logarithmen

Beispiel 1: Besondere Logarithmen

Zeichnen Sie die Schaubilder der Funktionen $f(x) = \lg x$, $g(x) = \ln x$ und $h(x) = \text{lb } x$.

Lösung: **Bild 1**

Die Schaubilder verlaufen nur im 1. Quadranten und im 4. Quadranten.

Alle Schaubilder der Logarithmusfunktionen gehen durch den Punkt (1|0).

Der Schalldruckpegel

Der Schalldruckpegel von Geräuschquellen wird mit der Funktion $L = 20 \cdot \lg \left(\frac{p}{p_0}\right)$ dB bestimmt **(Bild 2)**. Der Bezugsschalldruck p_0 ist international mit $p_0 = 20\,\mu\text{Pa}$ festgelegt. Pa ist das Kurzzeichen von Pascal [1].

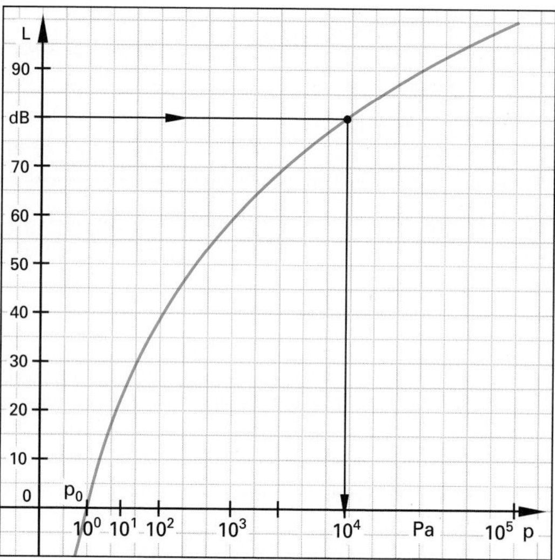

Bild 2: Schalldruckpegel

Beispiel 2: Schalldruckpegel

Zeichnen Sie das Schaubild des Schalldruckpegels und bestimmen Sie den Schalldruck p für einen Rasenmäher mit dem Schalldruckpegel L = 80 dB.

Lösung: **Bild 2, abgelesen: $p = 10^4$ Pa**

Zur Darstellung großer Zahlenbereiche werden die Werte mit dem Zehnerlogarithmus logarithmiert. So wird z. B. die Frequenzachse beim Schalldruckpegel eines Tieftonlautsprechers logarithmiert abgetragen **(Bild 3)**.

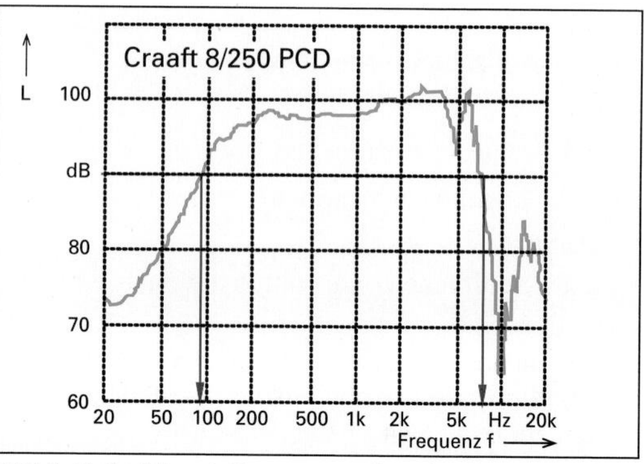

Bild 3: Schalldruckdiagramm eines Lautsprechers

Beispiel 3: Lautsprecher

Bei welchen Frequenzen beträgt der Schalldruckpegel des Lautsprechers L = 90 dB?

Lösung: Abgelesen **$f_1 \approx 90$ Hz** und **$f_2 \approx 7$ kHz**

Tabelle 1: Besondere Logarithmen

Art	Basis	Funktion $x > 0$	Umkehrfunktion
Zehnerlogarithmus	10	$f(x) = \lg x$	$\bar{f}(x) = 10^x$
natürlicher Logarithmus	e	$f(x) = \ln x$	$\bar{f}(x) = e^x$
binärer Logarithmus	2	$f(x) = \text{lb } x$	$\bar{f}(x) = 2^x$

[1] Blaise Pascal, franz. Mathematiker 19. 6. 1623 bis 19. 8. 1662

Überprüfen Sie Ihr Wissen!

Exponentialfunktionen

1. Welche der folgenden Funktionen ist eine Exponentialfunktion?

   a) $y = \sqrt[x]{5}$ **b)** $y = x^2$ **c)** $y = \frac{1}{x}$

   d) $y = 6^{-x}$ **e)** $y = \frac{1}{2^x}$ **f)** $y = \frac{1}{\sqrt[3]{x^2}}$

2. **Bild 1** zeigt das Schaubild einer Exponentialfunktion der Form $f(x) = a \cdot b^x$. Bestimmen Sie die Parameter a und b für die Punkte P_1 und P_2.

3. Bestimmen Sie für die Exponentialfunktion $g(x) = a \cdot b^x$ anhand der Punkte $P_1\,(2|18)$ und $P_2\,(-2|\frac{2}{9})$ die Parameter a und b.

Exponentielles Wachstum

4. Berechnen Sie für ein Sparbuch mit dem Anfangskapital 100 € und einem Zinssatz p = 2,5% das Guthaben mit Zinseszins nach 1 Jahr, 2 Jahren, 5 Jahren und 10 Jahren.

Exponentielle Abnahme

5. Ein PC kostet 2000 €. Die Abschreibung beträgt 20%. Wie groß ist der Buchwert K_n nach 1, 2, 3 und 5 Jahren?

e-Funktionen

6. **Bild 2** zeigt das Schaubild einer Exponentialfunktion der Form $f(x) = a \cdot x \cdot e^{b \cdot x}$. Bestimmen Sie die Parameter a und b mithilfe der Punkte P_1 und P_2.

7. Der Erfinder des Schachspieles wünschte sich als Lohn 1 Reiskorn auf dem ersten Feld, 2 Reiskörner auf dem zweiten Feld, 4 Körner auf dem 3. Feld ... **(Bild 3)**.

   a) Stellen Sie den Funktionsterm f(x) für die Reiskörnerzahl auf den einzelnen Feldern auf.

   b) Wie viele Reiskörner liegen auf dem 8. , 20., 32. und dem 64. Feld?

8. In welchem Punkt schneiden sich die Schaubilder der Funktionen f(x) und g(x)?

   a) $f(x) = e^{1,5x}$ und $g(x) = e^{-1,5x+2}$

   b) $f(x) = e^{1,5x+1}$ und $g(x) = e^{-0,5x+3}$

Logarithmische Gleichungen

9. Lösen Sie die Gleichungen nach x auf.

   a) $\log_2 x = 4$ **b)** $\log_{16} x = 0,5$

   c) $\lg(3x + 2) = 4$ **d)** $\ln(3x) = 1$

Lösungen:

1. **a)** ja **b)** nein **c)** nein **d)** ja **e)** ja **f)** nein
2. a = 1 und b = 2
3. a = 2 und b = 3
4. $K_1 = 102,5$ €; $K_2 = 105,06$ €; $K_5 = 113,14$ €; $K_{10} = 128,10$ €
5. $K_1 = 1600$ €; $K_2 = 1280$ €; $K_3 = 1024$ €; $K_5 = 655,36$ €
6. a = 1 und b = 1; $\Rightarrow y = x \cdot e^x$
7. **a)** $f(x) = 2^x$ **b)** 256; 1048576; 4 294 967 296 und ca. $1,844 \cdot 10^{19}$
8. **a)** $x = \frac{2}{3}$, $y = e = 2,71$ **b)** $x = 1$, $y = e^{2,5} = 12,17$
9. **a)** x = 16 **b)** x = 4 **c)** x = 3332,67 **d)** x = 0,906

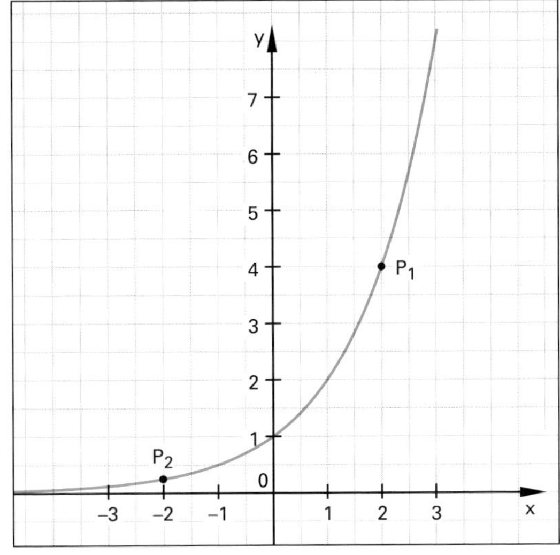

Bild 1: Exponentialfunktion

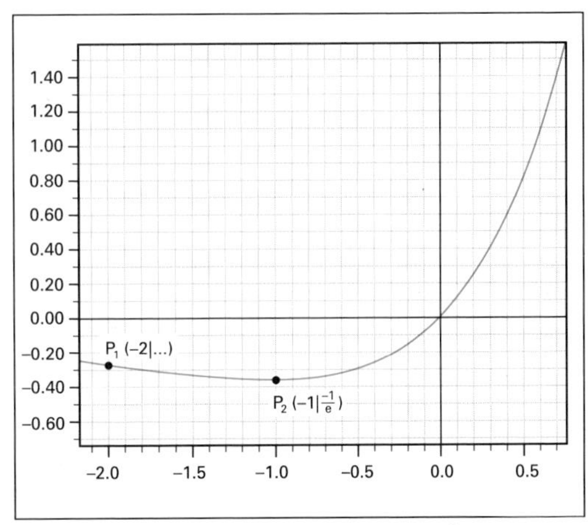

Bild 2: Funktion der Form $f(x) = a \cdot x \cdot e^{b \cdot x}$

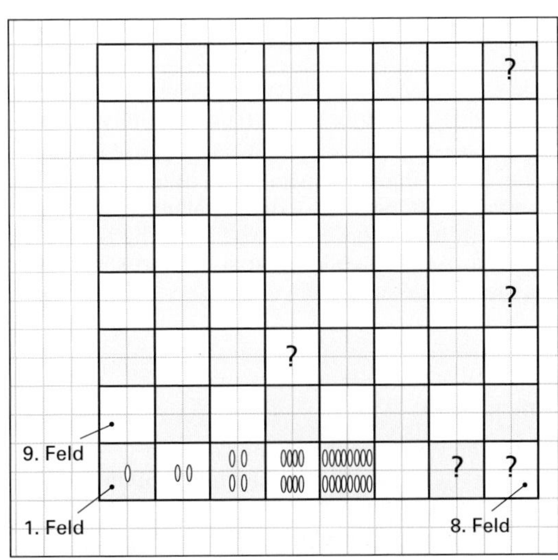

Bild 3: Reiskörner auf Schachbrettfeldern

4.7 Trigonometrische Funktionen

4.7.1 Sinusfunktion und Kosinusfunktion

Dreht sich eine Leiterschleife in einem homogenen Magnetfeld, so wird Wechselspannung induziert **(Bild 1)**. Diese induzierte Spannung ist abhängig vom Drehwinkel der Leiterschleife. Ihr Höchstwert wird bei einem Drehwinkel von 90° erreicht, während bei 180° der Wert auf null zurückgeht. Im Bereich von 180° bis 360° erfolgt eine Spannungsumkehr. Zeichnet man den Verlauf der Spannung auf, so entstehen zwei Halbschwingungen, die als reine Sinusschwingungen bezeichnet werden.

Da sich nach jeder Umdrehung der Leiterschleife die Spannung in stets gleicher Weise ändert, spricht man von periodischen Vorgängen und nennt den Bereich von 0° bis 360° eine Periode.

Ordnet man dem Winkel α den Sinuswert $\sin \alpha$ zu, so erhält man die Sinusfunktion $f(\alpha) = \sin(\alpha)$. Bei der grafischen Darstellung der Winkelfunktion wird meist das Bogenmaß x des Winkels verwendet.

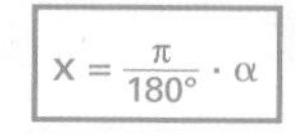

$$x = \frac{\pi}{180°} \cdot \alpha \qquad \alpha = \frac{180°}{\pi} \cdot x$$

$$f(x) = \sin x \qquad g(x) = \cos x$$

x Winkel im Bogenmaß [rad]

α Winkel im Gradmaß [°]

f(x), g(x) Funktionswerte

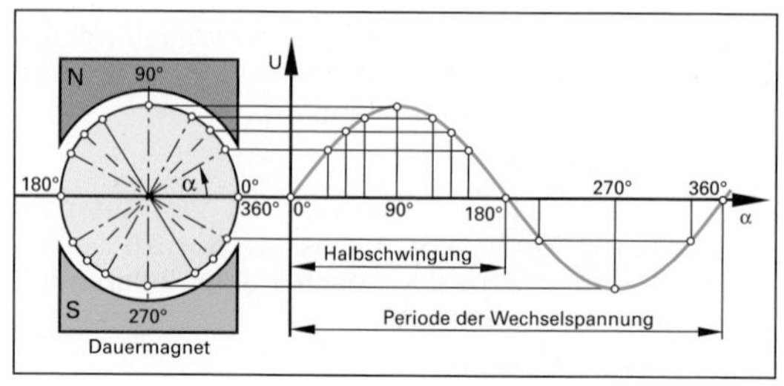

Bild 1: Leiterschleife im Magnetfeld

Bogenmaß eines Winkels

Das Bogenmaß x ist die Bogenlänge des Winkels α auf dem Einheitskreis **(Bild 2)**. Es errechnet sich aus dem Verhältnis

$$\frac{\alpha}{360°} = \frac{x}{\text{Umfang}} \Leftrightarrow \frac{\alpha}{360°} = \frac{x}{d \cdot \pi} = \frac{x}{2 \cdot r \cdot \pi}$$

Im Einheitskreis mit r = 1 gilt:

$$\frac{\alpha}{360°} = \frac{x}{2 \cdot \pi} \Leftrightarrow x = \frac{\pi}{180°} \cdot \alpha \text{ [rad]}$$

Die Einheit des Bogenmaßes wird Radiant (rad) genannt.

$$1 \text{ rad} = \frac{360°}{2\pi} = \frac{180°}{\pi} \approx 57{,}3°$$

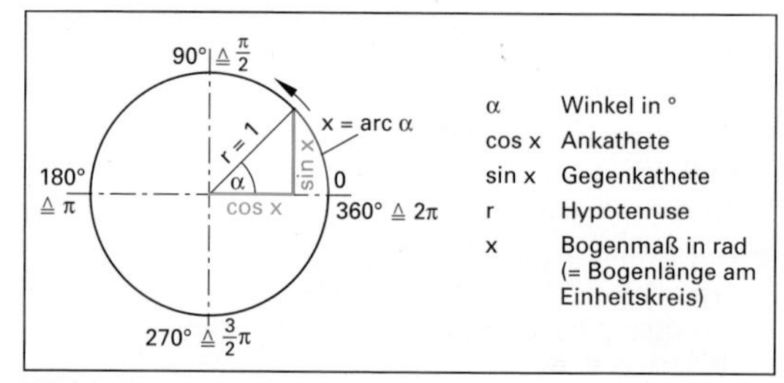

Bild 2: Bogenmaß x

> **Beispiel 1: Umrechnung Gradmaß–Bogenmaß**
>
> Rechnen Sie $\alpha = 90°$ in das Bogenmaß um.
>
> *Lösung:*
>
> $x = \frac{\pi}{180°} \cdot 90° = \frac{\pi}{2}$ [rad]

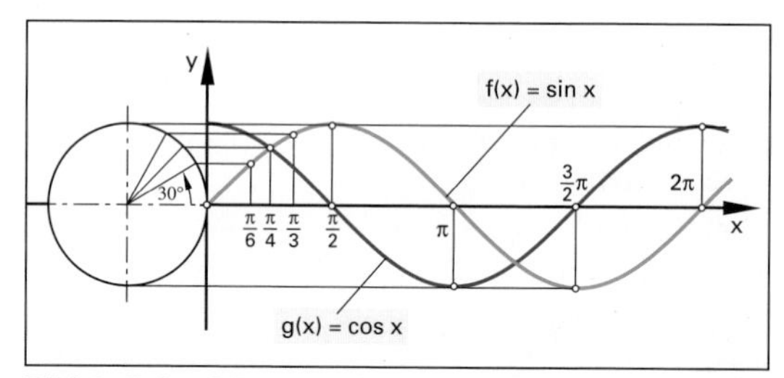

Bild 3: Schaubilder von Sinus- und Kosinusfunktionen

Schaubilder der Sinusfunktion und Kosinusfunktion

Bei technischen Anwendungen, z. B. Schwingungen, treten Sinus- und Kosinusfunktion **(Bild 3)** als Funktion eines im Bogenmaß x dargestellten Winkels auf: $f(x) = \sin x$ oder $g(x) = \cos x$. Die Eigenschaften lassen sich aus den Schaubildern ablesen und sind in der **Tabelle 1** aufgeführt.

Tabelle 1: Eigenschaften der Sinusfunktion und der Kosinusfunktion

Funktionsgleichung	$f(x) = \sin x$	$g(x) = \cos x$
Definitionsbereich	$\mathbb{R}$	$\mathbb{R}$
Wertebereich	$-1 \leq y \leq 1$	$-1 \leq y \leq 1$
Periode	2π	2π
Nullstellen; $k \in \mathbb{Z}$	$x_k = k \cdot \pi$	$x_k = \frac{\pi}{2} + k \cdot \pi$

Aufgaben:

1. Welche Werte haben die Funktionen $f(x) = \sin x$ und $g(x) = \cos x$ an den Stellen
   a) $x = 45°$, **b)** $x = \frac{\pi}{6}$?
2. An welcher Stelle x hat $f(x) = \sin x$ den Wert $0{,}5 \cdot \sqrt{3}$?

> **Lösungen:**
>
> **1. a)** 0,707; 0,707 **b)** 0,5; 0,866
>
> **2.** $x = 60° = \frac{\pi}{3}$

4.7.2 Tangensfunktion und Kotangensfunktion

Der Tangens des Winkels α in einem rechtwinkeligen Dreieck ist definiert als der Quotient von Gegenkathete zu Ankathete. Für die Tangensfunktion im Einheitskreis **(Bild 1)** gilt die Gleichung

$$\tan x = \frac{\text{Gegenkathete}}{\text{Ankathete}} = \frac{\sin x}{\cos x} \text{ mit } x \in \mathbb{R}\backslash\left\{\frac{\pi}{2} + k \cdot \pi\right\};\ k \in \mathbb{Z}$$

Für die Kotangensfunktion gilt

$$\cot x = \frac{\text{Ankathete}}{\text{Gegenkathete}} = \frac{\cos x}{\sin x} = \frac{1}{\tan x}$$

mit $x \in \mathbb{R}\backslash\{k \cdot \pi\};\ k \in \mathbb{Z}$.

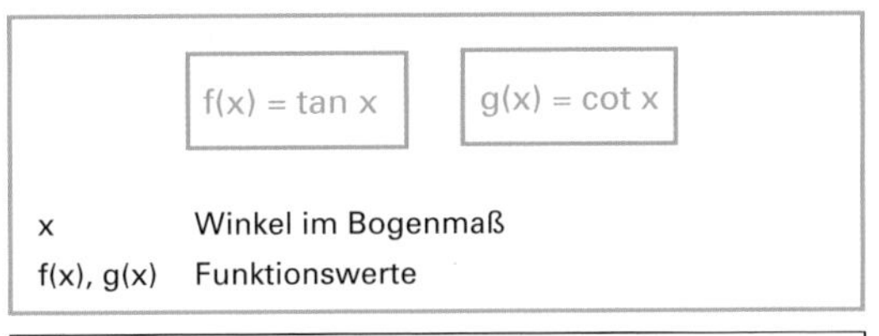

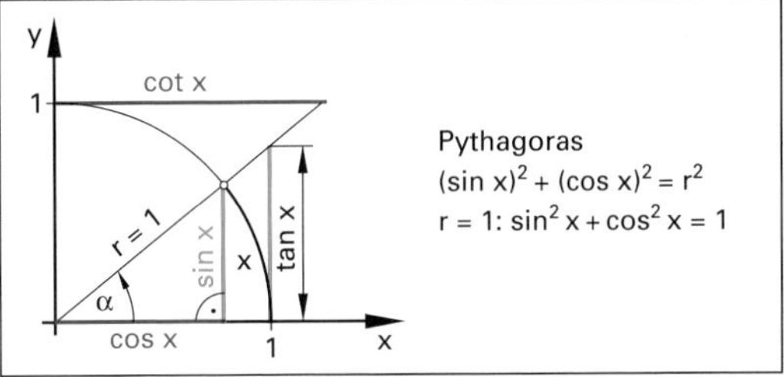

Bild 1: Rechtwinkeliges Dreieck im Einheitskreis

Schaubilder der Tangensfunktion und Kotangensfunktion

Die Schaubilder der Funktionen $f(x) = \tan x$ und $g(x) = \cot x$ entstehen, wenn die zum Winkel gehörenden Tangens- bzw. Kotangenswerte über dem Winkel im Bogenmaß auf der x-Achse als Ordinate aufgetragen werden **(Bild 2)**. Aus den Schaubildern ist erkennbar, dass die Tangensfunktion streng monoton steigend und die Kotangensfunktion streng monoton fallend ist. Weitere Eigenschaften lassen sich aus den Schaubildern ablesen und sind in der **Tabelle 1** aufgeführt.

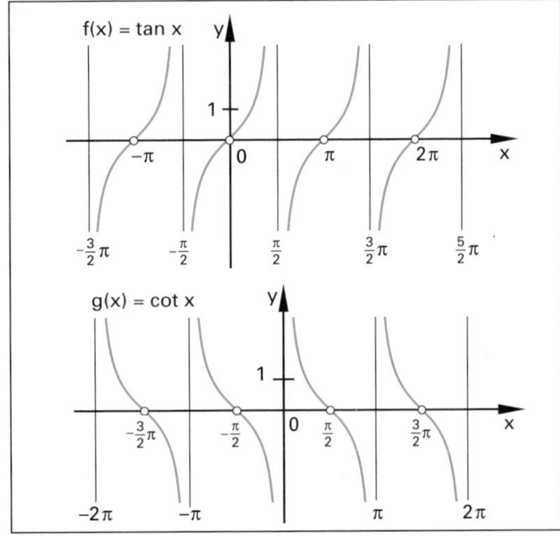

Bild 2: Schaubilder von f(x) und g(x)

Die Funktionswerte der Kotangensfunktion ergeben sich somit aus den Kehrwerten der Tangensfunktion.

Es gilt: $\cot x = \frac{1}{\tan x} = \tan^{-1} x$.

Tabelle 1: Tangensfunktion und Kotangensfunktion

Funktionsgleichung	$f(x) = \tan x$	$g(x) = \cot x$
Definitionsbereich	$x \in \mathbb{R}\backslash\left\{\frac{\pi}{2} + k \cdot \pi\right\}$	$x \in \mathbb{R}\backslash\{k \cdot \pi\}$
Wertebereich	$\mathbb{R}$	$\mathbb{R}$
Periode	π	π
Nullstellen; $k \in \mathbb{Z}$	$x_k = k \cdot \pi$	$x_k = \frac{\pi}{2} + k \cdot \pi$
Pole; $k \in \mathbb{Z}$	$x_k = \frac{\pi}{2} + k \cdot \pi$	$x_k = k \cdot \pi$
Asymptoten; $k \in \mathbb{Z}$	$x = \frac{\pi}{2} + k \cdot \pi$	$x = k \cdot \pi$

4.7.3 Beziehungen zwischen trigonometrischen Funktionen

Zwischen den trigonometrischen Funktionen bestehen zahlreiche Beziehungen. Aus **Bild 3, vorherige Seite** folgt, dass die Kosinuskurve als eine um $\frac{\pi}{2}$ nach links verschobene Sinuskurve aufgefasst werden kann.

Daher gilt: $\cos x = \sin\left(x + \frac{\pi}{2}\right)$.

Umgekehrt geht die Sinuskurve aus einer um $\frac{\pi}{2}$ nach rechts verschobenen Kosinuskurve hervor.

Daher gilt: $\sin x = \cos\left(x - \frac{\pi}{2}\right)$.

Trigonometrischer Pythagoras

Betrachtet man im Einheitskreis **(Bild 1)** das rechtwinkelige Dreieck, so kann zwischen der Sinusfunktion und der Kosinusfunktion mithilfe des Satzes von Pythagoras eine bedeutende Relation hergestellt werden, die als trigonometrischer Pythagoras bezeichnet wird.

$$(\sin x)^2 + (\cos x)^2 = 1^2$$

Mit der Schreibweise $(\sin x)^2 = \sin^2 x$ und $(\cos x)^2 = \cos^2 x$ folgt:

$$\sin^2 x + \cos^2 x = 1$$

Beachte: $(\sin x)^2 = \sin^2 x$, aber: $\sin x^2 = \sin(x)^2$
$\sin^2 x \neq \sin(x)^2$

4.7.4 Allgemeine Sinusfunktion und Kosinusfunktion

In der Physik und in der Technik kommt es bei der Beschreibung von harmonischen Schwingungsvorgängen zu Stauchungen, Streckungen oder Verschiebung der reinen Sinusfunktion. Die allgemeine Form lautet

$f(x) = a \cdot \sin(b \cdot x + c) + d$ mit $a \neq 0$; $b \neq 0$; $c, d \in \mathbb{R}$

$f(x) = a \cdot \cos(b \cdot x + c) + d$ mit $a \neq 0$; $b \neq 0$; $c, d \in \mathbb{R}$

Einfluss der Amplitude a

Der Faktor a in der Funktion $f(x) = a \cdot \sin x$ bewirkt eine Stauchung oder eine Streckung gegenüber der Ausgangsfunktion $f(x) = \sin x$.

Stauchung: $0 < a < 1$

Streckung: $|a| > 1$

Für den neuen Wertebereich der Funktion gilt:

$$W = \{y \mid -a \leq y \leq a\}_{\mathbb{R}}$$

Beispiel 1: Stauchung bzw. Streckung

Zeichnen Sie das Schaubild der Funktion

a) $g(x) = 2 \cdot \sin x$;

b) $h(x) = \frac{1}{2} \cdot \sin x$. Geben Sie jeweils den Wertebereich an.

Lösung:

a) **Bild 1**; Wertebereich: $-2 \leq y \leq 2$

b) **Bild 1**; Wertebereich: $-\frac{1}{2} \leq y \leq \frac{1}{2}$

Einfluss der Frequenz b

Der Faktor b im Argument der Sinusfunktion $f(x) = \sin(b \cdot x)$ verändert gegenüber der Ausgangsfunktion $f(x) = \sin x$ die Periode.

$f(x) = \sin x$: Periode $p = 2\pi$

$f(x) = \sin(b \cdot x)$: Periode $p = \frac{2 \cdot \pi}{b}$.

$0 < b < 1$ bewirkt eine Vergrößerung, $b > 1$ bewirkt eine Verkleinerung der Periode.

Beispiel 2: Veränderung der Periode

Zeichnen Sie das Schaubild der Funktion $g(x) = \sin(2 \cdot x)$ und geben Sie die Periode an.

Lösung:

Bild 2; Periode $p = \frac{2 \cdot \pi}{b} = \frac{2 \cdot \pi}{2} = \pi$

Aufgabe:

1. Geben Sie für die Funktion $f(x) = -2 \cdot \sin(0{,}5 \cdot x)$
   a) den Wertebereich und
   b) die Periode an.
   c) Zeichnen Sie das Schaubild.

$$f(x) = a \cdot \sin(b \cdot x + c) + d$$

$$f(x) = a \cdot \cos(b \cdot x + c) + d$$

a	Stauchungs- oder Streckungsfaktor, Amplitude
b	Veränderung der Periode, Frequenz
c	Verschiebung längs der x-Achse, Phasenverschiebung
d	Verschiebung in y-Richtung
f(x)	Ordinatenwert
x	Winkel im Bogenmaß

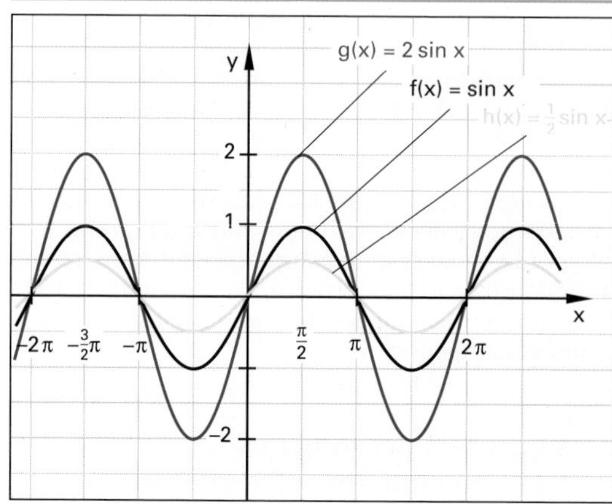

Bild 1: Einfluss der Amplitude a

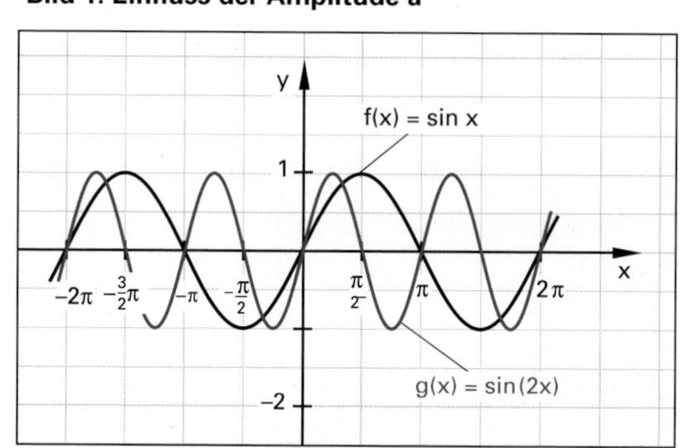

Bild 2: Einfluss der Frequenz b

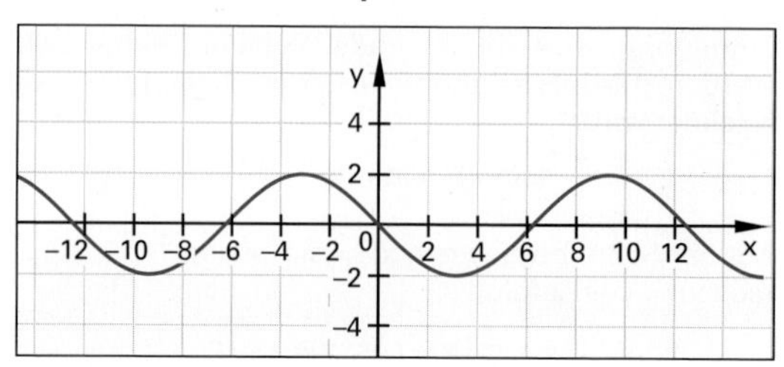

Bild 3: Schaubild von $f(x) = -2 \cdot \sin(0{,}5 \cdot x)$

Lösung:

1. **a)** $-2 \leq y \leq 2$ **b)** $p = 4 \cdot \pi$
   c) Bild 3

Einfluss der Phasenverschiebung c

Die Konstante c in der Funktionsgleichung $f(x) = \sin(x + c)$ bewirkt eine Verschiebung der Sinusfunktion $f(x) = \sin x$ längs der x-Achse. Für die Nullstellen des Schaubildes der Funktion $f(x) = \sin(x + c)$ gilt: $y = \sin(x + c) = 0 \Leftrightarrow x + c = 0 \Rightarrow x = -c$

Verschiebung nach links für $c > 0$
Verschiebung nach rechts für $c < 0$

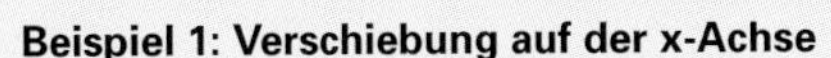

Beispiel 1: Verschiebung auf der x-Achse

Gegeben sei die Funktionsgleichung
$g(x) = \sin\left(x + \frac{\pi}{2}\right)$.

a) Berechnen Sie die Nullstellen des Schaubildes der Funktion.

b) Zeichnen Sie das Schaubild der Funktion.

Lösung:

a) $g(x) = \sin\left(x + \frac{\pi}{2}\right) \Leftrightarrow x + \frac{\pi}{2} = 0$

$\Rightarrow \mathbf{x = -\frac{\pi}{2} + k \cdot \pi;\ k \in \mathbb{Z}}$

b) **Bild 1**

Einfluss der Konstanten d

Die Konstante d in der Funktionsgleichung $f(x) = \sin x + d$ bewirkt eine Verschiebung der Sinusfunktion $f(x) = \sin x$ längs der y-Achse **(Bild 2)**.

Anwendung in der Technik

Mit der Funktionsgleichung $f(x) = a \cdot \sin(\omega \cdot t + \varphi)$; $a > 0$; $\omega > 0$, werden in der Technik harmonische Schwingungen in Abhängigkeit der Zeit beschrieben. Dabei stellt a die maximale Auslenkung (Amplitude), ω die Kreisfrequenz, φ die Phase und t die Zeit dar.

Beispiel 2: Harmonische Schwingung

Gegeben ist die Gleichung
$f(t) = 2 \cdot \sin\left(\frac{1}{2} \cdot t + \frac{1}{2} \cdot \pi\right)$.

a) Berechnen Sie die Periode p der Schwingung, die 1. Nullstelle und geben Sie den Wertebereich an.

b) Zeichnen Sie das Schaubild der Schwingung.

Lösung:

a) $p = \frac{2\pi}{0,5} = 4\pi$;

Nullstelle: $\frac{1}{2} \cdot t + \frac{1}{2} \cdot \pi = 0 \Rightarrow t_0 = -\pi$;

Wertebereich: $-2 \leq y \leq 2$

b) **Bild 3**

Die Kosinusfunktion $g(x) = a \cdot \cos(b \cdot x + c) + d$ ist eine um $\frac{\pi}{2}$ verschobene Sinusfunktion, deshalb gelten hier die analogen Gesetzmäßigkeiten wie bei der allgemeinen Sinusfunktion.

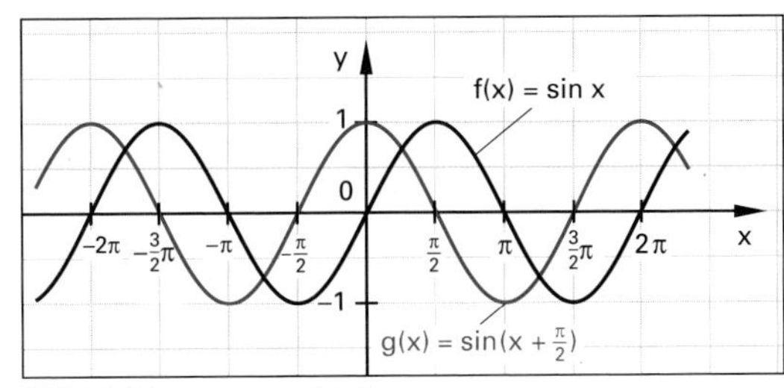

Bild 1: Phasenverschiebung

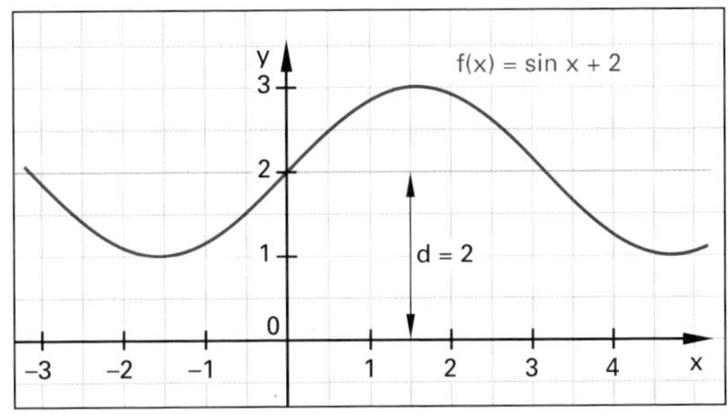

Bild 2: Einfluss der Konstanten d

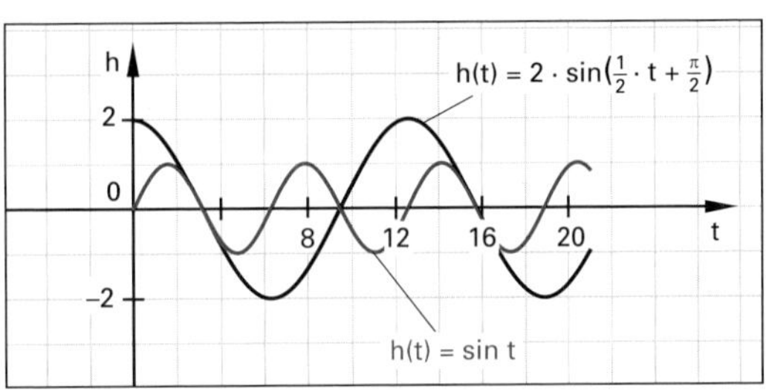

Bild 3: Harmonische Schwingung

Aufgaben:

1. Berechnen Sie von $f(x) = 3 \sin x$
   a) Wertebereich **b)** Periode
   c) Phasenverschiebung.

2. Aus der Funktionsgleichung
   $f(x) = 0,5 \sin(0,5x + 0,5\pi)$ sind
   a) der Wertebereich, **b)** die Periode und
   c) die 1. Nullstelle zu bestimmen.

3. Die Funktionsgleichung einer harmonischen Schwingung lautet $f(x) = 5\,\text{cm} \cdot \sin\left(2\text{s}^{-1} \cdot t + \frac{\pi}{2}\right)$.
   a) Geben Sie die maximale Amplitude a und die Kreisfrequenz ω an.
   b) Berechnen Sie die Amplitude a nach $t = 0,25\,\pi$ Sekunden, **c)** die Periodendauer T,
   d) die Phasenverschiebung.

Lösungen:

1. **a)** $-3 \leq y \leq 3$ **b)** $p = 2\pi$
   c) keine Phasenverschiebung ($c = 0$)
2. **a)** $-0,5 \leq y \leq 0,5$ **b)** $p = 4\pi$ **c)** $x_0 = -\pi$
3. **a)** $a = 5$ cm; $\omega = 2\text{s}^{-1}$
   b) $a = 0$ cm (Nulldurchgang) **c)** $T = \pi \cdot s$
   d) $t_0 = -\frac{\pi}{4} \cdot s$

4.8 Eigenschaften von Funktionen

4.8.1 Symmetrie bei Funktionen

Untersuchungen von Funktionen werden erheblich vereinfacht, wenn man erkennt, dass das Schaubild symmetrisch ist **(Tabelle 1)**.

Beispiel 1: Achsensymmetrie zur y-Achse

Zeigen Sie, dass das Schaubild **(Bild 1, links)** der Funktion f mit $f(x) = \frac{1}{2}x^2 + 1$; $x \in \mathbb{R}$ achsensymmetrisch zur y-Achse ist.

Lösung:

$f(-x) = \frac{1}{2}(-x)^2 + 1 = \frac{1}{2}x^2 + 1 = f(x)$ für $x \in \mathbb{R}$ **erfüllt.**

Beispiel 2: Achsensymmetrie zu einer parallelen Gerade zur y-Achse

Zeigen Sie, dass das Schaubild **(Bild 1, rechts)** der Funktion f mit $f(x) = (x - 2)^2 + 3$; $x \in \mathbb{R}$ achsensymmetrisch zur Geraden $x = 2$ ist.

Lösung:

$f(x_s - x) = f(2 - x) = -(2 - x - 2)^2 + 3 = -x^2 + 3$

$f(x_s + x) = f(2 + x) = -(2 + x - 2)^2 + 3 = -x^2 + 3$

$\Rightarrow f(x_s - x) = f(x_s + x)$ für $x \in \mathbb{R}$ **erfüllt.**

Haben ganzrationale Funktionen nur gerade Exponenten, so sind sie achsensymmetrisch zur y-Achse ($x = 0$).

Beispiel 3: Punktsymmetrie zum Ursprung O (0|0)

Zeigen Sie, dass das Schaubild der Funktion f mit $f(x) = \frac{1}{2}x^3$; $x \in \mathbb{R}$ punktsymmetrisch zu O (0|0) ist.

Lösung: **Bild 2**

$f(-x) = -\frac{1}{2}(-x)^3 = -\frac{1}{2}x^3 = -f(x)$ für $x \in \mathbb{R}$ **erfüllt.**

Beispiel 4: Punktsymmetrie zum Punkt S (x_s|y_s)

Zeigen Sie, dass das Schaubild der Funktion g mit $g(x) = -\frac{1}{2}(x - 2)^3 + 1$; $x \in \mathbb{R}$ punktsymmetrisch zum Punkt S(2|1) ist.

Lösung: **Bild 2**

Mit $x_s = 2$ und $g(x_s) = 1$ für $x \in \mathbb{R}$ ist zu zeigen:

$g(x_s - x) + g(x_s + x) - 2 \cdot g(x_s) = 0$

$g(2 - x) = -\frac{1}{2}(2 - x - 2)^3 + 1 = \frac{1}{2}x^3 + 1$

$g(2 + x) = -\frac{1}{2}(2 + x - 2)^3 + 1 = -\frac{1}{2}x^3 + 1$

$g(2) = 1$

$\Rightarrow \left(\frac{1}{2}x^3 + 1\right) + \left(-\frac{1}{2}x^3 + 1\right) - 2 \cdot (1) = 0$ **erfüllt.**

Aufgaben:

1. Überprüfen Sie auf Punktsymmetrie
   a) $f(x) = \frac{1}{2}x^2 - x$ **b)** $f(x) = \frac{1}{x}$
2. Überprüfen Sie auf Achsensymmetrie
   a) $f(x) = |x|$ **b)** $f(x) = 4x^3 + 1$

Tabelle 1: Symmetriearten	
Art	Bedingungen
Achsensymmetrie zur y-Achse $x = 0$	$f(-x) = f(x)$ für alle $x \in D$
Achsensymmetrie zur Geraden $x = x_s$	$f(x_s - x) = f(x_s + x)$ für alle $x \in D$
Punktsymmetrie zum Ursprung O (0|0)	$f(-x) = -f(x)$ für alle $x \in D$
Punktsymmetrie zu einem beliebigen Punkt S (x_s|$f(x_s)$)	$f(x_s - x) - f(x_s)$ $= f(x_s) - f(x_s + x)$ für alle $x \in D$

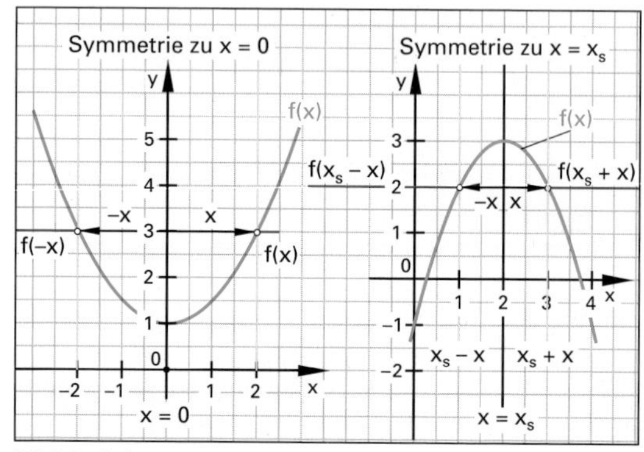

Bild 1: Achsensymmetrie

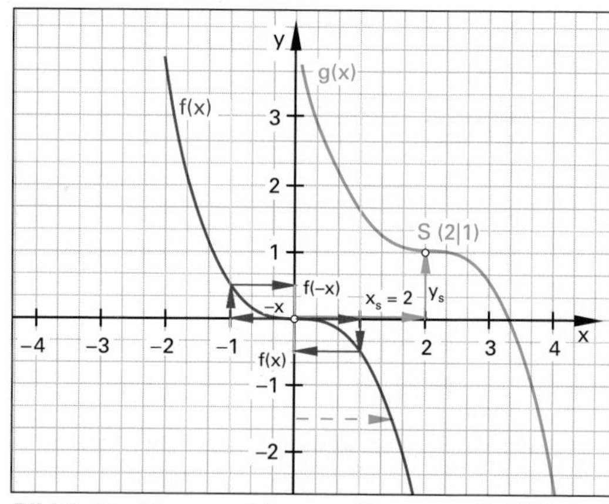

Bild 2: Punktsymmetrie zum Ursprung O (0|0) und Punktsymmetrie zum Punkt S (2|1)

Haben ganzrationale Funktionen nur ungerade Exponenten, so sind sie punktsymmetrisch zum Ursprung O (0|0).

Lösungen:

1. a) keine **b)** ja, zu O (0|0)

2. a) ja, zu $x = 0$ **b)** keine

4.8.2 Umkehrfunktionen

Gerade und ihre Umkehrfunktion

Bei einem linearen Notenschlüssel wird jedem Notenpunkt p die entsprechende Note n zugeordnet. Die Note n lässt sich mit einer linearen Funktion n(p) berechnen. Für die Funktion n mit

$n(p) = -\frac{5}{m} \cdot p + 6 \wedge p \in [0; m]; \quad m > 0$

bedeutet m die maximal erreichbare Anzahl von Punkten und p die tatsächlich vergebenen Punkte. Ihr Schaubild stellt eine Gerade bzw. eine Strecke bei beschränkter Definitionsmenge dar. Häufig interessiert es, welche Punktzahl für eine bestimmte Note nötig ist. Dazu wird die Gleichung nach p umgestellt. Es entsteht die Funktion p von n, die Umkehrfunktion p(n).

$p(n) = (6 - n) \cdot \frac{m}{5} \wedge n \in [0; 6]; m > 0$ **(Tabelle 1)**.

Beispiel 1: Notenfunktion

Die Notenfunktion $n(p) = -\frac{5}{m} \cdot p + 6 \wedge p \in \mathbb{Q}_+$ stellt die Note n abhängig von der Punktzahl p dar.

a) Geben Sie den Term für die Notenfunktion n(p) sowie eine realistische Definitionsmenge und Wertemenge an, wenn zur Vereinfachung m = 10 angenommen wird.

b) Bestimmen Sie die Umkehrfunktion $\bar{n}(p)$.

c) Zeichnen Sie die Schaubilder von n(p) und $\bar{n}(p)$.

Lösung:

a) Notenfunktion: $n(p) = -\frac{1}{2} \cdot p + 6 \wedge p \in \{0; 10\}_{\mathbb{Q}}$

$\Rightarrow D_p = \{0 \leq p \leq 10\}_{\mathbb{Q}}; \quad W_n = \{n(p) | 1 \leq n \leq 6\}_{\mathbb{Q}}$

b) Funktionsterm von p(n): **Tabelle 2**

1. Umstellen nach p:

$p(n) = 2 \cdot (6 - n) = -2n + 12$

$\wedge D_p = \{n | 1 \leq n \leq 6\}_{\mathbb{Q}}; \quad W_p = \{p | 0 \leq p \leq 10\}_{\mathbb{Q}}$

2. Vertauschen der Variablen:

$\bar{n}(p) = 2 \cdot (6 - p) = -2p + 12$

$\wedge D_{\bar{n}} = \{p | 0 \leq p \leq 10\}_{\mathbb{Q}}; \quad W_{\bar{n}} = \{\bar{n} | 1 \leq \bar{n} \leq 6\}_{\mathbb{Q}}$

c) **Bild 1** ($p, n \in \mathbb{R}_+$)

Vertauscht man bei einer umkehrbaren Funktion f(x) die Zuordnung der Variablen, so erhält man die Umkehrfunktion **(Tabelle 2, Schritt 1)**.

Will man als unabhängige Variable wieder x, muss die Funktionsgleichung nach y umgestellt werden **(Tabelle 2, Schritt 2)**. Die Gleichung der Umkehrfunktion liegt dadurch in der Form $\bar{y} = \bar{f}(x)$ vor.

Die Umkehrfunktion $\bar{f}(x)$ erhält man grafisch durch Spiegelung des Schaubildes von f(x) an der ersten Winkelhalbierenden y = x.

Tabelle 1: Funktionen und ihre Umkehrfunktionen

Funktion f(x) =	D_f; W_f	Umkehrfunktion $\bar{f}(x)$ =	$D_{\bar{f}}$; $W_{\bar{f}}$
$a \cdot x + b$	$D_f = \mathbb{R}$; $W_f = \mathbb{R}$	$\frac{1}{a} \cdot x - \frac{b}{a}$; $a \neq 0$	$D_{\bar{f}} = \mathbb{R}$; $W_{\bar{f}} = \mathbb{R}$
x^2	$D_f = \mathbb{R}_+$; $W_f = \mathbb{R}_+$	$\sqrt{x}$	$D_{\bar{f}} = \mathbb{R}_+$; $W_{\bar{f}} = \mathbb{R}_+$
sin x	$D_f = \left[-\frac{\pi}{2}; \frac{\pi}{2}\right]$; $W_f = [-1; 1]$	arcsin x	$D_{\bar{f}} = [-1; 1]$; $W_{\bar{f}} = \left[-\frac{\pi}{2}; \frac{\pi}{2}\right]$
e^x	$D_f = \mathbb{R}$; $W_f = \mathbb{R}_+$	ln x	$D_{\bar{f}} = \mathbb{R}_+^*$; $W_{\bar{f}} = \mathbb{R}$

Tabelle 2: Schrittweises Vorgehen

Schritt	Vorgang	Schreibweise
1	Die Variablen x und y vertauschen	$y = f(x) \Rightarrow x = \bar{f}(y)$
2	Gleichung nach y umformen	$x = \bar{f}(y) \Rightarrow \bar{y} = \bar{f}(x)$

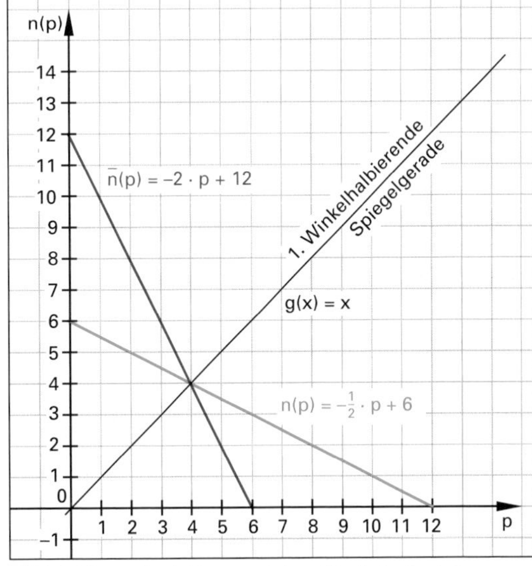

Bild 1: Notenfunktion und ihre Umkehrfunktion

Aufgabe:

1. Bestimmen Sie für $f(x) = x + 2; x \in \mathbb{R}$ die Umkehrfunktion $\bar{f}(x)$ und geben Sie die Definitionsmenge und die Wertemenge an.

Lösung:

1. $f(x) = x + 2; D_f = \mathbb{R}; W_f = \mathbb{R}$

$\Rightarrow \bar{f}(x) = x - 2; D_{\bar{f}} = W_{\bar{f}} = \mathbb{R}$

Parabel und ihre Umkehrfunktion

Die Gleichung der Parabel $y = x^2$ stellt für $D = \mathbb{R}$ keine umkehrbar eindeutige Zuordnung dar. Dies kann an ihrem Schaubild gezeigt werden. Vertauscht man die Variablen, so erhält man die Gleichung einer Umkehrrelation $x = y^2$ **(Bild 1)**.

> Schneidet eine zur x-Achse parallele Gerade das Schaubild der umzukehrenden Funktion mehr als einmal, so ist diese nicht umkehrbar.

Durch Beschränkung der Definitionsmenge kann eine streng monotone Funktion umkehrbar gemacht werden.

Wird bei der Parabel in **Bild 1** die Definitionsmenge auf $\mathbb{R}_+$ oder $\mathbb{R}_-$ eingeschränkt, ist die Zuordnung eineindeutig und die Umkehrfunktion existiert **(Bild 2)**.

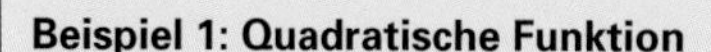

Beispiel 1: Quadratische Funktion

Gegeben ist über $D = \mathbb{R}$ die Gleichung der Funktion f mit $f(x) = \frac{1}{2}x^2 + 1$.

a) Untersuchen Sie, ob f umgekehrt werden kann und geben Sie die Wertemenge W an.

b) Bestimmen Sie die Gleichung der Umkehrfunktion $\bar{f}$ und geben Sie deren Definitionsmenge $D_{\bar{f}}$ und Wertemenge $W_{\bar{f}}$ an.

c) Zeichnen Sie die Schaubilder von f und $\bar{f}$ mithilfe der Spiegelgeraden $y = x$.

d) Geben Sie die zweite mögliche Umkehrfunktion an.

Lösung:

a) Die Funktion f ist für $D = \mathbb{R}$ nicht umkehrbar, da ihre Zuordnung nicht umkehrbar eindeutig ist. Durch Einschränkung der Definitionsmenge auf positive reelle Zahlen wird diese Funktion umkehrbar und es gilt:

$f(x) = \frac{1}{2}x^2 + 1 \wedge D_f = \mathbb{R}_+;\ W_f = \{y | y \geq 1\}_{\mathbb{R}}$

b) Umkehrfunktion von f in drei Schritten:

1. Vertauschen der Variablen:
   $f(x) = \frac{1}{2}x^2 + 1 \Rightarrow \bar{f}(y) = x = \frac{1}{2}y^2 + 1$
2. Umstellung der Gleichung nach y:
   $y^{-2} = 2 \cdot (x - 1) \Leftrightarrow |\bar{f}(x)| = \sqrt{2 \cdot (x - 1)}$
   $\Leftrightarrow \bar{f}(x) = \sqrt{2 \cdot (x - 1)} \vee \bar{f}(x) = -\sqrt{2 \cdot (x - 1)}$
3. Auswahl der entsprechenden Umkehrfunktion:
   Wegen $D_{\bar{f}} = \{x | x \geq 1\}_{\mathbb{R}} = W_f$ und $W_{\bar{f}} = D_f = \mathbb{R}_+$ folgt,
   $\bar{f}(x) = \sqrt{2 \cdot (x - 1)}$ ist die gesuchte Umkehrfunktion.

c) die grafische Umkehrung von f entspricht der Spiegelung an der 1. Winkelhalbierenden $y = x$ **(Bild 2)**.

d) Aus b) Punkt 2 folgt:
$\bar{f}(x) = \sqrt{2(x - 1)};\ D_{\bar{f}} = \{x | x \geq 1\}_{\mathbb{R}};$ $\mathbf{W_{\bar{f}} = \mathbb{R}}$

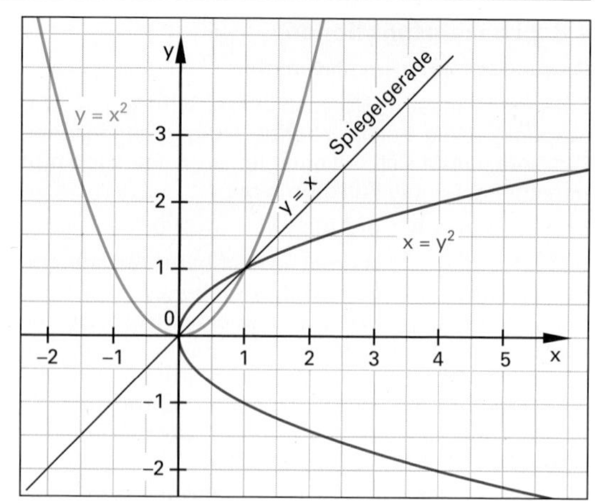

Bild 1: Parabel und ihre Umkehrrelation

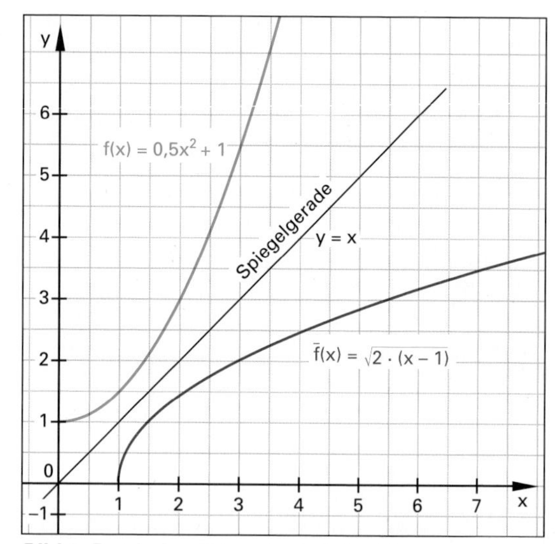

Bild 2: Parabel und ihre Umkehrfunktion

Aufgaben:

Bestimmen Sie für die Funktionen die Umkehrfunktionen und geben Sie jeweils die maximale Definitionsmenge und Wertemenge an.

1. $f(x) = \frac{1}{2}x^2 + 1 \wedge D_f = \mathbb{R}_-$

2. $f(x) = \frac{1}{2}x^2 - 1 \wedge D_f = \mathbb{R}_+$

3. $f(x) = \sqrt{x - 3} - 2 \wedge D_f = \{x | x \geq 3\}_{\mathbb{R}}$

Lösungen:

1. $\bar{f}(x) = -\sqrt{2(x - 1)}$
$D_{\bar{f}} = \{x | x \geq 1\}_{\mathbb{R}};$ $W_{\bar{f}} = \mathbb{R}_-$

2. $\bar{f}(x) = \sqrt{2(x + 1)}$
$D_{\bar{f}} = \{x | x \geq -1\}_{\mathbb{R}};$ $W_{\bar{f}} = \mathbb{R}_+$

3. $\bar{f}(x) = (x + 2)^2 + 3$
$D_{\bar{f}} = \{x | x \geq -2\}_{\mathbb{R}};$ $W_{\bar{f}} = \mathbb{R}_+$

Exponentialfunktion und ihre Umkehrfunktion

Exponentialfunktionen sind streng monoton und können ohne Einschränkung der Definitionsmenge umgekehrt werden **(Tabelle 1)**.

Die Umkehrfunktionen von Exponentialfunktionen heißen Logarithmusfunktionen.

Beispiel 1: Basis 2

Gegeben ist über D = ℝ die Gleichung der Funktion f mit $f(x) = 2^x$; $D_f = \mathbb{R}$; $W_f = \mathbb{R}_+$ **(Bild 1)**.

a) Bestimmen Sie die Gleichung der Umkehrfunktion $\bar{f}$ und geben Sie deren Definitionsmenge $D_{\bar{f}}$ und Wertemenge $W_{\bar{f}}$ an.

b) Zeichnen Sie die Schaubilder von f und $\bar{f}$ mithilfe der Spiegelgeraden y = x.

Lösung:

a) Umkehrfunktion von f in zwei Schritten:

1. Vertauschen der Variablen:
$y = 2^x \Leftrightarrow x = 2^y \Rightarrow \mathbf{\bar{f}(y) = x = 2^y}$
2. Umstellung der Gleichung nach y:
$x = 2^y \Leftrightarrow \log_2 x = \log_2 2^y \Leftrightarrow y = \log_2 x$
Wegen $D_{\bar{f}} = W_f = R_+^*$ und $W_{\bar{f}} = D_f = \mathbb{R}$ folgt:
$\mathbf{\bar{f}(x) = \log_2 x = lbx}$ ist die **gesuchte Umkehrfunktion.**

b) **Bild 1.**

Beispiel 2: Allgemeine Exponentialfunktion

Die Gleichung der allgemeinen Exponentialfunktion hat die Form

$f(x) = a^x \wedge a > 0$; $D_f = \mathbb{R}$; $W_f = \mathbb{R}_+$

a) Bestimmen Sie die Umkehrfunktion.

b) Zeichnen Sie die Schaubilder für a = e.

Lösung:

a) Umkehrfunktion von f:

1. Vertauschen der Variablen:
$y = a^x \Leftrightarrow x = a^y \Rightarrow \bar{f}(y) = x = a^y$
2. Umstellung der Gleichung nach y:
$x = a^y \Leftrightarrow \log_a x = \log_a a^y \Leftrightarrow y = \log_a x$
Wegen $D_{\bar{f}} = W_f = \mathbb{R}_+^*$ und $W_{\bar{f}} = D_f = \mathbb{R}$ folgt:
$\bar{f}(x) = \log_a x$ ist die gesuchte Umkehrfunktion.

b) **Bild 2, $\bar{f}(x) = \log_e x = \ln x$**

Tabelle 1: Exponential- und Logarithmusfunktion

Funktion f(x) =	D_f; W_f	Umkehrfunktion $\bar{f}(x)$ =	$D_{\bar{f}}$; $W_{\bar{f}}$
2^x	$D_f = \mathbb{R}$; $W_f = \mathbb{R}_+$	$\log_2 x = \text{lb}\,x$	$D_{\bar{f}} = \mathbb{R}_+$; $W_{\bar{f}} = \mathbb{R}$
10^x	$D_f = \mathbb{R}$; $W_f = \mathbb{R}_+$	$\log_{10} x = \lg x$	$D_{\bar{f}} = \mathbb{R}_+$; $W_{\bar{f}} = \mathbb{R}$
e^x e = 2,71828	$D_f = \mathbb{R}$; $W_f = \mathbb{R}_+$	$\log_e x = \ln x$	$D_{\bar{f}} = \mathbb{R}_+$; $W_{\bar{f}} = \mathbb{R}$
a^x; a > 0	$D_f = \mathbb{R}$; $W_f = \mathbb{R}_+$	$\log_a x = \ln x$	$D_{\bar{f}} = \mathbb{R}_+$; $W_{\bar{f}} = \mathbb{R}$

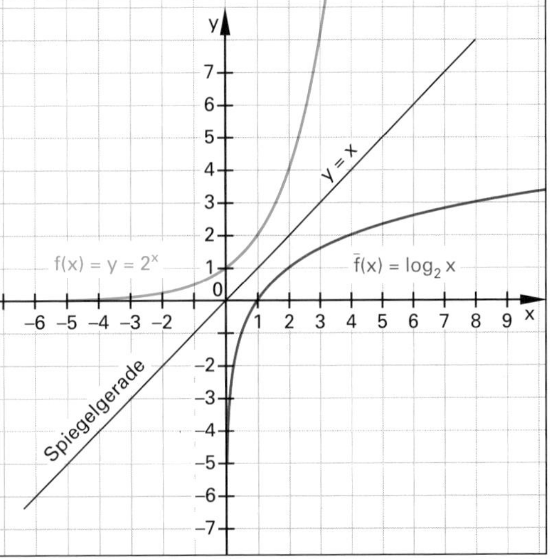

Bild 1: Exponentialfunktion mit der Basis 2

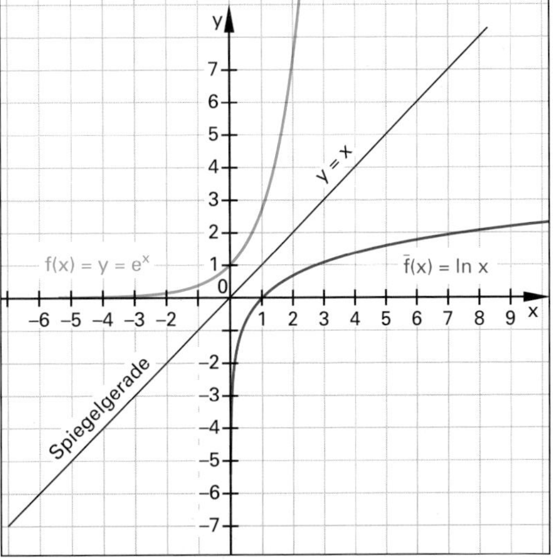

Bild 2: Exponentialfunktion mit der Basis e

4.8.3 Monotonie und Umkehrbarkeit

Eine Funktion f ist genau dann umkehrbar, wenn sie im Definitionsbereich streng monoton wachsend oder streng monoton fallend ist. Falls die Funktion nur abschnittsweise die Eigenschaft der strengen Monotonie aufweist, kann die Umkehrfunktion über der eingeschränkten Definitionsmenge bestimmt werden. Dies wird an Beispielen der Kreisfunktionen (trigonometrischen Funktionen) gezeigt **(Tabelle 1)**.

Beispiel 1: Kosinusfunktion

Gegeben ist über $D_f = \mathbb{R}$ die Gleichung der Funktion f mit $y = \cos x$; $x \in D_f$.

a) Untersuchen Sie, ob f umgekehrt werden kann und geben Sie die Wertemenge W an.

b) Bestimmen Sie die Gleichung der Umkehrfunktion $\bar{f}$ und geben Sie deren Definitionsmenge $D_{\bar{f}}$ und Wertemenge $W_{\bar{f}}$ an.

Lösung: **Bild 1**

a) Die Funktion ist für $D_f = \mathbb{R}$ nicht eindeutig und damit so nicht umkehrbar. Umkehrbar eindeutig wird sie z. B. für $D_f = [0; \pi]$ mit $W_f = [-1; 1]$.

b) Umkehrfunktion von f: $f(x) = y = \cos x$ in zwei Schritten:

1. Vertauschen der Variablen:

$x = \cos y \Rightarrow \bar{f}(y) = \cos y$

2. Umstellung der Gleichung nach y:

$\arccos(\cos y) = \arccos x \Leftrightarrow y = \arccos x$.

Wegen $D_{\bar{f}} = [-1; 1]$ und $W_{\bar{f}} = [0; \pi]$ folgt:

$\bar{f}(x) = \arccos x$ mit $x \in D_{\bar{f}}$ und $y \in W_{\bar{f}}$.

So heißt die Umkehrfunktion zur Kosinusfunktion Arkuskosinusfunktion, kurz „arccos“ (Tabelle 1).

Beispiel 2: Tangensfunktion

Die Tangensfunktion $f(x) = y = \tan x$ ist abschnittsweise über $D_f =]-z; z[$ und $z = \frac{(2n + 1) \cdot \pi}{2}$; $n \in \mathbb{N}$ definiert **(Tabelle 1)**.

a) Untersuchen Sie, ob f umkehrbar ist und geben Sie die Wertemenge W an.

b) Bestimmen Sie die Gleichung der Umkehrfunktion $\bar{f}$ sowie deren Definitionsmenge $D_{\bar{f}}$ und Wertemenge $W_{\bar{f}}$.

Lösung: **Bild 2**

a) Für $D_f = \left]-\frac{\pi}{2}; \frac{\pi}{2}\right[$ und $W_f = \mathbb{R}$ ist f eineindeutig damit umkehrbar.

b) Umkehrfunktion

1. $x = \tan y \Rightarrow \bar{f}(x) = \tan y$

2. $\arctan(\tan y) = \arctan x \Leftrightarrow y = \arctan x$

Wegen $D_{\bar{f}} = \mathbb{R}$ und $W_{\bar{f}} = \left]-\frac{\pi}{2}; \frac{\pi}{2}\right[$ folgt:

$\bar{f}(x) = \arctan x$ mit $x \in D_{\bar{f}}$ und $y \in W_{\bar{f}}$

Tabelle 1: Kreisfunktionen und Arkusfunktionen

Funktion f(x) =	D_f, W_f	Arkusfunktion f(x) =	$D_{\bar{f}}$, $W_{\bar{f}}$
sin x	$D_f = \left[-\frac{\pi}{2}; \frac{\pi}{2}\right]$ $W_f = [-1; 1]$	arcsin x	$D_{\bar{f}} = [-1; 1]$ $W_{\bar{f}} = \left[-\frac{\pi}{2}; \frac{\pi}{2}\right]$
cos x	$D_f = [0; \pi]$ $W_f = [-1; 1]$	arccos x	$D_{\bar{f}} = [-1; 1]$ $W_{\bar{f}} = \left[-\frac{\pi}{2}; \frac{\pi}{2}\right]$
tan x	$D_f = \left]-\frac{\pi}{2}; \frac{\pi}{2}\right[$ $W_f = \mathbb{R}$	arctan x	$D_{\bar{f}} = \mathbb{R}$ $W_{\bar{f}} = \left[-\frac{\pi}{2}; \frac{\pi}{2}\right]$
cot x	$D_f =]0; \pi[$ $W_f = \mathbb{R}$	arccot x	$D_{\bar{f}} = \mathbb{R}_+$; $W_{\bar{f}} = \mathbb{R}$

Die Umkehrfunktionen der Kreisfunktionen heißen Arkusfunktionen.

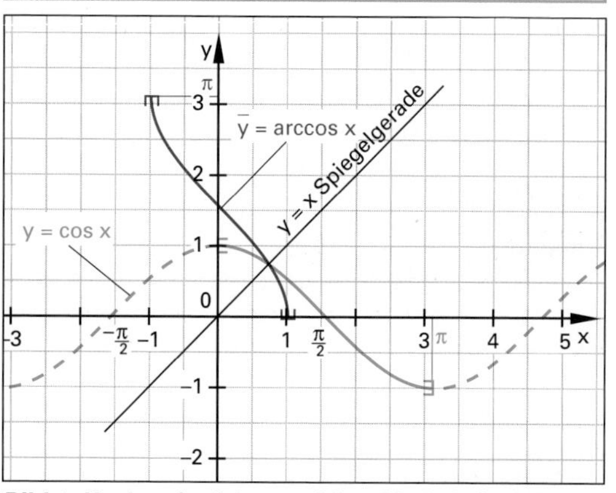

Bild 1: Kosinusfunktion und ihre Umkehrfunktion

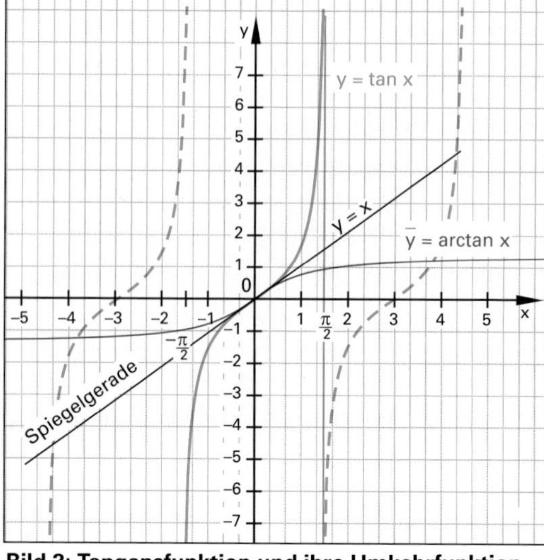

Bild 2: Tangensfunktion und ihre Umkehrfunktion

4.8.4 Stetigkeit von Funktionen

Stetige Funktionen können durch einen lückenlosen, zusammenhängenden Kurvenzug dargestellt werden **(Bild 1)**.

> Eine Funktion f ist an jeder Stelle eines Definitionsintervalls stetig, wenn sich ihr Schaubild ohne abzusetzen zeichnen lässt.

Betrachtet man die Umgebung um die Stelle x_0 in **Bild 1**, stellt man fest, dass die Funktionswerte $f(x_0 - h)$ sowie $f(x_0 + h)$ gegen denselben Funktionswert streben.

> Die Funktion f ist an der Stelle x_0 stetig, wenn gilt:
>
> $\lim\limits_{h \to 0} f(x_0 + h) = \lim\limits_{h \to 0} f(x_0 - h) = f(x_0); \quad h > 0$

Eine unstetige Funktion hat keinen lückenlosen Kurvenzug **(Bild 2)**. Der linksseitige und rechtsseitige Grenzwert sind gleich **(Tabelle 1)**.

$\lim\limits_{h \to 0} f(2 + h) = \lim\limits_{h \to 0} f(2 - h) = 1; h > 0$

Jedoch existiert der Funktionswert f(2) an der Stelle x_0 nicht. Die Funktion hat hier eine Lücke.

Die gebrochenrationale Funktion **(Bild 3)** ist an der Polstelle x = 2 nicht definiert. Die Funktion ist aber im Definitionsbereich $D = \mathbb{R} \setminus \{2\}$ stetig.

Tabelle 1: Intervallgrenzen

Zeichen	Bedeutung
[a, b]]a, b[[a, b[,]a, b]	abgeschlossenes Intervall offenes Intervall halboffene Intervalle
├──	Abgeschlossener Anfang eines Intervalls oder einer Linie. Der Anfangspunkt gehört dazu.
──[	Abgeschlossenes Ende eines Intervalls oder einer Linie. Der Endpunkt gehört nicht dazu.
]──	Abgeschlossener Anfang eines Intervalls oder einer Linie. Der Anfangspunkt gehört nicht dazu.
──]	Abgeschlossenes Ende eines Intervalls oder einer Linie. Der Endpunkt gehört dazu.

Aufgaben:

1. Sind die Funktionen stetig oder unstetig?
   a) $s = f(t) = \frac{1}{2} g \cdot t^2$, gleichmäßig beschleunigte Bewegung,
   b) Telefonkosten = f(Gesprächsdauer), **(Bild 4)**.
2. **a)** Zeichnen Sie das Schaubild folgender Funktion und **b)** begründen Sie, ob die Funktion stetig oder unstetig ist.

$$f(x) = \begin{cases} 0{,}5x & \text{für } x \leq 2 \\ 0{,}5x + 1 & \text{für } x > 2 \end{cases}$$

Lösungen:
1. a) stetig **b)** unstetig
2. a) siehe Löser **b)** unstetig

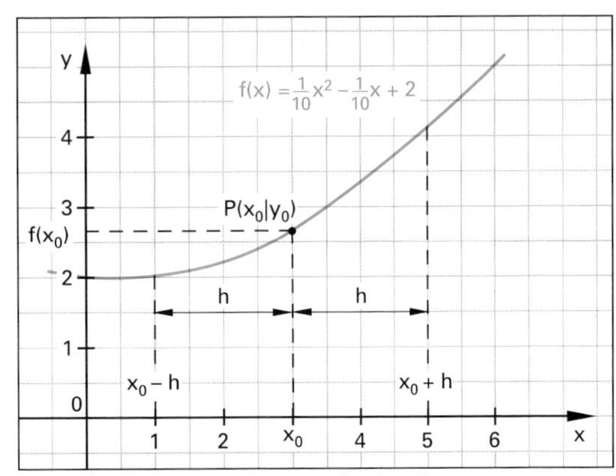

Bild 1: Stetige Funktion an der Stelle x_0

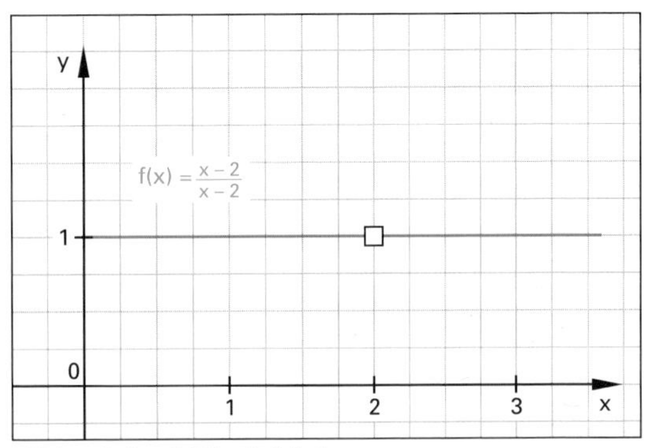

Bild 2: Schaubild mit Lücke

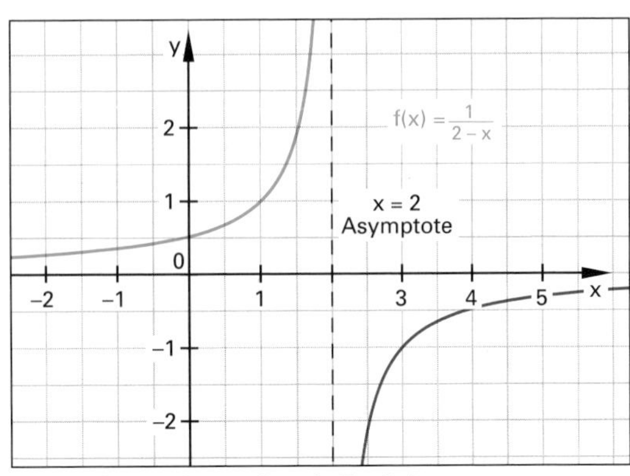

Bild 3: Gebrochenrationale Funktion

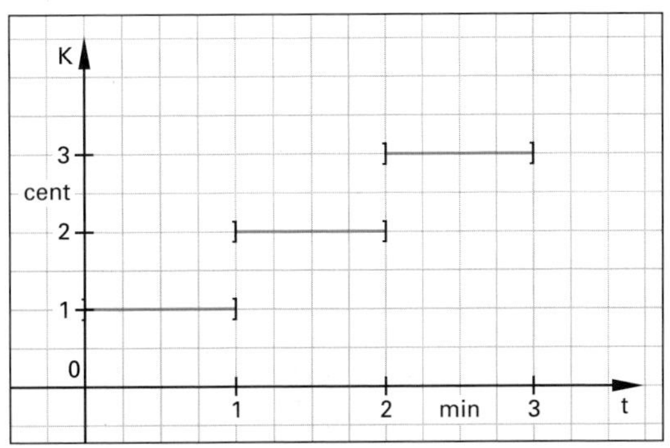

Bild 4: Telefonkostenfunktion

Überprüfen Sie Ihr Wissen!

1. Zeigen Sie, dass das Schaubild von f in **Bild 1** achsensymmetrisch zur y-Achse ist.
2. Zeigen Sie, dass das Schaubild von f in **Bild 2** punktsymmetrisch zum Ursprung ist.
3. Zeigen Sie, dass das Schaubild von f in **Bild 3** achsensymmetrisch zur Geraden $x = -1$ ist.
4. Zeigen Sie, dass das Schaubild von f in **Bild 4** punktsymmetrisch zum Punkt S (1|–1) ist.
5. Welche der folgenden ganzrationalen Funktionen haben zur y-Achse (zum Ursprung) symmetrische Schaubilder?

   a) $f(x) = 2x$ **b)** $f(x) = x^2$ **c)** $f(x) = -x^3$
   d) $f(x) = 0{,}5x^4$ **e)** $f(x) = x - 1$ **f)** $f(x) = 3x + 2$
   g) $f(x) = 2$ **h)** $f(x) = x^2 + 1$ **i)** $f(x) = -2x^4 + 1$
6. Untersuchen Sie die folgenden Funktionen auf Symmetrie zur y-Achse oder zum Ursprung.

   a) $f(x) = \sin x$ **b)** $f(x) = \cos x$ **c)** $f(x) = \sin^2 x$
   d) $f(x) = \cos^2 x$ **e)** $f(x) = e^x$ **f)** $f(x) = e^{2 \cdot x}$
   g) $f(x) = e^{x^2}$ **h)** $f(x) = \sin x + 1$
   i) $f(x) = \cos x - 2$
7. Welche Symmetrieart liegt bei den Schaubildern der Funktionen vor? Begründen Sie Ihre Aussage.

   a) $f(x) = -x^4 + 2x^2 - 1$ **b)** $f(x) = 3x^3 - x$

Lösungen:

1. f ist eine „gerade" Funktion.
2. f ist eine „ungerade" Funktion.
3. Für alle $x \in \mathbb{R}$ gilt: $f(-1 + x) = f(-1 - x)$.
4. Für alle $x \in \mathbb{R}$ gilt: $f(1 - x) + f(1 + x) + 2 = 0$.
5. Symmetrie zur y-Achse: **b)**, **d)**, **g)**, **h)**, **i)**; zum Ursprung O: **a)**, **c)**.
6. Symmetrie zur y-Achse: **b)**, **c)**, **d)**, **g)**, **i)**; zum Ursprung O: **a)** für $x \in \left[-\frac{\pi}{2}; \frac{\pi}{2}\right]$.
7. **a)** Symmetrie zur y-Achse wegen gerader Exponenten.
   b) Symmetrie zum Ursprung O wegen ungerader Exponenten.

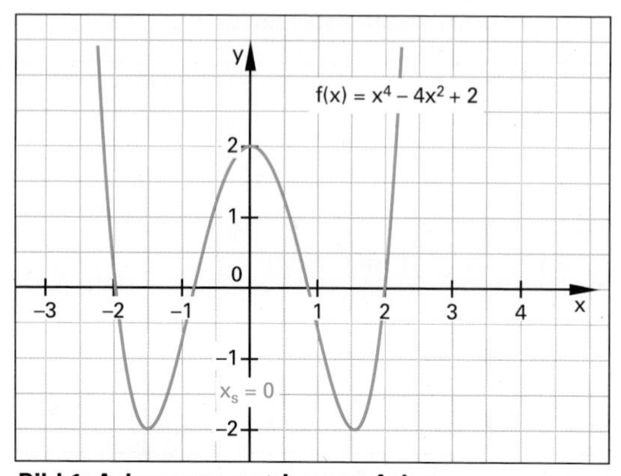

Bild 1: Achsensymmetrie zur y-Achse

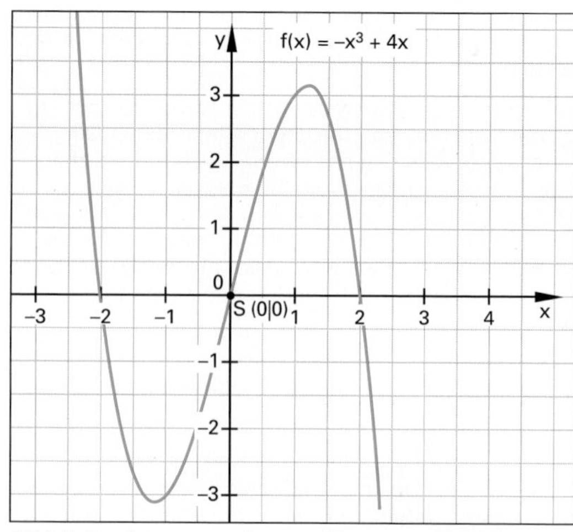

Bild 2: Punktsymmetrie zum Ursprung O (0|0)

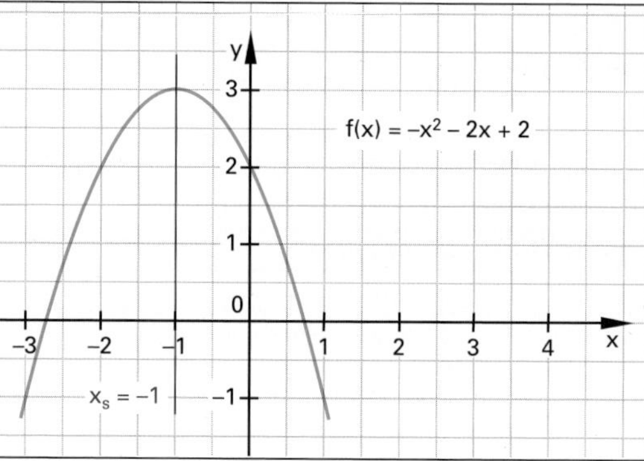

Bild 3: Achsensymmetrie zur Geraden x = –1

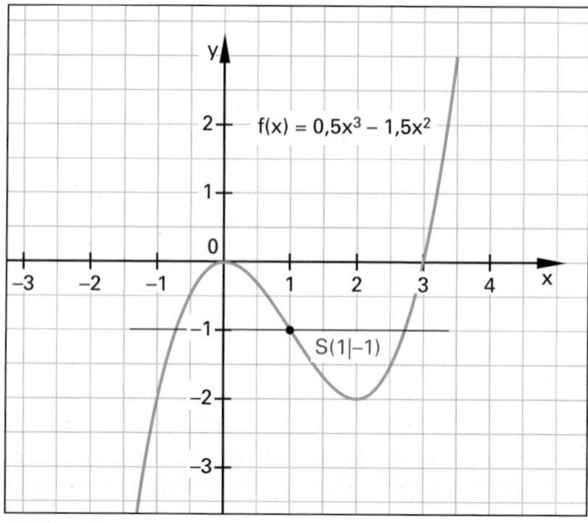

Bild 4: Punktsymmetrie zum Punkt S (1|–1)

5. Differenzialrechnung

5.1. Erste Ableitung f'(x)

Ein Bahnradfahrer befindet sich in einer Kurve einer Radbahn **(Bild 1)**. Ihr Profil verläuft nach der Gleichung $f(x) = \frac{1}{2} \cdot x^2$. Die Steigung m nimmt in der Kurve nach außen hin zu. Die Steigung an einer beliebigen Stelle x, z.B. $x_1 = 1$, ist gleich der Steigung der Tangenten im Berührpunkt B, z.B. B_1 **(Bild 2)**. Um dort die Steigung zu berechnen, benötigt man ein Steigungsdreieck.

Der Quotient $\frac{\Delta y}{\Delta x}$ ist der Quotient aus den Differenzen der y-Werte und der x-Werte von den Punkten B und P **(Bild 2)**.

Für die Stelle $x_1 = 1$ gilt:

$$m_1 = \frac{\Delta y}{\Delta x} = \frac{y_B - y_P}{x_B - x_P} = \frac{0{,}5 - 0}{1 - 0{,}5} = \frac{0{,}5}{0{,}5} = 1$$

Dieser aus zwei Differenzen bestehende Quotient heißt Differenzenquotient.

Mit dem Differenzenquotienten $\frac{\Delta y}{\Delta x}$ ermittelt man die Steigung zwischen zwei Punkten.

Beispiel 1: Steigung an der Stelle 3

Berechnen Sie die Steigung an der Stelle $x_3 = 3$ **(Bild 1)**.

Lösung:

$\Delta y = y_B - y_P = 4{,}5 - 0 = 4{,}5$

$\Delta x = x_B - x_P = 3 - 1{,}5 = 1{,}5$

$m_3 = \frac{\Delta y}{\Delta x} = \frac{4{,}5}{1{,}5} = \mathbf{3}$

An der Stelle $x_0 = 0$ hat die Kurve keine Steigung **(Bild 1, Tabelle 1)**. Es gilt: $m_0 = 0$

Berechnet man m an verschiedenen Stellen x, erkennt man den Zusammenhang zwischen den Werten x und den Werten m der Steigungen, es gilt m = x **(Tabelle 1)**.

Die Steigung der Funktion f ist also ebenfalls eine von x abhängige Funktion. Diese Funktion nennt man **erste Ableitung** und bezeichnet sie mit f'(x) (sprich: f Strich von x).

Die erste Ableitung f'(x) ist die Funktion der Steigung von f(x).

Sie gibt die Steigung an jeder Stelle x an. Für die Funktion mit $f(x) = \frac{1}{2} \cdot x^2$ erhält man die erste Ableitung

$$f'(x) = x.$$

Aufgaben:

1. Welche Eigenschaft eines Schaubildes gibt die erste Ableitung f'(x) an?
2. Warum führt das Ermitteln von Steigungen über das Anlegen von Tangenten zu ungenauen Ergebnissen?

Lösungen:

1. Steigung **2.** Ungenaues Anlegen

$$m = f'(x_B) \qquad m = \frac{\Delta y}{\Delta x} = \frac{y_B - y_P}{x_B - x_P}$$

m	Tangentensteigung
$f'(x_B)$	Steigung des Schaubildes von f im Berührpunkt
Δ	Unterschied
x_B, y_B	Berührpunktkoordinaten
x_P, y_P	Tangentenpunktkoordinaten

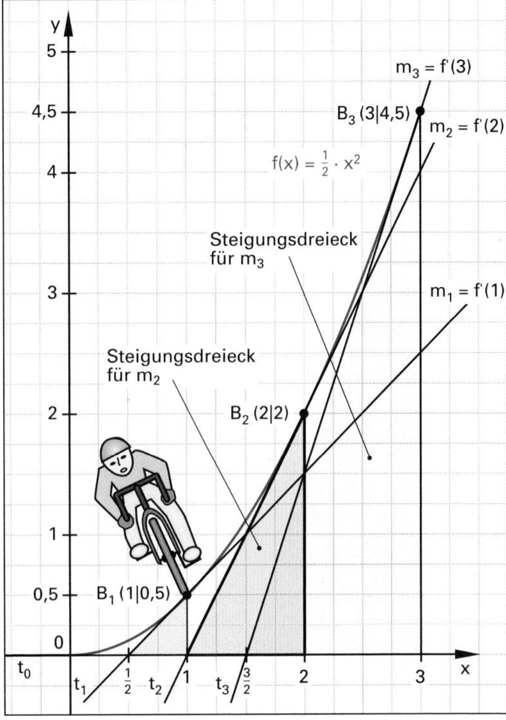

Bild 1: Bahnradfahrer in der Kurve

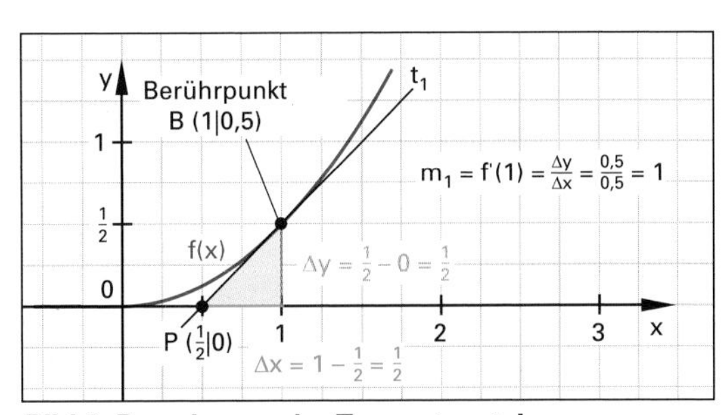

Bild 2: Berechnung der Tangentensteigung

Tabelle 1: Steigungen zu Bild 1

Stelle x	f(x)	Δy	Δx	$m = f'(x_B)$
0	0	0	$\neq 0$	0
1	0,5	0,5	0,5	1
2	2	2	1	2
3	4,5	4,5	1,5	3

5.2 Differenzialquotient

Das Ermitteln der ersten Ableitung einer Funktion f mit Tangenten ist nicht sinnvoll, da das genaue Anlegen der Tangenten an das Schaubild von f Probleme bereitet. Deshalb wählt man den Punkt P des Steigungsdreiecks zunächst auch auf dem Schaubild von f(x) **(Bild 1)**. Anstelle der Tangenten erhält man nun eine Sekante (Schneidende) s, die aber nicht mehr dieselbe Steigung wie die Tangente durch den Berührpunkt besitzt. Die Sekantensteigung m_s erhält man mit dem Differenzenquotienten:

$$m_s = \frac{\Delta y}{\Delta x} = \frac{0{,}5 - \frac{1}{32}}{1 - 0{,}25} = \frac{0{,}46875}{0{,}75} = 0{,}625$$

Je näher der Punkt P beim Berührpunkt B liegt, desto genauer kann der tatsächliche Steigungswert für den Berührpunkt berechnet werden. Das exakte Ergebnis, nämlich $m_1 = 1$, erhält man jedoch erst, wenn man den Punkt P so weit nach B verschiebt, bis P und B deckungsgleich sind **(Bild 1 und Bild 2)**. Der Wert Δx wird dabei immer kleiner bis er nahezu null ist. Man schreibt $\Delta x \to 0$ (sprich: Delta x gegen null). Das Steigungsdreieck wird dadurch beliebig klein **(Bild 2)**.

> Lässt man beim Differenzenquotienten das Δx gegen null gehen, erhält man den Differenzialquotienten.

Da Δx im Differenzenquotienten im Nenner steht, darf man nicht den Wert null für Δx einsetzen. Deshalb bildet man den Grenzwert, auch Limes (von lat. limes = Grenze) genannt:

$$f'(x) = \lim_{\Delta x \to 0} \frac{\Delta y}{\Delta x} = \frac{dy}{dx}$$

Mithilfe des Differenzialquotienten lässt sich von jeder Funktion, die sich ableiten (differenzieren) lässt, die erste Ableitung rechnerisch ermitteln. Der Berührpunkt B erhält dabei die Koordinaten (x|f(x)) und der Punkt P die Koordinaten (x −Δx|f(x − Δx)) **(Bild 3)**. Δy wird als Differenz der y-Koordinaten ersetzt:

$$f'(x) = \lim_{\Delta x \to 0} \frac{f(x) - f(x - \Delta x)}{\Delta x}$$

In die Gleichung setzt man nun die beiden Funktionswerte der Funktion f mit $f(x) = \frac{1}{2} \cdot x^2$ ein:

$$f'(x) = \lim_{\Delta x \to 0} \frac{\frac{1}{2} \cdot x^2 - \frac{1}{2} \cdot (x - \Delta x)^2}{\Delta x}$$

Im Zähler wird das Binom aufgelöst und vereinfacht:

$$f'(x) = \lim_{\Delta x \to 0} \frac{\frac{1}{2} \cdot x^2 - \frac{1}{2} \cdot x^2 + x \cdot \Delta x - \frac{1}{2}(\Delta x)^2}{\Delta x}$$

$$f'(x) = \lim_{\Delta x \to 0} \frac{x \cdot \Delta x - \frac{1}{2} \cdot (\Delta x)^2}{\Delta x}$$

Im Zähler wird Δx ausgeklammert und der Bruch mit Δx gekürzt, da $\Delta x \to 0$ aber nicht gleich null ist:

$$f'(x) = \lim_{\Delta x \to 0} \frac{\Delta x \cdot \left(x - \frac{1}{2} \cdot \Delta x\right)}{\Delta x} = \lim_{\Delta x \to 0} \left(x - \frac{1}{2} \cdot \Delta x\right)$$

Da Δx nicht mehr im Nenner steht, darf nun für Δx null eingesetzt werden. Der Limes entfällt dadurch:

$$f'(x) = x - \frac{1}{2} \cdot 0 \Rightarrow f'(x) = x$$

Also ist $f'(x) = x$ die erste Ableitung von $f(x) = \frac{1}{2} \cdot x^2$.

$$f'(x) = \frac{dy}{dx} = \frac{df(x)}{dx} = \lim_{\Delta x \to 0} \frac{f(x) - f(x - \Delta x)}{\Delta x} \qquad \Delta x \neq 0$$

$f'(x)$	erste Ableitung von f(x)
$\frac{dy}{dx}$	Differenzialquotient
$\lim\limits_{\Delta x \to 0}$	Grenzwert für Δx gegen null

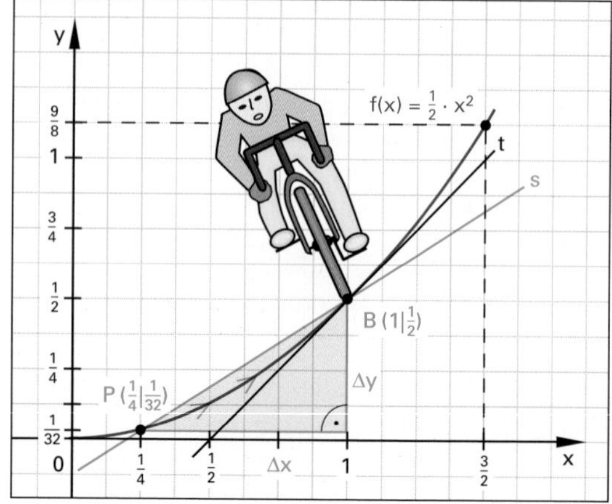

Bild 1: Steigung der Sekanten

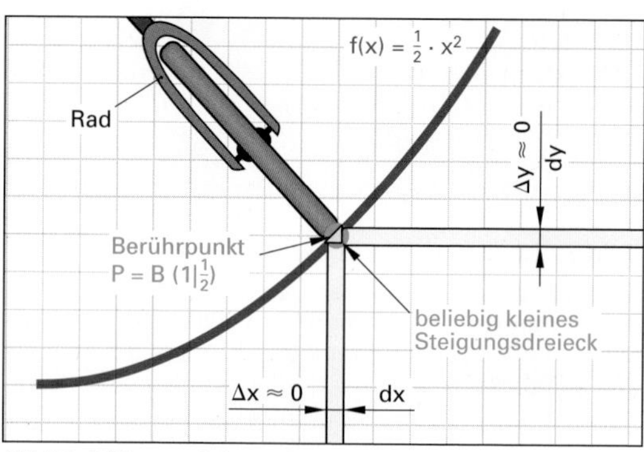

Bild 2: Differenzialquotient

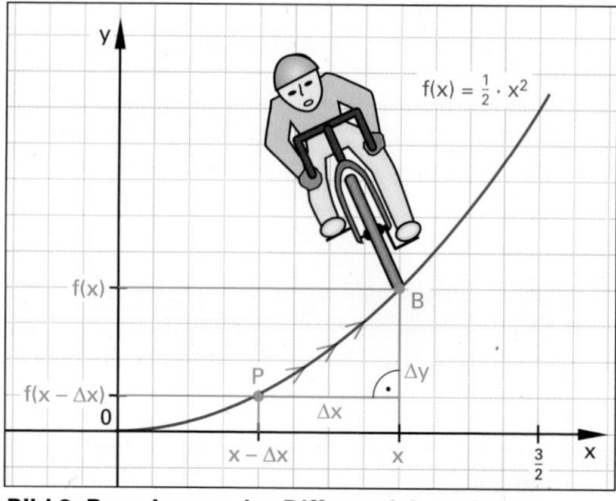

Bild 3: Berechnung des Differenzialquotienten

Auf dieselbe Weise können die Ableitungen von anderen Funktionen berechnet werden. Im Regelfall ist die dazu notwendige Berechnung jedoch erheblich umfangreicher. Deshalb benutzt man z.B. Formelsammlungen, um die Ableitung einer Funktion aus dieser zu entnehmen **(Tabelle 1)**.

Beispiel 1: Ableitungen

Berechnen Sie die erste Ableitung der Funktion mit $f(x) = \frac{3}{4} \cdot x^4$ mithilfe der Tabelle.

Lösung:

Es ist $a = \frac{3}{4}$ und $n = 4$. $f'(x) = \frac{3}{4} \cdot 4 \cdot x^{4-1} = \mathbf{3 \cdot x^3}$

Beim Ableiten ganzrationaler Funktionen vermindert sich der Exponent immer um den Wert 1 **(Tabelle 1** und **Tabelle 2)**.

Leitet man die Funktion y = sin x ab, verschiebt sie sich um 90°. Man erhält y' = cos x.

Die einzige Funktion, bei der die Ableitung gleich der Funktionsgleichung ist, ist $f(x) = e^x$.

Tabelle 1: Ableitungen von Funktionen

abzuleitende Funktion y = f(x)	abgeleitete Funktion y' = f'(x)
$y = C$	$y' = 0$
$y = x$	$y' = 1$
$y = a \cdot x$	$y' = a$
$y = a \cdot x^n$	$y' = a \cdot n \cdot x^{n-1}$
$y = \frac{a}{x^n} = a \cdot x^{-n}$	$y' = a \cdot (-n) \cdot x^{-n-1} = -\frac{a \cdot n}{x^{n+1}}$
$y = \sqrt{x}$	$y' = \frac{1}{2\sqrt{x}}$
$y = a \cdot \sqrt[n]{x} = a \cdot x^{\frac{1}{n}}$	$y' = a \cdot \frac{1}{n} \cdot x^{\frac{1}{n}-1} = \frac{a}{n \cdot \sqrt[n]{x^{n-1}}}$
$y = e^x$	$y' = e^x$
$y = a \cdot e^{bx}$	$y' = a \cdot b \cdot e^{bx}$
$y = a \cdot b^x$	$y' = a \cdot \ln b \cdot b^x$
$y = \ln x$	$y' = \frac{1}{x}$
$y = a \cdot \ln(bx)$	$y' = \frac{a}{x}$
$y = \sin x$	$y' = \cos x$
$y = \cos x$	$y' = -\sin x$
$y = a \cdot \sin(bx)$	$y' = a \cdot b \cdot \cos(bx)$
$y = a \cdot \cos(bx)$	$y' = -a \cdot b \cdot \sin(bx)$
$y = \tan x$	$y' = \frac{1}{\cos^2 x}$
$y = a \cdot \tan(bx)$	$y' = \frac{a \cdot b}{\cos^2(bx)}$
$y = a \cdot \sin^2(bx)$	$y' = 2ab \cdot \sin(bx) \cdot \cos(bx)$

C Konstante, Zahlenwert
a, b konstante, von x unabhängige Faktoren

Beispiel 2: Steigung

Berechnen Sie die Steigung der Funktion mit $f(x) = 2 \cdot e^{-\frac{1}{4} \cdot x}$ an der Stelle $x = -1$.

Lösung:

$f'(x) = 2 \cdot \left(-\frac{1}{4}\right) \cdot e^{-\frac{1}{4} \cdot x} = -\frac{1}{2} \cdot e^{-\frac{1}{4} \cdot x}$

$f'(-1) = -\frac{1}{2} \cdot e^{\frac{1}{4}} = -\frac{1}{2} \cdot 1{,}284 = \mathbf{-0{,}642}$

Tabelle 2: Ableitungen ganzrationaler Funktionen

f(x)	f'(x)

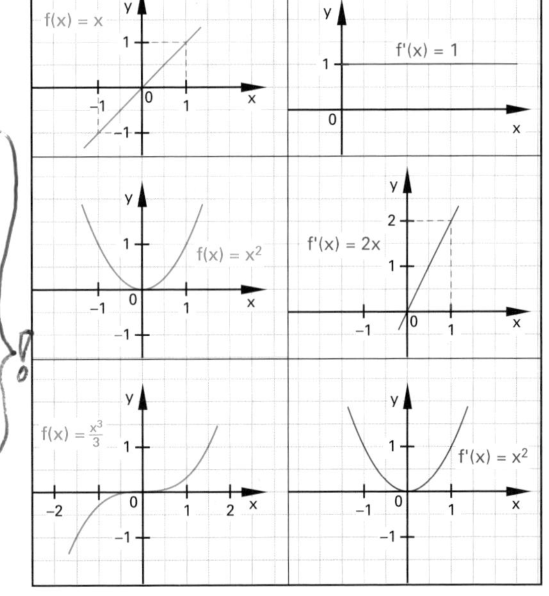

Aufgaben:

Bestimmen Sie die erste Ableitung:

1. **a)** $y = 7$ **b)** $y = 4x$ **c)** $y = 2x^3$
d) $y = 2 \cdot \sqrt{x}$ **e)** $y = \cos(3x)$ **f)** $y = e^{2x}$

2. **a)** $y = 0{,}125 \cdot x^{16}$ **b)** $y = 0{,}25 \cdot x^{-2}$ **c)** $y = 0{,}5 \cdot \ln(2x)$
d) $y = 3 \cdot \sin(2x)$ **e)** $y = 3 \cdot \sqrt[3]{x}$ **f)** $y = e^{0{,}367} \cdot 2^x$

Lösungen:

1. **a)** 0 **b)** 4 **c)** $6x^2$
d) $\frac{1}{\sqrt{x}}$ **e)** $-3\sin(3x)$ **f)** $2 \cdot e^{2x}$

2. **a)** $2x^{15}$ **b)** $-\frac{1}{2x^3}$ **c)** $\frac{1}{2x}$
d) $6 \cdot \cos(2x)$ **e)** $\frac{1}{\sqrt[3]{x^2}}$ **f)** 2^x

5.3 Ableitungsregeln

Hängt eine Funktion nicht nur direkt von der Variablen x allein ab, z. B. bei $f(x) = \sin(3x - 1)$, oder besteht eine Funktion aus einer Verknüpfung von Teilfunktionen, z. B. bei $f(x) = x \cdot e^x$, so sind besondere Regeln beim Ableiten einzuhalten.

Faktorregel

Ein konstanter Faktor einer Funktion, z. B. a mit $a \in \mathbb{R}$ bleibt beim Ableiten erhalten.

Beispiel 1: Faktorregel

Leiten Sie $f(x) = 4 \cdot \sin x$ ab.

Lösung:

$f'(x) = \mathbf{4 \cdot \cos x}$

Die reelle Zahl 4 ist ein konstanter Faktor, der beim Ableiten erhalten bleibt.

Summenregel

Beim Ableiten einer Summe werden die Summanden einzeln nacheinander abgeleitet.

Beispiel 2: Summenregel

Leiten Sie $f(x) = 3 \cdot e^x + 5 \cdot \cos x + \frac{1}{4} \cdot x^8$ ab.

Lösung:

$f'(x) = \mathbf{3 \cdot e^x - 5 \cdot \sin x + 2 \cdot x^7}$

Die Zahlen 3, 5 und $\frac{1}{4}$ sind konstante Faktoren. Die Funktionen e^x, $\cos x$ und x^8 werden nach den Formeln der Tabelle 1 der vorhergehenden Seite abgeleitet.

Produktregel

Ist eine Funktion f das Produkt $u(x) \cdot v(x)$ aus den Teilfunktionen u(x) und v(x), wird die Ableitung von f(x) wie folgt berechnet: $(u \cdot v)' = u' \cdot v + u \cdot v'$

Beispiel 3: Produktregel

Leiten Sie $f(x) = \underbrace{x}_{=u} \cdot \underbrace{\sin x}_{=v}$ ab.

Lösung:

$f'(x) = \underbrace{1}_{=u'} \cdot \underbrace{\sin x}_{=v} + \underbrace{x}_{=u} \cdot \underbrace{\cos x}_{=v'} = \mathbf{\sin x + x \cdot \cos x}$

Im ersten Summanden der Ableitung ist nur u(x) abgeleitet und im zweiten Summanden nur v(x).

Besteht eine Funktion aus dem Produkt der Teilfunktionen u(x), v(x) und w(x), also $f(x) = u \cdot v \cdot w$, so ist die erste Ableitung:

$$\begin{aligned}(u \cdot v \cdot w)' &= u' \cdot (v \cdot w) + u \cdot (v \cdot w)' \\ &= u' \cdot v \cdot w + u \cdot (v' \cdot w + v \cdot w') \\ &= u' \cdot v \cdot w + u \cdot v' \cdot w + u \cdot v \cdot w'\end{aligned}$$

Faktorregel

$f(x) = a \cdot u(x);\ a \in \mathbb{R} \Rightarrow$ $f' = (a \cdot u)' = a \cdot u'$

Summenregel

$f(x) = u(x) \pm v(x) \Rightarrow$ $f' = (u \pm v)' = u' \pm v'$

Produktregel

$f(x) = u(x) \cdot v(x) \Rightarrow$ $f' = (u \cdot v)' = u' \cdot v + u \cdot v'$

Quotientenregel

$f(x) = \frac{u(x)}{v(x)};\ v(x) \neq 0 \Rightarrow$ $f' = \left(\frac{u}{v}\right)' = \frac{u' \cdot v - u \cdot v'}{v^2}$

f, u, v Funktionen von x mit $x \in D$

Quotientenregel

Ist eine Funktion f der Quotient aus den Teilfunktionen u(x) und v(x), wird die Ableitung von f(x) wie folgt berechnet:

$$\left(\frac{u}{v}\right)' = \frac{u' \cdot v - u \cdot v'}{v^2};\quad v \neq 0$$

Beispiel 4: Quotientenregel

Leiten Sie $f(x) = \frac{\ln(x)}{x};\ x > 0$ nach x ab.

Lösung:

$f'(x) = \frac{\frac{1}{x} \cdot x - \ln(x) \cdot 1}{x^2} = \mathbf{\frac{1 - \ln(x)}{x^2}}$

Die Funktion f(x) kann anstelle des Quotienten auch als das Produkt $\ln(x) \cdot x^{-1}$ dargestellt werden und mit der Produktregel abgeleitet werden. Es ist dann:

$$\begin{aligned}f'(x) &= x^{-1} \cdot x^{-1} + \ln(x) \cdot (-1 \cdot x^{-2}) \\ &= x^{-2} - \ln(x) \cdot x^{-2} \\ &= (1 - \ln(x)) \cdot x^{-2} \\ &= \frac{1 - \ln(x)}{x^2}\end{aligned}$$

Aufgaben:

1. Leiten Sie mithilfe der Faktorregel ab.
a) $y = 3x$ **b)** $y = -x^2$ **c)** $y = \frac{x^3}{3}$
d) $y = 2 \cdot \sin x$ **e)** $y = -3 \cdot \cos x$ **f)** $y = 0{,}5 \cdot e^x$

2. Leiten Sie mit der Summenregel ab.
a) $y = x^4 - x^3$ **b)** $y = e^x - \cos x$

3. Leiten Sie mit der Produktregel ab.
a) $y = x \cdot e^x$ **b)** $y = x \cdot \sin x$

4. Leiten Sie mit der Quotientenregel ab.
a) $y = \frac{\sin x}{x}$ **b)** $y = \frac{x+1}{x-1}$

Lösungen:

1. a) 3 **b)** $-2x$ **c)** x^2
d) $2 \cdot \cos x$ **e)** $3 \cdot \sin x$ **f)** $0{,}5 \cdot e^x$
2. a) $4x^3 - 3x^2$ **b)** $e^x + \sin x$
3. a) $e^x(1 + x)$ **b)** $\sin x + x \cdot \cos x$
4. a) $\frac{\cos x \cdot x - \sin x}{x^2}$ **b)** $\frac{-2}{(x-1)^2}$

Kettenregel

Besteht eine Funktion f(x) aus zwei ineinander verschachtelten (verketteten) Funktionen, ist die Ableitung von f(x) das Produkt aus äußerer Ableitung und innerer Ableitung.

Beispiel 1: Kettenregel

Leiten Sie $f(x) = \sin(3x^2 - 1)$ ab.

Lösung:

$f'(x) = \underbrace{(\cos(3x^2 - 1))}_{\text{äußere Ableitung}} \cdot \underbrace{(6 \cdot x - 0)}_{\text{innere Ableitung}}$

$\mathbf{f'x = 6x \cdot \cos(3x^2 - 1)}$

Bezeichnet man die innere Funktion $3x^2 - 1$ mit z(x), so erhält man die beiden Gleichungen:

$z(x) = 3x^2 - 1$

$f[z(x)] = \sin(z)$

Bei der äußeren Ableitung wird also sin(z) zu cos(z) abgeleitet, d. h. man leitet sin(z) nach z ab:

$[\sin(z)]' = \cos(z) = \cos(3x^2 - 1)$.

Danach wird die innere Funktion nach x abgeleitet:

$z'(x) = 6x$.

Beide Ableitungen werden miteinander multipliziert.

Beispiel 2: Kettenregel mit drei Funktionen

Leiten Sie $f(x) = e^{\cos(1-3x)}$ nach x ab.

Lösung:

$f'(x) = e^{\cos(1-3x)} \cdot [-\sin(1 - 3x)] \cdot (0 - 3)$

$= \mathbf{3 \cdot \sin(1 - 3x) \cdot e^{\cos(1-3x)}}$

Die Funktion f(x) besteht aus drei ineinander verketteten Funktionen:

$w(x) = (1 - 3x)$

$z(w) = \cos(w)$

$f(z) = e^z$

Beim Ableiten wird f(z) nach z, z(w) nach w und w(x) nach x abgeleitet:

$f'(z) = e^{z(w)} = e^{\cos[w(x)]} = e^{\cos(1-3x)}$

$z'(w) = -\sin(w) = -\sin(1 - 3x)$

$w'(x) = -3$

f'(x) erhält man, indem man die drei Ableitungen miteinander multipliziert.

Kettenregel mit 2 Funktionen

$f(x) = f[z(x)] \Rightarrow$ $f'(x) = f'(z) \cdot z'(x)$

Kettenregel mit 3 Funktionen

$f(x) = f\{z[w(x)]\} \Rightarrow$ $f'(x) = f'(z) \cdot z'(w) \cdot w'(x)$

Aufgaben:

1. Leiten Sie mit der Faktorregel ab.

a) $y = 2x^9$ **b)** $y = 2x^3$ **c)** $y = \frac{3}{8} \cdot x^4$
d) $y = 4e^x$ **e)** $y = \frac{3}{x}$ **f)** $y = 2\sqrt{x}$
g) $y = \frac{2}{x^2}$ **h)** $y = 5 \cdot \tan x$

2. Leiten Sie mit der Summenregel ab.

a) $y = 4\ln x - 3\cos x$
b) $y = -x^4 + 2x^3 - 5x^2 + 4$

3. Leiten Sie mit der Produktregel ab.

a) $y = x^2 \cdot e^x$ **b)** $y = \cos x \cdot \tan x$
c) $y = 2 - x \cdot \ln x$ **d)** $y = (x^4 - 4) \cdot (-x^2 + 2)$
e) $y = x \cdot \ln x$

4. Leiten Sie mit der Quotientenregel ab.

a) $y = \frac{\cos x}{\sin x}$ **b)** $y = \frac{e^x}{x}$ **c)** $y = \frac{x^2 + x - 6}{x + 3}$

5. Leiten Sie mit der Kettenregel ab.

a) $y = (1 - \sin x)^2$ **b)** $y = \cos(4x)$ **c)** $y = e^{\sin x}$
d) $y = e^{(-4x + 1)}$ **e)** $y = (x^2 - 7x + 1)^3$
f) $y = \sin(1 - x)^2$ **g)** $y = \sin^2(2x^2 - 3x + 4{,}5)$

6. Leiten Sie mit allen Regeln ab.

a) $y = x \cdot e^{-x} - 25$ **b)** $y = 32 + e^{1-2x} \cdot (1 - 3x)$
c) $y = x \cdot e^{-x} + e^{-x}$ **d)** $y = 3x \cdot \sin(3x - 2)$
e) $y = \frac{e^{-2x}}{x}$ **f)** $y = 6x \cdot \ln x^2$

7. Leiten Sie nach der Zeit t ab.

a) $s(t) = v \cdot t - \frac{1}{2} \cdot a \cdot t^2$; v = const., a = const.
b) $u(t) = U_0 \cdot \sin(\omega \cdot t)$; U_0 = const., ω = const.

Lösungen:

1. a) $18x^8$ **b)** $6x^2$ **c)** $1{,}5x^3$
d) $4e^x$ **e)** $-3x^{-2}$ **f)** $\frac{1}{\sqrt{x}}$
g) $-4 \cdot x^{-3}$ **h)** $\frac{5}{\cos^2 x}$

2. a) $\frac{4}{x} + 3\sin x$ **b)** $-4x^3 + 6x^2 - 10x$

3. a) $(2 + x) \cdot x \cdot e^x$ **b)** $\cos x$ **c)** $-\ln x - 1$
d) $-6x^5 + 8x^3 + 8x$ **e)** $\ln x + 1$

4. a) $-\frac{1}{\sin^2 x}$ **b)** $\frac{e^x \cdot (x - 1)}{x^2}$ **c)** 1

5. a) $-2 \cdot (1 - \sin x) \cdot \cos x$ **b)** $-4 \cdot \sin(4x)$
c) $e^{\sin x} \cdot \cos x$ **d)** $-4 \cdot e^{(-4x + 1)}$
e) $3 \cdot (x^2 - 7x + 1)^2 \cdot (2x - 7)$
f) $-2 \cdot (1 - x) \cdot \cos (1 - x)^2$
g) $2\sin(2x^2 - 3x + 4{,}5) \cdot \cos (2x^2 - 3x + 4{,}5) \cdot (4x - 3)$

6. a) $e^{-x} \cdot (1 - x)$ **b)** $e^{1-2x} \cdot (6x - 5)$
c) $-x \cdot e^x$
d) $3 \cdot \sin(3x - 2) + 9x \cdot \cos(3x - 2)$
e) $\frac{-(2x + 1) \cdot e^{-2x}}{x^2}$ **f)** $6 \cdot \ln x^2 + 12$

7. a) $v - a \cdot t$ **b)** $U_0 \cdot \omega \cdot \cos(\omega t)$

5.4 Höhere Ableitungen

Zweite Ableitung

Die zweite Ableitung f''(x) einer Funktion erhält man durch Differenzieren der ersten Ableitung f'(x).

$$f''(x) = \frac{d}{dx}\left[\frac{dy}{dx}\right] = \frac{df'(x)}{dx}$$

$f'(x) = \frac{dy}{dx}$ Differenzialquotient

Beispiel 1: Zweite Ableitung

Berechnen Sie die zweite Ableitung der Funktion mit $f(x) = 0{,}5 \cdot x^4$.

Lösung:

$f(x) = 0{,}5 \cdot x^4 \Rightarrow f'(x) = 2 \cdot x^3 \Rightarrow \mathbf{f''(x) = 6 \cdot x^2}$

Die zweite Ableitung einer Funktion gibt Auskunft über deren Krümmungsverhalten. Die S-Kurve einer Gokartbahn verläuft nach der Funktion mit

$$f(x) = \frac{x^3}{96} - \frac{x^2}{4} + \frac{3}{2} \cdot x + 2 \text{ (Bild 1).}$$

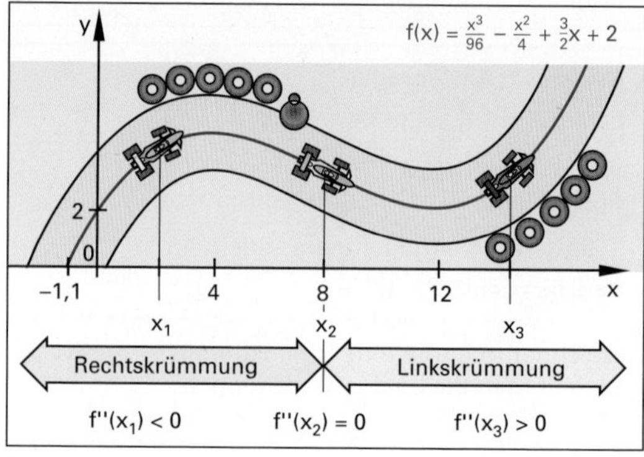

Bild 1: Krümmungsverhalten von f(x)

Im ersten Teil der S-Kurve, $x_1 < 8$, muss der Gokartfahrer das Lenkrad rechts einschlagen, da die Kurve rechtsgekrümmt ist. Dort nimmt die zweite Ableitung $f''(x_1)$ negative Werte an.

Beispiel 2: Rechtskrümmung

Berechnen Sie den Wert der zweiten Ableitung der Funktion f aus **Bild 1** an der Stelle x = 1.

Lösung:

$f'(x) = \frac{x^2}{32} - \frac{x}{2} + \frac{3}{2} \Rightarrow f''(x) = \frac{x}{16} - \frac{1}{2}$

$f''(1) = \frac{1}{16} - \frac{1}{2} = \mathbf{-\frac{7}{16} < 0}$

Im zweiten Teil der S-Kurve, $x_3 > 8$, muss der Gokartfahrer das Lenkrad links einschlagen. Im linksgekrümmten Teil der Funktion hat die zweite Ableitung positive Werte. Für $x_3 = 16$ gilt:

$$f''(16) = \frac{16}{16} - \frac{1}{2} = 1 - 0{,}5 = 0{,}5 > 0.$$

An der Stelle $x_2 = 8$ befindet sich der Gokartfahrer in einem Punkt ohne Krümmung. Die zweite Ableitung ist dort null. Es gilt: $f''(x) = 0$.

Beispiel 3: Keine Krümmung

Zeigen Sie, dass die Gokartbahn an der Stelle $x_2 = 8$ keine Krümmung hat.

Lösung:

$f''(8) = \frac{8}{16} - \frac{1}{2} = \frac{1}{2} - \frac{1}{2} = \mathbf{0}$

Mit der Polarität der zweiten Ableitung an einer Stelle x lässt sich das Krümmungsverhalten an dieser Stelle bestimmen **(Tabelle 1)**. Im Gegensatz zur ersten Ableitung, bei der ein Steigungswert der Kurve exakt berechnet werden kann, kann mit der zweiten Ableitung die Stärke der Krümmung nicht durch einen Wert zahlenmäßig ausgedrückt werden.

Höhere Ableitungen als die zweite Ableitung haben bezüglich der Kurveneigenschaften keine weitere Bedeutung.

Tabelle 1: Bedeutung von f(x), f'(x) und f''(x)

Gleichung	Bedeutung
f(x)	Gibt den Funktionswert der Funktion f an einer Stelle x an, z. B. $y_1 = f(x_1)$.
f'(x)	Gibt die Steigung m der Funktion f an einer Stelle x an, z. B. $m_1 = f'(x_1)$.
f''(x)	Gibt das Krümmungsverhalten der Funktion f an einer Stelle x an, z. B. $f''(x_1) > 0 \Rightarrow$ Linkskrümmung $f''(x_2) = 0 \Rightarrow$ keine Krümmung $f''(x_3) < 0 \Rightarrow$ Rechtskrümmung

Aufgaben:

1. Welches Verhalten eines Schaubildes gibt die zweite Ableitung einer Funktion an?
2. Bestimmen Sie die zweite Ableitung.
   a) $f(x) = x^2 - 4$ **b)** $f(x) = x + 2$
   c) $f(x) = x^3 - x$ **d)** $f(x) = -3x^3 + 4x^2 - 5x + 2$
   e) $f(x) = \frac{x^3}{6} - \frac{x^2}{2} + x - 1$
   f) $f(x) = -\frac{x^4}{12} + \frac{x^3}{3} + x^2 - 4x + 12$
3. Berechnen Sie die Steigung und die Krümmung an der Stelle x = 2.
   a) $f(x) = x^2 - 1$ **b)** $f(x) = \frac{x^3}{3} + \frac{x^2}{2} - 2$
4. In welchem Intervall ist das Schaubild von f(x) rechtsgekrümmt?
   a) $f(x) = \frac{x^4}{12} + \frac{x^3}{2} + 8x - 4$ **b)** $f(x) = x^4 - 13x^2 + 36$

Lösungen:

1. Krümmungsverhalten
2. **a)** 2 **b)** 0 **c)** 6x
   d) –18x + 8 **e)** x – 1 **f)** $-x^2 + 2x + 2$
3. **a)** 4, Linkskrümmung
   b) 6, Linkskrümmung
4. **a)**]–3; 0[**b)**]–1,47; 1,47[

Das Beispiel 2 auf der vorhergehenden Seite zeigt, dass eine ganzrationale Funktion mit jeder Ableitung um einen Grad in der Potenz abnimmt.

Beispiel 1: Höhere Ableitungen

a) Leiten Sie $f(x) = \frac{x^3}{8} - \frac{3}{2}x + 2$ so oft ab, bis sich null ergibt.

b) Zeichnen Sie die entstehenden Kurven.

Lösung:

a) $f'(x) = \frac{3}{8}x^2 - \frac{3}{2} \Rightarrow f''(x) = \frac{3}{4}x \Rightarrow f'''(x) = \frac{3}{4}$
$\Rightarrow f^{IV}(x) = 0$

b) **Bild 1**

Die vierte Ableitung ist null. Bei ganzrationalen Funktionen dritten Grades ist die vierte Ableitung immer null.

Eine besondere Funktion ist die Funktion $f(x) = e^x$, weil alle Ableitungen gleich sind:

$f(x) = e^x \Rightarrow f'(x) = f''(x) = f'''(x) = ... = e^x$ **(Bild 2)**.

An jeder Stelle x stimmen der Funktionswert f(x) und der Wert der Steigung m überein, z. B. haben an der Stelle x = 1 sowohl f(x) als auch m den Wert e. Da e^x stets größer als null ist, ist auch f''(x) stets größer als null, d. h. die Kurve $f(x) = e^x$ ist nur linksgekrümmt.

Beispiel 2: Ableiten von $f(x) = e^{-x}$

Leiten Sie $f(x) = e^{-x}$ drei Mal ab. Welche Änderung ergibt sich mit jeder Ableitung?

Lösung:

$f'(x) = -e^{-x} \Rightarrow f''(x) = e^{-x} \Rightarrow f'''(x) = -e^{-x}$

Mit jeder Ableitung wechselt das Vorzeichen.

Wird f(x) = sin x abgeleitet, erhält man f'(x) = cos x. Die Kurve der Ableitung ist gegenüber der Kurve der Funktion um 90° auf der x-Achse phasenverschoben **(Bild 3)**.

Beispiel 3: Ableiten von f(x) = sin x

Wie oft muss f(x) = sin x abgeleitet werden, bis die Ableitung und die Funktion denselben Kurvenverlauf haben?

Lösung:

$f'(x) = \cos x \Rightarrow f''(x) = -\sin x \Rightarrow f'''(x) = -\cos x$
$\Rightarrow f^{IV}(x) = \sin x$

f(x) muss vier Mal abgeleitet werden.

Aufgaben:

1. Bilden Sie die 3. Ableitung:
   a) $f(x) = e^{3x}$
   b) $f(x) = 2 \cdot e^{-x}$
   c) $f(x) = e^{-x} + e$
   d) $f(x) = \frac{1}{12}e^{6x} - e \cdot x^3$
2. Bilden Sie die 4. Ableitung:
   a) $f(x) = \sin(2x)$
   b) $f(x) = 8 \cdot \cos\left(\frac{x}{2}\right)$

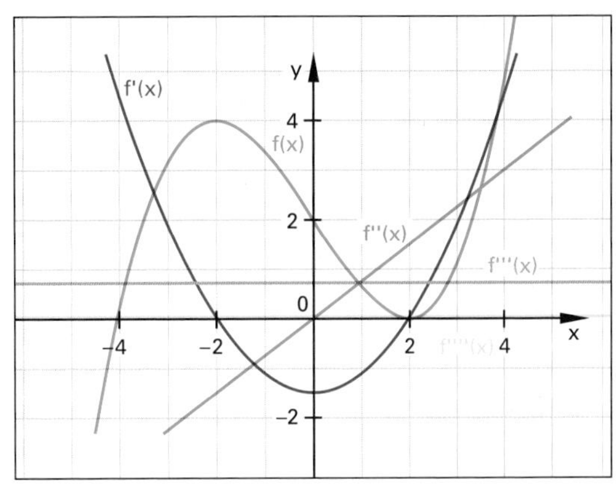

Bild 1: Ganzrationale Funktion 3. Grades und ihre Ableitungen

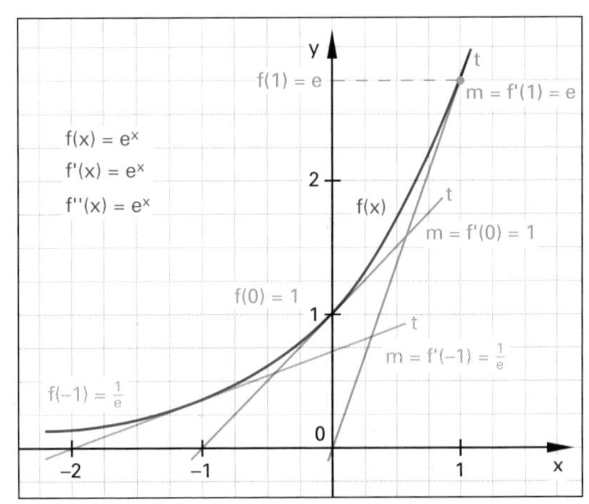

Bild 2: Funktionswerte und Steigungen von $f(x) = e^x$

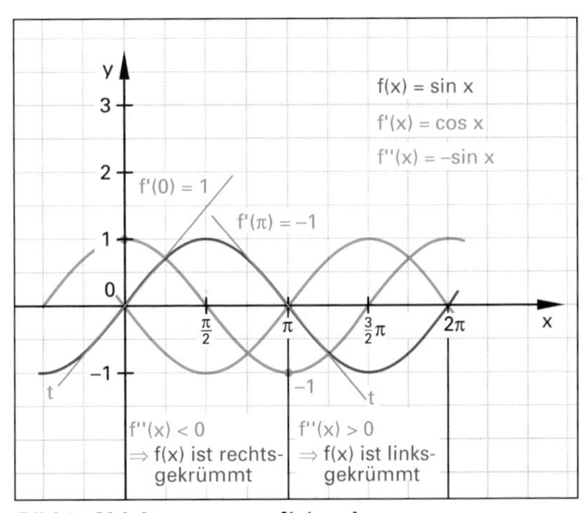

Bild 3: Ableitungen von f(x) = sin x

Lösungen:

1. a) $27 \cdot e^{3x}$ **b)** $-2e^{-x}$
c) $-e^{-x}$ **d)** $18 \cdot e^{6x} - 6e$

2. a) $16 \cdot \sin(2x)$ **b)** $\frac{1}{2}\cos\left(\frac{x}{2}\right)$

Überprüfen Sie Ihr Wissen!

1. Die Skaterbahn (Halfpipe) in **Bild 1** verläuft nach der Funktion $f(x) = \frac{x^8}{2200}$ mit 1 LE = 1 m für $x \in [-3; 3]$.
   a) Berechnen Sie die Steigungen bei 1 m, 2 m und 3 m.
   b) Wie hoch geht die Bahn hinauf ($x = 3$)?
   c) An welcher Stelle x beträgt die Steigung der Bahn $m = 3{,}8$?
   d) Zeigen Sie, dass die Skaterbahn nur linksgekrümmt ist.

2. Ein Geländewagen soll eine Anhöhe (**Bild 2**) hinauffahren. Das Anstiegsprofil verläuft nach der Funktion f mit $f(x) = -\frac{x^3}{250} + \frac{3x^2}{25}$ im Intervall [0; 20] mit 1 LE = 1 m.
   a) Berechnen Sie die Höhe und die Steigung bei 10 m und bei 20 m.
   b) Der Hersteller des Geländewagens gibt an, dass das Fahrzeug Steigungen bis 42° bewältigt. Kommt der Geländewagen die Anhöhe hinauf?
   c) Bis auf welche Höhe kommt der Geländewagen maximal?
   d) Berechnen Sie die maximale Steigung des Hangs.

3. Eine Baustellenauffahrt führt über den Hang aus **Bild 3** mit dem Profil nach der Funktion $f(x) = 5 - 5 \cdot e^{-0{,}2x}$ für $x > 0$ mit 1 LE = 1 m. Damit die Baustellenfahrzeuge den Hang hinaufkommen, wird eine Auffahrt mit der konstanten Steigung $m = 0{,}2$ aufgeschüttet.
   a) Berechnen Sie den Berührpunkt der Geraden g mit dem Schaubild der Funktion f.
   b) Bestimmen Sie die Gleichung der Geraden g.
   c) Berechnen Sie die Länge der Auffahrt.

4. Die ungedämpfte Schwingung aus **Bild 4** mit $f(x) = 2 \cdot \sin x$ hat periodisch sich wiederholende Steigungswerte. Bestimmen Sie die Stellen x, an welchen die Steigung den Wert 1 hat
   a) im Bogenmaß,
   b) im Gradmaß.
   c) Erstellen Sie die Gleichung der Tangente an der Stelle $x = \frac{\pi}{3}$.
   d) Zeigen Sie, dass das Schaubild von f an der Stelle $2{,}5 \cdot \pi$ rechtsgekrümmt ist.

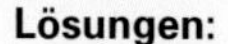

Lösungen:

1. a) 0,0036; 0,47; 7,95 **b)** 2,98
c) 2,7 **d)** $f''(x) = \frac{7}{275}x^6 > 0$

2. a) f(10) = 8 m; m = 1,2 und f(20) = 16 m; m = 0
b) nein **c)** 2,5 m **d)** 1,2

3. a) B (8|4) **b)** $y = 0{,}2x + 2{,}4$ **c)** 20,4 m

4. a) $x = n \cdot 2\pi \pm \frac{\pi}{3}$ mit $n \in \mathbb{Z}$
b) $x = n \cdot 360° \pm 60°$ mit $n \in \mathbb{Z}$
c) $y = x + 0{,}685$ **d)** $f''(2{,}5\pi) = -2 < 0$

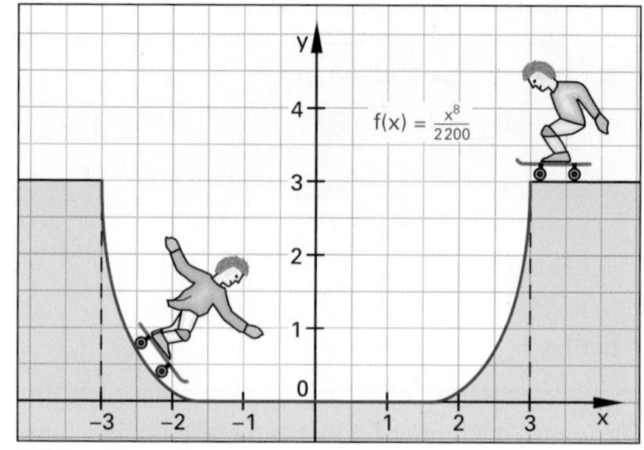

Bild 1: Skaterbahn

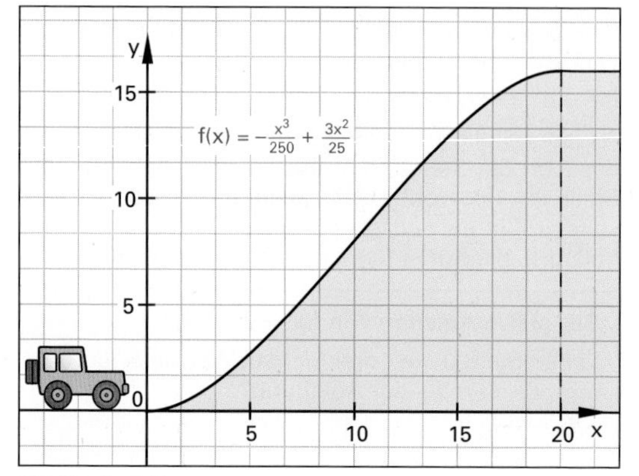

Bild 2: Anhöhe

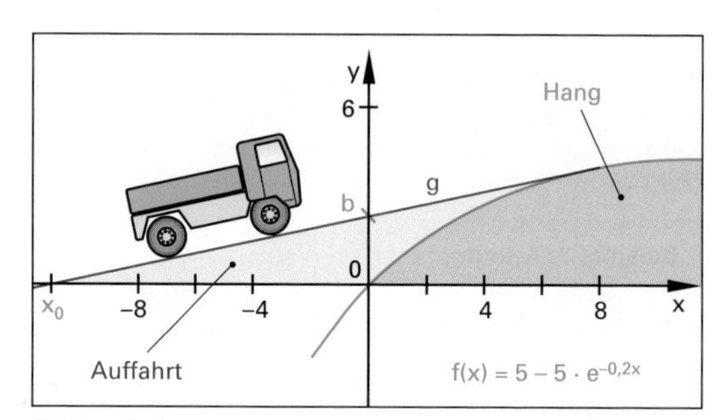

Bild 3: Baustellenauffahrt

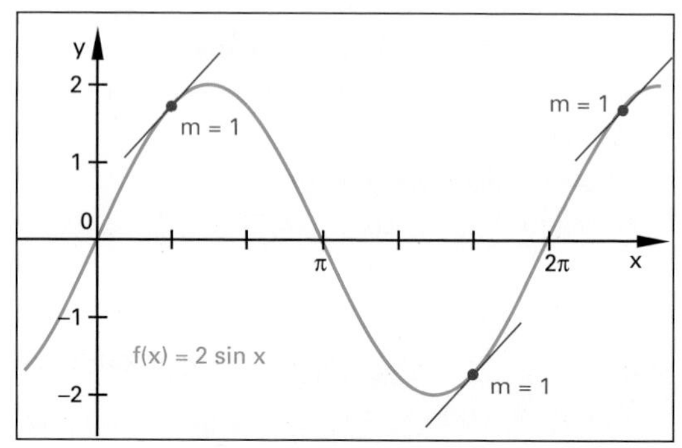

Bild 4: Ungedämpfte Schwingung

5.5 Newtonsches Näherungsverfahren (Tangentenverfahren)

Ein Sektglas ist als Schnittbild dargestellt (**Bild 1**). Der Rand des Kelches hat den Verlauf der Funktion f mit

$$f(x) = x - 1 + e^{x-1}.$$

Zur Ermittlung des Fassungsvermögens des Kelches muss man die Nullstelle N_x mit f(x) für x > 0 berechnen. Dazu setzt man f(x) = 0:

$$0 = x - 1 + e^{x-1}$$

Ein Umstellen der Gleichung nach x mit algebraischen Mitteln ist nicht möglich.

Kann eine Nullstelle durch Gleichungsumstellen nicht ermittelt werden, so muss sie mit einem Näherungsverfahren berechnet werden.

Die Nullstelle wird zunächst mithilfe des Schaubildes geschätzt: $x_n \approx 0{,}5$.

Vergrößert man den Bereich um die Nullstelle, erkennt man, dass der geschätzte Wert x_n zu groß ist (**Bild 2**). Legt man die Tangente bei der Stelle x_n an die Kurve von f(x), so schneidet die Tangente die x-Achse bei x_{n+1}. Dieser Wert liegt näher an der tatsächlichen Nullstelle als x_n. Der Wert x_{n+1} ist ein verbesserter Wert. Mithilfe des Steigungsdreiecks wird x_{n+1} berechnet (**Bild 2**).

$$m_t = \frac{\Delta y}{\Delta x}$$

$$f'(x_n) = \frac{f(x_n) - 0}{x_n - x_{n+1}}$$

Durch Umformen nach x_{n+1} erhält man die newtonsche[1] Näherungsformel:

$$x_{n+1} = x_n - \frac{f(x_n)}{f'(x_n)}$$

Mit $x_n = 0{,}5$ wird x_{n+1} berechnet. Setzt man den verbesserten Wert x_{n+1} für x_n in die Näherungsformel ein, erhält man einen noch besseren Wert x_{n+2}. Wiederholt man diesen Vorgang mehrfach, lässt sich die Nullstelle immer genauer berechnen.

Mit dem newtonschen Näherungsverfahren erreicht man die Nullstelle von f(x) nie, aber man kann sich ihr beliebig annähern.

Dies lässt sich z. B. wie folgt erklären. Geht man zu seinem PC, um zu spielen und halbiert die Entfernung zum PC schrittweise, dann erreicht man ihn zwar nie, aber irgendwann ist man so nahe, dass man ihn bedienen kann.

Um die Näherungsformel auf das Sektglas anzuwenden, muss die Ableitung f'(x) des Verlaufs des Kelchrandes berechnet werden:

$$f'(x) = 1 + e^{x-1}$$

Setzt man $f(x_n)$ und $f'(x_n)$ in die newtonsche Näherungsformel ein, erhält man

$$x_{n+1} = x_n - \frac{x^n - 1 + e^{x_n-1}}{1 + e^{x_n-1}}$$

Diese Näherungsformel gilt nur für den Kelchrand des Sektglases.

[1] Newton, Isaac, engl. Physiker, 1643–1727

$$x_{n+1} = x_n - \frac{f(x_n)}{f'(x_n)}$$

x_n	geschätzter Wert der Nullstelle (Startwert)
x_{n+1}	angenäherter, verbesserter Wert
$f(x_n)$	Funktionswert an der Stelle x_n
$f'(x_n)$	Steigung an der Stelle x_n; $f'(x_n) \neq 0$

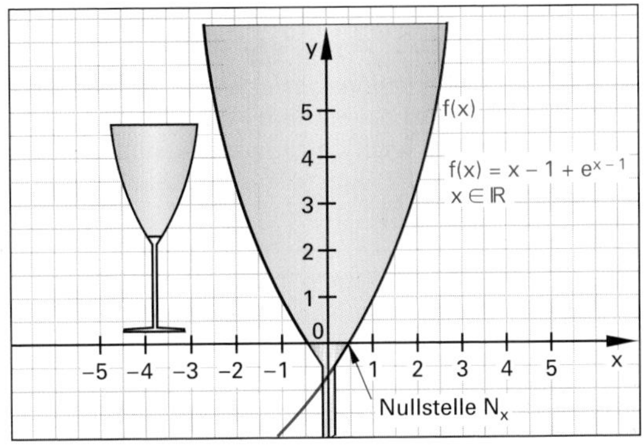

Bild 1: Sektglas

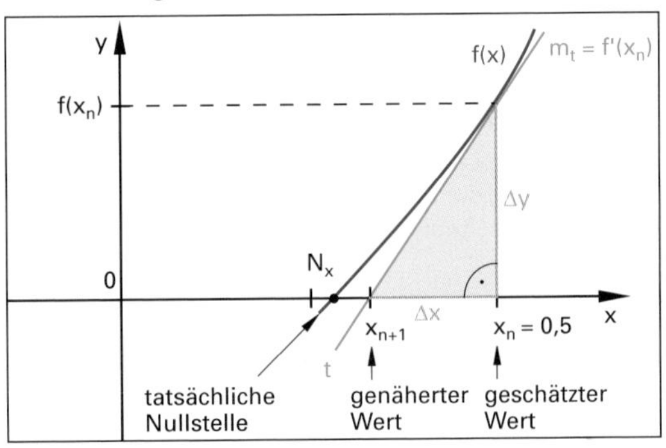

Bild 2: Newtonsches Näherungsverfahren

Beispiel 1: Newtonsche Näherung

Berechnen Sie den genäherten Wert x_{n+1}.

Lösung:

$$x_{n+1} = 0{,}5 - \frac{0{,}5 - 1 + e^{0{,}5-1}}{1 + e^{0{,}5-1}}$$

$$= 0{,}5 - \frac{-0{,}5 + e^{-0{,}5}}{1 + e^{-0{,}5}}$$

$$= 0{,}5 - \frac{-0{,}5 + 0{,}6065}{1 + 0{,}6065}$$

$$= 0{,}5 - \frac{0{,}1065}{1{,}6065}$$

$$= 0{,}5 - 0{,}0663$$

$$\mathbf{= 0{,}4337}$$

Weil man das Näherungsverfahren nur ein Mal angewendet hat, kann man nicht beurteilen, auf wie viel Stellen hinter dem Komma das Ergebnis der tatsächlichen Nullstelle entspricht.

Ist die Nullstelle x_n auf vier Stellen hinter dem Komma genau zu berechnen, muss das Näherungsverfahren so lange angewendet werden, bis sich hinter der vierten Stelle nach dem Komma nichts mehr ändert.

Da diese Rechnung bei komplexeren Funktionen sehr aufwändig werden kann, ist es sinnvoll, die Formel für die Näherung in den Taschenrechner einzuspeichern oder den Antwortspeicher bei der Berechnung zu benutzen **(Tabelle 1)**. Zunächst wird der geschätzte Wert über die Taste ⊟ bzw. die Taste EXE in den Antwortspeicher ANS des Taschenrechners geladen. Danach wird die Näherungsformel eingegeben, wobei ANS anstelle von x_n verwendet wird. Im Schritt 4 wird der erste genäherte Wert berechnet. Beim weiteren Betätigen der Taste ⊟ bzw. der Taste EXE wird die Formelberechnung wiederholt und zwar immer mit dem zuletzt berechneten Wert. Die **Tabelle 1** zeigt, dass bereits nach der vierten Ausführung der Näherungsformel die Nullstelle auf 10 Stellen hinter dem Komma berechnet ist.

Tabelle 1: Newtonsche Näherung mit dem Taschenrechner

Schritt	Aktion		Anzeige
1	Eingabe von x_n = 0,5		0.5
2	⊟	EXE	0.5
3	Formeleingabe		ANS–(ANS–1+e(ANS–1))÷(1+e(ANS–1))
4	⊟	EXE	0.433689968
5	⊟	EXE	0.432856835
6	⊟	EXE	0.4328567096
7	⊟	EXE	0.4328567096

Je genauer die Nullstelle geschätzt wird, desto schneller führt das Näherungsverfahren zum Ziel.

Schnittpunkt von zwei Kurven

Mit der newtonschen Näherungsformel kann man auch die x-Koordinate des Schnittpunktes der Schaubilder von zwei Funktionen bestimmen.

Beispiel 1: Newtonsche Näherung

Berechnen Sie die Stelle x, bei welcher sich die Schaubilder der Funktionen mit g(x) = –x + 1 und $h(x) = e^{x-1}$ schneiden ($x \in \mathbb{R}$).

Lösung:

Gleichsetzen $g(x) = h(x)$

$-x + 1 = e^{x-1} \quad | + x - 1$

$0 = x - 1 + e^{x-1}$

Auf der rechten Gleichungsseite erhält man die Subtraktion der Funktionen h(x) und g(x). Der Term entspricht genau der Funktion f(x) des Sektkelchrandes. x_n = **0,432 856 709 6**

Die Berechnung eines Schnittpunktes von zwei Funktionen g und h ist dasselbe wie die Nullstellenberechnung der Differenzfunktion von g und h.

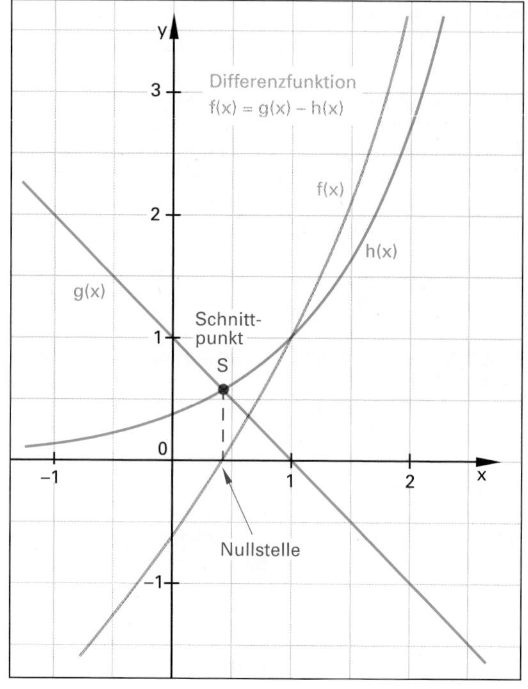

Bild 1: Schnittpunkt von zwei Kurven

Bild 1 zeigt die Verläufe der sich schneidenden Schaubilder der Funktionen g und h. Unterhalb des Schnittpunktes S liegt die Nullstelle der Differenzfunktion f mit f(x) = h(x) – g(x).

Das newtonsche Näherungsverfahren kann man auch mit dem GTR (grafikfähigen Taschenrechner) durchführen, wenn damit Nullstellen berechnet werden. Dazu gibt man die Funktionsgleichung und den geschätzten Wert ein.

Aufgaben:

1. a) Berechnen Sie die Nullstelle von $f(x) = e^{-x} - 2$ auf 5 Nachkommastellen genau.

b) Berechnen Sie den Schnittpunkt von f(x) = sin x und g(x) = x – 1 auf 5 Nachkommastellen.

2. a) Berechnen Sie von der Parabel f mit der Gleichung $f(x) = 0{,}5 \cdot x^2 - 5 \cdot x + 19{,}5$ die Scheitelkoordinaten mithilfe der ersten Ableitung.

b) Die Parabel hat einen Schnittpunkt mit der Kurve der Funktion g mit $g(x) = e^{0{,}5x}$ bei $x_0 \approx 4$. Berechnen Sie den Schnittpunkt mit dem newtonschen Näherungsverfahren auf drei Nachkommastellen genau.

Lösungen:

1. a) –0,693 15 **b)** (1,934 56|0,934 56)

2. a) (5|7) **b)** (4,024|7,477)

5.6 Extremwertberechnungen

Relatives Maximum

In einem Fußballstadion befindet sich eine Laufbahn für Leichtathleten **(Bild 1)**. Die Innenumrandung der Laufbahn besteht aus zwei Geradenstücken und zwei Halbkreisbögen und ist immer 400 m lang. Das Fußballfeld, welches im Inneren der Laufbahn an die Geradenstücke der Laufbahn angrenzt, ist so zu bemessen, dass die Spielfläche A maximal groß wird. Sie nimmt dann einen Extremwert an. Die Rechnung erfolgt in 8 Schritten **(Tabelle 1)**.

1. Schritt: Hauptbedingung erstellen

Die Spielfläche A erhält man aus dem Produkt der Länge x und der Breite b = 2r **(Bild 1)**. Wird aber x z.B. vergrößert, so verkleinert sich die Spielfeldbreite, da die Länge der Laufstrecke den konstanten Wert 400 hat. Die Fläche hängt also sowohl von x als auch von r ab:

$$A(x, r) = x \cdot 2r$$

2. Schritt: Nebenbedingung erstellen

Die Variable r der Hauptbedingung ist so zu ersetzen, dass A nur noch von x abhängt. Dies geschieht über die Laufbahnlänge l.

$$l = 2x + 2\pi r = 400 \quad | -2x$$
$$2\pi r = 400 - 2x \quad | : \pi$$
$$2r = \frac{400}{\pi} - \frac{2x}{\pi}$$

3. Schritt: Zielfunktion formulieren

Die Zielfunktion erhält man durch Einsetzen der Nebenbedingung in die Hauptbedingung.

$$A(x) = \frac{400}{\pi} \cdot x - \frac{2}{\pi} \cdot x^2$$

Die Gleichung der Funktion für die Fläche hängt jetzt nur noch von x ab **(Bild 2)**. Es handelt sich um eine nach unten geöffnete Parabel. Im Scheitelpunkt der Parabel hat die Spielfläche A das Maximum, den Extremwert. Da der Extremwert ein Hochpunkt ist, kann er mit den Methoden der Kurvendiskussion berechnet werden.

4. Schritt: Definitionsbereich festlegen

Wählt man den Radius r = 0, kann die Spielfeldlänge maximal 200 m betragen. $D = \{x | 0 \leq x \leq 200\}_{\mathbb{R}}$. An den Grenzen des Definitionsbereiches ist die Fläche A null, dazwischen hat sie ein relatives Maximum.

5. Schritt: Zielfunktion ableiten

$$A'(x) = \frac{400}{\pi} - \frac{4}{\pi} \cdot x$$

6. Schritt: Ableitung null setzen

$$0 = \frac{400}{\pi} - \frac{4}{\pi} \cdot x \quad | \cdot \frac{\pi}{4}$$
$$0 = 100 - x \quad | + x$$
$$x = 100$$

Der Extremwert liegt an der Stelle $x_E = 100$ m.

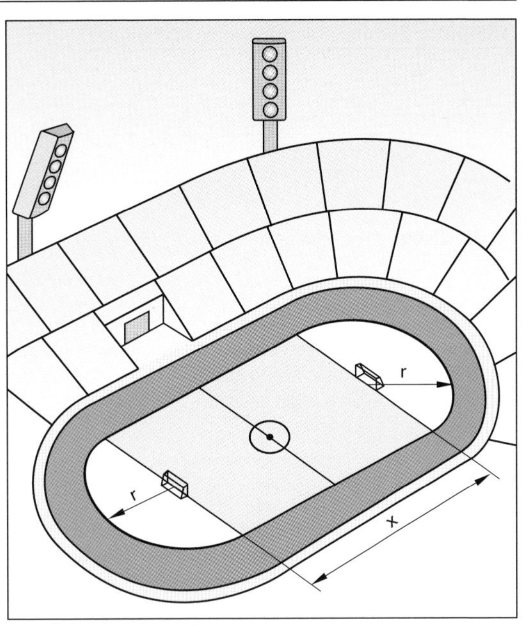

Bild 1: Fußballstadion

Tabelle 1: Schritte bei der Extremwertberechnung		
Schritt	Vorgang	Beispiel
1	Hauptbedingung erstellen.	A(x, r)
2	Nebenbedingungen ermitteln.	r(x)
3	Zielfunktion formulieren.	A(x)
4	Definitionsbereich festlegen.	$D = D_{max}$
5	Erste Ableitung der Zielfunktion bilden.	A'(x)
6	Erste Ableitung gleich null setzen. Man erhält den x-Wert x_E der Extremstelle.	A'(x) = 0 $\Rightarrow x_E$
7	Zweite Ableitung der Zielfunktion bilden.	A''(x)
8	Den Wert x_E in 2. Ableitung einsetzen und Polarität prüfen.	$A''(x_E)$
9	Extremwert berechnen.	$A(x_E)$

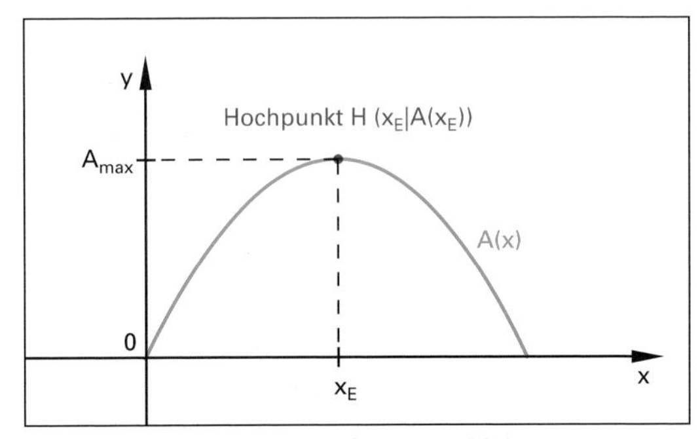

Bild 2: Schaubild der Zielfunktion A(x)

7. Schritt: Zweite Ableitung von A(x) bilden

$$A''(x) = -\frac{4}{\pi}$$

8. Schritt: Polarität der zweiten Ableitung an der Stelle x_E ermitteln

$$A''(x_E) < 0$$

Da die zweite Ableitung für alle x kleiner als null ist, kann der Extremwert nur ein Maximum sein.

9. Schritt: Extremwert berechnen

Die Spielfeldbreite erhält man durch Einsetzen des Wertes x_E in die Nebenbedingung.

$$2r = \frac{400}{\pi} - \frac{2 \cdot 100}{\pi} = \frac{200}{\pi} = 63{,}66$$

Die Spielfeldbreite beträgt 63,66 m. Die maximale Fläche erhält man durch Einsetzen der Werte in die Hauptbedingung.

$$A_{max} = 100 \cdot 63{,}66\ m^2 = 6366\ m^2 = 63{,}66\ ar$$

Relatives Minimum

In einer Höhle sollen Führungen stattfinden. Um die Höhle für Besucher freizugeben, soll durchgängig eine Mindesthöhe von 2,5 m vorhanden sein. Der niedrigste Bereich der Höhle wird an der Decke durch die Kurve der Funktion f und am Boden durch die Kurve der Funktion g begrenzt **(Bild 1)**.

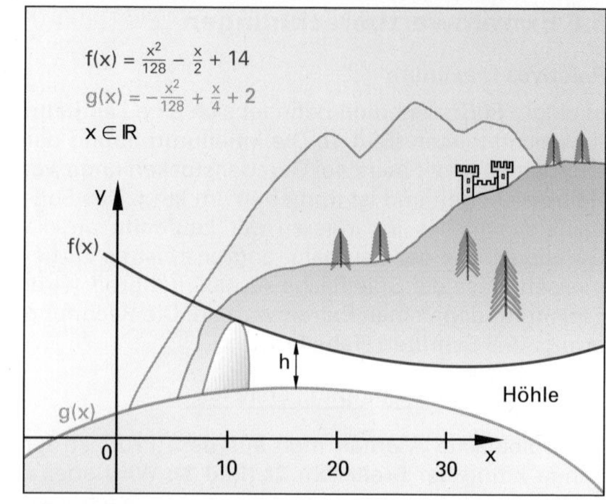

Bild 1: Höhle

> **Beispiel 1: Zielfunktion** (Schritte 1 bis 4)
>
> Ermitteln Sie die Zielgleichung für die Höhe h.
>
> *Lösung:*
>
> Die Hauptbedingung ist h = f(x) – g(x). Mit den Nebenbedingungen aus **Bild 1** erhält man:
>
> $$h(x) = \frac{x^2}{128} - \frac{x}{2} + 14 - \left(-\frac{x^2}{128} + \frac{x}{4} + 2\right)$$
>
> $$= \mathbf{\frac{x^2}{64} - \frac{3}{4} \cdot x + 12} \text{ mit } \mathbf{x} \in \mathbb{R}$$

Setzt man die erste Ableitung null, erhält man:

$$0 = \frac{x}{32} - \frac{3}{4} \quad | \cdot 32$$
$$0 = x - 24$$

Der Extremwert tritt an der Stelle $x_E = 24$ auf.

> **Beispiel 2: Minimum** (Schritte 7 und 8)
>
> Zeigen Sie rechnerisch, dass der Extremwert ein Minimum ist.
>
> *Lösung:*
>
> $h''(x) = \frac{1}{32} \Rightarrow h''(x) > 0 \Rightarrow$ Minimum

Das Minimum h_{min} ist der Funktionswert $h(x_E)$:

$$h_{min} = h(x_E) = \frac{24^2}{64} - \frac{3}{4} \cdot 24 + 12 = 3$$

Die Höhle ist an der niedrigsten Stelle 3 m hoch.

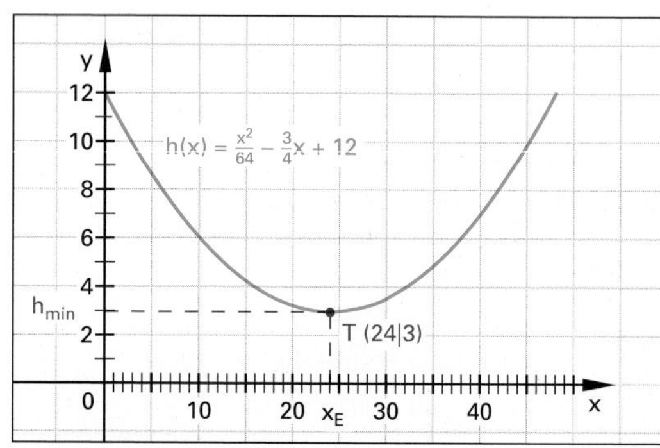

Bild 2: Schaubild von h(x)

Die Funktion h ist die Differenzfunktion von f und g. Sie besitzt einen Tiefpunkt an der Stelle x_E.

> **Beispiel 3: Differenzfunktion**
>
> Zeichen Sie den Verlauf der Funktion h und zeichnen Sie den Tiefpunkt ein.
>
> *Lösung:* **Bild 2**

Aufgabe:

1. In der Lebensmittelindustrie werden Konservendosen aus Blech hergestellt. Die Dosen haben die Form eines Kreiszylinders. Das Fassungsvermögen einer Dose beträgt 785 ml. Die Abmessungen der Dose sollen so bestimmt werden, dass der Blechverbrauch minimal ist. Die Blechdicke wird vernachlässigt.

   Berechnen Sie

   a) die Zielfunktion in Abhängigkeit vom Radius r,

   b) den Radius r und die Höhe d der Dose,

   c) die minimale Blechfläche.

> **Lösung:**
>
> **1. a)** $O(r) = 2\pi r^2 + 1570 \cdot \frac{1}{r}$
>
> **b)** r = 5 cm; h = 10 cm
>
> **c)** $O_{min} = 471\ cm^2$

5.6.1 Extremwertberechnung mit einer Hilfsvariablen

Bei der Berechnung eines Extremwertes wird oft für die Extremstelle eine Hilfsvariable, z. B. u, verwendet, von der die Zielfunktion abhängt.

Ein Grundstück wird von einem Nachbargrundstück, einer Straße und einem Fußweg begrenzt **(Bild 1)**. Das Grundstück wäre eine quadratische Fläche von 15 m × 15 m, wenn nicht der Fußweg g, gegeben durch die Funktionsgleichung

$$f(x) = 20 \cdot e^{-0{,}1x} \text{ und } x \in \mathbb{R}_+,$$

einen Teil des Quadrates abschneiden würde. Innerhalb des Grundstücks soll auf einer rechteckigen Baufläche ein Haus entstehen, das 2 m vom Nachbargrundstück entfernt sein muss, direkt an der Straße angrenzen darf und mit einem Eckpunkt den Rand des Fußweges berühren darf. So liegt die Fläche zwischen den Geraden mit den Gleichungen x = 2 und x = u. Der Punkt $P(u|f(u))$ soll im Intervall [3; 15] so ermittelt werden, dass die Grundfläche A des Hauses möglichst groß wird.

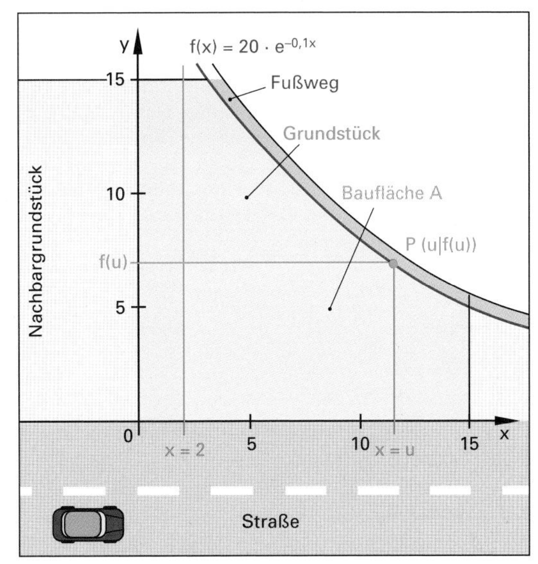

Bild 1: Baugrundstück

Beispiel 1: Zielfunktion (Schritte 1 bis 4)

Ermitteln Sie die Zielfunktion für die Fläche A.

Lösung:

Die Hauptbedingung ist $A = (u - 2) \cdot f(u)$. Mit der Nebenbedingung f aus **Bild 1** erhält man die Zielfunktion

$$A(u) = (u - 2) \cdot 20 \cdot e^{-0{,}1u}$$
$$= \mathbf{20u \cdot e^{-0{,}1u} - 40 \cdot e^{-0{,}1u}} \text{ mit } \mathbf{u \in [2; 15]}$$

Zum Ableiten der Gleichung benötigt man die Produktregel und die Kettenregel.

$$A'(u) = 20 \cdot e^{-0{,}1u} + (-0{,}1) \cdot 20u \cdot e^{-0{,}1u} - (-0{,}1) \cdot 40 \cdot e^{-0{,}1u}$$
$$= 20 \cdot e^{-0{,}1u} - 2u \cdot e^{-0{,}1u} + 4 \cdot e^{-0{,}1u}$$
$$= (24 - 2u) \cdot e^{-0{,}1u}$$

Beispiel 2: Rechte Grundstücksgrenze (Schritt 6)

Berechnen Sie den Wert für die Hilfsvariable u, bei dem die Fläche A einen Extremwert annimmt.

Lösung:

$0 = (24 - 2u) \cdot e^{-0{,}1u}$

Da $e^{-0{,}1u}$ für alle Werte $u \in \mathbb{R}$ stets größer null ist, kann das Produkt der rechten Gleichungsseite nur null werden, wenn die Klammer null ergibt.

$0 = 24 - 2u$

$\mathbf{u = 12}$

Wegen des notwendigen Abstands zum Nachbargrundstück beträgt die Länge der zu bebauenden Fläche 10 m.

Beispiel 3: Maximum (Schritte 7 und 8)

Zeigen Sie rechnerisch, dass die Fläche A für u = 12 ein Maximum ergibt.

Lösung:

$$A''(u) = (-2) \cdot e^{-0{,}1u} + (24 - 2u) \cdot e^{-0{,}1u} \cdot (-0{,}1)$$
$$= (-2) \cdot e^{-0{,}1u} + (-2{,}4 + 0{,}2u) \cdot e^{-0{,}1u}$$
$$= (-4{,}4 + 0{,}2u) \cdot e^{-0{,}1u}$$

mit u = 12 gilt:

$$A''(12) = (-4{,}4 + 2{,}4) \cdot e^{-1{,}2}$$

Da nur die Klammer negativ wird, gilt:

$A''(12) < 0 \Rightarrow$ **Maximum**

Um die y-Koordinate des Punktes P zu erhalten, wird der Wert u = 12 in die Nebenbedingung f eingesetzt.

$f(12) = 20 \cdot e^{-0{,}1 \cdot 12} = 20 \cdot e^{-1{,}2} = 20 \cdot 0{,}3 = 6$

Die Baufläche A wird 6 m breit.

Beispiel 4: Extremwert (Schritt 9)

Berechnen Sie die maximal mögliche Baufläche für das Haus.

Lösung:

A_{max} erhält man entweder durch Einsetzen des Wertes u = 12 in die Hauptbedingung oder als Produkt von Länge und Breite der Baufläche.

$$A_{max} = 10\text{m} \cdot 6\text{ m}$$
$$= \mathbf{60\ m^2}$$

5.6.2 Randextremwerte

Ein Höhleneingang ist 4 m breit. Der obere Rand des Höhleneingangs verläuft nach der Funktion f mit

$$f(x) = -\frac{x^2}{4} + \frac{x}{4} + 5 \text{ (Bild 1)}.$$

Um ein Betreten der Höhle zu verhindern, soll der Eingang mit einem trapezförmigen Gitter ABCD so verschlossen werden, dass eine möglichst große Gitterfläche entsteht. Die linke Gitterkante hat den Koordinatenwert u, welcher Werte von 0 bis 4 annehmen kann. Der Definitionsbereich ist somit $D = \{u | 0 \leq u \leq 4\}_{\mathbb{R}}$.

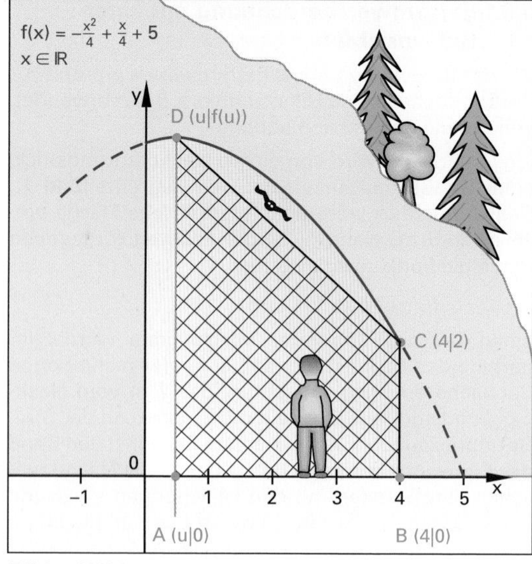

Bild 1: Höhleneingang

Beispiel 1: Zielfunktion ermitteln

Ermitteln Sie die Zielfunktion für die Fläche A.

Lösung:

$$A(u) = \frac{2 + f(u)}{2} \cdot (4 - u)$$

$$= \frac{-\frac{u^2}{4} + \frac{u}{4} + 7}{2} \cdot (4 - u)$$

$$= \left(-\frac{u^2}{8} + \frac{u}{8} + \frac{7}{2}\right) \cdot (4 - u)$$

$$= -\frac{4u^2}{8} + \frac{u}{2} + 14 + \frac{u^3}{8} - \frac{u^2}{8} - \frac{7}{2}u$$

$$= \mathbf{\frac{u^3}{8} - \frac{5u^2}{8} - 3u + 14} \text{ mit } \mathbf{u \in D}$$

Aus der Aufgabenstellung kann man folgern, dass für u = 4 die Gitterfläche null wird, d. h. für u = 4 erhält man ein Randminimum. Für welchen Wert u sich ein Maximum ergibt, ist ohne Rechnung zunächst nicht erkennbar.

Beispiel 2: Extremstellen

Berechnen Sie die Werte u, an welchen Extremwerte für die Fläche A vorliegen.

Lösung:

$$A'(u) = \frac{3u^2}{8} - \frac{5u}{4} - 3$$

$$0 = \frac{3u^2}{8} - \frac{5u}{4} - 3 \mid \cdot 4$$

$$= 1{,}5u^2 - 5u - 12$$

$$u_{1,2} = \frac{5 \pm \sqrt{25 + 4 \cdot 1{,}5 \cdot 12}}{3} = \frac{5 \pm \sqrt{97}}{3}$$

$\mathbf{u_1 = 4{,}95}$ oder $\mathbf{u_2 = -1{,}62}$

Beide Werte für u liegen außerhalb des Definitionsbereiches. An der Stelle $u_1 = 4{,}95$ z. B. wird die zweite Ableitung $A''(u) = \frac{3}{4} \cdot u - \frac{5}{4} = \frac{3}{4} \cdot (u - 1{,}67)$ größer als null, d. h. an der Stelle u_1 hätte A(u) eine relatives Minimum. Das liegt daran, dass für $4 < u < 5$ der Faktor (4 – u) in der Flächengleichung A(x) negativ wird und somit auch die Fläche selbst. Die Flächenformel gilt also nicht für $u > 4$.

Die Funktion A(u) hat Extrempunkte an den Rändern des Definitionsbereichs [0; 4], wie das Schaubild zeigt **(Bild 2)**.

Das Schaubild der Funktion k in **Bild 2** mit $k(x) = -1{,}5x^3 + 8{,}5x^2 - 13{,}5x + 14$ hat im Intervall [0; 4] relative Extremwerte und an den Intervallgrenzen absolute Extremwerte.

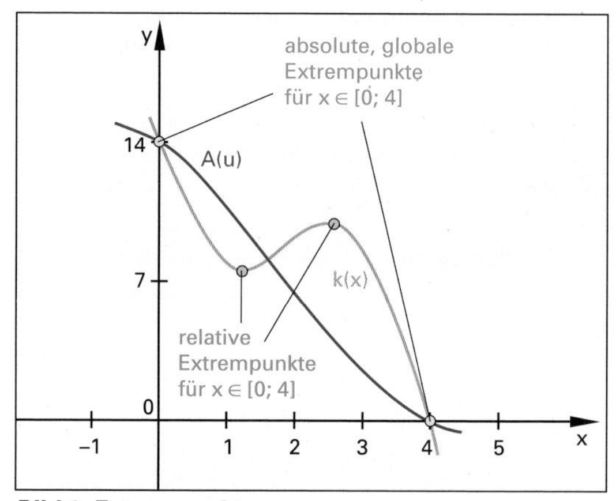

Bild 2: Extrempunkte

Beispiel 3: Randextremwerte

Bestimmen Sie die Extremwerte für A(u) an den Definitionsgrenzen.

Lösung:

$$A(4) = \frac{4^3}{8} - \frac{5 \cdot 4^2}{8} - 3 \cdot 4 + 14 = 8 - 10 - 12 + 14 = 0$$

Für u = 4 entartet das Trapez zu einer Strecke mit der Länge 2.

A(0) = 14 FE

Für u = 0 erhält man ein globales (absolutes) Maximum.

Liegen innerhalb eines Definitionsbereiches keine relativen Maximalwerte oder Minimalwerte, so erhält man meist Randextremwerte.

Die Funktion f mit $f(x) = 0{,}25x^2 - 1{,}5x + 3$ hat das Schaubild einer nach oben geöffneten Parabel mit dem Scheitel S (3|0,75) **(Bild 1)**. Der Punkt C (u|f(u)) und der Koordinatenursprung bilden die diagonalen Eckpunkte des achsenparallelen Rechtecks ABCD. Für den Flächeninhalt des Rechtecks A sind für $0 \leq u \leq 3$ die Extremwerte zu berechnen.

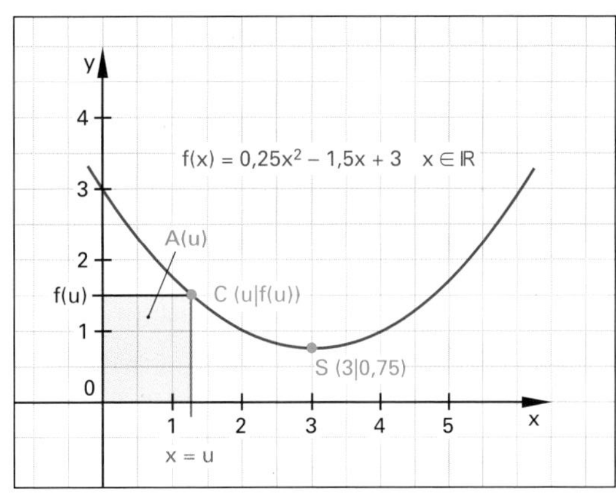

Bild 1: Schaubild von f(x)

Beispiel 1: Zielfunktion ermitteln

Ermitteln Sie die Zielgleichung für die Fläche A.

Lösung:

$A(u) = u \cdot f(u)$

$= u \cdot (0{,}25 \cdot u^2 - 1{,}5 \cdot u + 3)$

$= \mathbf{0{,}25 \cdot u^3 - 1{,}5 \cdot u^2 + 3 \cdot u}$ mit $\mathbf{u \in [0; 3]}$

Beispiel 2: Extremstellen

Berechnen Sie die Werte u, an welchen Extremwerte für die Fläche A vorliegen.

Lösung:

$A'(u) = 0{,}75 \cdot u^2 - 3 \cdot u + 3$

$0 = 0{,}75 \cdot u^2 - 3 \cdot u + 3 \quad | \cdot 2$

$= 1{,}5 \cdot u^2 - 6 \cdot u + 6$

$u_{1,2} = \frac{6 \pm \sqrt{36 + 4 \cdot 1{,}5 \cdot 6}}{3} = \frac{6 \pm \sqrt{0}}{3}$

$\mathbf{u_{1,2} = 2}$

An der Stelle u = 2 scheint ein Extremwert vorzuliegen. Die zweite Ableitung A''(2) gibt Aufschluss über die Art des Extremwertes.

Beispiel 3: Extremwertart

Prüfen Sie rechnerisch, ob an der Stelle u = 2 ein Minimum oder ein Maximum vorliegt.

Lösung:

$A''(u) = 1{,}5 \cdot u - 3$

$A''(2) = 1{,}5 \cdot 2 - 3 = 0$

Da die zweite Ableitung weder positiv noch negativ ist, scheint kein Extremwert vorzuliegen.
Dies ist aber erst sicher der Fall, wenn für u = 2 die dritte Ableitung null ist.

$A'''(u) = 1{,}5 \neq 0$

Es liegt bei u = 2 kein Extremwert vor.

Da $A''(2) = 0$ und $A'''(2) \neq 0$ ist, hat A(u) an der Stelle u = 2 einen Sattelpunkt **(Bild 2)**. Im Intervall [0; 3] hat somit A(u) keine relativen Extremwerte. Die Extremwerte liegen damit an den Rändern des Definitionsbereiches.

A(0) = 0 und A(3) = 2,25 (Bild 2).

Erweitert man den Definitionsbereich von $0 \leq u \leq 3$ auf D = IR, d.h. $-\infty < u < +\infty$, erhält man über den ganzen Definitionsbereich hinweg keine relativen Extremwerte.

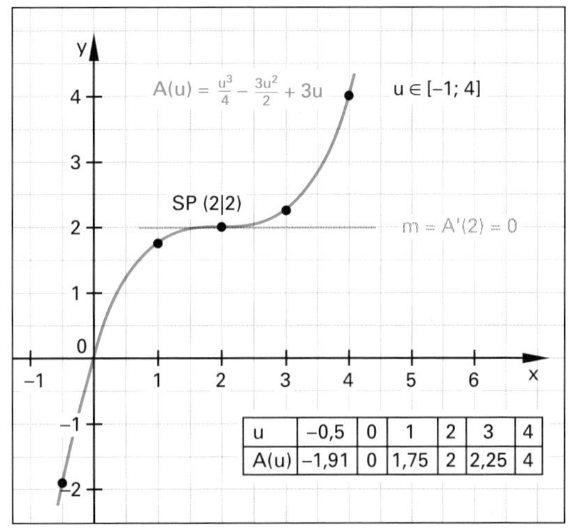

u	–0,5	0	1	2	3	4
A(u)	–1,91	0	1,75	2	2,25	4

Bild 2: Schaubild von A(u)

Beispiel 4: Verlauf des Schaubildes

Zeichnen Sie das Schaubild der Flächeninhaltsfunktion A(u) für $-1 \leq u \leq 4$.

Lösung: **Bild 2**

Aufgaben:

1. Die Funktion f mit $f(x) = -x^2 + 4$ ist eine nach unten geöffnete Parabel mit dem Scheitel (0|4). Die Punkte A (u|0), B (2|0) und C (u|f(u)) bilden ein Dreieck. Für welche Werte u mit $0 \leq u \leq 2$ erhält man Extremwerte für die Dreiecksfläche?
2. Die Funktionen f mit $f(x) = -\frac{x^3}{4} + \frac{x^2}{2} + \frac{11}{4} \cdot x - 3$ und g mit $g(x) = \frac{x^2}{2} - 4 \cdot x + \frac{7}{2}$ haben für x = u im Intervall $u \in [1; 2]$ die Punkte P (u|f(u)) und Q (u|g(u)). Berechnen Sie die Extremwerte der Strecke $\overline{PQ}$.

Lösungen:

1. $A_{max} = A(0) = 4$; $A_{min} = A(2) = 0$
2. $\overline{PQ}_{max} = 5$; $\overline{PQ}_{min} = 0$

Überprüfen Sie Ihr Wissen!

1. Zwei Bergsteiger treffen auf eine Gletscherspalte, über die eine Eisbrücke führt **(Bild 1)**. Die Oberkante der Eisbrücke entspricht dem Verlauf der Funktion f, die Unterkante dem Verlauf der Funktion g. Die Bergsteiger schätzen, dass die Dicke d der Eisbrücke in vertikaler Richtung überall mindestens 1 m beträgt und überqueren sie. Überprüfen Sie die Einschätzung der Bergsteiger rechnerisch.

2. Der Innenraum eines Tunnels wird durch die Funktion f mit $f(x) = -\frac{x^2}{5} + 6{,}9$ begrenzt **(Bild 2)**. Die äußeren Fahrbahnbegrenzungen für den Verkehr auf dem Tunnelboden sind durch die Geraden mit den Gleichungen x = –u und x = u gegeben. Diese Geraden schneiden die obere Tunnelbegrenzung in den Punkten $P\,(u|f(u))$ und $Q\,(-u|f(u))$. Diese Punkte bilden zusammen mit den Bodenmarkierungen die Rechteckfläche A, die vom gesamten Tunnelquerschnitt für den Verkehr nutzbar ist. Berechnen Sie für $A = A_{max}$ die Breite je Fahrbahn, die nutzbare Tunnelhöhe und die maximale Querschnittsfläche A_{max}.

3. Eine oben geschlossene Wasserrinne ist im unteren Teil halbkreisförmig mit dem Radius r gebogen, sodass im Querschnitt ein Halbkreis mit einem aufgesetzten Rechteck entsteht **(Bild 3)**. Die Wasserrinne soll so angefertigt werden, dass ihre Querschnittsfläche 1 m² beträgt und dass bei ihrer Herstellung möglichst wenig Material benötigt wird. Berechnen Sie für diesen Fall den Radius r und die Höhe h, wobei Sie die Materialdicke d in der Rechnung vernachlässigen.

4. Die Gerade mit x = u schneidet im Intervall [0; 6] die x-Achse in $P\,(u|0)$ und das Schaubild der ganzrationalen Funktion f dritten Grades mit $f(x) = \frac{x^3}{8} - \frac{3}{2} \cdot x^2 + \frac{9}{2} \cdot x$ im Punkt $Q\,(u|f(u))$ **(Bild 4)**. Berechnen Sie die Fläche A des Dreiecks OPQ so, dass die Dreiecksfläche ein Maximum ergibt.

5. Für einen Blumentopf mit der Form eines senkrechten Kreiszylinders soll möglichst wenig Material verbraucht werden. Die Materialdicke ist vernachlässigbar. Das Volumen beträgt 1 ℓ. Berechnen Sie die minimale Oberfläche O_{min}.

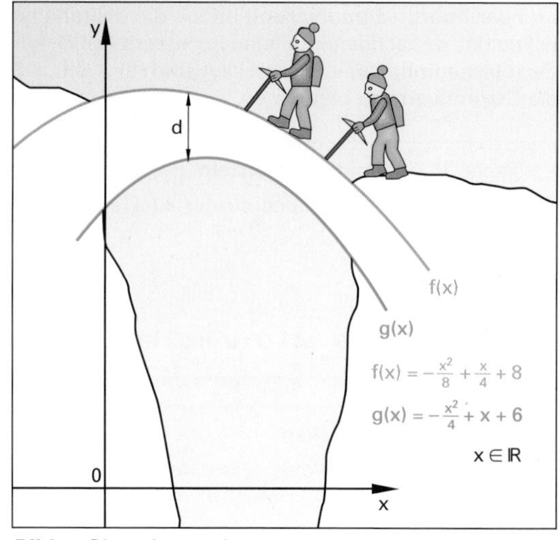

Bild 1: Gletscherspalte

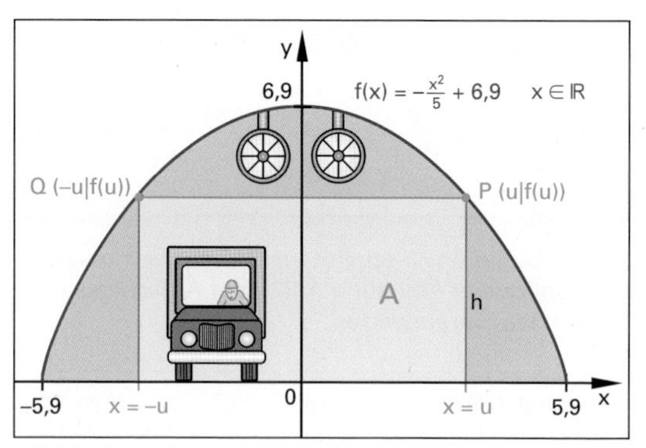

Bild 2: Tunnel

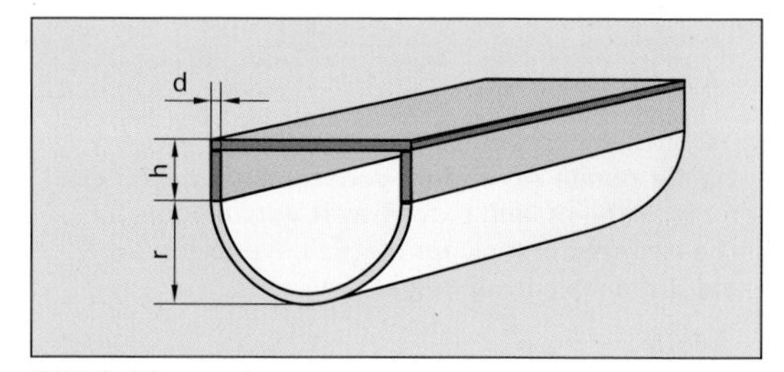

Bild 3: Wasserrinne

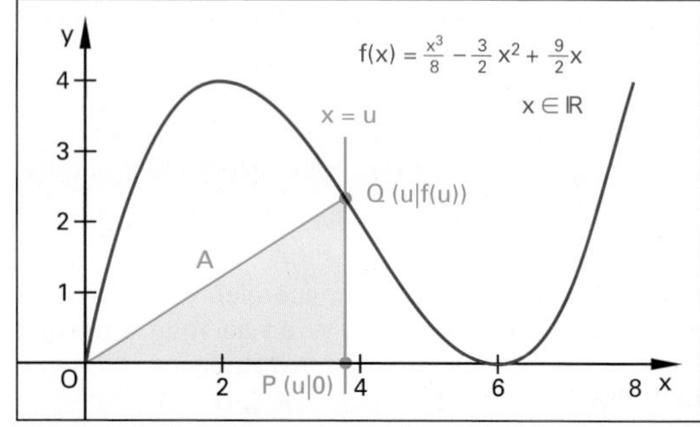

Bild 4: Dreiecksfläche

Lösungen:

1. 87,5 cm < 1 m ⇒ falsche Einschätzung

2. 3,39 m; 4,6 m; 31,2 m²

3. h = r = 52,92 cm

4. 5,06 FE

5. 439,4 cm²

5.7 Kurvendiskussion

5.7.1 Differenzierbarkeit von Funktionen

Differenzierbar ist eine Funktion f(x) an der Stelle x_0, wenn sie an der Stelle x_0 eine eindeutig bestimmte Tangente t mit endlicher Steigung besitzt **(Bild 1)**. Um dies nachzuweisen, wählt man einen Punkt Q_1 links von $P\,(x_0|f(x_0))$ und einen Punkt Q_2 rechts von P. Verbindet man Q_1 und P und Q_2 und P, erhält man die Sekanten s_1 und s_2 mit entsprechenden Steigungen. Wandern nun Q_1 oder Q_2 längs der Kurve auf P zu, $Q_1 \to P$ oder $Q_2 \to P$, so gehen die Sekantensteigungen in die Tangentensteigung von t über. Wir sprechen hier von der linksseitigen und der rechtsseitigen Ableitung.

Eine stetige Funktion ist an der Stelle x_0 differenzierbar, wenn die rechtsseitige Ableitung und die linksseitige Ableitung an der Stelle x_0 übereinstimmen.

$$\lim_{\substack{x \to x_0 \\ (x < x_0)}} f'(x) = \lim_{\substack{x \to x_0 \\ (x > x_0)}} f'(x)$$

Das Schaubild hat somit an der Stelle x_0 keinen „Knick".

Beispiel 1: Betragsfunktion

a) Bilden Sie die rechtsseitige und linksseitige Ableitung der Funktion f(x) = |x| **(Bild 2)** an der Stelle P (0|0) und

b) überprüfen Sie die Funktion bei $x_0 = 0$ auf Differenzierbarkeit.

Lösung:

a) $y = f(x) = |x| = \begin{cases} x & \text{für } x \geq 0 \\ -x & \text{für } x < 0 \end{cases}$

linksseitige Ableitung:

$f(x) = -x \Rightarrow \lim\limits_{\substack{x \to 0 \\ (x < 0)}} f'(x) = \mathbf{-1}$

Für $x \to 0$ ergibt sich eine linksseitige Ableitung mit der Steigung m = –1.

rechtsseitige Ableitung:

$f(x) = x \Rightarrow \lim\limits_{\substack{x \to 0 \\ (x > 0)}} f'(x) = \mathbf{1}$

b) Für $x \to 0$ ergibt sich eine rechtsseitige Ableitung mit der Steigung m = 1.

Die linksseitige und die rechtsseitige Ableitung an der Stelle x = 0 sind unterschiedlich. Die Funktion ist **nicht differenzierbar**.

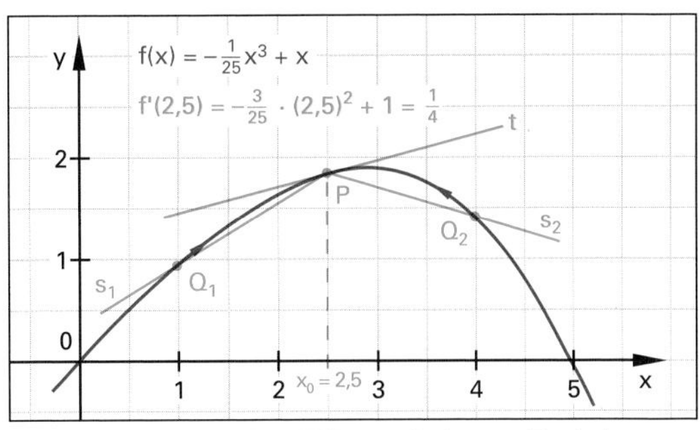

Bild 1: Schaubild der differenzierbaren Funktionen

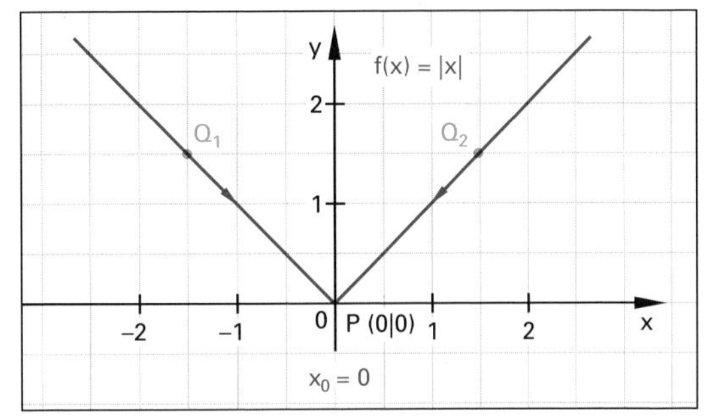

Bild 2: Schaubild der Betragsfunktion

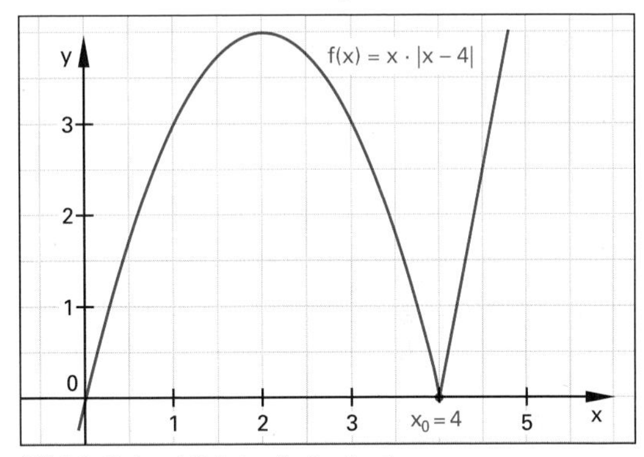

Bild 3: Schaubild der Aufgabe 1

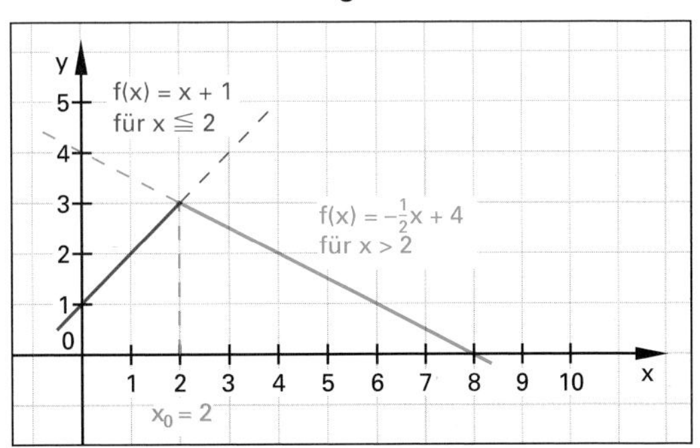

Bild 4: Schaubild der zusammengesetzten Funktion

Aufgaben:

1. Untersuchen Sie die Funktion f(x) = x · |x – 4| in **Bild 3** an der Stelle x = 4 auf Differenzierbarkeit und bilden Sie dort die linksseitige und rechtsseitige Ableitung.

2. Ist die zusammengesetzte Funktion f(x) aus **Bild 4** differenzierbar? $f(x) = \begin{cases} x + 1 \text{ für } x \leq 2 \\ -\frac{1}{2}x + 4 \text{ für } x > 2 \end{cases}$

Lösungen:

1. An der Stelle x = 4 nicht differenzierbar.
2. An der Stelle x = 2 nicht differenzierbar.

5.7.2 Hochpunkte und Tiefpunkte

Auf der Berg-Etappe der Tour de France **(Bild 1)** von Le Bourg d'Oisans geht es bergauf und bergab. Die Bergspitzen und Talsohlen heißen in der Mathematik Hochpunkte (H) und Tiefpunkte (T). Diese sind nur in ihrer Umgebung Hochpunkte und Tiefpunkte. Der nächste Berg könnte höher und das nächste Tal tiefer sein. Deshalb nennt man sie auch relative Minima und relative Maxima oder allgemein Extremwerte **(Tabelle 1)**. Bei einem Extremwert hat die Kurve eine waagrechte Tangente, d. h. $f'(x_E) = 0$.

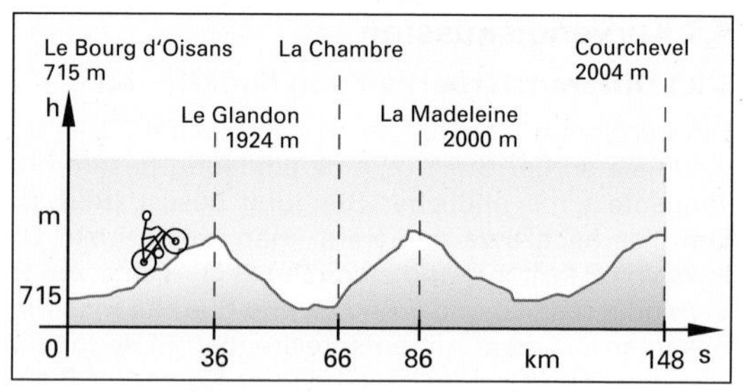

Bild 1: Berg-Etappe Tour de France

> $f'(x_E) = 0$ ist eine notwendige Bedingung für einen Extremwert.

Tabelle 1: Relative Extremwerte	
Art	Bedingung
Hochpunkt (H)	$f'(x_E) = 0 \wedge f''(x_E) < 0$
Tiefpunkt (T)	$f'(x_E) = 0 \wedge f''(x_E) > 0$

Die Sinusfunktion **(Bild 2)** besitzt zum Beispiel unendlich viele Extremwerte.

Ob ein Extremwert ein Minimum oder ein Maximum ist, hängt von der 2. Ableitung $f''(x_E)$ ab **(Bild 2)**.

> Hochpunkte liegen in einer Rechtskurve mit $f''(x_E) < 0$.
> Tiefpunkte liegen in einer Linkskurve mit $f''(x_E) > 0$.

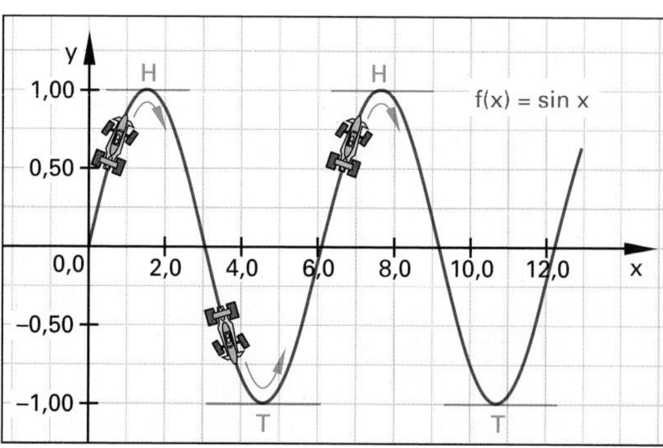

Bild 2: Sinusfunktion

Die Funktion mit $f(x) = x^3 + 1$ hat im Punkt P (0|1) eine waagrechte Tangente, aber keinen Extremwert **(Bild 3)**. Die zweite Ableitung ist an der Stelle $x_E = 0$ weder größer noch kleiner null, sondern gleich null.

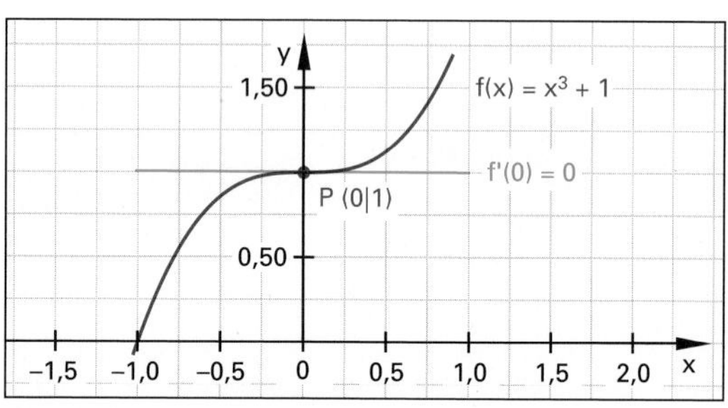

Bild 3: Ganzrationale Funktion 3. Grades

> Eine Funktion $y = f(x)$ besitzt an der Stelle x_E einen relativen Extremwert, wenn die notwendige Bedingung $f'(x_E) = 0$ und die hinreichende Bedingung $f''(x_E) \neq 0$ erfüllt sind.

Beispiel 1: Extremwerte bestimmen

Bestimmen Sie die Hochpunkte und Tiefpunkte der Funktion mit

$f(x) = x^3 - 3x + 3; \quad x \in \mathbb{R}$ **(Bild 4)**

Lösung:

Notwendige Bedingung: $f'(x) = 0$

$f'(x) = 3x^2 - 3$

$0 = 3x^2 - 3$

$x = \sqrt{1} \quad \Rightarrow x_1 = -1 \vee x_2 = 1$

Hinreichende Bedingung: $f''(x) \neq 0$

$f''(x) = 6x$

$f''(-1) = -6 < 0 \Rightarrow$ Hochpunkt

$f(-1) = 5 \Rightarrow$ **H (–1|5)**

$f''(1) = 6 > 0 \Rightarrow$ Tiefpunkt

$f(1) = 1 \Rightarrow$ **T (1|1)**

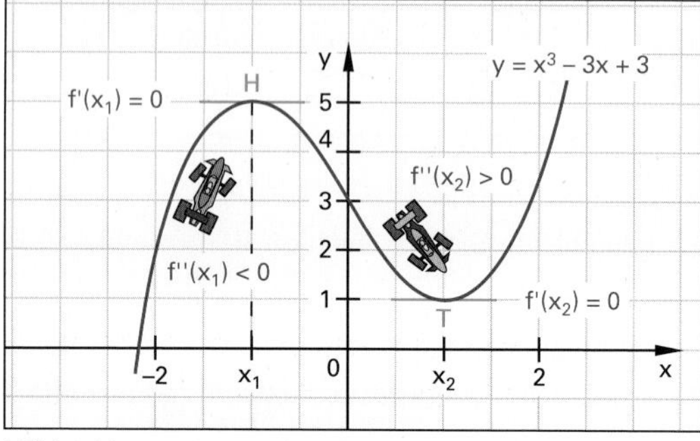

Bild 4: Extremwerte bestimmen

5.7.3 Wendepunkte

Die Stelle, an der das Schaubild einer Funktion von einer Rechtskurve in eine Linkskurve übergeht oder umgekehrt, bezeichnet man als Wendepunkt. Dort ist die 2. Ableitung null, also $f''(x_W) = 0$ **(Bild 1)**.

Hat der Wendepunkt eine waagrechte Tangente so wird er als Sattelpunkt SP bezeichnet **(Bild 2)**.

> $f''(x_W) = 0$ ist eine notwendige Bedingung für einen Wendepunkt.

Man unterscheidet zwei Arten von Wendepunkten:

- Kurvenpunkte, in denen sich die Krümmung des Schaubilds ändert, heißen Wendepunkte **(Bild 1)**.
- Ein Wendepunkt mit waagrechter Tangente, also $f'(x_{SP}) = 0$ heißt Sattelpunkt **(Bild 2)**.

Die 2. Ableitung der Funktion mit f(x) aus **Bild 3** ist an der Stelle x = 1 auch null, obwohl kein Wendepunkt vorliegt. Ihr Schaubild ist eine Linkskurve. Bei ihr ist im Gegensatz zu den Funktionen f von **Bild 1** und **Bild 2** auch die 3. Ableitung $f'''(1) = 0$.

> Die 3. Ableitung muss zur Bestimmung eines Wendepunktes verwendet werden.

Ist die 3. Ableitung ungleich null, also $f'''(1) \neq 0$, liegt mit Sicherheit ein Wendepunkt vor **(Tabelle 1)**.

> Eine Funktion f besitzt an der Stelle x_W einen Wendepunkt, wenn erfüllt sind:
> 1. Notwendige Bedingung $f''(x_W) = 0$ und
> 2. Hinreichende Bedingung $f'''(x_W) \neq 0$.

Beispiel 1: Wendepunkt

a) Bestimmen Sie den Wendepunkt der Funktion mit $f(x) = 0{,}5x^3 - 3x^2 + 4{,}5x + 1$; $x \in \mathbb{R}$

b) Zeichnen Sie die Schaubilder der Funktionen f(x), f''(x) und f'''(x).

Lösung:

a) Drei Ableitungen bilden.

$f'(x) = 1{,}5x^2 - 6x + 4{,}5$

$f''(x) = 3x - 6$

$f'''(x) = 3$

Notwendige Bedingung: $f''(x_W) = 0$

$f''(x) = 3x - 6 = 0 \Rightarrow \mathbf{x = 2}$

Hinreichende Bedingung: $f'''(x_W) \neq 0$

$f'''(2) = 3 \neq 0 \Rightarrow$ **W (2|2)**

b) **Bild 1**

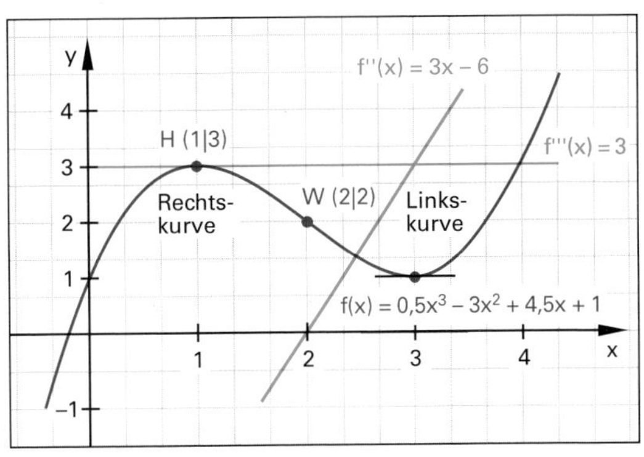

Bild 1: Wendepunkt W (2|2)

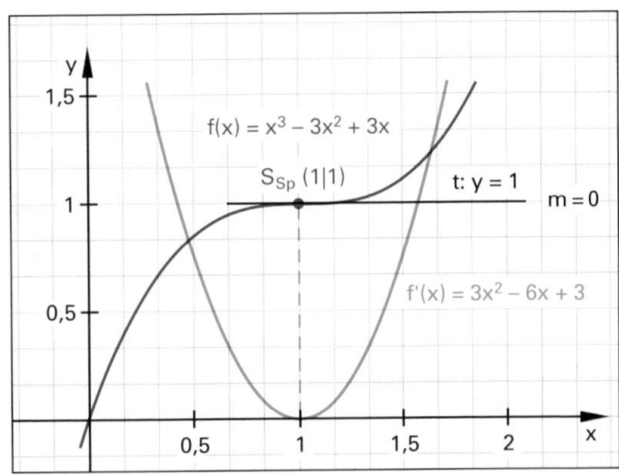

Bild 2: Sattelpunkt S (1|1)

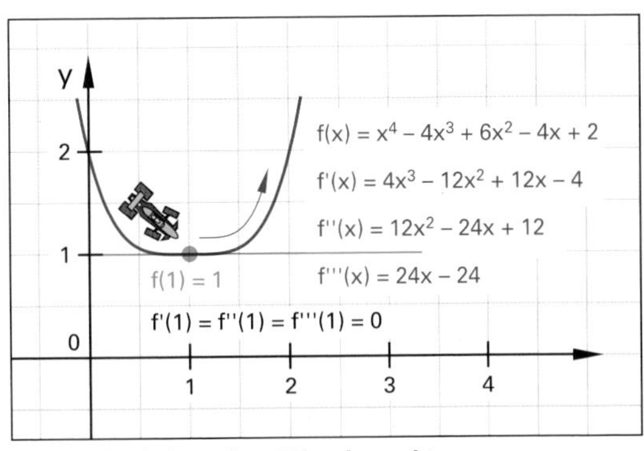

Bild 3: Funktion ohne Wendepunkt

Tabelle 1: Wendepunktarten

Art	Bedingungen bei ganzrationalen Funktionen bis 4. Grades
Wendepunkt W	$f''(x_W) = 0 \land f'''(x_W) \neq 0 \land f'(x_W) \neq 0$
Sattelpunkt SP	$f''(x_S) = 0 \land f'''(x_S) \neq 0 \land f'(x_S) = 0$

Extrempunkte und Wendepunkte für die Sinusfunktion und die e-Funktion.

Beispiel 1: Sinusfunktion

Die Funktion F mit $f(x) = -0{,}5x + 2\sin x;\ 0 \leq x \leq 7$ hat das Schaubild K_f **(Bild 1)**.

a) Bilden Sie die Ableitungen f'(x), f''(x) und f'''(x) der Funktion.

b) Hat K_f Hoch-, Tief- und Wendepunkte?

c) Zeichnen Sie die Sinusfunktion und ihre Ableitungen für $0 \leq x \leq 7$.

Lösung:

a) $f'(x) = -0{,}5 + 2\cos x;\ f''(x) = -2\sin x;$
$f'''(x) = -2\cos x$

b) Hochpunkte, Tiefpunkte: $f'(x) = 0$

$f'(x) = 0 = -0{,}5 + 2\cos x$

$\cos x = 0{,}25 \quad \Leftrightarrow \mathbf{x_1 = 1{,}32}$

$\Leftrightarrow \mathbf{x_2 = 4{,}97}$

$f''(x_1) = -1{,}94 < 0 \Rightarrow$ Hochpunkt **H (1,32|1,28)**

$f''(x_2) = 1{,}94 > 0 \Rightarrow$ Tiefpunkt **T(4,97|4,4)**

Wendepunkte: $f''(x) = 0$ und $f''' \neq 0$

$f''(x) = 0 = -2\sin x$

$\sin x = 0 \quad \Leftrightarrow \mathbf{x_1 = 0}$

$\Leftrightarrow \mathbf{x_2 = \pi}$

$\Leftrightarrow \mathbf{x_3 = 2\pi}$

$f'''(0) = -2 \neq 0 \Rightarrow$ Wendepunkt **W_1 (0|0)**

$f'''(\pi) = 2 \neq 0 \Rightarrow$ Wendepunkt **W_2 (π|–0,5π)**

$f'''(2\pi) = -2 \neq 0 \Rightarrow$ Wendepunkt **W_3 (2π|–π)**

c) **Bild 1**

Tabelle 1: Funktionen und ihre Ableitungen

f(x)	f'(x)	f''(x)	f'''(x)
sin x	cos x	–sin x	–cos x
cos x	–sin x	–cos x	sin x
e^x	e^x	e^x	e^x
e^{ax}	$a \cdot e^{ax}$	$a^2 \cdot e^{ax}$	$a^3 \cdot e^{ax}$

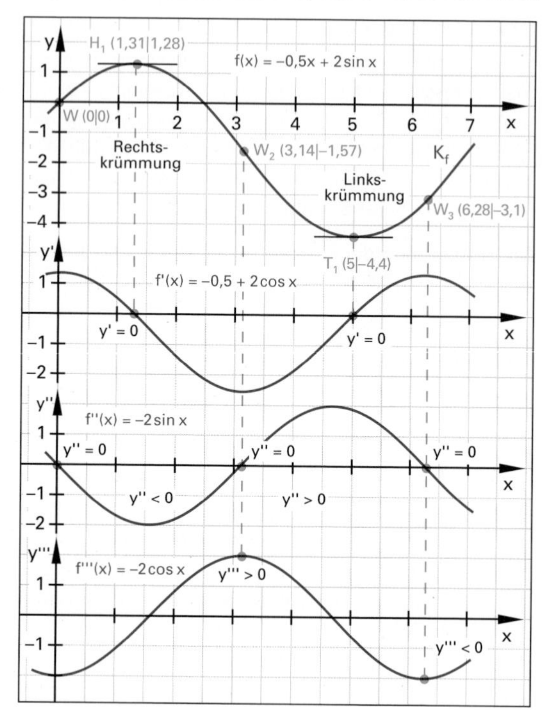

Bild 1: Sinusfunktion und ihre Ableitungen

Beispiel 2: e-Funktion

Die Funktion F mit $f(x) = e^{0{,}5x} - 2x - 1;\ -1 \leq x \leq 5$ hat das Schaubild K_f **(Bild 2)**.

a) Bilden Sie die Ableitungen f'(x), f''(x) und f'''(x) der Funktion.

b) Hat K_f Hoch-, Tief- und Wendepunkte?

c) Zeichnen Sie K_f und die Schaubilder der Ableitungen.

Lösung:

a) $f'(x) = 0{,}5\,e^{0{,}5x} - 2;\ f''(x) = 0{,}25\,e^{0{,}5x};$
$f'''(x) = 0{,}125\,e^{0{,}5x}$

b) Hoch- und Tiefpunkte: $f'(x) = 0$

$f'(x) = 0 = 0{,}5\,e^{0{,}5x} - 2$

$4 = e^{0{,}5x} \Rightarrow x = \ln(16) = 2{,}77 \quad \mathbf{x_1 = 2{,}77}$

$f''(x_1) = 0{,}25\,e^{0{,}5x} = 1 > 0$

$\Rightarrow$ Tiefpunkt **T (2,8|–2,5)**

Wendepunkt: $f''(x) = 0$ und $f'''(x) \neq 0$

$f''(x) = 0 = 0{,}25\,e^{0{,}5x}$

$\mathbf{e^{0{,}5x} > 0 \Rightarrow}$ **kein Wendepunkt**

c) **Bild 2**

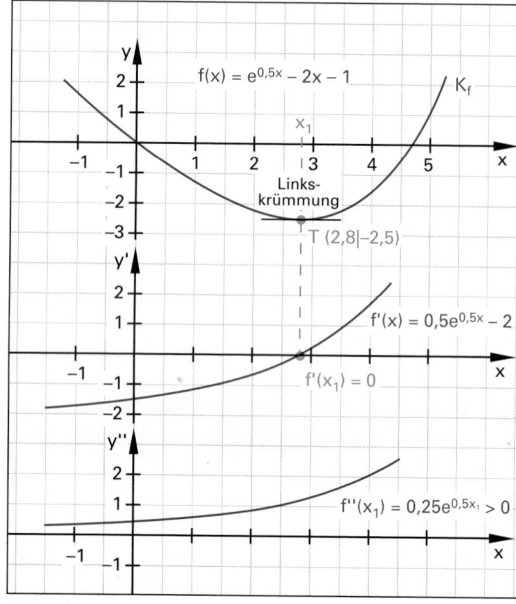

Bild 2: e-Funktion und ihre Ableitungen

5.7.4 Tangenten und Normalen

5.7.4.1 Tangenten und Normalen in einem Kurvenpunkt

Im Berührpunkt B $(x_B|y_B)$ liegt die Tangente t am Schaubild K_f von f(x) **(Bild 1)**. Sind f(x) und B gegeben, erhält man die Steigung m_t der Tangenten mit der 1. Ableitung von f: $m_t = f'(x_B)$.

Da der Berührpunkt B $(x_B|y_B)$ auf der Tangente t liegt, können die Werte für x_B, y_B und m_t in die Tangentengleichung eingesetzt werden $\Rightarrow y_B = m_t \cdot x_B + b_t$.

Durch Umformen erhält man den Achsenabschnitt b_t der Tangente t. Mit den Werten m_t und b_t ist die Tangentengleichung bestimmt.

Die Normale mit der Steigung m_n steht senkrecht auf der Tangente mit der Steigung m_t. Mit der Formel $m_n = -\frac{1}{m_t}$ lässt sich aus der Tangentensteigung die Normalensteigung berechnen.

B und m_n in die Normalengleichung eingesetzt ergibt den Achsenabschnitt b_n. Mit den Werten m_n und b_n ist die Normalengleichung bestimmt.

Tangentengleichung t: $y = m_t \cdot x + b_t$

B $(x_B|y_B)$ einsetzen $\Rightarrow$ $b_t = y_B - m_t\, x_B$

Normalengleichung n: $y = m_n\, x + b_n$

B $(x_B|y_B)$ einsetzen $\Rightarrow$ $b_n = y_B - m_n\, x_B$

$m_n = -\frac{1}{m_t}$ mit $m_n \perp m_t$

m_t	Steigung der Tangenten im Punkt B
m_n	Steigung der Normalen im Punkt B
B $(x_B\|y_B)$	Berührpunkt
b_t, b_n	Achsenabschnitte

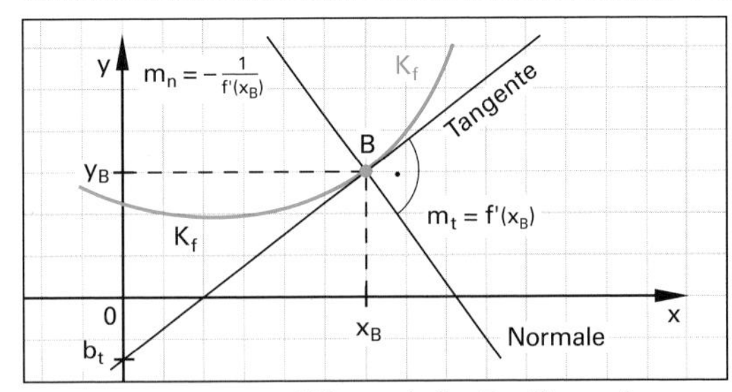

Bild 1: Tangente und Normale im Berührpunkt B $(x_B|y_B)$

Beispiel 1: Tangenten- und Normalengleichung

Gegeben ist die Funktion $y = f(x) = 0{,}5x^2 - 2x$

Berechnen Sie in B (4|0)

a) die Gleichung der Tangente t,

b) die Gleichung der Normalen n.

c) Zeichnen Sie die Parabel y = f(x), die Tangente t und die Normale n in ein Koordinatensystem ein.

Lösung:

a) $y = f(x) = 0{,}5x^2 - 2x \Rightarrow y' = x - 2$

B (4|0) $\Rightarrow m_t = y' = f'(4) = 2$

B und m_t in die Tangentengleichung eingesetzt ergibt $b_t = y_B - m_t \cdot x_B = 0 - 2 \cdot 4 = -8$

Ergebnis: **t: t(x) = 2x – 8**

b) $m_n = -\frac{1}{m_t} = -\frac{1}{2} = -0{,}5$; $m_n = -0{,}5$

B und m_n in die Normalengleichung eingesetzt ergibt $b_n = y_B - m_n \cdot x_B = 0 - (-0{,}5) \cdot 4 = 2$

Ergebnis: **n: n(t) = –0,5t + 2**

c) **Bild 2**

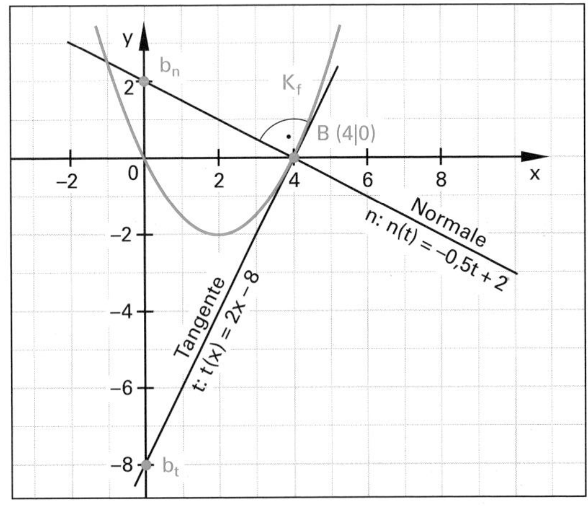

Bild 2: Tangentengleichung und Normalengleichung

Aufgaben:

1. Wie lauten die Funktionsgleichungen der Tangenten und Normalen an der Parabel $y = x^2 - 2x + 1$ in den Punkten P_1 (0|1), P_2 (1|0) und P_3 $(3|y_3)$?

2. Bestimmen Sie die Funktionsgleichungen der Tangenten und Normalen für folgende Funktionen:

   a) $f(x) = \frac{1}{3}x^3 - 4x$ in den Punkten P_1 (0|0) und P_2 $(2|y_2)$

   b) $g(x) = -\frac{1}{8}x^4 + x^2 + 3$ in den Punkten P_1 $(-1|y_1)$ und P_2 $(1|y_2)$

Lösungen:

1. t_1: y = –2x + 1; n_1: y = 0,5x + 1

t_2: y = 0; n_2: x = 1

t_3: y = 4x – 8; n_3: y = –0,25x + 4,75

2. a) t_1: y = –4x; n_1: y = 0,25x

t_2: $y = -\frac{16}{3}$; n_2: x = 2

b) t_1: $y = -1{,}5x + 2\frac{3}{8}$; n_1: $y = \frac{2}{3}x + 4\frac{13}{24}$

t_2: $y = 1{,}5x + 2\frac{3}{8}$; n_2: $y = -\frac{2}{3}x + 4\frac{13}{24}$

5.7.4.2 Tangenten parallel zu einer Geraden

Gegeben ist die Funktionsgleichung der Geraden g und die Funktionsgleichung f(x) **(Bild 1)**. Die parallelen Geraden zu g berühren f(x) in B_1 und B_2. Um die Tangentengleichungen an den Berührpunkten zu berechnen, sind drei Lösungsschritte notwendig **(Tabelle 1)**.

Beispiel 1: Parallelverschiebung

Gegeben sind die Funktionen

$f(x) = \frac{1}{8}x^3$; $x \in \mathbb{R}$, ihr Schaubild ist K_f.

$g(x) = 1{,}5x$; $x \in \mathbb{R}$, ihr Schaubild ist K_g.

a) In welchen Punkten B $(x_B|y_B)$ berührt eine Parallele zu K_g das Schaubild von K_f?

b) Zeichnen Sie die Schaubilder K_f, K_g und die Parallelen mit den Berührpunkten in ein Koordinatensystem ein.

c) Bestimmen Sie die Tangentengleichungen in den Berührpunkten.

Lösung:

a) Parallel heißt gleiche Steigung, d.h.

$m_g = m_f = f'(x_B) = 1{,}5$

$1{,}5 = \frac{3}{8}x^2$

$x_{1,2} = \pm\sqrt{\frac{1{,}5 \cdot 8}{3}} = \pm 2$

$\Rightarrow$ **B_1 (2|1), B_2 (–2|–1)**

b) **Bild 1**

c) Die Tangentengleichung mit dem Berührpunkt B_1 (2|1) und der Steigung $m_t = 1{,}5$ ergibt sich aus dem Ansatz

$b_{t1} = y_B - m_t\, x_B = 1 - 1{,}5 \cdot 2 = -2$

t_1: $y = 1{,}5x - 2$

Für B_2 (–2|–1)

$\Rightarrow$ **t_2: $y = 1{,}5x + 2$**

Aufgaben:

1. An welchen Stellen hat das Schaubild K_f mit der Funktionsgleichung $f(x) = x^3 + 6x^2$ die Steigung

a) 63 **b)** –12 **c)** 0 **d)** –9?

2. Berechnen Sie den Berührpunkt der Parallelen zur ersten Winkelhalbierenden mit dem Schaubild der Funktion $y = 0{,}2x^2$.

3. Gegeben ist die Funktion f durch $f(x) = x^3 + 3x^2 + 4$, ihr Schaubild ist K_f.

a) In welchen Punkten berührt eine Parallele zur x-Achse das Schaubild K_f?

b) Die Tangenten an den Berührpunkten schneiden das Schaubild K_f in einem weiteren Punkt. Berechnen Sie die Koordinaten der Schnittpunkte.

4. Gegeben ist eine Funktion 3. Grades K_f mit $f(x) = \frac{1}{4}x^3 - \frac{3}{2}x^2 + 8$; $x \in \mathbb{R}$ und eine Parabel K_g mit $g(x) = -\frac{3}{2}x^2 + 3x + 12$; $x \in \mathbb{R}$.

a) Zeichnen Sie K_f und K_g in ein Koordinatensystem ein.

b) Zeigen Sie rechnerisch, dass sich die Schaubilder K_f und K_g berühren und berechnen Sie die Koordinaten des Berührpunktes.

5. Gegeben sind die Funktionen $f(x) = 0{,}5x - 4$ und $g(x) = \frac{1}{6}x^2$; $x \in \mathbb{R}$. Ihre Schaubilder sind K_f und K_g.

a) In welchen Punkten B $(x_B|y_B)$ berührt eine Parallele zu K_f das Schaubild K_g?

b) Berechnen Sie in B $(x_B|y_B)$ die Gleichung der Normalen n(x). Ihr Schaubild ist K_n.

c) Ermitteln Sie den Schnittpunkt S der Schaubilder K_f und K_n.

d) Wie groß ist der kürzeste Abstand d zwischen den Kurven K_g und K_f?

e) Zeichnen Sie alle Schaubilder in ein Koordinatensystem ein.

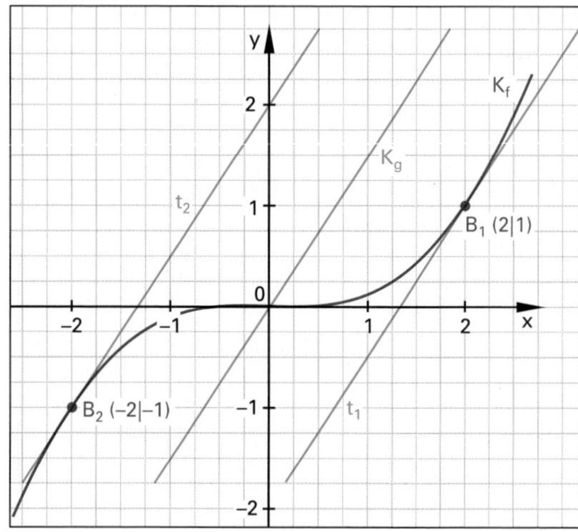

Bild 1: Parallelverschiebung einer Geraden

Tabelle 1: Tangenten parallel zu einer Geraden

Gegeben: Funktion f(x), Gerade $g(x) = mx + b$

Lösungsschritte	Ergebnisse
1. Schritt: mit $m = f'(x_B)$	$\Rightarrow x_B$
2. Schritt: $f(x_B) = y_B$	$\Rightarrow y_B$
3. Schritt: $y_B = f'(x_B)\, x_B + b$	$\Rightarrow b = y_B - f'(x_B)\, x_B$

Lösungen:

1. a) $x_1 = -7$, $x_2 = 3$ **b)** $x_2 = -2$
c) $x_1 = -4$, $x_2 = 0$ **d)** $x_1 = -3$, $x_2 = -1$

2. B (2,5|1,25)

3. a) B_1 (–2|8), B_2 (0|4) **b)** S_2 (–3|4), S_1 (1|8)

4. a) siehe Löser **b)** B (–2|0)

5. a) B (1,5|0,375) **b)** $n(x) = -2x + 3{,}375$
c) S (2,95|–2,525) **d)** d = 3,242
e) siehe Löser

5.7.4.3 Anlegen von Tangenten an K_f von einem beliebigen Punkt aus

Beispiel 1: Tangente an K_f vom Punkt P aus

Von einem Punkt $P\left(\frac{2}{3}|5\right)$ sollen Tangenten an das Schaubild K_f gelegt werden **(Bild 1)**. Die Gleichung von K_f lautet: $y = f(x) = 0{,}5x^3 - 3x^2 + 4{,}5x + 2;\ x \in \mathbb{R}$.

a) Bestimmen Sie die Berührpunkte B_1 und B_2.

b) Bestimmen Sie die Tangenten g(x) und h(x) mit den Schaubildern K_g und K_h.

Lösung:

a) (1) $f(x) - y_P = f'(x) \cdot (x - x_P)$

(2) $P\,(x_P|y_P) = P\left(\frac{2}{3}|5\right)$

(3) $f(x) = 0{,}5x^3 - 3x^2 + 4{,}5x + 2$

(4) $f'(x) = 1{,}5x^2 - 6x + 4{,}5$

Gleichung (2), (3) und (4) in (1) einsetzen

$\left(0{,}5x^3 - 3x^2 + 4{,}5x + 2 - 5\right) = \left(1{,}5x^2 - 6x + 4{,}5\right) \cdot \left(x - \frac{2}{3}\right)$

und nach x auflösen ergibt:

$0 = x^3 - 4x^2 + 4x$

$0 = x \cdot (x^2 - 4x + 4) \Leftrightarrow x_1 = 0,\ f(0) = 2 \Rightarrow$ $\mathbf{B_1\ (0|2)}$

$0 = x^2 - 4x + 4 = (x - 2)^2 \Leftrightarrow x_2 = 2;\ f(2) = 3 \Rightarrow$ $\mathbf{B_2\ (2|3)}$

b) Tangente g durch $B_1\,(0|2)$

Steigung in $B_1\,(0|2)$ $\qquad \Rightarrow f'(0) = 4{,}5$

$b_1 = y_B - f'(x_B) \cdot x_B = 2 - 4{,}5 \cdot 0 = 2 \Rightarrow$ g: $\mathbf{y = 4{,}5x + 2}$

Tangente h durch $B_2\,(2|3)$ $\qquad \Rightarrow$ h: $\mathbf{y = -1{,}5x + 6}$

Beispiel 2: Tangenten vom Ursprung aus

Die Funktion $f(x) = 0{,}5x^3 - 3x^2 + 4{,}5x + 2;\ x \in \mathbb{R}$ und ihr Schaubild K_f sind gegeben.

a) Zeichnen Sie das Schaubild K_f und ermitteln Sie die Tangentengleichungen aus der Zeichnung.

b) Bestimmen Sie die Koordinaten der Berührpunkte.

c) Bestimmen Sie die Tangentengleichungen.

Lösung:

a) **Bild 2**

b) (1) $(f(x) - y_P) = f'(x) \cdot (x - x_P)$

(2) Ursprung $\Rightarrow x_P = 0, \quad y_P = 0$

(3) $f(x) = 0{,}5x^3 - 3x^2 + 4{,}5x + 2$

(4) $f'(x) = 1{,}5x^2 - 6x + 4{,}5$

Gleichungen (2), (3) und (4) in (1) einsetzen

$0{,}5x^3 - 3x^2 + 4{,}5x + 2 - 0 = (1{,}5x^2 - 6x + 4{,}5) \cdot (x - 0)$

$x^3 - 3x^2 - 2 = 0 = g(x_B) \Rightarrow K_g$ **(Bild 3)**

Wo die Funktion $g(x) = x^3 - 3x^2 - 2$ null wird, ist der Berührpunkt x_B **(Bild 3)**. Mit dem grafikfähigen Taschenrechner (GTR) wird die Nullstelle von g(x) ermittelt.

$x_B = 3{,}19582,\ f(x_B) = 2{,}06 \Rightarrow$ $\mathbf{B_1\ (3{,}19582|2{,}06)}$

Da die Funktion g(x) nur eine Nullstelle hat, ist nur eine Tangente vom Ursprung an K_f möglich.

c) Tangente h durch $B_1\,(3{,}19582\,|2{,}06)$

$h(x) = f'(x_B) \cdot x = 1{,}5 \cdot 3{,}19582^2 - 6 \cdot 3{,}19582 + 4{,}5$

$h(x) = 0{,}645 \cdot x$

$$m = f'(x) = \frac{\Delta y}{\Delta x} = \frac{f(x) - y_P}{x - x_P} \quad \Rightarrow x = x_B$$

$$f(x) - y_P = f'(x) \cdot (x - x_P)$$

f(x) Funktionsterm
f'(x) erste Ableitung von f(x)
x_B Stelle x eines Berührpunktes
m Steigung der Tangente an K_f
x_P, y_P Koordinaten des Punktes, von dem aus die Tangente an das Schaubild von f gelegt wird

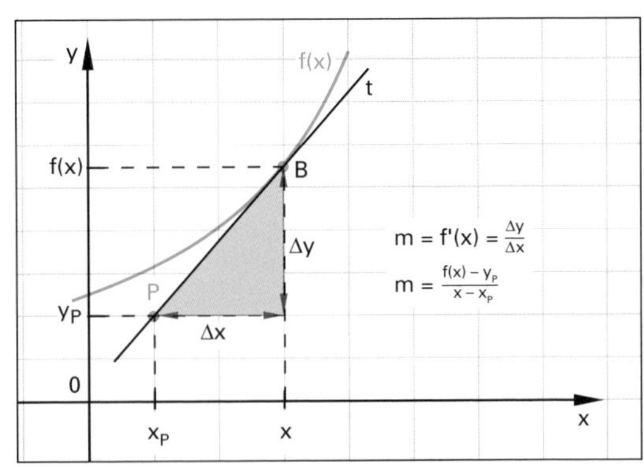

Bild 1: Steigungsdreieck

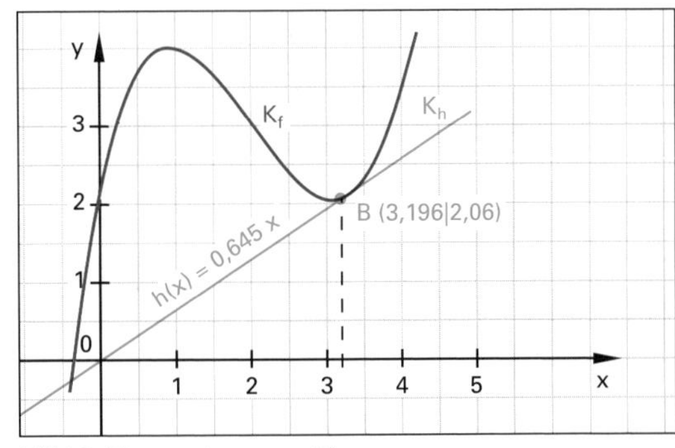

Bild 2: Tangenten vom Ursprung aus

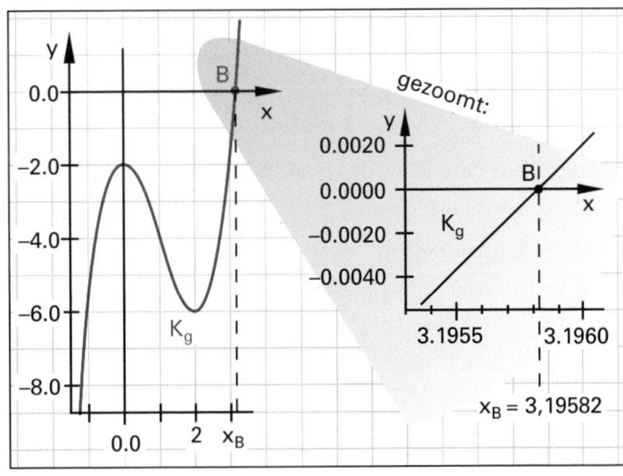

Bild 3: Lösung mit dem GTR durch Zoomfunktion

5.7.4.4 Zusammenfassung Tangentenberechnung

Es gibt 3 verschiedene Fälle, Tangenten an Schaubilder von Funktionen zu legen **(Tabelle 1)**.

Fall 1: Es wird die einzige Berührstelle an die Funktion f(x) vorgegeben und nur eine Tangentengleichung ist möglich.

Fall 2: Es wird eine Berührstelle an die Funktion f(x) vorgegeben. Eine weitere Berührstelle existiert und damit sind zwei Tangentengleichungen möglich.

Fall 3: Ein Punkt P liegt außerhalb der Funktion f(x). Es sind zwei Berührpunkte möglich und damit auch zwei Tangentengleichungen an f(x).

Tabelle 1: Tangenten an Schaubilder

Fall	Aufgabenstellung	Schaubild
1	Gegeben: • Funktion f(x) • Berührpunkt B Gesucht: • Tangente	
2	Gegeben: • Funktion f(x) • Kurvenpunkt P = B_1 Gesucht: • weiterer Berührpunkt B_2 • Tangenten	
3	Gegeben: • Funktion f(x) • Punkt P außerhalb der Kurve Gesucht: • Berührpunkte • Tangenten	

Aufgaben:

1. Gegeben ist die Funktion

$f(x) = 0{,}5x^3 - 3x^2 + 4{,}5x + 2;\ x \in \mathbb{R}$

Ihr Schaubild ist K_f.

a) Vom Punkte P (3|2) sollen Tangenten an K_f gelegt werden. An welcher Stelle berühren die Tangenten das Schaubild K_f?

b) Berechnen Sie die Tangentengleichungen. Ihre Schaubilder sind K_g und K_h.

c) Zeichnen Sie die Schaubilder K_f, K_g und K_h in ein geeignetes Koordinatensystem ein.

2. Ein parabelförmiges Grillbecken wird durch die Gleichung $f(x) = 0{,}25x^2 + 1;\ x \in \mathbb{R}$ beschrieben. Es soll auf einen Ständer montiert werden, der das Becken in den Punkten B_1 und B_2 berührt **(Bild 1)**. In diesen Berührpunkten wird das Grillbecken mit dem Ständer durch zwei Nieten verbunden. An welchen Punkten des Grillbeckens müssen die Löcher gebohrt werden?

3. Gegeben ist die Funktion

$f(x) = -0{,}5x^4 + 3x^2 + 1{,}5;\ x \in \mathbb{R}$

Ihr Schaubild ist K_f.

a) Vom Ursprung sollen Tangenten an K_f gelegt werden. In welchen Punkten berühren die Tangenten K_f?

b) Berechnen Sie die Tangentengleichungen. Ihre Schaubilder sind K_g und K_h.

c) Zeichnen Sie die Schaubilder K_f, K_g und K_h in ein geeignetes Koordinatensystem ein.

4. Gegeben ist der Punkt B_1 (2|5,6) der Funktion

$f(x) = 0{,}1x^4 + 4;\ x \in \mathbb{R}$

Ihr Schaubild ist K_f.

a) Berechnen Sie die Gleichung der Tangente g(x) im Punkt B_1.

b) Die Funktion g(x) geht durch den Punkt P (0,5|g(x)). Vom Punkt P ist eine zweite Tangente h an das Schaubild K_f zu legen.

Berechnen Sie diese Gleichung von h(x).

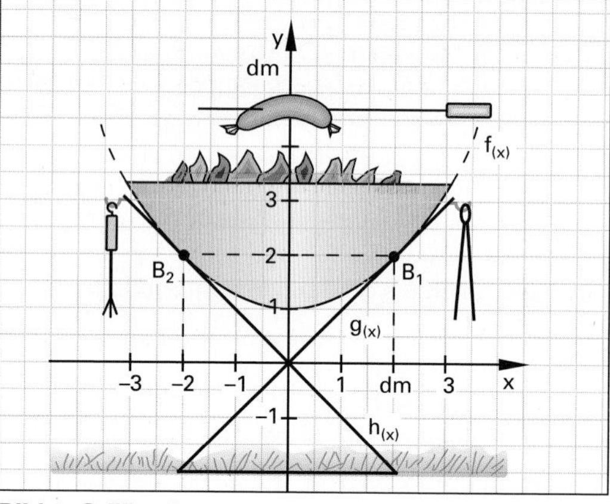

Bild 1: Grillbecken

Lösungen:

1. a) B_1 (3|2), B_2 (1,5|3,687 5)

b) g(x) = 2, h(x) = −1,125x + 5,375

c) Tabelle 1, Fall 2

2. B_1 (2|2), B_2 (−2|2)

3. a) B_1 (1|4), B_2 (−1|4)

b) g(x) = 4x, h(x) = −4x **c)** siehe Löser

4. a) g(x) = 3,2x − 0,8

b) h(x) = −1,833x + 1,716

5.7.5 Ermittlung von Funktionsgleichungen

5.7.5.1 Ganzrationale Funktion

Die Ermittlung einer Funktionsgleichung aus Vorgaben wird auch als umgekehrte Kurvendiskussion bezeichnet. Dabei werden die Koeffizienten einer Funktion rechnerisch ermittelt. Bei z.B. einer ganzrationalen Funktion dritten Grades müssen 4 Koeffizienten bestimmt werden.

$$f(x) = ax^3 + bx^2 + cx + d$$

Zur Gleichungsermittlung bei einer ganzrationalen Funktion n-ten Grades müssen n + 1 Koeffizienten bestimmt werden.

Bei der 6 m langen Auffahrt zu einer Garage muss ein Höhenunterschied von 1 m überwunden werden **(Bild 1)**. Es gilt: $x \in [0; 6]$. Die Auffahrt soll so aufgefüllt werden, dass gleichmäßige Übergänge entstehen. Der Verlauf der Teerdecke entspricht einer ganzrationalen Funktion dritten Grades. Um die vier Koeffizienten a, b, c und d berechnen zu können, müssen vier Vorgaben vorliegen. Diese sind entweder in Textform gegeben oder sind aus dem Schaubild der Funktion abzulesen.

Die vier Vorgaben für die Garagenauffahrt sind:

1. An der Stelle 0 ist die Höhe null.
2. Die Steigung an der Stelle 0 ist 0.
3. An der Stelle 3 ist ein Wendepunkt.
4. An der Stelle 6 beträgt die Höhe 1 m.

Diese vier Vorgaben in Form von Aussagen müssen in mathematische Bedingungen umformuliert werden **(Tabelle, Seite 143)**.

Beispiel 1: Vorgaben in mathematische Bedingungen umformulieren

Erstellen Sie mithilfe der Tabelle auf Seite 143 die Bedingungen zur Ermittlung der Koeffizienten a, b, c und d.

Lösung:

Zur 1. Vorgabe:

Der Funktionswert an der Stelle $x_1 = 0$, also f(0), ist null. Es gilt damit $\mathbf{f(0) = 0}$.

Zur 2. Vorgabe:

Die Steigung, d.h. die erste Ableitung, an der Stelle $x_1 = 0$, also f'(0), ist null. Es gilt damit $\mathbf{f'(0) = 0}$.

Zur 3. Vorgabe:

Im Wendepunkt ist die Krümmung null, d.h. die zweite Ableitung an der Stelle $x_2 = 3$, also f''(3), ist null. Es gilt damit $\mathbf{f''(3) = 0}$.

Zur 4. Vorgabe:

Der Funktionswert an der Stelle $x_3 = 6$, also f (6), ist eins. Es gilt damit $\mathbf{f(6) = 1}$.

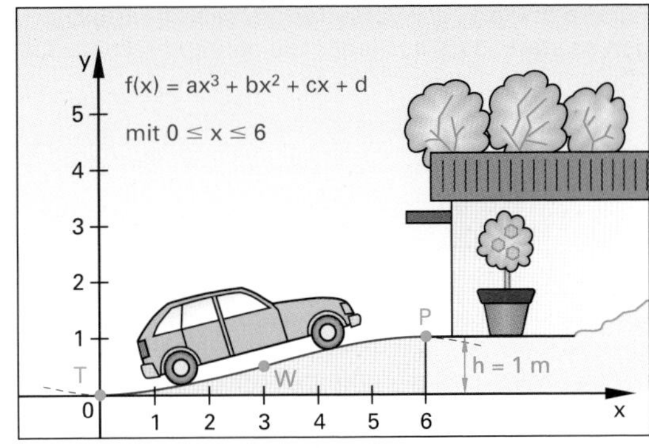

Bild 1: Garagenauffahrt

Die als Text gegebenen Aussagen liegen nun in Form von vier mathematischen Bedingungen vor. Zur Berechnung der Garagenauffahrt sind aufgrund der Vorgaben die erste und die zweite Ableitung von f(x) erforderlich.

Beispiel 2: Ableitungen

Leiten Sie die allgemeine ganzrationale Funktion 3. Grades zwei Mal ab.

Lösung:

Erste Ableitung: $f'(x) = 3ax^2 + 2bx + c$

Zweite Ableitung: $f''(x) = 6ax + 2b$

Setzt man nun in f(x), f'(x) und f''(x) die mathematischen Bedingungen ein, erhält man

(1) $f(0) = 0 \Leftrightarrow a \cdot 0^3 + b \cdot 0^2 + c \cdot 0 + d = 0$

(2) $f'(0) = 0 \Leftrightarrow 3a \cdot 0^2 + 2b \cdot 0 + c = 0$

(3) $f''(3) = 0 \Leftrightarrow 6a \cdot 3 + 2b = 0$

(4) $f(6) = 1 \Leftrightarrow a \cdot 6^3 + b \cdot 6^2 + c \cdot 6 + d = 1$

Es liegt ein Gleichungssystem von 4 Gleichungen mit 4 Unbekannten vor. Das Gleichungssystem ist damit eindeutig lösbar.

Beispiel 3: Gleichungssystem

Geben Sie das Gleichungssystem für die Unbekannten a, b, c und d an.

Lösung:

(1) $0 + 0 + 0 + d = 0$

(2) $0 + 0 + c + 0 = 0$

(3) $18a + 2b + 0 + 0 = 0$

(4) $216a + 36b + 6c + d = 1$

Die Gleichungsermittlung bei einer ganzrationalen Funktion n-ten Grades erfolgt über ein lineares Gleichungssystem aus n + 1 Gleichungen.

Für die Stelle $x_1 = 0$ vereinfachen sich die Gleichungen so stark, dass aus jeder Gleichung direkt ein Koeffizient ermittelt werden kann.

Es gilt:

(1) $d = 0$

(2) $c = 0$.

Das Gleichungssystem wird dadurch auf zwei Gleichungen mit zwei Unbekannten reduziert. Der Rechenaufwand nimmt dadurch deutlich ab.

(3) $18a + 2b = 0$

(4) $216a + 36b = 1$

Beispiel 1: Koeffizienten berechnen

Lösen Sie das Gleichungssystem.

Lösung:

(3) $18a + 2b = 0 \quad | \cdot (-12)$

(4) $216a + 36b = 1$

(3a) $-216a - 24b = 0 \quad | + \text{Gl (4)}$

$12b = 1$

(5) $b = \frac{1}{12} \quad | \text{ in Gl (4)}$

$216a + 3 = 1$

(6) $a = -\frac{1}{108}$

Man erhält $\mathbf{a = -\frac{1}{108}}$ **und** $\mathbf{b = \frac{1}{12}}$.

Die Funktionsgleichung für die Garagenauffahrt lautet somit:

$$f(x) = -\frac{x^3}{108} + \frac{x^2}{12}$$

Beispiel 2: Maximale Steigung

Berechnen Sie anhand der erstellten Funktionsgleichung die maximale Steigung der Garagenauffahrt in Prozent.

Lösung:

$f'(x) = -\frac{x^2}{36} + \frac{x}{6}$

Die Steigung ist im Wendepunkt W am größten.

$m_{max} = f'(3) = -\frac{9}{36} + \frac{3}{6} = \frac{-3 + 3 \cdot 2}{12}$

$m_{max} = \frac{-3 + 6}{12} = \frac{3}{12} = \frac{1}{4} = 0{,}25 = \mathbf{25\,\%}$

Beispiel 3: Vorgehensweise

Strukturieren Sie die Vorgehensweise beim Erstellen von Funktionsgleichungen aus Vorgaben.

Lösung: **Tabelle 1**

Tabelle 1: Vorgehensweise bei der Gleichungsermittlung

Schritt	Aktion
Schritt 1	Textvorgaben oder Bildvorgaben in mathematische Bedingungen umformulieren.
Schritt 2	Erforderliche Ableitungen der allgemeinen Funktionsgleichung durchführen.
Schritt 3	Lineares Gleichungssystem erstellen.
Schritt 4	Lineares Gleichungssystem lösen.
Schritt 5	Die zu den Vorgaben zugehörige Funktionsgleichung angeben.

$a_nX + b_nY = C_n$

	a	b	c
1	18	2	0
2	216	36	1

Bild 1: Taschenrechnereingabe

x	-9.E-3	-1 ⌟ 108
y	0.0833	1 ⌟ 12

Bild 2: Taschenrechnerausgabe

Lineare Gleichungssysteme lassen sich auf einfache Weise mit den meisten grafikfähigen Taschenrechnern lösen. Das vereinfacht den Schritt 4 bei der Ermittlung von Funktionsgleichungen **(Tabelle 1)**. Nach dem Einschalten des Taschenrechners wird im Menü **Equation** (Gleichung) der Gleichungstyp **Simultaneous** (gleichsam) gewählt. Anschließend wird die Anzahl der zu ermittelnden Unbekannten angegeben, z. B. 2. Auf dem Anzeigefeld des Taschenrechners erscheint eine Matrix, in der die Koeffizienten des linearen Gleichungssystems einzugeben sind.

Beispiel 4: Koeffizienten des LGS mit dem GTR berechnen

a) Geben Sie das Gleichungssystem aus Beispiel 1 in den Taschenrechner ein.

b) Lösen Sie das Gleichungssystem mit dem Taschenrechner.

Lösung:

a) **Bild 1**. Es ist darauf zu achten, dass die zu berechnenden Koeffizienten am GTR mit x und y bezeichnet werden.

b) **Bild 2**. Die Werte der Koeffizienten werden sowohl als Dezimalzahl, wie auch als Bruch angezeigt.

Tabelle 1: Gleichungsermittlung für alle Funktionsarten

Vorgabe	Ansicht	Bedingungen
Kurvenpunkt $(x_1\|y_1)$	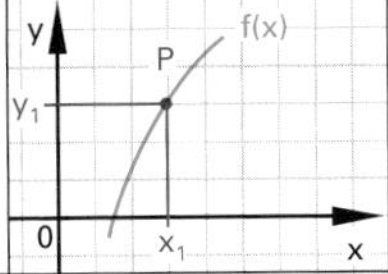	$f(x_1) = y_1$
Die Steigung m an der Stelle x_1	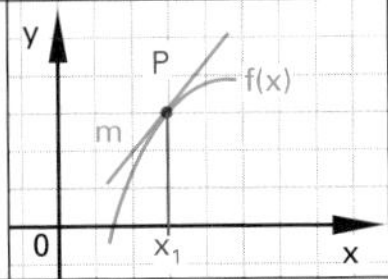	$f'(x_1) = m$
Hochpunkt oder Tiefpunkt liegt an der Stelle x_1	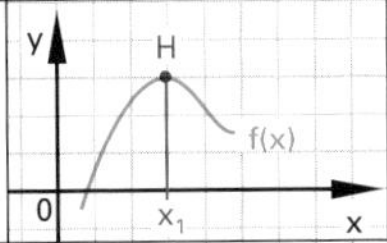	$f'(x_1) = 0$
Die Kurve von f(x) berührt die Abszisse (x-Achse, y = 0) an der Stelle x_1	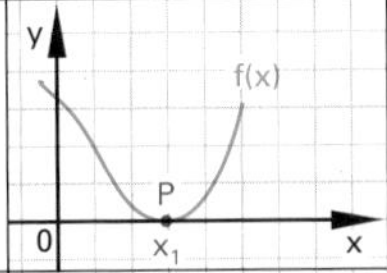	$f(x_1) = 0$ $f'(x_1) = 0$
Wendepunkt liegt an der Stelle x_1	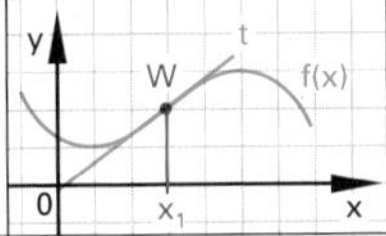	$f''(x_1) = 0$
Sattelpunkt (Terrassenpunkt) liegt an der Stelle x_1	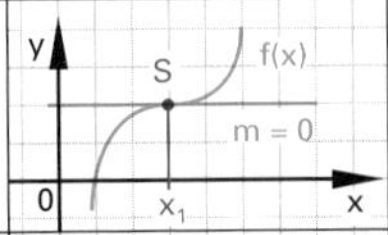	$f'(x_1) = 0$ $f''(x_1) = 0$
Sattelpunkt (Terrassenpunkt) berührt die Abszisse (x-Achse, y = 0) an der Stelle x_1	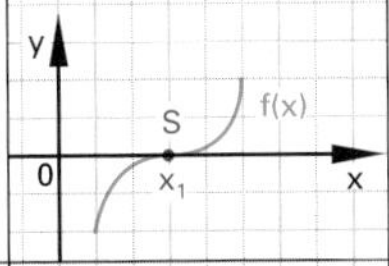	$f(x_1) = 0$ $f'(x_1) = 0$ $f''(x_1) = 0$
Die Kurve von f(x) berührt die Gerade g mit $g(x) = mx + b$ an der Stelle x_1	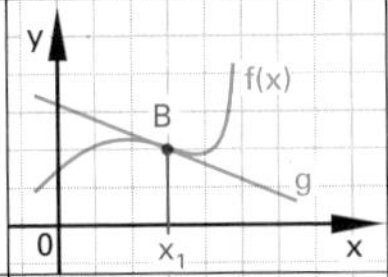	$f(x_1) = g(x_1)$ $f'(x_1) = m$
Die Kurve von f(x) schneidet an der Stelle x_1 die Gerade g mit $g(x) = mx + b$ rechtwinklig	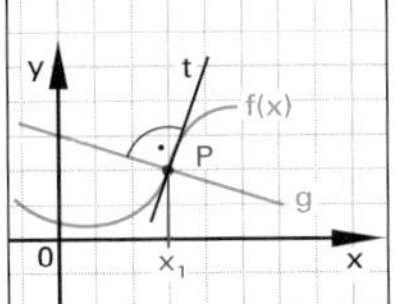	$f(x_1) = g(x_1)$ $f'(x_1) = -\frac{1}{m}$
Die Tangente t an der Kurve von f(x) an der Stelle x_1 liegt parallel zur Geraden g mit $g(x) = mx + b$	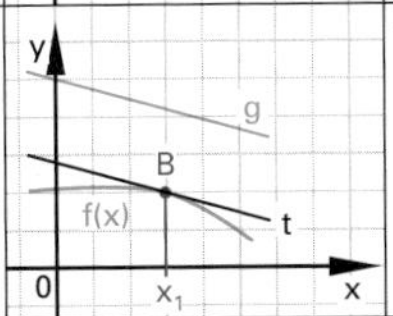	$f'(x_1) = m$
Die Kurve ist achsensymmetrisch zur Ordinate (y-Achse, x = 0)	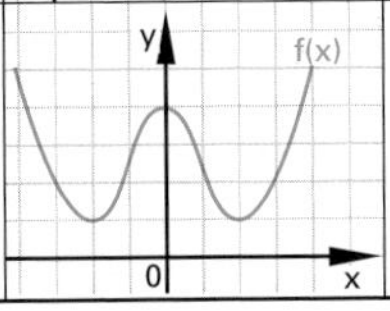	$f(-x) = f(x)$

Vorgabe	Ansicht	Bedingungen
Die Kurve ist punktsymmetrisch zum Koordinatenursprung (0|0)	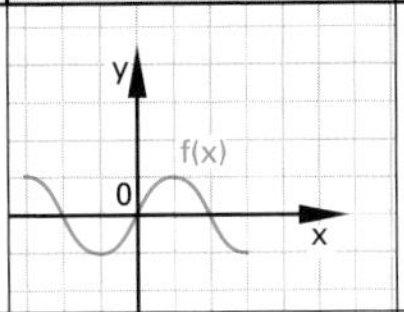	$f(-x) = -f(x)$
Die Kurve einer ganzrationalen Funktion ist achsensymmetrisch zur Ordinate (y-Achse, x = 0)	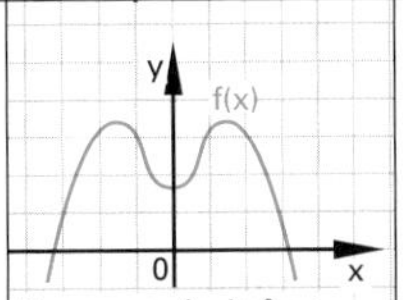 Bsp: $y = ax^4 + bx^2 + c$	nur gerade Exponenten von x^n
Die Kurve einer ganzrationalen Funktion ist punktsymmetrisch zum Koordinatenursprung (0|0)	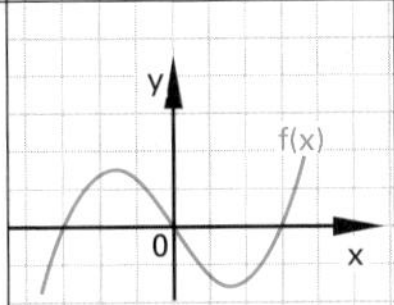 Bsp: $y = ax^3 + bx$	nur ungerade Exponenten von x^n
Die Kurven von f(x) und g(x) berühren sich an der Stelle x_1	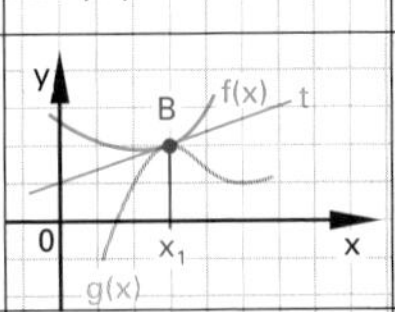	$f(x_1) = g(x_1)$ $f'(x_1) = g'(x_1)$
Die Kurven von f(x) und g(x) schneiden sich an der Stelle x_1 rechtwinklig	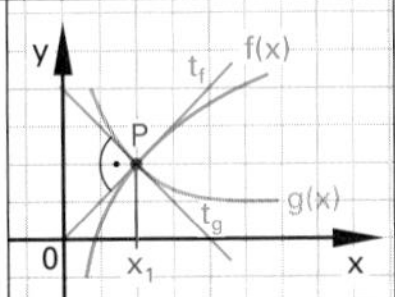	$f(x_1) = g(x_1)$ $f'(x_1) = -\frac{1}{g'(x_1)}$
Die Kurve von f(x) schneidet an der Stelle x_1 die Abszisse (x-Achse, y = 0) mit der Steigung m	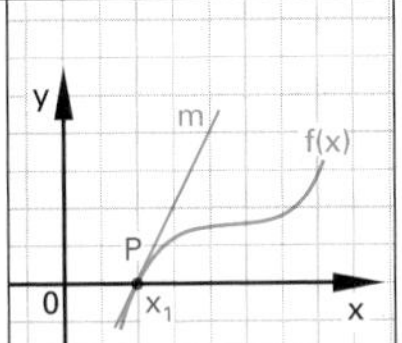	$f(x_1) = 0$ $f'(x_1) = m$
Die Wendenormale n_w: $y = m_n \cdot x + b_n$ schneidet die Kurve von f(x) im Punkt $(x_1\|y_1)$	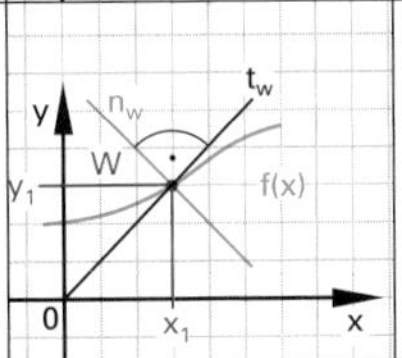	$f(x_1) = y_1$ $f'(x_1) = -\frac{1}{m_n}$ $f''(x_1) = 0$
Die Wendetangente t_w: $y = m_t \cdot x + b_t$ berührt die Kurve von f(x) im Punkt $(x_1\|y_1)$	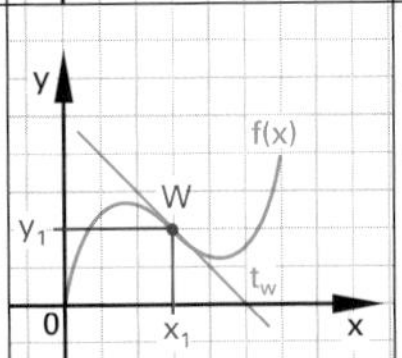	$f(x_1) = y_1$ $f'(x_1) = m_t$ $f''(x_1) = 0$
Die Kurve von f(x) schneidet die Ordinate (y-Achse, x = 0) bei y_1 rechtwinklig	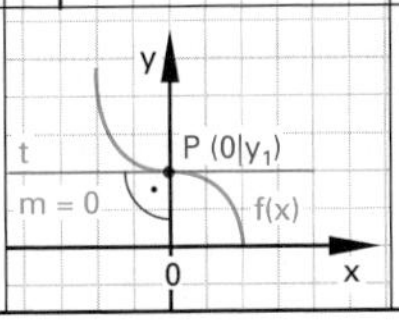	$f(0) = y_1$ $f'(0) = 0$

5.7.5.2 Ganzrationale Funktion mit Symmetrieeigenschaft

Eine Nachttischlampe hat einen 6 cm hohen Sockel, der unten einen Durchmesser von 13 cm und oben einen Durchmesser von 3 cm besitzt. Die steigende Linie des Sockelprofils der Nachttischlampe hat den Verlauf der Kurve einer ganzrationalen Funktion vierten Grades, welche achsensymmetrisch zur y-Achse ist **(Bild 1)**. Die Steigung der Profillinie im Punkt (5|6) beträgt 4.

Da zur y-Achse symmetrische ganzrationale Funktionen nur gerade Exponenten von x besitzen, müssen bei der Funktion vierten Grades nur drei anstelle von fünf Koeffizienten ermittelt werden.

$$f(x) = ax^4 + bx^2 + c$$

> Zur y-Achse symmetrische Funktionen haben nur gerade Exponenten von x.

Der Koeffizient c ist der y-Achsenabschnitt von f(x). Da die Profillinie des Sockels der Nachttischlampe die y-Achse bei y = 1 schneidet, ist c = 1 **(Bild 1)**. Es gilt für f(x) und f'(x):

$$f(x) = ax^4 + bx^2 + 1$$

$$f'(x) = 4ax^3 + 2bx$$

Die Funktion ist für $x \in [0; 5]$ definiert.

Beispiel 1: Profilsockel 1

Ermitteln Sie die Funktionsgleichung für die Profillinie.

Lösung:

Bedingungsgleichungen

$f(5) = a \cdot 5^4 + b \cdot 5^2 + 1 = 6$

$f'(5) = 4a \cdot 5^3 + 2b \cdot 5 = 4$

Lineares Gleichungssystem:

(1) $625a + 25b = 5 \quad | : (-5)$

(2) $500a + 10b = 4 \quad | : 2$

Lösen des GLS:

(1a) $-125a - 5b = -1$

(2a) $250a + 5b = 2$ (+)

(3) $125a = 1$

$a = \frac{1}{125}$ | in Gl (2a)

(4) $2 + 5b = 2$

$b = 0$

Funktionsgleichung angeben:

$\Rightarrow$ $\mathbf{f(x) = \frac{x^4}{125} + 1}$

Die Profillinie des Lampensockels kann auch mit einer zum Ursprung punktsymmetrischen Funktion 3. Grades, die um 1 in y-Richtung verschoben ist, beschrieben werden **(Bild 2)**.

$$f(x) = ax^3 + bx + 1$$

Es gilt nach **Bild 2**: $x \in [0; 5]$.

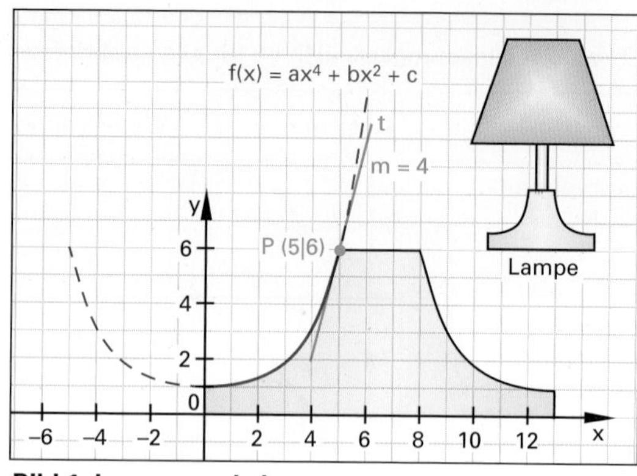

Bild 1: Lampensockel

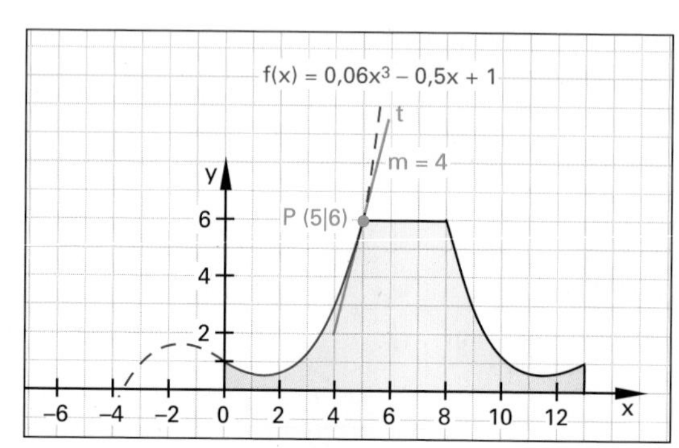

Bild 2: Schaubild zu Beispiel 2

Beispiel 2: Profilsockel 2

a) Ermitteln Sie die Gleichung $f(x) = ax^3 + bx + 1$ für die zu (0|1) punktsymmetrische Profillinie.

b) Zeichnen Sie das Schaubild der veränderten Profillinie.

Lösung:

a) Ableitung: $f'(x) = 3ax^2 + b$

Bedingungsgleichungen:

$f(5) = a \cdot 5^3 + b \cdot 5 + 1 = 6$

$f'(5) = 3a \cdot 5^2 + b = 4$

Lineares Gleichungssystem:

(1) $125a + 5b = 5$

(2) $75a + b = 4$

Lösung des LGS:

(3) $a = 0{,}06$

(4) $b = -0{,}5$

Funktionsgleichung:

$\Rightarrow$ $\mathbf{f(x) = 0{,}06x^3 - 0{,}5x + 1}$

b) **Bild 2**

5.7.5.3 Exponentialfunktion

In einem Alpental befindet sich die Straße nur auf einer Talseite. Auf der gegenüberliegenden Talseite gibt es einzelne Berghütten am Berghang. Um die Versorgung der Bewohner auf der gegenüberliegenden Talseite zu vereinfachen, führt eine Gondel für Güter über das Tal **(Bild 1)**. Der Verlauf des durchhängenden Seils zwischen den Punkten A und B kann mithilfe einer Exponentialfunktion beschrieben werden:

$$f(x) = a \cdot e^{b \cdot x}$$

Es gilt:

$$x \in [0; 50] \text{ und } a, b \in \mathbb{R}^*$$

Beispiel 1: Gütergondel

Ermitteln Sie die Funktionsgleichung für den Seildurchhang aufgrund der Angaben aus **Bild 1**.

Lösung:

Bedingungsgleichungen:

$f(0) = a \cdot e^{b \cdot 0} = 1{,}5$

$f(50) = a \cdot e^{b \cdot 50} = 30$

Gleichungssystem:

(1) $a = 1{,}5$ | in Gl (2)

(2) $a \cdot e^{b \cdot 50} = 30$

Lösen des Gleichungssystems:

$1{,}5 \cdot e^{b \cdot 50} = 30 \quad | : 1{,}5$

$e^{b \cdot 50} = 20 \quad | \ln$

$50 \cdot b = \ln 20 \quad | : 50$

$b = \frac{\ln 20}{50} = 0{,}06$

Funktionsgleichung angeben:

$\Rightarrow f(x) = 1{,}5 \cdot e^{\frac{\ln 20}{50} \cdot x} = \mathbf{1{,}5 \cdot e^{0{,}06x}}$

Die Funktion f(x) ist durch die Aufgabenstellung bedingt für $0 \leq x \leq 50$ definiert.

Sie wird mit $f(x) = 1{,}5 \cdot e^{0{,}06x}$ als e-Funktion beschrieben, kann aber auch mit einer anderen Basis als e einfacher beschrieben werden:

$$f(x) = 1{,}5 \cdot (e^{0{,}06})^x$$

$$f(x) = 1{,}5 \cdot 1{,}062^x$$

Beispiel 2: Steigungen

Ermitteln Sie die minimale und maximale Steigung der Seillinie.

Lösung:

$f'(x) = 1{,}5 \cdot 0{,}06 \cdot e^{0{,}06 \cdot x}$

$= 0{,}09 \cdot e^{0{,}06 \cdot x}$

$m_{min} = f'(0) = 0{,}09 \cdot e^{0{,}06 \cdot 0} = \mathbf{0{,}09}$

$m_{max} = f'(50) = 0{,}09 \cdot e^{0{,}06 \cdot 50} = \mathbf{1{,}8}$

Die direkte Verbindung zwischen den Punkten A und B in **Bild 1** ist die Gerade g mit $g(x) = 0{,}57x + 1{,}5$ und $x \in [0; 50]$. Der Seildurchhang ist d(x).

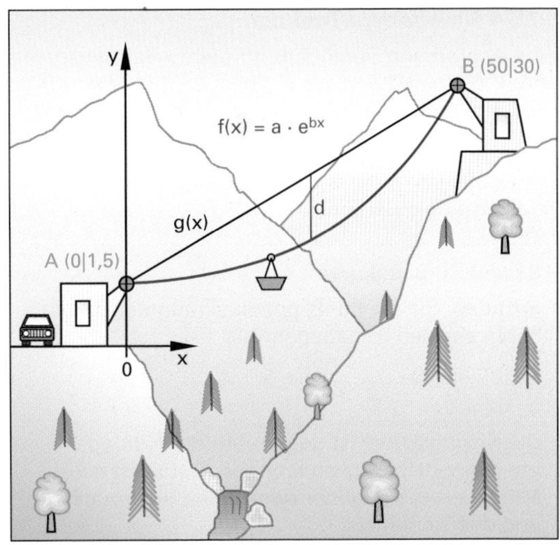

Bild 1: Gondel für Versorgungsgüter

Beispiel 3: Maximaler Seildurchhang

Berechnen Sie den maximalen Seildurchhang d_{max}.

Lösung:

Seildurchhang:

$d(x) = g(x) - f(x)$ mit $x \in [0; 50]$

$= 0{,}57x + 1{,}5 - 1{,}5 \cdot e^{0{,}06x}$

$d'(x) = 0{,}57 - 0{,}09 \cdot e^{0{,}06x}$

$d'(x) = 0 \Leftrightarrow 0{,}57 = 0{,}09 \cdot e^{0{,}06x} \quad | : 0{,}09$

$6{,}33 = e^{0{,}06x} \quad | \ln$

$1{,}85 = 0{,}06x \quad | : 0{,}06$

$30{,}76 = x$

$d''(x) = -0{,}0054 \cdot e^{0{,}06x} < 0 \Rightarrow$ Maximum

$d(30{,}76) = 0{,}57 \cdot 30{,}76 + 1{,}5 - 1{,}5 \cdot e^{0{,}06 \cdot 30{,}76}$

$\mathbf{d_{max} = 9{,}54\ m}$

Aufgaben:

1. Die Kurve einer Exponentialfunktion hat die Gleichung $f(x) = e^{ax} - b$. Bestimmen Sie die Funktionsgleichung so, dass die Kurve durch die Punkte P (0|1 – e) und Q (2|0) geht.

2. Eine Exponentialfunktion hat die Funktionsgleichung $f(x) = 3 - a \cdot e^{bx}$. Ist es möglich, die reellen Zahlen a und b so zu bestimmen, dass das Schaubild der Exponentialfunktion durch die Punkte P (–1|4) und Q (1|0) geht? Begründen Sie das Rechenergebnis.

Lösungen:

1. $f(x) = e^{0{,}5x} - e$
2. $a > 0$ und $a < 0 \Rightarrow$ a und b lassen sich nicht bestimmen $\Rightarrow L = \{\ \}$

5.7.5.4 Sinusförmige Funktion

Eine Achterbahn durchläuft im ersten Bahnabschnitt genau die halbe Periode einer sinusförmigen Kurve **(Bild 1)**. Für den Definitionsbereich $0 \leq x \leq 6\pi$ gilt:

$$f(x) = a \cdot \cos(b \cdot x) + c \text{ mit } a, b, c \in \mathbb{R}^*$$

Der Koeffizient b muss über die Länge der halben Periode ermittelt werden.

Beispiel 1: Bahnkurve

Ermitteln Sie die Funktionsgleichung der Bahnkurve aus den Angaben in **Bild 1**.

Lösung:

$b \cdot 6\pi = \pi \qquad \Rightarrow b = \frac{1}{6}$

Die Kosinuskurve ist gegenüber der Nulllage um c in y-Richtung verschoben. Damit ist c der Mittelwert der Funktionswerte des Hochpunkts und des Tiefpunkts:

$c = 0{,}5 \cdot (y_H + y_T) = 0{,}5 \cdot (19 + 7) \qquad \Rightarrow c = 13$

Der Funktionswert an der Stelle 0 ist 19:

$f(0) = a \cdot \cos 0 + 13 = 19$

$a + 13 = 19 \qquad \Rightarrow a = 6$

Funktionsgleichung:

$\Rightarrow \mathbf{f(x) = 6 \cdot \cos(\frac{1}{6} \cdot x) + 13}$

Im Wendepunkt der Kurve an der Stelle $x = 3\pi$ ist der Betrag der Steigung am größten.

Beispiel 2: Steigung

Berechnen Sie den Winkel φ in Grad, unter welchem die Bahnkurve im Wendepunkt die Horizontale (Waagrechte) schneidet.

Lösung:

$f'(x) = -6 \cdot \sin(\frac{1}{6} \cdot x) \cdot \frac{1}{6}$

$= -\sin(\frac{1}{6} \cdot x)$

$f'(3\pi) = -\sin(\frac{1}{6} \cdot 3\pi)$

$= -\sin \frac{\pi}{2}$ TR-Modus **RAD**

$= -1$

$|m_{max}| = 1$

$\varphi = \arctan 1 = 45°$ TR-Modus **DEG**

Eine Funktion h ist die Überlagerung einer sinusförmigen Teilfunktion mit einer Geraden. Ihre Gleichung ist:

$$h(x) = a \cdot \sin x + b \cdot x + c; \qquad x \in \mathbb{R}$$

Das Schaubild der Funktion h berührt an der Stelle 0 die Gerade g mit

$$g(x) = -0{,}5 \cdot x + 2.$$

Im ersten Quadranten liegt der Punkt $P(\pi | 0{,}5 \cdot \pi + 2)$ auf dem Schaubild.

An der Berührstelle x = 0 müssen sowohl die Funktionswerte als auch die Steigung der Funktionen g und h übereinstimmen.

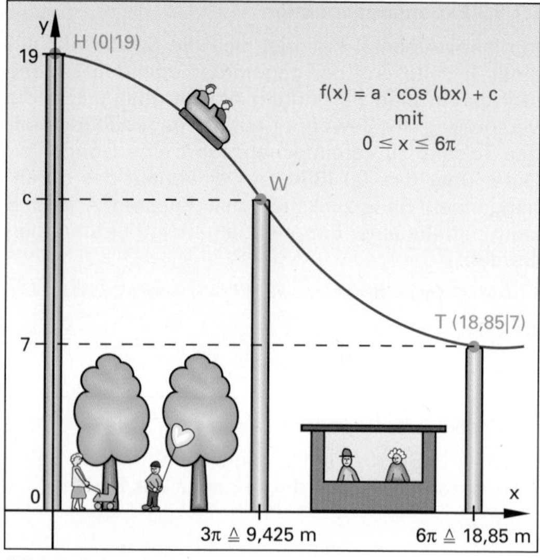

Bild 1: Achterbahn

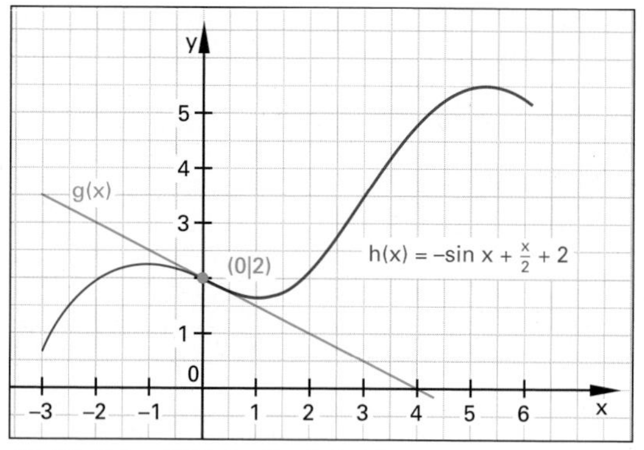

Bild 2: Schaubild der Funktion h

Beispiel 3: Ermittlung von h(x)

Berechnen Sie die Funktionsgleichung h(x) und zeichnen Sie ihr Schaubild.

Lösung:

Ableitungen:

$h'(x) = a \cdot \cos x + b$ und $g'(x) = -0{,}5$

Bedingungen:

1. $h(0) = g(0)$

   $a \cdot \sin 0 + b \cdot 0 + c = -0{,}5 \cdot 0 + 2 \qquad \Rightarrow c = 2$

2. $h(\pi) = a \cdot \sin \pi + b \cdot \pi + 2 = 0{,}5 \cdot \pi + 2$

   $0 + b \cdot \pi = 0{,}5 \cdot \pi \qquad \Rightarrow b = 0{,}5$

3. $h'(0) = g'(0)$

   $a \cdot \cos 0 + b = -0{,}5$

   $a + 0{,}5 = -0{,}5 \qquad \Rightarrow a = -1$

Funktionsgleichung:

$h(x) = \mathbf{-\sin x + 0{,}5 \cdot x + 2}$ und **Bild 2**

Überprüfen Sie Ihr Wissen!

1. Der Designerstuhl aus **Bild 1** besteht aus einer Sitzfläche und einem Gestell. Er ist 45 cm tief und 101,25 cm hoch. Die Seitenansicht des Stuhlgestells hat den Verlauf der Kurve einer ganzrationalen Funktion 3. Grades. Bestimmen Sie die zugehörige Funktionsgleichung mithilfe der Angaben in **Bild 1** (Maße in Dezimeter).

2. Eine ganzrationale Funktion 4. Grades ist symmetrisch zu $x = 0$. Sie hat den Hochpunkt $(0|2)$ und den Tiefpunkt $(2|0)$. Berechnen Sie die zugehörige Funktionsgleichung.

3. Eine ganzrationale Funktion 3. Grades ist punktsymmetrisch zum Koordinatenursprung und schneidet die x-Achse bei $x = 2$. Im ersten Quadranten schließt sie für $x \leq 2$ mit der x-Achse eine Fläche mit dem Inhalt 2 FE ein. Berechnen Sie die zugehörige Funktionsgleichung.

4. Eine Wandlampe besteht aus einem Wandelement, Halter, Fuß und Schirm **(Bild 2)**. Der Kurvenverlauf des Halters liegt auf dem Schaubild der e-Funktion aus **Bild 2**, auf welcher auch die Punkte A, B und C liegen.

a) Bestimmen Sie Funktionsgleichung von f(x).

b) Berechnen Sie die Koordinaten des Punktes B.

c) Berechnen Sie die Steigung der geraden Lampenfußkante n im Punkt C.

5. Die Funktionen f und g mit $f(x) = a \cdot e^x + b \cdot x$ und $g(x) = -1{,}5x + 1{,}5$ berühren sich an der Stelle $x = 0$. Berechnen Sie den Funktionsterm von f.

6. Ein Hasenstall hat ein Dach aus einer sinusförmig gewellten Platte **(Bild 3)**. Die Stalloberkante der Länge $24 \cdot \pi$ cm (= 75,4 cm) wird von genau 4 Perioden des sinusförmigen Daches abgedeckt. Berechnen Sie die Gleichung der Funktion f, deren Schaubild dem Verlauf des sinusförmigen Daches entspricht, wobei das Dach an der Stelle $x = \frac{3}{2}\pi$ die Steigung $\frac{5}{6}$ hat.

Ansatz: $f(x) = \frac{h}{2} \cdot \sin(b \cdot x + c) + \frac{h}{2};\ x \in \mathbb{R}$

7. Eine ganzrationale Funktion 4. Grades hat den Sattelpunkt $(0|1)$ und den Hochpunkt $(2|4)$. Berechnen Sie die zugehörige Funktionsgleichung.

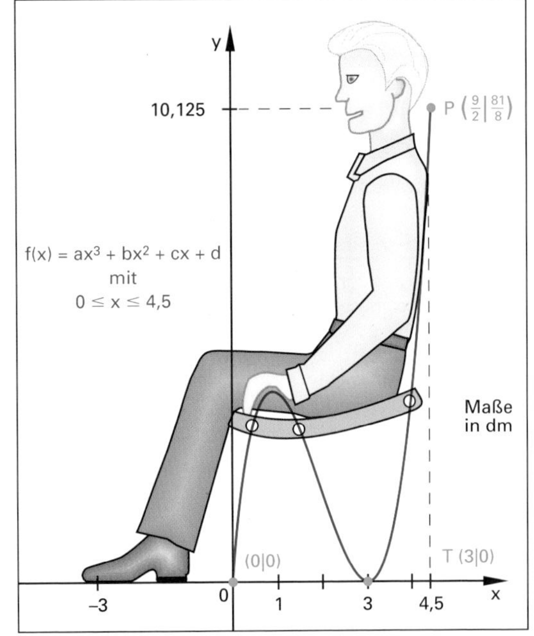

Bild 1: Designerstuhl

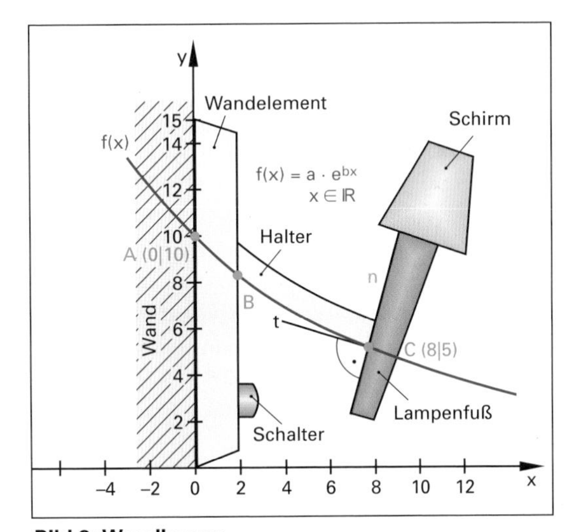

Bild 2: Wandlampe

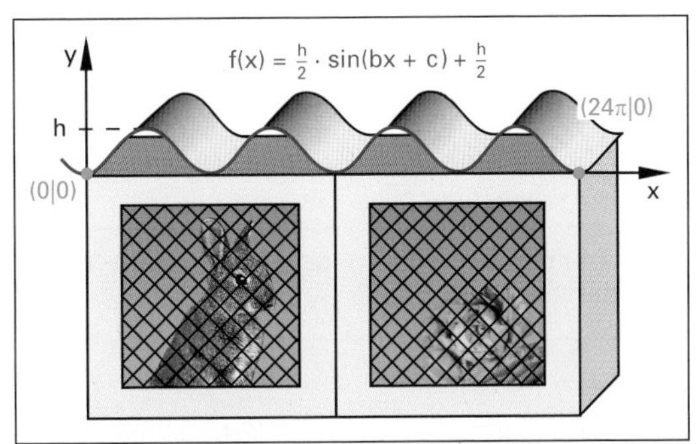

Bild 3: Hasenstall

Lösungen:

1. $x^3 - 6x^2 + 9x$

2. $\frac{x^4}{8} - x^2 + 2$

3. $-\frac{x^3}{2} + 2x$

4. **a)** $10 \cdot 2^{-\frac{x}{8}}$ **b)** $(2|8{,}41)$ **c)** 2,31

5. $1{,}5e^x - 3x$

6. $2{,}5 \cdot \sin\left(\frac{x}{3} - \frac{\pi}{2}\right) + 2{,}5$

7. $-\frac{9}{16}x^4 + \frac{3}{2}x^3 + 1$

6 Integralrechnung

6.1 Einführung in die Integralrechnung

Die Integralrechnung wird beispielsweise zur Berechnung von Flächeninhalten benützt. Geradlinig begrenzte Flächen lassen sich einfach mit geometrischen Formeln berechnen **(Bild 1)**. Andere Flächen, z. B. krummlinig begrenzte Flächen wiederum nicht **(Bild 2)**. Dazu benötigt man die Integralrechnung.

Fall 1: Arbeit an einem Körper $W = F \cdot \Delta s$

Wird der Körper von einer bestimmten Stelle $s_1 = 2$ m nach $s_2 = 12$ m bewegt, ergibt sich für die verrichtete Arbeit: $W = F_0 \cdot (s_2 - s_1) = F_0 \cdot \Delta s$.

Beispiel 1: Konstanter Kraftverlauf

Ein Auto wird mit der konstanten Kraft $F_0 = 5$ N um den Weg $\Delta s = s_2 - s_1 = 10$ m bewegt.

Welche Arbeit wurde dabei verrichtet?

Lösung: $W = F_0 \cdot \Delta s = 5\text{ N} \cdot 10\text{ m} = \mathbf{50\text{ Nm}}$

Im Weg-Zeitdiagramm **(Bild 1)** stellt sich die verrichtete Arbeit als Fläche unter der konstanten Funktion $F(s) = F_0$ dar.

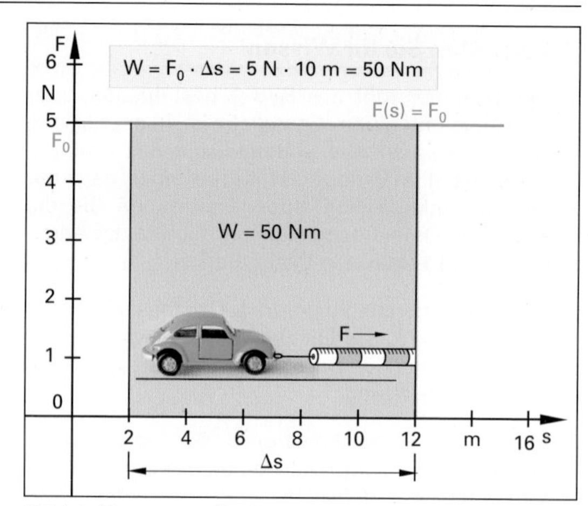

Bild 1: Konstante Kraft zum Weg

Fall 2: Wegstrecke bei einem Fahrzeug $s = \frac{1}{2} \cdot a \cdot t^2$

Ein Auto beschleunigt konstant vom Stand v = 0 auf eine Geschwindigkeit v_0 **(Bild 3)**. Dabei steigt die Geschwindigkeit linear mit $v(t) = a \cdot t$ an. Der Weg s entspricht in diesem Fall der markierten Dreiecksfläche zwischen dem Schaubild von v und der Zeitachse im Bereich $[0; t_1]$. Er berechnet sich geometrisch:

Weg $s = \frac{1}{2} \cdot \text{Grundseite} \cdot \text{Höhe} = \frac{1}{2} \cdot t_1 \cdot v(t_1)$

$s(t_1) = \frac{1}{2} \cdot v(t_1) \cdot t_1 = \frac{1}{2} \cdot a \cdot t_1 \cdot t_1 \Rightarrow s(t) = \frac{1}{2} \cdot a \cdot t^2$

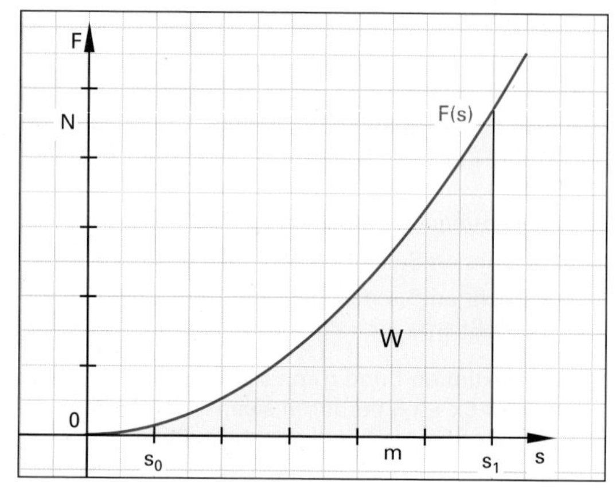

Bild 2: Nichtlineare Kraftänderung zum Weg

Beispiel 2: Lineare Geschwindigkeitszunahme

Ein PKW beschleunigt konstant in 10 s vom Stand v = 0 auf $v = 30 \frac{\text{m}}{\text{s}}$. Welche Wegstrecke legt er dabei zurück?

Lösung:

$\Delta v = 30 \frac{\text{m}}{\text{s}}$; $a = \frac{\Delta v}{\Delta t} = \frac{30\text{ m}}{\text{s} \cdot 10\text{ s}} = 3 \frac{\text{m}}{\text{s}^2}$

$\Rightarrow s = \frac{1}{2} \cdot a \cdot t^2 = \frac{1}{2} \cdot 3 \frac{\text{m}}{\text{s}^2} \cdot 100\text{ s}^2 = \mathbf{150\text{ m}}$

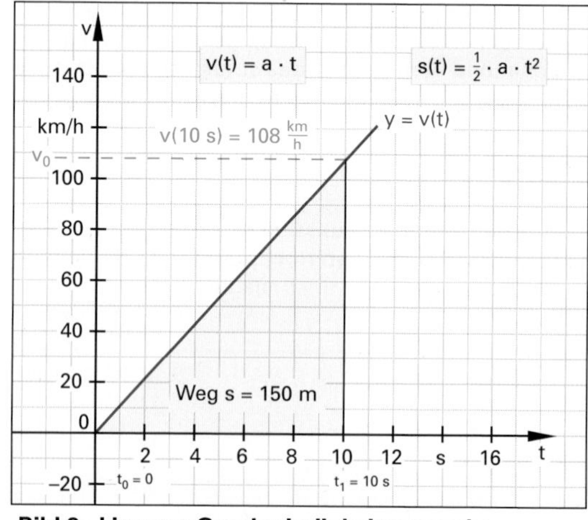

Bild 3: Linearer Geschwindigkeitszuwachs

Fall 3: Beschleunigte Bewegung

Wenn die Kraft F nichtlinear zur Wegstrecke s verläuft **(Bild 2)**, z. B. beim Beschleunigen eines Autos („Gasgeben"), dann wird die Berechnung der verrichteten Arbeit W schwieriger.

Krummlinig begrenzte Flächen bestimmt man mit der Integralrechnung.

Aufgabe:

1. Welche Wegstrecke legt ein PKW zurück, wenn er in 8 s von 36 km/h auf 108 km/h konstant beschleunigt?

Lösung:

1. Gesamtfläche A = Rechteck + Dreieck = 160 FE
   $A \mathrel{\hat{=}} S \Rightarrow s = 160$ m.

6.1.1 Aufsuchen von Flächeninhaltsfunktionen

Beim Differenzieren (Ableiten) einer Funktion f erhält man eine neue Funktion – die Ableitungsfunktion f', deren Funktionswert der Steigung der Tangente am Schaubild entspricht. Auch beim Integrieren erhält man eine neue Funktion. Sie beschreibt die Fläche zwischen dem Schaubild der zu integrierenden Funktion f und der x-Achse. Man nennt sie Flächeninhaltsfunktion F.

Beispiel 1: Konstante Funktion

Es soll die Funktion F bestimmt werden, deren Funktionswerte der Fläche zwischen der Funktion f: $f(x) = a$; $a \in \mathbb{R}$ und der x-Achse im Intervall $x \in [0; b]$ entspricht **(Bild 1)**.

Lösung:

Die Fläche des Rechtecks beträgt $A_{Rechteck} = b \cdot a$.

Folglich lautet die Flächeninhaltsfunktion F:

$F(b) = b \cdot f(b) = \mathbf{b \cdot a}$; **d. h.** $\mathbf{F(3) = 3}$

b ist die obere Grenze und deshalb Variable.

Beispiel 2: Lineare Funktion

Welche Funktion A entspricht der Fläche zwischen der Funktion f: $f(x) = x$; $x \in \mathbb{R}$ und der x-Achse im Intervall $x \in [0; b]$ **(Bild 2)**?

Lösung:

Die Fläche des Dreiecks beträgt $A_{Dreieck} = \frac{1}{2} g \cdot h$

$A_{Dreieck} = \frac{1}{2}b \cdot f(b) = \frac{1}{2}b \cdot b = \frac{1}{2}b^2$.

Die gesuchte Funktion F für die Fläche ist:

$F(b) = \mathbf{\frac{1}{2} \cdot b^2}$

Beispiel 3: Lineare Funktion mit Verschiebung

Gegeben ist die Funktion f: $f(x) = \frac{1}{2}x + 1$; $x \in [0; b]$

Bestimmen Sie die Flächeninhaltsfunktion F(b) für f im angegebenen Intervall **(Bild 3)**.

Lösung:

Trapezfläche:

$A_{Trapez} = \frac{1}{2} \cdot (f(b) + 1) \cdot b = \frac{1}{2}\left(\frac{b}{2} + 2\right) \cdot b = \mathbf{\frac{1}{4} \cdot b^2 + b}$

Flächeninhaltsfunktion:

$F(b) = \frac{1}{2} \cdot (f(b) + f(0)) \cdot b = \frac{1}{2} \cdot \left(\frac{1}{2} \cdot b + 1 + 1\right) \cdot b$

$= \mathbf{\frac{1}{4} \cdot b^2 + b}$

Der Funktionswert der Flächeninhaltsfunktion F entspricht für jedes $x \in [0; b]$ der Fläche zwischen dem Schaubild der Funktion f und der x-Achse.

Als Variable erscheint hier die obere Grenze b.

Wird die obere Grenze b durch die Variable x ersetzt, erhalten wir die allgemeine Flächeninhaltsfunktion. Sie heißt auch Stammfunktion.

Die Funktion F $\quad F: x \mapsto F(x) \wedge D = [0; b]$

heißt Flächeninhaltsfunktion.

F(x) Flächeninhaltsfunktion

F(b) Flächenwert für x = b

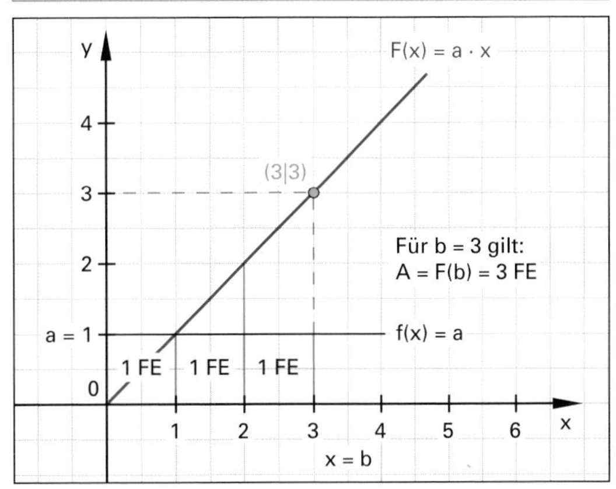

Bild 1: Konstante Funktion f

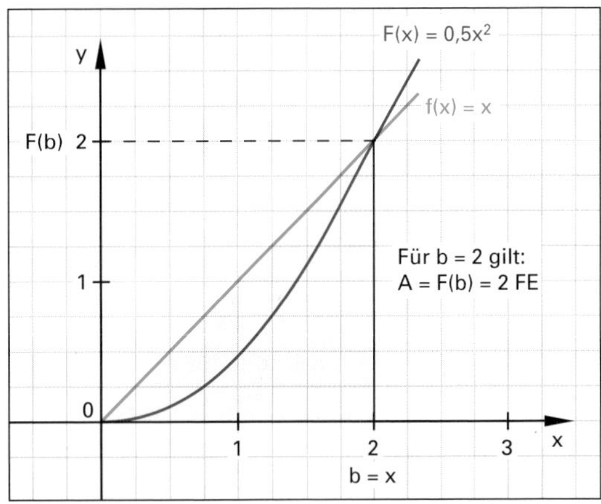

Bild 2: Lineare Funktion f

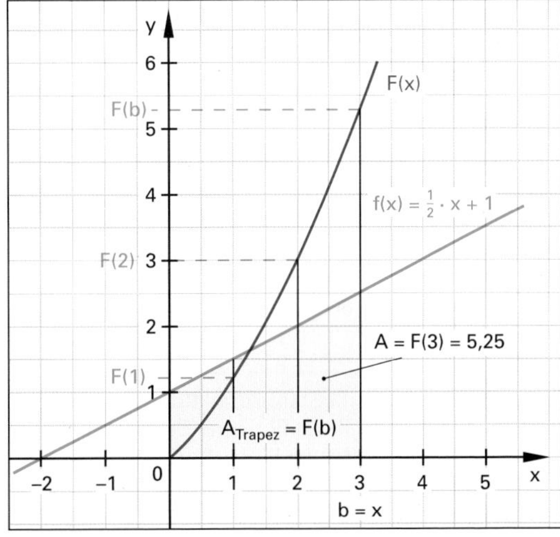

Bild 3: Lineare Funktion f mit Verschiebung

6.1.2 Stammfunktionen

Der Inhalt bisher behandelter Flächen kann durch die Flächeninhaltsfunktion F(b) ausgedrückt werden. Ersetzen wir die feste obere Grenze b durch die Variable x, dann erhalten wir die allgemeine Flächeninhaltsfunktion F(x), die auch Stammfunktion genannt wird.

Das „Suchen" der Flächeninhaltsfunktion ist bei nichtlinearen Funktionen meist mühsam und schwierig. Wir untersuchen deshalb den Zusammenhang zwischen den Funktionen f und den Stammfunktionen F. Dazu verwenden wir die formgleichen Flächeninhaltsfunktionen der vorhergehenden Seite.

Beispiel 1: Ableitung von Stammfunktionen

Leiten Sie die Stammfunktionen für die Beispiele der vorhergehenden Seite

a) $F_1(x) = a \cdot x$; $a, x \in \mathbb{R}$

b) $F_2(x) = \frac{1}{2} \cdot x^2$; $x \in \mathbb{R}$

c) $F_3(x) = \frac{1}{4} \cdot x^2 + x$; $x \in \mathbb{R}$ ab.

Lösung:

a) $F_1'(x) = \mathbf{a = f_1(x)}$

b) $F_2'(x) = \mathbf{x = f_2(x)}$

c) $F_3'(x) = \mathbf{\frac{1}{2}x + 1 = f_3(x)}$

Die Ableitungen F' der Funktionen F in Beispiel 1 ergeben die ursprünglich gegebenen Funktionen f. Wir nennen solche Funktionen F Stammfunktionen.

Integration ist die Umkehrung der Differenziation.

Werden abgeleitete Funktionen f'(x) wieder zur ursprünglichen Form f(x) zurückgeführt, so heißt dieser Vorgang Integrieren.

Beispiel 2: Finden von Stammfunktionen

a) Leiten Sie die Stammfunktionen

$F_1(x) = \frac{1}{3} \cdot x^3$; $F_2(x) = \frac{1}{3} \cdot x^3 + 2$; $F_3(x) = \frac{1}{3} \cdot x^3 - 2$;

$F_4(x) = \frac{1}{3} \cdot x^3 + C$ mit $C \in \mathbb{R}$ ab **(Bild 1)**.

b) Welche Erkenntnis ziehen Sie aus der Lösung?

Lösung:

a) $F_1'(x) = \mathbf{x^2}$; $F_2'(x) = \mathbf{x^2}$; $F_3'(x) = \mathbf{x^2}$; $F_4'(x) = \mathbf{x^2}$

b) Alle Funktionen F ergeben abgeleitet **dieselbe Funktion $f(x) = x^2$.**

Wenn eine Funktion f eine Stammfunktion F besitzt, dann hat sie beliebig viele Stammfunktionen, die sich nur durch eine additive Konstante C unterscheiden **(Tabelle 1)**.

Eine Funktion F heißt Stammfunktion von f, wenn $F'(x) = f(x)$; $x \in D$ gilt. Ist F(x) eine Stammfunktion von f(x), dann sind auch $F(x) + C$; $C \in \mathbb{R}$ Stammfunktionen von f(x), da $(F(x) + C)' = F'(x)$.

Die Menge aller Stammfunktionen F wird unbestimmtes Integral von f genannt.

Unbestimmtes Integral: $\int f(x)dx = F(x) + C;\ C \in \mathbb{R}$

Sprich: Integral f von x nach dx = Groß f von x plus C

- $\int$ Integralzeichen (Stammfunktion)
- F Stammfunktion
- f Integrand (Integrandenfunktion)
- C Integrationskonstante
- dx Integrationsvariable, hier x

Tabelle 1: Stammfunktionen der Grundfunktionen f

Funktionsterm von f	Stammfunktionsterm von F
a	$ax + C$
x	$\frac{1}{2}x^2 + C$
x^2	$\frac{1}{3}x^3 + C$
x^3	$\frac{1}{4}x^4 + C$
x^n	$\frac{1}{n+1}x^{n+1} + C$
e^x	$e^x + C$
$e^{a \cdot x}$	$\frac{1}{a} \cdot e^{a \cdot x} + C$
$\sin x$	$-\cos x + C$
$\sin(a \cdot x)$	$-\frac{1}{a} \cdot \cos(a \cdot x) + C$
$\cos x$	$\sin x + C$
$\frac{1}{x}$; $x \in \mathbb{R}^*$	$\ln\|x\| + C$; $x \in \mathbb{R}_+^*$

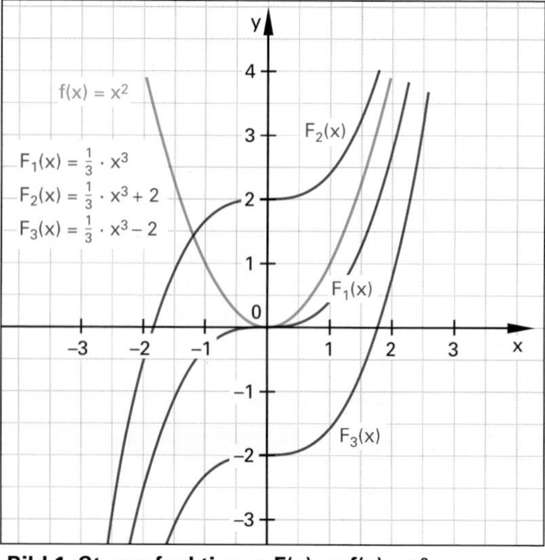

Bild 1: Stammfunktionen F(x) zu $f(x) = x^2$

6.2 Integrationsregeln

6.2.1 Potenzfunktionen

Die Stammfunktionen der Potenzfunktionen $f(x) = x^n$ lassen sich nun mit dem Begriff des unbestimmten Integrals einfacher und kürzer bestimmen.

> Potenzfunktionen werden integriert, indem der Exponent um 1 erhöht wird und der Potenzterm mit dem Kehrwert des Exponenten multipliziert wird.

Beispiel 1: Funktionsterm mit konstantem Faktor

Bestimmen Sie a) alle Stammfunktionen für die Funktion $f(x) = 2 \cdot x^3$; $x \in \mathbb{R}$ und machen Sie b) die Probe.

Lösung:

a) $F(x) = 2 \cdot \left(\frac{1}{4} \cdot x^4\right) + c = \mathbf{\frac{1}{2} \cdot x^4 + C;\ C \in \mathbb{R}}$

b) $F'(x) = 4 \cdot \left(\frac{1}{2} \cdot x^3\right) + 0 = \mathbf{2 \cdot x^3 = f(x)}$

Ein konstanter Faktor bleibt beim Differenzieren erhalten. Die gleiche Bedeutung hat er deshalb auch in der Stammfunktion **(Tabelle 1)**.

> Ein konstanter Faktor bleibt beim Integrieren erhalten.

Beispiel 2: Funktionsterm mit Summanden

Zeigen Sie, dass $F(x) = x^3 - x^2 + 3$ eine Stammfunktion von $f(x) = 3x^2 - 2x$; $x \in \mathbb{R}$ ist.

Lösung:

Durch Ableiten von F erhält man:

$F'(x) = \mathbf{3x^2 - 2x = f(x)}$

Summenterme werden nacheinander einzeln integriert **(Tabelle 1)**.

> Summen von Funktionstermen werden integriert, indem jeder Summand integriert wird.

6.2.2 Stammfunktionen ganzrationaler Funktionen

Die ganzrationalen Funktionen

$f(x) = a_n x^n + a_{n-1} x^{n-1} + \ldots + a_1 x + a_0$ mit $a_i \in \mathbb{R}$; $n \in \mathbb{N}$

sind Summen der Potenzfunktionen $f(x) = a \cdot x^n$.

Mithilfe der Integrationsregeln können nun auch ihre Stammfunktionen bestimmt werden.

Integrierbarkeit einer Funktion

Ohne Beweis sei hier erwähnt, dass die Stetigkeit einer Funktion f (Schaubild ohne Lücken und ohne Sprungstellen) eine notwendige Voraussetzung für die Integrierbarkeit von f ist.

> Ist f stetig im Intervall [a; b], dann ist f im Intervall [a; b] auch integrierbar.

Stammfunktionen von Potenzfunktionen:

$$\int x^n\,dx = \frac{1}{n+1}x^{n+1} + C;\ n \in \mathbb{Z}\setminus\{-1\} \qquad C \in \mathbb{R}$$

Stammfunktionen ganzrationaler Funktionen:

$$\int (a_n x^n + a_{n-1}x^{n-1} + \ldots + a_1 x + a_0)\,dx = \frac{a_n \cdot x^{n+1}}{n+1} + \frac{a_{n-1} \cdot x^n}{n} + \ldots + \frac{a_1 \cdot x^2}{2} + a_0 \cdot x + C$$

$n \in \mathbb{Z}\setminus\{-1\} \qquad C \in \mathbb{R}$

Tabelle 1: Regeln beim Integrieren

Faktorregel	Summenregel
Ist F(x) eine Stammfunktion von f(x), dann ist auch $k \cdot F(x)$ eine Stammfunktion von $k \cdot f(x)$; $k \in \mathbb{R}^*$, denn mit $F'(x) = f(x)$ folgt für $[k \cdot F(x)]' = k \cdot F'(x)$	Sind $F_1(x)$ und $F_2(x)$ Stammfunktionen von $f_1(x)$ und $f_2(x)$, dann ist $F_1(x) + F_2(x)$ eine Stammfunktion von $f_1(x) + f_2(x)$, denn mit $F'(x) = f(x)$ folgt für $[F_1(x) + F_2(x)]' = F_1'(x) + F_2'(x) = f_1(x) + f_2(x)$
$\int k \cdot f(x)dx = k \cdot \int f(x)dx$ für $k \neq 0$	$\int (f(x) + g(x))dx = \int f(x)dx + \int g(x)dx$

Aber

- auch unstetige Funktionen können integrierbar sein (Bedingung: nur endlich viele Sprungstellen),
- nicht für alle stetigen Funktionen gibt es eine Stammfunktion.

Aufgaben:

1. Geben Sie jeweils zwei verschiedene Stammfunktionen an:

a) $f(x) = 3$ **b)** $f(x) = x$ **c)** $f(x) = 2x^3 - 3x + 12$

d) $f(x) = x^{-2}$ **e)** $f(x) = (-4x)^2$ **f)** $f(x) = (5 - 2x)^2$

2. Bestimmen Sie:

a) $\int x\,dx$ **b)** $\int \sqrt{x}\,dx$ **c)** $\int dx$ **d)** $\int x^{-2}dx$

e) $\int x^{1-2n}dx$ **f)** $\int -0{,}5 \cdot x^{n-1}dx$

3. Geben Sie jeweils alle Stammfunktionen an.

a) $\int \cos(x)dx$ **b)** $f(x) = \sin(x)$

c) $\int (\sin(x) - 1)dx$ **d)** $\int 2 \cdot e^x dx$

Lösungen:

1. a) $F(x) = 3x + C \wedge C \in \{0; 1\}$

b) $F(x) = \frac{1}{2}x^2 + C \wedge C \in \{0; 1\}$

c) $F(x) = \frac{1}{2}x^4 - \frac{3}{2}x^2 + 12x + C \wedge C \in \{0; 1\}$

d) $F(x) = -x^{-1} + C;\ C \in \{0; 1\}$

e) $F(x) = \frac{16}{3}x^3 + C;\ C \in \{0; 1\}$

f) $F(x) = 25x - 10x^2 + \frac{4}{3}x^3 + C;\ C \in \{0; 1\}$

2. a) $\frac{1}{2}x^2 + C$ **b)** $\frac{2}{3}x^{\frac{3}{2}} + C$ **c)** $x + C$

d) $-x^{-1} + C$ **e)** $\frac{1}{2-2n}x^{2-2n} + C$ **f)** $-\frac{1}{2n}x^n$

3. a) $\sin(x) + C$ **b)** $-\cos(x) + C$

c) $-(\cos(x) + x) + C$ **d)** $2 \cdot e^x + C$

6.3 Das bestimmte Integral

6.3.1 Geradlinig begrenzte Fläche

Die Bestimmung des Flächeninhalts ist geometrisch nur bei geradlinig begrenzten Flächen möglich. Jedes ebene Vieleck ist in Rechtecke und Dreiecke zerlegbar **(Bild 1)**.

Beispiel 1: Geometrische Flächenberechnung

Berechnen Sie den Inhalt der Fläche aus **Bild 1** zwischen dem Schaubild der Funktion $f(x) = 0{,}5x + 1$; $x \in [a; b]$ und der x-Achse geometrisch für die gegebenen Intervalle I:

a) $I_1 = [0; 4]$ b) $I_2 = [0; 2]$ c) $I_3 = [2; 4]$

Lösung:

a) $A_1 = A_{Rechteck} + A_{Dreieck} = 4 \cdot 1 + \frac{1}{2} \cdot 4 \cdot 2 = \mathbf{8\ FE}$

b) $A_2 = A_{Rechteck} + A_{Dreieck} = 2 \cdot 1 + \frac{1}{2} \cdot 2 \cdot 1 = \mathbf{3\ FE}$

c) $A_3 = A_1 - A_2 = 8 - 3 = \mathbf{5\ FE}$

Die Flächeninhaltsfunktion F(b) berechnet die Fläche zwischen dem Schaubild der Funktion f und der x-Achse in den Grenzen von 0 bis b. Entsprechend erhält man für die Fläche im Intervall [0; a] die Flächeninhaltsfunktion F(a).

Die gesuchte Fläche erhält man, indem man vom größeren Flächeninhalt F(b) den kleineren Flächeninhalt F(a) subtrahiert **(Bild 1)**.

Die Flächenberechnung lässt sich auch mit dem bestimmten Integral

$$A = \int_a^b f(x)dx = [F(x)]_a^b = F(b) - F(a); \quad f(x) \geq 0$$

in fünf Schritten vornehmen **(Bild 2)**.

Beispiel 2: Flächeninhalt mit dem bestimmten Integral

Berechnen Sie den Inhalt der Fläche von Beispiel 1c unter Verwendung des bestimmten Integrals mithilfe der Integrationsschritte von **Bild 2**.

Lösung:

1. Eine Stammfunktion von $f(x) = \frac{1}{2}x + 1$ ist $F(x) = \frac{1}{4}x^2 + x$
2. Obere Grenze b = 4 einsetzen: $F(4) = \frac{1}{4}(4)^2 + 4 = 8$
3. Untere Grenze a = 2 einsetzen: $F(2) = \frac{1}{4}(2)^2 + 2 = 3$
4. Differenz: $F(b) - F(a) = F(4) - F(2) = 8 - 3 = 5$
5. Ergebnis: **Flächeninhalt A = 5 FE**, da $f(x) \geq 0$ für alle $x \in [2; 4]$

oder in Kurzform:

$$A = \int_a^b f(x)dx = \int_2^4 (0{,}5x + 1)dx$$

$$= \left[\frac{1}{4}x^2 + x\right]_2^4 = \left[\frac{1}{4} \cdot (4)^2 + 4 - \left(\frac{1}{4} \cdot (2)^2 + 2\right)\right]$$

$$= [4 + 4 - (1 + 2)] = [8 - 3] = \mathbf{5\ FE}$$

$\int_a^b f(x)dx$ heißt bestimmtes Integral von f über [a; b].

Sprich: „Integral von a bis b von f von x nach dx"

$$A = F(b) - F(a) = \int_a^b f(x)dx$$

f(x)	Integrandenfunktion
dx	Integrationsvariable, hier x
a	untere Grenze; b obere Grenze
F(b)	Fläche im Intervall [0; b]
F(a)	Fläche im Intervall [0; a]
A	Fläche im Intervall [a; b] für $f(x) \geq 0$

Das bestimmte Integral ist eine reelle Zahl, während das unbestimmte Integral eine Menge von Funktionen darstellt.

Das bestimmte Integral liefert einen Zahlenwert, der in diesem Fall (Beispiel 2) als Fläche gedeutet werden kann, da das Schaubild von f im verwendeten Intervall über der x-Achse verläuft.

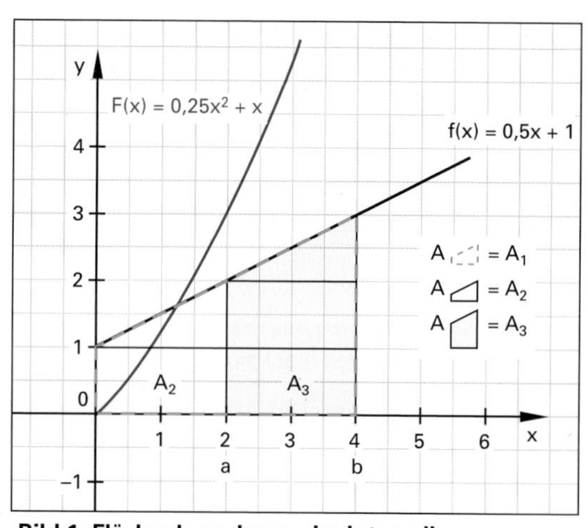

Bild 1: Flächenberechnung im Intervall

Vorgehensweise:

1. Bestimmung einer Stammfunktion F(x), wenn dies möglich ist.
2. Einsetzen der oberen Grenze b in F(x) → F(b).
3. Einsetzen der unteren Grenze a in F(x) → F(a).
4. Berechnung der Differenz F(b) – F(a).
5. Ist $f(x) \geq 0$ für $x \in [a; b]$, dann ist A = F(b) – F(a) die Zahl für die Fläche.

Bild 2: Integrationsschritte

Der Flächeninhalt zwischen dem Schaubild von f und der x-Achse im Intervall [a; b] kann mit der Flächeninhaltsfunktion F bestimmt werden.

6.3.2 „Krummlinig" begrenzte Fläche

Der Inhalt einer „krummlinig" begrenzten Fläche lässt sich auch nach unten und oben abschätzen.

Beispiel 1: Abschätzung

a) In welchem Bereich liegt die Maßzahl für den Flächeninhalt der markierten Fläche von **Bild 1**?

b) Geben Sie einen Maximalwert A_{max} und einen Minimalwert A_{min} an.

c) Zeigen Sie, dass der genaue Flächeninhalt innerhalb dieser Grenzen liegt.

Lösung:

a) $A_{min} \approx 2{,}6 \cdot 0{,}5 = 1{,}3$; $A_{max} \approx 3 \cdot 1{,}5$

b) $A_{max} = f_{max}(t) \cdot h = 3 \cdot \sin\left(\frac{\pi}{2}\right) \cdot \frac{\pi}{6} = \frac{\pi}{2} \approx \mathbf{1{,}5707}$

$A_{min} = f_{min}(t) \cdot h = 3 \cdot \sin\left(\frac{\pi}{3}\right) \cdot \frac{\pi}{6} = 3 \cdot \sqrt{\frac{3}{2}} \cdot \frac{\pi}{6} = \frac{\sqrt{3}}{4}\pi \approx \mathbf{1{,}360}$

$A_{min} \leq A_{genaue\ Fläche} \leq A_{max}$

$\Rightarrow 1{,}360 \leq A \leq 1{,}5708$

c) Aus der Tabelle der Grundfunktionen finden wir die Stammfunktion zu sin(x):

$$\int_{\frac{\pi}{3}}^{\frac{\pi}{2}} (3 \cdot \sin x)dx = -3 \cdot [\cos\ x]_{\frac{\pi}{3}}^{\frac{\pi}{2}}$$

$$= -3 \cdot \left[\cos\left(\frac{\pi}{2}\right) - \cos\left(\frac{\pi}{3}\right)\right] = -3 \cdot \left[0 - \frac{1}{2}\right] = \mathbf{1{,}5}$$

Dass eine Flächenfunktion durch eine Stammfunktion dargestellt werden kann, wird im **Hauptsatz der Differenzial- und Integralrechnung** deutlich.

Mithilfe von Beispiel 1 und **Bild 1** kann der Beweis des Satzes nachvollzogen werden.

Beweis des Hauptsatzes:

Es ist $\int_x^{x+h} f(t)dt = [F(t)]_x^{x+h} = F(x+h) - F(x) \mid (h > 0)$;

f stetig in [a; b]

Abschätzung:

$f_{min}(t)$: kleinster f-Wert; $f_{max}(t)$: größter f-Wert;

$f_{min}(t) \cdot h \leq F(x+h) - F(x) \leq f_{max}(t) \cdot h \mid : h(h > 0)$;

$t \in [x; x+h]$

$$f_{min}(t) \leq \frac{F(x+h) - F(x)}{h} \leq f_{max}(t)$$

$$\lim_{h\to 0} f(t) \leq \lim_{h\to 0} \frac{F(x+h) - F(x)}{h} \leq \lim_{h\to 0} f(t+h)$$

$$\Rightarrow f(x) \leq \lim_{h\to 0} \frac{F(x+h) - F(x)}{h} \leq f(x)$$

$\Rightarrow$ mit $\lim_{h\to 0} \frac{F(x+h) - F(x)}{h} = F'(x)$ folgt:

Falls f stetig ist, ist F'(x) = f(x).

Damit ist gezeigt, dass die gesuchte Flächenfunktion F eine Stammfunktion ist.

Hauptsatz der Differenzial- und Integralrechnung:

Ist F(x) irgendeine Stammfunktion der stetigen Funktion f(x), so ist

$$\int_a^b f(x)dx = [F(x) + C]_a^b = F(b) + C - (F(a) + C) = F(b) - F(a);$$

d.h. die Integrationskonstante c kann beim bestimmten Integral weggelassen werden.

Aus dem Hauptsatz folgt:

Ist $\int_a^b f(x)dx = [F(x)]_a^b = F(b) - F(a)$, dann ist F(x) eine Stammfunktion von f(x) und es gilt: F'(x) = f(x)

Existenz des Integrals:

f ist stetig auf [a; b] → f ist integrierbar auf [a; b].

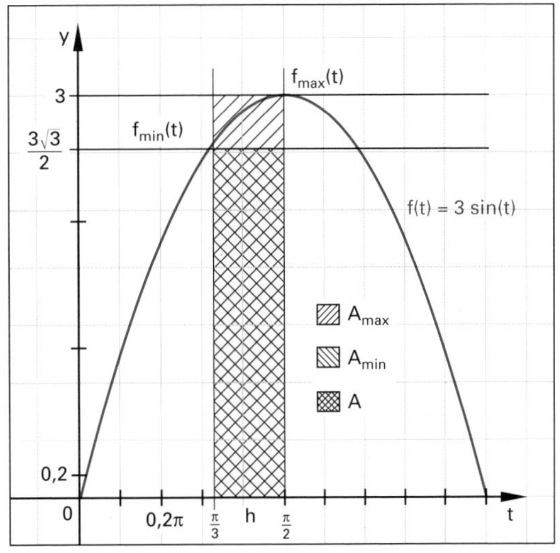

Bild 1: „Krummlinig" begrenzte Fläche (Hauptsatz der Differenzial- und Integralrechnung)

Aufgabe:

1. Bestimmen Sie **a)** die Integralfunktion $\int_a^x f(t)\,dt$ und **b)** bestätigen Sie den Hauptsatz der Integral- und Differenzialrechnung für die Funktion f(t) = 2t – 3.

Lösung:

1. a) $\int_a^x f(t)\,dt = [F(t)]_a^x = [F(x) - F(a)]$ mit

b) $F(x) = x^2 - 3x$ folgt:

$[x^2 - 3x - (a^2 - 3a)]$,

denn $[x^2 - 3x - (a^2 - 3a)]' = 2x - 3$

6.4 Berechnung von Flächeninhalten

6.4.1 Integralwert und Flächeninhalt

Bestimmte Integrale geben als Ergebnis immer eine Zahl an, den Integralwert. Wie man den Inhalt einer Fläche mit dem bestimmten Integral berechnet, zeigen wir an den folgenden Beispielen.

Für $f(x) > 0$ gilt: $A = \int_a^b f(x)dx$

Für $f(x) < 0$ gilt: $A = -\int_a^b f(x)dx$

A	vom Schaubild und der x-Achse begrenzte Fläche
a, b	(untere, obere) Integrationsgrenzen
f(x)	zu integrierende Funktion
$\int_a^b f(x)dx$	Integralwert

Beispiel 1: Schaubild über der x-Achse

Gegeben ist die Funktion $f(x) = \frac{1}{2}x^2 + 1$; $x \in [-1; 2]$.

Bestimmen Sie den Integralwert

$\int_a^b f(x)dx$; $x \in [a; b]$

und den Flächeninhalt A, den das Schaubild von f mit der x-Achse einschließt.

Lösung:

$$\int_{-1}^{2} \left(\frac{1}{2}x^2 + 1\right)dx = \left[\frac{1}{6}x^3 + x\right]_{-1}^{2}$$

$$= \left[\frac{1}{6}(2)^3 + 2 - \left(\frac{1}{6} \cdot (-1)^3 + (-1)\right)\right] = \frac{4}{3} + 3 + \frac{1}{6} = \mathbf{4{,}5}$$

A = 4,5 FE

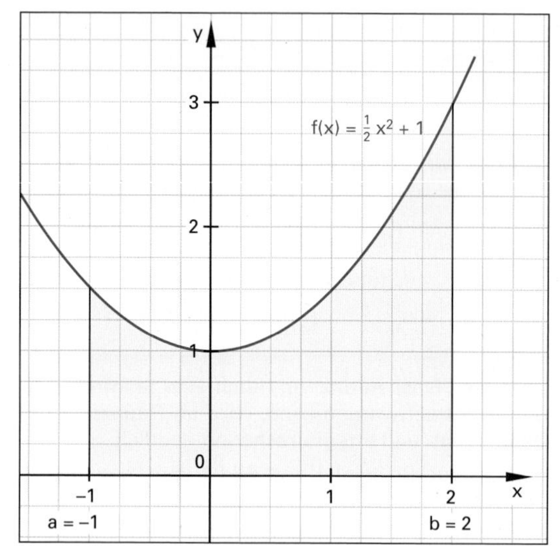

Bild 1: Schaubild über der x-Achse

Der Wert des Integrals ist positiv, da das Schaubild von f über der x-Achse verläuft **(Bild 1)**. Der Integralwert entspricht in diesem Fall dem Flächeninhalt.

Verläuft das Schaubild ausschließlich über der x-Achse, so entspricht der Integralwert I dem Flächeninhalt.

Beispiel 2: Schaubild unter der x-Achse

Bestimmen Sie:

a) den Wert des bestimmten Integrals $\int_1^3 f(x)dx$ mit $f(x) = x^2 - 4x + 3$.

b) Den Flächeninhalt A, den das Schaubild von f mit der x-Achse einschließt.

Lösung:

a) $\int_1^3 (x^2 - 4x + 3)dx = \left[\frac{1}{3}x^3 - 2x^2 + 3x\right]_1^3$

$= \left[9 - 18 + 9 - \left(\frac{1}{3} - 2 + 3\right)\right] = \mathbf{-\frac{4}{3}}$

b) $A = \left|-\frac{4}{3}\right| = \mathbf{\frac{4}{3}}$ **FE**

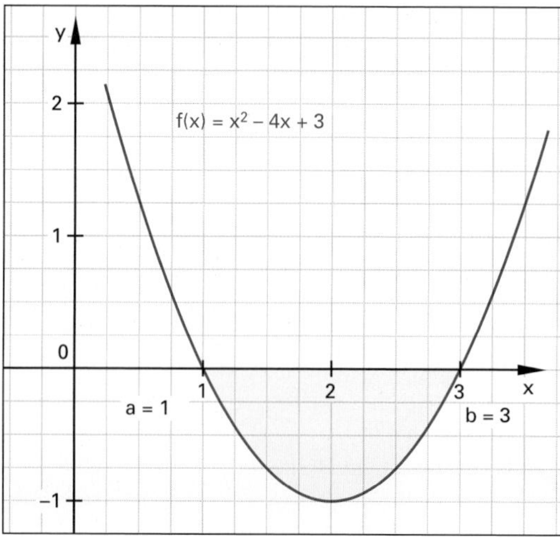

Bild 2: Schaubild unter der x-Achse

Der Wert des Integrals ist negativ, da das Schaubild von f unterhalb der x-Achse verläuft.

Anschaulich wird die Bedeutung dieses Wertes in **Bild 2**. Der negierte Integralwert entspricht der Fläche zwischen dem Schaubild von f und der x-Achse in den angegebenen Grenzen.

Verläuft das Schaubild ausschließlich unter der x-Achse, so entspricht der negierte Integralwert dem Flächeninhalt A.

6.4.2 Flächen für Schaubilder mit Nullstellen

Verläuft das Schaubild einer Funktion über und unter der x-Achse, so heben sich positive und „negative" Flächenanteile ganz oder teilweise auf. In diesem Fall sagt der Integralwert nichts mehr über den Flächeninhalt aus.

Beispiel 1: Integralwertberechnung

Berechnen Sie den Wert des Integrals **Bild 1**

$\int_0^3 (x^2 - 2x)dx.$

Lösung:

$\int_0^3 (x^2 - 2x)dx = \left[\frac{1}{3}x^3 - x^2\right]_0^3$

$= \left[\frac{1}{3}(3)^3 - (3)^2 - \left(\frac{1}{3} \cdot (0)^3 - (0)^2\right)\right] = \mathbf{0}$

Der Integralwert ist null. Dieser Wert kann nicht dem Flächeninhalt der Flächen A_1 und A_2 entsprechen **(Bild 1)**.

Da das Schaubild in dem vorliegenden Intervall über und unter der x-Achse verläuft, ergeben sich zwei Teilflächen, deren Werte sich nur durch ihre Vorzeichen unterscheiden. Die vorkommenden Flächenanteile heben sich deshalb vollständig auf.

Zum Nachweis wird das Integral in zwei Teilintegrale aufgetrennt.

Beispiel 2: Berechnung der Teilintegrale

a) Berechnen Sie die Nullstellen der Funktion $f(x) = x^2 - 2x \wedge x \in [0; 3]$

b) Geben Sie die Teilintegrale mit Grenzen an und berechnen Sie diese.

Lösung:

a) $f(x) = 0 \Leftrightarrow x^2 - 2x = 0 \Leftrightarrow x \cdot (-2) = 0$
$\Leftrightarrow x = 0 \vee x = 2$

b) Intervall 1: $x \in [0; 2]$ Intervall 2: $x \in [2; 3]$

$\int_0^2 f(x)dx = \left[\frac{1}{3}x^3 - x^2\right]_0^2$

$= \left[\frac{1}{3}(2)^3 - (2)^2 - \left(\frac{1}{3} \cdot (0)^3 - (0)^2\right)\right] = \frac{8}{3} - 4 = -\mathbf{\frac{4}{3}}$

$\int_2^3 f(x)dx = \left[\frac{1}{3}x^3 - x^2\right]_2^3$

$= \left[\frac{1}{3}(3)^3 - (3)^2 - \left(\frac{1}{3} \cdot (2)^3 - (2)^2\right)\right] = 0 - \left(-\frac{4}{3}\right) = \mathbf{\frac{4}{3}}$

Verläuft das Schaubild einer Funktion oberhalb und unterhalb der x-Achse, so müssen die einzelnen Flächenstücke getrennt berechnet werden.

Dazu muss das Integrationsintervall an den Nullstellen der Funktion unterteilt werden. Die Gesamtfläche ist dann die Summe der Beträge der Teilintegrale.

Bei der Flächenberechnung muss das Integrationsintervall an den Nullstellen der Funktion aufgeteilt werden in Teilintervalle

$[a; x_1]; [x_1; x_2]; [x_2; x_3]; \ldots ; [x_n; b].$

Die Gesamtfläche ist dann die Summe der Beträge aller Teilintegrale.

$$A = \left|\int_a^{x_1} f(x)dx\right| + \left|\int_{x_1}^{x_2} f(x)dx\right| + \ldots + \left|\int_{x_n}^{b} f(x)dx\right|$$

$[a; b]$	Integrationsintervall
$x_1, x_2, x_3, \ldots, x_n$	Nullstellen der Funktion f

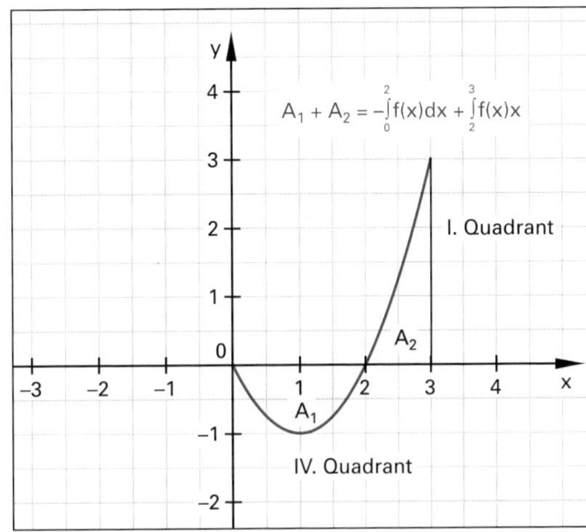

Bild 1: Flächen ober- und unterhalb der x-Achse

Beispiel 3: Gesamtfläche

Berechnen Sie die Gesamtfläche von Beispiel 2.

Lösung:

1. Mit Integralwert:
$A = -\left(-\frac{4}{3}\right) + \frac{4}{3} = \mathbf{\frac{8}{3}\ FE}$

2. Mit Betrag:
$A = \left|-\frac{4}{3}\right| + \left|\frac{4}{3}\right| = \mathbf{\frac{8}{3}\ FE}$

Bei der Flächenberechnung darf nie über die Nullstellen (der x-Achse) hinwegintegriert werden, wenn das Schaubild von f die x-Achse schneidet.

Aufgabe:

1. Berechnen Sie für das Schaubild K_f von f: $f(x) = 4x - x^2 \wedge x \in [-1; 5]$

a) den Integralwert,

b) die Teilintegrale T_1, T_2, T_3 und

c) die Fläche, die K_f mit der x-Achse einschließt.

Lösung:

1. a) 6 **b)** $T_1 = \frac{-7}{3}$; $T_2 = \frac{32}{3}$; $T_3 = -\frac{7}{3}$

c) $A = \frac{46}{3}$ FE = 15,33 FE

6.4.3 Musteraufgabe zur Flächenberechnung

Anhand der **Tabelle 1** kann die Vorgehensweise bei der Flächenberechnung gezeigt werden.

Beispiel 1: Flächenberechnung

Berechnen Sie die Fläche, die vom Schaubild der Funktion f mit $f(x) = x^3 - 5x^2 + 2x + 8 \wedge x \in \mathbb{R}$ und der x-Achse begrenzt wird.

Lösung:

Schritt 1:

Nullstellen von f bestimmen und die Grenzen der Teilintervalle festlegen

$f(x) = 0 \quad \Leftrightarrow x^3 - 5x^2 + 2x + 8 = 0$

$\Leftrightarrow (x + 1)(x - 2)(x - 4) = 0$

$\Leftrightarrow x_1 = -1 \vee x_2 = 2 \vee x_3 = 4$

Gesamtintervall: $x \in [a; b] \quad = [-1; 4];$

Intervall 1: $x \in [a; x_1] \quad = [-1; 2];$

Intervall 2: $x \in [x_1; b] \quad = [2; 4].$

Schritt 2:

Überprüfen der Funktionswerte

Wählen Sie einen x-Wert in den Teilintervallen:

Intervall 1: z. B. $x = 0 \in [-1; 2]; \rightarrow f(0) = 8 > 0$

Intervall 2: z. B. $x = 3 \in [2; 4]; \rightarrow f(3) = -4 < 0$!!!

Vorzeichen beachten!

Schritt 3:

Berechnung aller Teilflächen

$$A_1 = \int_{-1}^{2} (x^3 - 5x^2 + 2x + 8)dx = \left[\tfrac{1}{4}x^4 - \tfrac{5}{3}x^3 + x^2 + 8 \cdot x\right]_{-1}^{2}$$

$$= \left[\tfrac{1}{4}(2)^4 - \tfrac{5}{3}(2)^3 + (2)^2 + 8 \cdot (2)\right.$$

$$\left. - \left(\tfrac{1}{4}(-1)^4 - \tfrac{5}{3}(-1)^3 + (-1)^2 + 8 \cdot (-1)\right)\right]$$

$$= 4 - \frac{40}{3} + 4 + 16 - \left(\frac{1}{4} + \frac{5}{3} + 1 - 8\right) = \frac{32}{3} - \left(-\frac{61}{12}\right) = \mathbf{\frac{63}{4}}$$

$$A_2 = -\int_{2}^{4} (x^3 - 5x^2 + 2x + 8)dx$$

$$= \left[-\tfrac{1}{4}x^4 + \tfrac{5}{3}x^3 - x^2 - 8 \cdot x\right]_{2}^{4}$$

$$= \left[\tfrac{1}{4}(4)^4 + \tfrac{5}{3}(4)^3 - (4)^2 - 8 \cdot (4)\right.$$

$$\left. - \left(\tfrac{1}{4}(2)^4 + \tfrac{5}{3}(2)^3 - (2)^2 - 8 \cdot (2)\right)\right]$$

$$- 64 + \frac{320}{3} - 16 - 32 + \left(4 - \frac{40}{3} + 4 + 16\right)$$

$$= -\frac{16}{3} + \frac{32}{3} = \mathbf{\frac{16}{3}}$$

Schritt 4:

Berechnen der Gesamtfläche

$A = A_1 + A_2 = \frac{63}{4} + \frac{16}{3} = \mathbf{\frac{253}{12}}$ **FE**

$A \approx$ **21,08 FE**

Tabelle 1: Flächen zwischen Schaubild und x-Achse

Schritt	Vorgehensweise	Formeln, Ergebnisse
1	Berechnung aller Nullstellen im Intervall [a; b], Festlegung der Grenzen	$x_1 = a; x_2; x_3 = b$
2	Überprüfung der Funktionswerte in den Intervallen zwischen den Nullstellen auf ihre Vorzeichen.	$x \in]x_1; x_2[: f(x) > 0$ $x \in]x_2; x_3[: f(x) < 0$
3	Berechnung aller Teilflächen von Nullstelle zu Nullstelle	$A_1 = +\int_{a}^{x_2} f(x)dx$ $A_2 = -\int_{x_2}^{b} f(x)dx$
4	Gesamtfläche als Summe der Beträge aller Teilintegrale angeben.	$A = A_1 + A_2$

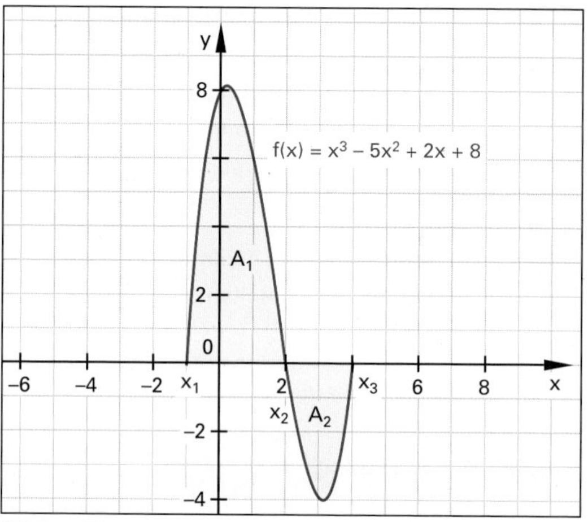

Bild 1: Flächen ober- und unterhalb der x-Achse

Beispiel 2: Vergleich der Fläche mit dem Integralwert

a) Vergleichen Sie das Ergebnis von Beispiel 1 mit dem Integralwert $I = \int_{-1}^{4} f(x)dx$.

b) Zeichnen Sie das Schaubild der Funktion f.

Lösung:

a) $$\int_{-1}^{4} (x^3 - 5x^2 + 2x + 8)dx = \left[\tfrac{1}{4}x^4 - \tfrac{5}{3}x^3 + x^2 + 8 \cdot x\right]_{-1}^{4}$$

$$= \left[\tfrac{1}{4}(4)^4 - \tfrac{5}{3}(4)^3 + (4)^2 + 8 \cdot (4)\right.$$

$$\left. - \left(\tfrac{1}{4}(-1)^4 - \tfrac{5}{3}(-1)^3 + (-1)^2 + 8 \cdot (-1)\right)\right]$$

$$= 64 - \frac{320}{3} + 16 + 32 - \left(\frac{1}{4} + \frac{5}{3} + 1 - 8\right) = \frac{16}{3} - \left(-\frac{61}{12}\right)$$

$$= \mathbf{\frac{125}{12}} \Rightarrow I < A$$

b) **Bild 1**

6.4.4 Regeln zur Vereinfachung bei Flächen

Das Berechnen von bestimmmten Integralen ist im Vergleich zum Differenzieren meist mit mehr Aufwand verbunden.

Folgende Regeln werden beim Integrieren angewendet:

Faktorregel und Summenregel

Beispiel 1:

Faktorregel

Zeigen Sie, dass gilt:

a) $\int_0^2 \frac{1}{2} \cdot x\,dx = \frac{1}{2} \cdot \int_0^2 x\,dx$

Summenregel

Mit $f(x) = x^2$, $g(x) = 2x$ und $h(x) = x^2 + 2x$

b) $\int_{-1}^2 x^2\,dx + \int_{-1}^2 2x\,dx = \int_{-1}^2 (x^2 + 2x)\,dx$

Lösung:

a) $\int_0^2 \frac{1}{2} \cdot x\,dx = \left[\frac{1}{2} \cdot \frac{x^2}{2}\right]_0^2 = \frac{1}{2} \cdot \left[\frac{x^2}{2}\right]_0^2 = \frac{1}{2} \cdot \int_0^2 x\,dx$

b) $\left[\frac{x^3}{3}\right]_{-1}^2 + \left[x^2\right]_{-1}^2 = \left[\frac{x^3}{3} + x^2\right]_{-1}^2$

$\Leftrightarrow \left(\frac{8}{3}\right) - \left(-\frac{1}{3}\right) + (4 - 1) = \left[\left(\frac{20}{3}\right) - \left(\frac{2}{3}\right)\right]$ **(Bild 1)**

$\Leftrightarrow$ $3 + 3 = \mathbf{6}$ (erfüllt)

Ein konstanter Faktor vervielfacht den Funktionswert und damit auch den Integralwert. Besteht der Funktionsterm aus einer Summe, so können die Summanden einzeln integriert werden. Die Summe der Teilintegrale entspricht dem Integralwert des gesamten Funktionsterms.

Regel 1: Faktorregel

Ein konstanter Faktor k bleibt beim Integrieren erhalten.

$$\int_a^b k \cdot f(x)\,dx = k \cdot \int_a^b f(x)\,dx$$

k konstanter Faktor f(x) Integrand

Regel 2: Summenregel

Eine endliche Summe (Differenz) von Funktionstermen kann gliedweise integriert werden.

$$\int_a^b (f_1(x) \pm f_2(x) \ldots \pm f_n(x))\,dx = \int_a^b f_1(x)\,dx \pm \int_a^b f_2(x)\,dx \pm \ldots \pm \int_a^b f_n(x)\,dx$$

$f_1(x)$, $f_2(x)$, ... $f_n(x)$ Funktionsterme

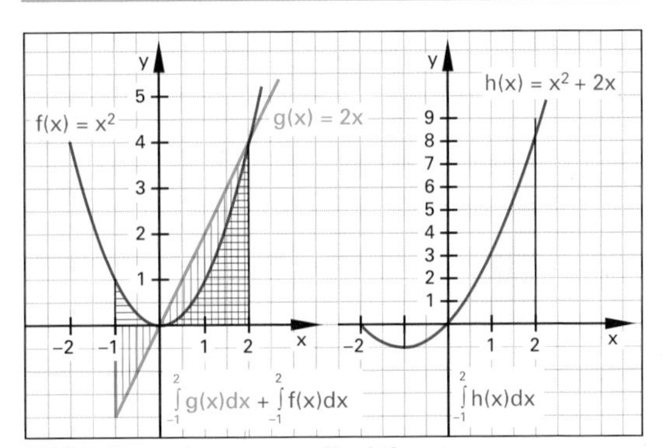

Bild 1: Summierung von Funktionstermen

Polarität des Integralwertes

Beispiel 2: Polarität des Integralwerts

Bestimmen Sie:

a) $\int_{-2}^{-1} x\,dx$ b) $\int_1^2 x\,dx$ c) $\int_{-2}^{1} -\frac{1}{3}x^3\,dx$ d) $\int_1^2 -\frac{1}{3}x^3\,dx$

Lösung: **(Bild 2)**

a) $\int_{-2}^{-1} x\,dx = \left[\frac{x^2}{2}\right]_{-2}^{-1} = \left[\frac{1}{2} - 2\right] = -\frac{3}{2} < \mathbf{0}$

b) $\int_1^2 x\,dx = \left[\frac{x^2}{2}\right]_1^2 = \left[2 - \frac{1}{2}\right] = \frac{3}{2} > \mathbf{0}$

c) $\int_{-2}^{-1} -\frac{1}{3}x^3\,dx = \left[-\frac{x^4}{12}\right]_{-2}^{-1} = -\left[\frac{1}{12} - \frac{16}{12}\right] = \frac{5}{4} > \mathbf{0}$

d) $\int_1^2 -\frac{1}{3}x^3\,dx = \left[-\frac{x^4}{12}\right]_1^2 = -\left[\frac{4}{3} - \frac{1}{12}\right] = -\frac{5}{4} < \mathbf{0}$

Je nachdem, welches Vorzeichen der Integralwert hat, spricht man von der Polarität des Integralwertes.

Regel 3: Polarität des Integralwertes

Die Polarität des Integralwertes ist abhängig von der Polarität des Funktionswertes f(x) mit $x \in [a; b]$ und $b - a > 0$.

$$f(x) \geq 0 \text{ für } x \in [a; b] \Rightarrow \int_a^b f(x)\,dx \geq 0$$

$$f(x) \leq 0 \text{ für } x \in [a; b] \Rightarrow \int_a^b f(x)\,dx \leq 0$$

[a; b] Integrationsintervall

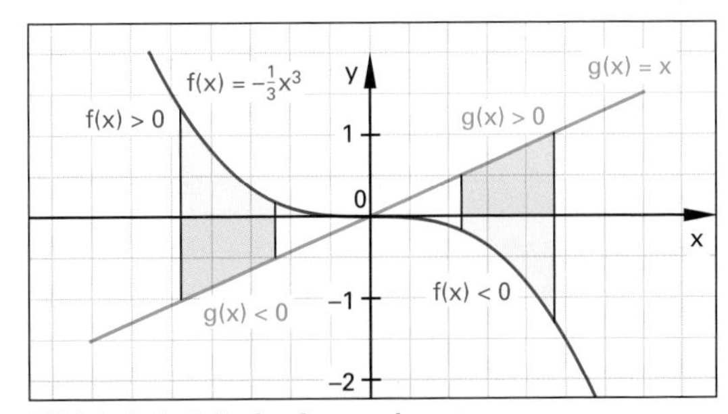

Bild 2: Polarität des Integralwertes

Tausch der Integrationsgrenzen

Für das händische Rechnen ist es manchmal einfacher, wenn die Grenzen vertauscht werden.

Beispiel 1: Grenzen vertauschen

Bestimmen Sie:

a) $\int_0^1 3x^2\,dx$ b) $\int_1^0 3x^2\,dx$

Lösung:

a) $\int_0^1 3x^2\,dx = [x^3]_0^1 = [1 - (0)] = \mathbf{1}$

b) $\int_1^0 3x^2\,dx = [x^3] = [0 - (1)]_1^0 = \mathbf{-1}$

Das Vertauschen der Grenzen beim bestimmten Integral ändert das Vorzeichen des Integralwertes **(Bild 1)**. Diese Eigenschaft kann bei der Berechnung von Flächeninhalten angewendet werden.

Trennen von Integralen

Oft ist es sinnvoll, Integrale in Teilintegrale aufzutrennen.

Beispiel 2: Auftrennung des Integrals (Bild 2)

Zeigen Sie, dass für $f(x) = \sin(x) \wedge x \in [0; \pi]$ gilt:

a) $\int_0^{\frac{\pi}{4}} \sin x\,dx + \int_{\frac{\pi}{4}}^{\pi} \sin x\,dx = \int_0^{\pi} \sin x\,dx$

b) $\int_0^c f(x)\,dx + \int_c^b f(x)\,dx = \int_a^b f(x)\,dx \wedge c \in [a; b]$

Lösung:

a) $[-\cos x]_0^{\frac{\pi}{4}} + [-\cos x]_{\frac{\pi}{4}}^{\pi} = [-\cos x]_0^{\pi}$

$\Leftrightarrow \left[-\frac{1}{2} + 1\right] + \left[1 - \left(-\frac{1}{2}\right)\right] = [-(-1) - (-1)]$ **wahr!**

b) $\int_a^c f(x)\,dx + \int_c^b f(x)\,dx = \int_a^b f(x)\,dx$

$\Leftrightarrow [F(x)]_a^c + [F(x)]_c^b = [F(x)]_a^b$

$\Leftrightarrow [F(c) - F(a)] + [F(b) - F(c)] = [F(b) - F(a)]$ **wahr!**

Ebenfalls bei der Flächenberechnung müssen Integrale in Teilintegrale aufgetrennt werden, wenn die Funktionswerte ihr Vorzeichen ändern, wie z. B. bei Nullstellen.

Aufgabe:

1. Bestimmen Sie unter Verwendung von Regel 4 und Regel 5 den Inhalt der Fläche, die das Schaubild von $f(x) = \sin(x) \wedge x \in [-\pi; \pi]$ mit der x-Achse einschließt.

Lösung:

1. $A = -\int_{-\pi}^0 \sin x\,dx + \int_0^{\pi} \sin x\,dx = [\cos x]_{-\pi}^0 + [\cos x]_{\pi}^0$

$= [1 - (-1)] + [1 - (-1)] = 4$

Regel 4: Vertauschung der Grenzen

Eine Vertauschung der Integrationsgrenzen bewirkt einen Vorzeichenwechsel des Integralwertes.

$$\int_a^b f(x)\,dx = -\int_b^a f(x)\,dx$$

a „untere" Integrationsgrenze
b „obere" Integrationsgrenze

Regel 5: Auftrennung des Integrationsintervalls

Für jede Stelle c aus dem Integrationsintervall [a; b] gilt:

$$\int_a^c f(x)\,dx + \int_c^b f(x)\,dx = \int_a^b f(x)\,dx;\ a \leq c \leq b$$

c Stelle im Integrationsintervall [a; b]

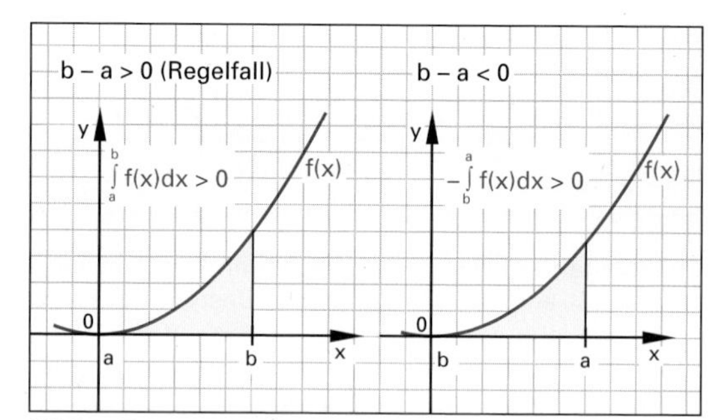

Bild 1: Grenzen vertauschen

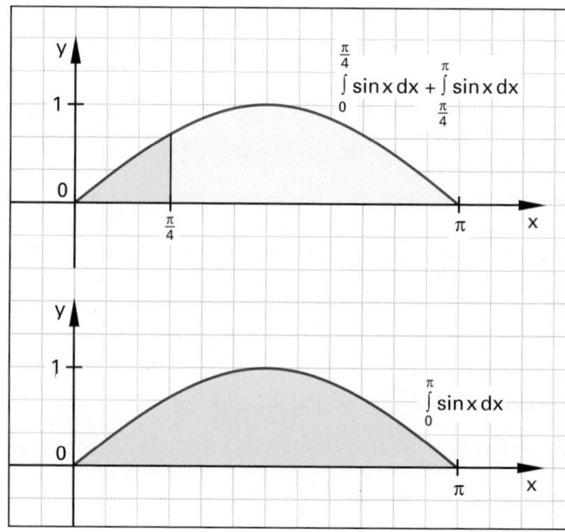

Bild 2: Auftrennung des Integrationsintervalls

Überprüfen Sie Ihr Wissen!

1. Geben Sie zu der folgenden Funktion f jeweils drei Stammfunktionen F_1, F_2 und F_3 an.

a) $f(x) = x^3$ **b)** $f(x) = x^n$
c) $f(x) = \frac{1}{4}x^4 - \sqrt{3}$ **d)** $f(t) = t^8$
e) $f(s) = 4$ **f)** $f(x) = 0$
g) $f(z) = -3z^2$ **h)** $f(a) = 2ax^4$

2. Geben Sie zu der folgenden Funktion g jeweils eine Stammfunktion G an.

a) $g(x) = \frac{1}{x^2}$ **b)** $g(x) = 2 + x + \frac{1}{x^2}$
c) $g(x) = \frac{x^5 + 2}{x^2}$ **d)** $g(x) = \sqrt{x}$
e) $g(x) = \frac{1}{\sqrt{x}}$ **f)** $g(x) = \frac{\sqrt{x} - 2}{\sqrt{x}}$

3. Geben Sie eine Stammfunktion von f an.

a) $f(x) = (x - 3)^2$ **b)** $f(x) = 2(x + 1)(x - 3)$
c) $f(x) = (x^2 - 1)^2$ **d)** $f(x) = \left(\frac{1}{4}x^4\right)^2$
e) $f(x) = 2(x + 3)^2$ **f)** $f(a) = (x - 3)^2$

4. Berechnen Sie die Integralwerte.

a) $\int_1^4 2x\,dx$ **b)** $\int_2^3 \sqrt{3}\,dx$
c) $\int_1^3 2x^3\,dx$ **d)** $\int_1^2 -\frac{1}{x^2}\,dx$
e) $\int_0^1 z^2\,dz$ **f)** $\int_0^3 \sqrt{2}\,t^2\,dt$
g) $\int_{-3}^2 s^3\,ds$ **h)** $\int_{-1}^2 (s - 1)^2\,ds$

5. Berechnen Sie den Wert der Integrale und geben Sie die jeweils verwendete Regel an.

a) $\int_{-1}^4 2x^3\,dx$ **b)** $\int_1^3 (2x^2 - 3x)\,dx$
c) $\int_{-2}^2 (4x^3 - 3x^2 + 2)\,dx$

6. Berechnen Sie die Integrale. Achten Sie auf die Integrationsvariable.

a) $\int_0^1 (1 + ax)\,dx$ **b)** $\int_0^1 (1 + ax)\,da$ **c)** $\int_0^1 (1 + ax)\,dt$

7. Bestimmen Sie jeweils den Integralwert

a) $\int_0^2 (3x^4 + 4x^3)\,dx$
b) $3 \cdot \int_0^2 x^4\,dx + 4 \cdot \int_0^2 x^3\,dx$
c) Welche Erkenntnisse erhalten Sie beim Vergleich der beiden Rechenwege?

8. Vereinfachen Sie zuerst und berechnen Sie dann.

a) $\int_0^2 (x^2 + 2x + 1)\,dx + \int_2^3 (x^2 + 2x + 1)\,dx$
b) $\int_{-2}^0 (2x^2 + 4x - 3)\,dx + \int_0^2 (2x^2 + 4x - 3)\,dx$
c) $\int_{-3}^{-2} (2 - x + 0{,}5x^2)\,dx + \int_{-2}^2 (2 - x + 0{,}5x^2)\,dx$

9. Berechnen Sie den Wert a so, dass gilt:

a) $\int_0^a 0{,}5x^2\,dx = 4$ **b)** $\int_0^2 (ax^2 - a)\,dx = -2$
c) $\int_{-1}^1 (a - x^3)\,dx = 4$ **d)** $\int_0^2 (2ax - a)\,dx = 2$

Lösungen:

1. a) $F_1(x) = \frac{1}{4}x^4$; $F_2(x) = \frac{1}{4}x^4 \pm 1$
b) $F_1(x) = \frac{1}{n+1}x^{n+1}$; $F_{2,3}(x) = \frac{1}{n+1}x^{n+1} \pm 1$
c) $F_1(x) = \frac{1}{20}x^5 - \sqrt{3} \cdot x$; $F_{2,3}(x) = \frac{1}{20}x^5 - \sqrt{3} \cdot x \pm 1$
d) $F_1(t) = \frac{1}{9}t^9$; $F_2(t) = \frac{1}{9}t^9 \pm 1$
e) $F_1(s) = 4s$; $F_{2,3}(s) = 4s \pm 1$
f) $F_1(x) = 0$; $F_2(x) = 1$; $F_3(x) = -1$
g) $F_1(z) = -z^3$; $F_{2,3}(z) = -z^3 \pm 1$
h) $F_1(a) = a^2x^4$; $F_{2,3}(a) = a^2x^4 \pm 1$

2. a) $G(x) = -\frac{1}{x}$ **b)** $G(x) = 2x + \frac{1}{2}x^2 - \frac{1}{x}$
c) $G(x) = \frac{x^4}{4} - \frac{2}{x}$ **d)** $G(x) = \frac{2}{3}x^{\frac{3}{2}}$
e) $G(x) = 2\sqrt{x}$ **f)** $G(x) = (\sqrt{x} - 2)^2$

3. a) $F(x) = \frac{1}{3}(x - 3)^3$ **b)** $F(x) = \frac{2}{3}x^3 - 2x^2 - 6x$
c) $F(x) = \frac{1}{5}x^5 - \frac{2}{3}x^3 + x$ **d)** $F(x) = \frac{1}{144}x^9$
e) $F(x) = \frac{2}{3}(x + 3)^3$ **f)** $F(a) = a \cdot (x - 3)^2$

4. a) 15 **b)** $F(x) = \sqrt{3}$ **c)** 40 **d)** $-\frac{1}{2}$
e) $\frac{1}{3}$ **f)** $9 \cdot \sqrt{2}$ **g)** $-\frac{65}{4}$ **h)** 3

5. a) $\frac{255}{2}$; Faktor- und Potenzregel.
b) $\frac{16}{3}$; Potenz-, Faktor- und Summenregel.
c) –8; Potenz-, Faktor- und Summenregel.

6. a) $1 + \frac{a}{2}$ **b)** $1 + \frac{x}{2}$ **c)** $1 + ax$

7. a) $\int_0^2 (3x^4 + 4x^3)\,dx = \left[\frac{3}{5}x^5 + x^4\right]_0^2 = \frac{96}{5} + 16 = \frac{176}{5}$

b) $3 \cdot \int_0^2 (x^4)\,dx + 4\int_0^2 (x^3)\,dx = 3\left[\frac{1}{5}x^5\right]_0^2 + 4\left[\frac{1}{4}x^4\right]_0^2$

$= \frac{3 \cdot 32}{5} + 4 \cdot \frac{16}{4} = \frac{176}{5}$

c) Der erste Weg ist schneller und kürzer.

8. a) $\int_0^3 (x^2 + 2x + 1)\,dx = 21$
b) $\int_{-2}^2 (2x^2 + 4x - 3)\,dx = -\frac{4}{3}$
c) $\int_{-3}^2 (2 - x + 0{,}5x^2)\,dx = \frac{55}{3}$

9. a) $a = 2 \cdot \sqrt[3]{3}$ **b)** $a = -3$
c) $a = 2$ **d)** $a = 1$

6.5 Flächenberechnungen zwischen Schaubildern

6.5.1 Flächenberechnung im Intervall

Zwei Schaubilder begrenzen in einem Intervall [a; b] eine Fläche **(Bild 1)**. Diese Fläche kann als Differenz der Flächen zwischen dem „oberen" Schaubild und der x-Achse und dem „unteren" Schaubild und der x-Achse bestimmt werden **(Bild 2)**.

Die Fläche zwischen dem oberen Schaubild und der x-Achse ergibt den größeren Flächeninhalt A_1, die Fläche zwischen dem unteren Schaubild und der x-Achse den kleineren Flächeninhalt A_2, jeweils über dem Intervall [a; b] .

Der gesuchte Flächeninhalt A ist somit die Differenz dieser beiden Flächeninhalte:

$$A = A_1 - A_2$$

Gilt für zwei stetige Funktionen $f(x) \geq g(x)$ für $x \in [a; b]$, dann folgt für den Inhalt A der Fläche zwischen dem „oberen" Schaubild von f und dem „unteren" Schaubild von g über dem Intervall [a; b]:

$$A = \int_a^b (\text{Oberkurve} - \text{Unterkurve})\, d(x)$$

$$A = A_1 - A_2 = \int_a^b f(x)dx - \int_a^b g(x)dx$$

$$A = \int_a^b (f(x) - g(x))dx;\ f(x) \geq g(x)$$

f(x)	Funktion des „oberen" Schaubildes
g(x)	Funktion des „unteren" Schaubildes
A_1	„obere" Fläche; A_2 „untere" Fläche
A	Differenzfläche (gesuchte Fläche)

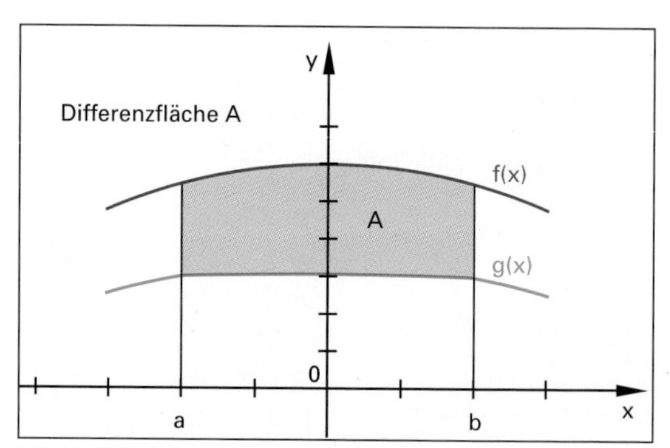

Bild 1: Flächenzusammensetzung

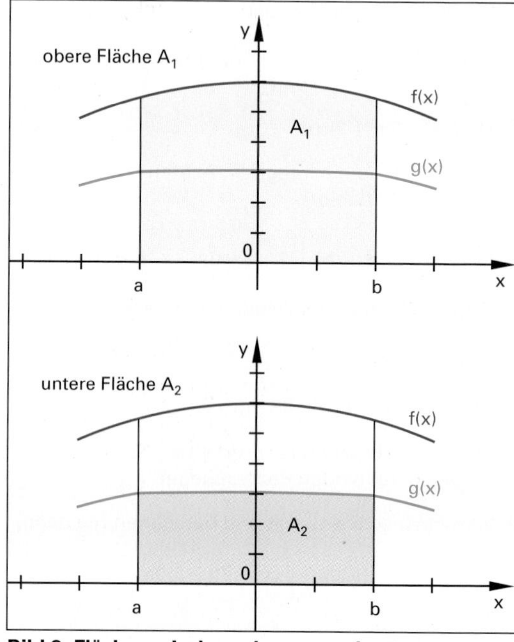

Bild 2: Fläche zwischen oberem und unterem Schaubild

Aufgaben:

1. Geben Sie den Ansatz für die Berechnung des Flächeninhalts zwischen den Schaubildern der gegebenen Funktionen an.

a) $f(x) \leq g(x)$ für $x \in [c; d]$

b) $h(x) \geq k(x)$ für $x \in [a; b]$

c) Drücken Sie den Inhalt der Flächen mithilfe von Stammfunktionen aus.

2. Bestimmen Sie den Inhalt der Fläche zwischen den Schaubildern von f und g im angegebenen Intervall.

a) $f(x) = 0{,}5x^2 + 1;\ g(x) = x + 2$ jeweils für $x \in [0; 2]$

b) $f(x) = -x^3 + 3x;\ g(x) = 2x;\ \ x \in [-1; 1]$

Lösungen:

1. a) $A_1 = \int_c^d (g(x) - f(x))dx$

b) $A_2 = \int_a^b (h(x) - k(x))dx$

c) $A_1 = [G(x) - F(x)]_c^d;\ A_2 = [H(x) - K(x)]_a^b$

2. a) $A = \int_0^2 (g(x) - f(x))dx = \left[\frac{1}{2}x^2 + 2x - \frac{1}{6}x^3 - x\right]_0^2$

$= 4 - \frac{4}{3} = \frac{8}{3}$ FE

b) $A = -\int_{-1}^0 (f(x) - g(x))dx + \int_0^1 (f(x) - g(x))dx$

$= \frac{1}{4} + \frac{1}{4} = \frac{1}{2}$ FE

6.5.2 Flächen zwischen zwei Schaubildern

Wenn sich die Schaubilder von f und g im Intervall [a; b] berühren oder schneiden, begrenzen sie eine oder mehrere Flächen **(Bild 1)**. Jede dieser Flächen lässt sich wiederum aus der Differenz der Flächen zwischen dem jeweils oberen Schaubild und der x-Achse und dem unteren Schaubild und der x-Achse bestimmen.

Für den Fall, dass sich die Schaubilder schneiden **(Bild 1)**, gilt teilweise $f(x) \geq g(x)$ und teilweise $f(x) \leq g(x)$ **(Bild 1)**.

Zur Bestimmung des Flächeninhalts muss also vorher untersucht werden, in welchen Teilintervallen $f(x) \geq g(x)$ und in welchen $f(x) \leq g(x)$ gilt **(Bild 2)**.

Für zwei stetige Funktionen über dem Intervall [a; b] gilt:

$$f(x) \geq g(x) \text{ für } x \in [x_{s1}; x_{s2}]$$

Für den Inhalt A der Fläche zwischen dem „oberen" Schaubild von f und dem „unteren" Schaubild von g folgt:

$$A_1 = \int_a^c (f(x) - g(x))dx; \; A_2 = \int_c^b g(x) - f(x)dx$$

$$A = A_1 + A_2$$

[a; c] Intervallgrenzen für A_1
[c; b] Intervallgrenzen für A_2
A_1 Fläche 1 A_2 Fläche 2 A Gesamtfläche

Beispiel 1: Flächenberechnung zwischen zwei Schaubildern

Gegeben sind die Funktionen f und g mit

$f(x) = x^3 - 9x^2 + 24x - 16$ und

$g(x) = -0{,}5x^2 + 3x - 2{,}5 \wedge x \in \mathbb{R}$

a) Berechnen Sie die Schnittstellen von f und g.

b) Geben Sie die Teilintervalle an. Benennen Sie das obere und das untere Schaubild.

c) Berechnen Sie den von den beiden Schaubildern eingeschlossenen Flächeninhalt.

Lösung:

a) $f(x) = g(x)$

$\Leftrightarrow x^3 - 9x^2 + 24x - 16 = -0{,}5x^2 + 3x - 2{,}5$

$\Leftrightarrow x^3 - 8{,}5x^2 + 21x - 13{,}5 = 0$

$\Leftrightarrow x_{s1} = 1 = a \vee x_{s2} = 3 = c \vee x_{s3} = 4{,}5 = b$

b) Intervall: $[1; 3] \rightarrow f(2) = 4; \; g(2) = 1{,}5$

$\Rightarrow f(x) \geq g(x)$ für $x \in [1; 3]$

Intervall: $[3; 4{,}5] \rightarrow f(4) = 0; \; g(4) = 1{,}5$

$\Rightarrow f(x) \leq g(x)$ für $x \in [3; 4{,}5]$

c) $A = A_1 + A_2$

$= \int_a^c (f(x) - g(x))dx + \int_c^b (g(x) - f(x))dx$

$A_1 = \int_1^3 (x^3 - 8{,}5x^2 + 21x - 13{,}5)dx$

$= \left[\frac{1}{4}x^4 - \frac{17}{6}x^3 + \frac{21}{2}x^2 - \frac{27}{2}x\right]_1^3$

$= \frac{81}{4} - \frac{17 \cdot 27}{6} + \frac{189}{2} - \frac{81}{2} - \left(\frac{1}{4} - \frac{17}{6} + \frac{21}{2} - \frac{27}{2}\right)$

$= -\frac{9}{4} - \left(-\frac{67}{12}\right) = \mathbf{\frac{10}{3}}$ **FE**

$A_2 = \int_3^4 (-x^3 + 8{,}5x^2 - 21x + 13{,}5)dx$

$= \left[-\frac{1}{4}x^4 + \frac{17}{6}x^3 - \frac{21}{2}x^2 + \frac{27}{2}x\right]_3^4$

$= -64 + \frac{17 \cdot 64}{6} - \frac{21 \cdot 16}{2} + \frac{108}{2}$

$-\left(-\frac{81}{4} + \frac{17 \cdot 27}{6} - \frac{21 \cdot 9}{2} + \frac{81}{2}\right)$

$= \frac{10}{3} - \left(\frac{9}{4}\right) = \frac{13}{2}$ FE $\Rightarrow A = A_1 + A_2 = \mathbf{\frac{53}{12}}$ **FE**

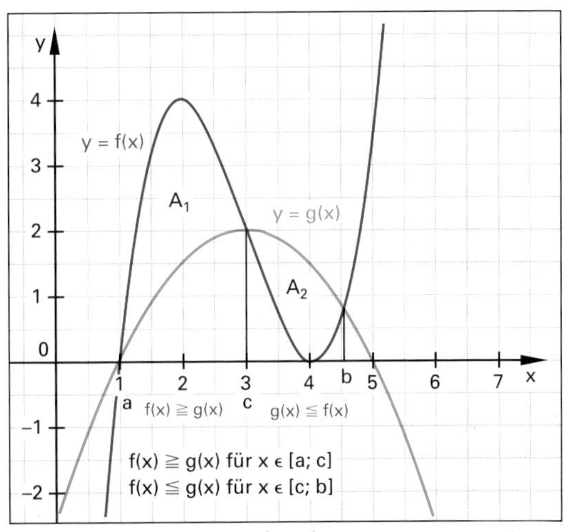

Bild 1: Schaubilder von f und g

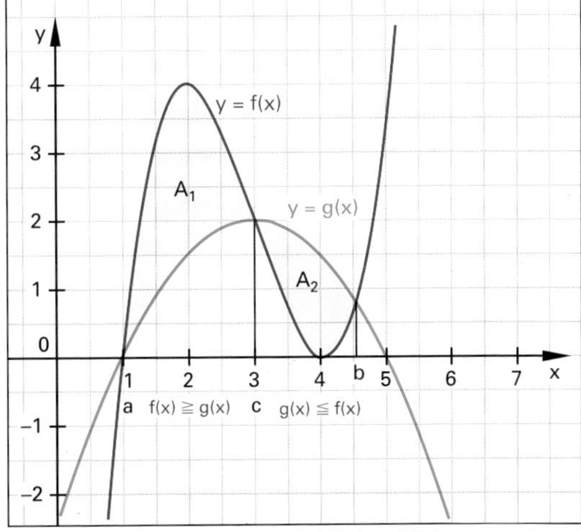

Bild 2: Fläche zwischen zwei Schaubildern

6.5.3 Flächenberechnung mit der Differenzfunktion

Die Differenzfunktion d mit $d(x) = f(x) - g(x)$ gibt für jedes $x \in [a; b]$ die Differenz der Funktionswerte beider Funktionen an. Die Schnittpunkte von f und g entsprechen den Nullstellen von d **(Bild 1 und Bild 2)**. Die Fläche, die die beiden Schaubilder von f und g einschließen, entspricht der Fläche zwischen dem Schaubild von d und der x-Achse **(Bild 2)**.

Beispiel 1: Flächenberechnung mithilfe der Differenzfunktion

Gegeben sind die Funktionen f und g mit

$f(x) = x^3 - 9x^2 + 24x - 16;$

$g(x) = -0{,}5x^2 + 3x - 2{,}5; \quad x \in \mathbb{R}$

a) Bestimmen Sie die Gleichung der Differenzfunktion $d(x) = f(x) - g(x)$.

b) Untersuchen Sie die Differenzfunktion auf Nullstellen und geben Sie die Teilintervalle an.

c) Berechnen Sie den Flächeninhalt, den das Schaubild der Differenzfunktion mit der x-Achse einschließt.

Lösung:

a) $d(x) = f(x) - g(x)$

$= x^3 - 9x^2 + 24x - 16 - (-0{,}5x^2 + 3x - 2{,}5)$

$= x^3 - 8{,}5x^2 + 21x - 13{,}5$

$= 0 \Leftrightarrow x^3 - 8{,}5x^2 + 21x - 13{,}5 = 0$

$\Leftrightarrow x_{s1} = 1 \vee x_{s2} = 3 \vee x_{s3} = 4{,}5$

Intervall: $[1; 3] \rightarrow f(2) = 4; \quad g(2) = 1{,}5$

$\Rightarrow f(x) \geq g(x)$ für $x \in [1; 3]$

Intervall: $[3; 4{,}5] \rightarrow f(4) = 0; \quad g(4) = 1{,}5$

$\Rightarrow f(x) \leqq g(x)$ für $x \in [3; 4{,}5]$

b) $A = A_1 + A_2 = \int\limits_a^c d(x)dx + \left|\int\limits_c^b d(x)dx\right|$

$A_1 = \int\limits_1^3 (x^3 - 8{,}5x^2 + 21x - 13{,}5)dx$

$= \left[\frac{1}{4}x^4 - \frac{17}{6}x^3 + \frac{21}{2}x^2 - \frac{27}{2}x\right]_1^3$

$= \frac{81}{4} - \frac{17 \cdot 27}{6} + \frac{189}{2} - \frac{81}{2} - \left(\frac{1}{4} - \frac{17}{6} + \frac{21}{2} - \frac{27}{2}\right)$

$= -\frac{9}{4} - \left(-\frac{67}{12}\right) = \mathbf{\frac{10}{3}}$ **FE**

$A_2 = \left|\int\limits_3^{4,5} (-x^3 + 8{,}5x^2 - 21x + 13{,}5)dx\right|$

$= \left|\left[-\frac{1}{4}x^4 + \frac{17}{6}x^3 - \frac{21}{2}x^2 + \frac{27}{2}x\right]_3^{4,5}\right|$

$= \left|-\frac{6561}{64} + \frac{4131}{16} - \frac{1701}{8} + \frac{243}{4}\right.$

$\left.-\left(-\frac{81}{4} + \frac{17 \cdot 27}{6} - \frac{21 \cdot 9}{2} + \frac{81}{2}\right)\right|$

$= \left|-\frac{243}{64} - \left(-\frac{9}{4}\right)\right| = \frac{99}{64}$ FE

$\Rightarrow A = A_1 + A_2 = \frac{10}{3} + \frac{99}{64} = \mathbf{\frac{937}{192}}$ **FE**

Hat das Schaubild der Differenzfunktion d mit $d(x) = f(x) - g(x)$ im Intervall $[a; b]$ die Nullstellen $x_1 = a$, $x_2 = c$, $x_3 = b$ und gilt

$d(x) \geq 0$ für $x \in [a; c]$ | $d(x) \leq 0$ für $x \in [c; b]$

dann folgt für den Inhalt A der Fläche zwischen dem Schaubild von d und der x-Achse

$A = A_1 + A_2$ mit

$A_1 = \left|\int\limits_a^c d(x)dx\right|; \quad A_2 = \left|\int\limits_c^b d(x)dx\right|$

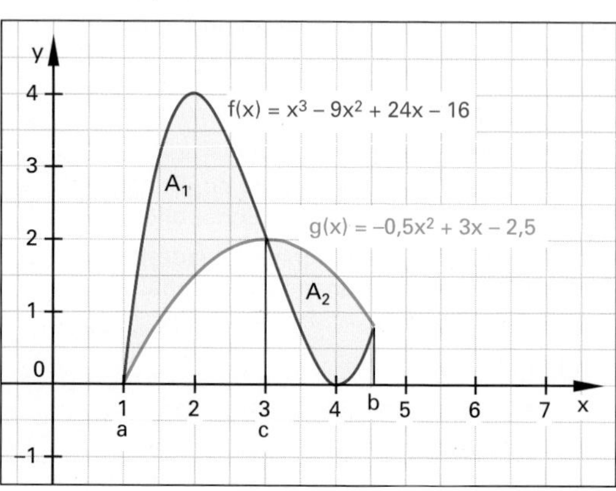

Bild 1: Flächen zwischen zwei Schaubildern

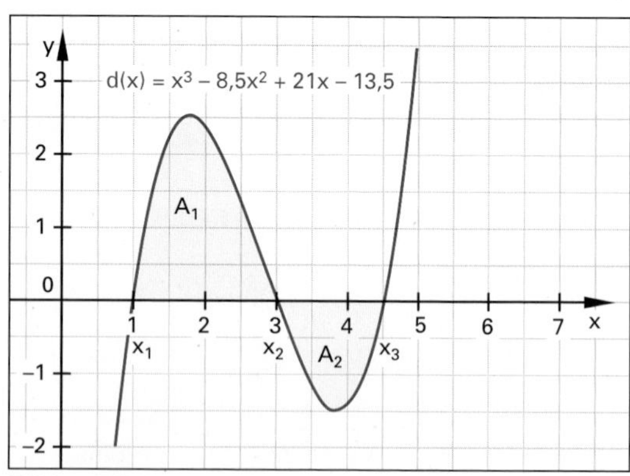

Bild 2: Flächen zwischen Schaubild von d und der x-Achse

Mithilfe der Differenzfunktion d kann die Flächenberechnung zwischen zwei Schaubildern auf eine Flächenberechnung zwischen dem Schaubild von d und der x-Achse zurückgeführt werden.

6.5.4 Musteraufgabe zu gelifteten Schaubildern

Liegen die zu berechnenden Flächenteile im zu integrierenden Intervall sowohl oberhalb als auch unterhalb der x-Achse, scheint die Flächenberechnung schwieriger. Die **Tabelle 1** zeigt für diese Anwendung die Lösungsschritte.

Beispiel 1: Flächenberechnung

Berechnen Sie den Inhalt der Fläche, die von den Schaubildern der Funktionen f und g zwischen den **ersten beiden positiven** Schnittstellen eingeschlossen wird für $f(x) = \sin x$ und $g(x) = \cos x \wedge x \in [0; 2\pi]$. Es gilt: $\sin(x) = \sqrt{1 - \cos^2 x}$.

Lösung:

Schritt 1: Schnittstellen von f und g bestimmen

$f(x) = g(x) \Leftrightarrow \sin x = \cos x$

$\Leftrightarrow \sqrt{(1 - \cos^2 x)} = \cos x$

$\Rightarrow (1 - \cos^2 x) = \cos^2 x$

$\Rightarrow \cos^2 x = \frac{1}{2} \Rightarrow |\cos x| = \frac{\sqrt{2}}{2}$

$\Rightarrow x_{s1} = \frac{\pi}{4} \vee x_{s2} = \frac{5\pi}{4} \in [0; 2\pi]$

Schritt 2: Überprüfen auf kleinste Funktionswerte

Für beide Funktionen gilt: $W = \{y | -1 \leq y \leq 1\}_{\mathbb{R}}$, das bedeutet, dass die eingeschlossene Fläche sowohl über als auch unter der x-Achse liegt.

Schritt 3: Anhebung der Schaubilder (Bild 1)

$f^*(x) = \sin x + 2,\ g^*(x) = \cos x + 2 \wedge x \in [0; 2\pi]$

aus $f^*(x) - g^*(x) = \sin x + 2 - (\cos x + 2)$

$= \sin x - \cos x$ folgt:

$f^*(x) - g^*(x) = f(x) - g(x)$

Schritt 4: Berechnen des Flächeninhalts

$$A = \int_{\frac{\pi}{4}}^{\frac{5\pi}{4}} ((\sin x + 2) - (\cos x + 2))dx$$

$$= [-\cos x - \sin x]_{\frac{\pi}{4}}^{\frac{5\pi}{4}}$$

$$= -\left[\cos\left(\tfrac{5\pi}{4}\right) + \sin\left(\tfrac{5\pi}{4}\right) - \left(\cos\left(\tfrac{\pi}{4}\right) + \sin\left(\tfrac{\pi}{4}\right)\right)\right]$$

$$= -\left[-\tfrac{\sqrt{2}}{2} - \tfrac{\sqrt{2}}{2} - \left(\tfrac{\sqrt{2}}{2} + \tfrac{\sqrt{2}}{2}\right)\right] = \mathbf{2\sqrt{2}\ FE}$$

Aufgabe:

1. Bestimmen Sie den Flächeninhalt von Beispiel 1 mithilfe der Differenzfunktion.

Lösung:

1. $d(x) = \sin x - \cos x,\ x_{s1} = a = \frac{\pi}{4},\ x_{s2} = b = \frac{5\pi}{4}$

folgt: $A = \int_{\frac{\pi}{4}}^{\frac{5\pi}{4}} d(x)dx$

$= [-\cos x - \sin x]_{\frac{\pi}{4}}^{\frac{5\pi}{4}}$

$= 2\sqrt{2}$ FE

Unabhängig vom Verlauf zweier Schaubilder gilt für die eingeschlossene Fläche immer

$$\int_{x_1}^{x_2} (f(x) - g(x))dx \text{ und } f(x) \geq g(x); \quad x \in [x_1; x_2]$$

Tabelle 1: Flächen zwischen Schaubildern

Schritt	Was ist zu tun?	Ergebnis
1	Berechnung aller Schnittstellen im gegebenen Intervall [a; b]; Festlegung der Grenzen	$x_1 = a;\ x_2 = b$
2	Kleinste Funktionswerte der unteren Funktion im Intervall zwischen den Schnittstellen suchen.	$g(x) \leq f(x)$ für $x \in]a; b[$ und $g_{min}(x) = -1 < 0$
3	Anhebung beider Schaubilder um eine Konstante k ($k > 0$) so, dass $g_{min} > 0$ wird.	$f^*(x) = \sin x + k$ und $g^*(x) = \cos x + k$ für $k > 0$ $\wedge\ x \in [a; b]$
4	Berechnung aller Teilflächen von Schnittstelle zu Schnittstelle.	$A = \int_a^b (f(x) + k - (g(x) + k))dx = \int_a^b (f(x) - g(x))dx$

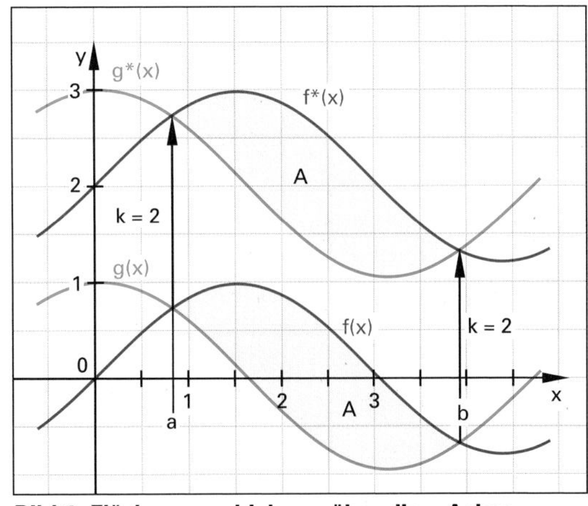

Bild 1: Flächenverschiebung über die x-Achse

Überprüfen Sie Ihr Wissen!

1. Geben Sie jeweils den Ansatz zur Berechnung des Inhalts der Fläche A **(Bild 1)** an und schraffieren Sie die Fläche, wenn

a) die Fläche von den Schaubildern von f und g eingeschlossen wird,

b) die Fläche von den Schaubildern von f, g und der x-Achse begrenzt wird,

c) die Fläche von den Schaubildern von f und g über dem Intervall [3; 5] begrenzt wird.

2. Zeichnen und berechnen Sie den Inhalt der Fläche zwischen dem Schaubild von f und der x-Achse.

a) $f(x) = -\frac{1}{4}x^2$; $x \in [0; 4]$

b) $f(x) = \frac{1}{2}x^3 - 2x$; $x \in [0; 2]$

c) $f(x) = x^2 + 1$; $x \in [-2; 2]$

d) $f(x) = \frac{1}{2}x^3 - 2x$; $x \in [0; 3]$

3. Das Schaubild von f schließt mit der x-Achse eine Fläche ein $D = \mathbb{R}$. Berechnen Sie deren Inhalt.

a) $f(x) = \frac{1}{2}x^2 - 2x$ **b)** $f(x) = (x - 2)^2 - 4$

c) $f(x) = x^3 - 4x$ **d)** $f(x) = x(3 - x^2)$

4. Berechnen Sie den Inhalt der Fläche zwischen dem Schaubild von f und der x-Achse.

a) $f(x) = 2 \cdot \sin(x)$; $x \in [0; \pi]$

b) $f(x) = \cos(x)$; $x \in [-\frac{\pi}{6}; \frac{\pi}{6}]$

5. Berechnen Sie den Inhalt der Fläche, die vom Schaubild der Funktion f und der x-Achse im angegebenen Quadranten eingeschlossen wird ($D = \mathbb{R}$).

a) $f(x) = \frac{1}{2}x^2 - 4$; im 4. Quadrant

b) $f(x) = -\frac{1}{4}x^3 + 4x$; im 3. Quadrant

c) $f(x) = \frac{1}{4}x^3 - 2x$; im 2. Quadrant

6. Welchen Inhalt hat die Fläche, die vom Schaubild von f, der x-Achse und der angegebenen Geraden g begrenzt wird ($D = \mathbb{R}$)?

a) $f(x) = \frac{1}{2}x + 3$; g: x = 0 **b)** $f(x) = -\frac{1}{2}x + 2$; g: x = –2

c) $f(x) = -x^3 + 3x + 1$; g: $x \geq 1$; 1. Quadrant

7. Berechnen Sie den Inhalt der Fläche, die von den Schaubildern von f und g begrenzt wird.

a) $f(x) = 0{,}5x^2$; $g(x) = x + 4$

b) $f(x) = 0{,}5x^2 + x + 2$; $g(x) = 2x + 6$

c) $f(x) = -0{,}5x^2 + 3x$; $g(x) = x^2$

d) $f(x) = -x^3 + 4x^2$; $g(x) = x^2$

e) $f(x) = x^3 - 2x$; $g(x) = 2x$

f) $f(x) = -2x^2 + 8x - 3$; $g(x) = x^2 - 4x + 6$

8. Berechnen Sie den Flächeninhalt, der von den Schaubildern in **Bild 2** begrenzt wird.

9. Bestimmen Sie den Inhalt der Fläche zwischen dem Schaubild von f mit der Gleichung

a) $y = \frac{1}{4}x^4 - 2x^2 + 4$ und der Tangente im Hochpunkt H.

b) $y = -\frac{1}{3}x^3 + 2x$ und der Normale im Wendepunkt W.

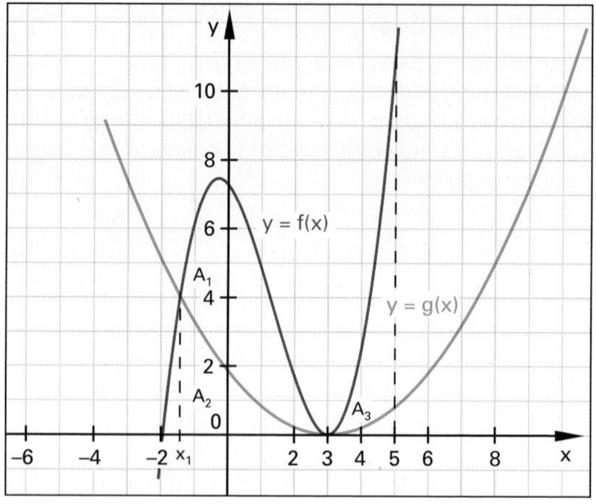

Bild 1: Flächenaufteilung

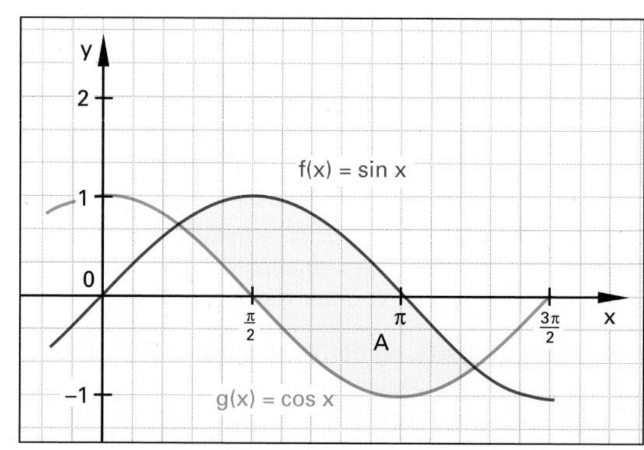

Bild 2: Fläche zwischen zwei Schaubildern

Lösungen:

1. a) $\int_{x_1}^{3}(f(x) - g(x))dx$ **b)** $\int_{-2}^{x_1} f(x)dx + \int_{x_1}^{3} g(x)dx$

c) $\int_{3}^{5}(f(x) - g(x))dx$

2. a) $A = 5\frac{1}{3}$ FE **b)** A = 2 FE

c) $A = 9,\overline{3}$ FE **d)** A = 5,125 FE

3. a) $A = 5\frac{1}{3}$ FE **b)** $A = 10\frac{2}{3}$ FE

c) A = 8 FE **d)** A = 4,5 FE

4. a) = 4 FE **b)** A = 1 FE

5. a) $A = \frac{16}{3}\sqrt{2}$ FE **b)** A = 16 FE

c) A = 4 FE

6. a) A = 9 FE **b)** A = 9 FE

c) A = 1,808 FE

7. a) A = 18 FE **b)** A = 18 FE

c) A = 2 FE **d)** A = 6,75 FE

e) A = 8 FE **f)** A = 4 FE

8. $A = 2\sqrt{2}$ FE

9. a) A = 12,067 FE **b)** $A = \frac{75}{8} = 9{,}375$ FE

6.6 Numerische Integration

Gibt es für eine Funktion keine Stammfunktion, so muss man die Fläche numerisch (näherungsweise) berechnen. Eine einfache näherungsweise Berechnung kann mithilfe von Rechtecken oder Trapezen erfolgen.

6.6.1 Streifenmethode mit Rechtecken

Die Fläche zwischen der Kurve und der x-Achse in einem bestimmten Bereich [a; b] wird in Rechtecke mit jeweils gleicher Breite aufgeteilt **(Bild 1)**. Die Summe der Rechteckflächen unter der Kurve nennt man Untersumme, die Summe der Rechteckflächen über der Kurve Obersumme.

Der Wert der Untersumme ist kleiner, der Wert der Obersumme größer als der tatsächliche Flächenwert.

Untersumme $U_n \leq$ Fläche $A \leq$ Obersumme O_n

Beispiel 1: Ober- und Untersumme mit 2 Rechtecken

Bestimmen Sie die Fläche zwischen dem Schaubild der Funktion $f(x) = x^2$; $x \in [0; 2]$ und der x-Achse mithilfe von zwei Rechtecken

a) mit der Obersumme b) mit der Untersumme.

Lösung:

Rechteckbreite $\Delta x = 1$

a) $O_2 = \Delta x \cdot [f(\Delta x) + f(2 \cdot \Delta x)] = 1 \cdot [f(1) + f(2)]$
$= 1 \cdot [1 + 4] = 5$

b) $U_2 = \Delta x \cdot [0 + f(\Delta x)] = 1 \cdot [f(0) + f(1)]$
$= 1 \cdot [0 + 1] = 1$

Die Abweichung zwischen Ober- und Untersumme ist groß, da die Unterteilung des Intervalls in zwei Rechtecke sehr grob ist. Deshalb wird im folgenden Beispiel die Unterteilung verdoppelt.

Beispiel 2: Ober- und Untersumme mit 4 Rechtecken

Bestimmen Sie die Fläche zwischen dem Schaubild der Funktion $f(x) = x^2 \wedge x \in [0; 2]$ und der x-Achse. Näherungsweise mithilfe von vier Rechtecken gleicher Breite **(Bild 2)**:

a) mit der Obersumme b) mit der Untersumme

Lösung: Rechteckbreite $\Delta x = 0{,}5$

a) $O_4 = \Delta x \cdot [f(\Delta x) + f(2 \cdot \Delta x) + f(3 \cdot \Delta x) + f(4 \cdot \Delta x)]$
$= \frac{1}{2} \cdot \left[f\left(\frac{1}{2}\right) + f(1) + f\left(\frac{3}{2}\right) + f(2)\right]$
$= \frac{1}{2} \cdot \left[\left(\frac{1}{4}\right) + 1 + \left(\frac{9}{4}\right) + (4)\right] = \mathbf{\frac{15}{4}}$

b) $U_4 = \Delta x \cdot [f(0 \cdot \Delta x) + f(\Delta x) + f(2 \cdot \Delta x) + f(3 \cdot \Delta x)]$
$= \frac{1}{2} \cdot f(0) + f\left(\frac{1}{2}\right) + f(1) + f\left(\frac{3}{2}\right)$
$= \frac{1}{2} \cdot \left[0 + \left(\frac{1}{4}\right) + 1 + \left(\frac{9}{4}\right)\right] = \mathbf{\frac{7}{4}}$

$$U_n = \Delta x \cdot [f(x_0) + f(x_1) + \ldots + f(x_{n-1})] = \sum_{i=0}^{n-1} f(x_i) \cdot \Delta x$$

$$O_n = \Delta x \cdot [f(x_1) + f(x_2) + \ldots + f(x_n)] = \sum_{i=1}^{n} f(x_i) \cdot \Delta x$$

im Intervall $x \in [0; b]$ gilt $\Delta x = \frac{b-a}{n} = \frac{b}{n}$

U_n	Untersumme	O_n	Obersumme
n	Anzahl der Rechtecke	Δx	Breite eines Rechtecks
$f(x_i)$	Höhe des Rechtecks an der x_i-ten Stelle		

$$\lim_{n \to \infty} U_n = \lim_{n \to \infty} \left(\sum_{i=0}^{n-1} f(x_i) \cdot \Delta x\right) = \int_0^b f(x)dx$$

$$\lim_{n \to \infty} O_n = \lim_{n \to \infty} \left(\sum_{i=1}^{n} f(x_i) \cdot \Delta x\right) = \int_0^b f(x)dx$$

Genauigkeit ist erreicht, wenn gilt:

$\lim_{n \to \infty} (O_n - U_n) = 0 \Rightarrow$ Untersumme = Obersumme

Wenn U = O = A, dann schreibt man $A = \int_a^b f(x)dx$.

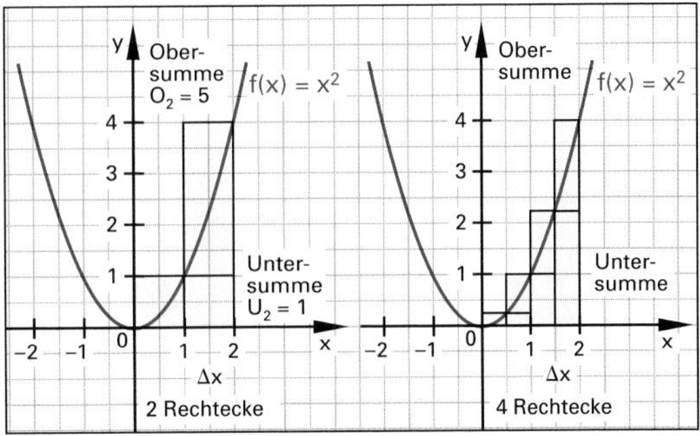

Bild 1: Unter- und Obersumme mit Rechtecken

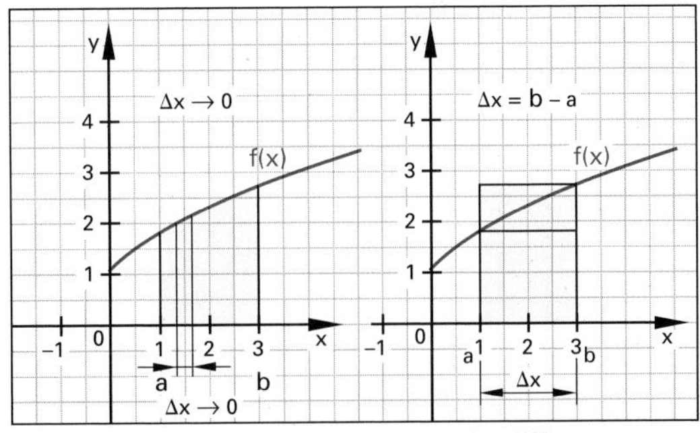

Bild 2: Flächenberechnung mit Fehlerdifferenz

Je größer die Anzahl der Rechtecke, desto kleiner wird die Fehlerdifferenz zwischen O_n und U_n **(Bild 2)**. Der Wert für die Fläche wird sehr genau, wenn die Anzahl n der Rechtecke gegen unendlich (∞), d. h. die Breite $\Delta x \to 0$ geht.

Wenn der Grenzwert der Untersumme gleich dem Grenzwert der Obersumme ist, stellt dieser Grenzwert ein Maß für die Fläche dar.

6.6.2 Flächenberechnung mit Trapezen

Die Näherungswerte mithilfe der Streifenmethode lassen sich verbessern, wenn man die Rechtecke durch Trapeze ersetzt. Dies erfordert jedoch einen etwas größeren Aufwand bei der Berechnung der Trapezsummen.

In der Regel reicht für die Genauigkeit (siehe auch Tabelle 1) eine endliche Anzahl von Trapezen aus.

Flächenberechnung mit Sehnentrapezen

Die Kurvenpunkte benachbarter Streifenstellen x_0, x_1, ..., x_n werden durch eine Gerade (Sehne) miteinander verbunden **(Bild 1)**. Die mittlere Höhe des jeweiligen Trapezes ergibt sich aus den gemittelten benachbarten Funktionswerten y_1, y_2 **(Bild 2)**. Zur Vereinfachung der Rechnung verwenden wir für f(x) die Schreibweise y. Die Breite Δx der Trapeze (Streifenbreite) ergibt sich durch die Differenz der Intervallgrenzen dividiert durch die Anzahl der verwendeten Trapeze.

Beispiel 1: Flächenberechnung mit Sehnentrapezen

Gegeben ist die Funktion f mit

$f(x) = \frac{1}{2}x^3 - \frac{15}{4}x^2 + \frac{31}{4}x - 3 \quad x \in [1; 3]$.

a) Berechnen Sie $\int_1^3 f(x)dx$.

b) Bestimmen Sie die Fläche zwischen dem Schaubild von f und der x-Achse im angegebenen Intervall näherungsweise mithilfe von vier Sehnentrapezen.

c) Berechnen Sie den Fehler in %.

Lösung:

a) $\int_1^3 f(x)dx = \left[\frac{1}{8}x^4 - \frac{5}{4}x^3 + \frac{31}{8}x^2 - 3x\right]_1^3 = \left[\frac{9}{4} - \left(-\frac{1}{4}\right)\right] = \mathbf{\frac{5}{2}}$

b) Mit $\Delta x = \frac{b-a}{n} = \frac{3-1}{4} = \frac{1}{2}$

$\Rightarrow x_0 = 1;\ x_1 = 1{,}5;\ x_2 = 2;\ x_3 = 2{,}5;\ x_4 = 3$

$$S_4 = \Delta x \cdot \left[\frac{y_0 + y_1}{2} + \frac{y_1 + y_2}{2} + \frac{y_2 + y_3}{2} + \frac{y_3 + y_4}{2}\right]$$

$$= \frac{1}{4} \cdot [y_0 + 2 \cdot y_1 + 2 \cdot y_2 + 2 \cdot y_3 + y_4]$$

$$= \frac{1}{4} \cdot \left[\frac{3}{2} + 2 \cdot \frac{15}{8} + 2 \cdot \frac{3}{2} + 2 \cdot \frac{3}{4} + 0\right]$$

$$= \frac{1}{4} \cdot \left[\frac{3}{2} + \frac{15}{4} + 3 + \frac{3}{2}\right] = \frac{1}{4} \cdot \left[6 + \frac{15}{4}\right]$$

$$= \frac{39}{16} \approx \mathbf{2{,}438}$$

c) Fehlerberechnung **(Tabelle 1)**:

$$\frac{\Delta A}{A} \cdot 100\,\% = \frac{2{,}5 - \frac{39}{16}}{2{,}5} \cdot 100\,\% = \frac{100}{40}\,\% = \mathbf{2{,}5\,\%}$$

Tabelle 1: Fehler

Art	Formel	Beispiel 1
absolut	$\Delta A = S_n - A$	$S_4 = 2{,}438$; $A = 2{,}5$
relativ	$\frac{\Delta A}{A}$	$\frac{\Delta A}{A} = 0{,}025$
prozentual	$\frac{\Delta A}{A} \cdot 100\,\%$	2,5 %

Trapezfläche:

Trapezfläche = Breite · mittlere Höhe = $\Delta x \cdot h$

$$A_{Trapez} = \Delta x \cdot \frac{f(x_i) + f(x_{i+1})}{2} = \Delta x \cdot \frac{y_i + y_{i+1}}{2}$$

Sehnentrapezregel:

$$S_n = \frac{b-a}{n} \cdot \left[\frac{y_0 + y_1}{2} + \frac{y_1 + y_2}{2} + \ldots + \frac{y_{n-2} + y_{n-1}}{2} + \frac{y_{n-1} + y_n}{2}\right]$$

$$S_n = \frac{b-a}{2n} \cdot [y_0 + 2 \cdot y_1 + 2 \cdot y_2 + \ldots + 2 \cdot y_{n-1} + y_n]$$

n	Anzahl der Sehnentrapeze
s_n	Summe für n Sehnentrapeze
Δx	Breite des Trapezes
$\frac{y_1 + y_2}{2}$	mittlere Höhe
a	untere Grenze
A	Flächeninhalt
b	obere Grenze

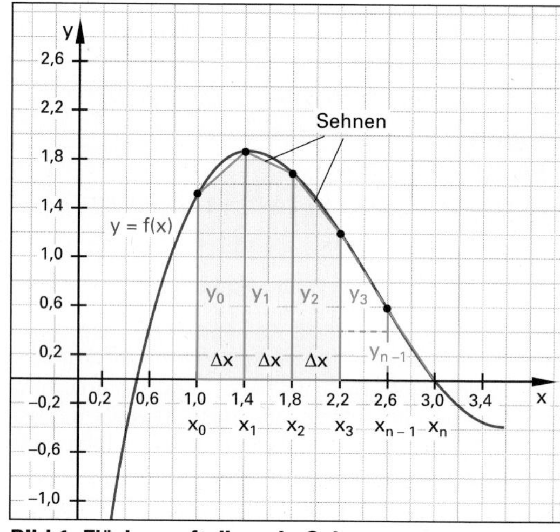

Bild 1: Flächenaufteilung in Sehnentrapeze

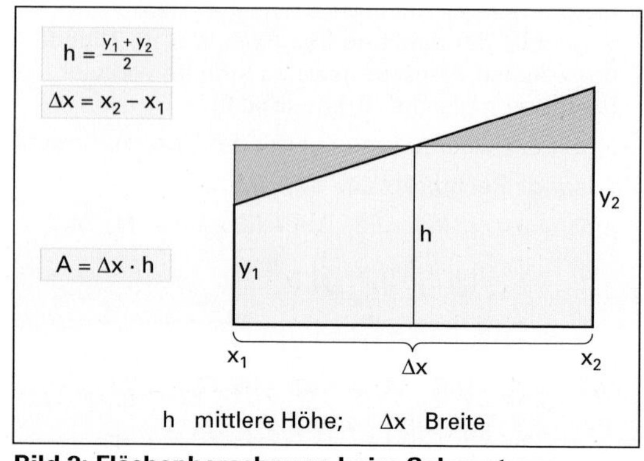

Bild 2: Flächenberechnung beim Sehnentrapez

Flächenberechnung mit Tangententrapezen

Die Tangenten t an das Schaubild in den ungeradzahligen Streifenstellen $x_1, x_3, ..., x_{n-1}$ bilden nun die obere Seite der Trapeze **(Bild 1)**. Die Funktionswerte y an diesen Stellen entsprechen der rechnerischen Höhe h des jeweiligen Trapezes. Die Breite der Trapeze ist nun gleich der doppelten Streifenbreite **(Bild 2)**.

Beispiel 1: Flächenberechnung mit Tangententrapezen

Gegeben ist die Funktion

$f(x) = \frac{1}{2}x^3 - \frac{15}{4}x^2 + \frac{31}{4}x - 3 \wedge x \in [1; 3]$

a) Berechnen Sie $\int_1^3 f(x)dx$.

b) Bestimmen Sie die Fläche zwischen dem Schaubild von f im angegebenen Intervall näherungsweise mithilfe von vier Tangententrapezen.

c) Berechnen Sie den Fehler in %.

Lösung:

a) $\int_1^3 f(x)dx = \left[\frac{1}{8}x^4 - \frac{5}{4}x^3 + \frac{31}{8}x^2 - 3x\right]_1^3 = \left[\frac{9}{4} - \left(-\frac{1}{4}\right)\right] = \mathbf{\frac{5}{2}}$

b) Mit $2 \cdot \Delta x = 2 \cdot \frac{b-a}{n} = 2 \cdot \frac{3-1}{4} = 1$

und $x_1 = 1{,}5$; $x_3 = 2{,}5$ folgt:

$T_4 = 2 \cdot \Delta x \cdot [y_1 + y_3] = 2 \cdot \frac{1}{2} \cdot \left[\frac{15}{8} + \frac{3}{4}\right]$

$= 1 \cdot \left[\frac{15+6}{8}\right] = \frac{21}{8}$

$\Rightarrow \mathbf{T_4 = 2{,}625}$

c) Fehlerberechnung:

$\frac{\Delta A}{A} \cdot 100\,\% = \frac{2{,}625 - 2{,}5}{2{,}5} \cdot 100\,\% = \frac{1}{20} \cdot 100\,\% = \mathbf{5\,\%}$

Verwendet man für die numerische Flächenberechnung die Obersumme von vier Rechtecken, so gilt:
$O_4 = \Delta x \cdot \left(f_1(x_1) + f_2(x_2) + f_3(x_3) + f_4(x_4)\right)$.

Beispiel 2: Vergleich mit Rechtecken

Berechnen Sie die Fläche zwischen dem Schaubild von f mit

$f(x) = \frac{1}{2}x^3 - \frac{15}{4}x^2 + \frac{31}{4}x - 3 \wedge x \in [1; 3]$

näherungsweise mit vier Rechtecken und vergleichen Sie das Ergebnis mit dem Ergebnis von Beispiel 1.

Lösung:

$\Delta x = 0{,}5$

$O_4 = \frac{b-a}{4} \cdot [y_1 + y_2 + y_3 + y_4]$

$= \frac{2}{4} \cdot \left[\frac{15}{8} + \frac{3}{2} + \frac{3}{4} + 0\right]$

$= \frac{1}{2} \cdot \frac{33}{8} = \frac{33}{16} \Rightarrow \mathbf{O_4 \approx 2{,}0625}$

Fehlerberechnung:

$\frac{\Delta A}{A} \cdot 100\,\% = \frac{2{,}5 - 2{,}0625}{2{,}5} \cdot 100\,\% = \frac{35}{2}\,\% = \mathbf{17{,}5\,\%}$

Trapezformel:

Trapezfläche = Breite · mittlere Höhe

$A_{Trapez} = 2 \cdot \Delta x \cdot f(x_i)$ und $i = 1; 3; 5; ...; (n-1)$

mit $\Delta x = \frac{b-a}{n}$ und $f(x_i) = y_i$

Tangententrapezregel:

$T_n = 2 \cdot \frac{b-a}{n} \cdot [y_1 + y_3 + y_5 + ... + y_{n-3} + y_{n-1}]$

n	Anzahl der Trapeze: n ist geradzahlig
a, b	Intervallgrenzen
$2 \cdot \Delta x$	Breite des Trapezes
$\frac{y_1 + y_2}{2}$	mittlere Höhe
y_i	Funktionswerte (Höhen der Trapeze)

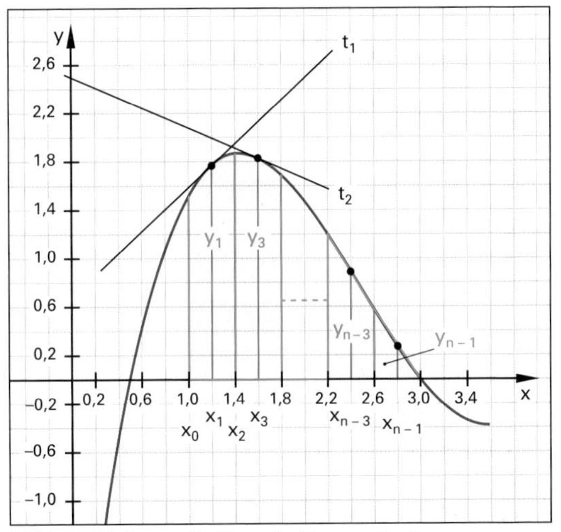

Bild 1: Flächenaufteilung in Tangententrapeze

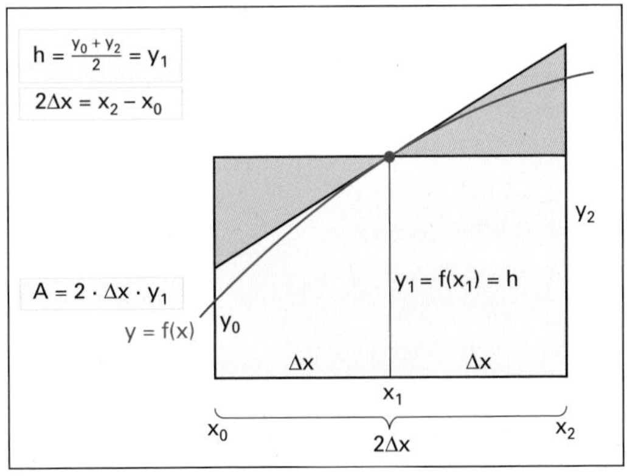

Bild 2: Flächenberechnung beim Tangententrapez

Die Flächenberechnung mit Trapezen ist viel genauer als die mit Rechtecken.

6.6.3 Flächenberechnung mit Näherungsverfahren

Die numerische Berechnung von Integralen wird in der Technik eingesetzt, und zwar wenn für die zu integrierende Funktion f

1. keine Stammfunktion existiert oder
2. keine Stammfunktion bekannt ist, obwohl sie existiert.

Eine Fehlerabschätzung ist nur dann sinnvoll, wenn das exakte Ergebnis bekannt ist. Die auftretenden Rundungsfehler werden geringer, je größer die verwendete Stellenzahl gewählt wird.

Beispiel 1: Vergleich der Näherungsverfahren

$f(x) = \frac{1}{3}(x^2 + 3) \wedge x \in [0; 3]$ **(Bild 1)**

Bestimmen Sie das Integral exakt und näherungsweise mit den vorgestellten Verfahren und führen Sie eine Fehlerabschätzung durch.

Lösung:

a) Genauer Wert $\frac{1}{3} \cdot \int_0^3 (x^2 + 3)dx = \mathbf{6}$

b) Näherungsberechnung mit 6 Streifen: $\Delta x = 0{,}5$

$x_0 = a$	x_1	x_2	x_3	x_4	x_5	x_6
0	0,5	1	1,5	2	2,5	3
$f(x_0)$	$f(x_1)$	$f(x_2)$	$f(x_3)$	$f(x_4)$	$f(x_5)$	$f(x_6)$
1	1,08	1,33	1,75	2,33	3,08	4

c) Näherungswerte mit absolutem/relativem Fehler:

1. mit Rechtecken

$O_6 = \Delta x \cdot [f(x_0) + ... + f(x_6)] = \mathbf{6{,}791\overline{6}}$

$\mathbf{F_{O6} = 0{,}791\overline{6} \mathrel{\hat=} 13{,}19\,\%}$

$U_6 = \Delta x \cdot [f(x_0) + ... + f(x_5)] = \mathbf{5{,}291\overline{6}}$

$\mathbf{F_{U6} = 0{,}708\overline{3} \mathrel{\hat=} 11{,}81\,\%}$

2. mit Sehnentrapezen

$S_6 = \frac{\Delta x}{2} \cdot [(f(x_0) + f(x_n)) + 2 \cdot (f(x_1) + ... + f(x_5))] = \mathbf{6{,}041\overline{6}}$

$\mathbf{F_{S6} = 0{,}041\overline{6} \mathrel{\hat=} 0{,}69\,\%}$

3. mit Tangententrapezen

$T_6 = 2 \cdot \Delta x \cdot [f(x_1) + f(x_3) + f(x_5)] = \mathbf{5{,}91\overline{6}}$

$\mathbf{F_{T6} = 0{,}08\overline{3} \mathrel{\hat=} 1{,}39\,\%}$

4. mit der Simpsonregel

Rechteck: $K_6 = \frac{1}{3} \cdot (2 \cdot S_6 + T_6) = \mathbf{6{,}00}$

$\mathbf{F_{K6} = 0{,}00 \mathrel{\hat=} 0\,\%}$

5. Keplersche Fassregel

$K_2 = \frac{b-a}{6} \cdot \left(f(x_0) + 4 \cdot f\left(\frac{a+b}{2}\right) + f(x_6)\right) = \mathbf{6{,}00}$

$\mathbf{F_{K2} = 0{,}0 \mathrel{\hat=} 0\,\%}$

Aufgaben:

1. Berechnen Sie für die folgenden Integrale die exakten Ergebnisse (sofern möglich) sowie die Näherungswerte mithilfe der in Beispiel 1 angegebenen Verfahren. Geben Sie jeweils den absoluten und relativen Fehler an.

Simpsonregel: $K_n = \frac{1}{3} \cdot (2 \cdot S_n + T_n)$

Keplersche Fassregel: $K_2 = \frac{b-a}{6} \cdot \left[f(a) + 4 \cdot f\left(\frac{a+b}{2}\right) + f(b)\right]$

S_n Fläche von n Sehnentrapezen
T_n Fläche von n Tangententrapezen
K_n Fläche von n Trapezen nach der Simpsonregel
K_2 Fläche von 2 Trapezen nach der Simpsonregel

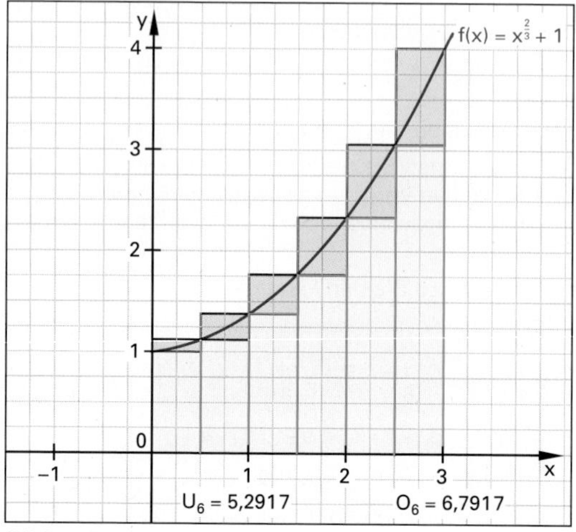

Bild 1: Fläche mit Fehlerrechtecken

a) $\int_0^2 \sqrt{x+2}\,dx;\ n = 8$ **b)** $\int_0^4 2^x dx;\ n = 6$

c) $\int_0^{\frac{\pi}{4}} \cos x\,dx;\ n = 4$

2. Berechnen Sie mit der Simpsonregel:

a) $\int_0^1 \sqrt{x^2+1}\,dx;\ \Delta x = \frac{1}{4}$ **b)** $\int_0^{0,5} \sqrt{1-x^2}\,dx;\ \Delta x = \frac{1}{8}$

3. Die Zahl π kann auch mit dem Integral $\int_{-1}^{1} \frac{2}{1+x^2} dx = 2 \cdot [\arctan x]_{-1}^{1} = \pi$ berechnet werden. Berechnen Sie π näherungsweise mithilfe von Tangententrapezen

a) $\Delta x = \frac{1}{2}$ **b)** $\Delta x = \frac{1}{4}$

Lösungen:

1. a) $A = 3{,}448$; $U_8 = 3{,}374$; $F_{U8} = F_{O8} = 0{,}072 \mathrel{\hat=} 2{,}1\%$; $O_8 = 3{,}520$; $S_8 = 3{,}447$; $T_8 = K_8 = 3{,}448$; $K_2 = 3{,}246$; $F_{S8} = F_{T8} = F_{K8} \approx F_{K2} \approx 0 \mathrel{\hat=} 0\%$

b) $A = 21{,}640$; $U_6 = 17{,}024$; $F_{U6} = 4{,}616 \mathrel{\hat=} 21{,}3\%$; $O_6 = 27{,}024$; $F_{O6} = 5{,}38 \mathrel{\hat=} 24{,}9\%$; $S_6 = 22{,}02$; $F_{S6} = 0{,}38 \mathrel{\hat=} 1{,}77\%$; $T_6 = 21{,}89$; $F_{T6} = 0{,}249 \mathrel{\hat=} 1{,}15\%$; $K_6 = 21{,}65$; $F_{K6} = 0{,}006 \mathrel{\hat=} 0{,}027\%$; $K_2 = 22$; $F_{K2} = 0{,}36 \mathrel{\hat=} 1{,}66\%$

c) $A = 0{,}707$; $U_4 = 0{,}676$; $F_{U4} = 0{,}031 \mathrel{\hat=} 4{,}4\%$; $O_4 = 0{,}676$; $F_{O4} = 0{,}031 \mathrel{\hat=} 3{,}8\%$; $S_4 = 0{,}705$; $F_{S4} = 0{,}0023 \mathrel{\hat=} 0{,}29\%$; $T_4 = 0{,}712$; $F_{T4} = 0{,}005 \mathrel{\hat=} 0{,}7\%$; $K_4 = 0{,}707$; $F_{K4} \approx 0 \mathrel{\hat=} 0\%$; $K_2 = 0{,}707$; $F_{K2} = 0 \mathrel{\hat=} 0\%$

2. a) $K_4 = 1{,}148$ **b)** $K_4 = 0{,}478$

3. a) $\pi = 3{,}2$ **b)** $\pi = 3{,}16235$

6.7 Volumenberechnung

6.7.1 Rotation um die x-Achse

Bei der Berechnung von Rauminhalten von Körpern geht man mit derselben Überlegung vor wie bei der Berechnung von Flächeninhalten. Statt die Fläche zwischen dem Schaubild von f und der x-Achse in rechteckförmige Streifen gleicher Breite aufzuteilen, wird nun der Körper in Scheiben gleicher Dicke Δx aufgeteilt. Wenn die Fläche zwischen dem Schaubild einer linearen Funktion f und der x-Achse im Intervall [0; b] um die x-Achse rotiert, entsteht der Rotationskörper (Kegel) in **Bild 1**.

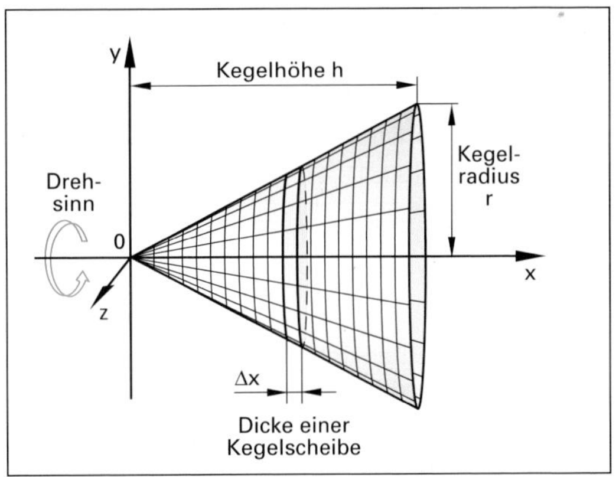

Bild 1: Rotationskörper

Beispiel 1: Kegelvolumen geometrisch

Bestimmen Sie den Rauminhalt eines Kegels mit dem Radius r = 3 cm und der Höhe h = 6 cm mit der Formel $V = \frac{1}{3} \cdot G \cdot h$.

Lösung:

$$V_{Kegel} = \frac{1}{3} \cdot G \cdot h = \frac{1}{3} \cdot r^2 \cdot \pi \cdot h$$

$$= \frac{1}{3} \cdot 9 \cdot cm^2 \cdot \pi \cdot 6 \cdot cm = \mathbf{18\,\pi\,cm^3}.$$

$$V_{Kegel} \approx \mathbf{56{,}5\ cm^3}$$

Das Volumen dieses Kegels kann man näherungsweise mit Kreisscheiben bestimmen.

Beispiel 2: Kegelvolumen näherungsweise

Das Schaubild von $f(x) = 0{,}5x \wedge x \in [0; 6]$ rotiert um die x-Achse. Berechnen Sie das Volumen des entstehenden Kegels näherungsweise mit vier Kreisscheiben

a) mithilfe der Volumenuntersumme V_U **(Bild 2)** und

b) mithilfe der Volumenobersumme V_O **(Bild 3)**.

Lösung:

Die Dicke Δx der Kreisscheiben beträgt jeweils

$$\Delta x = \frac{b-a}{n} = \frac{6}{4} = \frac{3}{2} = 1{,}5$$

a) $V_U = V_0 + V_1 + V_2 + V_3$

$$= [f^2(0) + f^2(1{,}5) + f^2(3) + f^2(4{,}5)] \cdot \Delta x \cdot \pi$$

$$= \pi \cdot \Delta x \cdot \left[0 + \frac{9}{16} + \frac{9}{4} + \frac{81}{16}\right] = \frac{126}{16} \cdot \frac{3}{2} \cdot \pi \text{ VE}$$

$$= \mathbf{\frac{189}{16}\pi\ VE \approx 37{,}1\ VE}$$

b) $V_O = V_1 + V_2 + V_3 + V_4$

$$= [f^2(1{,}5) + f^2(3) + f^2(4{,}5) + f^2(6)] \cdot \Delta x \cdot \pi$$

$$= \pi \cdot \Delta x \cdot \left[\frac{9}{16} + \frac{9}{4} + \frac{81}{16} + 9\right] = \left[\frac{189}{16} + 9\right] \cdot \pi \text{ VE}$$

$$= \mathbf{\frac{333}{16}\pi\ VE \approx 65{,}4\ VE}$$

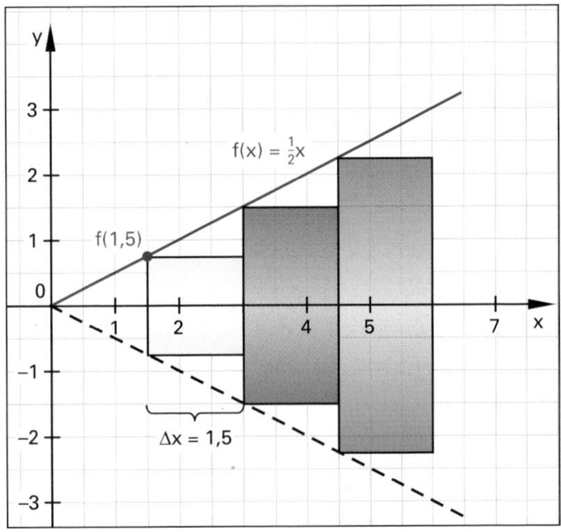

Bild 2: Zylinderscheiben mit Untersummen

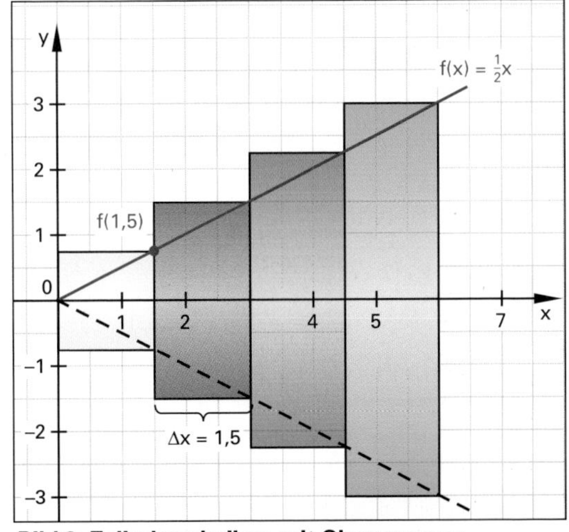

Bild 3: Zylinderscheiben mit Obersummen

Der genaue Wert des Kegelvolumens liegt zwischen der Volumenuntersumme und der Volumenobersumme.

Für die näherungsweise Berechnung des Kegelvolumens mit Ober- und Untersummen gilt:

$$V_{Untersumme} \leq V_{Kegel} \leq V_{Obersumme}$$

Wenn das Schaubild einer im Intervall [a; b] stetigen Funktion f um die x-Achse rotiert, erzeugt es die Mantelfläche eines Rotationskörpers. Die rotierende Fläche zwischen dem Schaubild von f und der x-Achse erzeugt das Volumen des Rotationskörpers **(Bild 1)**.

Der Drehkörper **(Bild 1, vorhergehende Seite)** kann mithilfe der Obersummen oder Untersummen von Kreiszylindern exakt bestimmt werden. Lässt man die Höhe der Zylinderscheiben immer kleiner werden, indem man die Anzahl n vergrößert, so kann für sehr große n ($n \to \infty$) annähernd von einem Kegel ausgegangen werden **(Bild 2)**.

$$V_{Un} = \pi \cdot \left[(f(x_0))^2 + (f(x_1))^2 + \ldots + (f(x_{n-1}))^2\right] \cdot \Delta x = \pi \cdot \sum_{i=0}^{n-1} [f(x_i)]^2 \cdot \Delta x = \sum_{i=0}^{n-1} V_i$$

$$V_{On} = \pi \cdot \left[(f(x_1))^2 + (f(x_2))^2 + \ldots + (f(x_n))^2\right] \cdot \Delta x = \pi \cdot \sum_{i=1}^{n} [f(x_i)]^2 \cdot \Delta x = \sum_{i=1}^{n} V_i$$

Im Intervall $x \in [a; b]$ gilt für $\Delta x = \frac{b-a}{n}$

$$V_x = \lim_{n \to \infty} V_{U_n} = \lim_{n \to \infty} V_{O_n} = \pi \cdot \int_a^b [f(x_i)]^2 dx$$

V_{Un} Volumenuntersumme
V_{On} Volumenobersumme
V_x Volumen des Körpers um die x-Achse
n Anzahl der Zylinder
$f(x_i)$ Radius des i-ten Zylinders
Δx Höhe eines Zylinders

Beispiel 1: Ober- und Untersumme

Das Schaubild von $f(x) = 0{,}5x \wedge x \in [0; 6]$ rotiert um die x-Achse. Berechnen Sie das Volumen des entstehenden Kegels mit n Kreisscheiben:

a) mithilfe der Volumenuntersumme V_{Un} **(Bild 1)** und

b) mithilfe der Volumenobersumme V_{On} **(Bild 2)**.

Lösung:

Die Höhe h der Kreisscheiben beträgt jeweils

$$\Delta x = \frac{b-a}{n} = \frac{6}{n}$$

a) $V_{Un} = V_0 + V_1 + \ldots + V_{n-2} + V_{n-1}$

$= \left[f^2(x_0) + f^2(x_1) + \ldots + f^2(x_{n-2}) + f^2(x_{n-1})\right] \cdot \Delta x \cdot \pi$

$= \left[f^2(0 \cdot \Delta x) + f^2(\Delta x) + \ldots + f^2((n-2)\Delta x) + f^2((n-1)\Delta x)\right] \cdot \Delta x^3$

$= \pi \cdot \Delta x^3 \cdot \frac{1}{4} \cdot [0 + 1^2 + \ldots + (n-2)^2 + (n-1)^2]$

$= \frac{n \cdot (n-1)(2n-1)}{4 \cdot 6} \cdot \left(\frac{6}{n}\right)^3 \cdot \pi = 9 \cdot \pi \cdot \left(2 - \frac{3}{n} + \frac{1}{n^2}\right)$

$\Rightarrow \mathbf{V} = \lim_{n\to\infty} V_{Un} = \lim_{n\to\infty} \left(9 \cdot \pi \cdot \left(2 - \frac{3}{n} + \frac{1}{n^2}\right)\right)$

$= \mathbf{18 \cdot \pi\ VE}$

b) $V_{On} = V_1 + V_2 + V_3 + V_4 + \ldots + V_n$

$= \left[f^2(x_1) + f^2(x_2) + \ldots + f^2(x_{n-1}) + f^2(x_n)\right] \cdot \Delta x \cdot \pi$

$= \left[f^2(1 \cdot \Delta x) + f^2(2 \cdot \Delta x) + \ldots f^2((n-1)\Delta x) + f^2(n \cdot \Delta x)\right] \cdot \Delta x^3 \cdot \pi$

$= \pi \cdot \Delta x^3 \cdot \frac{1}{4} \cdot [1^2 + 2^2 + \ldots + (n-1)^2 + (n)^2]$

$= \frac{n \cdot (n+1)(2n+1)}{4 \cdot 6} \cdot \left(\frac{6}{n}\right) \cdot \pi$

$= 9 \cdot \pi \cdot \left(2 + \frac{3}{n} + \frac{1}{n^2}\right)$

$\Rightarrow \mathbf{V} = \lim_{n\to\infty} V_{On} = \lim_{n\to\infty} \left(9 \cdot \pi \cdot \left(2 + \frac{3}{n} + \frac{1}{n^2}\right)\right)$

$= \mathbf{18 \cdot \pi\ VE}$

Der Grenzwert der Summe aller Kreisscheiben, unabhängig ob Ober- oder Untersumme, ergibt exakt das Volumen eines Kegels mit den entsprechenden Abmessungen.

Wenn der Grenzwert der Volumenuntersumme gleich dem Grenzwert der Volumenobersumme ist, dann stellt dieser Grenzwert ein Maß für das Volumen des Rotationskörpers dar.

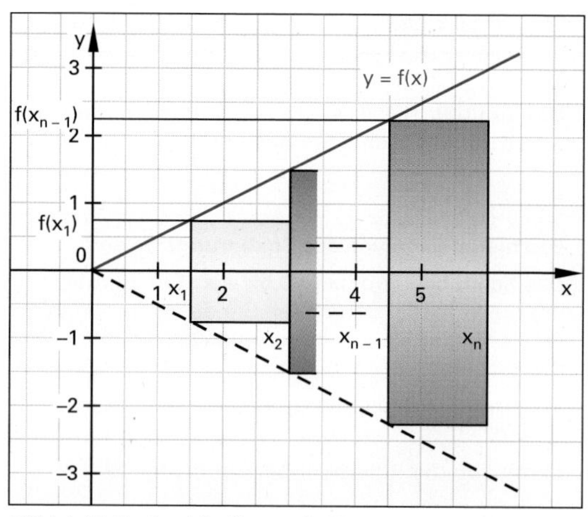

Bild 1: Zylinderscheiben mit Untersummen

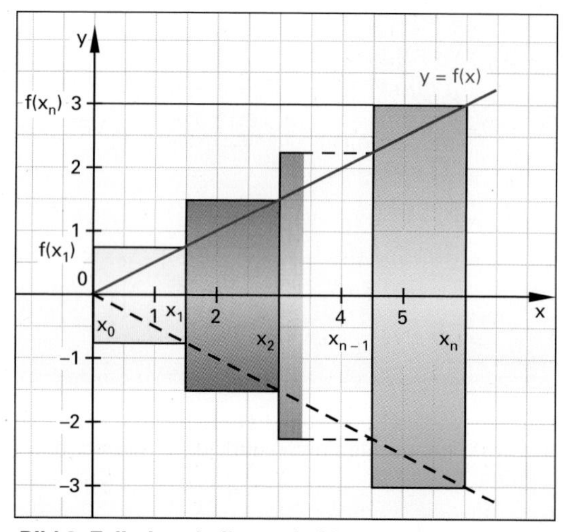

Bild 2: Zylinderscheiben mit Obersummen

Anwendungsbeispiele

Mithilfe der Rotation um die x-Achse können nun die Volumina von wichtigen Körpern der Stereometrie sowie von praktischen Anwendungen bestimmt werden.

Beispiel 1: Trinkgefäß

Das Schaubild von $f(x) = \frac{3}{2}\sqrt{x} \wedge x \in [0; 5]$ **(Bild 1)** rotiert um die x-Achse.

Berechnen Sie das Volumen des entstehenden Rotationskörpers.

Lösung:

Mit den Grenzen a = 0 und b = 5 lautet der Ansatz:

$$V_x = \pi \cdot \int_a^b [f(x)]^2 dx = \pi \cdot \int_0^5 \left[\frac{3}{2}\sqrt{x}\right]^2 dx = \pi \cdot \int_0^5 \frac{9}{4} \cdot x \cdot dx$$

$$= \pi \cdot \frac{9}{4}\left[\frac{1}{2} \cdot x^2\right]_0^5 = \frac{9}{8} \cdot \pi \cdot [25 - (0)] = \mathbf{\frac{225}{8}} \cdot \pi \ \mathbf{VE}$$

$\Rightarrow V_x \approx$ **88,357 VE**

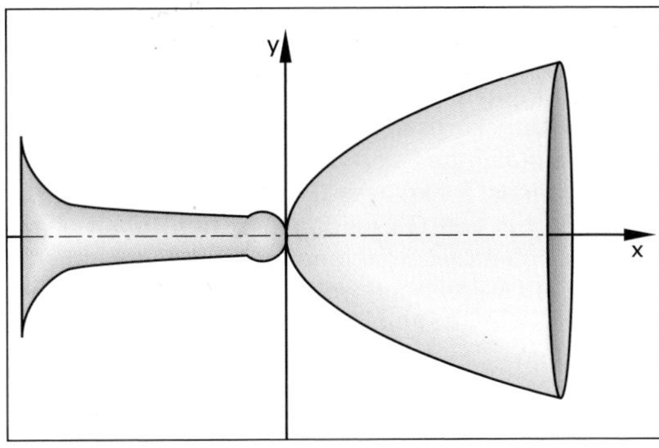

Bild 1: Rotationskörper um die x-Achse

Durch entsprechende Wahl der Integrationsgrenzen kann das Volumen eines Drehkörpers den praktischen Gegebenheiten angepasst werden. In der Regel haben Trinkgefäße eine Eichmarke mit normiertem Rauminhalt, an der das Fassungsvermögen abgelesen werden kann.

Beispiel 2: Grenzen berechnen

Der Drehkörper **Bild 1** soll zwei Eichmarken erhalten. Berechnen Sie die Stellen für jeweils

a) 25 VE und b) 50 VE **(Bild 2)**.

Lösung:

Die untere Grenze 0 ist fest, die oberen Grenzen a, b sind jeweils gesucht.

a) Mit $V_x = 25$ VE folgt: $\pi \cdot \int_0^a [f(x)]^2 dx = 25$

$$\Leftrightarrow \pi \cdot \frac{9}{4}\left[\frac{1}{2} \cdot x^2\right]_0^a = 25$$

$$\Leftrightarrow \left[\frac{1}{2} \cdot x^2\right]_0^a = \frac{100}{9 \cdot \pi}$$

$$\Leftrightarrow a^2 - (0) = \frac{200}{9 \cdot \pi}$$

$$\Leftrightarrow |a| = \frac{10}{3}\sqrt{\frac{2}{\pi}}$$

$\Rightarrow$ **a $\approx$ 2,66 LE**, da a > 0 laut Definition.

b) Mit $V_x = 50$ VE folgt: $\pi \cdot \int_0^b [f(x)]^2 dx = 50$

$$\Leftrightarrow \pi \cdot \frac{9}{4}\left[\frac{1}{2} \cdot x^2\right]_0^b = 50$$

$$\Leftrightarrow \left[\frac{1}{2} \cdot x^2\right]_0^b = \frac{200}{9 \cdot \pi}$$

$$\Leftrightarrow b^2 - (0) = \frac{400}{9 \cdot \pi}$$

$$\Leftrightarrow |b| = \frac{20}{3}\sqrt{\frac{1}{\pi}}$$

$\Rightarrow$ **b $\approx$ 3,761 LE**, da b > 0 laut Definition.

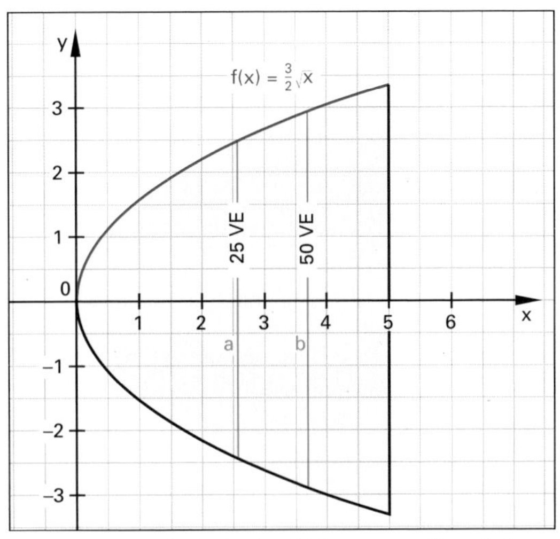

Bild 2: Eichmaße beim Drehkörper um die x-Achse

Aufgaben:

Berechnen Sie jeweils den Rauminhalt des Drehkörpers, der entsteht, wenn die Fläche zwischen dem Schaubild von f und der x-Achse über dem Intervall [a; b] um die x-Achse rotiert.

1. $f(x) = 2 - \frac{1}{2}x^2 \wedge x \in [-2; 2]$

2. $f(x) = \sqrt{x + 1} \wedge x \in [-1; 3]$

3. $f(x) = -x^2 + 4 \wedge x \in [-2; 2]$

4. $f(x) = \sqrt{9 - x^2} \wedge x \in [-3; 3]$

5. $f(x) = 3 + x - x^2 \wedge x \in [-1; 2]$

Skizzieren Sie zunächst das Schaubild von f.

Lösungen:

1. $V_x = \frac{128 \cdot \pi}{15} \approx 26{,}8$ VE

2. $V_x = 8\pi \approx 25{,}13$ VE

3. $V_x = \frac{512 \cdot \pi}{15} \approx 107{,}23$ VE

4. $V_x = 36\pi \approx 113{,}09$ VE

5. $V_x = \frac{201 \cdot \pi}{10} \approx 63{,}14$ VE

Musteraufgabe

Mit den Grundlagen der Flächenberechnung zwischen Schaubildern und der Volumenberechnung von Rotationskörpern können nun umfangreichere Aufgabenstellungen berechnet werden. Für die Herstellung eines Trinkglases **(Bild 1)** benötigt man die Volumina für den Glasbedarf und den Inhalt. Dazu bedarf es Wahl von geeigneten Funktionen für die Oberkurve (Außenhaut) und der Unterkurve (Innenhaut) des Gefäßes und deren maximalen Definitionsmengen.

Beispiel 1: Trinkglas

Gegeben sind die Funktionen von f und g mit

$f(x) = \sqrt{x + 0{,}3} + 2 \wedge x \in [0;\, 10]$ und

$g(x) = \sqrt{x + 0{,}3} + 1{,}8 \wedge x \in [0{,}5;\, 10]$

K_f, K_g heißen die Schaubilder von f und g.

Bestimmen Sie jeweils das Volumen des Körpers, das bei Rotation um die x-Achse entsteht, wenn

a) die Fläche zwischen K_f und der x-Achse,

b) die Fläche zwischen K_g,

c) die Fläche zwischen K_f und K_g in den angegeben Intervallen rotiert.

d) Wo sind die Eichstriche für 100 VE, 250 VE und 500 VE anzubringen?

Lösung:

a) $$V_{fx} = \pi \cdot \int_a^b [f(x)]^2\,dx = \pi \cdot \int_0^{10} \left[\sqrt{x + 0{,}3} + 2\right]^2 dx$$

$$= \pi \cdot \int_0^{10} \left(x + 4{,}3 + 4\sqrt{x + 0{,}3}\right) \cdot dx$$

$$= \pi \cdot \left[\frac{x^2}{2} + 4{,}3x + \frac{8(x + 0{,}3)^{\frac{3}{2}}}{3}\right]_0^{10}$$

$$\Rightarrow \mathbf{V_{fx} \approx 567{,}724\ VE}$$

b) $$V_{gx} = \pi \cdot \int_c^d [g(x)]^2\,dx = \pi \cdot \int_{0,5}^{10} \left[\sqrt{x + 0{,}3} + 1{,}8\right]^2 dx$$

$$= \pi \cdot \int_{0,5}^{10} \left(x + \frac{177}{50} + 3{,}6 \cdot \sqrt{x + 0{,}3}\right) \cdot dx$$

$$= \pi \cdot \left[\frac{x^2}{2} + \frac{177}{50}x + \frac{36(x + 0{,}3)^{\frac{3}{2}}}{15}\right]_{0,5}^{10}$$

$$\Rightarrow \mathbf{V_{gx} \approx 506{,}183\ VE}$$

c) $V_{Material} = F_{fx} - V_{gx} = (567{,}724 - 506{,}183) = \mathbf{61{,}541\ VE}$

d) $$V_{gx} = \pi \cdot \int_{0,5}^{d_1} [g(x)]^2\,dx = 100 \Leftrightarrow b_1 = \mathbf{3{,}44\ LE}$$

$$= \pi \cdot \int_{0,5}^{d_2} [g(x)]^2\,dx = 250 \Leftrightarrow b_2 = \mathbf{6{,}32\ LE}$$

$$= \pi \cdot \int_{0,5}^{d_3} [g(x)]^2\,dx = 500 \Leftrightarrow b_3 = \mathbf{9{,}92\ LE}$$

$$V_{Differenz} = V_{Außen} - V_{Innen} = V_{fx} - V_{gx}$$

Bei unterschiedlichen Intervallen [a; b] für f und [c; d] für g gilt:

$$V_{Differenz} = \pi \cdot \int_a^b [f(x)]^2\,dx - \pi \cdot \int_c^d [g(x)]^2\,dx \wedge f(x) \geq g(x)$$

Bei gleichen Intervallen [a; b] für f und g gilt:

$$V_{Differenz} = \pi \cdot \int_a^b \left([f(x)]^2 - [g(x)]^2\right) dx \wedge f(x) \geq g(x)$$

$V_{Differenz}$	Materialvolumen
$V_{Außen}$	Außenvolumen
V_{Innen}	Innenvolumen

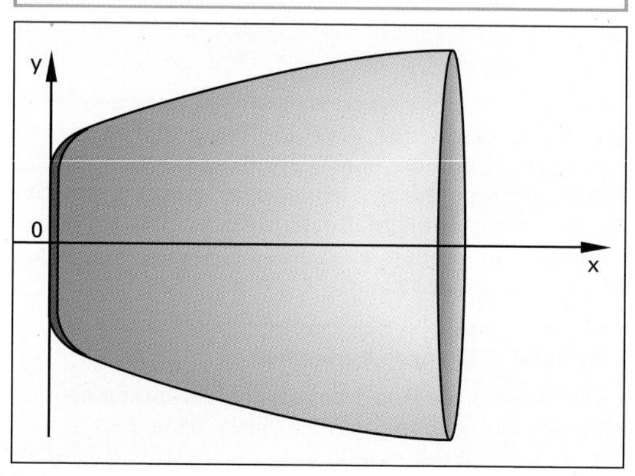

Bild 1: Trinkglas

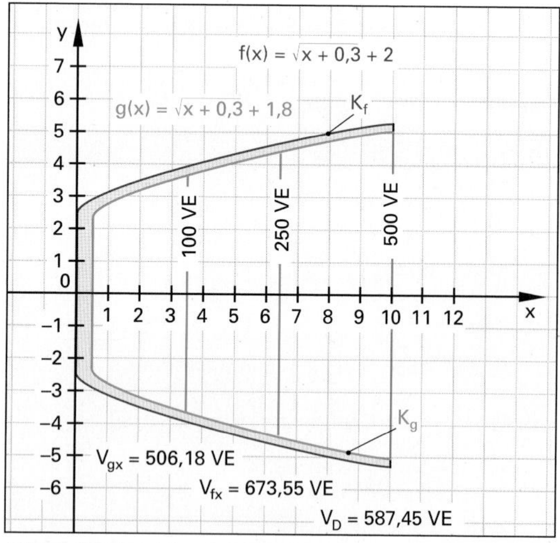

Bild 2: Verlauf der Schaubilder

Rotiert die Differenzfläche zwischen den Schaubildern der in [a; b] stetigen Funktionen von f und g um die x-Achse, so entsteht ein Rotationskörper mit dem Rauminhalt $V_{Differenz}$. Dieses Volumen entspricht dem Volumen des verwendeten Materials.

6.7.2 Rotation um die y-Achse

Ist eine Funktion f im Intervall [a; b] umkehrbar, kann ihr Schaubild auch um die y-Achse rotieren. Die Mantelfläche erzeugt bei der Rotation ebenfalls einen Rotationskörper **(Bild 1)**.

$$V_y = \pi \cdot \int_{y_1=c}^{y_2=d} (\overline{f}(y))^2\,dy = \pi \cdot \int_{y_1=c}^{y_2=d} x^2\,dy$$

c, d untere und obere Integrationsgrenzen
$\overline{f}(y)$ Umkehrfunktion
V_y Rotationsvolumen

Beispiel 1: Weinkelch

Der Weinkelch wird durch das Schaubild der Funktion $f(x) = \frac{2}{3}x^2 \wedge x \in [0; 4]$ **(Bild 2)** beschrieben, welches um die y-Achse rotiert. Berechnen Sie das Volumen des Inhalts des Weinkelches.

Lösung:

Ansatz für das Volumen:

$$V_y = \pi \cdot \int_c^d [\overline{f}(y)]^2\,dy \text{ mit } c = f(0) = 0 \text{ und } d = f(4) = \frac{32}{3}$$

Die Umkehrfunktion

$\overline{f}$ von f ist: $\overline{f}(y) = x = \sqrt{\frac{3}{2}}\,y \wedge y \in \left[0; \frac{32}{3}\right]$

$$V_y = \pi \cdot \int_0^{\frac{32}{3}} [x]^2\,dy = \pi \cdot \int_0^{\frac{32}{3}} \frac{3}{2} \cdot y \cdot dy = \pi \cdot \left[\frac{3 \cdot y^2}{4}\right]_0^{\frac{32}{3}}$$

$$= \pi \cdot \frac{3}{4} \cdot \left[\left(\frac{32}{3}\right)^2 - 0\right] = \frac{\mathbf{256}}{\mathbf{3}} \cdot \pi\,\textbf{VE} \Rightarrow V_y \approx \textbf{268,083 VE}$$

Wie beim Beispiel „Weinglas" kann das Volumen für verschiedene Flüssigkeitsstände durch eine variable Integrationsgrenze berechnet werden. Damit ist eine Skalierung für beliebige Volumina möglich.

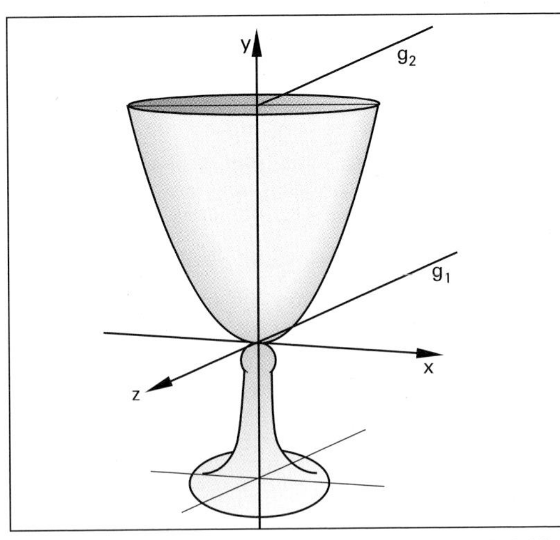

Bild 1: Rotationskörper um die y-Achse (Weinkelch)

Beispiel 2: Berechnung der Eichmarken

Der Rotationskörper von Beispiel 1 soll zwei Eichmarken **(Bild 2)** erhalten.

Berechnen Sie jeweils die Höhen h_1 und h_2 mit fester unterer Grenze, c = 0, bei denen der Inhalt des Weinkelchs

a) 125 VE b) 250 VE beträgt.

Lösung:

a) Mit $V_y = 125$ VE folgt: $\pi \cdot \int_c^{h_1} [\overline{f}(y)]^2\,dy = 125$

$$\Leftrightarrow \pi \cdot \int_0^{h_1} \left(\frac{3 \cdot y}{2}\right) dy = 125 \Leftrightarrow \pi \cdot \frac{3}{4}[y^2]_0^{h_1} = 125.$$

$$\Leftrightarrow h_1^2 = \frac{500}{3 \cdot \pi} \Rightarrow \mathbf{h_1} = \sqrt{\frac{500}{3 \cdot \pi}} = \textbf{7,28 LE}$$

b) Mit $V_y = 125$ VE folgt: $\pi \cdot \int_c^{h_2} [\overline{f}(y)]^2\,dy = 250$

$$\Leftrightarrow \pi \cdot \int_0^{h_2} \frac{3 \cdot y}{2}\,dy = 250 \Leftrightarrow \pi \cdot \frac{3}{4}[y^2]_0^{h_2} = 250$$

$$\Leftrightarrow h_2^2 = \frac{1000}{3 \cdot \pi} \Rightarrow \mathbf{h_2} = \sqrt{\frac{\mathbf{1000}}{\mathbf{3 \cdot \pi}}} \approx \textbf{10,30 LE}$$

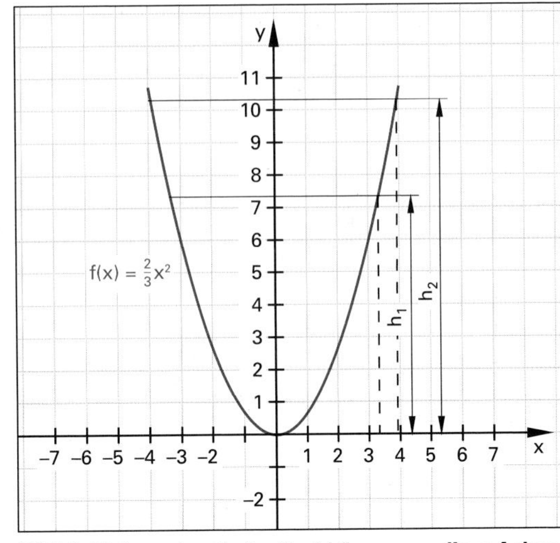

Bild 2: Eichmarken beim Drehkörper um die y-Achse

Aufgaben:

Berechnen Sie jeweils den Rauminhalt des Drehkörpers, der entsteht, wenn die Fläche zwischen dem Schaubild von f und der y-Achse über dem Intervall [a; b] um die y-Achse rotiert.

1. $f(x) = 2 - \frac{1}{2}x^2 \wedge x \in [0; 2]$ **2.** $f(x) = \sqrt{x+2} \wedge x \in [-2; 2]$

3. $f(x) = -x^2 + 9 \wedge x \in [0; 3]$ **4.** $f(x) = \sqrt{4-x^2} \wedge x \in [0; 2]$

Skizzieren Sie zuerst die Schaubilder und stellen Sie zunächst die Gleichungen nach x^2 um.

Lösungen:

1. $x^2 = 2 \cdot (2 - y)$, $V_y = 4 \cdot \pi$ VE = 12,57 VE

2. $x^2 = (y^2 - 2)^2$, $V_y = \frac{56}{15} \cdot \pi$ VE = 11,73 VE

3. $x^2 = 9 - y$, $V_y = \frac{81}{2} \cdot \pi$ VE = 127,23 VE

4. $x^2 = 4 - y^2$, $V_y = \frac{16}{3} \cdot \pi$ VE = 16,76 VE

Musteraufgaben

Bei der Berechnung des Rotationsvolumens um die y-Achse **(Bild 1)** muss der Funktionswert der Umkehrfunktion $x = \bar{f}(y)$ quadriert und dann entsprechend integriert werden. Falls im Funktionsterm nur x^2 vorkommt, so entspricht die nach x^2 umgestellte Gleichung der quadrierten Umkehrfunktion (Beispiel 1b).

Beispiel 1: Halbkugel

Das Schaubild der Funktion $f(x) = \sqrt{9 - x^2} \wedge x \in [0; 3]$ beschreibt einen Viertelkreis. Lässt man seine Fläche um die y-Achse rotieren, so entsteht eine Halbkugel **(Bild 1)**.

a) Bestimmen Sie die Umkehrfunktion.

b) Berechnen Sie das Volumen der Halbkugel, die bei Rotation um die y-Achse entsteht.

Lösung:

a) Mit $f(x) = y = \sqrt{9 - x^2}$; $D_f = [0; 3]$; $W_f = [0; 3]$ folgt für die Umkehrfunktion $\bar{f}(y) = x = \sqrt{9 - y^2} \wedge x, y \in [0; 3]$.

b) $V_y = \pi \cdot \int_0^3 x^2 dy = \pi \cdot \int_0^3 (9 - y^2) dy = \pi \cdot \left[9y - \frac{y_3}{3}\right]_0^3$

$= \frac{\pi}{3} \cdot [81 - 27] = 18 \cdot \pi$ VE

$\Rightarrow V_y =$ **56,549 VE**

Lässt sich die Funktionsgleichung nicht nach x^2 wie im Beispiel 1 umstellen, so bleibt nur der Weg über die Umkehrfunktion. Für ein Wassergefäß benötigt man je eine Funktion für die Außenwand und die Innenwand des Behälters. Damit können die Volumina für den Inhalt und den Materialbedarf ermittelt werden **(Bild 2)**.

Beispiel 2: Wassergefäß

Gegeben sind die Gleichungen der Funktionen

f_a: $y = (x - 4)^2 \wedge x \in [4; 9]$ **(Bild 3)**

f_i: $y = \left(x - \frac{15}{4}\right)^2 + 0{,}25 \wedge x \in [4; 8{,}72]$.

a) Bestimmen Sie die Umkehrfunktion $\bar{f}(y_i)$.

b) Berechnen Sie das Volumen V_{y_i}.

Lösung:

a) Umkehrfunktion $\bar{f}(y_i)$

$y_i = \left(x - \frac{15}{4}\right)^2 + \frac{1}{4} \Leftrightarrow \left(x - \frac{15}{4}\right)^2 = y_i - \frac{1}{4}$

$\Leftrightarrow \left|x - \frac{15}{4}\right| = \frac{1}{2} \cdot \sqrt{4y_i - 1} \Rightarrow \mathbf{x = \frac{15}{4} + \frac{1}{2} \cdot \sqrt{4y_i - 1}}$

$\Rightarrow \mathbf{\bar{f}(y_i) = \frac{15}{4} + \frac{1}{2} \cdot \sqrt{4y_i - 1}} \wedge \mathbf{y_i \in [0{,}25; 25]}$

b) Mit $V_{y_i} = \pi \cdot \int_c^d [f_i(y)]^2 dy$

$= \pi \cdot \int_{0{,}3125}^{25} \left[\frac{15}{4} + \frac{1}{2} \cdot \sqrt{4y - 1}\right]^2 dy$

$= \pi \cdot \left[\frac{5(4y - 1)^{\frac{3}{2}}}{8} + \frac{y^2}{2} + \frac{221 \cdot y}{16}\right]_{0{,}3125}^{25}$

$=$ **3986,736 VE**

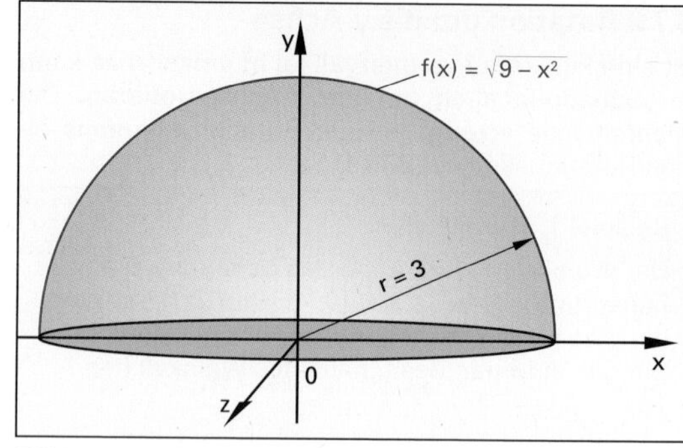

Bild 1: Rotationskörper um die y-Achse (Halbkugel)

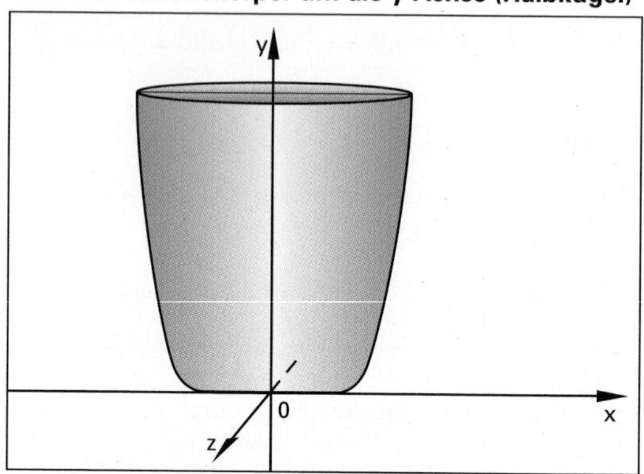

Bild 2: Rotationskörper um die y-Achse (Wassergefäß)

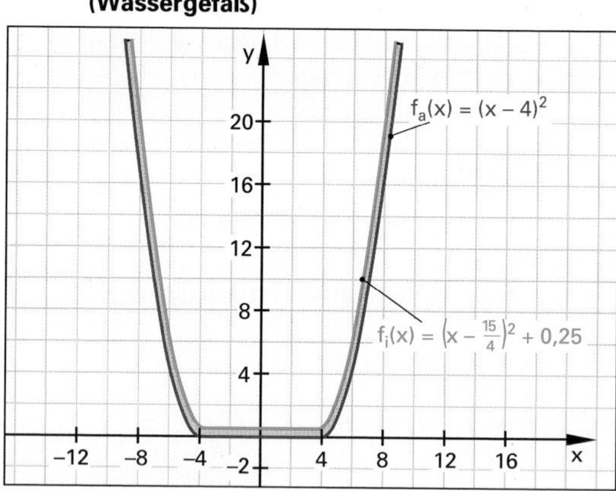

Bild 3: Wassergefäß

Aufgabe:

1. Berechnen Sie von Beispiel 2
   a) die Umkehrfunktion für die Außenwand des Drehkörpers
   b) das Volumen V_{ya}, das entsteht, wenn die Fläche zwischen dem Schaubild von f_a und der y-Achse über dem Intervall [c; d] um die y-Achse rotiert
   c) den Materialverbrauch.

Lösung:

1. a) $\bar{f}_a(y) = x = \left(4 + \sqrt{y_a}\right)$

b) $V_{ya} = \frac{8275 \cdot \pi}{6} \approx 4332{,}78$ VE

c) $V_{Mat} = V_{ya} - V_{yi} = 346$ VE

Herleitung der Formel für V_y

Das Rotationsvolumen eines Drehkörpers um die y-Achse **(Bild 1)** kann ebenfalls mithilfe der Obersummen oder Untersummen von Kreiszylindern exakt bestimmt werden. Die Radien der n Zylinderscheiben entsprechen den jeweiligen x-Werten, ihre konstante Dicke ist Δy **(Bild 2)**.

Zum Vergleich gehen wir vom gleichen Beispiel aus, wie bei der Drehung um die x-Achse.

Für sehr große n ($n \to \infty$) werden die Zylinderscheiben immer dünner, sodass annähernd von einem Kegel ausgegangen werden kann **(Bild 2)**.

Beispiel 1: Ober- und Untersumme

Das Schaubild von $f(x) = 0{,}5x \wedge x \in [0; 6]$ rotiert um die y-Achse. Berechnen Sie das Volumen des entstehenden Kegels mit n Kreisscheiben:

a) mit der Kegelformel;
b) mit der Volumenuntersumme V_{Un} **(Bild 2)** und
c) mit der Volumenobersumme V_{On} **(Bild 2)**.

Lösung:

a) $V_{Kegel} = \frac{1}{3} \cdot G \cdot h = \frac{1}{3}\, r^2 \cdot \pi \cdot h = \frac{1}{3} \cdot 6^2 \cdot \pi \cdot 3$

$= \mathbf{36\pi\ VE}$

Die Höhe h der Kreisscheiben beträgt jeweils $\Delta y = \frac{d-c}{n} = \frac{3}{n}$; der Radius r_i der i-ten Scheibe $r_i = \bar{f}(y_i) = \overline{x_i}$

b) $V_{Un} = V_0 + V_1 + \ldots + V_{n-2} + V_{n-1}$

$= [\bar{f}^2(y_0) + \bar{f}^2(y_1) + \ldots + \bar{f}^2(y_{n-2}) + \bar{f}^2(y_{n-1})] \cdot \Delta y \cdot \pi$

$= \bar{f}^2(0 \cdot \Delta y) + \bar{f}^2(\Delta y) + \ldots + \bar{f}^2(n-2)\Delta y + \bar{f}^2((n-2)\Delta y) \cdot \Delta y$

$= \pi \cdot \Delta y^3 \cdot 4 \cdot [0 + 1^2 + \ldots + (n-2)^2 + (n-1)^2]$

$= \frac{4 \cdot n \cdot (n-1)(2n-1)}{6} \cdot \left(\frac{3}{n}\right)^3 \cdot \pi$

$= 18 \cdot \pi \cdot \left(2 - \frac{3}{n} + \frac{1}{n^2}\right)$

$\Rightarrow \mathbf{V} = \lim\limits_{n \to \infty} V_{Un} = \lim\limits_{n \to \infty}\left(18 \cdot \pi \cdot \left(2 - \frac{3}{n} + \frac{1}{n^2}\right)\right)$

$= \mathbf{36 \cdot \pi\ VE}$

c) $V_{On} = V_1 + V_2 + \ldots + V_{n-1} + V_n$

$= [\bar{f}^2(y_1) + \bar{f}^2(y_2) + \ldots + \bar{f}^2(y_{n-1}) + \bar{f}^2(y_n)] \cdot \Delta y \cdot \pi$

$= [\bar{f}^2(1 \cdot \Delta y) + \bar{f}^2(2 \cdot \Delta y) + \ldots + \bar{f}^2((n-1)\Delta y) + \bar{f}^2(n \cdot \Delta y)] \cdot \Delta y \cdot \pi$

$= \pi \cdot \Delta y^3 \cdot 4 \cdot [1^2 + 2^2 + \ldots + (n-1)^2 + (n)^2]$

$= \frac{4 \cdot n \cdot (n+1)(2n+1)}{6} \cdot \left(\frac{3}{n}\right)^3 \cdot \pi$

$= 18 \cdot \pi \cdot \left(2 + \frac{3}{n} + \frac{1}{n^2}\right)$

$\Rightarrow \mathbf{V} = \lim\limits_{n \to \infty} V_{On} = \lim\limits_{n \to \infty}\left(18 \cdot \pi \cdot \left(2 + \frac{3}{n} + \frac{1}{n^2}\right)\right)$

$= \mathbf{36 \cdot \pi\ VE}$

Formeln und Ergebnisse

$$V_{Un} = \pi \cdot \left[\left(\bar{f}(y_0)\right)^2 + \left(\bar{f}(y_1)\right)^2 + \ldots + \left(\bar{f}(y_{n-1})\right)^2\right] \cdot \Delta y = \pi \cdot \sum_{i=0}^{n-1} [\bar{f}(y_i)]^2 \cdot \Delta y = \sum_{i=0}^{n-1} V_{iy}$$

$$V_{On} = \pi \cdot \left[\left(\bar{f}(y_1)\right)^2 + \left(\bar{f}(y_2)\right)^2 + \ldots + \left(\bar{f}(y_n)\right)^2\right] \cdot \Delta y = \pi \cdot \sum_{i=1}^{n} [\bar{f}(y_i)]^2 \cdot \Delta y = \pi \cdot \sum_{i=1}^{n} [\overline{x_i}]^2 \cdot \Delta y = \sum_{i=1}^{n} V_i$$

Im Intervall $y \in [c; d]$ gilt für $\Delta y = \frac{d-c}{n}$ und $\bar{f}(y_i) = x_i$

$$\lim_{n\to\infty} V_{Un} = \lim_{n\to\infty} V_{On} = \pi \cdot \int_c^d [\bar{f}(y_i)]^2\, dy = \pi \cdot \int_c^d x^2\, dy$$

V_{Un}	Volumenuntersumme
V_{On}	Volumenobersumme
n	Anzahl der Zylinder
$\bar{f}(y_i)$	Funktionswert der Umkehrfunktion ≙ Radius des i-ten Zylinders
Δy	Höhe eines Zylinders

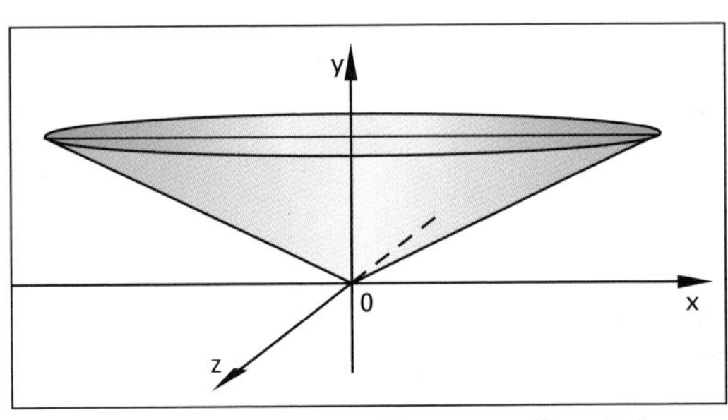

Bild 1: Kegel als Rotationskörper um die y-Achse

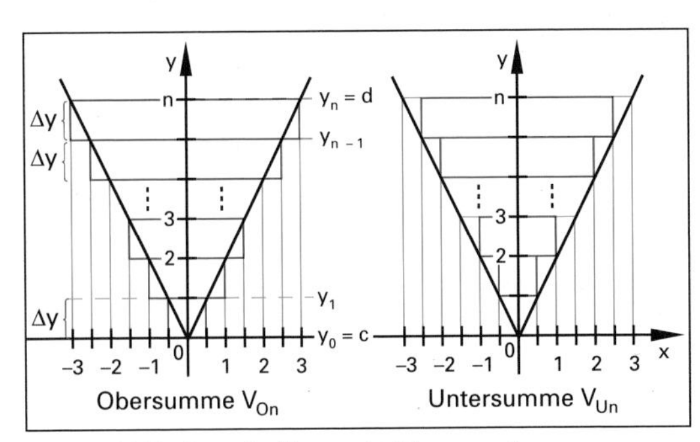

Bild 2: Zylinderscheiben mit Ober- und Untersummen

Bei der Rotation um die y-Achse wird als r_i der zu jeder y_i-Stelle gehörige x_i-Wert eingesetzt. Dies ist der Funktionswert der zugehörigen Umkehrfunktion $\bar{f}(y_i)$.

6.7.3 Zusammenfassung von Rotationskörperarten

Tabelle 1: Rotationskörper

Angaben	Rotation um die x-Achse	Rotation um die y-Achse
Schaubild-Fläche		
Rotationskörper		
Radius des i-ten Zylinders	$r_i = f(x_i)$	$\overline{r}_i = \overline{f}(y_i)$
Grundfläche des i-ten Zylinders	$A_i = \pi \cdot r_i^2 = \pi \cdot [f(x_i)]^2$	$A_i = \pi \cdot \overline{r}_i^2 = \pi \cdot [\overline{f}(y_i)]^2$
Volumen des i-ten Zylinders	$V_i = A_i \cdot h_x = \pi \cdot r_i^2 \cdot \Delta x = \pi \cdot [f(x_i)]^2 \cdot \Delta x$ mit $h_x = \Delta x = b - a$	$V_{iy} = A_i \cdot h_x = \pi \cdot \overline{r}_i^2 \cdot \Delta y = \pi \cdot [\overline{f}(y_i)]^2 \cdot \Delta y$ mit $h_y = \Delta y = d - c$
Obersumme aller Zylinder	$V_{Ox} = \pi \cdot \sum_{i=1}^{n} [f(x_i)]^2 \cdot \Delta x$	$V_{Oy} = \pi \cdot \sum_{i=1}^{n} [\overline{f}(y_i)]^2 \cdot \Delta y$
Untersumme aller Zylinder	$V_{Ux} = \pi \cdot \sum_{i=0}^{n-1} [f(x_i)]^2 \cdot \Delta x$	$V_{Uy} = \pi \cdot \sum_{i=0}^{n-1} [\overline{f}(y_i)]^2 \cdot \Delta y$
Volumen des Rotationskörpers	$V_x = \lim_{n \to \infty} V_O = \lim_{n \to \infty} V_U$ $V_x = \pi \cdot \int_{x_1 = a}^{x_2 = b} [f(x)]^2 dx = \pi \cdot \int_{x_1 = a}^{x_2 = b} y^2 dx$	$V_y = \lim_{n \to \infty} V_{Oy} = \lim_{n \to \infty} V_{Uy}$ $V_y = \pi \cdot \int_{y_1 = c}^{y_2 = d} [\overline{f}(x)]^2 dy = \pi \cdot \int_{y_1 = c}^{y_2 = d} x^2 dy$

V_{Ux}	Untersumme aller Rotationskörper	$f(x)$	Funktionswert von f
V_{Ox}	Obersumme aller Rotationskörper	$\overline{f}(y)$	Funktionswert von $\overline{f}$
r_i	Radius der i-ten Scheibe (y-Wert)	Δx	Scheibendicke
$\overline{r}_i$	Radius der i-ten Scheibe (x-Wert)	Δy	Scheibendicke

Überprüfen Sie Ihr Wissen!

Drehung um die x-Achse

1. Gegeben ist die Funktion $f(x) = \frac{1}{4}x + 2;\ \ x \in [0; 10]$.

a) Skizzieren Sie das Schaubild von f und den Körper, der bei Rotation um die x-Achse entsteht.

b) Berechnen Sie das Volumen des Rotationskörpers.

c) Zeigen Sie, dass sich das Volumen auch mit der Formel $V_x = \frac{\pi \cdot h}{3} \cdot (r_1^2 + r_1 \cdot r_2 + r_2^2)$ berechnen lässt. Geben Sie die Werte für h, r_1, r_2 an.

d) Für welche Höhe h hat der Körper das Volumen 300 VE?

2. Durch die Drehung der Fläche zwischen dem Schaubild der Funktion $f(x) = \sqrt{9 - x^2};\ x \in [2; 3]$ und der x-Achse entsteht ein Rotationskörper.

a) Welche Art von Körper entsteht? Skizzieren Sie den Körper.

b) Welches Volumen hat der entstehende Körper?

c) Berechnen Sie das Volumen mit der Formel für den Kugelabschnitt
$V_{Kugelabschnitt} = \frac{\pi \cdot h^2}{3} \cdot (3 \cdot r - h)$.

Drehung um die y-Achse

3. Das Schaubild von f in Aufgabe 1 rotiert im Bereich [–2; 10] um die y-Achse. Berechnen Sie:

a) die Umkehrfunktion $\bar{f}$ von f und geben Sie die Definitions- und Wertemenge von $\bar{f}$ an.

b) das Volumen des Drehkörpers.

c) das Volumen mit der Formel für den Kegel.

4. Rotiert die Fläche zwischen dem Schaubild von f mit $f(x) = \sqrt{x^2 - 1{,}5^2};\ x \in [1{,}5; 3{,}9]$ um die y-Achse, so entsteht ein Trichter **(Bild 3)**.

a) Welches Volumen hat der Trichter?

b) Bestimmen Sie die Formel für das Trichtervolumen in Abhängigkeit von der Höhe h.

c) Wie hoch muss der Trichter sein, damit er 300 VE fassen kann?

Lösungen:

1. a) Bild 1 **b)** $V_x = 348{,}19$ VE

c) Mit $h = 10,\ r_1 = \frac{9}{2},\ r_2 = 2$ folgt $V_x = 348{,}19$ VE

d) $h = 9{,}21$

2. a) Kugelabschnitt

b) Bild 2 $V_x = \frac{8}{3} \cdot \pi$ VE $= 8{,}378$ VE

c) $V_{KA} = 2{,}\overline{6} \cdot \pi$ VE $= 8{,}378$ VE

3. a) $\bar{f}(y) = 4y - 8;\ D_{\bar{f}} = [2; 4{,}5],\ W_{\bar{f}} = [0; 10]$

b) $V_y = \frac{250}{3} \cdot \pi$ VE $= 261{,}799$ VE

c) $V_{Kegel} = \frac{\pi \cdot r^2 \cdot h}{3} = \frac{250 \cdot \pi}{3}$ VE $\approx 261{,}8$ VE

4. a) $V_y = 74{,}305$ VE

b) $V_y(h) = \frac{\pi \cdot h}{12} \cdot (4h^2 + 27)$

c) $h = 14{,}04$ LE

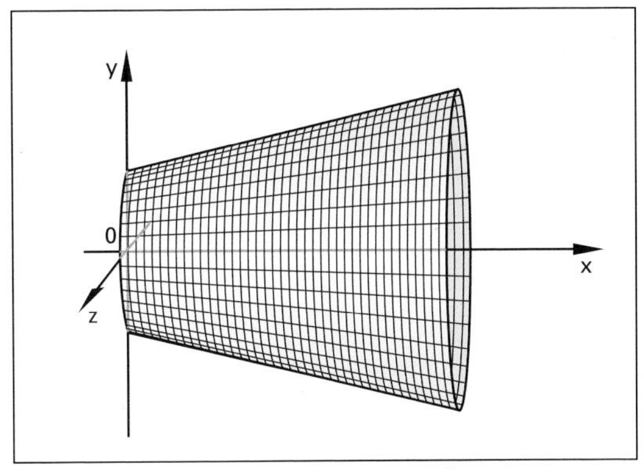

Bild 1: Kegelstumpf als Rotationskörper

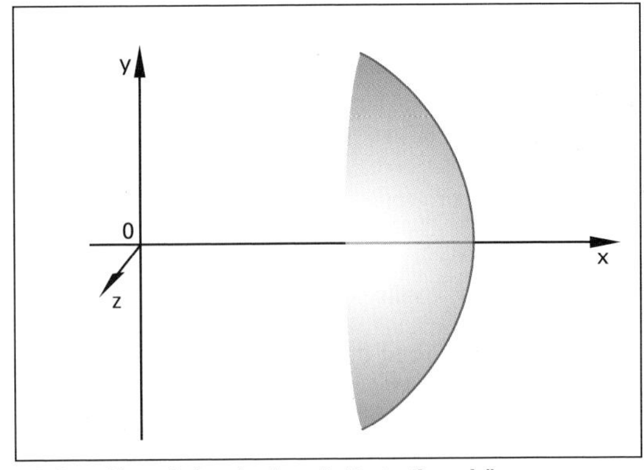

Bild 2: Kugelabschnitt als Rotationskörper

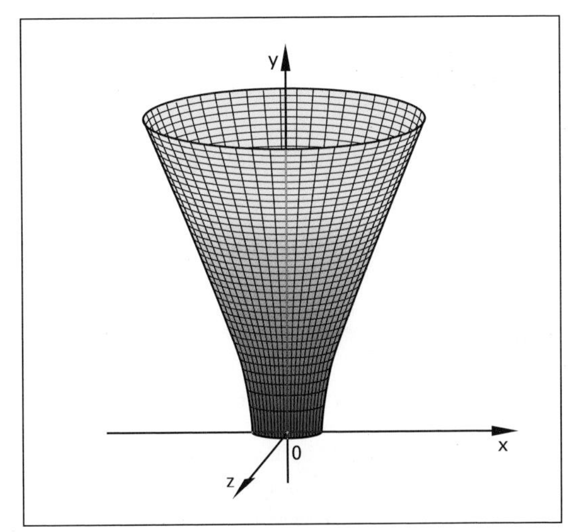

Bild 3: Trichter als Rotationskörper

6.8 Anwendungen der Integralrechnung

6.8.1 Zeitintegral der Geschwindigkeit

Die Geschwindigkeit v hängt von der Zeit t ab. Für die Berechnung des Weges s gilt bei konstanter Geschwindigkeit $s = v \cdot t$. Dieses Produkt entspricht der Rechteckfläche unter dem v-t-Diagramm. Je nach Verlauf der Geschwindigkeit v gelten die in **Tabelle 1** angegebenen Ansätze zur Bestimmung der Wegstrecke s.

Beispiel 1: Freier Fall

Ein Fallschirmspringer fliegt nach dem Absprung aus dem Flugzeug 5 Sekunden lang mit geschlossenem Fallschirm im freien Fall und $g = 9{,}81\ \frac{m}{s^2}$ nach unten.

Berechnen Sie den zurückgelegten Weg.

Lösung:

$$s = \int_0^{t_1} v(t)dt = \int_0^5 g \cdot t\,dt = \left[\frac{1}{2} \cdot g \cdot t^2\right]_0^5$$

$$= \frac{g}{2}[25 - 0] = \mathbf{122{,}63\ m}$$

Der zurückgelegte Weg s entspricht der Fläche A unter dem v-t-Diagramm in den jeweils angegebenen Grenzen.

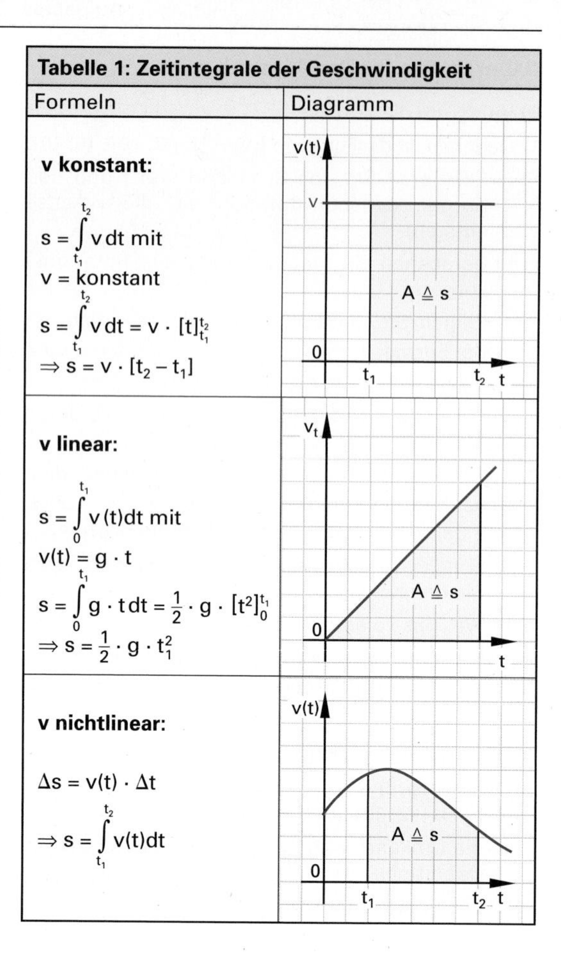

Tabelle 1: Zeitintegrale der Geschwindigkeit

Formeln	Diagramm
v konstant: $s = \int_{t_1}^{t_2} v\,dt$ mit $v = \text{konstant}$; $s = \int_{t_1}^{t_2} v\,dt = v \cdot [t]_{t_1}^{t_2}$; $\Rightarrow s = v \cdot [t_2 - t_1]$	v(t), v, A ≙ s, 0, t_1, t_2, t
v linear: $s = \int_0^{t_1} v(t)dt$ mit $v(t) = g \cdot t$; $s = \int_0^{t_1} g \cdot t\,dt = \frac{1}{2} \cdot g \cdot [t^2]_0^{t_1}$; $\Rightarrow s = \frac{1}{2} \cdot g \cdot t_1^2$	v_t, A ≙ s, 0, t
v nichtlinear: $\Delta s = v(t) \cdot \Delta t$; $\Rightarrow s = \int_{t_1}^{t_2} v(t)dt$	v(t), A ≙ s, 0, t_1, t_2, t

6.8.2 Mechanische Arbeit W

Hängt die Kraft F vom Weg s ab, so gilt für die Arbeit W bei konstanter Kraft F die Formel $W = F \cdot s$. In diesem Fall entspricht die Rechteckfläche unter dem F-s-Diagramm der Arbeit W. Dieser Zusammenhang ist in **Tabelle 2** dargestellt.

Beispiel 2: Mechanische Arbeit W

Die Abhängigkeit der Kraft F vom Weg s ist durch die Funktion $F(s) = 0{,}25 \cdot s^2$ beschrieben. Welche Arbeit wird im Bereich von $0 \leq s \leq 6$ m verrichtet?

Lösung:

$$W = \int_{s_1}^{s_2} F(s)ds = \int_1^6 0{,}25 \cdot s^2 ds$$

$$= \left[\frac{1}{12} \cdot s^3\right]_1^6 = \frac{215}{12} = \mathbf{122{,}63\ Nm}$$

Aus Übersichtsgründen werden in der Rechnung nur die Maßzahlen ohne Einheiten berücksichtigt.

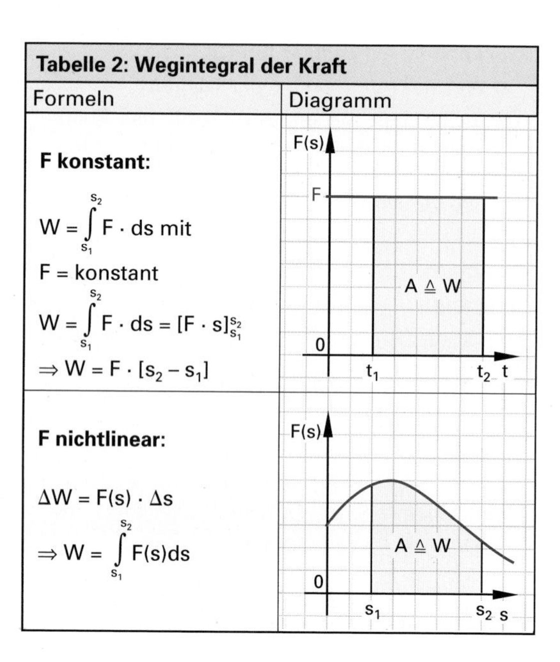

Tabelle 2: Wegintegral der Kraft

Formeln	Diagramm
F konstant: $W = \int_{s_1}^{s_2} F \cdot ds$ mit $F = \text{konstant}$; $W = \int_{s_1}^{s_2} F \cdot ds = [F \cdot s]_{s_1}^{s_2}$; $\Rightarrow W = F \cdot [s_2 - s_1]$	F(s), F, A ≙ W, 0, t_1, t_2, t
F nichtlinear: $\Delta W = F(s) \cdot \Delta s$; $\Rightarrow W = \int_{s_1}^{s_2} F(s)ds$	F(s), A ≙ W, 0, s_1, s_2, s

Aufgabe:

1. Ein Reisebus fährt auf der Autobahn in zwei Stunden mit stetig wechselnder Geschwindigkeit $v(t) = 70 + 40t - 20t^2$; t in h; v(t) in $\frac{km}{h}$.
   Welche Gesamtstrecke legt der Bus zurück?

Lösung:

1. $s = \int_{t_1}^{t_2} v(t)dt = \int_0^2 (70 + 40t - 20t^2) \cdot dt = \frac{500}{3}$

$\Rightarrow s = 166{,}\overline{6}$ km

6.8.3 Elektrische Ladung Q

Der Verlauf des elektrischen Stromes i hängt von der Zeit t ab. Für die Berechnung der transportierten Ladung Q gilt bei konstantem Strom I die Formel Q = I · t. Dieses Produkt entspricht der Rechteckfläche unter dem i-t-Diagramm. Je nach Verlauf des Stromes i gelten die in **Tabelle 1** angegebenen Ansätze zur Bestimmung der elektrischen Ladung Q.

Beispiel 1: Ladung eines Autoakkus

Berechnen Sie die in einen Autoakku geflossene Ladung Q, wenn der Stromverlauf über der Zeit $0\ \text{h} \leq t \leq 8\ \text{h}$ durch $i(t) = 4 \cdot t - 0{,}5 \cdot t^2$ gegeben ist.

Lösung:

$$Q = \int_{t_1}^{t_2} i(t)dt = \int_0^8 (4 \cdot t - 0{,}5 \cdot t^2)dt = \left[2 \cdot t^2 - \frac{1}{6} \cdot t^3\right]_0^8$$

$$= \left[128 - \frac{64 \cdot 8}{6}\right]_0^8 = \frac{128}{3} \Rightarrow \mathbf{Q = 42{,}\bar{6}\ Ah}$$

Die transportierte Ladung Q entspricht der Fläche unter dem i-t-Diagramm in dem entsprechenden Zeitintervall.

Aus Übersichtsgründen werden in der Rechnung nur die Maßzahlen ohne Einheiten berücksichtigt.

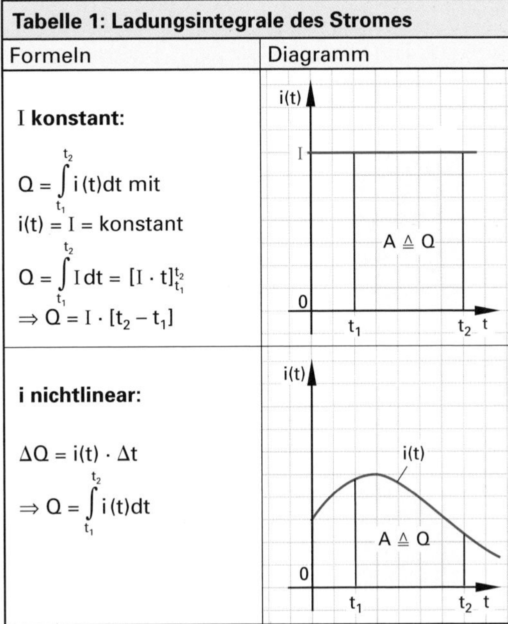

Tabelle 1: Ladungsintegrale des Stromes

Formeln	Diagramm
I konstant: $Q = \int_{t_1}^{t_2} i(t)dt$ mit $i(t) = I$ = konstant; $Q = \int_{t_1}^{t_2} I\,dt = [I \cdot t]_{t_1}^{t_2}$; $\Rightarrow Q = I \cdot [t_2 - t_1]$	
i nichtlinear: $\Delta Q = i(t) \cdot \Delta t$; $\Rightarrow Q = \int_{t_1}^{t_2} i(t)dt$	

6.8.4 Mittelwertsberechnungen

Mittelwerte werden in der Praxis häufig gebildet, z. B. beim Feststellen der mittleren Tagestemperatur.

Ist aufgrund einer Messung eine brauchbare Funktion bekannt, so kann mithilfe der Flächenberechnung der Mittelwert $\overline{m}$ bestimmt werden **(Tabelle 2)**.

Beispiel 2: Schüttung einer Wasserquelle

Die Schüttung S einer Quelle hängt von der Zeit t ab. Messungen in einem Zeitraum $0 \leq t \leq 6$ Tage ergaben $S(t) = 3 \cdot e^{-0{,}5 \cdot t} \left(\frac{m^3}{s}\right)$.

Bestimmen Sie den Mittelwert $\overline{S}$ der Schüttung in dem angegebenen Zeitraum **(Tabelle 2)**.

Lösung:

$$\overline{S} = \frac{1}{t_2 - t_1} \cdot \int_{t_1}^{t_2} S(t)\,dt = \frac{1}{6} \cdot \int_0^6 3 \cdot e^{-0{,}5 \cdot t} \cdot dt$$

$$= \frac{1}{2} \cdot [(-2)e^{-0{,}5 \cdot t}]_0^6$$

$$= -[e^{-3} - 1] = (1 - e^{-3})$$

Der Mittelwert der Schüttung ist $\mathbf{\overline{S} = 0{,}95\ \frac{m^3}{s}}$.

Wird die Fläche zwischen dem Schaubild einer Funktion f und der x-Achse über dem Intervall [a; b] auf ein flächengleiches Rechteck „eingeebnet", dann ist die Höhe dieses Rechtecks der Mittelwert $\overline{m}$.

Der Mittelwert $\overline{m}$ ist die Höhe des Rechtecks mit der Intervallbreite b – a, das den gleichen Flächeninhalt hat wie die Fläche zwischen dem Schaubild von f und der x-Achse im [a; b].

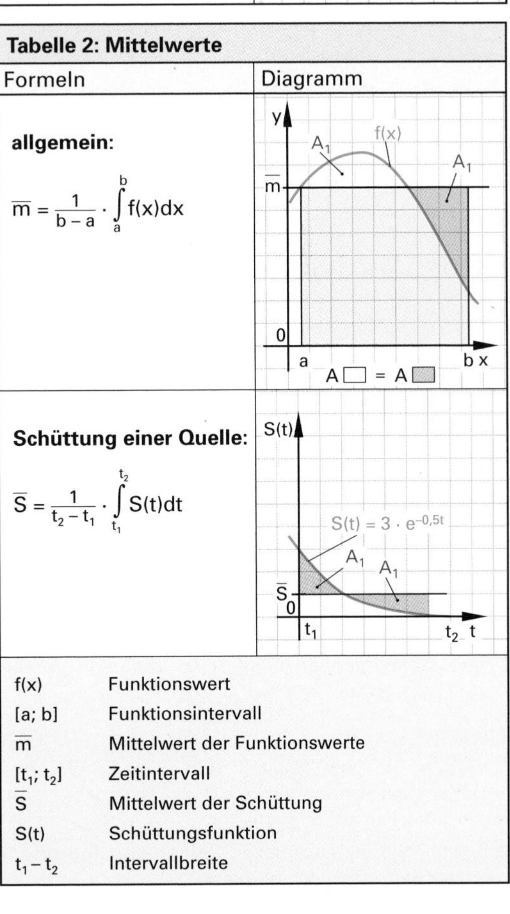

Tabelle 2: Mittelwerte

Formeln	Diagramm
allgemein: $\overline{m} = \frac{1}{b-a} \cdot \int_a^b f(x)dx$	
Schüttung einer Quelle: $\overline{S} = \frac{1}{t_2 - t_1} \cdot \int_{t_1}^{t_2} S(t)dt$	

f(x)	Funktionswert
[a; b]	Funktionsintervall
$\overline{m}$	Mittelwert der Funktionswerte
$[t_1; t_2]$	Zeitintervall
$\overline{S}$	Mittelwert der Schüttung
S(t)	Schüttungsfunktion
$t_1 - t_2$	Intervallbreite

7 Komplexe Rechnung

7.1 Darstellung komplexer Zahlen

Komplexe Normalform (Rechtwinklige Koordinaten, R)

Beispiel 1: Quadratische Gleichung ohne reelle Lösungen

Berechnen Sie die Lösungen der Gleichung $0 = z^2 - 2 \cdot z + 5$ für $z \in \mathbb{R}$.

Lösung: $L = \{\} \Rightarrow$ **reell nicht lösbar**

Es gilt $i^2 = -1$ oder $j^2 = -1$. Die Buchstaben i, j bezeichnen die imaginäre Einheit.

In der Mathematik verwendet man $i^2 = -1$, in der Technik $j^2 = -1$.

Damit ergeben sich in Beispiel 1 für $\underline{z} \in \mathbb{C}$ zwei komplexe Zahlen, die durch den Unterstrich gekennzeichnet werden.

$\underline{z}_{1,2} = 1 \pm i \cdot 2 \Rightarrow \underline{z}_1 = 1 + i \cdot 2$ und $\underline{z}_2 = 1 - i \cdot 2$.

Beispiel 2: Komplexe Normalform

Stellen Sie die komplexen Zahlen $\underline{z}_1 = 1 + i \cdot 2$ und $\underline{z}_2 = 1 - i \cdot 2$ in der gaußschen Zahlenebene dar.

Lösung: **Bild 1**

Komplexe Exponentialform (Polarkoordinaten, P)

Bei der Festlegung einer komplexen Zahl sind immer zwei Angaben nötig. Für die komplexe Exponentialform benötigt man die Länge des Zeigers und den Winkel φ.

Beispiel 3: Komplexe Exponentialform

a) Berechnen Sie die komplexe Zahl $\underline{z} = 4 + i \cdot 3$ in der Exponentialform mit Betrag und Winkel.

Lösung: $z = \sqrt{a^2 + b^2} = \sqrt{4^2 + 3^2} = \sqrt{25} = \mathbf{5}$

$\varphi = \arctan \frac{b}{a} = \arctan \frac{3}{4} = \mathbf{36{,}9°}$

$\Rightarrow \underline{z} = z \cdot e^{i \cdot \varphi} = \mathbf{5 \cdot e^{i \cdot 36{,}9°}}$ **Bild 2**

Der komplexe Zeiger kann also als Zeigersumme aus Realteil Re $\underline{z}$ und Imaginärteil Im $\underline{z}$ oder durch den Betrag z (Zeigerlänge) und den Winkel φ (Argument) beschrieben werden.

Beim Taschenrechner muss meist das i dem Imaginärteil nachgestellt werden, z. B. $\underline{z} = 4 + i \cdot 3$.

Aufgaben:

1. Geben Sie den Realteil und den Imaginärteil der komplexen Zahlen $\underline{z}_1 = 2 + i \cdot 4$; $\underline{z}_2 = 3 - i \cdot 4$; $\underline{z}_3 = -4 + i \cdot 2$ an.
2. Stellen Sie die komplexen Zahlen von Aufgabe 1 in der Exponentialform dar.

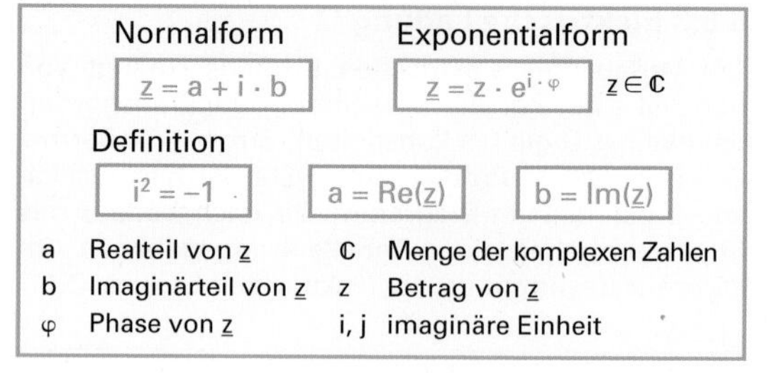

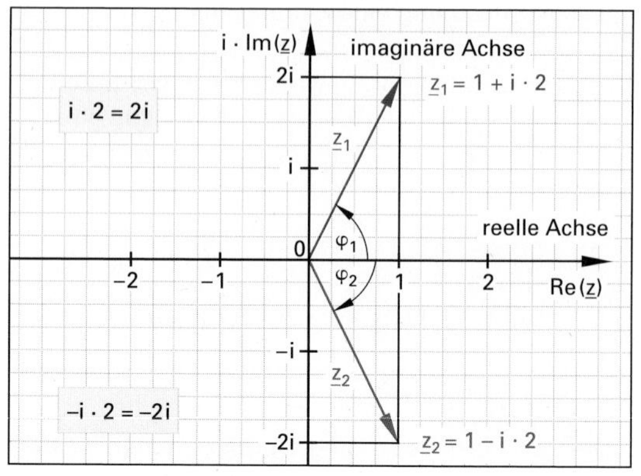

Bild 1: Darstellung komplexer Zahlen in der gaußschen Ebene

Tabelle 1: Umrechnungen

Normalform in Exponentialform (R → P)	Exponentialform in Normalform (P → R)
Geg.: a; b $z = \sqrt{a^2 + b^2}$ $\varphi = \arctan \frac{b}{a}$	Geg.: z; φ $a = z \cdot \cos \varphi$ $b = z \cdot \sin \varphi$
$\underline{z} = a + i \cdot b \Rightarrow \underline{z} = z \cdot e^{i \cdot \varphi}$	$\underline{z} = z \cdot e^{i \cdot \varphi} \Rightarrow \underline{z} = a + i \cdot b$

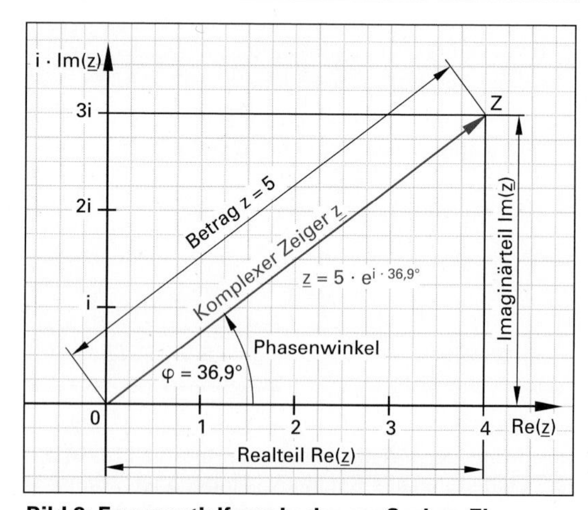

Bild 2: Exponentialform in der gaußschen Ebene

Lösungen:

1. $a_1 = 2$; $b_1 = 4$; $a_2 = 3$; $b_2 = -4$; $a_3 = -4$; $b_3 = 2$

2. $\underline{z}_1 = 4{,}47 \cdot e^{i \cdot 63{,}43°}$; $\underline{z}_2 = 5 \cdot e^{-i \cdot 53{,}13°}$; $\underline{z}_3 = 4{,}47 \cdot e^{-i \cdot 26{,}57°}$

In der gaußschen Zahlenebene können reelle Zahlen, imaginäre Zahlen und komplexe Zahlen auftreten.

Beispiel 1: Besondere Zahlen in der gaußschen Ebene

Zeichnen Sie in eine komplexe Zahlenebene die reellen Zahlen $\underline{z}_1 = 1$, $\underline{z}_2 = -1$ und die imaginären Zahlen $\underline{z}_3 = i$ und $\underline{z}_4 = -i$ als Zeiger ein.

Lösung: **Bild 1**

Hat der Imaginärteil den Wert null, wird die komplexe Zahl reell. Bei der komplexen Exponentialform (Polarkoordinaten) ist $\underline{z} = z \cdot e^{i\varphi}$ in Betrag und Winkel getrennt.

$e^{i\varphi}$ gibt ausschließlich über den Winkel Auskunft.
$e^{i\varphi}$ hat die Zeigerlänge 1.

Dabei schreibt man $e^{i\varphi} = \cos\varphi + i \cdot \sin\varphi$ für den Winkel (Phasenlage) in der komplexen Ebene **(Bild 2)**.

Die Winkelwerte können im Gradmaß oder im Bogenmaß in rad angegeben werden.

$$e^{i\cdot 0} = 1 \text{ oder } e^{i\cdot 360°} = e^{i\cdot 2\cdot\pi} = 1$$
$$e^{i\cdot 90°} = e^{i\cdot\left(\frac{\pi}{2}\right)} = i$$
$$e^{i\cdot 180°} = e^{i\cdot\pi} = -1$$
$$e^{i\cdot 270°} = e^{i\frac{3\pi}{2}} = -i \Rightarrow e^{i\cdot 270°} = e^{-i\cdot 90°}$$

Imaginäre Einheiten lassen sich mit der Exponentialfunktion einfach umformen **(Bild 3)**.

Beispiel 2: Rechnen mit imaginären Einheiten

Berechnen Sie $\underline{z} = e^{i51}$ mithilfe der Umformungen **Bild 3**.

Lösung:

$$i^{51} = i^{48} \cdot i^3$$
$$= \underbrace{i^4 \cdot i^4 \cdot i^4 \cdot i^4 \cdot i^4 \cdot i^4 \cdot i^4 \cdot i^4 \cdot i^4 \cdot i^4 \cdot i^4 \cdot i^4}_{=1} \cdot \underbrace{i^3}_{=-i} = \mathbf{-i}$$

Aufgaben:

1. Schreiben Sie die imaginäre Zahl i in der Exponentialform.
2. Zeichnen Sie a) die komplexe Zahl $\underline{z}_1 = 2 \cdot e^{i\cdot 30°}$ und berechnen Sie b) den Realteil und Imaginärteil von $\underline{z}_1$.
3. Zum Winkel $\varphi = 30°$ der komplexen Zahl $\underline{z}_1 = 2 \cdot e^{i\cdot 30°}$ in **Bild 4** werden die Winkel 90°, 165° und 255° addiert.
   a) Zeichnen Sie die drei komplexen Zahlen $\underline{z}_2$, $\underline{z}_3$ und $\underline{z}_4$ in der komplexen Zahlenebene und
   b) stellen Sie die Zahlen in Exponentialform dar.

Lösungen:

1. Für i ist z = i und $\varphi = 90° \Rightarrow i = e^{i\cdot 90°}$

2. a) Bild 4 b) $\sqrt{3} + i$, (a = 1,732 und b = 1)

3. a) Bild 4

b) $\underline{z}_2 = 2 \cdot e^{i\cdot 120°}$, $\underline{z}_3 = 2 \cdot e^{i\cdot 195°}$, $\underline{z}_4 = 2 \cdot e^{i\cdot 285°}$

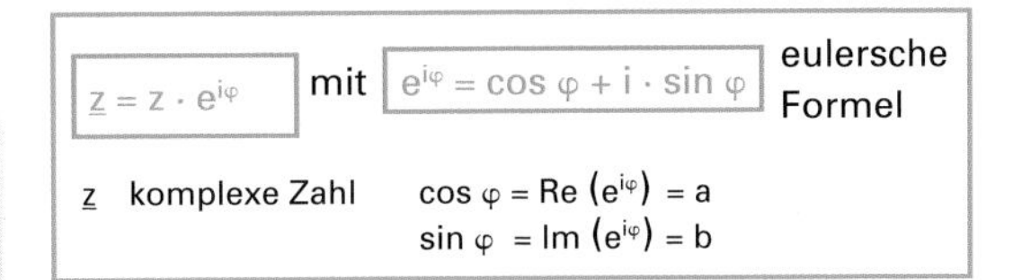

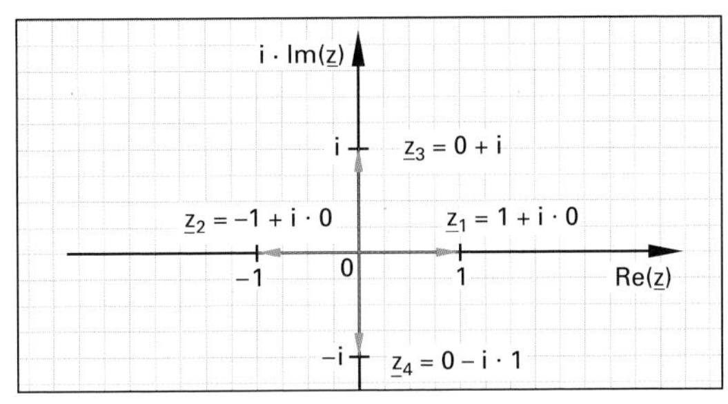

Bild 1: Reelle und imaginäre Zahlen in der komplexen Ebene

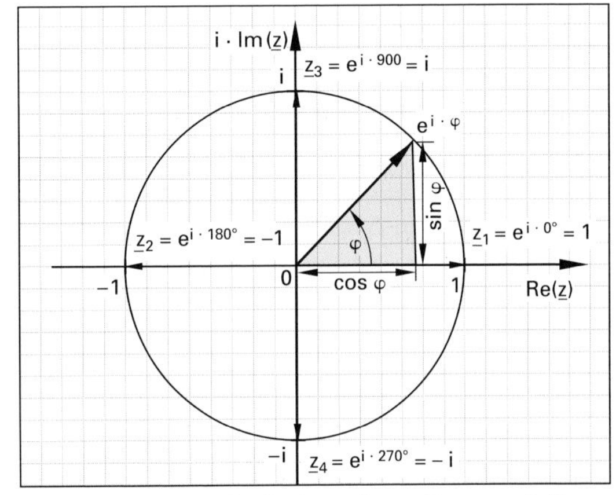

Bild 2: Darstellung in der komplexen Exponentialform

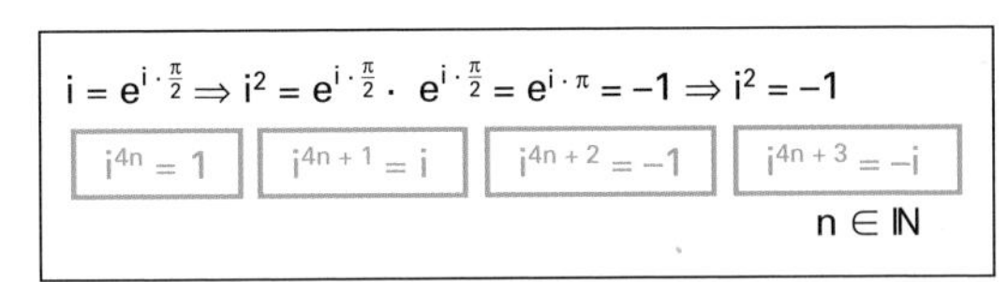

Bild 3: Rechnen mit imaginären Einheiten

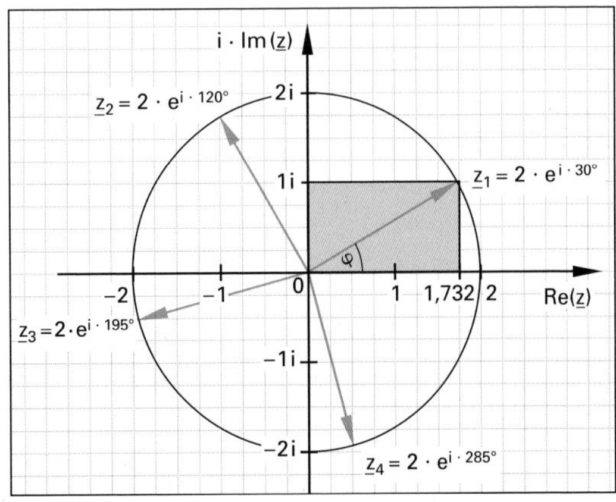

Bild 4: Addition komplexer Zahlen in Exponentialform

7.2 Grundrechenarten mit komplexen Zahlen

Addition und die Subtraktion werden mit der komplexen Normalform $\underline{z} = a \pm i \cdot b$ ausgeführt **(Tabelle 1)**.

> **Beispiel 1: Summe und Differenz komplexer Zahlen**
>
> Zeichnen Sie in eine komplexe Zahlenebene
>
> a) die Summe $\underline{z}_3$ und Differenz $\underline{z}_4$ der Zahlen $\underline{z}_1 = 3{,}5 + i \cdot 1{,}5$ und $\underline{z}_2 = 1{,}5 - i \cdot 0{,}5$ ein.
>
> b) Berechnen Sie die Zahlen $\underline{z}_3$ und $\underline{z}_4$.
>
> *Lösung:* a) **Bild 1**
>
> b) $\underline{z}_3 = (a_1 + a_2) + i \cdot (b_1 + b_2)$
> $= (3{,}5 + 1{,}5) + i \cdot (1{,}5 - 0{,}5) = \mathbf{5 + i \cdot 1}$
>
> $\underline{z}_4 = (a_1 - a_2) + i \cdot (b_1 - b_2)$
> $= (3{,}5 - 1{,}5) + i \cdot (1{,}5 + 0{,}5) = \mathbf{2 + i \cdot 2}$

Die Multiplikation und Division wird meist mit der Exponentialform $\underline{z} = z \cdot e^{i \cdot \varphi}$ vorgenommen **(Tabelle 1)**. Bei der Multiplikation werden die Beträge multipliziert und die Winkel addiert, bei der Division werden die Beträge dividiert und die Winkel subtrahiert.

> **Beispiel 2: Zeichnen Sie in eine komplexe Zahlenebene**
>
> a) das Produkt $\underline{z}_7$ und den Quotienten $\underline{z}_8$ der Zahlen $\underline{z}_5 = 2{,}5 \cdot e^{i \cdot 30°}$ und $\underline{z}_6 = 1{,}5 \cdot e^{-i \cdot 15°}$ ein und
>
> b) berechnen Sie die Zahlen $\underline{z}_7$ und $\underline{z}_8$.
>
> *Lösung:* a) **Bild 2**
>
> b) $\underline{z}_7 = z_5 \cdot z_6 \cdot e^{i \cdot (\varphi5 + \varphi6)} = 2{,}5 \cdot 1{,}5 \cdot e^{i \cdot (30° - 15°)}$
> $= \mathbf{3{,}75 \cdot e^{i \cdot 15°}}$
>
> $\underline{z}_8 = \frac{z_5}{z_6} e^{i \cdot (\varphi5 - \varphi6)} = \frac{2{,}5}{1{,}5} e^{i \cdot (30° - (-15°))} = \mathbf{1{,}6 \cdot e^{i \cdot 45°}}$

7.3 Rechnen mit konjugiert komplexen Zahlen

Die Zahlen $\underline{z} = a + i \cdot b$ und $\underline{z}^* = a - i \cdot b$ nennt man zueinander konjugiert komplex. Sie unterscheiden sich nur durch das Vorzeichen des Imaginärteiles. Summe und Produkt zweier konjugiert komplexer Zahlen ergeben stets eine reelle Zahl **(Tabelle 2)**.

> **Beispiel 3: Konjugiert komplexe Zahlen**
>
> Berechnen Sie zur komplexen Zahl $\underline{z} = 3 + i \cdot 4$ die konjugiert komplexe Zahl
>
> a) in Normalform,
>
> b) in Exponentialform.
>
> *Lösung:*
>
> a) $\underline{z}^* = \mathbf{3 - i \cdot 4}$ b) $z^* = \mathbf{5 \cdot e^{-i \cdot 53{,}1°}}$

Aufgabe:

1. Bilden Sie die konjugierten Zahlen zu

   a) $\underline{z}_1 = 15 + i \cdot 3$ **b)** $\underline{z}_2 = -10 + i \cdot 8$

   c) $\underline{z}_3 = 5 - i \cdot 8$ **d)** $\underline{z}_4 = -5 - i \cdot 10$

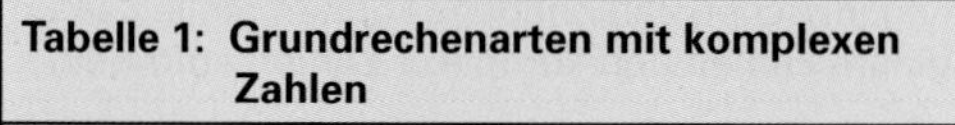

Tabelle 1: Grundrechenarten mit komplexen Zahlen

Operation	Formel
$\underline{z} = \underline{z}_1 \pm \underline{z}_2$	$\underline{z} = (a_1 \pm a_2) + i(b_1 \pm b_2)$
$\underline{z} = \underline{z}_1 \cdot \underline{z}_2$	$\underline{z} = z_1 \cdot z_2 \cdot e^{i(\varphi1 + \varphi2)}$
$\underline{z} = \frac{\underline{z}_1}{\underline{z}_2}$	$\underline{z} = \frac{z_1}{z_2} e^{i(\varphi1 - \varphi2)}$

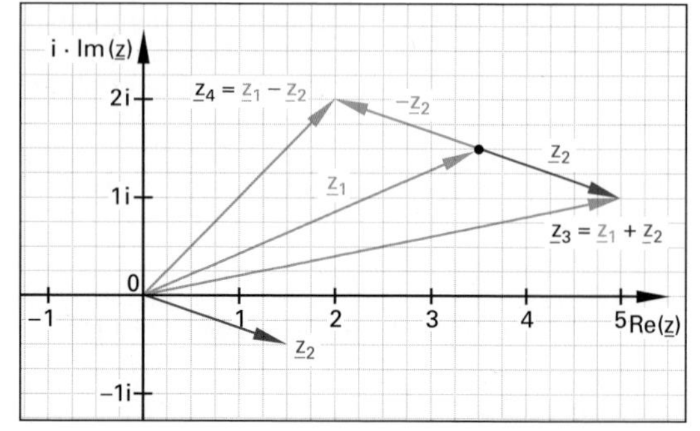

Bild 1: Summe und Differenz komplexer Zahlen

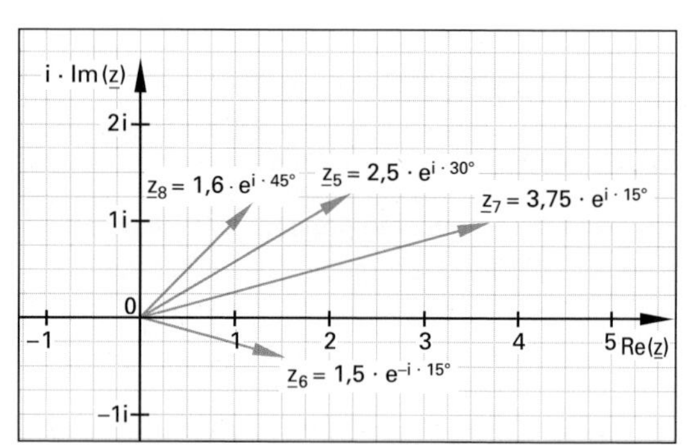

Bild 2: Produkt und Quotient komplexer Zahlen

Komplexe Zahl	$\underline{z} = a + i \cdot b = z \cdot e^{i \cdot \varphi}$
Konjugiert komplexe Zahl	$\underline{z}^* = a - i \cdot b = z \cdot e^{-i \cdot \varphi}$

Tabelle 2: Rechnen mit konjugiert komplexen Zahlen

Operation	Formel
$\underline{z} = \underline{z} + \underline{z}^*$	$\underline{z} = (a + a) + i(b - b) = 2 \cdot a$
$\underline{z} = \underline{z} \cdot \underline{z}^*$	$\underline{z} = (a + i \cdot b) \cdot (a - i \cdot b) = a^2 + b^2 = z^2$

Lösungen:

1. **a)** $\underline{z}_1^* = 15 - i \cdot 3$ **b)** $\underline{z}_2^* = -10 - i \cdot 8$

   c) $\underline{z}_3^* = 5 + i \cdot 8$ **d)** $\underline{z}_4^* = -5 + i \cdot 10$

Überprüfen Sie Ihr Wissen!

1. Berechnen Sie die Nullstellen folgender Parabeln

a) $y = x^2 - x + 1{,}25$ **b)** $y = x^2 - 5x + 6$

c) $y = x^2 - 3x + 3$ mit jeweils $x \in \mathbb{C}$.

2. Berechnen Sie die Summen

a) $(7 + i5) + (10 + i3)$ **b)** $(10 - i8) + (5 + i9)$

c) $(6 + i5) - (10 - i9)$ **d)** $(a + ib) - (a - ib)$

3. Berechnen Sie

a) $5(2 + i)$ **b)** $i(5 - i3)$

c) $i8(3 - i2)$ **d)** $\frac{1}{3}i\left(2 - \frac{1}{2}i\right)$

4. Bestimmen Sie den Betrag der komplexen Zahlen $\underline{z}$.

a) $\underline{z} = 5 + i3$ **b)** $\underline{z} = 6 - i7$ **c)** $\underline{z} = -1 + i$

d) $\underline{z} = -4 + i9$ **e)** $\underline{z} = \sqrt{3} + i$ **f)** $\underline{z} = \sqrt{2} + i\sqrt{2}$

In der Mathematik verwendet man $i^2 = -1$, in der Technik $j^2 = -1$.

5. Geben Sie die Scheinwiderstände $\underline{Z}$ für f = 159,15 Hz in der komplexen Normalform an (i = j).

a)

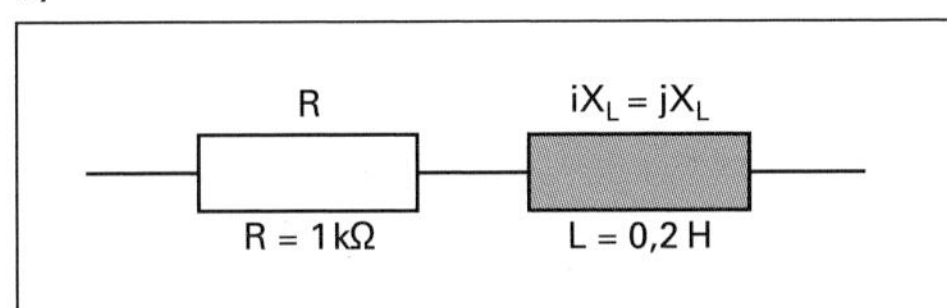

b)

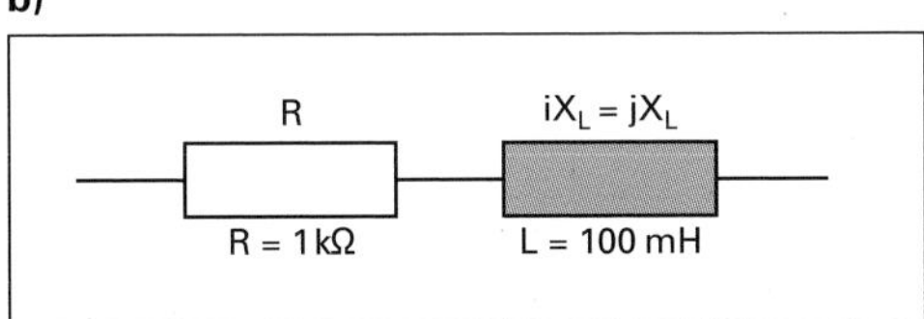

c)

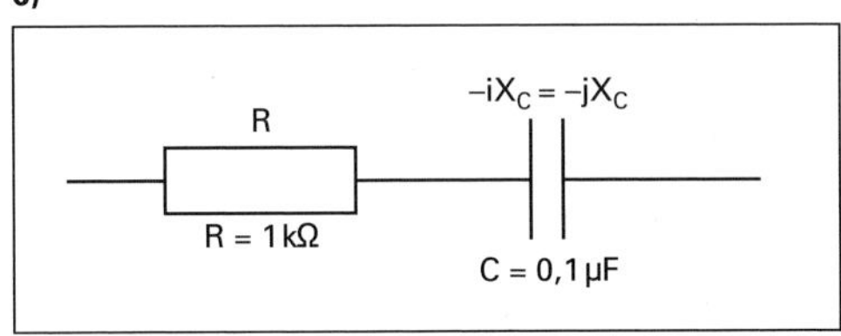

6. Wandeln Sie die komplexen Scheinwiderstände aus Aufgabe 5 in die komplexe Exponentialform um.

7. Wandeln Sie folgende Widerstandswerte in die komplexe Normalform um.

a) $\underline{Z} = 100\ \Omega \cdot e^{j60°}$ **b)** $\underline{Z} = 1\ k\Omega \cdot e^{j45°}$

c) $\underline{Z} = 10\ k\Omega \cdot e^{-j30°}$ **d)** $\underline{Z} = 200\ \Omega \cdot e^{j90°}$

e) $\underline{Z} = 0{,}1\ M\Omega \cdot e^{-j90°}$

8. Geben Sie $\underline{Z}$ in Normalform und Exponentialform an, wenn folgende Größen gegeben sind:

a) Z = 2,828 kΩ und Im($\underline{Z}$) = 2 kΩ

b) Re($\underline{Z}$) = 20 kΩ und Z = 25 kΩ

c) $\varphi = -45°$ und Re $\underline{Z}$ = 300 Ω

d) Im $\underline{Z}$ = 630 Ω und $\varphi = 82°$

9. Wandeln Sie folgende Größen in eine andere Darstellungsform um.

a) $\underline{U} = 1{,}58\ V \cdot e^{j71{,}5°}$ **b)** $\underline{I} = 0{,}2\ A + j0{,}1\ A$

c) $\underline{S} = (160 + j20)\ VA$

10. Addieren Sie die Spannungen

a) $\underline{U}_1 = (4 + j)\ V$ und $\underline{U}_2 = j5\ V$

b) $\underline{U}_1 = (3 + j2)\ V$, $\underline{U}_2 = -4\ V$, $\underline{U}_3 = 1{,}58\ V \cdot e^{j71{,}56°}$

c) $\underline{U}_1 = 2{,}828\ V \cdot e^{j45°}$ und $\underline{U}_2 = 1{,}58\ V \cdot e^{j71{,}56°}$

11. Multiplizieren Sie den Strom $\underline{I} = (2 + j)\ A$ mit dem Widerstand $\underline{Z} = 10(1 - j)\ \Omega$.

a) über die Exponentialform und

b) über die Normalform.

12. Dividieren Sie $\underline{U} = (2 + j)\ V$ durch $\underline{I} = 0{,}1(1 - j)\ A$

a) über die Exponentialform und

b) über die Normalform.

13. Dividieren Sie sowohl über die Exponentialform als auch mithilfe der konjugiert komplexen Erweiterung.

a) $\dfrac{3\ V - j2\ V}{0{,}1\ A - j0{,}1\ A}$ **b)** $\dfrac{7\ V}{(100 - j200)\ \Omega}$ **c)** $\dfrac{4\ V - j2\ V}{-j4\ k\Omega}$

Lösungen:

1. **a)** $x_1 = 0{,}5 + i$; $x_2 = 0{,}5 - i$ **b)** $x_1 = 3$; $x_2 = 2$

c) $x_1 = 1{,}5 + i0{,}866$; $x_2 = 1{,}5 - i0{,}866$

2. **a)** $17 + i8$ **b)** $15 + i$ **c)** $-4 + i \cdot 14$ **d)** $i2b$

3. **a)** $10 + i5$ **b)** $3 + i5$ **c)** $16 + i24$ **d)** $\frac{1}{6} + \frac{2}{3}i$

4. **a)** 5,8 **b)** 9,21 **c)** 1,41 **d)** 9,22

e) 2 **f)** 2

5. **a)** $\underline{Z} = 1\ k\Omega + j200\ \Omega$ **b)** $\underline{Z} = 1\ k\Omega + j100\ \Omega$

c) $\underline{Z} = 1\ k\Omega - j10\ k\Omega$

6. **a)** $\underline{Z} = 1\ k\Omega \cdot e^{j11{,}3°}$ **b)** $\underline{Z} = 1\ k\Omega \cdot e^{j5{,}71°}$

c) $\underline{Z} = 10\ k\Omega \cdot e^{-j84{,}3°}$

7. **a)** $\underline{Z} = 50\ \Omega + j86{,}6\ \Omega$ **b)** $\underline{Z} = 707\ \Omega + j707\ \Omega$

c) $\underline{Z} = 8{,}66\ k\Omega + j5\ k\Omega$ **d)** $\underline{Z} = j200\ \Omega$

e) $\underline{Z} = -j \cdot 0{,}1\ M\Omega$

8. **a)** $\underline{Z} = 2{,}83\ k\Omega \cdot e^{j45°}$ **b)** $\underline{Z} = 25\ k\Omega \cdot e^{j36{,}87°}$

c) $\underline{Z} = 424\ \Omega \cdot e^{-j45°}$ **d)** $\underline{Z} = 636\ \Omega \cdot e^{j82°}$

9. **a)** $\underline{U} = 0{,}5\ V + j1{,}5\ V$ **b)** $\underline{I} = 0{,}22\ A \cdot e^{j26{,}57}$

c) $\underline{S} = 161{,}25\ VA \cdot e^{j7{,}13°}$

10. **a)** $\underline{U} = 4\ V + j6\ V$ **b)** $\underline{U} = -0{,}5\ V + j3{,}5\ V$

c) $\underline{U} = 4{,}3\ V \cdot e^{j54{,}50°}$

11. **a)** $\underline{U} = 31{,}61\ V \cdot e^{j18{,}5°}$ **b)** $\underline{U} = 31{,}61\ V \cdot e^{-j18{,}4°}$

12. **a)** $\underline{Z} = 15{,}8\ \Omega \cdot e^{j71{,}6°}$ **b)** $\underline{Z} = (5 + j15)\ \Omega$

13. **a)** $\underline{Z} = 25{,}5\ \Omega \cdot e^{j11{,}3°}$ **b)** $\underline{I} = 31{,}3\ mA \cdot e^{j63{,}4°}$

c) $\underline{I} = 1{,}12\ mA \cdot e^{j63{,}43°}$

8. Prüfungsvorbereitung

8.1 Ganzrationale Funktionen

Erstellen der Kurve aus Vorgaben

Das Schaubild K_f einer ganzrationalen Funktion dritten Grades mit $f(x) = ax^3 + bx^2 + cx + d$ ist punktsymmetrisch zum Ursprung ①, geht durch den Punkt P (8|–4) ② und hat in O (0|0) die Steigung 1,5 ③.

Bestimmen Sie den zugehörigen Funktionsterm.

①: Punktsymmetrie zum Ursprung, d. h. nur ungerade Exponenten b = 0 und d = 0.

(1) $f(x) = ax^3 + cx$

②: K_f geht durch den Punkt P (8|–4) $\Rightarrow f(8) = -4$

(2) $f(8) = 512a + 8c = -4$

③: K_f hat in O (0|0) die Steigung 1,5 $\Rightarrow f'(0) = 1{,}5$

(3) $f'(0) = 3a0^2 + c = 1{,}5 \Leftrightarrow \mathbf{c = 1{,}5}$

c in die Gleichung (2) eingesetzt ergibt:

$-4 = 512a + 8 \cdot 1{,}5 \Leftrightarrow \mathbf{a = -\frac{1}{32}}$

$\mathbf{f(x) = -\frac{1}{32}x^3 + 1{,}5x}$

Kurvendiskussion

Berechnen Sie für das Schaubild K_f der Funktion f mit $f(x) = -\frac{1}{32}x^3 + 1{,}5x$; $x \in \mathbb{R}$ alle Schnittpunkte mit der x-Achse, Hochpunkte, Tiefpunkte, Wendepunkte.

Zeichnen Sie K_f und die Schaubilder der Ableitungen für $-8 \leq x \leq 8$ mit 1 LE = 1 cm.

$f'(x) = -\frac{3}{32}x^2 + 1{,}5$; $f''(x) = -\frac{3}{16}x$; $f'''(x) = -\frac{3}{16}$

Nullstellen: $f(x) = -\frac{1}{32}x(x^2 - 48) = 0$; $x_1 = 0$; $x_{2,3} = \pm 4\sqrt{3}$

N_1 (0|0); N_2 ($4\sqrt{3}$|0); N_3 ($-4\sqrt{3}$|0)

Hochpunkte, Tiefpunkte: $f'(x) = -\frac{3}{32}x^2 + 1{,}5 = 0$

$x^2 = 16 \Leftrightarrow \mathbf{x_1 = 4; x_2 = -4}$

$f''(4) = -\frac{3}{16} \cdot 4 = -\frac{3}{4} < 0$ $\Rightarrow$ Hochpunkt **H (4|4)**

$f''(-4) = -\frac{3}{16} \cdot (-4) = \frac{3}{4} > 0$ $\Rightarrow$ Tiefpunkt **T (–4|–4)**

Wendepunkt: $f''(x) = 0$ $\Rightarrow \mathbf{x_W = 0}$

$f'''(x_W) = -\frac{3}{16} \neq 0$ $\Rightarrow$ Wendepunkt **W (0|0)**

Schaubilder K_f, K_f', K_f'' und K_f''': **Bild 1**

Integralrechnung

Berechnen Sie den Inhalt der Fläche, die von K_f und der x-Achse im ersten Quadranten eingeschlossen wird. Schätzen Sie zuvor das Ergebnis anhand des Schaubilds ab.

Abgeschätzter Flächeninhalt **(Bild 2)** **A = 18 FE**

$$A = \int_0^{4\sqrt{3}} \left(-\frac{1}{32}x^3 + 1{,}5x\right)dx = \left[-\frac{1}{128}x^4 + \frac{3}{4}x^2\right]_0^{4\sqrt{3}} = -18 + 36$$

A = 18 FE

Vorgehen:

1. Erstellen der Kurve aus Vorgaben.
2. Kurvendiskussion
3. Integralrechnung
4. Extremwertberechnung
5. Berührpunkte von K_f und K_g

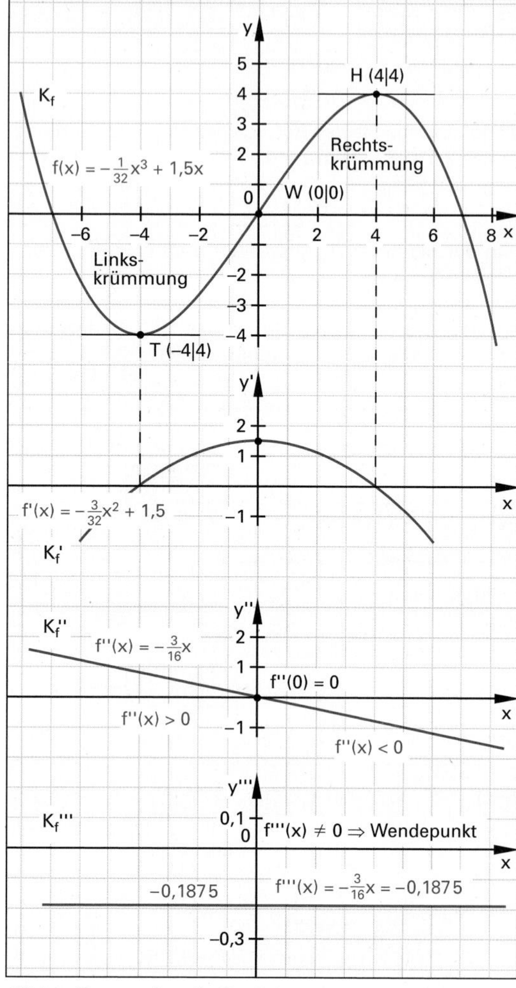

Bild 1: Ganzrationale Funktion und deren Ableitungen

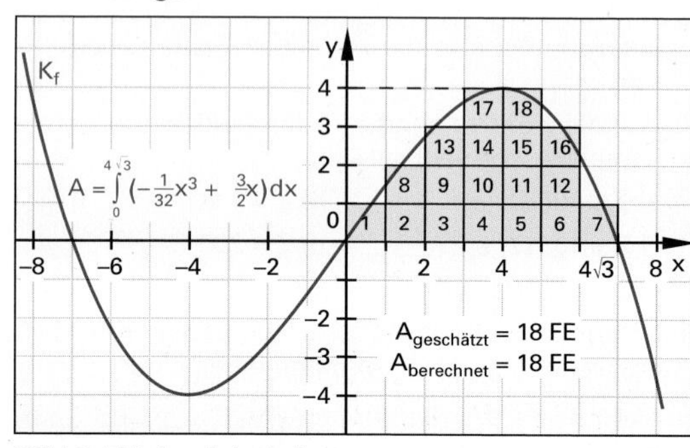

Bild 2: Flächeninhalt A

Extremwertberechnung

Die Parallelen zu den Koordinatenachsen durch einen Punkt Q auf K_f im ersten Quadranten bilden mit den Koordinatenachsen ein Rechteck. Berechnen Sie die Koordinaten von Q so, dass der Inhalt der Rechteckfläche maximal wird.

Mit dem Punkt Q $(u|f(u))$ kann man die Fläche des Rechtecks $A(u) = u \cdot f(u)$ bestimmen **(Bild 1)**.

$$A(u) = u\left(-\frac{1}{32}u^3 + 1{,}5u\right)$$
$$= -\frac{1}{32}u^4 + 1{,}5u^2$$
$$A'(u) = -\frac{1}{8}u^3 + 3u$$
$$A''(u) = -\frac{3}{8}u^2 + 3$$

Die Schaubilder von A(u), A'(u), A''(u) und deren Eigenschaften sind in **Bild 2** dargestellt.

Maximalwert des Flächeninhalts: $A'(u) = 0$

$$A'(u) = -\frac{1}{8}u^3 + 3u = 0$$
$$= -\frac{1}{8}u\,(u^2 - 24) = 0$$

$u_1 = 0 \Rightarrow (A''(0) = 3 > 0$ $\Rightarrow$ **Minimum**

$u_2 = -2\sqrt{6} \Rightarrow u \notin D$

$u_3 = 2\sqrt{6} \Rightarrow A''(2\sqrt{6}) = -6 < 0$ $\Rightarrow$ **Maximum**

Maximaler Flächeninhalt bei **Q $(2\sqrt{6}|1{,}5\sqrt{6})$**

$A(2\sqrt{6}) = -\frac{1}{32}(2\sqrt{6})^4 + 1{,}5(2\sqrt{6})^2 = 18$ $\Rightarrow$ **A_{max} = 18 FE**

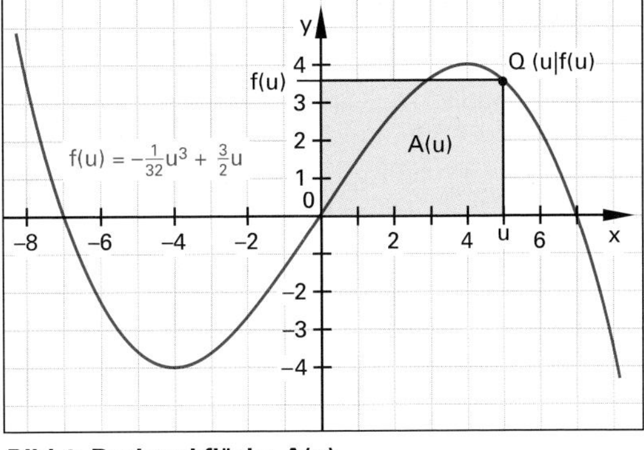

Bild 1: Rechteckfläche A(u)

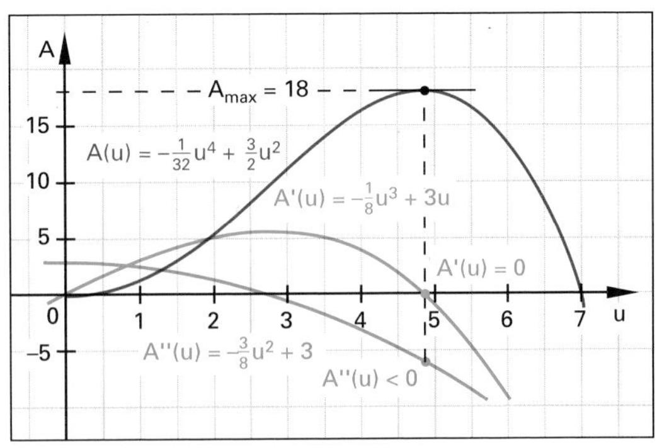

Bild 2: Schaubilder der Flächenfunktion und deren Ableitungen

Berührpunkt von K_f und K_g.

Die Funktion g mit dem Schaubild K_g **(Bild 3)** hat die Gleichung $g(x) = 0{,}5x^2 + 3{,}5x;\; x \in \mathbb{R}$.

Zeigen Sie, dass es genau einen Punkt B gibt, in dem sich K_f und K_g berühren. Berechnen Sie die Koordinaten von B.

Der Schnittpunkt und der Berührpunkt der Funktionen f(x) und g(x) sind in **Bild 3** dargestellt. Die Differenzfunktion $h(x) = f(x) - g(x)$ hat an den Berührpunkten von f(x) und g(x) Nullstellen.

$$h(x) = f(x) - g(x)$$
$$= -\frac{1}{32}x^3 + 0{,}5x - (0{,}5x^2 + 3{,}5x)$$
$$= -\frac{1}{32}x^3 - 0{,}5x^2 - 2x = 0$$
$$= -\frac{1}{32}x(x^2 + 16x + 64) = 0$$
$$= -\frac{1}{32}x(x+8)^2 = 0 \quad \Rightarrow \mathbf{x_1 = 0}$$

$(x+8)^2 = 0 \Rightarrow$ doppelte Nullstelle bei $\Rightarrow$ **$x_2 = -8$**

Eine doppelte Nullstelle der Differenzfunktion h(x) bedeutet, dass ein Berührpunkt B zwischen den Schaubildern K_f und K_g existiert. Die Steigungen der Funktionen f(x) und g(x) an der Stelle $x_2 = -8$ müssen also gleich sein.

$$f'(-8) = g'(-8)$$
$$-\frac{3}{32}x^2 + 1{,}5 = x + 3{,}5$$
$$-\frac{3}{32}(-8)^2 + 1{,}5 = -8 + 3{,}5$$
$$-4{,}5 = -4{,}5 \text{ (w)} \quad \Rightarrow f(-8) = 4 \Rightarrow \mathbf{B\ (-8|4)}$$

erfüllt!

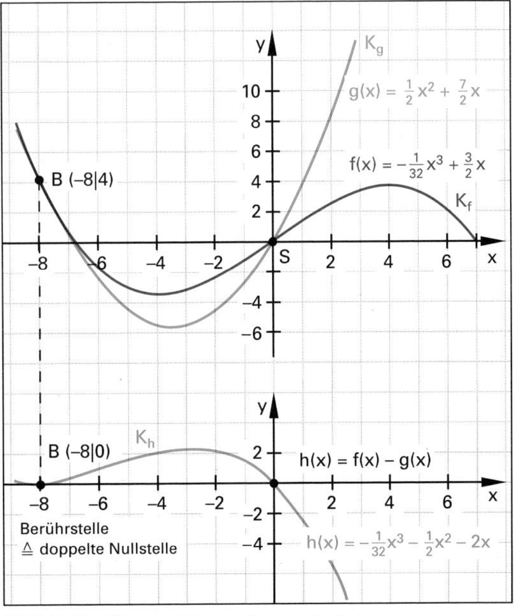

Bild 3: Berührpunkt von f(x) und g(x)

8.2 Exponentialfunktion

Erstellen der Kurve aus Vorgaben

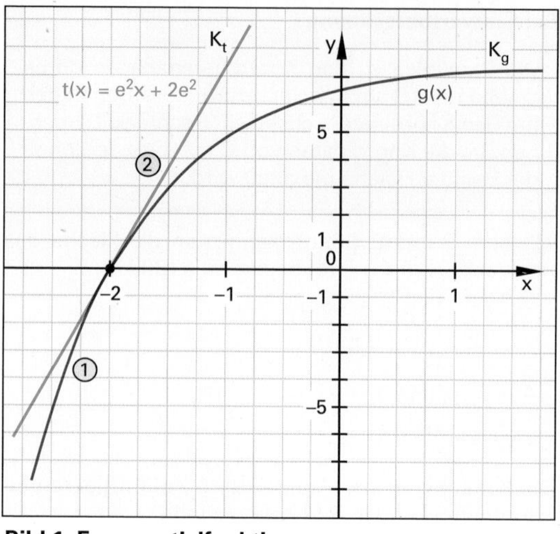

Bild 1: Exponentialfunktion

Das Schaubild K_g einer Exponentialfunktion **(Bild 1)** mit der Gleichung $g(x) = a + be^{-x}$ hat im Punkt P (–2|0) ① die Tangente t ② mit der Gleichung $t(x) = e^2x + 2e^2$.
Bestimmen Sie a und b.

$g(x) = a + be^{-x}$

$g'(x) = -be^{-x}$

①: g(x) hat an der Stelle x = –2 den Funktionswert 0.

(1) $g(-2) = a + be^2 = 0$

②: g(x) hat in P(–2|0) die Steigung e^2.

(2) $g'(x) = -be^{-x}$

$g'(-2) = -be^2 = e^2 \quad \Rightarrow \mathbf{b = -1}$

b = –1 in die Gleichung (1) eingesetzt ergibt:

$0 = a + (-1)e^2 \quad \Rightarrow \mathbf{a = e^2}$

Ergebnis: $\mathbf{g(x) = e^2 - e^{-x}}$

Kurvendiskussion

Gegeben ist die Funktion f mit $f(x) = e^2 - e^{-x}$ mit $x \in \mathbb{R}$. Ihr Schaubild ist K_f **(Bild 2)**. Berechnen Sie die Schnittpunkte von K_f mit den Koordinatenachsen. Untersuchen Sie K_f auf Hochpunkte, Tiefpunkte und Wendepunkte.
Zeichnen Sie K_f für $-2{,}5 \leq x \leq 7$ mit 1 LE ≙ 1 cm.

Schnittpunkt mit der y-Achse $\Rightarrow x = 0$

$f(0) = e^2 - e^0 = e^2 - 1 = 6{,}39 \Rightarrow \mathbf{S_y\ (0|e^2 - 1)}$

Schnittpunkt mit der x-Achse $\Rightarrow f(x) = 0$

$f(x) = e^2 - e^{-x} = 0 \Leftrightarrow e^2 = e^{-x} \Leftrightarrow x = -2 \Rightarrow \mathbf{N\ (-2|0)}$

Hochpunkt und Tiefpunkt: $f'x) = 0$

$f'(x) = e^{-x} = 0 \Rightarrow L = \{\}$ für alle $x \in \mathbb{R}$, d. h. es gibt **keine** Extrempunkte **(Bild 2)**.

Wendepunkt: $f''(x) = 0$

$f''(x) = 0 = -e^{-x} \Leftrightarrow L = \{\}$ für alle $x \in \mathbb{R}$, d. h. es gibt **keinen** Wendepunkt **(Bild 2)**.

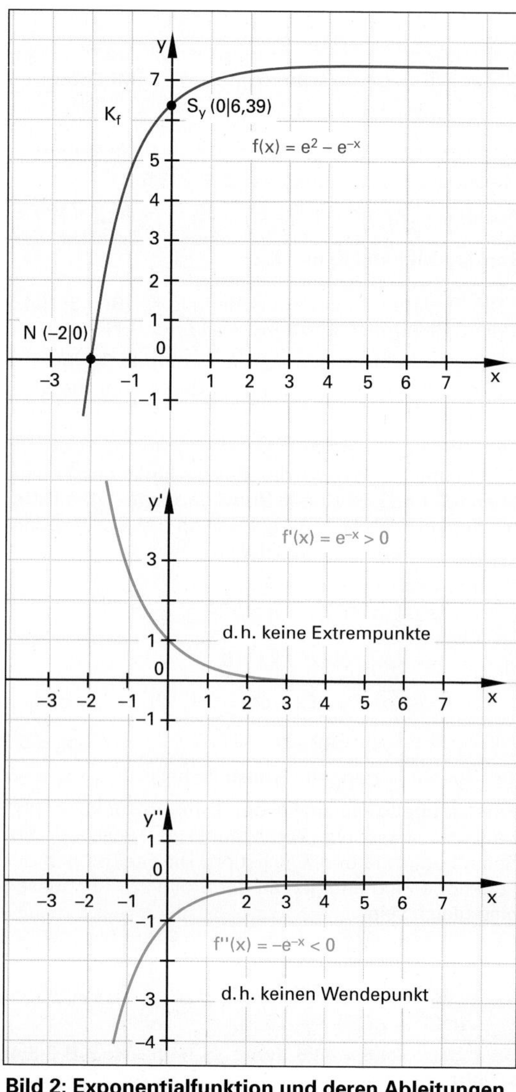

Bild 2: Exponentialfunktion und deren Ableitungen

Tangenten und Normalen

Die Tangente t an K_f **(Bild 1, folgende Seite)** im Punkt N (–2|0) schneidet die y-Achse im Punkt A. Die Normale im Punkt N schneidet die y-Achse im Punkt B. Berechnen Sie die Länge der Strecke $\overline{AB}$.

Tangente an K_f in N (–2|0):

$m_t = f'(-2) = e^{-(-2)} = e^2 \qquad \mathbf{m_t = e^2}$

N (–2|0) und $m_t = e^2$ in

t: $y = m_t \cdot x + b_t$ eingesetzt

ergibt t: $0 = e^2 \cdot (-2) + b_t \quad \Rightarrow \mathbf{b_t = 2e^2}$

t: $y = e^2 \cdot x + 2e^2 \quad \Rightarrow \mathbf{A\ (0|2e^2)}$

Normale in N (–2|0): $m_n = -\frac{1}{m_t} = -\frac{1}{e^2} \Rightarrow m_n = -\frac{1}{e^2}$

N (–2|0) und $m_n = -\frac{1}{e^2}$ in

n: $y = m_n \cdot x + b_n$ eingesetzt

ergibt $n: 0 = -\frac{1}{e^2} \cdot (-2) + b_n \Rightarrow \mathbf{b_n = -\frac{2}{e^2}}$

$n: \mathbf{y = -\frac{1}{e^2} \cdot x - \frac{2}{e^2}} \Rightarrow \mathbf{B\ (0|-\frac{2}{e^2})}$

Länge der Strecke $\overline{AB}$:

$\overline{AB} = y_A - y_B$

$= 2e^2 - (-\frac{2}{e^2})$

$= \mathbf{\frac{(2e^4 + 2)}{e^2} = 15{,}05\ LE}$ **(Bild 1)**.

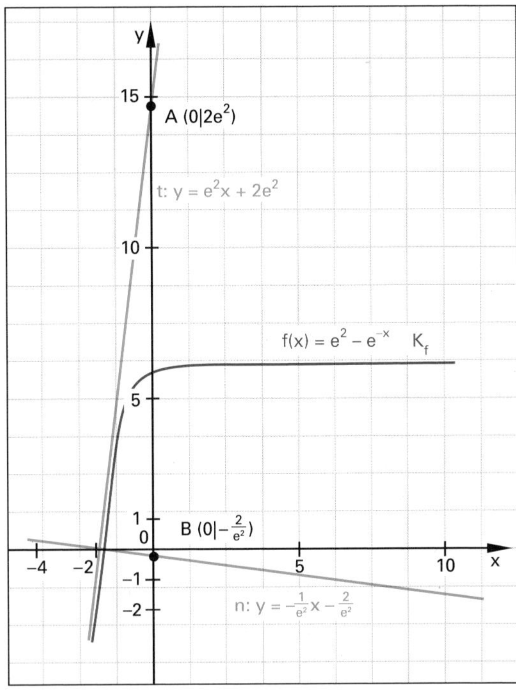

Bild 1: Wendetangente und Wendenormale

Flächenberechnung

> Das Schaubild K_f **(Bild 2)** schließt mit den Koordinatenachsen eine Fläche ein.
>
> Schätzen Sie deren Flächeninhalt.

Die eingeschlossene Fläche liegt zwischen K_f und den Koordinatenachsen im 2. Quadranten **(Bild 2)**.

> Anhand des Schaubilds K_f lässt sich der Flächeninhalt auf $A_{geschätzt} = 9$ FE abschätzen **(Bild 2)**.
>
> Berechnen Sie den Flächeninhalt.

$$A = \int_{-2}^{0} (e^2 - e^{-x})dx = [e^2x + e^{-x}]_{-2}^{0} = 1 - (-2e^2 + e^2)$$

$$= \mathbf{1 + e^2 = 8{,}39\ FE}$$

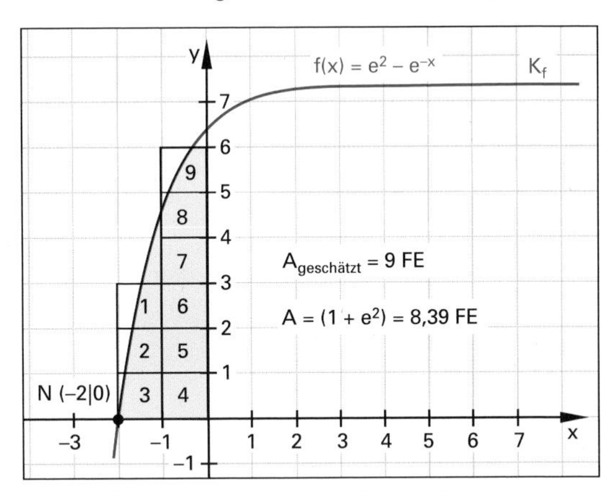

Bild 2: Flächenberechnung im Intervall [–2; 0]

Integralrechnung

> Eine Parallele zur x-Achse **(Bild 3)** hat die Gleichung
>
> $$h(x) = e^2 - u.$$
>
> Bestimmen Sie u mit $u > 1$ so, dass diese Parallele mit der y-Achse und K_f eine Fläche mit dem Inhalt 1 einschließt.

Zuerst muss der Schnittpunkt C zwischen den Funktionen f und g ermittelt werden **(Bild 3)**.

$f(x) = h(x)$

$e^2 - e^{-x} = e^2 - u$

$e^{-x} = u \quad \Leftrightarrow \mathbf{x = -ln\ u}$ und

$\Rightarrow \mathbf{C\ (-ln\ u|e^2 - u)}$

Für A = 1 folgt:

$$A = \int_{-\ln u}^{0} [f(x) - g(x)]\,dx$$

$$1 = \int_{-\ln u}^{0} [e^2 - e^{-x} - (e^2 - u)]\,dx$$

$$= \int_{-\ln u}^{0} [u - e^{-x}]\,dx = [ux + e^{-x}]_{-\ln u}^{0}$$

$$1 = 1 - (u\,(-\ln(u)) + u)$$

Durch Umstellen

$$0 = u\,(\ln(u) - 1)$$

Faktoren null setzen

1. Fall: $\mathbf{u_1 = 0} \notin D$ unzulässig, da ln 0 nicht definiert.

2. Fall: $\ln u_2 = 1 \quad \Leftrightarrow \mathbf{u_2 = e} \in D$

$\Rightarrow \mathbf{h: h(x) = e^2 - e = 4{,}67}$

$\Rightarrow \mathbf{C\ (-1|e^2 - e)}$

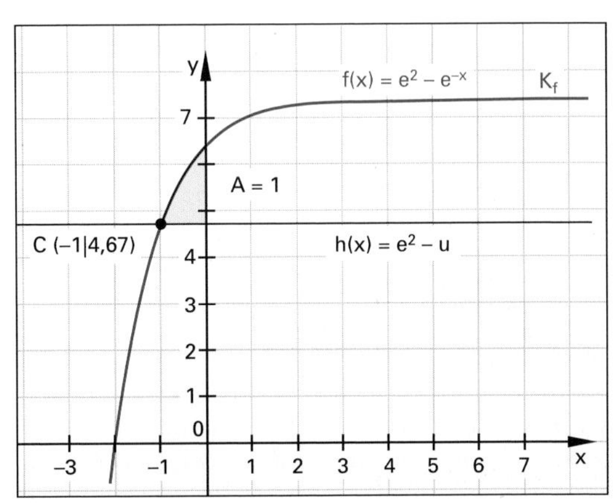

Bild 3: Fläche mit A = 1 FE

8.3 Gebrochenrationale Funktionen

Gegeben ist die reelle Funktion f: $x \mapsto \frac{x^2 + 4x}{x - 2}$ in ihrer maximalen Definitionsmenge D(f).

Bestimmen Sie die Art der Funktion f.

Bei der Funktion $f(x) = \frac{x^2 + 4x}{x - 2}$ handelt es sich um eine gebrochenrationale Funktion. Der Zähler ist vom Grad zwei, der Nenner ist vom Grad eins.

Welche Definitionsmenge hat die Funktion f?

Bei einem Bruchterm darf der Nenner nicht null werden. $\Rightarrow x - 2 \neq 0;\ x \neq 2$

$\Rightarrow D(f) = \mathbb{R}\backslash\{2\}$.

Berechnen Sie die Schnittpunkte mit den Achsen.

Schnittpunkt mit der **y-Achse** $\Rightarrow x = 0 \Rightarrow f(0)$

$f(0) = \frac{0^2 + 4 \cdot 0}{0 - 2} = \frac{0}{-2} = 0;\ S_y\ (0|0)$

Schnittpunkt mit der **x-Achse** (Nullstellen) $\Rightarrow f(x) = 0$

Der Funktionswert ist 0, wenn der Zähler 0 ist und der Nenner an dieser Stelle nicht auch 0 ist.

$0 = \frac{x^2 + 4x}{x - 2} \Leftrightarrow x^2 + 4 \cdot x = x(x + 4) = 0$

$x_1 = 0;\ \ x_2 = -4$

$N_1\ (0|0);\ N_2\ (-4|0)$.

Gibt es Unendlichkeitsstellen und Asymptoten?

Für x = 2 wird der Nenner des Bruches 0 (Definitionslücke). Der Zähler ist an dieser Stelle ≠ 0. An dieser Stelle strebt der Funktionswert f(x) gegen +∞ oder gegen −∞. Um das Vorzeichen herauszufinden, wird eine Grenzwertbetrachtung gemacht und die Funktion an den Stellen $x = 2^-$ bzw. $x = 2^+$ untersucht.

$$\lim_{x \to 2-h} \frac{x^2 + 4x}{x - 2} = \lim_{h \to 0} \frac{(2 - h)^2 + 4(2 - h)}{2 - h - 2}$$

$$= \lim_{h \to 0} \frac{12 + h^2 - 8h}{-h} \frac{>0}{<0} \to -\infty$$

$$\lim_{x \to 2+h} \frac{x^2 + 4x}{x - 2} = \lim_{h \to 0} \frac{(2 + h)^2 + 4(2 + h)}{2 + h - 2}$$

$$= \lim_{h \to 0} \frac{12 + h^2 + 8h}{h} \frac{>0}{>0} \to +\infty$$

Der Graf der Funktion f ist an der Stelle x = 2 nicht in einem Zuge zeichenbar. Er hat an dieser Stelle eine senkrechte Asymptote mit der Gleichung x = 2.

Weitere Asymptoten

Bei der Funktion f ist der Grad des Zählers z um 1 größer als der Grad des Nenners n: z = n + 1 ⇒ es liegt eine schiefe Asymptote vor. Die Gleichung der Asymptote erhält man durch Umformen (Polynomdivision) der scheingebrochenrationalen Funktion:

$$f(x) = \frac{x^2 + 4x}{x - 2} = (x^2 + 4x) : (x - 2) = \underbrace{x + 6}_{\text{ganzrationale Funktion}} + \frac{12}{x - 2}$$

Für $x \to \pm\infty$ geht $\frac{12}{x - 2}$ gegen 0. Bei größer werdenden x-Werten nähert sich der Graf G(f) der Funktion f immer mehr der Geraden y = x + 6. Deshalb wird diese Gerade als Asymptote bezeichnet.

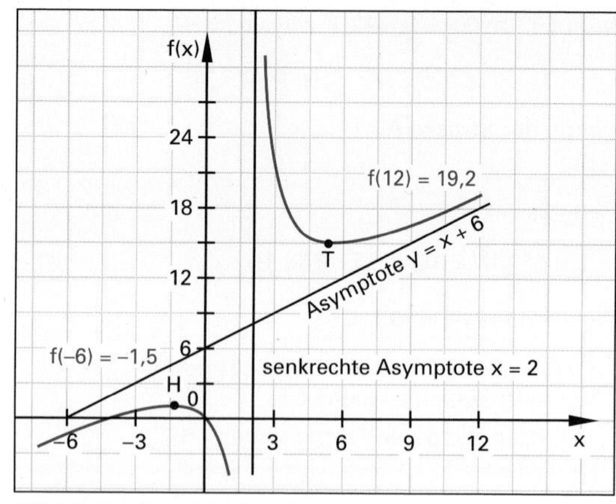

Bild 1: Graf und Asymptoten

Welche relativen Extremwerte hat die Funktion?

Zuerst ist die Lage, an welcher Stelle x_0 liegt, und dann die Art (relativer Hochpunkt oder relativer Tiefpunkt) des Extremwerts zu suchen.

Lage: f'(x) = 0

Art: $f''(x_0) > 0 \Rightarrow$ Minimum (relativer Tiefpunkt);
$f''(x_0) < 0 \Rightarrow$ Maximum (relativer Hochpunkt).

Um die Lage der relativen Extremwerte zu finden, muss die 1. Ableitung f'(x) der Funktion f(x) gebildet werden, z. B. mit der Quotientenregel.

$u = x^2 + 4x \quad v = x - 2 \Rightarrow u' = 2x + 4 \quad v' = 1$

$$f'(x) = \frac{(2x + 4) \cdot (x - 2) - (x^2 + 4x) \cdot 1}{(x - 2)^2} = \frac{x^2 - 4x - 8}{(x - 2)^2}$$

$f'(x) = 0 \Leftrightarrow x^2 - 4x - 8 = 0$

$$x_{1,2} = \frac{-(-4) \pm \sqrt{(-4)^2 - 4 \cdot 1 \cdot (-8)}}{2 \cdot 1} = \frac{4 \pm \sqrt{48}}{2}$$

$x_1 = 2 + \sqrt{12} \qquad x_2 = 2 - \sqrt{12}$

Die Art der relativen Extremwerte kann mithilfe der 2. Ableitung bestimmt werden.

$u = x^2 - 4x - 8 \qquad v = (x - 2)^2$

$u' = 2x - 4 \qquad v' = 2 \cdot (x - 2) = 2x - 4$

$$f''(x) = \frac{(2x - 4) \cdot (x - 2)^2 - (x^2 - 4x - 8) \cdot (2x - 4)}{(x - 2)^4} = \frac{24}{(x - 2)^3}$$

$f''(2 + \sqrt{12}) = \frac{24}{(2 + \sqrt{12} - 2)^3} > 0 \Rightarrow$ **Minimum T**

$f''(2 - \sqrt{12}) = \frac{24}{(2 - \sqrt{12} - 2)^3} < 0 \Rightarrow$ **Maximum H**

$f(2 + \sqrt{12}) = 8 + 2\sqrt{12} \Rightarrow T\ (2 + \sqrt{12}|8 + 2\sqrt{12})$
$T\ (5{,}46|14{,}93)$

$f(2 - \sqrt{12}) = 8 - 2\sqrt{12} \Rightarrow H\ (2 - \sqrt{12}|8 - 2\sqrt{12})$
$H\ (-1{,}46|1{,}07)$

Zeichnen Sie den Graf der Funktion.

Um den Graf der Funktion für $-6 \leq x \leq 12$ skizzieren zu können, werden die bisher errechneten Ergebnisse verwendet und mindestens f(−6) und f(12) berechnet **(Bild 1)**.

8.4 Vektoraufgabe Prisma

Gegeben sind die Punkte A (2|0|4), B (4|3|4), C (4|5|4) und D (2|3|4).

Geradengleichungen

Bestimmen Sie eine Gleichung der Gerade g durch die Punkte A und B sowie eine Gleichung der Geraden h durch die Punkte C und D.

$$\overrightarrow{AB} = \vec{b} - \vec{a} = \begin{pmatrix}4\\3\\4\end{pmatrix} - \begin{pmatrix}2\\0\\4\end{pmatrix} = \begin{pmatrix}2\\3\\0\end{pmatrix} \Rightarrow \vec{g}: \vec{x} = \begin{pmatrix}2\\0\\4\end{pmatrix} + r \cdot \begin{pmatrix}2\\3\\0\end{pmatrix}$$

$$\overrightarrow{DC} = \vec{c} - \vec{d} = \begin{pmatrix}4\\5\\4\end{pmatrix} - \begin{pmatrix}2\\3\\4\end{pmatrix} = \begin{pmatrix}2\\2\\0\end{pmatrix} \Rightarrow h: \vec{x} = \begin{pmatrix}2\\3\\4\end{pmatrix} + s \cdot \begin{pmatrix}2\\2\\0\end{pmatrix}$$

Schnittpunkt und Schnittwinkel

Berechnen Sie die Koordinaten des Schnittpunktes von g und h sowie den spitzen Schnittwinkel.

$$g \cap h \Rightarrow \begin{pmatrix}2\\0\\4\end{pmatrix} + r \cdot \begin{pmatrix}2\\3\\0\end{pmatrix} = \begin{pmatrix}2\\3\\4\end{pmatrix} + s \cdot \begin{pmatrix}2\\2\\0\end{pmatrix}$$

• mit LGS:

(1) $2r - 2s = 0 \quad | : (-1)$

(2) $3r - 2s = 3$

(3) $0 = 0$

(1a) $-2r + 2s = 0$ ⌉ +

(2) $3r - 2s = 3$ ⌋

(3) $r = 3$ | in (1a)

(4) $s = 3$

$\Rightarrow$ S (8|9|4)

• mit GTR:

r s

$$\left[\begin{array}{cc|c}2 & -2 & 0\\3 & -2 & 3\end{array}\right]$$

L = {3; 3}

$$\vec{x_S} = \begin{pmatrix}2\\0\\4\end{pmatrix} + 3 \cdot \begin{pmatrix}2\\3\\0\end{pmatrix} = \begin{pmatrix}8\\9\\4\end{pmatrix}$$

$\Rightarrow$ S (8|9|4)

$$\cos\varphi = \frac{\begin{pmatrix}2\\3\\0\end{pmatrix} \circ \begin{pmatrix}2\\2\\0\end{pmatrix}}{\sqrt{4+9+0} \cdot \sqrt{4+4+0}} = \frac{4+6+0}{\sqrt{13 \cdot 8}} = \frac{10}{\sqrt{104}} = 0{,}9806$$

$\Rightarrow \varphi = 11{,}31°$

Zeichnung und Flächenberechnung

Zeichnen Sie die Punkte A, D und S sowie die Geraden g und h in ein dreidimensionales Koordinatensystem (x_2-Achse und x_3-Achse: 1 LE = 1 cm; x_1-Achse mit Schrägbildwinkel 45° und 1 LE = $0{,}5 \cdot \sqrt{2}$ cm) und berechnen Sie den Flächeninhalt des Dreiecks ASD.

Ansicht **Bild 1**.

$$\sin\varphi = \frac{h}{|\overrightarrow{DS}|} \text{ mit } \overrightarrow{DS} = \begin{pmatrix}8\\9\\4\end{pmatrix} - \begin{pmatrix}2\\3\\4\end{pmatrix} = \begin{pmatrix}6\\6\\0\end{pmatrix} \Rightarrow |\overrightarrow{DS}| = \sqrt{72}$$

$h = \sqrt{72} \cdot \sin 11{,}31° = 1{,}664$

$$A = \frac{1}{2} \cdot |\overrightarrow{AS}| \cdot h \text{ mit } \overrightarrow{AS} = \begin{pmatrix}8\\9\\4\end{pmatrix} - \begin{pmatrix}2\\0\\4\end{pmatrix} = \begin{pmatrix}6\\9\\0\end{pmatrix} \Rightarrow |\overrightarrow{AS}| = \sqrt{117}$$

$A = \frac{1}{2} \cdot \sqrt{117} \cdot \sqrt{72} \cdot \sin 11{,}31° = 9$ FE

Senkrechte Projektion

Die senkrechte Projektion der Punkte A, D und S auf die x_1x_2-Ebene ergibt die Punkte A', D' und S'. Geben Sie die Koordinaten dieser Punkte an. Die Punkte A, D, S und A', D', S' sind die Eckpunkte eines Prismas. Zeichnen Sie das Prisma in die Zeichnung ein.

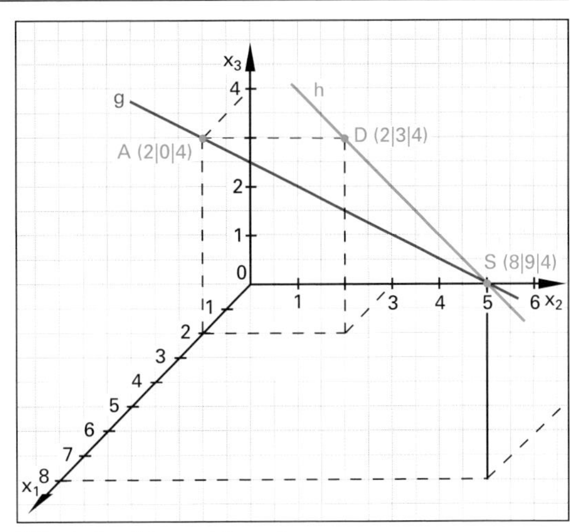

Bild 1: Punkte und Geraden

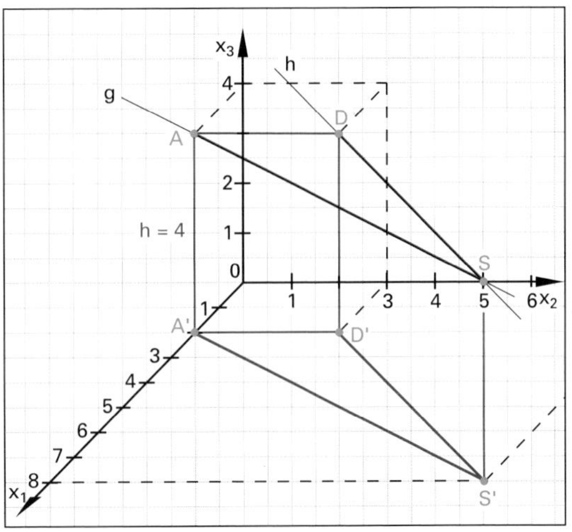

Bild 2: Prisma

A' (2|0|0), D' (2|3|0), S' (8|9|0), Ansicht **Bild 2**

Volumenberechnung

Berechnen Sie das Volumen des Prismas aus **Bild 2**.

$V = A \cdot h = 9 \cdot 4 = 36$ VE

Winkelberechnungen

Zeigen Sie, dass das Viereck AA'D'D ein Rechteck ist.

$$\overrightarrow{AD} = \vec{d} - \vec{a} = \begin{pmatrix}0\\3\\0\end{pmatrix}; \overrightarrow{A'A} = \vec{a} - \vec{a'} = \begin{pmatrix}0\\0\\4\end{pmatrix}$$

$$\overrightarrow{AD} \circ \overrightarrow{A'A} = \begin{pmatrix}0\\3\\0\end{pmatrix} \circ \begin{pmatrix}0\\0\\4\end{pmatrix} = 0 + 3 \cdot 0 + 0 \cdot 4 = 0 \Rightarrow \alpha = 90°$$

$$\overrightarrow{D'D} = \overrightarrow{A'A} = \begin{pmatrix}0\\0\\4\end{pmatrix} \Rightarrow \overrightarrow{D'D} \circ \overrightarrow{AD} = 0 \Rightarrow \delta = 90°$$

$$\overrightarrow{A'D'} = \vec{d'} - \vec{a'} = \begin{pmatrix}0\\0\\3\end{pmatrix} = \overrightarrow{AD} \Rightarrow \text{Rechteck}$$

8.5 Vektoraufgabe Quader

Gegeben ist das Dreieck ABC mit den Eckpunkten A (6|3|4,5), B (0|3|0) und C (–3|3|4).

Dreiecksfläche

> Zeigen Sie, dass das Dreieck ABC rechtwinklig ist und berechnen Sie dessen Flächeninhalt.

$$\overrightarrow{BA} = \vec{a} - \vec{b} = \begin{pmatrix} 6-0 \\ 3-3 \\ 4{,}5-0 \end{pmatrix} = \begin{pmatrix} 6 \\ 0 \\ 4{,}5 \end{pmatrix}$$

$$\overrightarrow{BC} = \vec{c} - \vec{b} = \begin{pmatrix} -3-0 \\ 3-3 \\ 4-0 \end{pmatrix} = \begin{pmatrix} -3 \\ 0 \\ 4 \end{pmatrix}$$

$$\overrightarrow{BA} \circ \overrightarrow{BC} = \begin{pmatrix} 6 \\ 0 \\ 4{,}5 \end{pmatrix} \circ \begin{pmatrix} -3 \\ 0 \\ 4 \end{pmatrix} = -18 + 0 + 18 = 0 \quad \Rightarrow \beta = 90°$$

$$|\overrightarrow{BA}| = \sqrt{36 + 0 + 20{,}25} = 7{,}5$$

$$|\overrightarrow{BC}| = \sqrt{9 + 0 + 16} = 5$$

$$A_{\text{Dreieck}} = \frac{1}{2} \cdot 7{,}5 \cdot 5 = 18{,}75 \text{ FE}$$

Rechteck ABCD

> Bestimmen Sie die Koordinaten des Punktes D so, dass aus dem Dreieck ABC das Rechteck ABCD wird.

$$\vec{d} = \vec{a} + \overrightarrow{BC} = \begin{pmatrix} 6 \\ 3 \\ 4{,}5 \end{pmatrix} + \begin{pmatrix} -3 \\ 0 \\ 4 \end{pmatrix} = \begin{pmatrix} 3 \\ 3 \\ 8{,}5 \end{pmatrix} \quad \Rightarrow D\,(3|3|8{,}5)$$

Projektion und Zeichnung

> Die senkrechte Projektion der Punkte A, B, C und D auf die x_1x_3-Ebene ergibt die Bildpunkte A', B', C' und D'. Geben Sie die Koordinaten dieser Punkte an. Alle acht Punkte bilden die Eckpunkte eines Quaders.
> Zeichnen Sie den Quader in ein dreidimensionales Koordinatensystem (x_2-Achse und x_3-Achse: 1 LE = 1 cm; x_1-Achse mit Schrägbildwinkel 45° und 1 LE = $0{,}5 \cdot \sqrt{2}$ cm). Berechnen Sie das Volumen des Quaders.

Ansicht **Bild 1**.

A' (6|0|4,5), B' (0|0|0), C' (–3|0|4) und D' (3|0|8,5)

$$V_{\text{Quader}} = 3 \cdot 2 \cdot A_{\text{Dreieck}} = 6 \cdot 18{,}75 = 112{,}5 \text{ VE}$$

Geradengleichungen

> Bestimmen Sie die Gerade g durch die Punkte A und C sowie die Gerade h durch die Punkte B und C'. Zeigen Sie, dass g und h windschief sind.

$$\overrightarrow{AC} = \vec{c} - \vec{a} = \begin{pmatrix} -3-6 \\ 3-3 \\ 4-4{,}5 \end{pmatrix} = \begin{pmatrix} -9 \\ 0 \\ -0{,}5 \end{pmatrix}$$

$$\overrightarrow{BC'} = \vec{c'} - \vec{b} = \begin{pmatrix} -3-0 \\ 0-3 \\ 4-0 \end{pmatrix} = \begin{pmatrix} -3 \\ -3 \\ 4 \end{pmatrix}$$

$$g: \vec{x} = \begin{pmatrix} -3 \\ 3 \\ 4 \end{pmatrix} + r \cdot \begin{pmatrix} -9 \\ 0 \\ -0{,}5 \end{pmatrix}$$

$$h: \vec{x} = \begin{pmatrix} 0 \\ 3 \\ 0 \end{pmatrix} + s \cdot \begin{pmatrix} -3 \\ -3 \\ 4 \end{pmatrix}$$

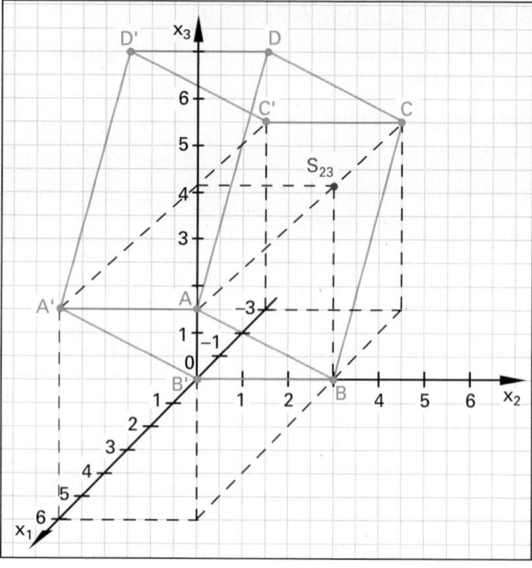

Bild 1: Quader

$$g \cap h \Rightarrow r \cdot \begin{pmatrix} -9 \\ 0 \\ -0{,}5 \end{pmatrix} - s \cdot \begin{pmatrix} -3 \\ -3 \\ 4 \end{pmatrix} = \begin{pmatrix} 0-(-3) \\ 3-3 \\ 0-4 \end{pmatrix}$$

LGS: (1) $-9r + 3s = 3$

(2) $3s = 0 \quad \Rightarrow s = 0$

(3) $-0{,}5r - 4s = -4$

Gl (2) in Gl (1) und Gl (3) einsetzen:

(1a) $-9r = 3 \quad \Rightarrow r = -\frac{1}{3}$

(2a) $0{,}5r = 4 \quad \Rightarrow r = 8$

Widerspruch. Die Geraden g und h sind windschief.

Spurpunkte

> Berechnen Sie die Koordinaten aller Spurpunkte der Geraden g.

$$\overrightarrow{S_{12}} = \begin{pmatrix} S_1 \\ S_2 \\ 0 \end{pmatrix} = \begin{pmatrix} -3 \\ 3 \\ 4 \end{pmatrix} + r \cdot \begin{pmatrix} -9 \\ 0 \\ -0{,}5 \end{pmatrix} \text{ für } r = 8 \quad \Rightarrow S_{12}\,(-81|3|0)$$

$$\overrightarrow{S_{23}} = \begin{pmatrix} 0 \\ S_2 \\ S_3 \end{pmatrix} = \begin{pmatrix} -3 \\ 3 \\ 4 \end{pmatrix} + r \cdot \begin{pmatrix} -9 \\ 0 \\ -0{,}5 \end{pmatrix} \text{ für } r = -\frac{1}{3} \quad \Rightarrow S_{23}\left(0|3|\frac{25}{6}\right)$$

$$\overrightarrow{S_{13}} = \begin{pmatrix} S_1 \\ 0 \\ S_3 \end{pmatrix} = \begin{pmatrix} -3 \\ 3 \\ 4 \end{pmatrix} + r \cdot \begin{pmatrix} -9 \\ 0 \\ -0{,}5 \end{pmatrix} \text{ kein Spurpunkt, da } 0 \neq 3.$$

Teilerverhältnis

> Berechnen Sie, in welchem Verhältnis der Spurpunkt S_{23} die Strecke AC teilt.

Zeichnen Sie S_{23} in **Bild 1** ein.

$$\overrightarrow{AC} = \vec{c} - \vec{a} = \begin{pmatrix} -9 \\ 0 \\ -0{,}5 \end{pmatrix}; \overrightarrow{AS_{23}} = \overrightarrow{s_{23}} - \vec{a} = \begin{pmatrix} -6 \\ 0 \\ -\frac{1}{3} \end{pmatrix}$$

$$\overrightarrow{AC} = m \cdot \overrightarrow{AS_{23}} \Rightarrow \begin{pmatrix} -9 \\ 0 \\ -0{,}5 \end{pmatrix} = m \cdot \begin{pmatrix} -6 \\ 0 \\ -\frac{1}{3} \end{pmatrix} \Rightarrow m = \frac{2}{3}$$

$\Rightarrow |\overrightarrow{AS_{23}}| : |\overrightarrow{S_{23}C}| = 2 : 1 \Rightarrow$ **Bild 1**

8.6 Vektoraufgabe Pyramide

Gegeben sind die Punkte A (6|1|0), B (3|5|2) und C (0|4|3).

Streckenlänge

> Berechnen Sie die Länge der Strecke AC.

$$\overrightarrow{AC} = \vec{c} - \vec{a} = \begin{pmatrix}0\\4\\3\end{pmatrix} - \begin{pmatrix}6\\1\\0\end{pmatrix} = \begin{pmatrix}-6\\3\\3\end{pmatrix} \Rightarrow |\overrightarrow{AC}| = \sqrt{54} = 7{,}3485$$

$\overline{AC} = 7{,}35$ LE

Lotfußpunkt

> Vom Punkt B wird das Lot auf die Strecke AC gefällt. Berechnen Sie die Koordinaten des Lotfußpunktes F.

Orthogonale Projektion: $\overrightarrow{AB_{AC}} = \frac{\overrightarrow{AB} \circ \overrightarrow{AC}}{|\overrightarrow{AC}|^2} \cdot \overrightarrow{AC}$ mit

$$\overrightarrow{AB} = \vec{b} - \vec{a} = \begin{pmatrix}3-6\\5-1\\2-0\end{pmatrix} = \begin{pmatrix}-3\\4\\2\end{pmatrix} \Rightarrow \overrightarrow{AB_{AC}} = \frac{\begin{pmatrix}-3\\4\\2\end{pmatrix} \circ \begin{pmatrix}-6\\3\\3\end{pmatrix}}{(-6)^2 + 3^2 + 3^2} \cdot \begin{pmatrix}-6\\3\\3\end{pmatrix}$$

$$\overrightarrow{AB_{AC}} = \frac{18 + 12 + 6}{36 + 9 + 9} \cdot \begin{pmatrix}-6\\3\\3\end{pmatrix} = \frac{36}{54} \cdot \begin{pmatrix}-6\\3\\3\end{pmatrix} = \frac{2}{3} \cdot \begin{pmatrix}-6\\3\\3\end{pmatrix} = \begin{pmatrix}-4\\2\\2\end{pmatrix}$$

$$\vec{f} = \vec{a} + \overrightarrow{AB_{AC}} = \begin{pmatrix}6\\1\\0\end{pmatrix} + \begin{pmatrix}-4\\2\\2\end{pmatrix} = \begin{pmatrix}2\\3\\2\end{pmatrix} \qquad \Rightarrow F\,(2|3|2)$$

Flächenberechnung

> Bestimmen Sie die Koordinaten des Punktes D so, dass aus dem Dreieck ABC der Drachen ABCD entsteht. Berechnen Sie den Flächeninhalt des Drachens.

$$\vec{d} = \vec{f} + \overrightarrow{BF} \text{ mit } \overrightarrow{BF} = \vec{f} - \vec{b} \qquad \Rightarrow \vec{d} = 2 \cdot \vec{f} - \vec{b}$$

$$\vec{d} = 2 \cdot \begin{pmatrix}2\\3\\2\end{pmatrix} - \begin{pmatrix}3\\5\\2\end{pmatrix} = \begin{pmatrix}1\\1\\2\end{pmatrix} \Rightarrow D\,(1|1|2)$$

$$\overrightarrow{BF} = \begin{pmatrix}2-3\\3-5\\2-2\end{pmatrix} = \begin{pmatrix}-1\\-2\\0\end{pmatrix}$$

$$A_{Drachen} = |\overrightarrow{AC}| \cdot |\overrightarrow{BF}| = \sqrt{54} \cdot \sqrt{1 + 4 + 0} = \sqrt{54 \cdot 5}$$
$$= \sqrt{270} = 16{,}43 \text{ FE}$$

Lotvektor

> Der Vektor $\vec{n} = \begin{pmatrix}n_1\\n_2\\5\end{pmatrix}$ liegt senkrecht zur Drachenfläche.
> Berechnen Sie $\vec{n}$.

Es gilt: $\overrightarrow{AC} \circ \vec{n} = 0 \Leftrightarrow -6n_1 + 3n_2 + 3 \cdot 5 = 0 \quad | \cdot 2$

und $\overrightarrow{BF} \circ \vec{n} = 0 \Leftrightarrow -n_1 - 2n_2 + 0 = 0 \quad | \cdot 3$

LGS: (1) $-12n_1 + 6n_2 = -30$

(2) $-3n_1 - 6n_2 = 0$

(3) $-15n_1 = -30 \Rightarrow n_1 = 2$

in Gl (2) $-6 - 6n_2 = 0 \quad \Rightarrow n_2 = -1$

$$\Rightarrow \vec{n} = \begin{pmatrix}2\\-1\\5\end{pmatrix}$$

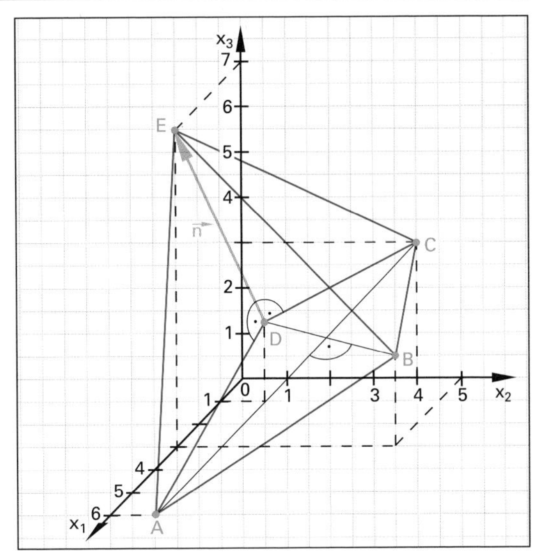

Bild 1: Pyramide

Gerade

> Bestimmen Sie die Gerade g, die senkrecht zur Drachenfläche durch den Punkt D verläuft.

$$g: \vec{x} = \begin{pmatrix}1\\1\\2\end{pmatrix} + r \cdot \begin{pmatrix}2\\-1\\5\end{pmatrix}$$

Körperberechnung

> Der Punkt E liegt auf der Geraden g. Bestimmen Sie diesen Punkt so, dass er vom Punkt D genau $\sqrt{30}$ Längeneinheiten entfernt ist und oberhalb der x_1x_2-Ebene liegt. Berechnen Sie das Volumen der Pyramide mit den Eckpunkten A, B, C, D und E.

$n = \sqrt{4 + 1 + 25} = \sqrt{30}$

Wegen $e_3 > 0$ gilt: $\vec{e} = \vec{d} + \vec{n}$

$$\vec{e} = \begin{pmatrix}1\\1\\2\end{pmatrix} + \begin{pmatrix}2\\-1\\5\end{pmatrix} = \begin{pmatrix}3\\0\\7\end{pmatrix} \qquad \Rightarrow E\,(3|0|7)$$

$$V_{Pyramide} = \frac{1}{3} \cdot A_{Drachen} \cdot n = \frac{1}{3} \cdot 16{,}43 \cdot 5{,}477 = 30 \text{ VE}$$

Zeichnung

> Zeichnen Sie die Pyramide mit den Eckpunkten A, B, C, D und E sowie die Gerade g in ein dreidimensionales Koordinatensystem (x_2-Achse und x_3-Achse: 1 LE = 1 cm; x_1-Achse mit Schrägbildwinkel 45° und 1 LE = $0{,}5 \cdot \sqrt{2}$ cm).

Ansicht **Bild 1**.

Punktprobe

> Überprüfen Sie, ob der Punkt P(4|2|1) auf der Strecke AC liegt.

$$\overrightarrow{AP} = \vec{p} - \vec{a} = \begin{pmatrix}4-6\\2-1\\1-0\end{pmatrix} = \begin{pmatrix}-2\\1\\1\end{pmatrix}$$

$$\overrightarrow{AP} = m \cdot \overrightarrow{AC} \Leftrightarrow \begin{pmatrix}-2\\1\\1\end{pmatrix} = m \cdot \begin{pmatrix}-6\\3\\3\end{pmatrix} \Rightarrow \text{erfüllt für } m = \frac{1}{3}$$

$\Rightarrow P \in AC$, da $0 \leq m \leq 1$.

9 Aufgaben aus der Praxis und Projektaufgaben

9.1 Kostenrechnung

Für einen Betrieb, der elektronische Bauteile produziert, ergibt sich für die Produktion von Halbleitern folgende Erlösfunktion E mit

$$E: x \mapsto E(x) = 15x + \frac{16}{3}$$

Dabei stellt x die Mengeneinheit (ME) dar (1 ME = 1000 Stück Halbleiter). Die Kosten für die Produktion wurden durch eine betriebliche Untersuchung ermittelt. Als Ergebnis der Untersuchung ergab sich die Kostenfunktion K mit der Funktionsgleichung

$$K: x \mapsto K(x) = \frac{2}{3}x^3 - 7x^2 + 27x + 1$$

1. Untersuchen Sie die Funktion K auf Monotonie.
2. Zeichnen Sie die Schaubilder der Funktionen E und K in ein rechtwinkeliges Koordinatensystem für
   $$0 \leq x \leq 8{,}5.$$
   Wählen Sie einen geeigneten Maßstab.
3. Welche Bedeutung haben die Schnittpunkte der Grafen der Funktionen K und E?
   Die Differenzfunktion aus Erlösfunktion E und Kostenfunktion K ist die Gewinnfunktion G
   $$G: x \mapsto G(x) = E(x) - K(x)$$
   Die Gewinnfunktion G gilt für die Bereiche $0 \leq x \leq 8{,}5$ (Mengeneinheiten).
4. Geben Sie die Gleichung der Gewinnfunktion an.
5. Bei 0,5 Mengeneinheiten wird weder Gewinn noch Verlust gemacht (Nullstelle der Funktion G). Untersuchen Sie die Funktion auf weitere solche Stellen und geben Sie deren Koordinaten an.
6. Für welche produzierten Mengeneinheiten ist der Gewinn am größten, für welche der Verlust am größten?
7. Berechnen Sie den Wendepunkt der Gewinnfunktion G und geben Sie die Bedeutung des Wendepunktes bezüglich der vorliegenden Problematik an.
8. Zeichnen Sie das Schaubild der Gewinnfunktion G in ein neues Koordinatensystem. Verwenden Sie einen geeigneten Maßstab.

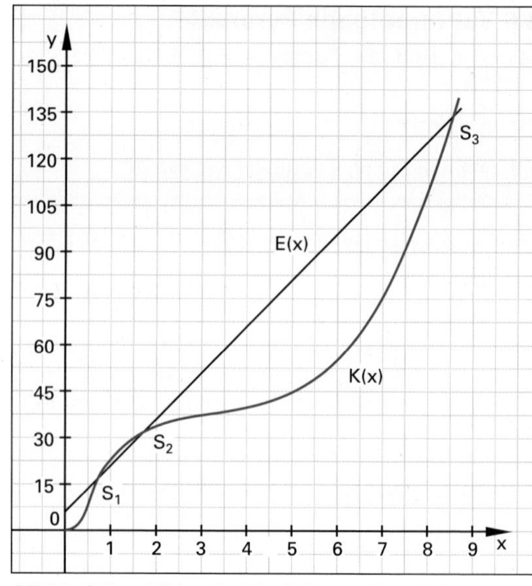

Bild 1: Schaubilder der Funktionen E und K

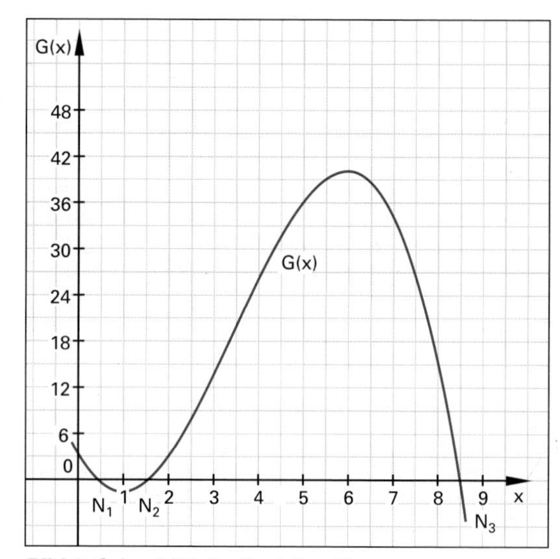

Bild 2: Schaubild der Funktion G

Lösungen:

1. K ist monoton steigend.
2. **Bild 1**
3. Bei Schnittpunkt 1 und 3 beginnt der Verlustbereich; bei Schnittpunkt 2 beginnt der Gewinnbereich.
4. $g(x) = -\frac{2}{3}x^3 + 7x^2 - 12x + \frac{13}{3}$
5. $N_2\ (5 - \sqrt{12}|0)$; $N_3\ (5 + \sqrt{12}|0)$
6. Maximaler Gewinn: $x = 6 \Rightarrow H\left(6\middle|\frac{121}{3}\right)$;
   größter Verlust: $x = 1 \Rightarrow T\left(1\middle|-\frac{4}{3}\right)$
7. Wendepunkt $W\left(\frac{7}{2}\middle|19{,}5\right)$; Gewinnsteigerung am größten
8. **Bild 2**

9.2 Optimierung einer Oberfläche

Bei einer Serienfertigung sollen zylindrische Dosen gefertigt werden. Das Volumen einer Dose soll 1 Liter betragen **(Bild 1)**. Es sollen bei einem Fertigungsprozess 45000 Stück hergestellt werden.

1. Berechnen Sie die Oberfläche einer Dose bei einer Dosenhöhe von h = 20,0 cm.

Im Folgenden gilt: $h, r \in \mathbb{R}^+$.

a) Bestimmen Sie die Gleichung O(r) für die Oberfläche der Dose in Abhängigkeit vom Dosenradius r.

b) Die Dose aus 2.1 soll in ihrem Durchmesser und ihrer Höhe so bemessen werden, dass der Materialverbrauch so gering wie möglich ausfällt. Für welchen Wert des Radius r liegt der geringste Materialverbrauch vor?

c) Berechnen Sie die geringste Oberfläche der Dose in cm^2.

d) Zeichnen Sie das Schaubild der Oberflächenfunktion O(r) in Abhängigkeit von r in ein rechtwinkeliges Koordinatensystem. Wählen Sie einen geeigneten Maßstab.

e) Bestimmen Sie das Verhältnis vom Durchmesser zur Höhe der Dose.

f) Berechnen Sie die Materialeinsparung in m^2 der gesamten Serienfertigung im Vergleich zu der Dosendimensionierung der Dose aus Teilaufgabe 1.

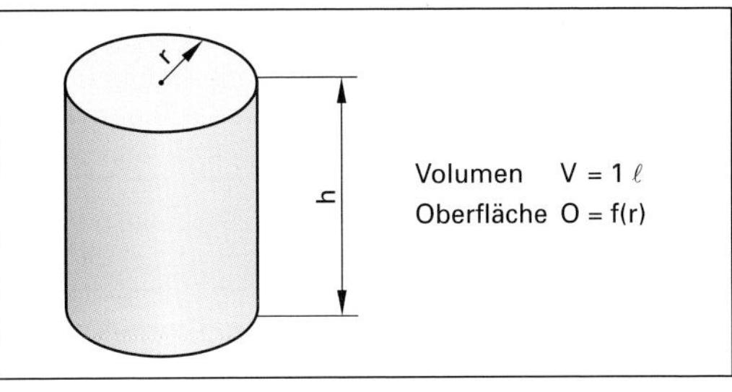

Bild 1: Zylindrische Dose

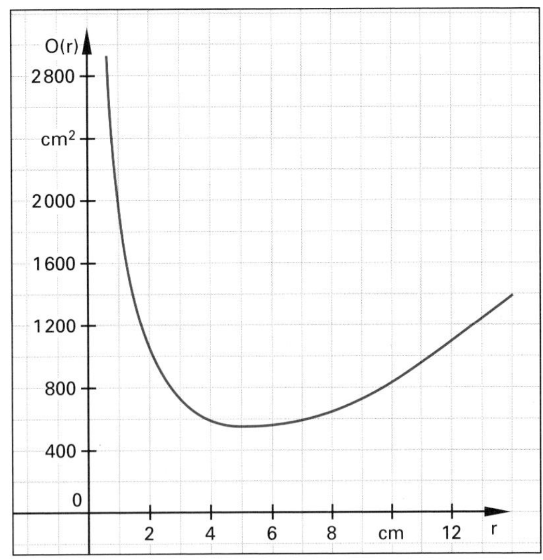

Bild 2: Schaubild der Oberflächenfunktion

9.3 Optimierung einer Fläche

Aus einer Bleikristallscheibe in einem Kirchenfenster ging bei einem Sturm eine rechteckige Scheibe zu Bruch. Das herausgebrochene Stück hat Parabelform, die mit der Funktionsgleichung $p(x) = x^2 + \frac{8}{3}$ beschrieben werden kann.

Aus der Glasplatte soll eine achsenparallele Scheibe mit möglichst großer Fläche herausgeschnitten werden **(Bild 3)**. Bei der Berechnung sind nur die Maßzahlen zu berücksichtigen.

2. a) Geben Sie die Funktionsgleichung A(u) für die Fläche der Scheibe in Abhängigkeit von der Abszisse u und des Punktes P (u|p(u)) an.

b) Geben Sie eine sinnvolle Definitionsmenge D für A(u) an.

c) Bestimmen Sie denjenigen Wert von u, für den der Flächeninhalt den größten Wert A_{max} annimmt. Berechnen Sie A_{max}.

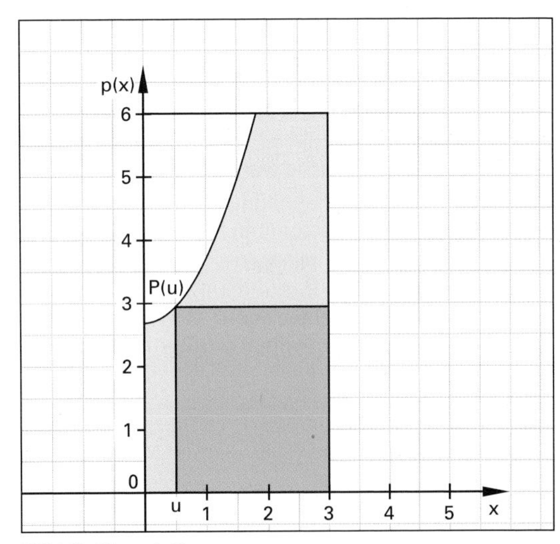

Bild 3: Glasplatte

Lösungen zu 9.2:

1. O = 601,43 cm^2 **a)** $O(r) = 2\pi r^2 + \frac{2000}{r}$

b) $r = \sqrt[3]{\frac{500}{\pi}} = 5{,}42$ **c)** $O_{min} = 553{,}58\ cm^2$

d) **Bild 2** **e)** $\frac{d}{h} = \frac{1}{1}$

f) $\Delta O = 215{,}32\ m^2$

Lösungen zu 9.3:

2. a) $A(u) = -u^3 + 3u^2 - \frac{8}{3}u + 8$

b) $D = \left\{u \mid 0 \leq u \leq \sqrt{\frac{10}{3}}\right\}_{\mathbb{R}}$

c) A(0) = 8 (Randmaximum)

9.4 Flächenmoment

Die Durchbiegung eines Bauteils bei Einwirkung einer Kraft von außen hängt u. a. von der Biegesteifigkeit des Bauteils ab.

> Ein Maß für die Biegesteifigkeit des Bauteils ist das Flächenmoment I.

Das Flächenmoment I ist unabhängig vom Material und es gilt das physikalische Gesetz:

> Je größer das Flächenmoment I, desto geringer die Durchbiegung des Bauteils bei Krafteinwirkung.

Für rechteckige Querschnitte **(Bild 1)** berechnet sich das Flächenmoment I durch

$$I = \frac{b \cdot h^3}{12}$$

Hierbei stellt b die Breite und h die Höhe des Querschnitts dar.

1. Geben Sie das Flächenmoment I für einen quadratischen Querschnitt an.
2. Berechnen Sie das Flächenmoment I für einen Flachstahl 20 mm x 80 mm.
3. Welches Flächenmoment ergibt sich, wenn der Flachstahl aus Teilaufgabe 2 nicht hochkant verwendet wird?

Aus einem Rundstahl mit dem Durchmesser 30 mm soll durch spanende Bearbeitung ein Bauteil mit rechteckigem Querschnitt **(Bild 2)** mit möglichst großer Tragfähigkeit gefertigt werden.

4. Stellen Sie das Flächenmoment I des Bauteils in Abhängigkeit der Bauteilhöhe h dar.
5. Geben Sie eine sinnvolle Definitionsmenge an.
6. Ermitteln Sie h so, dass das Flächenmoment für diesen Querschnitt seinen absolut größten Wert annimmt und geben Sie die Maßzahl für I_{max} an.
7. Zeichnen Sie das Schaubild I(h) für $0 \leq h \leq 30$ mm. Wählen Sie einen geeigneten Maßstab.
8. Berechnen Sie das Flächenmoment I des Quadrates, wenn aus dem Rundstahl mit d = 30 mm kein Bauteil mit rechteckigem Querschnitt, sondern ein Bauteil mit maximal größtem Querschnitt gefertigt worden wäre.

Lösungen:

1. $I = \frac{h^4}{12}$

2. $I = 853\,333{,}3\text{ mm}^4$

3. $I = 53\,333{,}3\text{ mm}^4$

4. $I(h) = \frac{1}{12}\sqrt{900\text{ mm}^2 - h^2} \cdot h^3$

5. $D_I = \{h|0 < h < 30\}_{\mathbb{R}}$

6. $h = \sqrt{675}$; $I_{max} = 21921{,}27\text{ mm}^4$

7. Bild 3

8. $I = 16\,875\text{ mm}^4$

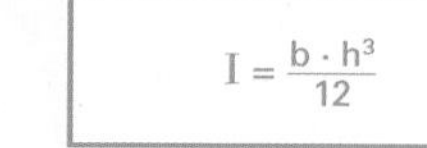

I Flächenmoment
b Breite
h Höhe

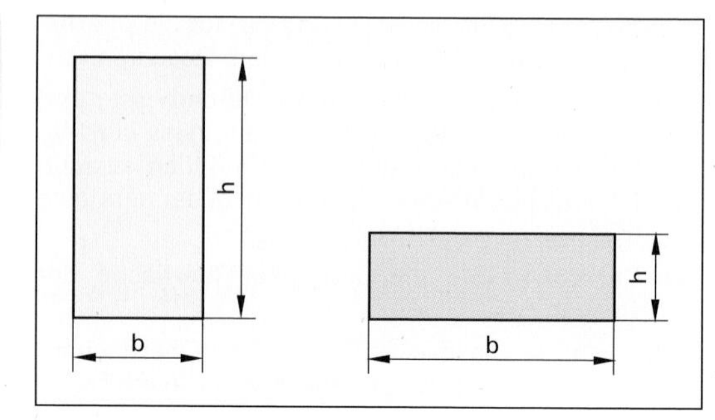

Bild 1: Rechteckige Querschnitte

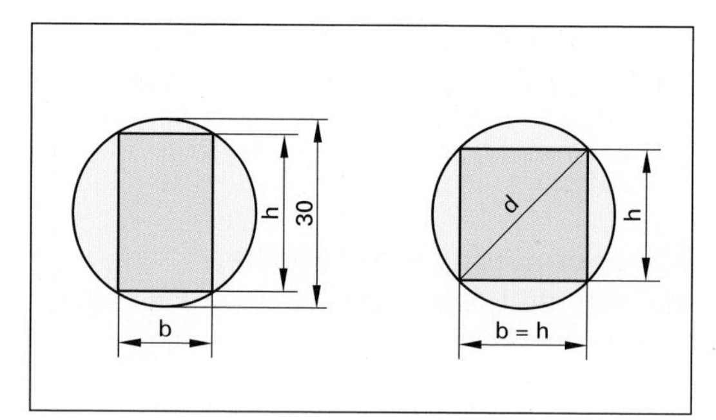

Bild 2: Rundstahl

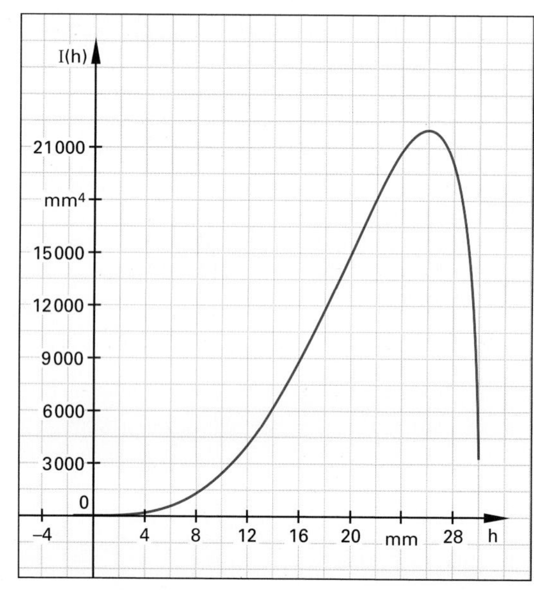

Bild 3: Schaubild der Funktion des Flächenmoments

9.5 Sammellinse einer Kamera

Die Sammellinse einer Kamera mit der Brennweite f = 50 mm erzeugt von einem Gegenstand G ein Bild B im Abstand b **(Bild 1)**. Der Gegenstand befindet sich im Abstand g, wobei $g > f$ gilt, vor der Linse.

Für diese Anordnung gilt die physikalische Gesetzmäßigkeit:

$$\frac{1}{f} = \frac{1}{g} + \frac{1}{b}$$

Dabei wird b als Bildweite und g als Gegenstandsweite bezeichnet. Das Schaubild der Bildweite wird mit K bezeichnet.

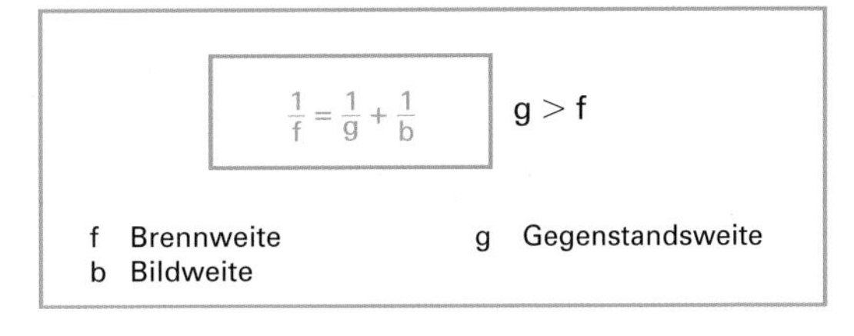

1. Stellen Sie die Bildweite b als Funktion der Gegenstandsweite g dar.
2. Geben Sie den Definitionsbereich an.
3. Untersuchen Sie das Schaubild K der Funktion b(g) für f = 50 mm auf Nullstellen.
4. Untersuchen Sie das Schaubild K der Funktion b(g) für f = 50 mm auf relative Extremwerte und Wendepunkte.
5. Untersuchen Sie das Verhalten des Schaubilds K der Funktion b(g) für $g \to \infty$ und das Verhalten an der Definitionslücke. Geben Sie alle Asymptoten an.
6. Zeichnen Sie das Schaubild K in ein kartesisches Koordinatensystem für $50 \text{ mm} < g \leq 500 \text{ mm}$. Berechnen Sie b (60 mm) und b (75 mm). Wählen Sie einen geeigneten Maßstab.
7. Stellen Sie den Abstand a des Gegenstandes G von seinem Bild B allgemein als Funktion von g dar ($f > 0$ und f = konstant).
8. Bestimmen Sie die Gegenstandsweite so, dass die Entfernung (Abstand) des Gegenstandes G von seinem Bild B möglichst klein wird.
9. Zeichnen Sie das Schaubild der Funktion a(g) für f = 50 mm in ein rechtwinkeliges Koordinatensystem im Bereich $50 < g \leq 300$. Wählen Sie einen geeigneten Maßstab.

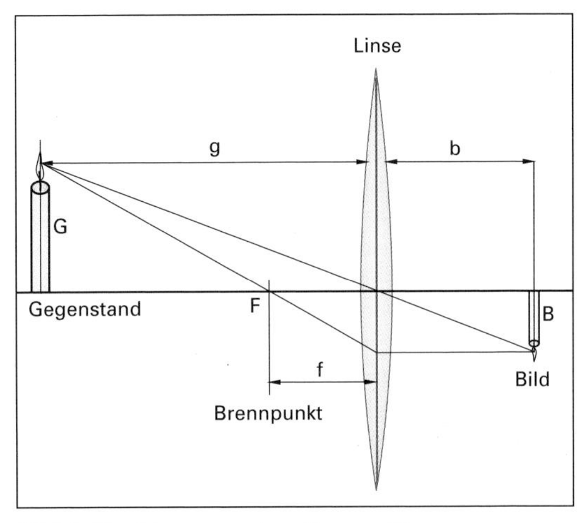

Bild 1: Strahlengang einer Sammellinse

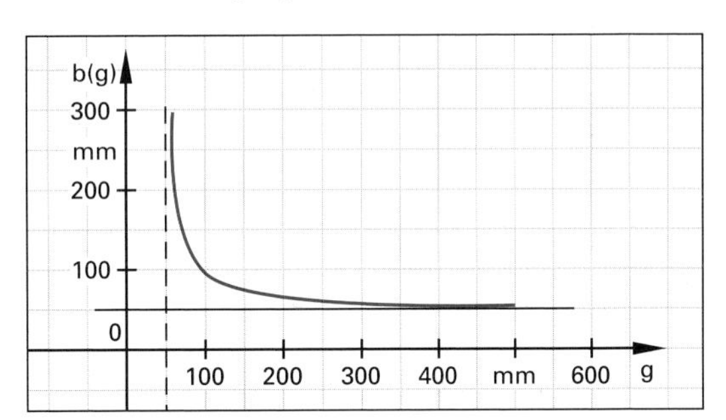

Bild 2: Schaubild K

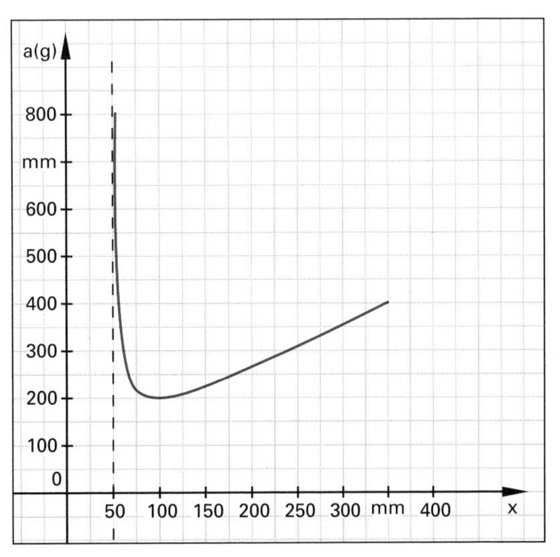

Bild 3: Schaubild der Funktion a(g)

Lösungen:

1. $b(g) = \frac{g \cdot f}{g - f}$
2. $D_b = \{g | 50 < g < \infty\}$
3. Es existieren keine Nullstellen.
4. Es existieren keine relativen Extremwerte und keine Wendepunkte.
5. $\lim\limits_{g \to \infty} b(g) = 50$; $\lim\limits_{g \to 50^+} b(g) \to +\infty$;
   Asymptoten: g = 50; y = 50
6. **Bild 2**
7. $a(g) = \frac{g^2}{g - f}$; f = konstant
8. $g_2 = 2f$; Minimum T (2f|4f)
9. **Bild 3**

9.6 Abkühlvorgang

In einem Versuchslabor werden Materialien erwärmt und ausgetestet. Bei einer bestimmten Legierung verändert sich die Temperatur $\vartheta(t)$ des Probestückes in Abhängigkeit von der Zeit t nach folgendem Gesetz:

$$\vartheta(t) = 50 + 150 \cdot e^{-kt};\ k > 0$$

Dabei gilt die Zeit t in Minuten und $\vartheta(t)$ in °C. Das Schaubild der Funktion ϑ in einem rechtwinkligen Koordinatensystem wird mit K bezeichnet.

1. a) Handelt es sich bei dieser Gesetzmäßigkeit um einen Aufheiz- oder Abkühlvorgang?

b) Welche Temperaturen kann der Probekörper für $t \geq 0$ annehmen?

c) Berechnen Sie k auf drei Dezimale gerundet, wenn das Messgerät nach den ersten 45 Minuten eine Körpertemperatur von 60,1 °C anzeigt.

d) Um wie viel Grad Celsius nimmt die Temperatur nach der 1. Minute ab?

e) Nach welcher Zeit besitzt der Probekörper nur noch eine Temperatur von 60 °C?

f) Zeichnen Sie das Schaubild der Funktion $\vartheta(t)$ für $0 \leq t \leq 90$. Wählen Sie einen geeigneten Maßstab für die Achsen.

$$\vartheta(t) = 50 + 150 \cdot e^{-kt} \quad k > 0$$

$\vartheta(t)$ Temperatur in Abhängigkeit von der Zeit
k Koeffizient
t Zeit

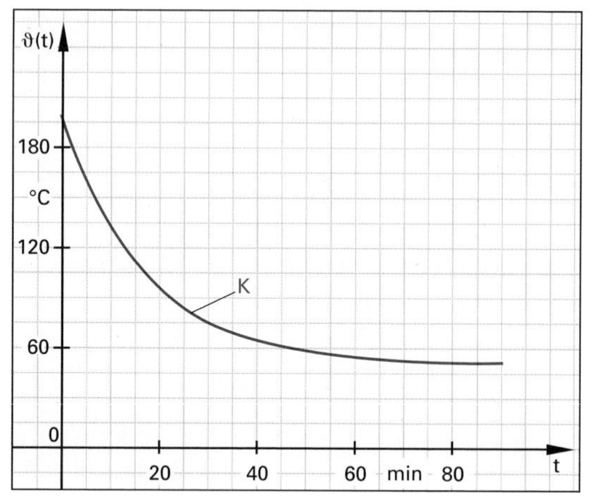

Bild 1: Schaubild K

9.7 Entladevorgang

Ein Kondensator wird über einen Widerstand R = 50 kΩ entladen **(Bild 2)**. Für t = 0 s liegt die Spannung $U_0 = 200$ V an. Nach 10 s ist die Stromstärke auf $I(10s) = 3{,}6 \cdot 10^{-3}$ A gesunken. Die Strom-Zeit-Funktion beim Entladen eines Kondensators lautet:

$$I(t) = I_0 \cdot e^{-\frac{t}{\tau}}$$

2. a) Zeigen Sie mit dem ohmschen Gesetz $U = R \cdot I$, dass der Anfangsstrom $I_0 = 4{,}0 \cdot 10^{-3}$ A hat.

b) Bestimmen Sie die Zeitkonstante τ und geben Sie die Strom-Zeit-Funktion an.

c) Berechnen Sie die Stromstärke zur Zeit t = 20 s.

d) Zeichnen Sie das Schaubild der Strom-Zeit-Funktion für den Zeitraum $0\ s \leq t \leq 200\ s$ (10 s = 1 cm; $0{,}5 \cdot 10^{-3}$ A = 1 cm).

e) Bestimmen Sie die Halbwertszeit t_H, nach der die Stromstärke auf die Hälfte ihres Ausgangswertes gesunken ist.

f) Die Fläche zwischen der Strom-Zeit-Funktion und der Zeitachse gibt die Ladungsmenge an, die der Kondensator beim Entladen abgibt. Ermitteln Sie mithilfe dieser Fläche die Ladung Q, die in den ersten 100 s abfließt.

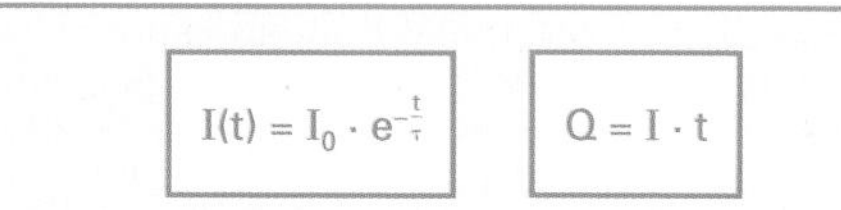

$I(t)$ Strom in Abhängigkeit von der Zeit
I_0 Anfangsstrom
t Zeit
τ Zeitkonstante
Q Ladungsmenge

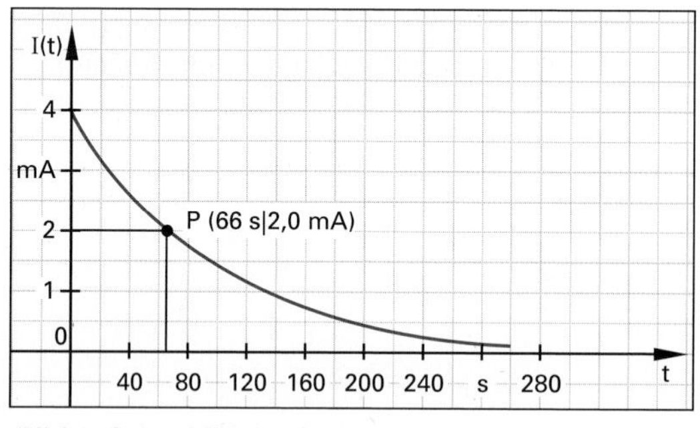

Bild 2: Schaubild der Strom-Zeit-Funktion

Lösungen zu 9.6:

1. a) Abkühlvorgang

b) $50\ °C < \vartheta(t) \leq 200\ °C$

c) k = 0,060

d) $\Delta\vartheta = 8{,}74$ °C

e) t = 45,13 min

f) Bild 1

Lösungen zu 9.7:

2. a) $I_0 = 4{,}0 \cdot 10^{-3}$ A = 4 mA

b) $\tau = 94{,}91$ s; $I(t) = 4\ mA \cdot e^{-0{,}0105\ s^{-1} \cdot t}$

c) $I(20\ s) = 3{,}2 \cdot 10^{-3}$ A = 3,2 mA

d) Bild 2

e) $t_H = 66$ s

f) Q = 0,248 As

9.8 Wintergarten

Ein Architekt entwirft mit einer Gebäudeplanungssoftware den Anbau eines Wintergartens an ein Wohnhaus für einen Kunden **(Bild 1)**. Das Dach des Wintergartens hat die Eckpunkte A (6|6|3,6), B (10|6|2,4), C (10|13|2,4), D (3|13|2,4), E (3|10|3,6) und F (6|10|3,6). 1 LE ≙ 1 m. Das Dach des Wintergartens soll aus Kupfer hergestellt werden.

1. a) Wie viele Quadratmeter Kupfer werden für das Dach des Wintergartens benötigt?

b) Bestimmen Sie die Bildpunkte A', B', C', D', E' und F' in der x_1x_2-Ebene.

c) Wie viele Quadratmeter Glas werden für die Seitenflächen des Wintergartens benötigt?

d) Wie groß ist der Raumgewinn in Kubikmetern für den Kunden? Berechnen Sie das Gesamtvolumen V aus den Teilvolumina aus **Bild 2**.

9.9 Bauvorhaben Kirche

In einer Stadt soll eine Kirche entstehen. Das Bauvorhaben wird ausgeschrieben. Ein Architektenbüro fertigt eine Skizze an **(Bild 3)**. Die Eckpunkte der Kirche sind A (4|0|0), B (12|0|0), C (20|14|0), D (20|28|0), E (12|32|0), F (4|32|0), G (0|14|0), H (4|0|8), I (12|0|8), J (20|14|8), K (20|28|8), L (12|32|8), M (4|32|8), N (0|14|8) und S (8|24|20). 1 LE ≙ 1 m.

2. a) Den umbauten Kubikmeter Raum berechnet das Architektenbüro mit 1 000 €. Mit welchen Kosten für den Bauherren bewirbt sich das Architektenbüro?

b) Für die Dachkonstruktion sind sieben Stahlstreben zur Dachspitze erforderlich **(Bild 3)**. Berechnen Sie die Längen der Stahlstreben.

9.10 Aushub Freibad

3. Eine Stadt plant im Freibad ein Erlebnisbecken zu bauen. Der Aushub für das Becken wird durch die Eckpunkte A (6|0|0), B (12|0|0), C (12|25,5|0), D (0|25,5|0), E (0|3|0), F (6|3|0), G (6|3|–1,5), H (12|3|–1,5), I (12|16,5|–1,5), J (12|18|–4,5), K (12|25,5|–4,5), L (0|25,5|–4,5), M (0|18|–4,5), N (0|16,5|–1,5) und P (0|3|–1,5) begrenzt **(Bild 4)**. Für einen Kubikmeter Erdaushub rechnet die Stadt mit 56 €.

Welche Kosten für den Aushub kommen auf die Stadt zu?

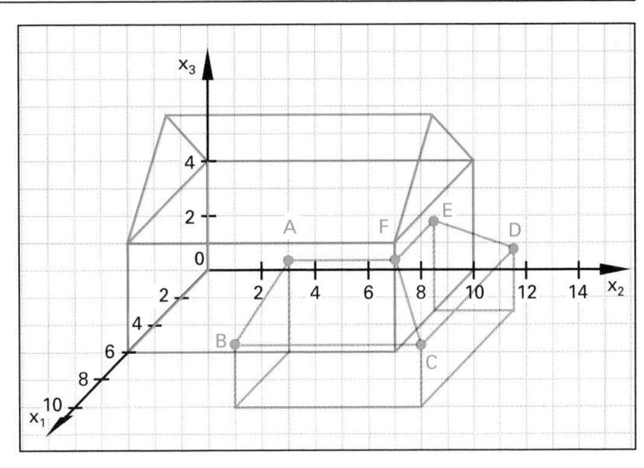

Bild 1: Haus mit Wintergarten

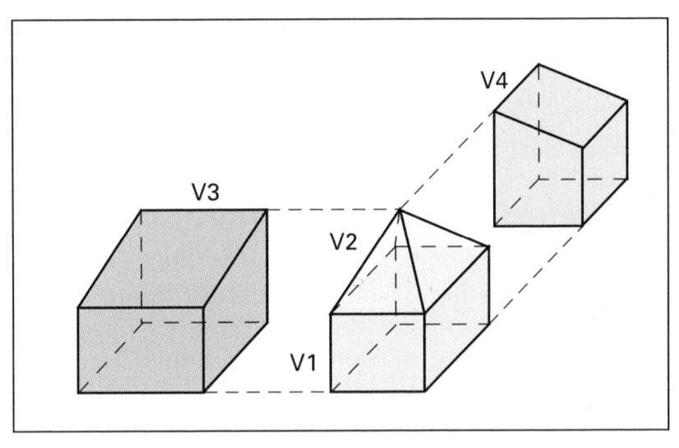

Bild 2: Teilvolumina des Wintergartens

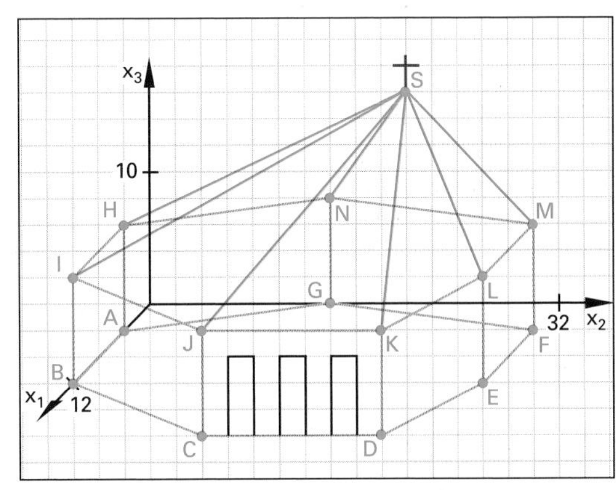

Bild 3: Bauvorhaben Kirche

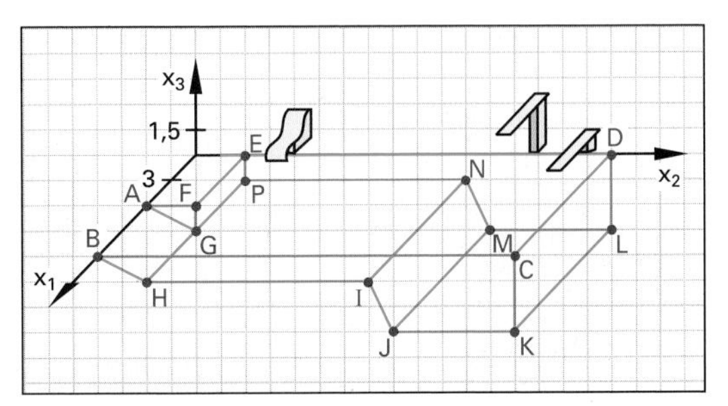

Bild 4: Wasserbecken

Lösungen zu 9.8:

1. a) 39,12 m²

b) A' (6|6|0), B' (10|6|0), C' (10|13|0), D' (3|10|0), E' (3|10|0), F' (6|10|0)

c) 54,6 m² **d)** 108,6 m³

Lösungen zu 9.9:

2. a) 6 048 000 €

b) 27,13 m; 27,13 m; 19,7 m; 17,44 m; 14,97 m; 14,97 m; 17,55 m

Lösung zu 9.10:

3. 40 068 €

9.11 Berechnung von elektrischer Arbeit und Leistung

Bei elektrischen Betriebsmitteln ist häufig für die elektrische Spannung oder für den elektrischen Strom ein Bemessungswert angegeben.

Dieser Bemessungswert beträgt für die sinusförmige Netzwechselspannung 230 V. Er entspricht dem Gleichstromwert.

Die Berechnungen der elektrischen Leistung und der elektrischen Arbeit bei Gleichstrom erfolgen nach den Gleichungen in **Tabelle 1**.

Aufgabe:

1. Eine Glühlampe mit der Aufschrift 12 V/24 W soll an Gleichspannung betrieben werden.
   Berechnen Sie:
   a) die Stromstärke **b)** den Widerstand
   c) die elektrische Leistung P
   d) die elektrische Arbeit W nach einer Zeit von 20 ms.

9.12 Sinusförmige Wechselgrößen

Für die Berechnung von Momentanwerten bei sinusförmigen Wechselgrößen benötigt man deren zeitabhängigen Funktionsgleichungen **(Tabelle 2)**. Dabei ist ω die Kreisfrequenz, die von der gegebenen Frequenz f bzw. von der Periodendauer T abhängt.

Die Scheitelwerte von Strom und Spannung î und û werden auch Amplituden genannt.

Wird an einen ohmschen Widerstand R eine sinusförmige Wechselspannung u(t) gelegt, so fließt ein sinusförmiger Wechselstrom i(t) **(Bild 1)**.

Will man den Verlauf der Leistungskurve, so benötigt man die Funktionsgleichung der elektrischen Leistung, die sich aus dem Produkt der Funktionsgleichungen von Strom und Spannung ergibt.

Aufgabe:

2. Die Glühlampe 12 V/6 Ω soll nun an der sinusförmigen Wechselspannung $u(t) = 12\sqrt{2}\ V \cdot \sin(\omega t)$ mit der Frequenz f = 50 Hz betrieben werden.
   Berechnen Sie:
   a) die Amplitude û der Wechselspannung,
   b) die Periodendauer T,
   c) die Kreisfrequenz ω,
   d) die Momentanspannung für t = 15 ms,
   e) den Zeitpunkt t_0, bei dem die Spannung den Wert $u(t_0) = 12$ V hat,
   f) die Amplitude î des Wechselstroms,
   g) die Amplitude $\hat{p}$ der Wechselleistung.

Lösungen:
1. a) I = 2 A **b)** R = 6 Ω **c)** P = 24 W **d)** W = 480 mWs
2. a) û = 16,97 V **b)** T = 20 ms **c)** $\omega = 314{,}15\ \frac{1}{s}$
d) u = –16,97 V **e)** $t_1 = 2{,}5$ ms; $t_2 = 7{,}5$ ms
f) î = 2,83 A **g)** $\hat{p} = 48$ W

$$\omega = 2 \cdot \pi \cdot f = \frac{2 \cdot \pi}{T} \quad \text{mit } f = \frac{1}{T}\ [f] = \frac{1}{s} = 1\ \text{Hz}$$

Tabelle 1: Gleichstromgrößen

Größen	Funktionsgleichungen
Gleichspannung	$u_{-}(t) = U = U_{eff}$
Gleichstrom	$i_{-}(t) = I_{eff} = I$
Gleichstromleistung	$p_{-}(t) = u_{-}(t) \cdot i_{-}(t)$ $= U \cdot I = U_{eff} \cdot I_{eff}$
Elektrische Arbeit bei Gleichstrom	$W = p_{-}(t) \cdot T = U \cdot I \cdot T$ $W = \frac{U^2 \cdot T}{R}$

I, U, P, W Gleichwerte von Strom, Spannung, Leistung und Arbeit
I_{eff}, U_{eff} Effektivwerte von Strom und Spannung
T Periodendauer
R Widerstand

Tabelle 2: Sinusförmige Wechselstromgrößen

Größen	Funktionsgleichungen
Wechselspannung	$u_{\sim}(t) = \hat{u} \cdot \sin(\omega \cdot t)$
Wechselstrom	$i_{\sim}(t) = \hat{i} \cdot \sin(\omega \cdot t)$
Elektrische Leistung bei Wechselstrom:	$p_{\sim}(t) = u(t) \cdot i(t)$ $= \hat{u} \cdot \hat{i} \cdot \sin^2(\omega \cdot t)$ $p_{\sim}(t) = \hat{p} \cdot \sin^2(\omega \cdot t)$

$i_{\sim}(t)$, $u_{\sim}(t)$, $p_{\sim}(t)$ Momentanwerte von I, U, P
î, û Amplituden (Scheitelwerte) von i und u
ω Kreisfrequenz (Winkelgeschwindigkeit)

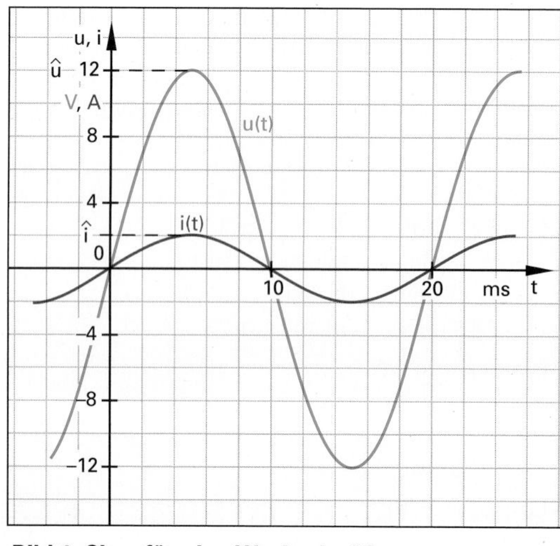

Bild 1: Sinusförmige Wechselgrößen

9.13 Effektivwertberechnung

Zur Bestimmung der elektrischen Arbeit bei sinusförmiger Wechselspannung benötigt man die Funktionsgleichung der elektrischen Leistung **(Tabelle 1; Bild 1)**. Die elektrische Arbeit bei sinusförmigen Wechselgrößen entspricht der Fläche unter der Leistungskurve bezogen auf ein bestimmtes Zeitintervall, z. B. t = T **(Bild 2)**.

Setzt man die Gleichstromarbeit im bezogenenen Intervall gleich der Wechselstromarbeit $W_{-} = W_{\sim}$, so erhält man die Effektivwerte für die

Spannung: $\frac{u^2_{eff} \cdot T}{R} = \frac{\hat{u}^2 \cdot T}{2R} \Leftrightarrow u_{eff} = \frac{\hat{u}}{\sqrt{2}}$

oder den Strom $i^2_{eff} \cdot T \cdot R = \frac{\hat{\imath}^2 \cdot T \cdot R}{2} \Leftrightarrow i_{eff} = \frac{\hat{\imath}}{\sqrt{2}}$.

Der Effektivwert U_{eff} einer sinusförmigen Wechselspannung ist der Wert, der an einem ohmschen Widerstand R die gleiche elektrische Arbeit W verrichtet wie eine entsprechende Gleichspannung.

Aufgabe:

1. Die Glühlampe (12 V/24 W) aus dem vorherigen Kapitel hat den Widerstand R = 6 Ω und liegt an der sinusförmigen Wechselspannung $u(t) = 12 \cdot \sqrt{2}\ V \cdot \sin(\omega t)$ mit der Frequenz f = 50 Hz.

   Bestimmen Sie:

   a) die Funktionsgleichung für den Strom i(t),

   b) die Funktionsgleichung für die Leistung p(t),

   c) die momentanen Leistungen bei t_1 = 5 ms und t_2 = 10 ms,

   d) die elektrische Arbeit nach einer Periodendauer T = 20 ms,

   e) die Effektivwerte für den Strom i und die Spannung u.

Lösungen:

1. a) $i(t) = \hat{\imath} \cdot \sin(\omega t) = 2\sqrt{2} \cdot \sin(100\pi \cdot t)$ A

b) $p(t) = \hat{p} \cdot \sin^2(\omega t) = 48 \cdot \sin^2(100\pi \cdot t)$ W

c) p(5 ms) = 48 W; p(10 ms) = 0 W

d) $W_{\sim}$ = 0,48 Ws

e) u_{eff} = 12 V; i_{eff} = 2 A

Tabelle 1: Sinusförmige Wechselgrößen

Größen	Funktionsgleichungen
sinusförmige Wechselspannung	$u(t) = \hat{u} \cdot \sin(\omega t)$ $u(t) = \hat{u} \cdot \sin\left(2 \cdot \pi \cdot \frac{t}{T}\right)$
sinusförmiger Wechselstrom	$i(t) = \hat{\imath} \cdot \sin(\omega t)$ $i(t) = \hat{\imath} \cdot \sin\left(2 \cdot \pi \cdot \frac{t}{T}\right)$
Wechselstromleistung	$p(t) = u(t) \cdot i(t)$ $= \hat{\imath} \cdot \hat{u} \cdot \sin^2(\omega t)$ $p(t) = \hat{p} \cdot \sin^2\left(2 \cdot \pi \cdot \frac{t}{T}\right)$
elektrische Arbeit	$W_{\sim} = \int_0^T p(t)dt = \frac{1}{R} \cdot \int_0^T u^2(t)dt$ $= \frac{1}{R} \cdot \int_0^T \hat{u}^2 \cdot \sin^2(t)dt$ $= \frac{\hat{u}^2}{R} \cdot \int_0^T \frac{1}{2} \cdot (1 - \cos(2\omega t)) \cdot dt$ $= \frac{\hat{u}^2}{2R} \cdot \left[t - \frac{1}{2\omega}\sin(2\omega t)\right]_0^T$ $W_{\sim} = \frac{T \cdot \hat{u}^2}{2R}$

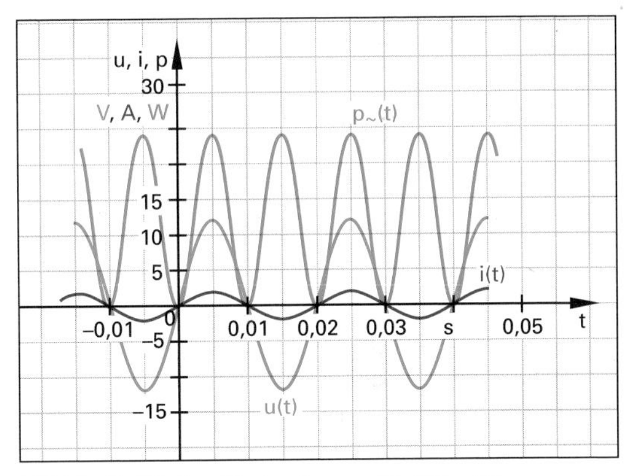

Bild 1: Zeitlicher Verlauf von u(t), i(t), p(t)

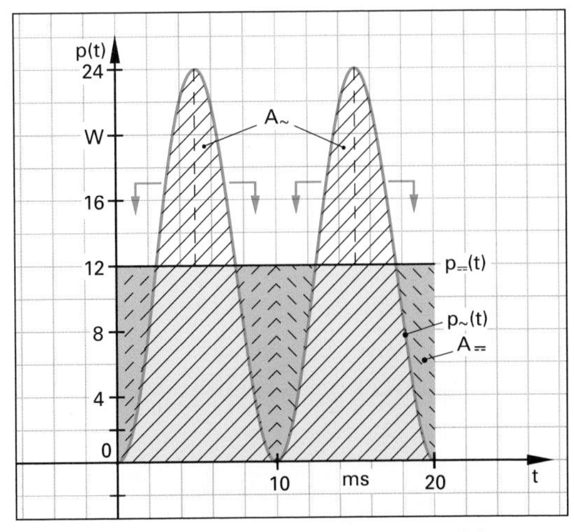

Bild 2: Arbeit und Leistung bei Wechselgrößen

10 Projektaufgaben

10.1 Pyramide

Mit der Vektorrechnung kann man Flächen, Seiten und Winkel im Raum berechnen. Für diese Berechnungen müssen nur entsprechende Punkte des Körpers als Ortsvektoren festgelegt werden, damit ein entsprechendes Modell konstruiert werden kann **(Bild 1)**.

Vorgehen:

- Definition der Ortsvektoren für den Körper **(Bild 1)**,
- alle Seiten und Winkel berechnen,
- eine Abwicklung auf Papier zeichnen **(Bild 2)** und
- Falten und Zusammenkleben des Modells **(Bild 3)**.

Beispiel 1: Pyramide

Eine Pyramide wird durch drei Ortsvektoren $\vec{a}$, $\vec{b}$ und $\vec{c}$ aufgespannt.

Es sei

$\vec{a} = \overrightarrow{OA}$, $\vec{b} = \overrightarrow{OB}$, $\vec{c} = \overrightarrow{OC}$

a = 6 LE, b = 8 LE, c = 10 LE

$\measuredangle(\vec{a}; \vec{b}) = 60°$, $\measuredangle(\vec{a}; \vec{c}) = 90°$, $\measuredangle(\vec{b}; \vec{c}) = 90°$

a) Geben Sie die Ortsvektoren für die Pyramide in **Bild 1** an.

b) Berechnen Sie alle Seiten und Winkel.

c) Zeichnen Sie eine Abwicklung der Pyramide auf Papier **(Bild 2)**.

d) Kleben und falten Sie das Modell der Pyramide **(Bild 3)**.

Lösung:

a) Die Pyramide wird so in das Koordinatensystem gestellt, dass der Vektor $\vec{a}$ auf der x_1-Achse liegt. Der Vektor $\vec{b}$ wird mithilfe der Winkelfunktionen berechnet **(Bild 1)**.

$b_1 = \cos ß_1 \cdot b = \cos 60° \cdot 8 = \mathbf{4}$

$b_2 = \sqrt{b^2 - b_1^2} = \sqrt{8^2 - 4^2} = \sqrt{48} = \mathbf{6{,}9}$

$$\vec{a} = \begin{pmatrix}6\\0\\0\end{pmatrix}, \vec{b} = \begin{pmatrix}b_1\\b_2\\0\end{pmatrix} = \begin{pmatrix}4\\6{,}9\\0\end{pmatrix}, \vec{c} = \begin{pmatrix}0\\0\\10\end{pmatrix}$$

b) Nachdem alle Eckpunkte bekannt sind, können alle Winkel und Seiten berechnet werden. Die Winkel wurden auf 1° gerundet.

Fläche 1:	$\alpha_1 = 39°$	$\alpha_2 = 90°$	$\alpha_3 = 51°$
	b = 8 LE	c = 10 LE	$\overline{BC} = 12{,}8$ LE
Fläche 2:	$\beta_1 = 60°$	$\beta_2 = 46°$	$\beta_3 = 74°$
	b = 8 LE	$\overline{AB} = 7{,}2$ LE	a = 6 LE
Fläche 3:	$\gamma_1 = 90°$	$\gamma_2 = 59°$	$\gamma_3 = 31°$
	a = 6 LE	c = 10 LE	$\overline{AC} = 11{,}7$ LE
Fläche 4:	$\delta_1 = 64°$	$\delta_2 = 34°$	$\delta_3 = 82°$
	$\overline{AB} = 7{,}2$ LE	$\overline{AC} = 11{,}7$ LE	$\overline{BC} = 12{,}8$ LE

c) **Bild 2** d) **Bild 3**

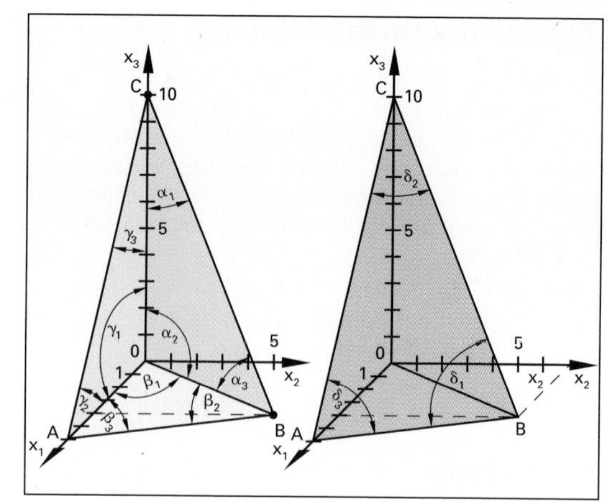

Bild 1: Pyramide

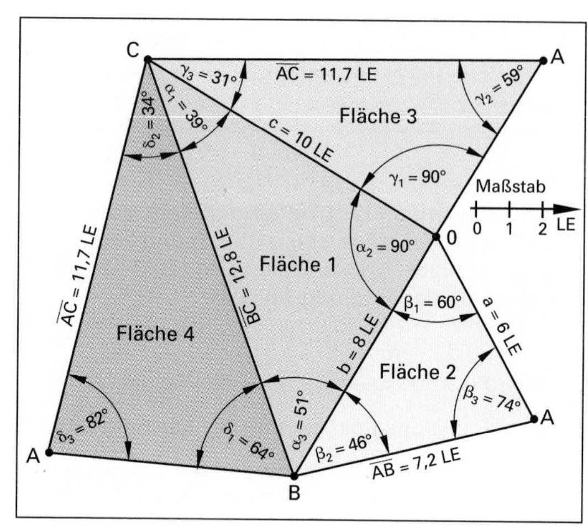

Bild 2: Abwicklung der Pyramide

Bild 3: Modell der Pyramide

10.2 Kugelfangtrichter für Luftgewehre

Bei einem Kugelfang für Luftgewehre wird ein Trichter aus Blech hergestellt und in die Trichteröffnung eine Zielscheibe aus Papier geklemmt **(Bild 1)**.

Beispiel 1: Kugelfangtrichter

Der obere Teil eines Kugelfangtrichters gehört zu einer regelmäßigen senkrechten Pyramide mit der Grundseite a = 5 dm und der Höhe h = 4 dm **(Bild 2)**. Diese geht ab der Mitte in einen Quader der Höhe 0,5h über. Der Pyramidenstumpf hat ebenfalls die Höhe 0,5h = 2 dm.

a) Zeichnen Sie den Kugelfangtrichter in ein geeignetes Koordinatensystem ein und wählen Sie geeignete Eckpunkte.

b) Der Trichter wird aus Blech hergestellt. Zeichnen Sie eine Abwicklung vom Trichter, die bei der Fertigung möglichst wenig Lötstellen hat.

c) Wie viel dm² Blech benötigt man?

Lösung:

a) **Bild 2** $A_1(5|0|4)$, $A_2(5|5|4)$, $A_3(0|5|4)$, $A_4(0|0|4)$, $H(2{,}5|2{,}5|0)$

b) B_1 wird ermittelt, indem man die Gerade g_1 **(Bild 2)** durch die Punkte A_1 und H berechnet und eine Punktprobe für $B_1(b_{11}|b_{12}|2)$ durchführt.

$$g_1: \vec{x} = \begin{pmatrix}5\\0\\4\end{pmatrix} + r \cdot \begin{pmatrix}-2{,}5\\2{,}5\\-4\end{pmatrix} = \begin{pmatrix}b_{11}\\b_{12}\\2\end{pmatrix} \Rightarrow \mathbf{B_1(3{,}75|1{,}25|2)}$$

Eckpunkt C_1 des Quaders:

$$\vec{c_1} = \vec{b_1} - \begin{pmatrix}0\\0\\2\end{pmatrix} \Rightarrow \mathbf{C_1(3{,}75|1{,}25|0)}$$

Durch Rechnung weitere Ergebnisse:

$\mathbf{B_2(3{,}75|3{,}75|2)}$, $\mathbf{C_2(3{,}75|3{,}75|0)}$

$\mathbf{B_3(1{,}25|3{,}75|2)}$, $\mathbf{C_3(1{,}25|3{,}75|0)}$

$\mathbf{B_4(1{,}25|1{,}25|2)}$, $\mathbf{C_4(1{,}25|1{,}25|0)}$

Nachdem alle Eckpunkte bekannt sind, können alle Winkel, Seiten und Höhen berechnet sowie die Abwicklung **(Bild 3)** gezeichnet werden.

Eine Fläche A_P des Pyramidenstumpfs:

$\alpha_1 = \alpha_2 = 62{,}1°$ $\alpha_3 = \alpha_4 = 117{,}9°$

$\overline{A_1A_2} = 5$ dm $\overline{B_1B_2} = 2{,}5$ dm

$\overline{A_1B_1} = 2{,}67$ dm $h_1 = 2{,}36$ dm

$\mathbf{A_P = 8{,}85\ dm^2}$

Eine Fläche A_Q des Quaders:

$\overline{B_1B_2} = 2{,}5$ dm $h_2 = 2$ dm

$\mathbf{A_Q = 5\ dm^2}$

c) $A = 4 \cdot A_P + 4 \cdot A_Q = 4\,(A_P + A_Q)$

$= 4 \cdot \left[0{,}5 \cdot \left(\overline{A_1A_2} + \overline{B_1B_2}\right) \cdot h_1 + \overline{B_1B_2} \cdot h_2\right]$

$= 4\,[0{,}5 \cdot (5\text{ dm} + 2{,}5\text{ dm}) \cdot 2{,}36\text{ dm} + 2{,}5\text{ dm} \cdot 2\text{ dm}]$

$\mathbf{A = 55{,}4\ dm^2}$

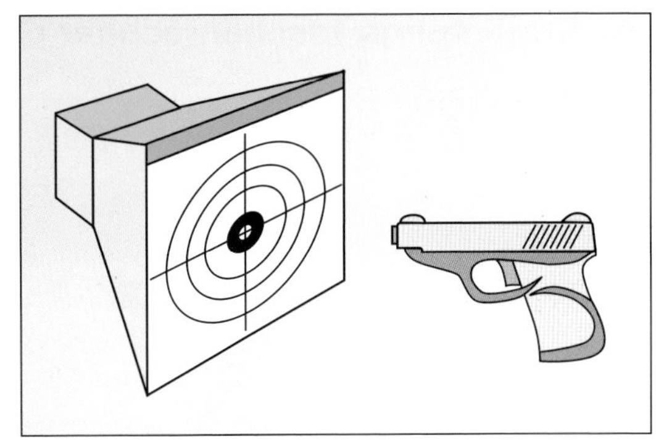

Bild 1: Kugelfangtrichter für Luftpistolen

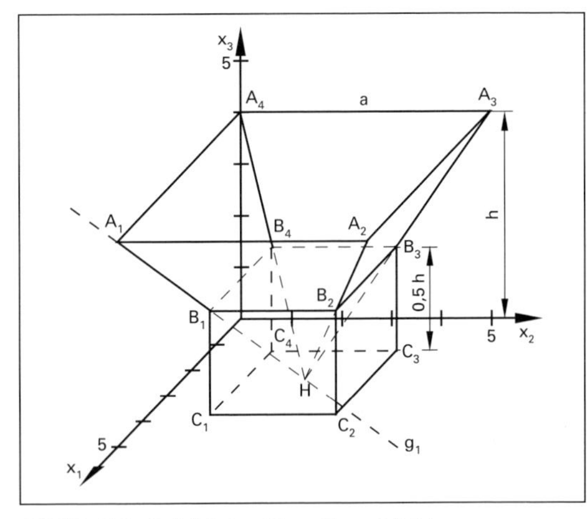

Bild 2: Schrägbild des Kugelfangtrichters

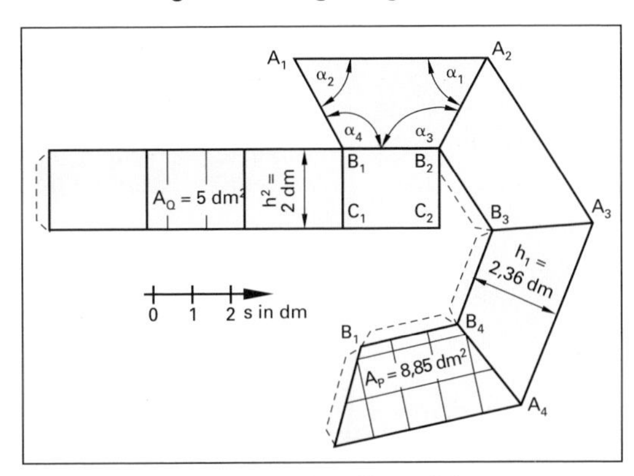

Bild 3: Abwicklung des Kugelfangtrichters

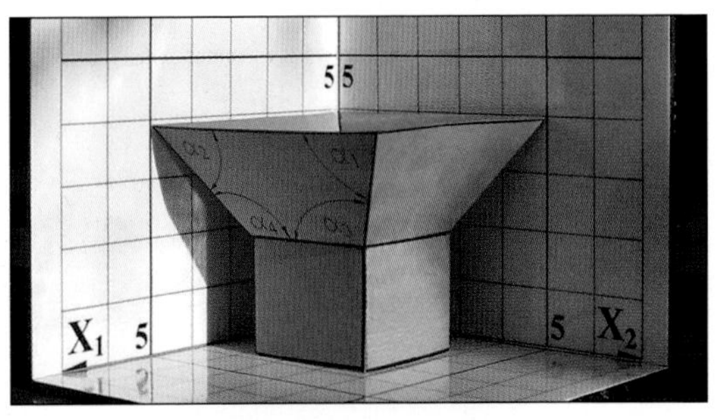

Bild 4: Modell des Kugelfangtrichters

11. Grafikfähige Taschenrechner GTR

11.1 GTR CASIO CFX-9850

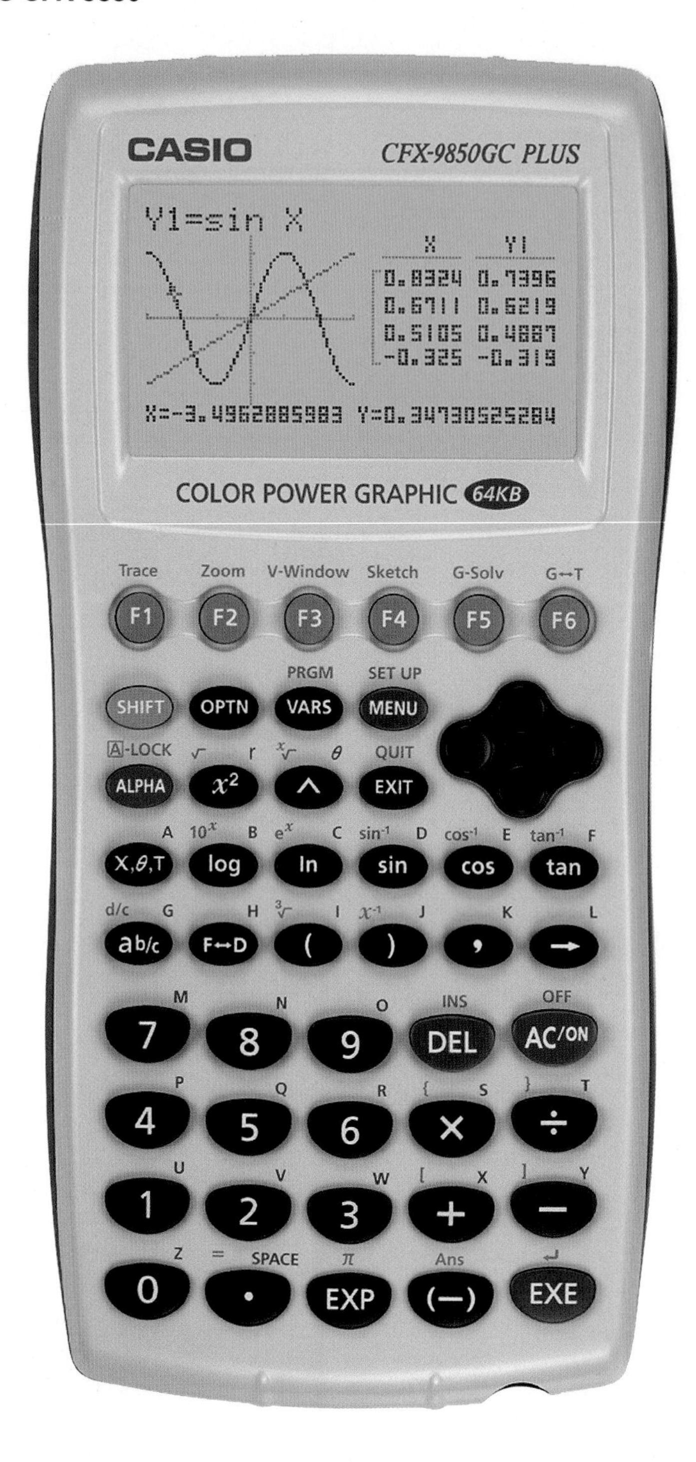

11.1.1 Hauptmenü des GTR

Auf der Vorderseite des GTR befinden sich ein Grafik-Display (grafikfähiges Anzeigefeld) und die Tastatur **(Bild 1)**. Die meisten Eingabetasten sind 2fach oder 3fach belegt. Die zweite Tastaturebene wird mit der Taste SHIFT und die dritte Tastaturebene mit der Taste ALPHA aktiviert.

Nach dem Einschalten des GTR mit der Taste AC/ON erscheint im Display (Anzeigefeld) das Hauptmenü **(Tabelle 1)**. Sollte diese Anzeige, z.B. nach einem Batteriewechsel, nicht erscheinen, so muss der GTR auf der Gehäuserückseite durch Betätigen der Reset-Taste zurückgesetzt werden, d.h. alle Speicherinhalte werden gelöscht und alle veränderten Setup-Einstellungen (Grundeinstellungen), z.B. Winkel im Gradmaß DEG, werden zurückgesetzt.

Das Hauptmenü enthält mehrere Menüpunkte, von welchen einer mit den Pfeiltasten (Pfeiltasten-Symbol) markiert wird und mit der Taste EXE geöffnet wird **(Tabelle 1)**. Vor der ersten Rechnerbenutzung sowie auch während der Arbeit mit dem Rechner ist es erforderlich, die Grundeinstellungen des Rechners zu verändern **(Bild 2)**.

Beispiel 1: Winkelmodus ändern

Die GTR werden im Winkelmodus RAD (Bogenmaß) ausgeliefert. Stellen Sie den Winkelmodus in das Gradmaß DEG um.

Lösung:

Menü RUN öffnen. SETUP wählen (Tasten SHIFT und MENU). Mit der Pfeiltaste (Pfeil nach unten) Angle (Winkel) markieren und mit der Funktionstaste F1 die Betriebsart DEG auswählen.

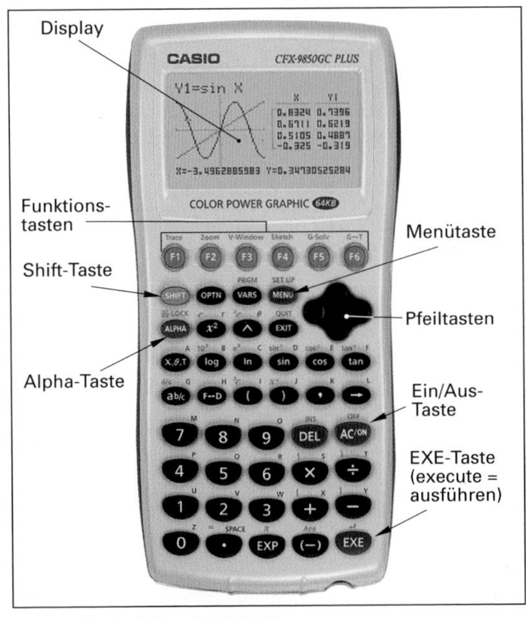

Bild 1: GTR CFX-9850GC Plus

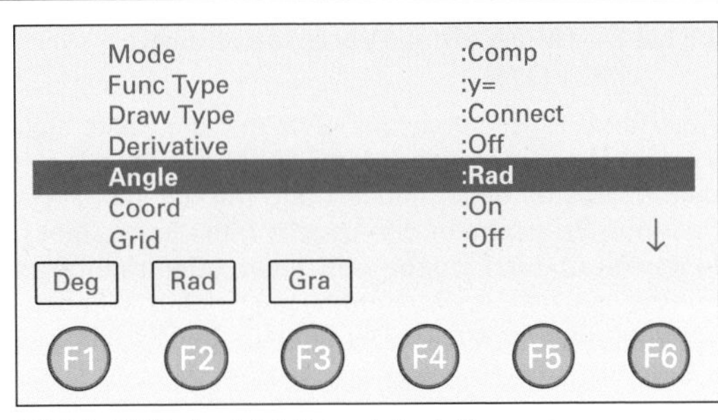

Bild 2: GTR-Ansicht Grundeinstellungen

Tabelle 1: Hauptmenü des GTR CFX-9850GC und FX-9860G

Menü	Nr	Anwendung
RUN (laufen)	1	Führt arithmetische Operationen und Funktionsrechnungen aus.
STAT (Statistik)	2	Für statistische Rechnungen.
MAT (Matrix)	3	Erstellt und bearbeitet Matrizen.
LIST (Liste)	4	Erstellt und bearbeitet Listen.
GRAPH (Grafik)	5	Zeigt Schaubilder von Funktionen an.
DYNA (dynamische Grafik)	6	Zeigt Kurvenscharen einer Funktion in Abhängigkeit eines Parameters an.
TABLE (Tabelle 1)	7	Erzeugt Wertetabellen von abgespeicherten Funktionen.
RECUR (Rekursion)	8	Erzeugt Tabellen und Schaubilder von Rekursionsformeln.
CONICS (Kegelförmige)	9	Zeigt Kegelschnitte an.
EQUA (Equation, Gleichung)	A	Löst quadratische und kubische Gleichungen. Berechnet lineare Gleichungssysteme.
PRGM (Programm)	B	Speichert lauffähige Programme, z.B. mathematische Formeln, ab.
TVM (Time value of money)	C	Führt Finanzrechnungen aus und zeigt Geldflussgrafiken an.
LINK (verbinden)	D	Überträgt gespeicherte Daten, z.B. zu einem PC.
CONT Kontrast)	E	Stellt Kontrast und Farbtöne ein.
MEM (Memory, Speicher)	F	Prüft Speicherplatz oder löscht Speicherinhalte.

11.1.2 Erstellen einer Wertetabelle mit dem GTR

Nach dem Einschalten des GTR mit der Taste AC/ON wird im Hauptmenü das Menü TABLE (Tabelle 1) mit den Pfeiltasten markiert und mit der Taste EXE geöffnet. Es erscheint die Ansicht Table Func (Tabellenfunktion) zur Eingabe von einer oder mehreren Funktionsgleichungen. Bereits gespeicherte Funktionen werden angezeigt. Die Eingabe der Variablen x erfolgt über die Taste X,θ,T.

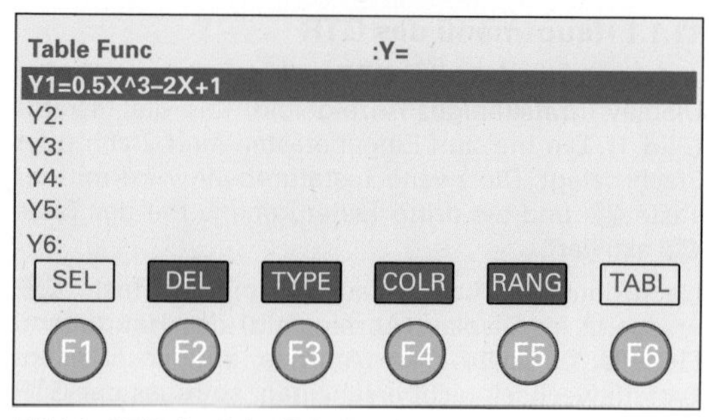

Bild 1: GTR-Ansicht Tabellenfunktion

> **Beispiel 1: Funktion eingeben**
>
> Geben Sie in die Zeile Y1: die Funktionsgleichung Y1 = $0{,}5x^3 - 2x + 1$ ein und speichern Sie diese mit der Taste EXE ab.
>
> *Lösung:* **Bild 1**

Exponenten werden mit der Taste ^ hochgestellt, z.B. X^3. Um die Tabelle auf die gewünschten Intervallgrenzen einzustellen, wird RANG (range = Bereich) mit der Funktionstaste F5 gewählt. In der sich öffnenden Ansicht Table Range (Tabellenbereich) werden die Werte Start (untere Intervallgrenze), End (obere Intervallgrenze) und Pitch (Stufe, Schrittweite) eingestellt. Jede Eingabe wird mit der Taste EXE bestätigt.

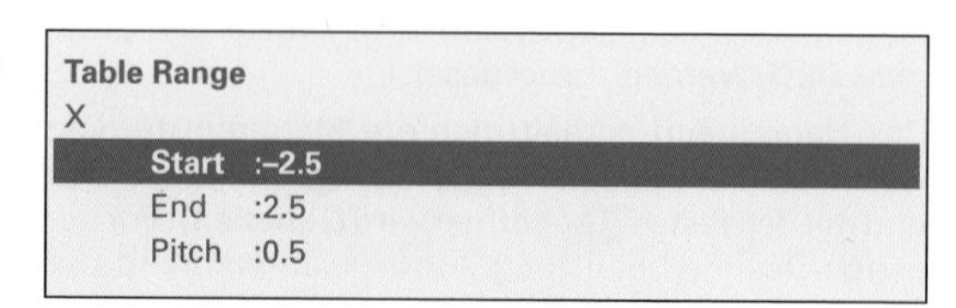

Bild 2: GTR-Ansicht Tabellenbereich

> **Beispiel 2: Bereich einstellen**
>
> Wählen Sie für die Wertetabelle das Intervall [–2,5; 2,5] mit einer Schrittweite von 0,5 aus.
>
> *Lösung:* **Bild 2**

Mit der Taste EXE gelangt man zurück zur Ansicht Tabellenfunktion. Durch Auswählen von TABL (Tabelle 1) mit der Funktionstaste F6 wird die Tabelle angezeigt.

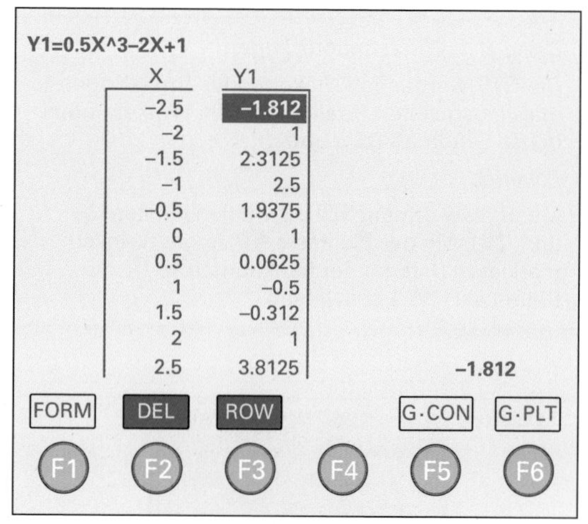

Bild 3: GTR-Ansicht Tabelle (ganze Tabelle)

> **Beispiel 3: Wertetabellen anzeigen**
>
> Zeigen Sie die Wertetabelle für die Funktionsgleichung Y1 an.
>
> *Lösung:* **Bild 3**

Mithilfe der Pfeiltasten werden die Koordinatenwerte in der Tabelle vertikal verschoben. Wählt man G·PLT (graph plot, Graph drucken) mit der Funktionstaste F6, werden die Punkte der Tabelle im Koordinatensystem angezeigt **(Bild 4)**. Wählt man G·CON (graph connected, Graph verbunden) mit der Funktionstaste F5, wird das Schaubild der Funktion Y1 angezeigt **(Bild 2, folgende Seite)**.

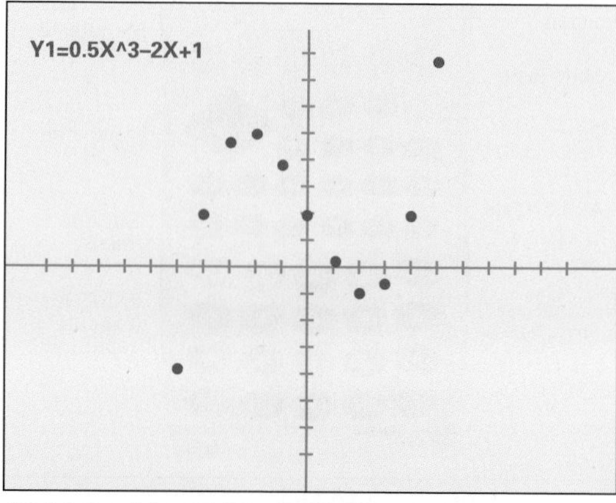

Bild 4: Ansicht G·PLT mit Skalierung 0,5

> Mit der Taste EXIT gelangt man zur jeweils zuvor gezeigten Ansicht.

11.1.3 Schaubilder mit dem GTR analysieren

11.1.3.1 Schaubilder anzeigen

Nach dem Einschalten des GTR mit der Taste AC/ON wird im Hauptmenü das Menü GRAPH (Schaubild) mit den Pfeiltasten markiert und mit der Taste EXE geöffnet. Es erscheint die Ansicht Graph Func (Schaubildfunktion) zur Eingabe von einer oder mehreren Funktionsgleichungen. Bereits gespeicherte Funktionen werden angezeigt.

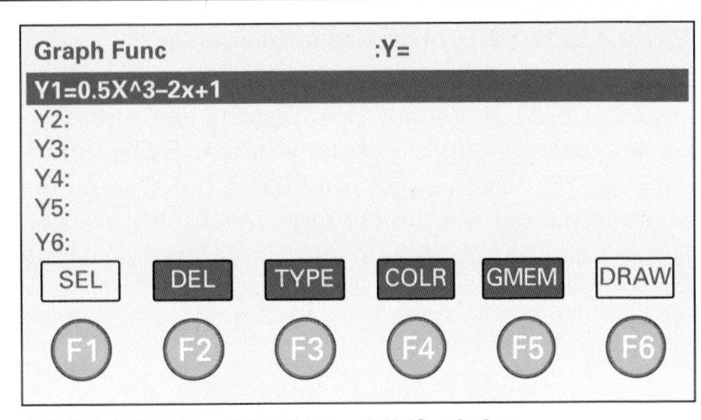

Bild 1: GTR-Ansicht Schaubildfunktion

Beispiel 1: Funktion eingeben

Geben Sie in die Zeile Y1: den Funktionsterm $0{,}5x^3 - 2x + 1$ ein und speichern Sie diesen mit der Taste EXE ab.

Lösung: **Bild 1**

Um das Schaubild anzuzeigen, wird DRAW (Zeichnen) mit der Funktionstaste F6 gewählt.

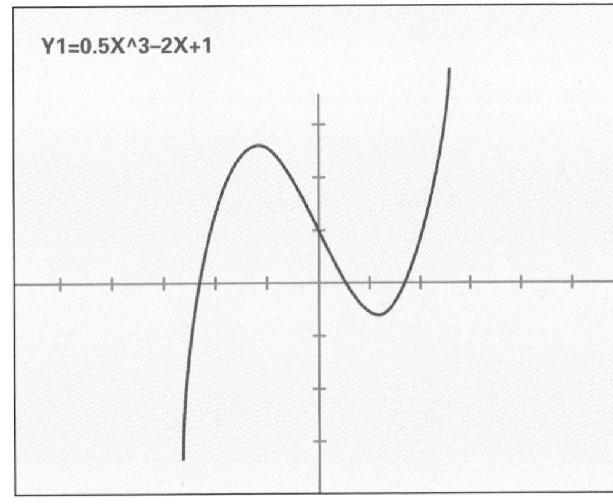

Bild 2: Schaubild von Y1

Beispiel 2: Schaubild anzeigen

Zeigen Sie das Schaubild der Funktion Y1 an.

Lösung: **Bild 2**

Da der GTR im Vergleich zum PC ein sehr kleines Display hat, sind Details im Schaubild oft nicht erkennbar. Mit der Wahl von Zoom in mit den Tasten F2 und F3 wird die Ansicht vergrößert und mit der Wahl von Zoom out mit den Tasten F2 und F4 wird wieder verkleinert. Über die Taste F2 und erneut F2 kann der Zoomfaktor verändert werden.

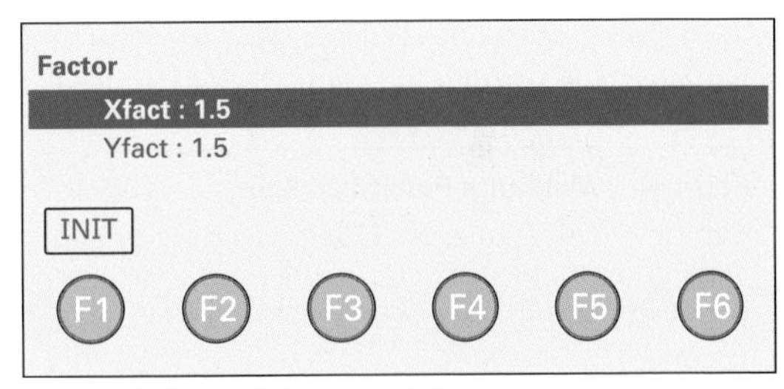

Bild 3: GTR-Ansicht Zoomfaktor

Beispiel 3: Zoomfaktor ändern

Ändern Sie den voreingestellten Zoomfaktor 2 für die x-Achse und y-Achse jeweils auf den Wert 1,5 ab.

Lösung: **Bild 3**

Das Vergrößern und Verkleinern des Schaubildes mit Zoom in und Zoom out erfolgt nun in kleineren Schritten. Mit der Wahl von V-Window (View Window, Fensteransicht) mit der Taste F3 können die Achsenbereiche, die angezeigt werden sollen, verändert werden.

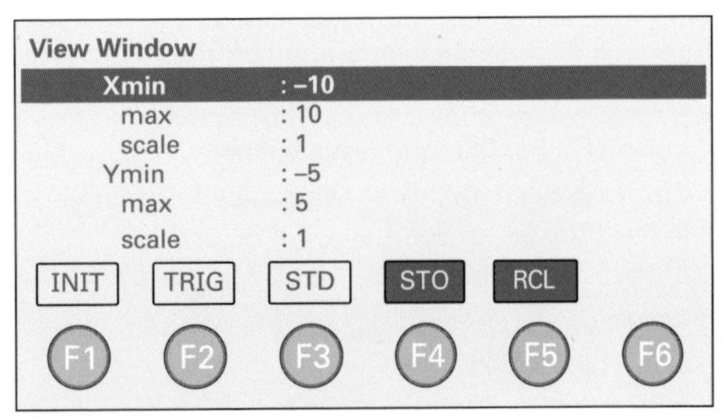

Bild 4: GTR-Ansicht Fensteransicht

Beispiel 4: Fensteransicht ändern

Ändern Sie die darzustellenden Bereiche auf $-10 \leq x \leq 10$ und $-5 \leq y \leq 5$ ab.

Lösung: **Bild 4**

11.1.3.2 Ermitteln von Koordinatenwerten

Wird im Menü GRAPH ein Schaubild angezeigt, kann mit TRACE (Spur, Verlauf) und Taste (F1) ein roter Cursor auf das Schaubild gesetzt werden. Beim Betätigen der Pfeiltasten durchläuft der Cursor die Kurve in die gewählte Richtung. Gleichzeitig werden die aktuellen Koordinatenwerte der Cursor-Position im Display angezeigt.

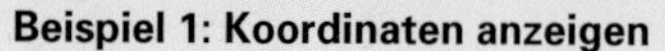

Beispiel 1: Koordinaten anzeigen

Zeigen Sie mithilfe des Cursors die Koordinaten des Schaubildes der Funktion Y1 = $0{,}5x^3 - 2x + 1$ an.

Lösung: **Bild 1**

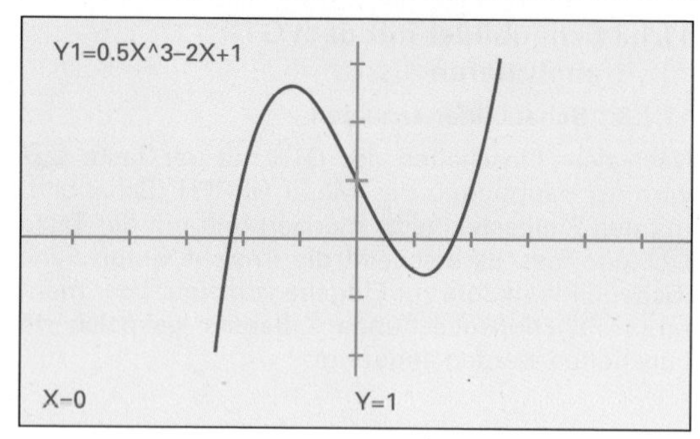

Bild 1: Anzeige der Koordinaten

Durch den Befehl INIT (Initialisieren) im Fenster VIEW WINDOW, Tasten (F3) und (F1), erfolgt das Anzeigen der Koordinatenwerte mit der Schrittweite 0,1.

11.1.3.3 Automatische Suche nach Kurvenpunkten

Über die Funktion G-Solv (Grafic Solver, Grafiksuche) mit der Taste (F5) können Kurvenpunkte automatisch gesucht werden **(Tabelle 1)**.

Beispiel 2: Nullstellen anzeigen

Zeigen Sie die Schnittpunkte der Funktion Y1 mit der x-Achse an.

Lösung: **Tabelle 1 und Bild 2**

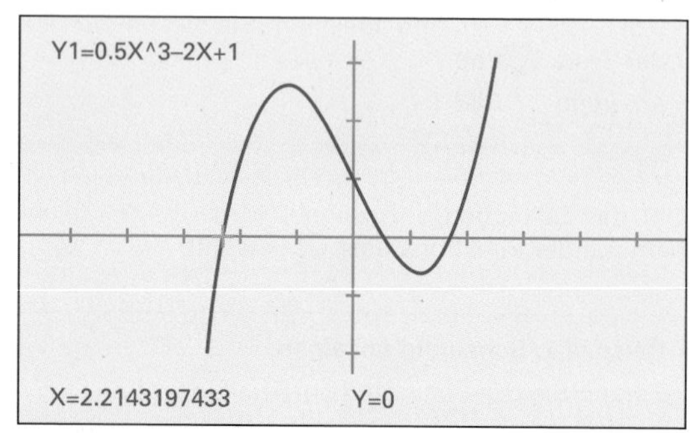

Bild 2: Anzeige der linken Nullstelle

Der Cursor läuft automatisch zur ersten Nullstelle. Der GTR benötigt einige Sekunden Rechenzeit, bevor der Cursor am Kurvenanfang erscheint. Solange ist in der rechten, oberen Ecke des Displays ein blaues Rechteck zu sehen. Durch Tippen auf eine der Pfeiltasten wandert der Cursor automatisch zur benachbarten Nullstelle. Die Koordinaten der aktuellen Nullstelle werden auf dem Display angezeigt **(Bild 2)**.

Tabelle 1: Automatische Suche nach Punkten

Art der Punkte	Funktion	GTR-Tasten, Eingabe
Nullstellen	ROOT	(F5), (F1)
Hochpunkte	MAX	(F5), (F2)
Tiefpunkte	MIN	(F5), (F3)
y-Achsenabschnitt	Y·ICPT	(F5), (F4)
Schnittpunkt von zwei Funktionen	ISCT	(F5), (F5)
y-Wert an einer vorgegebenen Stelle x	Y-CAL	(F5), (F6), (F1) x-Wert eingeben, z. B. X = 1,6 (EXE)
Stellen x für einen vorgegebenen y-Wert	X-CAL	(F5), (F6), (F2) y-Wert eingeben, z. B. Y = 1 (EXE),

Beispiel 3: Markante Punkte suchen

Ermitteln Sie mithilfe der Tabelle die Koordinaten
a) der Extrempunkte H und T und
b) des Punktes P_1 im y-Achsenabschnitt.

Lösung:

a) **H (–1,1547 | 2,5396), T (1,1547 | –0,5396)**

b) **P_1 (0 | 1)**

Der Achsenabschnitt der y-Achse wird mit der Funktion Y·ICPT (intercept = abfangen) ermittelt. Der Achsenabschnitt ist 1.

Beispiel 4: Punktkoordinaten suchen

Ermitteln Sie mithilfe der Tabelle die Koordinaten
a) des Punktes an der Stelle x = 1,6 und
b) der Punkte für y = 1.

Lösung:

a) **P_2 (1,6 | –0,152)**

b) **P_3 (–2 | 1), P_4 (0 | 1)** und **P_5 (2 | 1)**

Zuerst wird P_3 angezeigt. Durch Tippen auf eine der Pfeiltasten wandert der Cursor automatisch zum benachbarten Punkt. Dabei wird der Cursor in x-Richtung bewegt, wodurch er die benachbarte Position mit y = 1 anfährt.

11.1.3.4 Schnittpunkte von zwei Schaubildern

Die Funktion ISCT (von intersect = sich schneiden, **Tabelle 1, vorhergehende Seite**) dient zur automatischen Suche von Schnittpunkten zweier Funktionen.

Beispiel 1: Funktion Y2 eingeben

Öffnen Sie das Menü GRAPH und geben Sie zur bereits eingespeicherten Funktion Y1 = $0{,}5x^3 - 2x + 1$ die Funktion Y2 = $e^x - x - 1$ ein.

Lösung: **Bild 1**

Der Funktionsterm e^x wird am GTR-Display mit eX angezeigt, d. h. der Exponent darf nicht zusätzlich hochgestellt werden.

Zur besseren Unterscheidung der Schaubilder kann das Schaubild der Funktion Y2 in einer anderen Farbe ausgegeben werden. Über die Funktion COLR (von colour = Farbe) kann zwischen blau, orange und grün gewählt werden.

Die Schaubilder der beiden Funktionen Y1 und Y2 werden über DRAW mit der Taste F6 zur Anzeige gebracht.

Beispiel 2: Schnittpunkte anzeigen

Zeigen Sie mithilfe der **Tabelle 1, vorhergehende Seite**, die Schnittpunkte der Funktionen Y1 und Y2 auf dem Display des GTR an.

Lösung: **Bild 2**

Zuerst wird der linke Schnittpunkt mit dem Cursor markiert und die Koordinaten des Schnittpunktes angezeigt. Durch Tippen auf eine der Pfeiltasten wandert der Cursor automatisch zum benachbarten Schnittpunkt.

11.1.3.5 Ableitungen anzeigen

Beispiel 3: Funktion Y2 löschen

Öffnen Sie das Menü GRAPH und löschen Sie die Funktion Y2 = $e^x - x - 1$.

Lösung:

Gleichung von Y2 mit Pfeiltasten markieren

⇒ Taste F2 (DEL von delete) betätigen,

⇒ mit Taste F1 (YES) bestätigen.

Durch Tippen auf die Pfeiltaste wird die Funktionsgleichung Y1 markiert und mit der Taste F6 (DRAW) das Schaubild von Y1 angezeigt.

Um die Steigung (Wert der ersten Ableitung) in Kurvenpunkten anzeigen zu können, muss in den Grundeinstellungen des GTR in der Zeile Derivative (Ableitungen) die Eingabe Off durch On ersetzt werden.

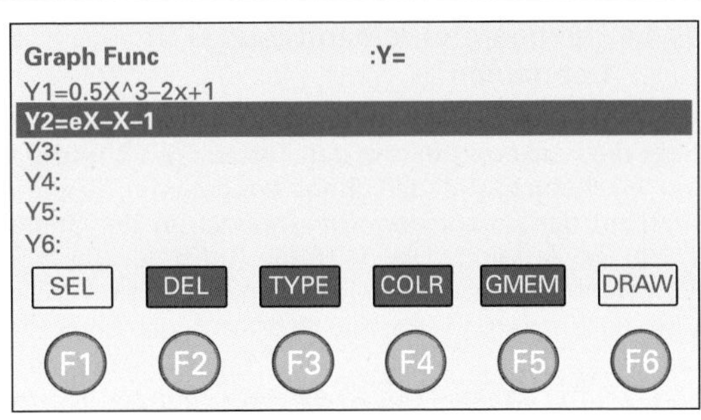

Bild 1: GTR-Ansicht Schaubildfunktion

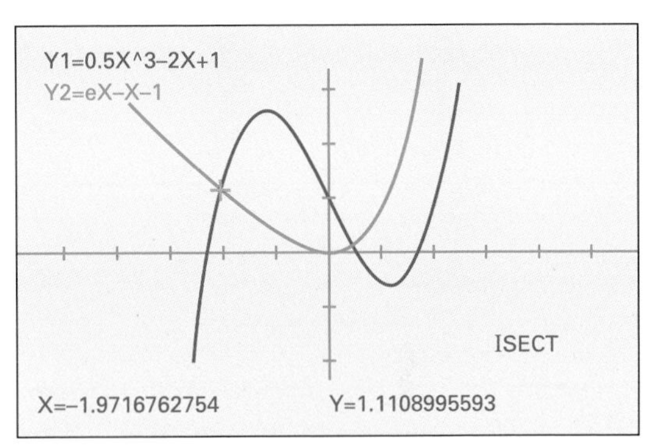

Bild 2: GTR-Ansicht Schnittpunkt

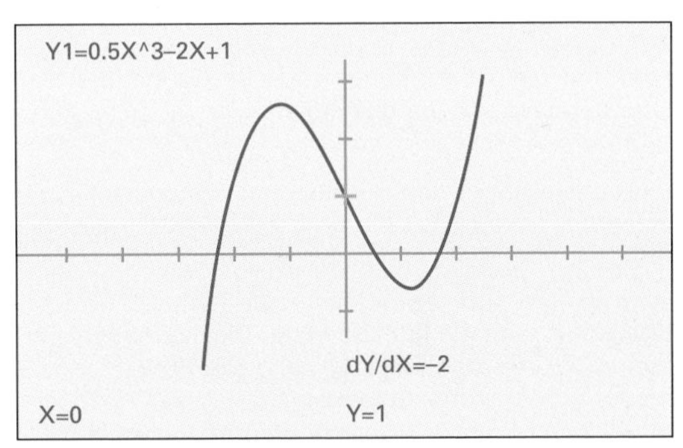

Bild 3: GTR-Ansicht Trace

Beispiel 4: Ableitung aktivieren

Aktivieren Sie die Anzeige der Ableitungen in den GTR-Grundeinstellungen.

Lösung:

SETUP öffnen (mit den Tasten SHIFT MENU)

⇒ unter Derivate On wählen (Taste F1)

⇒ SETUP verlassen (Taste EXIT)

Mit DRAW und TRACE (Tasten F6 und F1) wird zu jedem Kurvenpunkt außer den Punktkoordinaten auch die Steigung der Funktion im Punkt angezeigt **(Bild 3)**.

Durch Tippen auf eine der Pfeiltasten ändern sich die angezeigten Werte automatisch.

11.1.4 Flächenintegrale mit dem GTR berechnen

Wird im Menü Graph ein Schaubild angezeigt, kann über die Funktion ∫ dx mit den Tasten F5, F6 und F3 ein Flächenintegral berechnet werden. Im Display markiert der Cursor den Kurvenpunkt an der Stelle x = 0. Die Anzeige LOWER ist die Aufforderung, die untere Integrationsgrenze festzulegen. Dazu wird der Cursor mit den Pfeiltasten auf die entsprechende Position gebracht, z. B. (–2|1) **(Bild 1)**. Wird die Position mit der Taste EXE bestätigt, wird die untere Integrationsgrenze mit einer orangefarbigen Geraden markiert und man wird über die Anzeige UPPER aufgefordert, die obere Integrationsgrenze mit dem Cursor anzufahren. Mit der Pfeiltaste wird der Cursor auf dem Schaubild nach rechts bewegt, z. B. zum Punkt (–0,5|1,9375) **(Bild 2)**. Mit der Taste EXE wird die Position bestätigt.

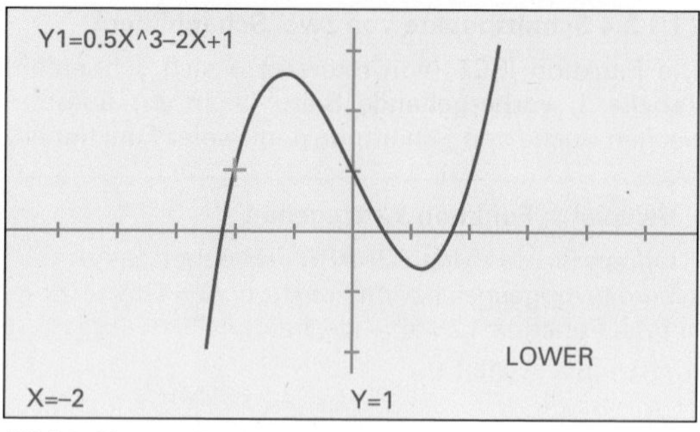

Bild 1: Untere Intergrationsgrenze

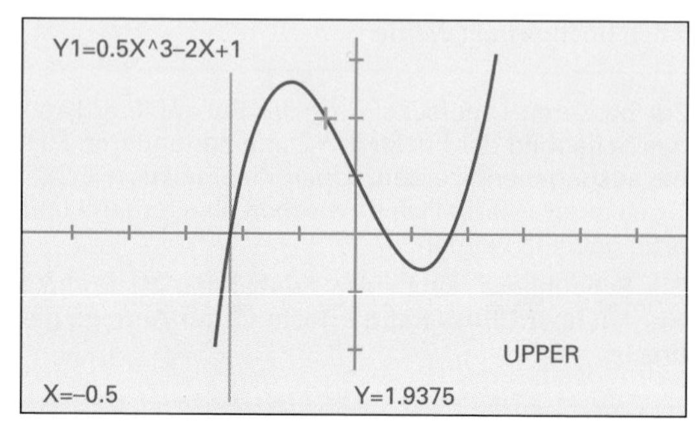

Bild 2: Obere Integrationsgrenze

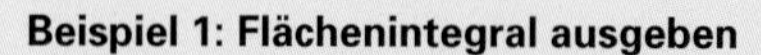

Beispiel 1: Flächenintegral ausgeben

Geben Sie den Wert des Flächenintegrals der Funktion Y1 = $0{,}5x^3 - 2x + 1$ im Intervall $x \in [-2; -0{,}5]$ auf dem Display des GTR aus.

Lösung: **Bild 3**

Die Fläche des Integrals wird farbig markiert und der Wert des Flächeninhaltes angezeigt **(Bild 3)**.

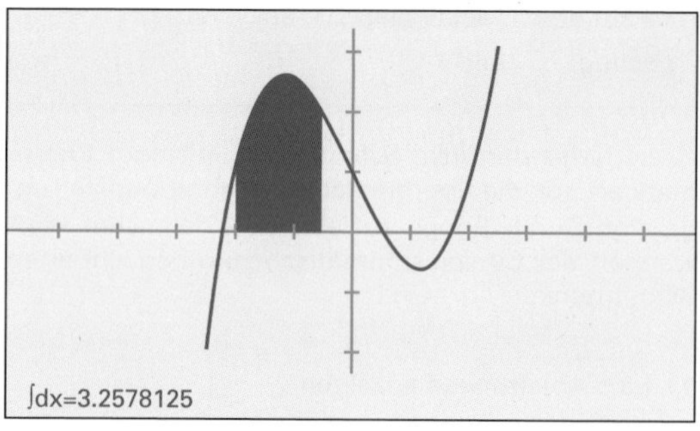

Bild 3: Flächenintegral

Die Genauigkeit von berechneten Flächenintegralen mit der Grafik hängt von den Grundeinstellungen des Anzeigefensters ab.

Eine unabhängig von den Einstellungen des Anzeigefensters exakte Berechnung des Flächenintegrals führt man im Menü RUN durch.

Wird im Menü RUN die Taste OPTN (Optionen) betätigt, wählt man die Funktion CALC (calculation = Berechnung) mit der Taste F4 aus. Die Funktion ∫ dx wird durch erneutes Betätigen der Taste F4 aktiviert. In der sich öffnenden Ansicht werden die Zeichen ∫(ausgegeben.

Beispiel 2: Flächenintegral berechnen

Berechnen Sie den Wert des Flächenintegrals von Beispiel 1.

Lösung: **Bild 4**

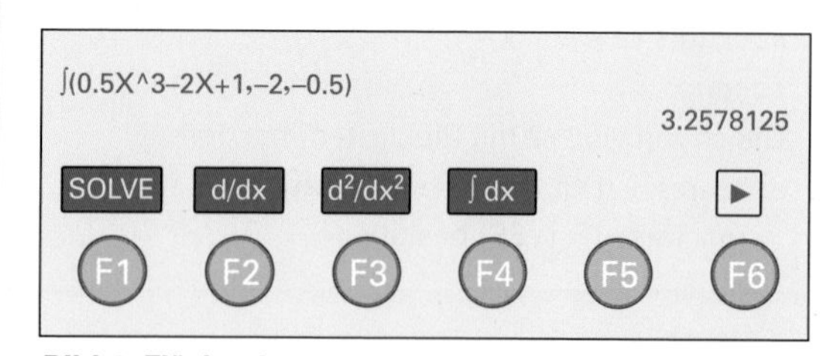

Bild 4: Flächenintegralberechnung im Menü RUN

Nach der Eingabe des Funktionsterms werden die obere und die untere Integrationsgrenze jeweils nach Betätigen der Taste , eingegeben **(Bild 4)**. Das Betätigen der Taste EXE führt zum Rechenergebnis 3,2578125.

Aufgabe:

1. Berechnen Sie die Fläche zwischen dem Schaubild der Funktion f mit $f(x) = e^x - x - 1$ und der x-Achse im Intervall [–2; 2]
   a) im Menü GRAPH,
   b) im Menü RUN.

Lösung:

1. **a)** 3,25372081569 FE
   b) 3,253720816 FE

11.1.5 Gleichungsberechnungen mit dem GTR

11.1.5.1 Quadratische und kubische Gleichungen

Wird die in den vorhergehenden Kapiteln dargestellte ganzrationale Funktion gleich null gesetzt, erhält man die kubische Gleichung $0{,}5x^3 - 2x + 1 = 0$. Zur Lösung der Gleichung wählt man im Hauptmenü des GTR das Menü EQUA (von equation = Gleichung, **Bild 1**). Im Menü Gleichung wählt man mit der Funktionstaste F2 die Funktion Polynomial (von griech. Polynom = vielgliedrige Größe). Durch erneutes Betätigen der Taste F2 wird der Grad der Gleichung mit dem Wert 3 bestätigt.

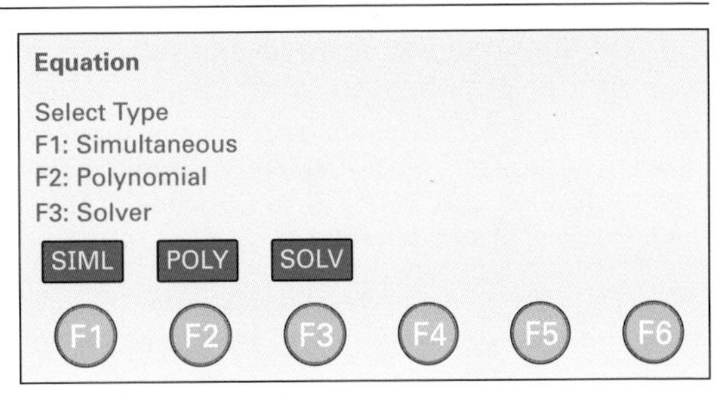

Bild 1: GTR-Menü Gleichung

Beispiel 1: Koeffizienten eingeben

Geben Sie die Koeffizienten der kubischen Gleichung, d. h. 0,5; 0; –2 und 1 in die sich öffnende Ansicht ein.

Lösung: **Bild 2**

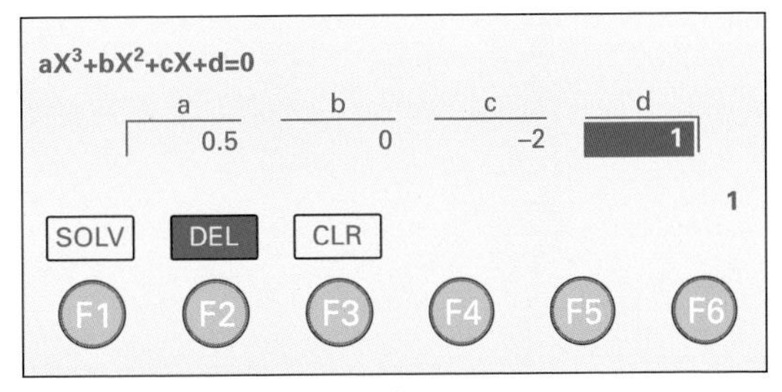

Bild 2: Koeffizienteneingabe

Jede einzelne Eingabe muss mit der Taste EXE bestätigt werden. Wird erneut die Taste EXE gedrückt, werden die Lösungen für X ausgegeben **(Bild 3)**.

Die Lösungen für X sind gleichzeitig die Nullstellen der Funktion Y1 der vorhergehenden Seiten.

Quadratische Gleichungen lassen sich genauso lösen.

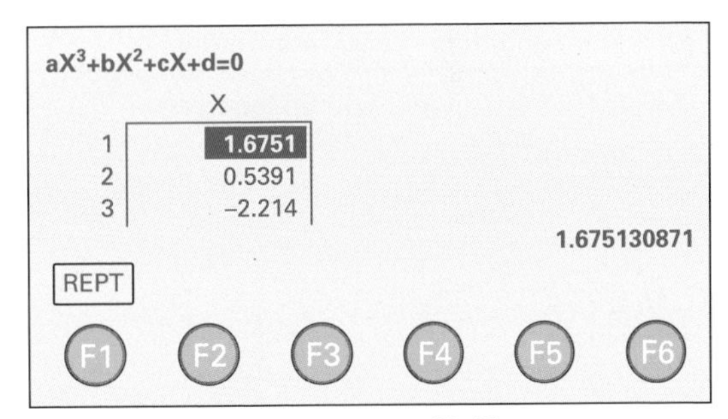

Bild 3: Ausgabe der Lösungen für X

11.1.5.2 Lineares Gleichungssystem

Ein lineares Gleichungssystem besteht aus den Gleichungen:

(1) $7{,}3x - 5{,}6y = 90$

(2) $1{,}6x + 2{,}8y = 60$

Um die Unbekannten x und y zu berechnen, wird im Menü EQUA **(Bild 1)** mit der Funktionstaste F1 die Funktion Simultaneous (gleichzeitig) gewählt. In der sich öffnenden Ansicht wird dann die Anzahl der Unbekannten ausgewählt. Da das Gleichungssystem zwei Gleichungen mit zwei Unbekannten enthält, wird erneut die Taste F1 betätigt. Die Variable n der sich öffnenden Ansicht **(Bild 4)** ist 1 für die erste Gleichung und 2 für die zweite Gleichung.

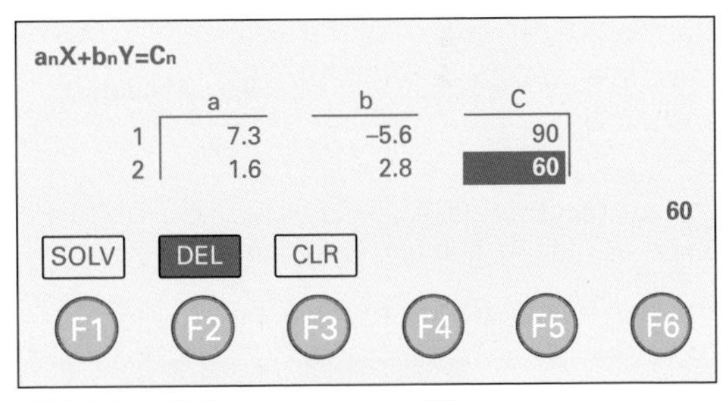

Bild 4: Koeffizienteneingabe LGS

Beispiel 2: Koeffizienten eingeben

Geben Sie die Koeffizienten des Gleichungssystems in die sich öffnende Ansicht ein.

Lösung: **Bild 4**

Jede einzelne Eingabe muss mit der Taste EXE bestätigt werden. Wird erneut die Taste EXE betätigt, werden die Lösungen für X und Y ausgegeben **(Bild 5)**.

Mit dem GTR CFX-9850GC Plus lassen sich Gleichungssysteme mit bis zu 6 Gleichungen mit 6 Unbekannten berechnen.

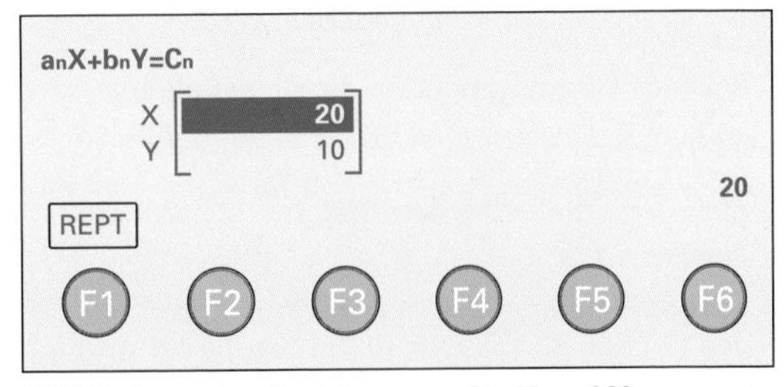

Bild 5: Ausgabe der Lösungen für X und Y

11.1.6 Bestimmen von Tangenten und Berührpunkten mit dem GTR

Um Steigungen von Schaubildern in einer Wertetabelle mit anzuzeigen, muss im Menü RUN mit SETUP (Tasten SHIFT und MENU) in der Zeile Derivative (Ableitung) On gewählt werden **(Bild 1)**.

Beispiel 1: Tangente im Berührpunkt ermitteln

Bestimmen Sie die Gleichung der Tangenten des Schaubildes von f mit $f(x) = x^2 - 2$ an der Stelle 1.

Lösung:

Im Menü TABLE (Tabelle) die Funktionsgleichung eingeben **(siehe Abschnitt 11.1.2)**. Im Display des GTR wird **Bild 2** angezeigt. Man entnimmt der Tabelle:

$x_B = 1$; $y_B = -1$ und $m = y' = 2$.

Diese Werte setzt man in die Formel für b_t ein:

$b_t = -1 - 2 \cdot 1 = -3$

$\Rightarrow$ **t: $y = 2x - 3$**

Um eine Tangente zu ermitteln, die von einem Punkt außerhalb des Schaubildes angelegt wird, muss zunächst der Berührpunkt bestimmt werden.

Beispiel 2: Berührpunkt und Steigung einer Tangente ermitteln

Bestimmen Sie die Berührpunkte und Steigungen der Tangenten, die vom Punkt P (3|3) an das Schaubild der Funktion f mit der Gleichung $f(x) = x^2 - 2$ angelegt wird.

Lösung:

$f'(x) = 2x$ und P (3|3) in Formel einsetzen:

$2x \cdot (x - 3) = x^2 - 2 - 3$

$2x^2 - 6x = x^2 - 5$

$x^2 - 6x + 5 = 0$

Mit GTR im Menü EQUA lösen **(siehe Abschnitt 11.1.5.1)**:

$\Rightarrow x_{B1} = 1$ sowie $x_{B2} = 5$

In das Menü TABLE wechseln, den x-Wert 2 auswählen und mit dem Wert 5 überschreiben **(Bild 3)**.

$\Rightarrow$ **B_1 (1|–1) mit $m_1 = 2$; B_2 (5|23) mit $m_2 = 10$**

Um den Berührpunkt der Schaubilder von zwei Funktionen zu erkennen, müssen im Menü TABLE beide Funktionsgleichungen eingegeben werden.

Beispiel 3: Berührpunkt zweier Schaubilder

Zeigen Sie, dass sich die Schaubilder der Funktionen f und g mit $f(x) = x^2 - 2$ und $g(x) = -x^2 + 8x - 10$ an der Stelle x = 2 berühren.

Lösung:

Im Menü TABLE unter Y1 und Y2 die Gleichungen f(x) und g(x) eingeben. Die Tabelle zur Anzeige bringen **(Bild 4)**. Laut Tabelle ist:

$f(2) = g(2) = 2$ und $f'(2) = g'(2) = 4 \Rightarrow$ **B (2|2)**

Tangente im Berührpunkt: $t: y = m_t \cdot x + b_t$

mit $b_t = y_B - m_t \cdot x_B$ und $m_t = f'(x_B)$

Tangente von P ($x_P|y_P$) an K_f:

$f'(x) \cdot (x - x_P) = f(x) - y_P \Rightarrow x =$ Summe aller x_B

m_t, b_t Tangentensteigung und y-Achsenabschnitt

x_B, y_B Koordinaten des Berührpunktes

x_P, y_P Koordinaten eines Punktes außerhalb von t

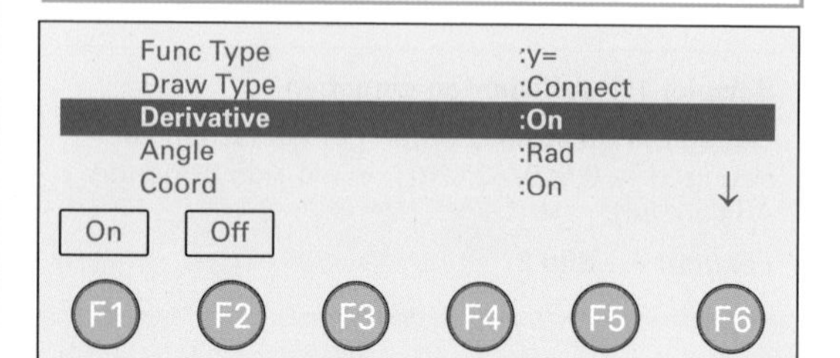

Bild 1: GTR-Ansicht Grundeinstellungen

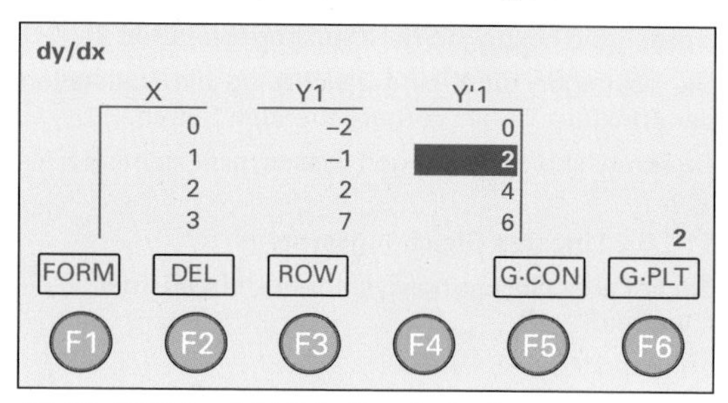

Bild 2: GTR-Ansicht Tabelle mit Steigung

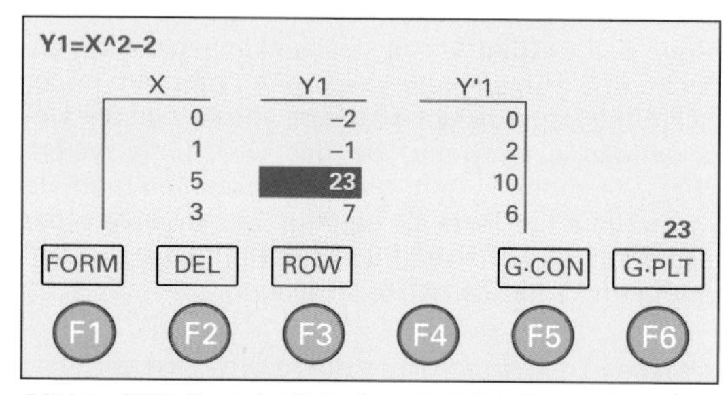

Bild 3: GTR-Ansicht Tabelle mit 2 Berührpunkten

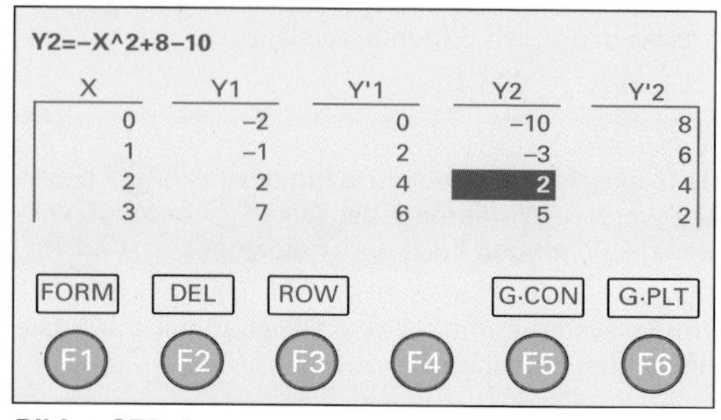

Bild 4: GTR-Ansicht Tabelle mit 2 Berührpunkten

11.1.7 Komplexe Rechnung mit dem GTR

11.1.7.1 Koordinatenumwandlung

Beim GTR wird die imaginäre Einheit i stets nach dem Imaginärteil eingegeben. Um komplexe Zahlen von der Normalform a + bi in die Exponentialform $z \cdot e^{i\varphi}$ umzuwandeln, d.h. von rechtwinklig nach polar oder umgekehrt, also von polar nach rechtwinklig, müssen zunächst im Menü RUN die Tasten (OPTN), (F6), (F5) und wieder (F6) betätigt werden.

Beispiel 1: Rechtwinklig ⇒ Polar

Wandeln Sie 3 + 4i in die Exponentialform um.

Lösung:

Wahl von Pol(mit der Taste (F1). Realteil 3 eingeben. Taste (,) betätigen. Imaginärteil 4 eingeben.
Klammer schließen mit der Taste ()). ⇒ **Bild 1**

Taste (EXE) betätigen. ⇒ **Bild 2**

Der Winkel φ wird im eingestellten Modus, z.B. DEG, angezeigt.

Beispiel 2: Polar ⇒ Rechtwinklig

Wandeln Sie $5 \cdot e^{i53^\circ}$ in die Normalform um.

Lösung:

Wahl von Rec(mit der Taste (F2). Betrag 5 eingeben. Taste (,) drücken. Winkel 53 eingeben.
Klammer schließen mit der Taste ()). ⇒ **Bild 3**

Taste (EXE) betätigen. ⇒ **Bild 4**

11.1.7.2 Rechnen mit komplexen Zahlen

Um Rechenoperationen mit komplexen Zahlen auszuführen, müssen zunächst im Menü RUN die Tasten (OPTN) und (F3) betätigt werden. Alle Rechenoperationen erfolgen jetzt im Modus CPLX (komplex). Die Eingabe der Zahlen erfolgt ausschließlich in der komplexen Normalform, wobei die imaginäre Einheit i durch Betätigen der Taste (F1) erzeugt wird **(Bild 5)**.

Beispiel 3: Addition

Addieren Sie zur Zahl 3 + 4i die Zahl 4 + 6i.

Lösung: **Bild 5**

Beispiel 4: Division

Dividieren Sie die Zahl 4 – 6i durch die Zahl 2 – i.

Lösung: **Bild 6**

Aufgaben:

Berechnen Sie

1. (1 – i) · (1 – i) **2.** (4 + 5i) · (4 – 5i) – (41 – i)

Lösungen:

1. –2i **2.** i

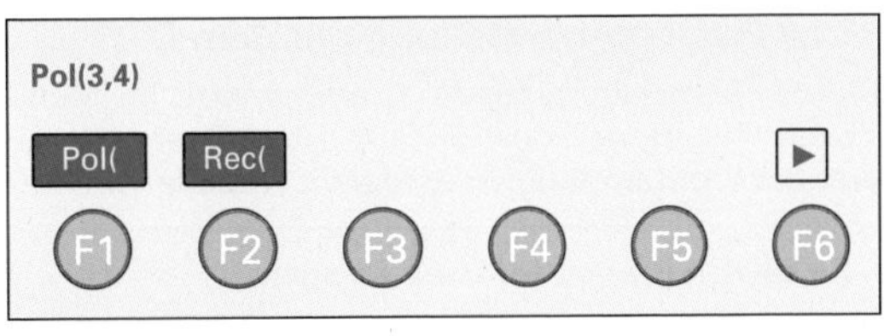

Bild 1: Eingabe R ⇒ P

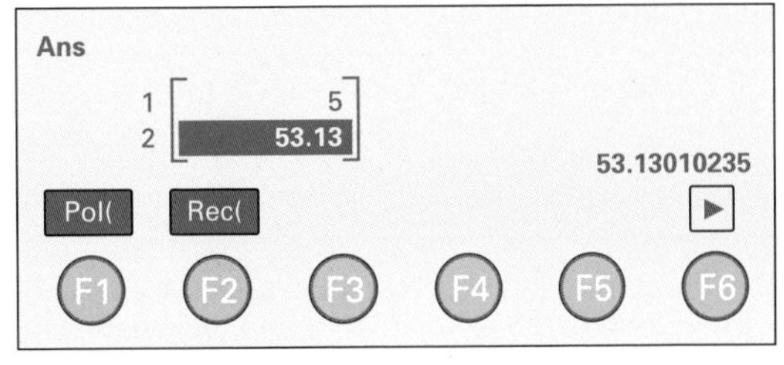

Bild 2: Ausgabe R ⇒ P

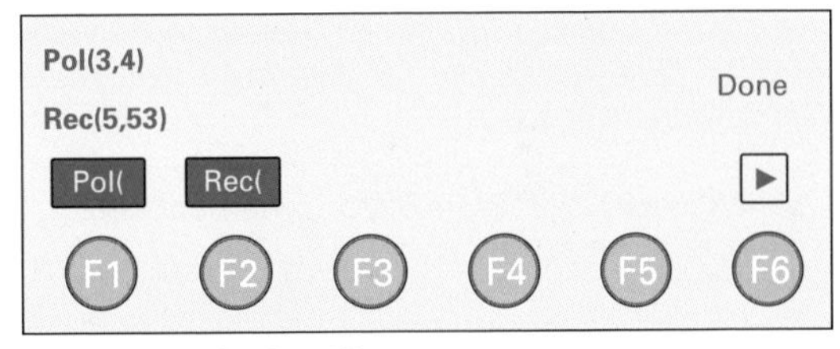

Bild 3: Eingabe P ⇒ R

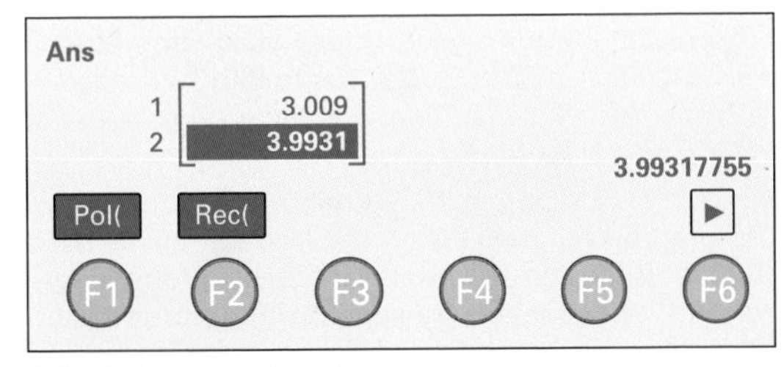

Bild 4: Ausgabe P ⇒ R

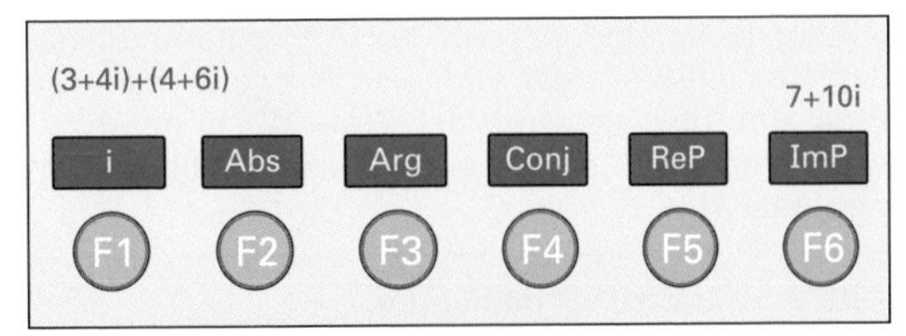

Bild 5: Addition komplexer Zahlen

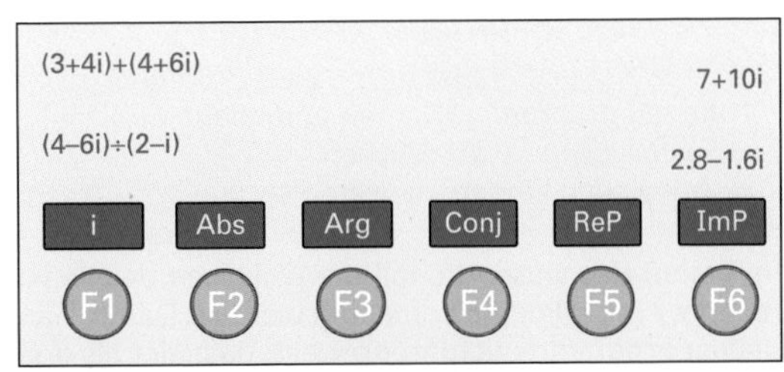

Bild 6: Division komplexer Zahlen

11.1.8 Programmerstellung mit dem GTR

Bei der Erstellung eines Programms wird im Menü PRGM (Programm) des GTR mit NEW (Taste F3) zuerst der Programmname festgelegt **(Tabelle 1)**.

Beispiel 1: Programmname anlegen

Legen Sie den Programmnamen ZYLINDER an.

Lösung:

Im Menü PRGM Taste F3 betätigen. Der Rechner wird in den Modus A-LOCK versetzt, d. h. die Taste ALPHA zur Eingabe der Buchstaben ist dauernd aktiviert. Der Cursor erhält die Form A. Name ZYLINDER eingeben. Taste EXE drücken. ⇒ **Bild 1**

Das Programm ZYLINDER soll bei gegebenem Radius R und Höhe H das Volumen V und die Oberfläche O eines senkrechten Kreiszylinders berechnen. Zunächst werden die Variablen R und H definiert. Damit man später in der Programmanwendung weiß, welcher der beiden Werte zuerst eingegeben werden muss, ist der Variablenname bei der Abfrage auf dem Display anzuzeigen.

Variablennamen, z. B. RADIUS R, werden Variablen, z. B. R, zugeordnet.

Dazu muss im Programm die Variablenabfrage mit den Tasten F6 (SYBL von Symbol) und F2 in Anführungszeichen gesetzt werden **(Bild 2)**. Zwischen den Anführungszeichen wird im Modus A-LOCK (Tasten SHIFT und ALPHA) der in **Bild 2** dargestellte Text eingegeben. Das Leerzeichen erzeugt man mit SPACE (Taste •).

Ist der Name eingegeben, wird in den Modus PRGM (Programm) mit den Tasten SHIFT und VARS gewechselt **(Bild 3)**. Zunächst wird mit der Taste F4 das Fragezeichen ? eingegeben. Im späteren Programmablauf wird man durch das Fragezeichen aufgefordert, einen Wert einzugeben. Danach wird die Taste → betätigt und mit den Tasten ALPHA und 6 der Buchstabe R eingegeben. Dadurch wird der im Programmablauf eingegebene Wert der Variablen R zugewiesen. Die Programmzeile wird mit der Taste EXE abgeschlossen. Es erscheint am Zeilenende das Zeichen ↲ (Return, **Bild 3**).

Beispiel 2: Variable definieren

Erweitern Sie das Programm ZYLINDER so, dass die Höhe H abgefragt wird und der Variablen H zugewiesen wird.

Lösung:

Taste EXIT drücken. ⇒ Namen eingeben.
⇒ Tasten SHIFT und VARS drücken.
⇒ Zuweisung eingeben. ⇒ **Bild 4**

Im ersten Rechenschritt soll das Volumen des senkrechten Kreiszylinders berechnet werden. Damit man bei der Programmausführung weiß, dass der als erstes ausgegebene Wert dem Volumen des Zylinders

Tabelle 1: Schritte zur Programmerstellung

Schritte	Beispiel	Bemerkungen, Tasten
Programmname anlegen	ZYLINDER	F3 Der Name ist auf 8 Zeichen begrenzt.
Variablen definieren	Radius R Höhe H	Den Variablen werden in der Programmausführung Werte zugewiesen.
Formeln eingeben	Volumen V Oberfläche O	Die Formeln werden durch das Zeichen ◢ getrennt.
Eingabe beenden	QUIT	SHIFT, EXIT
Programm auswählen und testen	Volumen V und Oberfläche O berechnen	▼, F1; mit einfachen Eingabewerten, z. B. 1, testen.

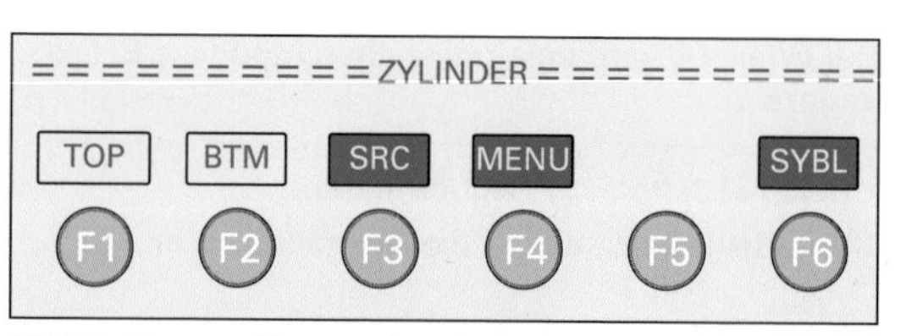

Bild 1: Fenster Programmeingabe

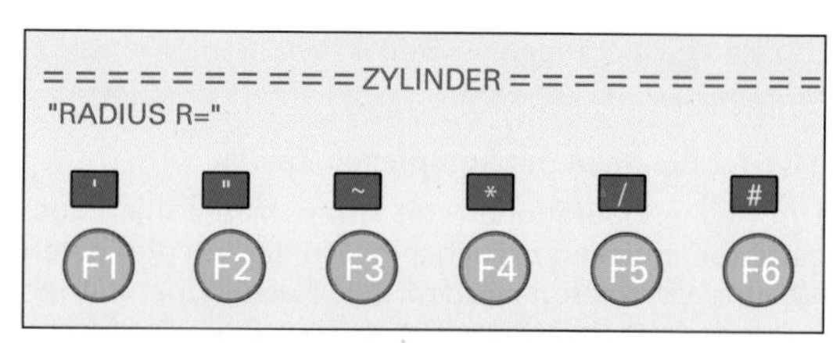

Bild 2: Eingabe der Eingabeaufforderung für R

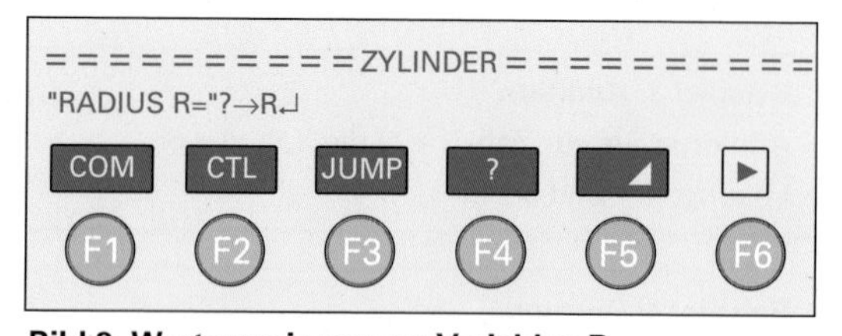

Bild 3: Wertzuweisung zur Variablen R

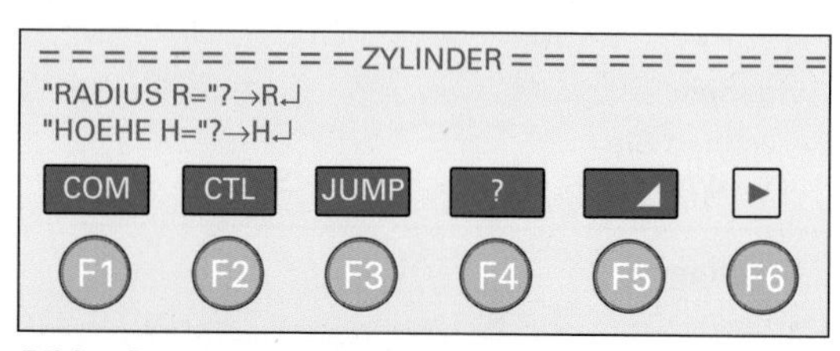

Bild 4: Programmerweiterung

zuzuordnen ist, wird in die dritte Programmzeile das Wort Volumen eingegeben. Man betätigt die Tasten EXIT, F6, F2, SHIFT und ALPHA, gibt dann das Wort Volumen ein und betätigt die Tasten F2 und EXE **(Bild 1)**.

In die vierte Programmzeile wird die Formel für die Volumenberechnung eingetippt: SHIFT, VARS: $\pi \cdot R^2 \cdot H$. Diese Zeile wird nicht mit der Taste EXE, sondern mit dem Zeichen ◢ (Taste F5) abgeschlossen **(Bild 1)**. Das Zeichen ◢ bewirkt bei der späteren Programmausführung, dass der Programmablauf unterbrochen wird und das Zwischenergebnis für das Volumen auf dem Display des GTR angezeigt wird.

Beispiel 1: Oberflächenformel eingeben

Erweitern Sie das Programm ZYLINDER so, dass das Wort OBERFLAECHE ausgegeben wird und dass der Wert für die Oberfläche berechnet wird.

Lösung: **Bild 2**

Die Programmzeile 6 wird mit der Anweisung QUIT (Tasten SHIFT und EXIT) abgeschlossen. Dadurch wird die Formel gespeichert und man gelangt wieder zurück zur Programmliste. In dieser wählt man zum Programmtest mit den Pfeiltasten das Programm ZYLINDER aus, wenn mehrere Programme angelegt sind **(Bild 3)**. Der Programmstart erfolgt durch Betätigen der Taste F2 oder der Taste EXE.

Beispiel 2: Programm ZYLINDER testen

Testen Sie das Programm ZYLINDER mit den Werten R = 1 und H = 1.

Lösung: **Bild 4**

Die Eingaben für R und H werden jeweils mit der Taste EXE bestätigt. Das Ergebnis für das Volumen ist $\pi \cdot 1^2 \cdot 1$, also die Zahl π. Durch Drücken auf die Taste EXE erhält man das Ergebnis für die Oberfläche, 4π. Erneutes Betätigen der Taste EXE startet das Programm ZYLINDER von vorne.

Über das Hauptmenü (Taste MENU) wird mit Wahl des Menüs PRGM wieder die Programmliste dargestellt **(Bild 3)**. Über die Funktionstasten lassen sich die abgespeicherten Programme verwalten. Mit den Tasten F4 und F1 lässt sich das markierte Programm löschen (Anweisung DEL) und mit den Tasten F5 und F1 alle gespeicherten Programme (Anweisung DEL·A). Soll ein Programm verändert werden, muss das Programm mit den Pfeiltasten markiert werden. Anschließend wird mit EDIT (Taste F2) der Programmcode ausgegeben. Wurden im GTR bereits sehr viele Programme abgelegt, kann man über die Anweisung SRC (search = suchen, Tasten F6 und F1) ein abgespeichertes Programm suchen lassen.

Aufgabe:

1. Berechnen Sie **a)** Volumen und **b)** Oberfläche des Kreiszylinders für R = 2 und H = 4.

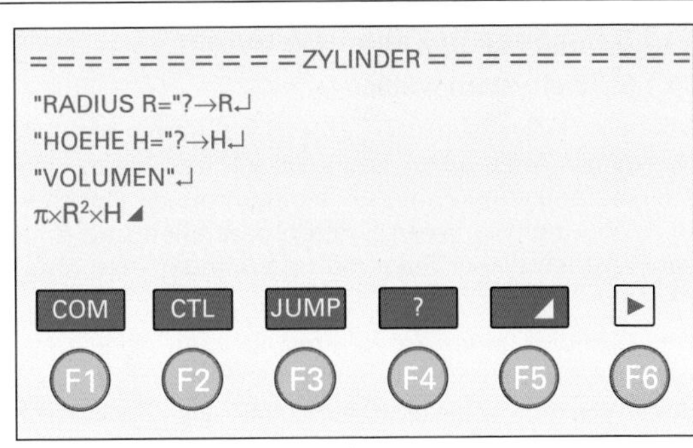

Bild 1: Eingabe Volumenberechnung

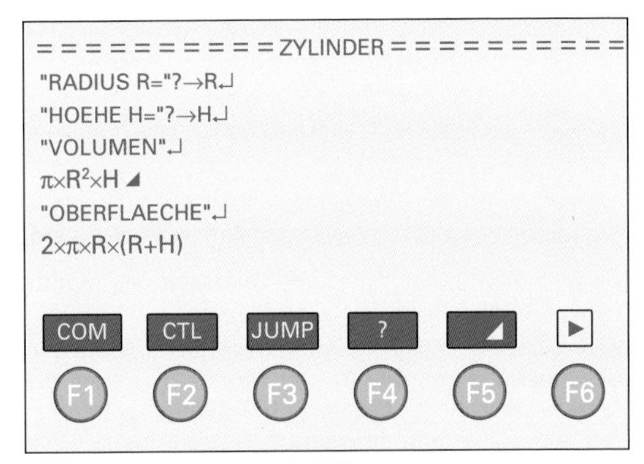

Bild 2: Programm ZYLINDER

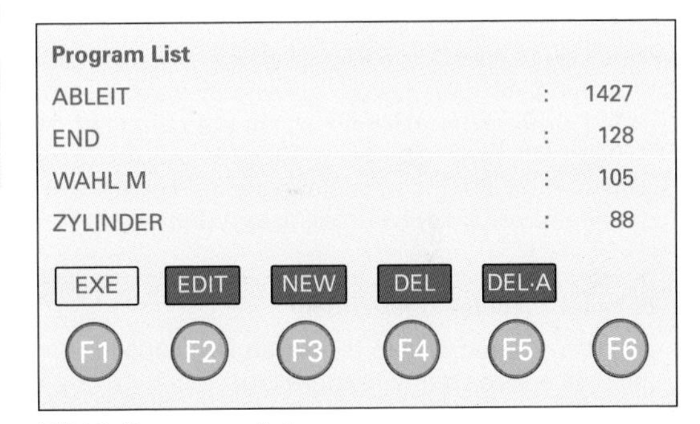

Bild 3: Programmliste

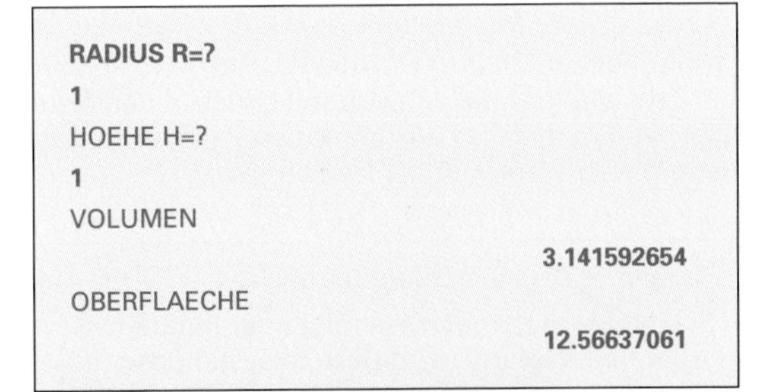

Bild 4: Ausgabe Zylinderberechnung

Lösung:

1. a) 50,265 VE **b)** 75,398 FE

11.1.9 Rechnen in Zahlensystemen

11.1.9.1 Zielsystem wählen

Mit dem GTR lassen sich Zahlen im binären, oktalen, dezimalen oder hexadezimalen Zahlensystem darstellen. Man kann Zahlen aus einem dieser vier Systeme in einem anderen System darstellen und man kann Zahlen dieser Systeme miteinander mathematisch verknüpfen.

Das Ergebnis einer Zahlenumwandlung oder einer mathematischen Verknüpfung wird immer in dem Zahlensystem angezeigt, welches als Zielsystem definiert wurde. Dazu drückt man im Menü RUN die Tasten SHIFT und MENU. Mit den Funktionstasten F2 bis F5 wird das Zielsystem gewählt **(Bild 1)**.

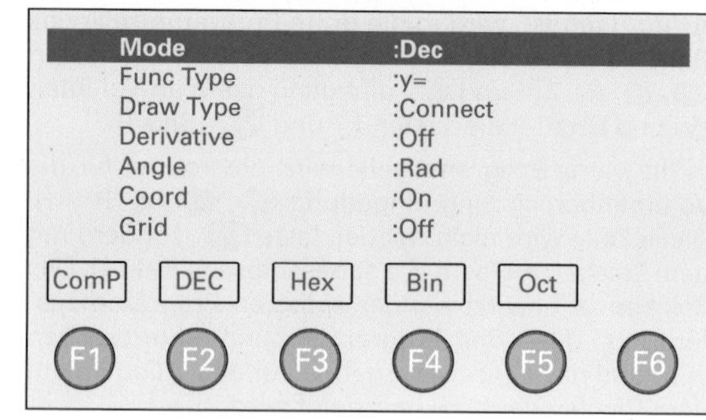

Bild 1: Zielsystem wählen

Beispiel 1: Zielsystem wählen

Wählen Sie als Zielsystem das Dezimalsystem.

Lösung:

Tasten F2 und EXE drücken. ⇒ **Bild 2**

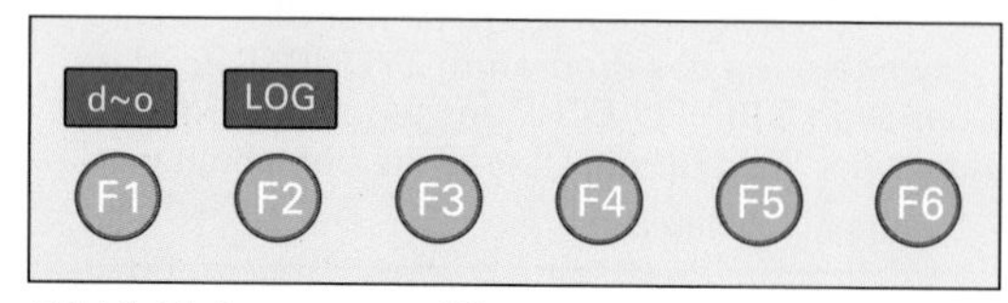

Bild 2: Zielsystem geöffnet

Die Einstellung bleibt bis zum Verlassen des Menüs RUN erhalten.

Mit Drücken der Taste F1 wählt man die Funktion d~o (dezimal bis oktal, **Bild 3**). Der Modus d~o stellt die Zahlenvorsätze d, h, b und o für Zahleneingaben zur Verfügung. So kann dezimale d, hexadezimale h, binäre b und oktale o Zahleneingabe gewählt werden.

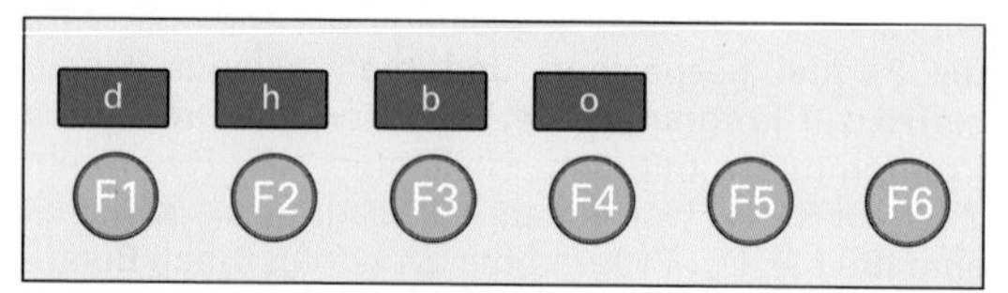

Bild 3: Modus d~o geöffnet

11.1.9.2 Zahlen umwandeln

Wählt man den Vorsatz h (hexadezimal) mit der Taste F2, dürfen Ziffern von 0 bis F verwendet werden, z. B. hF **(Bild 4)**. Die Ziffern A bis F erhält man direkt ohne Betätigen der Taste ALPHA. Durch Drücken auf die Taste EXE wird die Zahl in das eingestellte Zielsystem umgewandelt, z. B. 15 im Dezimalsystem **(Bild 4)**.

Beispiel 2: Zahlen umwandeln

Wandeln Sie die Zahlen hF, hA, b1111, b10000 und o10 in das Dezimalsystem um.

Lösung: **Bild 4**

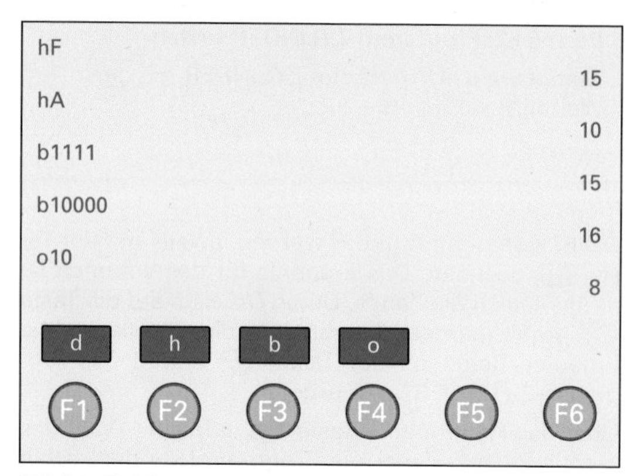

Bild 4: Zahlenumwandlungen

11.1.9.3 Zahlen verknüpfen

Wählt man die Zahl b1111 (dezimal 15) und addiert die Zahl o10 (dezimal 8), wird mit Drücken der Taste EXE das Ergebnis im ausgewählten Zielsystem dargestellt, d. h. 23 im Dezimalsystem **(Bild 5)**.

Beispiel 3: Zahlen verknüpfen

Stellen Sie die Ergebnisse folgender mathematischer Verknüpfungen im Dezimalsystem dar:

a) b1111 + o10 b) b10000 – hA

c) b1111 : hF d) o10 · hA · d1000

Lösung: **Bild 5**

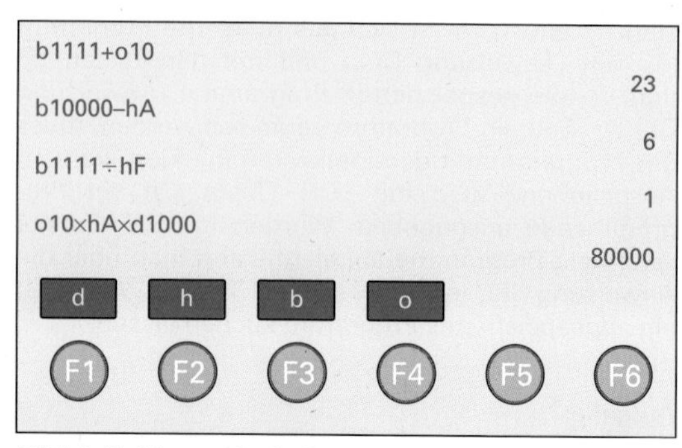

Bild 5: Zahlenverknüpfungen

11.2 GTR Texas Instruments TI-84 Plus

11.2.1 Das Tastenfeld des TI-84 Plus

Die Tasten des TI-84 Plus **(Bild 1)** sind meist dreifach belegt. Die Zweitbelegung wird mit der gelben Taste 2ND (2ND-Funktion) aktiviert und die Drittbelegung mit der grünen Taste ALPHA (ALPHA-Funktion).

Einige Rechnungen machen es erforderlich, die Grundeinstellung zu verändern. Die Grundeinstellung kann mit dem Menü MEMORY eingestellt werden **(Tabelle 1)**.

Beispiel 1: Grundeinstellung verändern

Gegeben ist die Funktion f(α) = 3 sin α

Berechnen Sie f(α) für $\alpha_1 = 30°$.

Lösung:

Grundeinstellung des GTR ⇒ Bogenmaß.

Der GTR muss in Gradmaß umgestellt werden.

Menü MODE öffnen ⇒ Taste MODE betätigen. Mit der Cursor-Taste auf DEGREE (Grad) gehen und mit ENTER bestätigen.

Displayanzeige: RDIAN DEGREE

Zum Hauptbildschirm zurück ⇒ Taste CLEAR, Rechnung eingeben und mit ENTER bestätigen.

Displayanzeige: 3*sin(30) 1.5

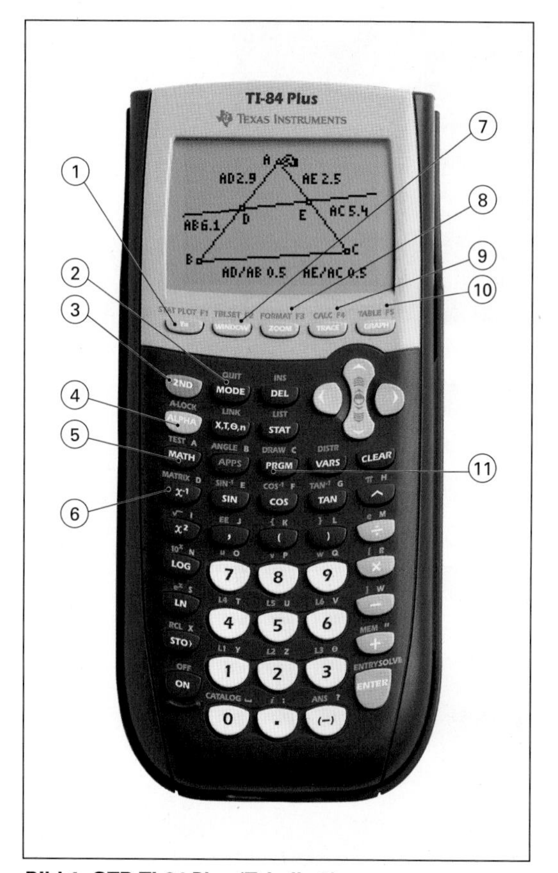

Bild 1: GTR TI-84 Plus (Tabelle 2)

Tabelle 1: Grundeinstellung des TI-84 Plus einstellen	
Tasten-folge	2ND MEM ⇒ 7↓ Reset ⇒ 1:ALL RAM ⇒ 2:Reset
Ergebnis Display	TI-84 Plus 2.40 RAM Cleared

MODE – Menü MODE

NORMAL SCI ENG
FLOAT 0 1 2 3 4 5 6 7 8 9
RDIAN DEGREE
FUNC PAR POL SEQ
CONNECTED DOT
SEQUENTIAL SIMUL
REAL a + bi re^Θi
FULL HORITZ G-T
SET CLOCK 13/01/01 B:44PM

Bild 2: GTR-Ansicht Grundeinstellung

Tabelle 2: Tastenbelegung/Menüs des TI-84 Plus

Nr.	Tastenfolge	Anwendung
1	Y=	Funktionen eingeben
2	MODE	Ansicht Grundeinstellung
3	2ND	Zweitbelegung 2ND-Funktion aufrufen
4	ALPHA	Drittbelegung ALPHA-Funktion aufrufen
5	MATH	Menü MATH Rechenoperationen auswählen
6	2ND MATRIX	Menü MATRIX Matrizen definieren, anzeigen und editieren
7	WINDOW	Menü WINDOW Das Anzeigefenster wird eingestellt.
8	2ND FORMAT	Menü FORMAT Die Darstellung eines Grafen festlegen.
9	2ND CALC	Menü CALCULATE Die aktuelle Grafenfunktion wird analysiert.
10	2ND TABLE	Die Wertetabelle der aktuellen Funktion wird angezeigt.
11	2ND DRAW	Menü DRAW Tools zum Zeichnen auf Grafen können ausgewählt werden.

11.2.2 Erstellen einer Wertetabelle mit dem TI-84 Plus

Nach dem Einschalten des TI-84 Plus, wird mit der Taste (Y=) der Y=Editor aufgerufen. Hier können mehrere Funktionen eingegeben werden, die grafisch dargestellt werden sollen. Diese Funktionen können dann analysiert oder eine Wertetabelle erstellt werden.

Beispiel 1: Funktion eingeben

Geben Sie die Funktion $f(x) = \frac{1}{3}x^3 + \frac{1}{2}x^2 - 2x - 1$ in die Zeile Y1 ein.

Lösung:

Tastenfolge:

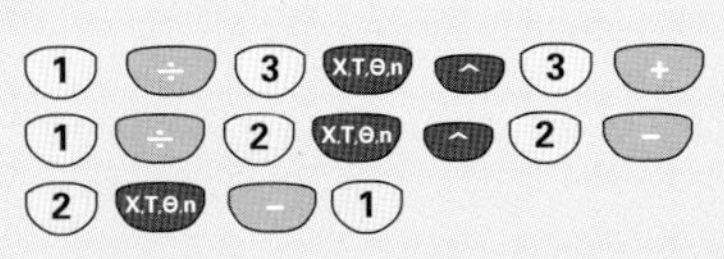

Displayanzeige: **Bild 1**

Die Tastenfolge (2ND) TBLSET bietet die Möglichkeit, die Wertetabelle nach Bedarf anzulegen.

Beispiel 2: Anlegen einer Tabelle

Legen Sie den Startwert –4 der Tabelle mit der Schrittweite 0,5 fest.

Lösung: **Bild 2**

Mit der Tastenfolge (2ND) TABLE wird die Tabelle angezeigt.

Beispiel 3: Wertetabelle anzeigen

Zeigen Sie die Funktion $f(x) = \frac{1}{3}x^3 + \frac{1}{2}x^2 - 2x - 1$ an.

Lösung: **Bild 3**

Um eine geeignete Ansicht einer Zeichnung zu erhalten, müssen unter Umständen die Fenstergrenzen geändert werden. Mit der Taste (WINDOW) kann die Fenstereinstellung eingestellt werden.

Beispiel 4: Einstellen des Zeichenfensters

Stellen Sie das Zeichenfenster auf folgende Intervalle ein: $-4 \leq x \leq 4$ und $-3 \leq y \leq 3$. Der Abstand der Markierungen auf der x-Achse soll 1 betragen und der auf der y-Achse 0,5.

Lösung:

Bild 4: Displayansicht Menü WINDOW

Bild 5: Displayansicht (GRAPH)

```
Plot1   Plot2   Plot3
\Y1=1/3X^3+1/2X^
2-2X-1
\Y2=
\Y3=
\Y4=
\Y5=
\Y6=
```

Bild 1: Displayanzeige Y1-Funktion

```
TABLE SETUP
 TblStart=-4
 ΔTbl=0.5
Indpnt:  Auto  Ask
Depend:  Auto  Ask
```

Bild 2: Startwert und Schrittweite einer Tabelle

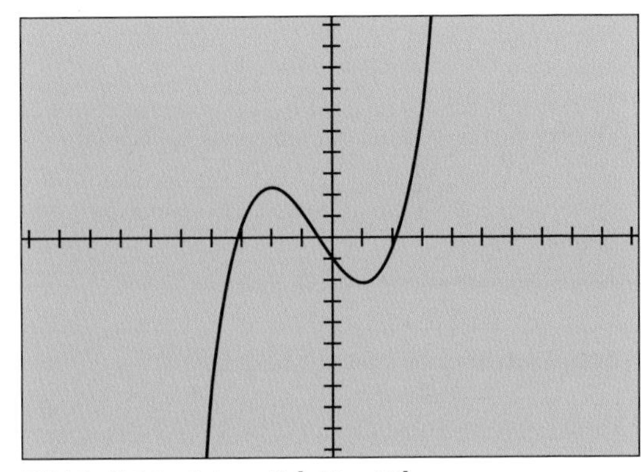

Bild 3: f(x) im Intervall [–10; +10]

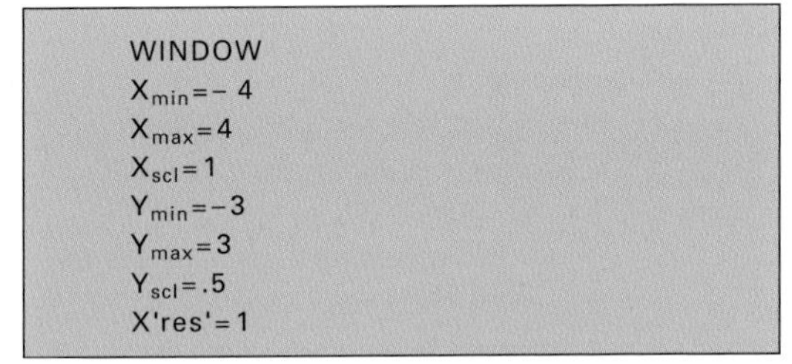

Bild 4: Einstellung eines Zeichenfensters

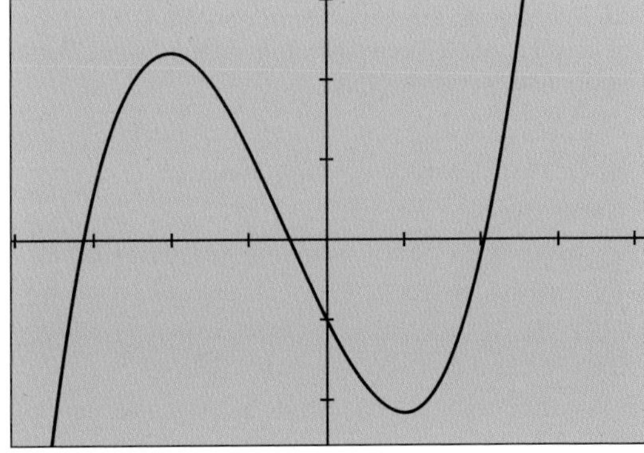

Bild 5: f(x) im Intervall [–4; +4]

11.2.3 Schaubilder mit dem TI-84 Plus analysieren

11.2.3.1 Ermitteln von Koordinatenwerten

Um bestimmte Funktionswerte zu ermitteln, bietet der TI-84 Plus zwei Möglichkeiten:

1. Gewünschten x-Wert eingeben und f(x) berechnen lassen.
2. Mit dem Cursor auf einen Kurvenpunkt fahren und den x-Wert und y-Wert berechnen lassen.

Beispiel 1: Koordinaten mit der Tabelle berechnen

Geben Sie die Funktion $f(x) = \frac{1}{3}x^3 + \frac{1}{2}x^2 - 2x - 1$ in den GTR ein. Berechnen Sie f(2).

Lösung:

f(x) = Y1 eingeben (Potenzzeichen ^),

Menü TABLE SETUP, 2ND TBLSET öffnen und Indpnt von Auto auf Ask umstellen.

Jetzt werden die Funktionswerte nicht mehr automatisch, sondern manuell erzeugt **(Bild 1)**.

Mit der Tastenfolge 2ND TABLE die Tabelle öffnen, x = 2 eingeben und mit ENTER bestätigen **(Bild 2)**.

TABLE SETUP
TblStart=−4
Δ Tbl=.5
Indpnt: Auto Ask
Depend: Auto Ask

Bild 1: Manuelle Erzeugung der Funktionswerte

X	Y_1
2	−.3333

X=2

Bild 2: Tabelle der Funktion f(x)

Beispiel 2: Koordinaten mit dem Cursor anzeigen

Geben Sie die Funktion $f(x) = \frac{1}{3}x^3 + \frac{1}{2}x^2 - 2x - 1$ in den GTR ein und zeigen Sie mit dem Cursor die Koordinaten an.

Lösung:

f(x) = Y1 eingeben,

Taste GRAPH ⇒ der Graf der Funktion wird angezeigt.

Taste TRACE ⇒ Mit dem Cursor können beliebige Funktionswerte angezeigt werden **(Bild 3)**.

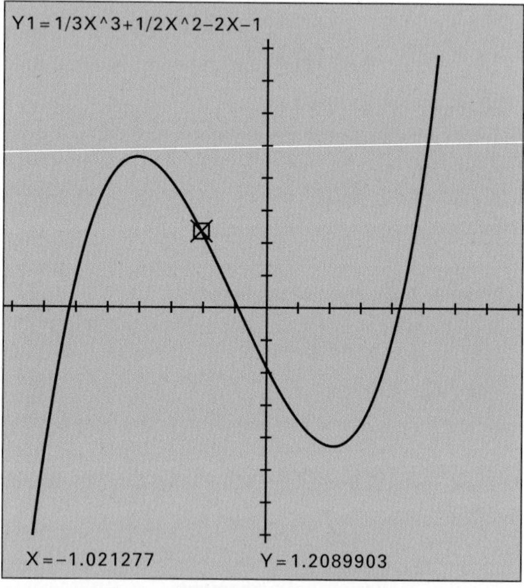

Bild 3: Punkte mit dem Cursor anzeigen

Der Y= Editor kann bis zu 10 Funktionen aufnehmen. Alle Funktionen können zusammen als Graf dargestellt und je nach Bedarf können auch einzelne Funktionen deaktiviert werden.

Beispiel 3: Deaktivieren einer Funktion

Geben Sie die Funktion $f(x) = \frac{1}{3}x^3 + \frac{1}{2}x^2 - 2x - 1$ und $g(x) = 0{,}5x^2 - 2x - 1$ ein und deaktivieren Sie f(x).

Lösung:

f(x) = Y1 und g(x) = Y2 eingeben **(Bild 4)**.

Mit dem Cursor auf das Gleichheitszeichen von Y1 = 1 gehen und mit ENTER deaktivieren **(Bild 5)**.

Plot1 Plot2 Plot3
\Y1=1/3X^3+1/2X^
2−2X−1
\Y2=0.5X^2−2X−1
\Y3=
\Y4=
\Y5=
\Y6=

Bild 4: Funktion f(x) = Y1 und g(x) = Y2 aktiv

Plot1 Plot2 Plot3
\Y1=1/3X^3+1/2X^
2−2X−1
\Y2=0.5X^2−2X−1
\Y3=
\Y4=
\Y5=
\Y6=

Bild 5: Deaktivieren der Funktion f(x) = Y1

11.2.3.2 Werte eines Schaubildes grafisch ermitteln

Sollen Grafen von ganzrationalen Funktionen auf ihre Eigenschaften untersucht werden, so bietet das CALCULATE-Menü sieben Möglichkeiten **(Tabelle 1)**.

Geöffnet wird das CALCULATE-Menü durch die Tastenfolge 2ND TRACE.

Beispiel 1: Nullstellen suchen

Geben Sie die Nullstellen folgender Funktion an:
$f(x) = \frac{1}{3}x^3 + \frac{1}{2}x^2 - 2x - 1$. Das Schaubild von f ist K_f.

Zeichenfenster: $-4 \leq x \leq 4$ und $-3 \leq y \leq 3$

Lösung:

f(x) = Y1 eingeben

Taste GRAPH $\Rightarrow K_f$ wird angezeigt

Tastenfolge 2ND CALC 2 $\Rightarrow$ Die Zero-Funktion im CALCULATE-Menü wird aufgerufen **(Tabelle 1)**.

Nach dem „left Bound“ (x-Wert der linken Grenze des Intervalls) wird gefragt. x = –1 wird gewählt und mit ENTER bestätigt.

Nach dem „right Bound“ wird gefragt. x = 0 wird gewählt und mit ENTER bestätigt.

Mit „Guess?“ fragt der GTR nach der Nullstelle im angegebenen Intervall **(Bild 1)**.

Mit ENTER bestätigen und die Nullstelle wird angegeben **(Bild 2)**.

N_1 (–0,462 955 4|0), N_2 (–3,116 4|0), N_3 (2,079 355 8|0)

11.2.3.3 Schnittpunkt zweier Funktionen

Mit der Funktion intersect im CALCULATE-Menü werden die Schnittpunkte zweier Funktionen bestimmt.

Beispiel 2: Schnittpunkt berechnen

Berechnen Sie den Schnittpunkt der Funktion $f(x) = \frac{1}{3}x^3 + \frac{1}{2}x^2 - 2x - 1$ und $g(x) = 0{,}5x^2 - 2x - 2$.

Lösung:

f(x) = Y1 und g(x) = Y2 eingeben,

intersect-Funktion öffnen,

viermal mit ENTER bestätigen und der Schnittpunkt wird angezeigt.

X = –1.44225 Y = 1.9245411

Aufgabe:

1. Gegeben sind die Funktionen $f(x) = \frac{1}{16}x^4 - \frac{3}{2}x^2 + 5$ und $g(x) = \frac{1}{4}x^2 - 1$.
   a) Berechnen Sie alle Nullstellen der Funktion f(x).
   b) Berechnen Sie alle Hochpunkte und Tiefpunkte der Funktion f(x).
   c) Berechnen Sie die Fläche zwischen Graf und x-Achse für beide Funktionen im Intervall $-2 \leq x \leq 2$.
   d) Berechnen Sie die Gesamtfläche zwischen den beiden Grafen im Intervall $-2 \leq x \leq 2$!

Tabelle 1: Das CALCULATE-Menü

Nr.	Aufgabe	Inhalt
1	value	Für einen gegebenen x-Wert wird der y-Wert berechnet.
2	zero	Der x-Wert einer Nullstelle wird in einem anzugebenden Intervall berechnet.
3	minimum	Die Koordinaten eines Tiefpunktes werden in einem anzugebenden Intervall berechnet.
4	maximum	Die Koordinaten eines Hochpunktes werden in einem anzugebenden Intervall berechnet.
5	intersect	Die Koordinaten eines Schnittpunktes zweier Funktionen werden berechnet.
6	dy/dx	Der Näherungswert für die erste Ableitung an einer anzugebenden Stelle wird berechnet.
7	$\int f(x)dx$	Der Näherungswert für ein bestimmtes Integral mit anzugebenden Intervallgrenzen wird berechnet.

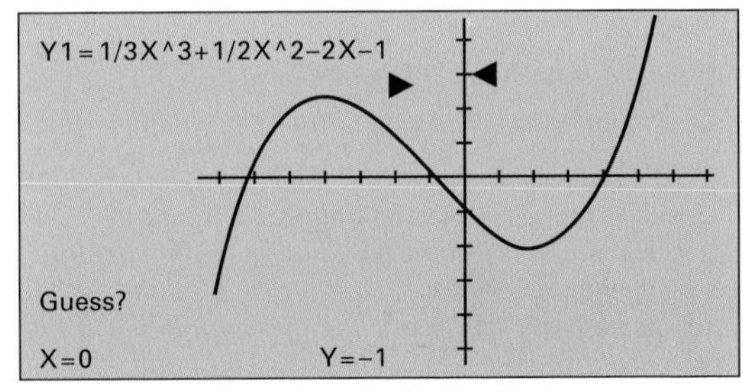

Bild 1: Intervall, in dem die Nullstelle liegt

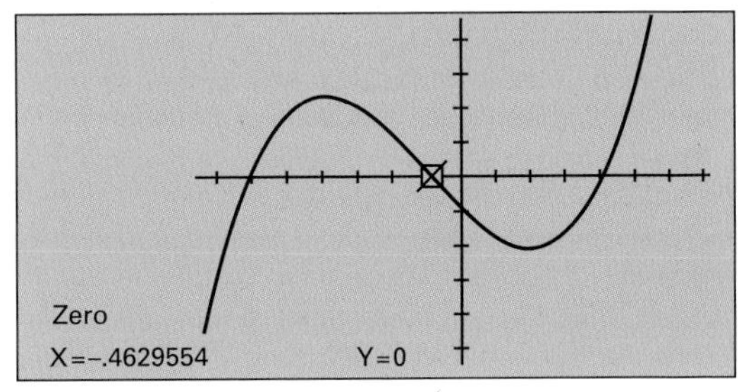

Bild 2: Angabe der Nullstelle

Lösungen:

1. a) N_1 (–4,4721|0), N_2 (–2|0), N_3 (2|0), N_4 (4,4721|0)
b) T_1 (–3,4641|–4), H (0|5), T_2 (3,4641|–4)
c) $A_{f(x)}$ = 12,8, $A_{g(x)}$ = –2,666 667
d) A = 15,466 667

11.2.3.4 Flächenintegrale berechnen

Mit der Funktion 7: $\int f(x)dx$ im Menü CALCULATE wird ein bestimmtes Integral berechnet.

Beispiel 1: Flächen zwischen Graf und x-Achse mit vorgegebenen Integrationsgrenzen

Berechnen Sie das Integral $A = \int_2^4 (-x^3 + 6x^2)dx$.

Lösung:

$f(x) = -x^3 + 6x^2 = Y1$ eingeben und das Zeichenfenster auf die Intervalle $-5 \leq x \leq 10$ und $-10 \leq y \leq 50$ einstellen.

Taste GRAPH $\Rightarrow K_f$ wird angezeigt,

Tastenfolge 2ND CALC 7 $\Rightarrow$ Die Funktion 7: $\int f(x)dx$ im Menü CALCULATE wird aufgerufen,

Lower Limit? x = 2 wird eingegeben und mit ENTER bestätigt.

Upper Limit? x = 4 wird eingegeben und mit ENTER bestätigt.

Das Ergebnis $\int f(x)dx = 52$ wird angezeigt.

Beispiel 2: Flächen zwischen Graf und der x-Achse

Die Funktion F mit $f(x) = \frac{2}{3}x^3 + 4x^2 + 6x$ hat das Schaubild K_f **(Bild 1)**.
Berechnen Sie die Fläche zwischen Graf und der x-Achse.

Lösung:

$f(x) = \frac{2}{3}x^3 + 4x^2 + 6x = Y1$ eingeben,

Zeichenfenster: $-4 \leq x \leq 2$ und $-3 \leq y \leq 3$

Taste GRAPH $\Rightarrow K_f$ wird angezeigt

Um die Fläche zwischen Graf und x-Achse zu berechnen, müssen die Nullstellen der Funktion f(x) berechnet werden.

Tastenfolge 2ND CALC 2 $\Rightarrow$ Die Funktion Zero im Menü CALCULATE wird aufgerufen.

Nullstellen: **N_1 (–3|0)** und **N_2 (0|0)**

Tastenfolge 2ND CALC 7 $\Rightarrow$ Die Funktion 7: $\int f(x)dx$ im Menü CALCULATE wird aufgerufen und die Grenzen $x_{unten} = -3$ und $x_{oben} = 0$ eingesetzt.

Fläche **A = –4,5**

Aufgabe:

1. Berechnen Sie den Inhalt des Flächenstücks, welche die Kurve mit der Gleichung y = f(x) mit der x-Achse einschließt.

a) $f(x) = -\frac{1}{4}x^4 + \frac{5}{2}x^2 + 6$ **b)** $f(x) = \frac{1}{6}x^4 - \frac{2}{3}x^3$

c) $f(x) = \frac{1}{4}x^4 - 3x^2 + 9$ **d)** $f(x) = \frac{1}{5}x^3 - 2x^2 + 5x$

e) $f(x) = x^4 - 4x^3 + 4x^2$ **f)** $f(x) = -\frac{3}{4}x^2 + 3x$

Lösungen:

a) A = 60,97 **b)** $A = -8{,}5\overline{33}$ **c)** A = 23,515

d) A = 10,417 **e)** $A = \frac{16}{15}$ **f)** A = 8

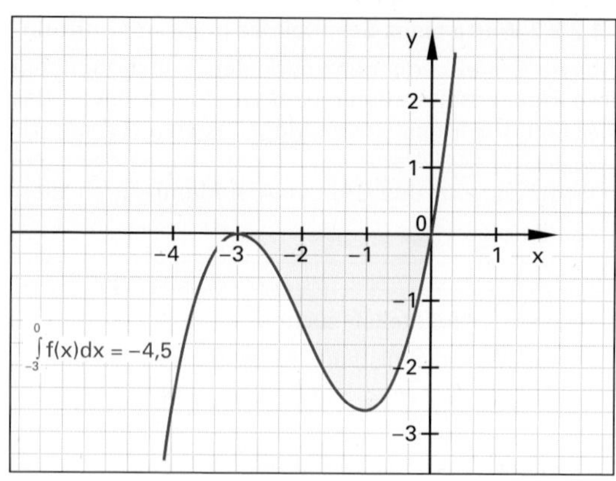

Bild 1: Flächen zwischen Graf und der x-Achse

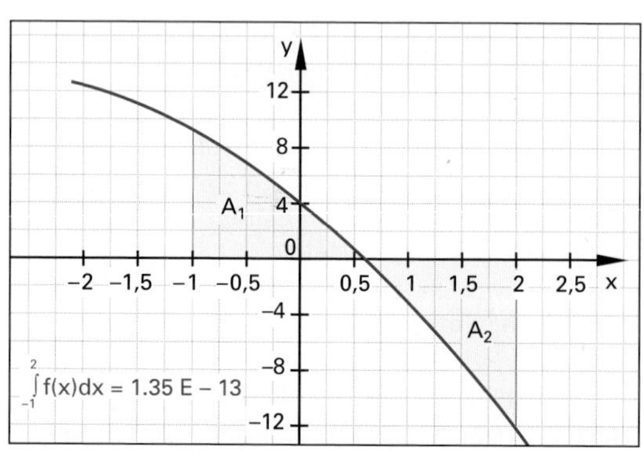

Bild 2: Flächen oberhalb und unterhalb der x-Achse

Beispiel 3: Flächen oberhalb und unterhalb der x-Achse

Die Funktion F mit $f(x) = -x^2 - 6x + 4$ hat das Schaubild K_f **(Bild 2)**. Berechnen Sie die Fläche, die K_f und die x-Achse in den Integrationsgrenzen $x_{unten} = -1$ und $x_{oben} = 2$ einschließt.

Zeichenfenster: $-2 \leq x \leq 3$ und $-15 \leq y \leq 10$

Lösung:

Lösungsweg siehe Beispiel 1

Ergebnis: $A = \int_{-1}^{2} (-x^2 - 6x + 4)dx = 1{,}35\ E - 13$ **(Bild 2)**

Das Ergebnis $1{,}35 \cdot 10^{-13}$ ist der Näherungswert für den Wert des Integrals. Das genaue Ergebnis wird mit der Stammfunktion ermittelt und ist A = 0.

Wie in Bild 2 zu sehen ist, heben sich die Flächen oberhalb und unterhalb der x-Achse auf $\Rightarrow A_1 = A_2$. Mit der Funktion Zero im Menü CALCULATE wird zuerst die Nullstelle berechnet.

Ergebnis: **N_1 (0,605 551 28|0)**

Mit der $\int f(x)dx$-Funktion im CALCULATE-Menü wird die Fläche in den Grenzen $x_{unten} = -1$ und $x_{oben} = 0{,}605\,551\,28$ berechnet.

Ergebnis: $A = 2 \cdot \int_{-1}^{0{,}605\,551\,28} (-x^2 - 6x + 4)dx = \mathbf{15{,}83}$

11.2.4 Tangenten an das Schaubild K_f

Um Tangenten an einem Kurvenpunkt zu ermitteln, ruft man das Menü DRAW auf.

Beispiel 1: Tangenten in einem Kurvenpunkt

Gegeben ist die Funktion F mit $f(x) = x^4 - 2{,}5x^2 + 2$ und ihr Schaubild K_f.

a) Berechnen Sie die Tangentengleichungen $t_1(x)$ und $t_2(x)$, die das Schaubild K_f bei $x_1 = 0$ und $x_2 = 2$ berühren.

b) Zeichnen Sie K_f und die Tangenten t_1 und t_2 in ein Koordinatensystem ein.

Lösung:

a) 1. Schritt:
Die Gleichung f(x) wird in den GTR eingegeben und das Zeichenfenster eingestellt.
$-2 \leq x \leq 2, -10 \leq y \leq 15$

2. Schritt:
Das Menü DRAW, 5: Tangent wird aufgerufen.
Tastenfolge: 2ND DRAW 5

3. Schritt:
Der Berührpunkt $x_1 = 0$ wird eingegeben und das Ergebnis wird abgelesen. $\mathbf{t_1(x) = 0x + 2}$
Tastenfolge: 0 ENTER

4. Schritt:
Schritt 2 und 3 für den Berührpunkt $x_2 = 2$ wiederholen. $\mathbf{t_2(x) = 22x - 36}$

b) **Bild 1**

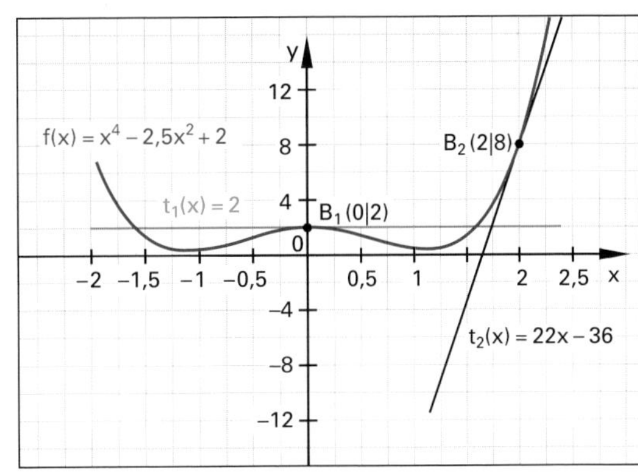

Bild 1: Tangenten in einem Kurvenpunkt

Beispiel 2: Tangente an K_f vom Punkt P aus

Vom Punkt P (0|1,5) sollen Tangenten an das Schaubild K_f der Funktion f(x) gelegt werden. Die Gleichung der Funktion lautet:
$f(x) = x^4 - 2{,}5x^2 + 2$ **(Bild 2).**

a) Bestimmen Sie die Berührpunkte B_1 und B_2.

b) Berechnen Sie die Tangentengleichungen $t_1(x)$ und $t_2(x)$ für die Berührpunkte B_1 und B_2.

Lösung:

a) 1. Schritt:
Die Formel $f(x_B) - y_P = f'(x_B) \cdot (x_B - x_P)$ (siehe Kapitel 5.7 Tangenten und Normalen) wird so umgestellt, dass sie null ergibt.
$f(x_B) - y_P - f'(x_B) \cdot (x_B - x_P) = 0$

2. Schritt:
f(x), f'(x) und der Punkt P werden in die Gleichung eingesetzt und ohne weitere Vereinfachungen in den GTR eingegeben.
$x^4 - 2{,}5x^2 + 2 - 1{,}5 - (4x^3 - 5x) \cdot (x - 0) = 0$

3. Schritt:
Mit der Zero-Funktion im Menü CALCULATE wird diese Funktion auf Nullstellen untersucht.
Ergebnisse: $\mathbf{x_{B1} = -1, x_{B2} = 1}$

b) Vorgehen wie im Beispiel 1
$\mathbf{t_1(x) = x + 1{,}5, \quad t_2(x) = -x + 1{,}5}$

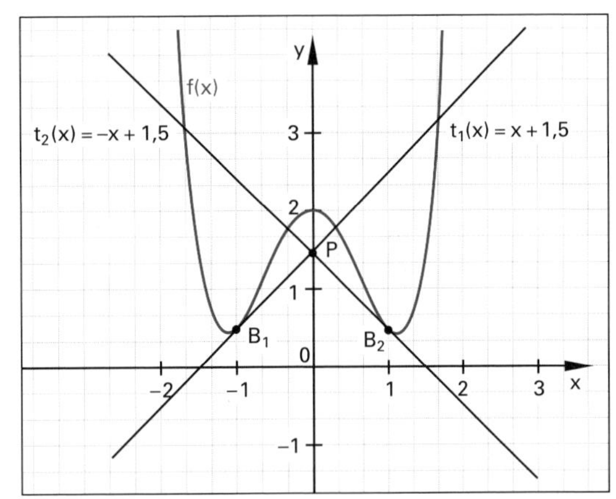

Bild 2: Tangente an K_f vom Punkt P aus

Aufgabe:

1. Gegeben ist die Funktion $f(x) = x^3 - 5x^2 + 4{,}5x + 3$, ihr Schaubild ist K_f.

   a) Berechnen Sie die Tangentengleichungen $t_1(x)$, $t_2(x)$ und $t_3(x)$, die das Schaubild K_f bei $x_1 = 0$, $x_2 = 1$ und $x_3 = 2$ berühren.

   b) In welchen Punkten schneiden sich die Tangentengleichungen?

   c) Zeichnen Sie die Funktion f(x), die Tangenten $t_1(x)$, $t_2(x)$ und $t_3(x)$ in ein Koordinatensystem ein.

   d) Kontrollieren Sie Ihre Lösungen, indem Sie die Tangentengleichungen und die Schnittpunkte aus der Zeichnung ablesen.

Lösungen:

1. a) $t_1(x) = 4{,}5x + 3$, $t_2(x) = -2{,}5x + 6$, $t_3(x) = -3{,}5x + 7$

b) S_{12} (0,429|4,929), S_{13} (0,5|5,25), S_{23} (1|3,5)

c) siehe Löser

d) siehe Löser

11.2.5 Lösung linearer Gleichungssysteme (LGS) mit dem GTR

Um lineare Gleichungssysteme mit zwei oder mehr Variablen zu lösen, ist das Menü MATRIX-EDIT aufzurufen.

Beispiel 1: LGS mit zwei Variablen

Bestimmen Sie die Lösungsmenge des folgenden Gleichungssystems:

(1) $3x + 2y = 5$

(2) $x + 3y = -10$

Lösung:

Koeffizientenmatrix erstellen:

1. Schritt:

Das Menü MATRIX-EDIT wird aufgerufen und die Matrix **1:[A]** ausgewählt **(Bild 1).**

Tastenfolge:

2. Schritt:

Die Matrixdimensionen 2 mal 3 (2 Zeilen/3 Spalten) und die Zahlen der Matrix werden eingegeben **(Bild 2).**

Tastenfolge:

3. Schritt:

Zurück zum Hauptbildschirm mit Tastenfolge: 2ND QUIT

4. Schritt:

Die Funktion **rref** aus dem MATRIX-MATH wird aufgerufen und auf die Matrix **1:[A]** angewendet. Der Befehl **rref** liefert die Lösungsmatrix **(Bild 3).**

Tastenfolge:

5. Schritt:

Lösung aus der Lösungsmatrix ablesen

$x = 5,\ y = -5 \Rightarrow \mathbf{L = \{(5|-5)\}}$

Beispiel 2: LGS mit drei Variablen

(1) $x + 3y + 2z = 11$

(2) $3x + 11y - 4z = -15$

(3) $4x + 5y + 3z = 12$

Lösung:

1. Schritt: Tastenfolge:

2. Schritt:

Die Matrixdimension 3×4 und die Zahlen der Matrix werden eingegeben **(Bild 4).**

3. Schritt: Tastenfolge: 2ND QUIT

4. Schritt:

Der **rref**-Befehl liefert die Lösungsmatrix **(Bild 5).**

5. Schritt: $x = -2,\ y = 1,\ z = 5 \Rightarrow \mathbf{L = \{(-2|1|5)\}}$

```
NAMES     MATH   EDIT
1: [A]
2: [B]

MATRIX [A]     1 x1
[0                  ]
```

Bild 1: MATRIX-EDIT-Menü Matrix 1:[A]

```
MATRIX [A]       2 x3
[3        2       5   ]
[1        3     -10   ]

2 , 3=-10
```

Bild 2: Koeffizientenmatrix 2 × 3 im GTR

```
rref ( [A] )
   [ [ 1   0   5 ]
     [ 0   1  -5 ]
```

Bild 3: Lösungsmatrix 2 × 3 in „Stufenform"

```
MATRIX [A]       3 x4
_3        2       11   ]
_11      -4      -15   ]
_5        3       12   ]

3 , 4=12
```

Bild 4: Koeffizientenmatrix 3 × 4 im GTR

```
rref ( [A] )
   [ [ 1   0   0   -2 ]
     [ 0   1   0    1 ]
     [ 0   0   1    5 ] ]
```

Bild 5: Lösungsmatrix 3 × 4 in „Stufenform"

Aufgabe:

1. Bestimmen Sie die Lösungsmengen folgender LGS.

a) $6x + 4y = 7$
$10x + 3y = -3$

b) $6x - 4y - 5z = 0$
$-9x + 5y + 6z = -8$
$14x + 3y - 7z = -12$

Lösungen:

1. a) $L = \{(-1{,}5|4)\}$ **b)** $L = \{(4|-4|8)\}$

11.2.6 Komplexe Rechnung mit dem TI-84 Plus

11.2.6.1 Umwandlung komplexer Zahlen

Im Menü MODE wird die Winkeleinstellung DEGREE und die algebraische Form der komplexen Zahl gewählt **(Bild 1)**. Mit dem Menü MATH, dem Untermenü CPX, den Funktionen **6: ▶ Rect** und **7: ▶ Polar** kann eine komplexe Zahl umgewandelt werden. Die Ergebnisse im Display werden auf drei Stellen gerundet ⇒ FLOAT 4

Beispiel 1: Umwandlung (a + bi ⇒ re$^{\varphi i}$ ⇒ a + bi)

Wandeln Sie die komplexe Zahl $\underline{z}$ = 2 + 3i in die Exponentialform um und danach in die Normalform zurück.

Lösung:

Menü MODE Einstellung entsprechend **Bild 1.**

Eingabe der komplexen Zahl in der Normalform
Tastenfolge: (2) (+) (3) (2ND) [i]

Menü MATH ⇒ Untermenü CPX ⇒ 7: ▶ Polar
Tastenfolge: (MATH) ▶ ▶ (7) (ENTER)
Ergebnis: 3.606e^(56.310i) **(Bild 2)**

Menü MATH ⇒ Untermenü CPX ⇒ 6: ▶ Rect
Tastenfolge: (MATH) ▶ ▶ (6) (ENTER)
Ergebnis: 2.000 + 3.000i **(Bild 2)**

```
NORMAL        SCI    ENG
FLOAT         0 1 2 3 4 5 6 7 8 9
RDIAN         DEGREE
FUNC     PAR      POL      SEQ
CONNECTED         DOT
SEQUENTIAL        SIMUL
REAL     a + bi   re^Θi
FULL     HORITZ   G-T
SET CLOCK 13/01/01 B 44PM
```

Bild 1: Menü MODE Einstellung

```
2+3i ▶ Polar
3.606e^(56.310i)
Ans ▶ Rect
        2.000+3.000i
```

Bild 2: Umwandlung komplexer Zahlen

11.2.6.2 Grundrechenarten mit komplexen Zahlen

Um Rechenfehler zu vermeiden, ist es zweckmäßig, alle komplexe Zahlen in der Normalform und in Klammern einzugeben.

Beispiel 2: Grundrechenarten

Berechnen Sie folgende komplexe Zahl.

$$\underline{z} = \frac{(3 + 3i) - (4 + 4i) \cdot (3 + 5i)}{(2 + 3i) \cdot (5 + 4i) + (3 + 5i)}$$

Lösung:

Menü MODE – Einstellung entsprechend Bild 1.

Eingabe der komplexen Zahl in der Normalform **(Bild 3)**

Umwandlung in die Exponentialform (Beispiel 1)

$\underline{z}$ = −1.0204−0.4293i=1.1070e^(−2.7433i) (Bild 3)

```
((3+3i)-(4+4i)*(
3+5i))/((2+3i)*(
5+4i)+(3+5i))
        - 1.0204 - 0,4293 i
Ans ▶ Polar
1.1070 e^ ( -2.7433 i )
```

Bild 3: Grundrechenarten

Aufgaben:

1. Addieren oder subtrahieren Sie folgende komplexe Zahlen.

   a) $\underline{z}$ = (7 + 5i) + (10 + 3i) **b)** $\underline{z}$ = (10 − 8i) + (5 + 9i)

   c) $\underline{z}$ = (6 + 5i) − (10 + 9i) **d)** $\underline{z}$ = (0 − 7i) − (5 + 3i)

2. Multiplizieren oder dividieren Sie folgende komplexe Zahlen.

   a) $\underline{z}$ = (2 + 3i) · (4 + 5i) **b)** $\underline{z}$ = (6 + 5i) · (8 − 3i)

   c) $\underline{z}$ = (15 − 13i) · (2 − i) **d)** $\underline{z}$ = (3 − 2i) · (−4 + 2i)

   e) $\underline{z} = \frac{1}{1 + i}$ **f)** $\underline{z} = \frac{3 + i}{4 - i}$

   g) $\underline{z} = \frac{1 + 2i}{3 - i}$ **h)** $\underline{z} = \frac{4 + \sqrt{-6}}{5 - \sqrt{-7}}$

3. Bestimmen Sie den komplexen Widerstand $\underline{Z}$ folgender Schaltungen mit den Werten

   $\underline{Z}_L$ = (0 + 31,4i) Ω, $\underline{Z}_C$ = (0 − 159i) Ω und $\underline{Z}_R$ = (1000 + 0i) Ω.

   Geben Sie die Lösung in der Normalform und in der Exponentialform an.

a)

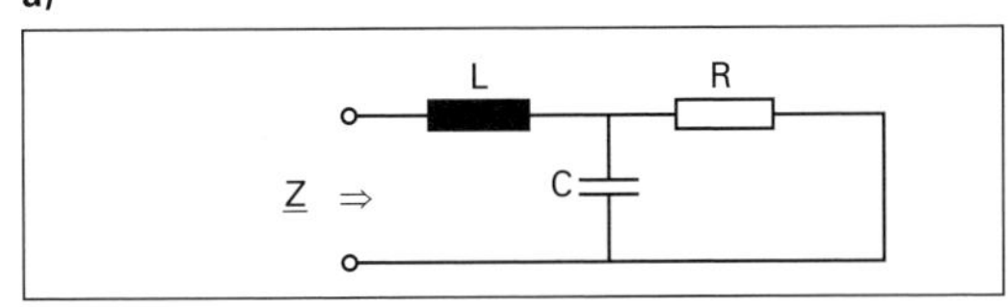

b)

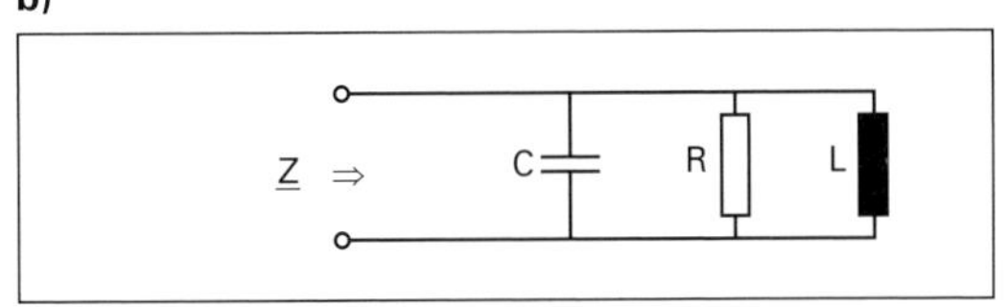

Lösungen:

1. a) $\underline{z}$ = 17 + 8i **b)** $\underline{z}$ = 15 + i
c) $\underline{z}$ = −4 − 4i **d)** $\underline{z}$ = −5 − 10i

2. a) $\underline{z}$ = −7 + 22i **b)** $\underline{z}$ = 63 + 22i
c) $\underline{z}$ = 17 − 41i **d)** $\underline{z}$ = −8 + 14i
e) $\underline{z}$ = 0,5 − 0,5i **f)** $\underline{z}$ = 0,65 + 0,41i
g) $\underline{z}$ = 0,1 + 0,7i **h)** $\underline{z}$ = 0,422 + 0,713i

3. a) $\underline{Z}$ = (24,6 − 123,6i) Ω = 126 Ω $e^{-79°i}$
b) $\underline{Z}$ = (1,529 − 39,067i) Ω = 39,1 Ω $e^{-87,759°i}$

12 Selbst organisiertes Lernen Übungsaufgaben – Prüfungsaufgaben

12.1 Übungsaufgaben

12.2 Musterprüfungen

12.3 Übungsaufgaben für GTR

12 Selbst organisiertes Lernen – Übungsaufgaben – Prüfungsaufgaben

12.1 Übungsaufgaben

12.1.1 Algebraische Grundlagen

Berechnen und Lösen von Termen

1. Berechnen Sie den Wert des Terms:

a) $312 + (-28 + 19)$

b) $312 - (-28 + 19)$

c) $312 + [12 - (+28 - 19) + 28] - (-18 + 24)$

d) $18 - \{16 - [23 - (-12 - 7 + 28) + 32] - 62\}$

2. Fassen Sie die Terme durch Auflösen der Klammern zusammen und setzen Sie die angegebenen Werte ein.

a) $14x - (28x + 19y)$ Setzen Sie $x = -2$ und $y = 3$

b) $3a + [12\,b - (+28a - 19b)] - (-18a + 24b)$
Setzen Sie $a = 2$ und $b = -3$

c) $14\,r + (14s - 12r) - (8r + 12s) + 12s - (8r - 9s)$
Setzen Sie $r = 6$ und $s = 4$

d) $60 - \{16x - [23y - (-12x - 7y + 28) + 32x] - 62y\}$
Setzen Sie $x = -2$ und $y = 3$

e) $18 + \{-16y + [23x - (12y - 7x + 28) + 32y] - 62\}$
Setzen Sie $x = -2$ und $y = 3$

f) $4r + 3(14s - 12r) - 2(8r + 12s) - 6(8r - 9s)$
Setzen Sie $r = -6$ und $s = 4$

g) $60x - 2\,\{16x - 3[23y - 4(-12x - 7y + 28)] - 62y\}$
Setzen Sie $x = 2$ und $y = -3$

h) $\frac{3}{4}x + \frac{5}{6}y - 2\left(\frac{5}{6}x - \frac{1}{4}y\right) + \frac{2}{3}(4x - 3y) - 2x - 3y$
Setzen Sie $x = -2$ und $y = 3$

i) $\frac{3}{2}x + \frac{5}{4}y - 3\left(\frac{5}{6}x - \frac{1}{12}y\right) + \frac{2}{3}(4x - 3y) + 2x + 3y$
Setzen Sie $x = 2$ und $y = -3$

3. Multiplizieren Sie aus und fassen Sie zusammen.

a) $3x \cdot 2y \cdot z + 2x \cdot 5y \cdot (-2z) + 4x \cdot (-2y) \cdot (-5z)$

b) $-3x \cdot 2y \cdot (-z) - 2x \cdot 5y \cdot (-2z) + 4x \cdot (-3y) \cdot (-4z)$

c) $2(a - b) + 3(2a + 3b) - 3(a - 4b) + (a - 2b)5$

d) $(4 - x)(y + 2) + 2(3 + x)(2 - y) - (x + 2)(y - 2)$

e) $2(4 - x)(2y + 2) + (3 + 2x)(2 - y) - (x - 2)(y - 2)$

f) $(a + b)^2 + 2ab - (a^2 + b^2) + 2(a - b)^2 + a^2 - b^2$

g) $(-2)^2(2x - 3y)^2 + (x - 2y)^2 - 2^2(-x + 2y)^2 + 2(-x - y)^2$

4. Bestimmen Sie aus den Gleichungen die Lösungsmenge L = {x}.

a) $\frac{x + 3}{5} - 4 = 2$

b) $5x = 2(x - 7) - 4$

c) $27 + (3 - x) = 5x - 4$

d) $2(x + 3) = 4x - [2 - (3x - 2)]$

e) $2x - [6 - (2x + 3)] = 5 - 5x$

f) $9x + 1 - [2(5 - 3x + (x - 1))] = 6x - 13$

5. Bestimmen Sie die Lösungsmenge

a) $(x - 2)(x + 2) - 2x + 1 = (x + 2)^2 - 4x - 9$

b) $(3x - 8)(x + 6) = (x - 2)(3x + 2)$

c) $(x - 5)(7 - x) + (x - 2)^2 = (x + 3)^2 - (x - 5)^2$

d) $4x^2 - [(2x + 1)^2 - 2x - 3] = (3x - 2)(3x + 2) - 9x^2 + 2x$

6. Bestimmen Sie die Lösung für x

a) $\frac{2x - 4}{3} - \frac{x + 5}{4} = \frac{4x + 4}{6} + \frac{x + 6}{12}$

b) $\frac{2 - x}{7} + \frac{2x - 4}{14} - \frac{3x + 2}{21} = \frac{x - 5}{14} + \frac{5 - x}{7}$

c) $\frac{2x - a}{3} - \frac{x + a}{4} = \frac{4x + 4}{6} + \frac{x + 6}{12} - \frac{a - x}{3}$

Lösungen:

1. a) 303 **b)** 321 **c)** 337 **d)** 110

2. a) $42x - 19y = -141$
b) $-7a + 7b = -35$
c) $-14r + 23s = 8$
d) $28x + 92y + 32 = 252$
e) $30x + 4y - 72 = -120$
f) $-96r + 72s = 864$
g) $316x + 430y - 672 = -1330$
h) $-\frac{1}{4}x - \frac{11}{3}y = -10{,}5$
i) $\frac{11}{3}x + \frac{5}{2}y = -\frac{1}{6}$

3. a) $26yxz$ **b)** $22xyz$ **c)** $10a + 9b$
d) $8x - 6y - 2xy + 24$
e) $2x + 15y - 7xy + 18$
f) $3a^2 + b^2$
g) $15x^2 + 26y^2 - 32xy$

4. a) $L = \{27\}$ **b)** $L = \{-6\}$ **c)** $L = \left\{\frac{17}{3}\right\}$ **d)** $L = \{2\}$
e) $L = \left\{\frac{8}{9}\right\}$ **f)** $L = \left\{-\frac{6}{7}\right\}$

5. a) $L = \{1\}$ **b)** $L = \left\{\frac{22}{7}\right\}$ **c)** $L = \left\{-\frac{15}{8}\right\}$ **d)** $L = \left\{\frac{3}{2}\right\}$

6. a) $x = -\frac{45}{4}$ **b)** $x = -\frac{19}{3}$ **c)** $x = \frac{3a + 14}{8}$

7. Stellen Sie die Gleichung oder Formel nach der geforderten Größe um.

a) $d_a = d + 2m$; Umstellen nach m

b) $R_\vartheta = R_{20}(1 + \alpha \cdot \Delta\vartheta)$; Umstellen nach $\Delta\vartheta$

c) $\Delta R = R_{20} \cdot \alpha \cdot (\vartheta_2 - \vartheta_1)$; Umstellen nach ϑ_1

d) $Z_L = \frac{R_c \cdot R_L}{R_c + R_L}$; Umstellen nach R_L

e) $A = \frac{d^2\pi}{4}$; Umstellen nach d

f) $\tan\alpha = \frac{m \cdot v^2}{g \cdot m \cdot r}$; Umstellen nach v

g) $\frac{1}{f} = \frac{1}{b} + \frac{1}{g}$ Umstellen nach g

h) $i = \frac{U}{R + \frac{R}{n}}$; Umstellen nach R

i) $v = \frac{s}{t+a} + \frac{s}{t-a}$; Umstellen nach s

j) $\frac{s - s_1}{t - t_1} = \frac{s_2 - s_1}{t_2 - t_1}$ Umstellen nach t_1

k) Der Abstand des Schwerpunktes vom Boden einer mit Flüssigkeit gefüllten Dose lässt sich mit der Formel $h = \frac{m \cdot H}{M - m}\sqrt{\frac{M}{m}} - \frac{m \cdot H}{M - m}$ beschreiben **(Bild 1)**. Stellen Sie nach H um.

Potenzen und Potenzgesetze

8. Berechnen Sie folgende Ausdrücke:

a) $(-5)^{-1}$ **b)** -5^{-1} **c)** $(-5)^0$ **d)** -5^0

e) $(-5)^1$ **f)** -5^1 **g)** $(-5)^2$ **h)** -5^2

9. Vereinfachen Sie die Potenzterme

a) $\frac{8^3}{8^2}$ **b)** $\frac{8^{3x}}{8^{2x}}$ **c)** $\frac{8^{ax}}{8^{-ax}}$ **d)** $\frac{8^n}{8^m}$

e) $\frac{a^{2b}}{a^{3b}}$ **f)** $\frac{a^{n+1}}{a^2}$ **g)** $\frac{a^{x-2}}{a^{x+2}}$ **h)** $\frac{a^{-b+1}}{a^{-2b-1}}$

i) $\left(-\frac{1}{u}\right)^{-2} \cdot u^{v-2}$ **j)** $\frac{(-x)^{-2}}{x^{-3}}$ **k)** $\frac{y \cdot (y^m + z^m) \cdot y^2}{y^{m+1} + z^m \cdot y}$

10. Vereinfachen Sie die Wurzeln unter Verwendung der Potenzschreibweise und vereinfachen Sie die Terme.

a) $\frac{\sqrt{12}}{\sqrt{3}}$ **b)** $\frac{\sqrt{3 \cdot 4}}{\sqrt{3}}$ **c)** $\frac{\sqrt{9+3}}{\sqrt{3}}$

d) $\frac{\sqrt{\frac{3 \cdot 8}{2}}}{\sqrt{3}}$ **e)** $\left(\sqrt{3} + \frac{3}{\sqrt{3}}\right)^2$ **f)** $(3 + \sqrt{3}) \cdot (\sqrt{3} - 3)$

g) $\sqrt[3]{(4 - \sqrt{8})(4 + \sqrt{8})}$ **h)** $\sqrt[3]{\frac{a^{-3b}}{a^{-9b}}}$

i) $\frac{\sqrt{x^2 - y^2}}{\sqrt{x + y}}$ **j)** $\sqrt[x+y]{(a^n)^{2x+2y}}$ **k)** $\frac{(2x + 2y)^2}{(x + y) \cdot \sqrt{x + y}}$

Logarithmengesetze

11. Zerlegen Sie die Logarithmusterme in Summen, Differenzen und Produkte.

a) $\log_u(2v + 2w)$ **b)** $\log_u(v \cdot w)$ **c)** $\log_u\left(\frac{v}{w}\right)$

d) $\log_u v^w$ **e)** $\log_u \left(\frac{v}{w}\right)^3$ **f)** $\log_u\left(\sqrt[3]{\frac{u}{v}}\right)$

g) $\log_u \frac{a^2 \cdot \sqrt[3]{b}}{c^3}$ **h)** $\log_u(v + w)^2$ **i)** $\log_u\left(\frac{3 + u}{u}\right)$

12. Geben Sie den Wert des Logarithmus als Basis von e an.

a) $\log_u v$ **b)** $\log_u \frac{v}{w}$ **c)** $\log_u \frac{\sqrt{v}}{w^2}$

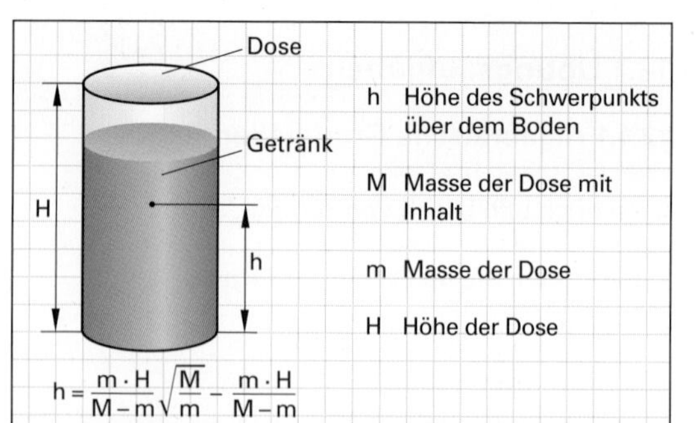

Bild 1: Schwerpunkt in Abhängigkeit des Inhalts

Lösungen:

7. a) $m = \frac{d_a - d}{2}$ **b)** $\Delta\vartheta = \frac{\frac{R_\vartheta}{R_{20}} - 1}{\alpha}$

c) $\vartheta_1 = \vartheta_2 - \frac{\Delta R}{R_{20} \cdot \alpha}$ **d)** $R_L = \frac{-Z_L R_c}{Z_L - R_c}$

e) $d = \sqrt{\frac{4A}{\pi}}$ **f)** $v = \sqrt{r \cdot g \cdot \tan\alpha}$

g) $g = \frac{b \cdot f}{b - f}$ **h)** $R = \frac{n \cdot U}{i(n + 1)}$

i) $s = \frac{v(t^2 - a^2)}{2t}$ **j)** $t_1 = \frac{t(s_2 - s_1) + t_2(s_1 - s)}{s_2 - s}$

8. a) $-\frac{1}{5}$ **b)** $-\frac{1}{5}$ **c)** 1 **d)** –1

e) –5 **f)** –5 **g)** 25 **h)** –25

9. a) 8 **b)** 8^x **c)** 8^{2ax} **d)** 8^{n-m}

e) a^{-b} **f)** a^{n-1} **g)** a^{-4} **h)** a^{b+2}

i) u^v **j)** x **k)** y^2

10. a) 2 **b)** 2 **c)** 2 **d)** 2

e) 12 **f)** –6 **g)** 2 **h)** a^{2b}

i) $\sqrt{x - y}$ **j)** a^{2n} **k)** $4 \cdot \sqrt{x + y}$

11. a) $\log_u 2 + \log_u(v + w)$

b) $\log_u(v) + \log_u(w)$

c) $\log_u(v) - \log_u(w)$

d) $w \log_u(v)$

e) $3(\log_u(v) - \log_u(w))$

f) $\frac{1}{3}(\log_u(v) - \log_u(w))$

g) $2 \log_u(a) + \frac{1}{3} \log_u(b) - 3 \log_u(c)$

h) $2 \log_u(v + w) - 1$

i) $\log_u(3 + u)$

12. a) $\frac{\ln(v)}{\ln(u)}$

b) $\frac{\ln(v) - \ln(w)}{\ln(u)}$

c) $\frac{\frac{1}{2}\ln(v) - 2\ln(w)}{\ln(u)}$

12.1.2 Quadratische Funktionen

1. Berechnen Sie die Funktionsgleichung und den Scheitelpunkt der Parabel mit $f(x) = a \cdot x^2$, wenn
   a) die Parabel um 1 in positive x-Richtung und um 2 in positive y-Richtung verschoben wird,
   b) die Parabel um 3 in negative x-Richtung und um –1 in y-Richtung verschoben wird,
   c) die Parabel an der x-Achse gespiegelt und um –2 in x-Richtung verschoben wird,
   d) $a = \frac{1}{3}$ ist und die Parabel um –3 in x-Richtung und um –2 in y-Richtung verschoben wird,
   e) a = 2 ist und die Parabel an der x-Achse gespiegelt wird und um –2 in x-Richtung und um –1,5 in y-Richtung verschoben wird?

Eigenschaften von Parabeln

2. Welche Öffnung kann man den Parabeln folgender Funktionen entnehmen?
   a) $f(x) = (x + 3)(2 - x)$
   b) $g(x) = (x - 1)(2 + x)$
   c) Geben Sie die Funktionsgleichungen der Parabeln von **Bild 1** an.

Scheitelformen von Parabeln

3. Bringen Sie die Funktionsgleichungen in die Scheitelform.
   a) $y = -3x^2 + 4x - 1$ **b)** $y = \frac{1}{2}x^2 - 3x + 4$
   c) $y = x^2 + 4x - 12$ **d)** $y = x^2 - 6x - 11$

Lösen von quadratischen Gleichungen durch Wurzelziehen

4. Berechnen Sie.
   a) $1 - x^2 = 0$ **b)** $\frac{9}{4}x^2 = x^2$
   c) $\frac{5}{2} - \frac{1}{2}x^2 = 0$ **d)** $\frac{1}{5}x^2 - \frac{9}{5} = 0$

Lösen von quadratischen Gleichungen mit der Lösungsformel

5. Berechnen Sie.
   a) $2x^2 + 2x - 12 = 0$ **b)** $3x^2 + 5x - 8 = 0$
   c) $-2x^2 - 4x + 16 = 0$ **d)** $x^2 - 5x - 14 = 0$

Lösen von quadratischen Gleichungen mit quadratischer Ergänzung

6. Berechnen Sie.
   a) $2x^2 + 2x - 12 = 0$ **b)** $3x^2 + 5x - 8 = 0$
   c) $-2x^2 - 4x + 16 = 0$ **d)** $x^2 - 5x - 14 = 0$

Nullstellen von Parabeln

7. Bestimmen Sie die Funktionsgleichungen der Parabeln in der Normalform mit
   a) a = 0,125 und den Nullstellen (4|0) und (6|0)
   b) a = 2 und den Nullstellen (1|0) und (6|0)
   c) $a = \frac{1}{2}$ und den Nullstellen (–4|0) und (2|0)

Hängebrücke

8. Das Schaubild einer Hängebrücke wird mit der Gleichung $y = a \cdot (x - x_S)^2 + y_S$ beschrieben **(Bild 2)**.
   a) Bestimmen Sie den Koeffizienten a.
   b) Wie lautet die Gleichung in der Normalform?

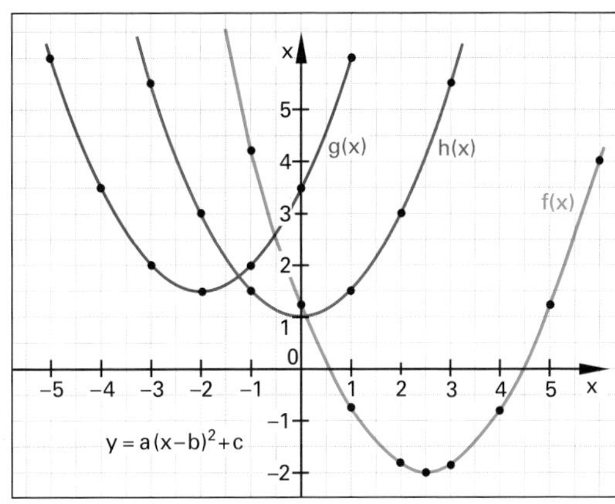

Bild 1: Schaubilder verschobener Parabeln

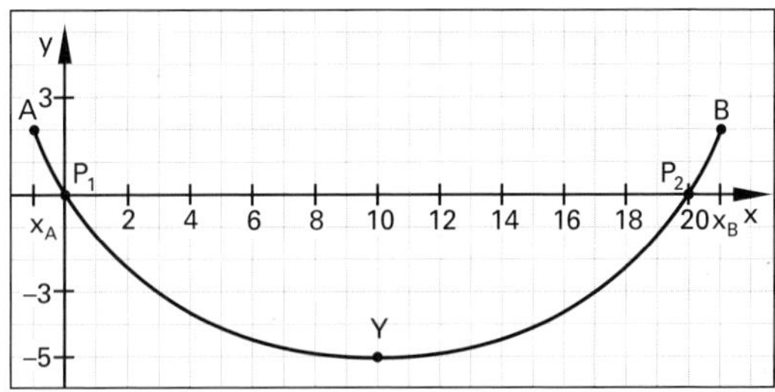

Bild 2: Hängebrücke für Fußgänger

   c) Bestimmen Sie den tiefsten Punkt Y (Scheitelpunkt) der Brücke.
   d) Die Aufhängestützen A und B haben eine Höhe von 2 m. Bestimmen Sie die x-Koordinaten der Stützen.

Lösungen:

1. **a)** $f(x) = a(x - 2)^2 + 2$
   b) $f(x) = a(x - 3)^2 - 1$
   c) $f(x) = a(x + 2)^2$
   d) $f(x) = \frac{1}{3}(x + 3)^2 - 2$
   e) $f(x) = -2(x + 2)^2 - 1{,}5$
2. Parabel **a)** nach unten, **b)** nach oben geöffnet
   c) $f(x) = 0{,}5(x - 2{,}5)^2 - 2$;
   $g(x) = 0{,}5(x + 2)^2 + 1{,}5$; $h(x) = 0{,}5x^2 + 1$
3. **a)** $y = -3\left(x - \frac{2}{3}\right)^2 + \frac{1}{3}$ **b)** $y = \frac{1}{2}(x - 3)^2 - \frac{1}{2}$
   c) $y = (x - 2)^2 - 16$ **d)** $y = (x - 3)^2 - 20$
4. **a)** $x = \pm 1$ **b)** $x = 0$
   c) $x = \pm\sqrt{5}$ **d)** $x = \pm 3$
5. **a)** $x_1 = -3,\ x_2 = 2$ **b)** $x_1 = -\frac{8}{6},\ x_2 = 1$
   c) $x_1 = -4,\ x_2 = 2$ **d)** $x_1 = 7,\ x_2 = -2$
6. **a)** $L = \{-3; 2\}$ **b)** $L = \left\{-\frac{8}{3}; 1\right\}$
   c) $L = \{-4; 2\}$ **d)** $L = \{-2; 7\}$
7. **a)** $f(x) = \frac{x^2}{8} - \frac{5}{4}x + 3$ **b)** $f(x) = x^2 + 8x + 12$
   c) $f(x) = 0{,}5x^2 + x - 4$
8. **a)** $a = \frac{1}{20}$ **b)** $a = \frac{1}{20} \cdot (x - 10)^2 - 5$
   c) S (10|–5) **d)** A (–1,83|2), B (21,83|2)

12.1.3 Geometrische Grundlagen

Flächen

1. Der Fußboden eines Zimmers in einer Altbauwohnung **(Bild 1)** soll mit einem Teppichboden ausgelegt werden. Wie viel Quadratmeter Teppichboden werden benötigt?
2. Die Raute ABCD mit der Seitenlänge a = 4,5 dm und dem Winkel $\alpha \sphericalangle BAD = 56°$ ist ein Kreis K einbeschrieben und ein Rechteck EFGH umschrieben **(Bild 1)**.
   a) Berechnen Sie die Seitenlänge $l = \overline{EF}$ und $b = \overline{FG}$ des Rechtecks.
   b) Berechnen Sie den Radius r des Kreises K.
3. Ein Halbkreis hat den Radius a **(Bild 2)**.
   a) Geben Sie den Flächeninhalt des Halbkreises A(a) in Abhängigkeit von a an.
   b) Geben Sie den Flächeninhalt der schraffierten Fläche in Abhängigkeit von a an.
4. Für das gleichseitige Dreieck mit der Seitenlänge 2a **(Bild 2)** sind
   a) die Fläche A(a) des Dreiecks in Abhängigkeit von a zu berechnen,
   b) die schraffierte Fläche in Abhängigkeit von a zu berechnen.
5. Ein Wärmetauscher besteht aus konzentrischen Rohren **(Bild 3)**. Die Rohre sollen innen und außen das gleiche Volumen fassen. Wie groß muss der Wandabstand a in Abhängigkeit von den beiden Rohrdurchmessern gewählt werden (die Rohrwandstärke soll nicht berücksichtigt werden)?
6. In einen Halbkreis wird ein Quadrat einbeschrieben **(Bild 3)**. Wird der Halbkreis zum Kreis erweitert, so verdoppelt sich die Kreisfläche. Verdoppelt sich dann auch die Fläche des Quadrates?

Volumina

7. Bei einem Oldtimer müssen wegen Verschleißerscheinungen die Zylinder eines 6-Zylindermotores ausgebohrt werden. Für die Daten des Motors gilt: Zylinderbohrung d = 84 mm; Kolbenhub h = 60,1 mm.
   a) Berechnen Sie den Hubraum des Motors vor dem Ausbohren.
   b) Berechnen Sie den Hubraum nach dem Ausbohren, wenn der Zylinderdurchmesser um 2,1 mm zunimmt.
8. Gegeben ist der Umriss einer zusammengesetzten Figur **(Bild 4)**.
   a) Berechnen Sie die Fläche der Figur.
   b) Die Figur rotiert um die eingezeichnete Achse. Berechnen Sie das Rotationsvolumen.
9. Ein Heizöltank ist in Kugelform geschweißt und hat einen Innendurchmesser von $d_1 = 12$ m **(Bild 4)**.
   a) Berechnen Sie die Heizölmenge in m³, wenn der Tank nur zu 95 % gefüllt werden darf.
   b) Welche Höhe muss die zylindrische Auffangwanne mit dem Durchmesser $d_2 = 15$ m mindestens haben, wenn aus Sicherheitsgründen 100 % des Tankinhalts Platz finden sollen?

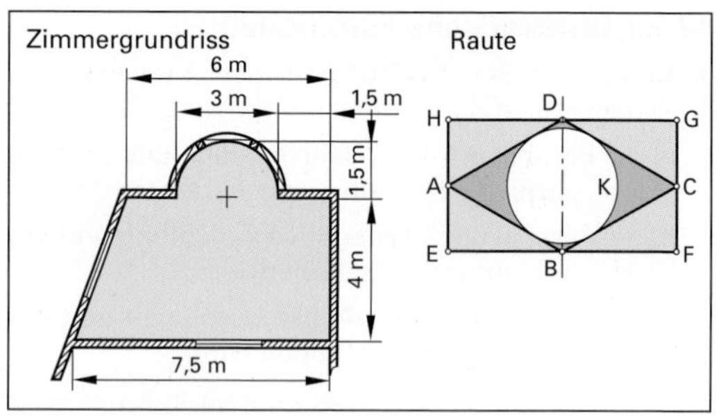

Bild 1: Zimmergrundriss und Raute

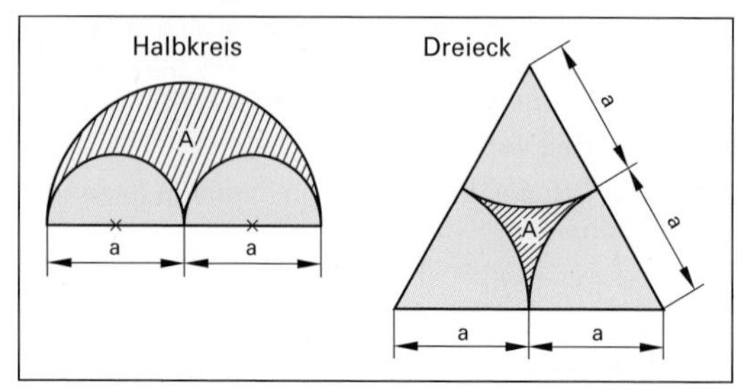

Bild 2: Halbkreis und Dreieck

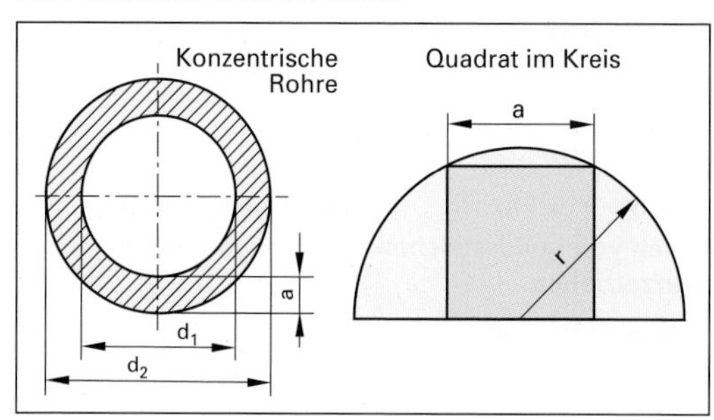

Bild 3: Konzentrische Rohre und Quadrat im Kreis

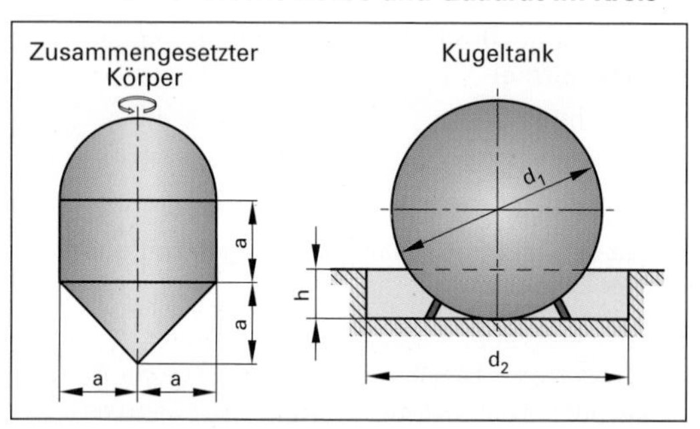

Bild 4: Zusammengesetzter Körper und Kugeltank

Lösungen:

1. 30,53 m²
2. **a)** l = 7,9 dm; b = 4,2 dm **b)** r = 1,9 dm
3. **a)** $A(a) = \frac{1}{2}a^2\pi$ **b)** $A(a) = \frac{1}{4}a^2\pi$
4. **a)** $A(a) = 1{,}73a^2$ **b)** $A(a) = 0{,}17a^2$
5. $a \approx 0{,}21d_1$; $a \approx 0{,}15d_2$
6. $\frac{A_2}{A_1} = 2{,}5$
7. **a)** V = 1998 cm³ **b)** V = 2099 cm³
8. **a)** $A = a^2\left(3 + \frac{\pi}{2}\right)$ **b)** $V = 2\pi a^3$
9. **a)** V = 859,4 m³ **b)** h = 5,12 m

Trigonometrische Beziehungen

Ähnliche Dreiecke und rechtwinkelige Dreiecke

1. Ein Vater will die Höhe eines Reklamemastes bestimmen. Zu diesem Zweck misst er den 1,85 Meter langen Schatten seiner 1,5 Meter großen Tochter. Der Schatten des Reklamemastes hat eine Länge von 40,7 Meter. Berechnen Sie die Höhe h des Reklamemastes.

2. In einen Dachstuhl in einem denkmalgeschützten Haus in einem Altstadtkern soll in der Höhe h' eine Decke eingezogen werden **(Bild 1)**. Welche Länge b' müssen die Deckenbalken haben?

3. Von einem 28,6 Meter hohen Turm, der 60 Meter vom Ufer eines Flusses entfernt ist, erscheint die Flussbreite unter einem Sehwinkel $\alpha = 20°$ **(Bild 1)**.

a) Welche Breite hat der Fluss?

b) Wie weit ist der Standpunkt des Betrachters vom jenseitigen Flussufer entfernt?

4. Ein Pavillon in einer Gartenschau hat die Form einer geraden Pyramide ABCDS mit rechteckiger Grundfläche **(Bild 2)**. Der Pavillon hat folgende Maße: $\overline{AB} = 8$ m; $\overline{BC} = 10$ m und $h = \overline{MS} = 7{,}5$ m.

a) Berechnen Sie die Größe des Winkels α, den die Kanten mit der Grundfläche einschließen.

b) Wie groß ist der Winkel β, den die Flächen ABS und CDS mit der Grundfläche bilden?

c) Berechnen Sie die Größe des Winkels γ, den die Flächen BCS und ADS mit der Grundfläche bilden.

5. Eine schiefe Pyramide ABCDS hat eine rechteckige Grundfläche mit $\overline{AB} = 9{,}5$ m; $\overline{BC} = 8$ m; $h = \overline{DS} = 7$ m **(Bild 2)**.

a) Berechnen Sie die Größe des Winkels α.

b) Welche Größe hat der Winkel β, den die Fläche ABS mit der Grundfläche bildet?

c) Berechnen Sie die Größe des Winkels γ, den die Fläche CDS mit der Grundfläche bildet.

Sinussatz und Kosinussatz

6. Von einem Dreieck ABC sind die Seiten b = 40 m, c = 50 m und a = 55° bekannt. Berechnen Sie die fehlende Seite und die fehlenden Winkel.

7. Ein Schiff peilt an der Stelle A einen Leuchtturm unter einem Winkel $\alpha = 21°$ zur Fahrtrichtung an. Nach 18 Seemeilen Fahrt erfolgt eine neue Peilung diesmal unter dem Winkel $\beta = 59°$ in Fahrtrichtung **(Bild 3)**.

a) Welche Entfernung zum Leuchtturm hatte das Schiff zur Zeit der Peilung?

b) In welcher Entfernung passiert das Schiff den Leuchtturm, wenn es seinen Kurs beibehält?

8. Die Entfernung von Suez nach Aqaba beträgt Luftlinie 250 km. Von der Südspitze der Halbinsel Sinai nach Suez sind es 320 km, nach Aqaba 230 km Luftlinie **(Bild 4)**. Berechnen Sie nach diesen Angaben:

a) den Winkel zwischen den Richtungen Suez-Südspitze und Suez-Aqaba,

b) die ungefähre Fläche der Halbinsel Sinai.

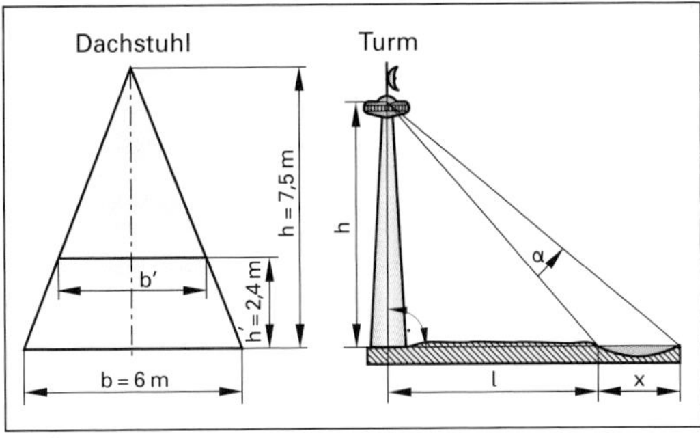

Bild 1: Dachstuhl und Turm

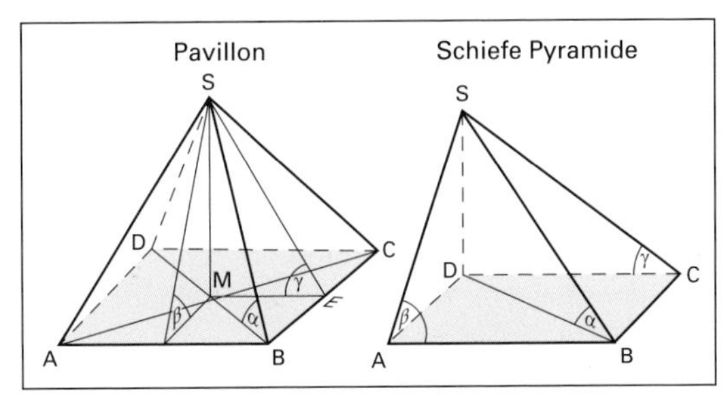

Bild 2: Pavillon und schiefe Pyramide

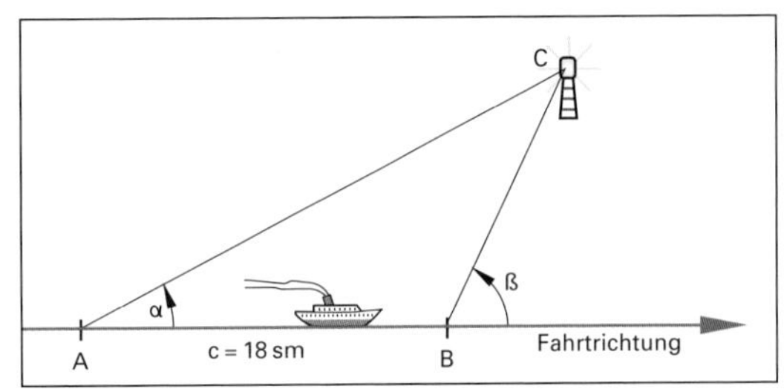

Bild 3: Schiff und Leuchtturm

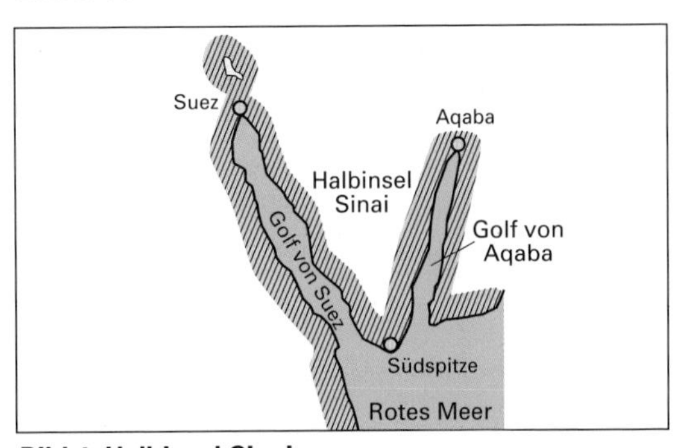

Bild 4: Halbinsel Sinai

Lösungen:

1. h = 33 m — **2.** b' = 4,08 m

3. a) x = 237 m — **b)** y = 298,4 m

4. a) $\alpha = 49{,}5°$ — **b)** $\beta = 56{,}3°$ — **c)** $\gamma = 61{,}9°$

5. a) $\alpha = 29{,}4°$ — **b)** $\beta = 41{,}1°$ — **c)** $\gamma = 36{,}4°$

6. a = 42,49 m; $\beta = 50{,}46°$; $\gamma = 74{,}54°$

7. a) 25,06 sm — **b)** h = 8,98 sm

8. a) $\gamma = 45{,}57°$ — **b)** A = 28 565 km²

12.1.4 Vektoren 1

1. **a)** Geben Sie alle Vektoren aus **Bild 1** an.

b) Berechnen Sie deren Beträge.

c) Berechnen Sie alle Einheitsvektoren.

2. Gegeben sind die Vektoren:

$\vec{a} = \begin{pmatrix} -2 \\ 9 \\ 1 \end{pmatrix}$, $\vec{b} = \begin{pmatrix} 2 \\ -9 \\ 1 \end{pmatrix}$, $\vec{c} = \begin{pmatrix} -1 \\ 4 \\ -1 \end{pmatrix}$, $\vec{d} = \begin{pmatrix} -2 \\ 2 \\ -1 \end{pmatrix}$, $\vec{e} = \begin{pmatrix} -5 \\ 4 \\ 13 \end{pmatrix}$

Berechnen Sie:

a) $\vec{z} = \vec{a} + \vec{b} + \vec{c} + \vec{d}$ **b)** $\vec{z} = \vec{a} - \vec{b} + \vec{c} - \vec{d}$

c) $\vec{z} = \vec{a} + \vec{b} + \vec{d} + \vec{e}$ **d)** $\vec{z} = \frac{\vec{a}}{2} + \vec{b} + \frac{\vec{c}}{2} + \vec{d}$

e) $\vec{z} = -2\vec{a} + \vec{b} + 3\vec{d}$ **f)** $\vec{z} = \vec{a} + 1{,}2\vec{b} + \vec{c} - 0{,}8\vec{d}$

3. Gegeben sind die Raumpunkte A (1,5|1|2), B (2,5|–2|4), C (0,5|–3|0) und D (3,5|–1|–5).

a) Geben Sie die Ortsvektoren $\vec{a}$, $\vec{b}$, $\vec{c}$ und $\vec{d}$ an.

b) Berechnen Sie die Verbindungsvektoren $\overrightarrow{AB}$, $\overrightarrow{BA}$, $\overrightarrow{BC}$, $\overrightarrow{CB}$, $\overrightarrow{CD}$, $\overrightarrow{DC}$, $\overrightarrow{DA}$ und $\overrightarrow{AD}$.

c) Berechnen Sie die Beträge der Verbindungsvektoren.

d) Berechnen Sie den Umfang des Vierecks ABCD.

4. Berechnen Sie die Einheitsvektoren der Vektoren

$\vec{a} = \begin{pmatrix} -2 \\ 2 \\ 1 \end{pmatrix}$, $\vec{b} = \begin{pmatrix} 4 \\ -3 \\ 0 \end{pmatrix}$, $\vec{c} = \begin{pmatrix} -2 \\ 4 \\ -4 \end{pmatrix}$, $\vec{d} = \begin{pmatrix} -6 \\ 0 \\ -8 \end{pmatrix}$

5. Gegeben ist das Dreieck ABC **(Bild 2)**.

a) Berechnen Sie die Seitenmittelpunkte P, Q, R.

b) Berechnen Sie die Seitenhalbierenden.

c) Zeigen Sie mithilfe einer geschlossenen Vektorkette, dass sich die Seitenhalbierenden im Verhältnis 2 : 1 schneiden.

6. Das Segelschiff **(Bild 3)** legt den Weg $\vec{s}$ zurück. Es wird dabei von der Windkraft $\vec{F}$ angetrieben.

a) Berechnen Sie die mechanische Arbeit W, welche bei der Fahrt verrichtet wird.

b) Ermitteln Sie rechnerisch den Winkel zwischen Windrichtung und Fahrtrichtung.

c) Welche Entfernung legt das Segelschiff zurück?

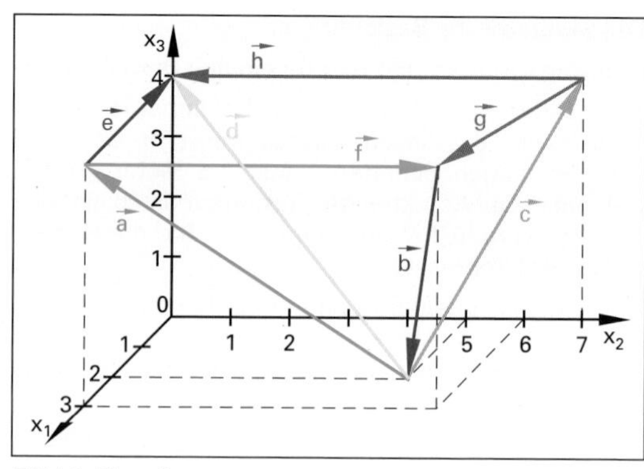

Bild 1: Kegel

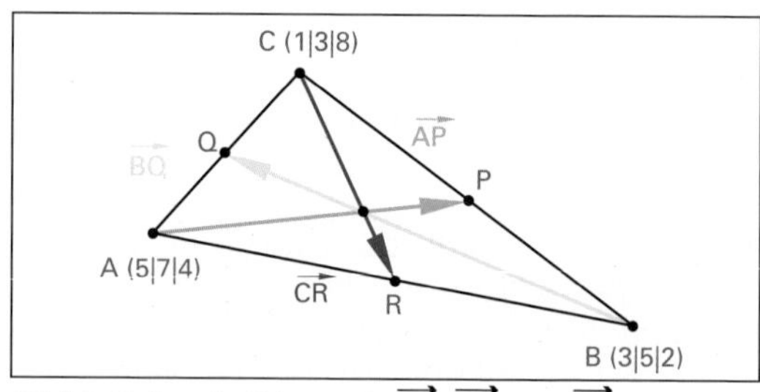

Bild 2: Seitenhalbierende $\overrightarrow{AP}$, $\overrightarrow{BQ}$ und $\overrightarrow{CR}$

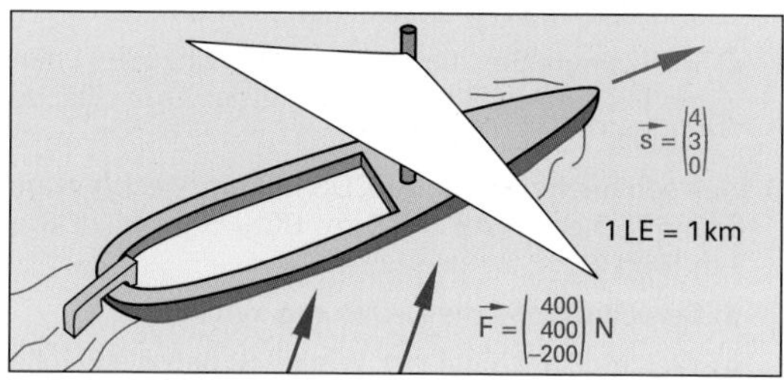

Bild 3: Segelboot

Lösungen:

1. a) $\vec{a} = \begin{pmatrix} 1 \\ -5 \\ 4 \end{pmatrix}$; $\vec{b} = \begin{pmatrix} -1 \\ -1 \\ -4 \end{pmatrix}$; $\vec{c} = \begin{pmatrix} -2 \\ 2 \\ 4 \end{pmatrix}$; $\vec{d} = \begin{pmatrix} -2 \\ -5 \\ 4 \end{pmatrix}$;

$\vec{e} = \begin{pmatrix} -3 \\ 0 \\ 0 \end{pmatrix}$; $\vec{f} = \begin{pmatrix} 0 \\ 6 \\ 0 \end{pmatrix}$; $\vec{g} = \begin{pmatrix} 3 \\ -1 \\ 0 \end{pmatrix}$; $\vec{h} = \begin{pmatrix} 0 \\ -7 \\ 0 \end{pmatrix}$

b) a = 6,48; b = 4,24; c = 4,9; d = 6,71; e = 3; f = 6; g = 3,16; h = 7

c) $\overrightarrow{a^0} = \begin{pmatrix} 0{,}15 \\ -0{,}77 \\ 0{,}62 \end{pmatrix}$; $\overrightarrow{b^0} = \begin{pmatrix} -0{,}236 \\ -0{,}236 \\ -0{,}944 \end{pmatrix}$; $\overrightarrow{c^0} = \begin{pmatrix} -0{,}20 \\ 0{,}20 \\ 0{,}41 \end{pmatrix}$;

$\overrightarrow{d^0} = \begin{pmatrix} -0{,}30 \\ -0{,}75 \\ 0{,}60 \end{pmatrix}$; $\overrightarrow{e^0} = \begin{pmatrix} -1 \\ 0 \\ 0 \end{pmatrix}$; $\overrightarrow{f^0} = \begin{pmatrix} 0 \\ 1 \\ 0 \end{pmatrix}$;

$\overrightarrow{g^0} = \begin{pmatrix} 0{,}95 \\ -0{,}32 \\ 0 \end{pmatrix}$; $\overrightarrow{h^0} = \begin{pmatrix} 0 \\ -1 \\ 0 \end{pmatrix}$

2. a) $\begin{pmatrix} -3 \\ 6 \\ 0 \end{pmatrix}$ **b)** $\begin{pmatrix} -3 \\ 20 \\ 0 \end{pmatrix}$ **c)** $\begin{pmatrix} -7 \\ 6 \\ 14 \end{pmatrix}$ **d)** $\begin{pmatrix} -1{,}5 \\ 0{,}5 \\ 0 \end{pmatrix}$ **e)** $\begin{pmatrix} 0 \\ -42 \\ 11 \end{pmatrix}$ **f)** $\begin{pmatrix} 3{,}4 \\ -1 \\ -9{,}2 \end{pmatrix}$

3. a) $\vec{a} = \begin{pmatrix} 1{,}5 \\ 1 \\ 2 \end{pmatrix}$; $\vec{b} = \begin{pmatrix} 2{,}5 \\ -2 \\ 4 \end{pmatrix}$; $\vec{c} = \begin{pmatrix} 0{,}5 \\ -3 \\ 0 \end{pmatrix}$; $\vec{d} = \begin{pmatrix} 3{,}5 \\ -1 \\ -5 \end{pmatrix}$

b) $\overrightarrow{AB} = \begin{pmatrix} 1 \\ -3 \\ 2 \end{pmatrix}$; $\overrightarrow{BA} = \begin{pmatrix} -1 \\ 3 \\ -2 \end{pmatrix}$; $\overrightarrow{BC} = \begin{pmatrix} -2 \\ -1 \\ -4 \end{pmatrix}$; $\overrightarrow{CB} = \begin{pmatrix} 2 \\ 1 \\ 4 \end{pmatrix}$;

$\overrightarrow{CD} = \begin{pmatrix} 3 \\ 2 \\ -5 \end{pmatrix}$; $\overrightarrow{DC} = \begin{pmatrix} -3 \\ -2 \\ 5 \end{pmatrix}$; $\overrightarrow{DA} = \begin{pmatrix} -2 \\ 2 \\ 7 \end{pmatrix}$; $\overrightarrow{AD} = \begin{pmatrix} 2 \\ -2 \\ -7 \end{pmatrix}$

c) $|\overrightarrow{AB}| = |\overrightarrow{BA}| = 3{,}74$; $|\overrightarrow{BC}| = |\overrightarrow{CB}| = 4{,}58$;

$|\overrightarrow{CD}| = |\overrightarrow{DC}| = 6{,}16$; $|\overrightarrow{DA}| = |\overrightarrow{AD}| = 7{,}55$

d) U = 22,03

4. $\overrightarrow{a^0} = \begin{pmatrix} -0{,}\bar{6} \\ 0{,}\bar{6} \\ 0{,}\bar{3} \end{pmatrix}$; $\overrightarrow{b^0} = \begin{pmatrix} 0{,}8 \\ -0{,}6 \\ 0 \end{pmatrix}$; $\overrightarrow{c^0} = \begin{pmatrix} -0{,}\bar{3} \\ 0{,}\bar{6} \\ -0{,}\bar{6} \end{pmatrix}$; $\overrightarrow{d^0} = \begin{pmatrix} -0{,}6 \\ 0 \\ -0{,}8 \end{pmatrix}$

5. a) P (2|4|5); Q (3|5|6); R (4|6|3)

b) $\overrightarrow{AP} = \begin{pmatrix} -3 \\ -3 \\ 1 \end{pmatrix}$; $\overrightarrow{BQ} = \begin{pmatrix} 0 \\ 0 \\ 4 \end{pmatrix}$; $\overrightarrow{CR} = \begin{pmatrix} 3 \\ 3 \\ -5 \end{pmatrix}$

c) $\frac{2}{3}\overrightarrow{AP} - \frac{2}{3}\overrightarrow{BQ} + \overrightarrow{BA} = \vec{0}$

6. a) W = 2,8 MNm **b)** 21° **c)** 5 km

Vektoren 2

1. Ein Dreieck hat die Eckpunkte A (2|3|2), B (0|2|0) und C (–3|–4|6).

   a) Zeigen Sie, dass das Dreieck rechtwinklig ist.

   b) Bestimmen Sie die anderen beiden Winkel des Dreiecks.

   c) Berechnen Sie den Punkt D, sodass aus dem Dreieck ein Viereck wird.

2. Prüfen Sie, ob die Vektoren $\vec{a}$ und $\vec{b}$ parallel sind.

   a) $\vec{a} = \begin{pmatrix} 1,1 \\ 2,2 \\ -3,3 \end{pmatrix}$; $\vec{b} = \begin{pmatrix} -4 \\ -8 \\ 12 \end{pmatrix}$ **b)** $\vec{a} = \begin{pmatrix} 1,3 \\ 1,2 \\ 1,7 \end{pmatrix}$; $\vec{b} = \begin{pmatrix} 0,91 \\ 0,841 \\ 1,19 \end{pmatrix}$

   c) $\vec{a} = \begin{pmatrix} 7,5 \\ -2,5 \\ 1,5 \end{pmatrix}$; $\vec{b} = \begin{pmatrix} -4,5 \\ 1,5 \\ -0,9 \end{pmatrix}$ **d)** $\vec{a} = \begin{pmatrix} 1,5 \\ 0,9 \\ 4,5 \end{pmatrix}$; $\vec{b} = \begin{pmatrix} 10,5 \\ 6,3 \\ 31,5 \end{pmatrix}$

3. Prüfen Sie, ob die Vektoren in einer Ebene liegen.

   a) $\vec{a} = \begin{pmatrix} 1,2 \\ 1,3 \\ -2 \end{pmatrix}$; $\vec{b} = \begin{pmatrix} 2 \\ 4,4 \\ 6 \end{pmatrix}$ und $\vec{c} = \begin{pmatrix} 3,4 \\ 4,8 \\ -1 \end{pmatrix}$

   b) $\vec{a} = \begin{pmatrix} -72 \\ 144 \\ 90 \end{pmatrix}$; $\vec{b} = \begin{pmatrix} 32 \\ -8 \\ 96 \end{pmatrix}$ und $\vec{c} = \begin{pmatrix} -32 \\ 50 \\ 6 \end{pmatrix}$

   c) $\vec{a} = \begin{pmatrix} 91 \\ -13 \\ 39 \end{pmatrix}$; $\vec{b} = \begin{pmatrix} 51 \\ 187 \\ 119 \end{pmatrix}$ und $\vec{c} = \begin{pmatrix} 10 \\ 10 \\ 10 \end{pmatrix}$

4. Berechnen Sie beide Einheitslotvektoren zur Ebene, in welcher die Vektoren $\vec{a}$ und $\vec{b}$ liegen.

   a) $\vec{a} = \begin{pmatrix} 2 \\ -3 \\ 4 \end{pmatrix}$; $\vec{b} = \begin{pmatrix} 1 \\ 2 \\ 2 \end{pmatrix}$ **b)** $\vec{a} = \begin{pmatrix} -3 \\ 6 \\ 6 \end{pmatrix}$; $\vec{b} = \begin{pmatrix} 1 \\ -2 \\ -2 \end{pmatrix}$

5. Berechnen Sie das Vektorprodukt $\vec{a} \times \vec{b}$.

   a) $\vec{a} = \begin{pmatrix} 2 \\ -3 \\ 4 \end{pmatrix}$; $\vec{b} = \begin{pmatrix} 1 \\ 2 \\ 2 \end{pmatrix}$ **b)** $\vec{a} = \begin{pmatrix} -3 \\ 6 \\ 6 \end{pmatrix}$; $\vec{b} = \begin{pmatrix} 1 \\ -2 \\ -2 \end{pmatrix}$

6. Ein Flugzeug (Vektor $\vec{a}$, **Bild 1**) hebt von der Startbahn (Vektor $\vec{s}$) ab. 1 LE entspricht 100 m. Berechnen Sie

   a) die Länge des Flugzeuges und der Startbahn,

   b) den Schatten auf der Startbahn (Vektor $\vec{a}_S$, orthogonale Projektion),

   c) die Länge des Schattens,

   d) den Abflugwinkel.

7. Das Profil eines Deiches ist trapezförmig **(Bild 2)**. Die Kanten des Deiches (Trapez) sind die Vektoren

   $\vec{a} = \begin{pmatrix} 8 \\ 15 \\ 6 \end{pmatrix}$; $\vec{b}$, $\vec{c} = \begin{pmatrix} 16 \\ 30 \\ 0 \end{pmatrix}$ und $\vec{d}$.

   1 Längeneinheit entspricht 1 m. Berechnen Sie

   a) die Gesamtbreite c des Deiches,

   b) die Kanten $\vec{d}$ und $\vec{b}$,

   c) die Anstiegswinkel der Deichflanken,

   d) Umfang und Flächeninhalt des Deichprofils,

   e) das Gewicht von 100 m Länge des Deiches, wenn die Dichte 3 t je Kubikmeter beträgt.

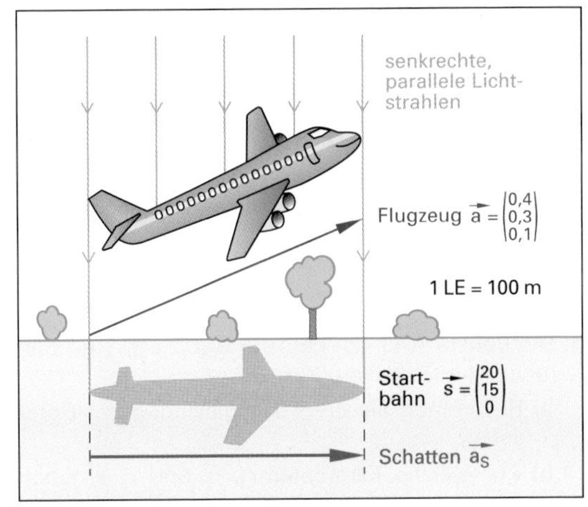

Bild 1: Abheben eines Flugzeugs

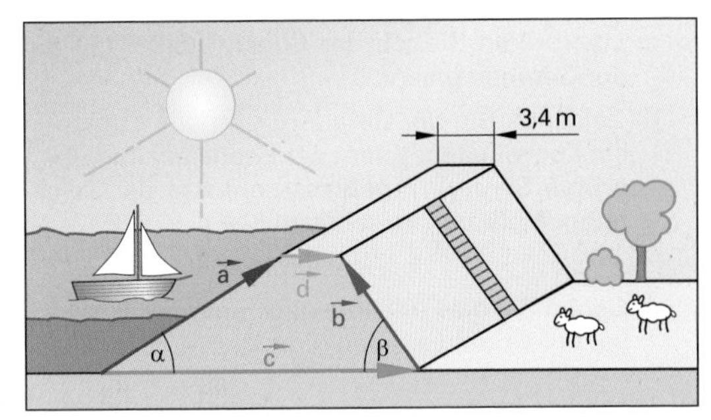

Bild 2: Deichprofil

Lösungen:

1. a) $\overrightarrow{AB} \circ \overrightarrow{BC} = 0 \Rightarrow \beta = 90°$

b) $\alpha = 71,6°$; $\gamma = 18,4°$

c) D (–1|–3|8)

2. a) parallel **b)** nicht parallel

c) parallel **d)** parallel

3. a) komplanar **b)** komplanar

c) komplanar

4. a) $\vec{n}^0 = \pm\frac{1}{\sqrt{5}}\begin{pmatrix} -2 \\ 0 \\ 1 \end{pmatrix}$

b) $\vec{a} \parallel \vec{b} \Rightarrow$ es gibt keine Lösung.

5. a) $\begin{pmatrix} -14 \\ 0 \\ 7 \end{pmatrix}$ **b)** $\begin{pmatrix} 0 \\ 0 \\ 0 \end{pmatrix} = \vec{0}$

6. a) a = 51 m; s = 2,5 km **b)** $\vec{a}_S = \begin{pmatrix} 0,4 \\ 0,3 \\ 0 \end{pmatrix}$

c) 50 m **d)** 11,4°

7. a) 34 m **b)** $\vec{d} = \begin{pmatrix} 1,6 \\ 3 \\ 0 \end{pmatrix}$, $\vec{b} = \begin{pmatrix} -6,4 \\ -1,2 \\ 6 \end{pmatrix}$

c) 19,44°; $\beta = 23,8°$

d) U = 70,29 m; A = 112,2 m²

e) G = 366600 t

Vektoren in Ebene $\mathbb{R}^2$ und Raum $\mathbb{R}^3$

Vektoren im $\mathbb{R}^2$ (x_2x_3-Ebene)

Die Darstellung von Vektoren in einem kartesischen Koordinatensystem der Ebene ermöglicht es, die Längen und Winkel aus der Zeichnung abzulesen und somit die eigene Rechnung zu überprüfen.

Aufgaben:

1. Die Punkte A (0|–2|–1,5) und B (0|2,5|1) sind Elemente der Geraden g.

a) Bestimmen Sie die Vektorgleichung der Geraden g.

b) Für welche Parameter r_1, r_2 und r_3 ergeben sich die Punkte C $\left(0\middle|\frac{1}{4}\middle|-\frac{1}{4}\right)$, D (0|4,75|2,25) und E (0|7|3,5)?

c) Überprüfen Sie, ob der Punkt F (0|3,5|1,5) auf der Geraden g liegt.

d) Zeichnen Sie die Gerade g und alle Punkte in ein Koordinatensystem der Ebene ein und überprüfen Sie Ihre Ergebnisse anhand der Zeichnung. Maßstab: x_2-Achse mit $-4 \leq x_2 \leq 8$
x_3-Achse mit $-3 \leq x_3 \leq 5$

e) Geben Sie die Funktionsgleichung der Form $y = mx + t$ der Geraden g an.

2. Gegeben sind die Geraden g: $\vec{x} = \begin{pmatrix}0\\2\\1\end{pmatrix} + r \cdot \begin{pmatrix}0\\3\\3\end{pmatrix}$,
h: $\vec{x} = \begin{pmatrix}0\\6\\5\end{pmatrix} + s \cdot \begin{pmatrix}0\\-3\\-1\end{pmatrix}$ und i: $\vec{x} = \begin{pmatrix}0\\0\\-1\end{pmatrix} + t \cdot \begin{pmatrix}0\\-1{,}2\\3{,}6\end{pmatrix}$.

a) Warum liegen die Geraden in der x_2x_3-Ebene?

b) Berechnen Sie g ∩ i ergibt A, g ∩ h ergibt B und i ∩ h ergibt C **(Bild 1)**.

c) Die Punkte A, B und C ergeben ein Dreieck. Berechnen Sie alle Winkel des Dreiecks.

d) Welchen Flächeninhalt hat das Dreieck?

e) Die Gerade j ist parallel zur Geraden h, schneidet die Gerade g im Punkte D und die Gerade i im Punkte E. Bestimmen Sie die Gerade j so, dass die Strecke $\overline{AE}$ halb so groß ist wie die Strecke $\overline{AC}$.

f) Zeigen Sie, dass der Schnittpunkt der Geraden j und g der Mittelpunkt der Strecke $\overline{AB}$ ist.

g) In welchem Verhältnis stehen die Flächen A_{ABC} und A_{ADE} zueinander?

Vektoren im $\mathbb{R}^3$ (Raum)

Aufgaben:

3. Ein Dreieck ist durch folgende Punkte festgelegt:
A (2|4|–1), B (–4|–1|3) , C (2|–3|–1).

a) Berechnen Sie die Gleichung der Geraden g, die durch C geht und auf $\overline{AB}$ senkrecht steht!

b) Zeichnen Sie das Dreieck in ein räumliches Koordinatensystem ein. Wählen Sie einen geeigneten Maßstab.

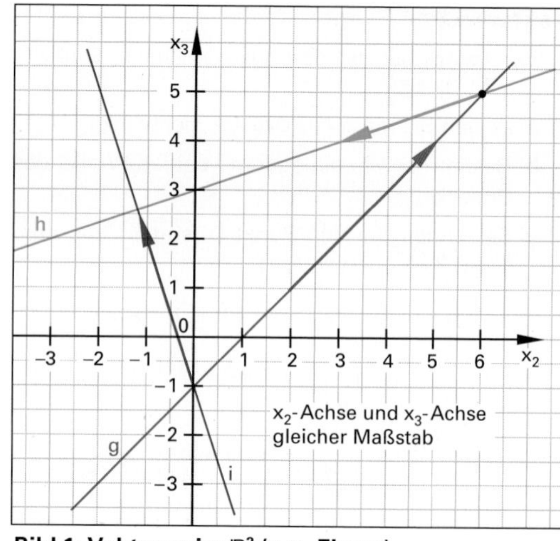

Bild 1: Vektoren im $\mathbb{R}^2$ (x_2x_3-Ebene)

4. Die Gerade g geht durch die Punkte A (2|6|9) und B (–4|–1|15), die Gerade h geht durch den Punkt C (4|12|18) und ist parallel zu g.

a) Berechnen Sie den Abstand d der Geraden g und h.

b) Berechnen Sie eine Gleichung der Geraden i, die parallel zu g und h ist und mit g und h in einer Ebene liegt.

c) Berechnen Sie die Spurpunkte in der x_1x_3-Ebene für die Geraden g, h und i. Überprüfen Sie, ob der Spurpunkt der Geraden i in der Mitte $\overrightarrow{m_{13}}$ zwischen den Spurpunkten der Geraden g und h liegt.

Lösungen:

1. a) g: $\vec{x} = \begin{pmatrix}0\\-2\\-1{,}5\end{pmatrix} + r \cdot \begin{pmatrix}0\\4{,}5\\2{,}5\end{pmatrix}$; $r \in \mathbb{R}$

b) $r_1 = 0{,}5$; $r_2 = 1{,}5$; $r_3 = 2$

c) F ∉ g **d)** siehe Löser

e) $x_3 = \frac{10}{18}x_2 - \frac{7}{18}$

2. a) Richtungskomponente $x_1 = 0$

b) A (0|0|–1), B (0|6|5), C (0|–1,2|2,6)

c) $\alpha = 63{,}4°$; $\beta = 26{,}6°$; $\gamma = 90°$ **d)** $A_{ABC} = 14{,}4$

e) j: $\vec{x} = \begin{pmatrix}0\\-0{,}6\\0{,}8\end{pmatrix} + u \cdot \begin{pmatrix}0\\-3\\-1\end{pmatrix}$; $u \in \mathbb{R}$

f) M ≡ D **g)** $\frac{A_{ABC}}{A_{ADE}} = 4$

3. a) g: $\vec{x} = \begin{pmatrix}2\\-3\\-1\end{pmatrix} + r \cdot \begin{pmatrix}-7{,}5\\13\\5\end{pmatrix}$; $r \in \mathbb{R}$

b) siehe Löser

4. a) d = 11 LE **b)** i: $\vec{x} = \begin{pmatrix}3\\9\\13{,}5\end{pmatrix} + t \cdot \begin{pmatrix}-6\\-7\\6\end{pmatrix}$; $t \in \mathbb{R}$

c) $\overrightarrow{s_{g13}} = \frac{11}{7} \cdot \begin{pmatrix}-2\\0\\9\end{pmatrix}$, $\overrightarrow{s_{h13}} = \frac{22}{7} \cdot \begin{pmatrix}-2\\0\\9\end{pmatrix}$,

$\overrightarrow{s_{i13}} = \overrightarrow{m_{13}} = \frac{1}{7} \cdot \begin{pmatrix}-33\\0\\148{,}5\end{pmatrix} = \frac{33}{7 \cdot 2} \cdot \begin{pmatrix}-2\\0\\9\end{pmatrix}$

Vektoren und Ebenen im $\mathbb{R}^3$

Ebene–Punkt

In einem kartesischen Koordinatensystem sind die Punkte A (0|3|2), B(2|0|2) und C_t (2|3|t) mit $t \in \mathbb{R}$ gegeben.

1. Setzen Sie t = 0 und bestimmen Sie eine Gleichung der Ebene E in Parameter- und Normalenform, die die Punkte A, B und C_0 enthält.
2. Berechnen Sie den Abstand des Punktes C_2 (t = 2) von der Ebene E.
3. Der Punkt C_2' ist der Spiegelpunkt des Punktes C_2 an der Ebene E. Berechnen Sie die Koordinaten des Spiegelpunktes C_2'.
4. Berechnen Sie die Koordinaten der Schnittpunkte S_1, S_2 und S_3 der Koordinatenachsen mit der Ebene E und bestimmen Sie eine Gleichung der Schnittgeraden s der Ebene E mit der x_1x_2-Ebene.
5. Berechnen Sie den Schnittwinkel φ von E und der x_1x_2-Ebene.

Ebene–Gerade

In einem kartesischen Koordinatensystem sind die Geraden

$$g: \vec{x} = \begin{pmatrix} 7,5 \\ 9 \\ 8 \end{pmatrix} + r\begin{pmatrix} 1 \\ 2 \\ 2 \end{pmatrix}; \quad h: \vec{x} = \begin{pmatrix} 2 \\ -3 \\ 1 \end{pmatrix} + s\begin{pmatrix} 1 \\ -2 \\ 0 \end{pmatrix}; \quad r, s \in \mathbb{R}$$

und die Ebene E: $-2x_1 - x_2 + 2x_3 - 1 = 0$ gegeben.

1. Zeigen Sie, dass die Ebene E die Gerade h enthält.
2. Zeigen Sie, dass die Gerade g parallel zur Ebene E verläuft, und bestimmen Sie den Abstand zwischen der Geraden g_8 und der Ebene E.
3. Die Gerade g und der Punkt R (–1|–2|3) spannen eine Ebene F auf. Bestimmen Sie je eine Gleichung der Ebene F in Parameter- und in Normalenform.
4. Bestimmen Sie eine Gleichung der Schnittgeraden s der Ebenen E und F.

Ebene–Ebene

In einem kartesischen Koordinatensystem sind die Gerade

$$g: \vec{x} = \begin{pmatrix} 1 \\ 2 \\ 1 \end{pmatrix} + r\begin{pmatrix} -3 \\ 2 \\ 6 \end{pmatrix} \quad \text{mit } r \in \mathbb{R}$$

und die Punkte A (0|–2|10), B (3|–4|k) und P (12|–3|0) gegeben.

1. Die Gerade h geht durch die Punkte A und B. Geben Sie eine Gleichung der Geraden h an und berechnen Sie k so, dass g und h echt parallel sind.
2. Die Gerade g schneidet die x_1x_3-Ebene in Q. Berechnen Sie die Koordinaten von Q.
3. Durch g und h wird die Ebene E aufgespannt. Bestimmen Sie je eine Gleichung der Ebene E in Parameter- und in Normalenform.
4. Berechnen Sie den Abstand des Punktes P von der Ebene E.
5. Fällen Sie von P das Lot auf E und berechnen Sie die Koordinaten des Lotfußpunktes R.
6. Die Ebene F steht senkrecht auf der Ebene E und enthält die x_3-Achse.

   Bestimmen Sie je eine Gleichung der Ebene E in Parameter- und in Normalenform.
7. Die Ebenen E und F schneiden sich in s. Berechnen Sie eine Gleichung der Schnittgeraden s.

Lösungen:

Ebene–Punkt

1. E: $\vec{x} = \begin{pmatrix} 0 \\ 3 \\ 2 \end{pmatrix} + r\begin{pmatrix} 2 \\ -3 \\ 0 \end{pmatrix} + s\begin{pmatrix} 0 \\ 3 \\ -2 \end{pmatrix}$;

   E: $3x_1 + 2x_2 + 3x_3 - 12 = 0$
2. $d = \frac{6}{\sqrt{22}}$; 3. $C_2' = \left(\frac{4}{11}\middle|\frac{21}{11}\middle|\frac{4}{11}\right)$
4. S_1 (4|0|0); S_2 (0|6|0); S_3 (0|0|4);

   s: $\vec{x} = \begin{pmatrix} 4 \\ 0 \\ 0 \end{pmatrix} + t\begin{pmatrix} 2 \\ -3 \\ 0 \end{pmatrix}$
5. $\varphi = 50{,}24°$

Ebene–Gerade

1. $h \cap E$
2. $u_g \circ n_4 = 0$; d(g; E) = 3
3. F: $\vec{x} = \begin{pmatrix} 7,5 \\ 9 \\ 8 \end{pmatrix} + r\begin{pmatrix} 1 \\ 2 \\ 2 \end{pmatrix} + s\begin{pmatrix} -8,5 \\ -11 \\ -5 \end{pmatrix}$;

   F: $2x_1 - 2x_2 + x_3 - 5 = 0$
4. s: $\vec{x} = \begin{pmatrix} 1,5 \\ 0 \\ 2 \end{pmatrix} + t\begin{pmatrix} 1 \\ 2 \\ 2 \end{pmatrix}$

Ebene–Ebene

1. h: $\vec{x} = \begin{pmatrix} 0 \\ -2 \\ 10 \end{pmatrix} + r\begin{pmatrix} 3 \\ -2 \\ k-10 \end{pmatrix}$; $r \in \mathbb{R}$
2. Q (4|0|–5)
3. E: $\vec{x} = \begin{pmatrix} 1 \\ 2 \\ 1 \end{pmatrix} + r\begin{pmatrix} -3 \\ 2 \\ 6 \end{pmatrix} + s\begin{pmatrix} 1 \\ 4 \\ -9 \end{pmatrix}$; $r, s \in \mathbb{R}$

   E: $6x_1 + 3x_2 + 2x_3 - 14 = 0$
4. d(P; E) = 7
5. R (6|6|–2)
6. F: $\vec{x} = u\begin{pmatrix} 6 \\ 3 \\ 2 \end{pmatrix} + v\begin{pmatrix} 0 \\ 0 \\ 1 \end{pmatrix}$; F: $x_1 - 2x_2 = 0$
7. $\vec{x} = \begin{pmatrix} 0 \\ 0 \\ 7 \end{pmatrix} + t\begin{pmatrix} -4 \\ -2 \\ 15 \end{pmatrix}$; $t \in \mathbb{R}$

12.1.5 Nullstellen

1. Berechnen Sie die Nullstellen folgender Funktionen durch Substituieren.

a) $f(x) = x^4 - 6{,}25x^2 + 9$

b) $f(x) = x^4 - 10{,}44x^2 + 12{,}96$

c) $f(x) = 4x^4 - 89x^2 + 400$

d) $f(x) = x^4 - 76{,}25x^2 + 784$

e) $f(x) = -x^4 + 34x^2 - 225$

f) $f(x) = -\frac{x^4}{125} + x^2 - 20$

2. Berechnen Sie die Nullstellen folgender Funktionen mit dem Nullprodukt.

a) $f(x) = x^3 - 7x^2 + 12x$

b) $f(x) = \frac{x^3}{2} + x^2 - 40x$

c) $f(x) = \frac{x^3}{3} - 4x^2 + 9x$

d) $f(x) = -x^3 + 4x^2 - 4x$

e) $f(x) = x^4 - 25x^2$

f) $f(x) = \frac{x^4}{125} + x$

3. Folgende Funktionen besitzen die Nullstelle $x_1 = 2$. Berechnen Sie die anderen mithilfe des Hornerschemas und geben Sie alle Nullstellen an.

a) $f(x) = 3x^2 - 27x + 42$

b) $f(x) = \frac{x^2}{2} + 8x - 18$

c) $f(x) = 2x^3 - 16x^2 + 42x - 36$

d) $f(x) = \frac{x^4}{2} + 1{,}5x^3 - 53{,}5x^2 + 142{,}5x - 91$

4. Folgende Funktionen besitzen die Nullstelle $x_1 = -3$. Berechnen Sie die anderen mithilfe der Polynomdivision und geben Sie alle Nullstellen an.

a) $f(x) = x^2 - 24x - 81$

b) $f(x) = 3x^4 - 3x^3 - 36x^2$

c) $f(x) = -x^3 - x^2 + 4x - 6$

d) $f(x) = x^3 - 7x + 6$

5. Das Schaubild einer ganzrationalen Funktion dritten Grades berührt die x-Achse bei $x_1 = 2$ und schneidet die x-Achse bei $x_2 = 4$.

a) Geben Sie die Funktionsgleichung für die Schar aller Kurven an.

b) Ein Schaubild verläuft durch den Punkt (0|8). Geben Sie die zugehörige Funktionsgleichung an.

6. Über eine 80 m tiefe Schlucht führt eine Brücke **(Bild 1)**. Der Profilverlauf der Schlucht unterhalb der Brücke entspricht der Funktion mit $f(x) = 0{,}0025x^3 - 0{,}3x^2 + 9x$. Eine Längeneinheit entspricht 1 m.

Berechnen Sie den Definitionsbereich für die Funktion und bestimmen Sie die Länge der Brücke.

7. Berechnen Sie die exakten Werte der Nullstellen bei folgenden Funktionen.

a) $f(x) = e^{0{,}2x} - 2$

b) $f(x) = 0{,}5e^{-3x} - 4$

c) $f(x) = 5 \cdot e^{-2x} - 5 \cdot e^{-2}$

d) $f(x) = -e^2 - e^x + 3 \cdot e^x$

e) $f(x) = x^4 - 4x^2 + 4$

f) $f(x) = x^4 - 225$

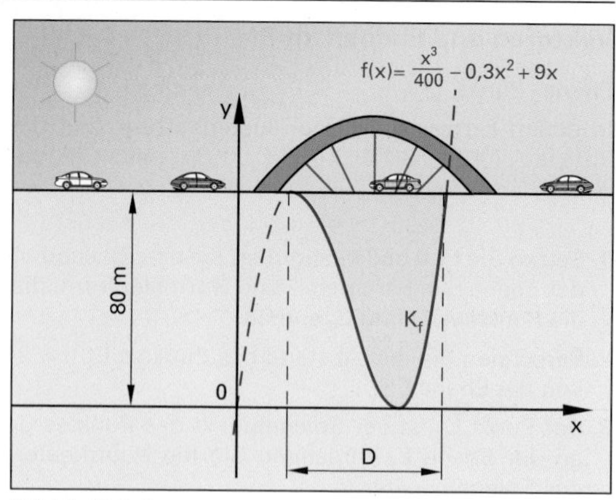

Bild 1: Brücke

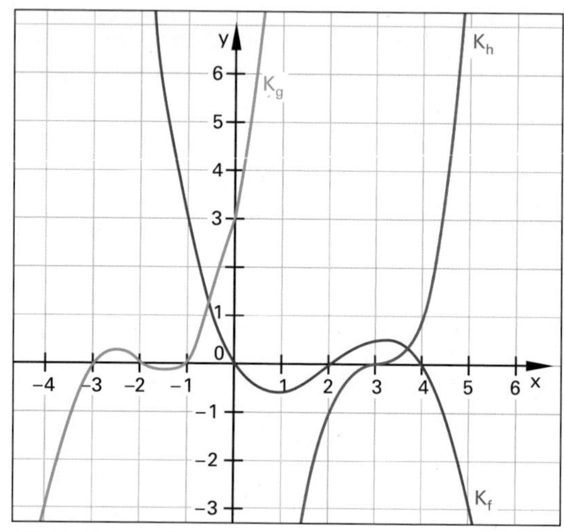

Bild 2: Schaubilder

8. Gegeben sind die Schaubilder von ganzrationalen Funktionen 3. Grades **(Bild 2)**. Ermitteln Sie Funktionsgleichung von **a)** K_f, **b)** K_g und **c)** K_h.

Lösungen:

1. a) −2; −1,5; 1,5; 2 **b)** −3; −1,2; 1,2; 3
c) −4; −2,5; 2,5; 4 **d)** −8; −3,5; 3,5; 8
e) −5; −3; 3; 5 **f)** −10; −5; 5; 10

2. a) 0; 3; 4 **b)** −10; 0; 8 **c)** 0; 3; 9
d) 0; 2 **e)** −5; 0; 5 **f)** −5; 0

3. a) 2; 7 **b)** −18; 2 **c)** 2; 3 **d)** −13; 1; 2; 7

4. a) −3; 27 **b)** −3; 0; 4 **c)** −3 **d)** −3; 1; 2

5. a) $f(x) = a \cdot (x^3 - 8x^2 + 20x - 16)$
b) $f(x) = -\frac{x^3}{2} + 4x^2 - 10x + 8$

6. Definitionsbereich: $x \in [20; 80]$; b = 60 m

7. a) $5 \cdot \ln 2$ **b)** $-\frac{1}{3} \ln 8$ **c)** 1
d) $\ln 0{,}5 + 2$ **e)** $-\sqrt{2}$; $\sqrt{2}$ **f)** $-\sqrt{15}$; $\sqrt{15}$

8. a) $f(x) = -0{,}2x^3 + 1{,}2x^2 - 1{,}6x$
b) $g(x) = 0{,}5x^3 + 3x^2 + 5{,}5x + 3$
c) $h(x) = x^3 - 9x^2 + 27x - 27$

12.1.6 Exponentialfunktionen

1. Erstellen Sie die Wertetabellen und die Schaubilder der Exponentialfunktionen mit

a) $f(x) = 0{,}25^x$, **b)** $g(x) = 1{,}5^x$, **c)** $h(x) = \sqrt{5^x}$

2. Bestimmen Sie die Koeffizienten a und b der Funktion $f(x) = a \cdot b^x$ mit den Punkten

a) $P\,(1|4)$, $Q\left(2\middle|5\frac{1}{3}\right)$ **b)** $P\,(2|-9)$, $Q\left(-2\middle|-1\frac{7}{9}\right)$.

3. Wachstum. Bei einer biologischen Versuchsreihe ergibt sich, dass der Anfangsbestand W(0) täglich um 25 % zunimmt.

a) Wie groß ist der Zuwachs nach einer Woche?

b) Wie groß ist der wöchentliche Zuwachs in Prozent?

c) Welcher Zuwachs wird nach zwei Wochen erreicht?

d) Wie groß ist der Zuwachs nach zwei Wochen in Prozent ?

4. Bei einem Zerfallsprozess verringert sich der Wert G(0) monatlich nach der Funktion $g(m) = 10 \cdot 0{,}8^m$.

a) Berechnen Sie die Werte g(0), g(1) und g(12).

b) Geben Sie die Werte in Prozent an.

c) Nach wie viel Monaten ist g(m) = 5?

5. Kapital. Ein Enkel erbte von seinem Großvater ein Sparbuch mit 20716,83 €. Die Verzinsung betrug 6 % bei einer Laufzeit von 12,5 Jahren.

a) Wie groß wäre das Startguthaben vor 12,5 Jahren in Euro gewesen?

b) Der Enkel lässt das Geld bei gleicher Verzinsung weitere 5 Jahre auf dem Konto. Welche Summe hat er dann zur Verfügung?

e-Funktionen

6. Bild 1 zeigt die Schaubilder der e-Funktionen mit $f(x) = e^x$ und $g(x) = e^{-x}$ und $h(x) = a \cdot (e^x + e^{-x})$.

a) Bestimmen Sie den Koeffizienten a so, dass die Funktion h(x) durch P (0|1) geht.

b) Zeichnen Sie das Schaubild der Funktion.

7. Lösen Sie die Exponentialgleichungen nach x auf.

a) $e^x = 5$ **b)** $0{,}5 \cdot e^{x+2} - 3 = 0$

c) $0{,}5 \cdot e^{1-x} - 4 = 0$ **d)** $4e^{x \cdot \ln 2} - 16 = 0$

8. Lösen Sie folgende Exponentialgleichungen durch Substitution.

a) $e^{2x} - 4e^x - 12 = 0$ **b)** $e^x + \frac{4}{e^x} = 4$

9. Lösen Sie durch Ausklammern.

a) $2 \cdot e^x - e^{2x} = 0$

b) $e^x - \frac{2}{e^x} = 0$

10. Lösen Sie durch Vergleich der Exponenten.

a) $e^3 \cdot e^x - e^6 \cdot e^{-x} = 0$

b) $e^{\ln 2 - x} - e^{\ln 4 + x} = 0$

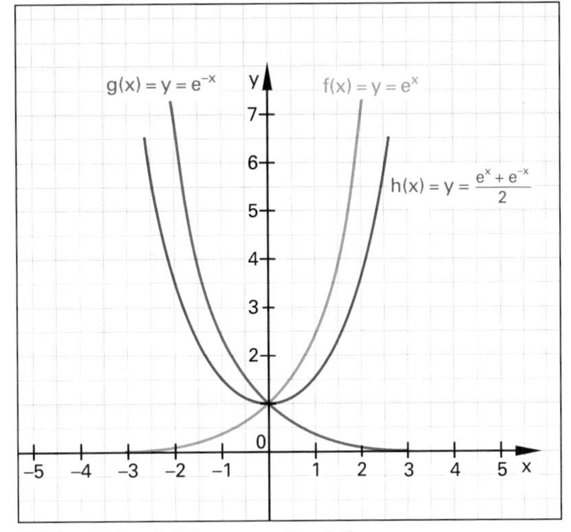

Bild 1: Schaubilder von e-Funktionen

Lösungen:

1. a)

x	−2	−1,5	−1	0	1	2	3
f(x)	16	8	4	1	0,25	0,0625	0,0156

Schaubild siehe Löser.

b)

x	−3	−2	−1	0	1	2	3	4
g(x)	0,29	0,44	0,66	1	1,5	2,25	3,37	5,06

Schaubild siehe Löser.

c)

x	−3	−2	−1	0	1	2	2,5
h(x)	0,09	0,20	0,45	1	2,24	5	7,48

Schaubild siehe Löser.

2. a) $a = 3$; $b = \frac{4}{3}$ **b)** $a = 4$; $b_{1,2} = \pm 1{,}5$

3. a) $\Delta W_7 = 3{,}7683 \cdot W_0$ **b)** 376,83 %

c) $\Delta W_{14} = 21{,}737 \cdot W_0$ **d)** 217,37 %

4. a) g(0) = 10, g(1) = 8, g(12) = 0,678

b) g(0) ≙ 100 %; g(1) ≙ 80 %; g(12) ≙ 6,78 %

c) m = 3,2

5. a) $K_0 = 10\,000$ € **b)** $K_5 = 27\,723{,}79$ €

6. a) $a = \frac{1}{2}$ **b)** siehe Löser

7. a) $x = \ln 5$ **b)** $x = \ln 6 - 2$

c) $x = 1 - 3 \cdot \ln 2$ **d)** $x = 2$

8. a) $x = \ln 6$ **b)** $x = \ln 2$

9. a) $x = \ln 2$ **b)** $x = \frac{1}{2} \ln 2$

10. a) $x = 1{,}5$ **b)** $x = -\frac{1}{2} \ln 2$

12.1.7 Sinusfunktion und Kosinusfunktion

1. Wie entstehen die Schaubilder der folgenden Funktionen aus dem Schaubild von $g(x) = \sin x$?

a) $f(x) = \sin(2x)$ **b)** $f(x) = \sin\left(\frac{1}{3}x\right)$

c) $f(x) = \sin\left(x + \frac{\pi}{2}\right)$ **d)** $f(x) = \sin(x - \pi)$

e) $f(x) = \sin\left(2x - \frac{\pi}{2}\right)$ **f)** $f(x) = \sin(-x)$

g) $f(x) = 2 \cdot \sin x$ **h)** $f(x) = -2 \cdot \sin(x)$

i) $f(x) = \frac{1}{2} \cdot \sin x + 2$ **j)** $f(x) = 3 \cdot \sin\left(2x + \frac{\pi}{3}\right) - 1$

k) $f(x) = 2 \cdot \sin\left(x - \frac{\pi}{2}\right) + 1$

2. Drei Spannungen der Form $u(t) = \hat{u} \cdot \sin(\varphi - \varphi_0)$ gleicher Frequenz f mit $\omega = 2\pi f$ sollen überlagert werden **(Bild 1)**:

$u_1(t) = 3\ \text{V} \cdot \sin(\omega t + 65°)$

$u_2(t) = 6\ \text{V} \cdot \sin(\omega t - 120°)$

$u_3(t) = 8\ \text{V} \cdot \sin(\omega t + 200°)$

Hinweis: Setze $\varphi = \omega \cdot t = x$; $\varphi_0 = \omega \cdot t_0 = x_0$

a) Geben Sie jeweils die Unterschiede der Schaubilder von $u_1(t)$, $u_2(t)$ und $u_3(t)$ zum Schaubild von $u(t) = 2\ \text{V} \cdot \sin(\omega t)$ an.

b) Bestimmen Sie zeichnerisch die Summenspannung $u_{ges}(t) = u_1(t) + u_2(t) + u_3(t)$ mithilfe der Ordinatenaddition.

c) Bestimmen Sie aus der Summenspannung $u_{ges}(t)$ zeichnerisch die Amplitude $\hat{u}$, die Phasenverschiebung φ_0, die Periode p und die Frequenz f.

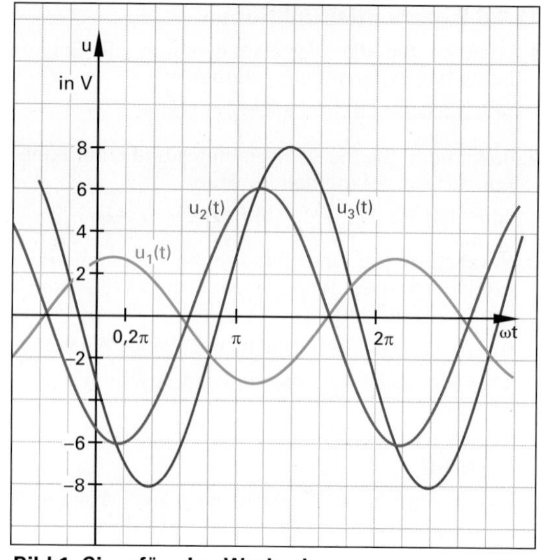

Bild 1: Sinusförmige Wechselspannungen

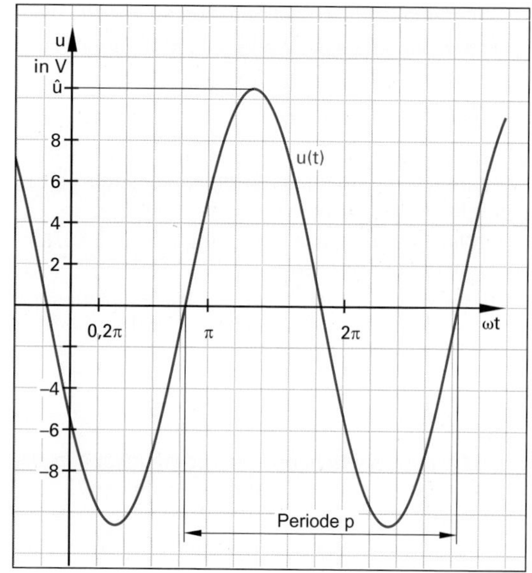

Bild 2: Summenspannung u(t)

3. Bestimmen Sie die Lösungsmenge der Gleichungen über der angegebenen Definitionsmenge.

a) $\sin x = 0$; $D = [0; 4\pi]$

b) $\sin(2x) = 1$; $D = [-\pi; \pi]$

c) $\sin x + 0{,}5 = 0$; $D = [0; 3\pi]$

d) $\sin^2 x = 0{,}75$; $D = [0; 2\pi]$

e) $\frac{1}{3}\sin x = \frac{1}{2}\sin x + \frac{1}{12}$; $D = [0; 2\pi]$

f) $\sin(2x) - 2 = -1{,}5 \cdot \sin(2x)$; $D = [0; 2\pi]$

Lösungen:

1. a) doppelte Frequenz $b = 2$, halbe Periode $p = \pi$

b) drittel Frequenz $b = \frac{1}{3}$, dreifache Periode $p = 6\pi$

c) Verschiebung um π nach links, $c = -0{,}5\pi$

d) Verschiebung um π nach rechts, $c = \pi$

e) doppelte Frequenz, Verschiebung um $0{,}25\pi$ nach rechts, $c = 0{,}25\pi$

f) Spiegelung an der x-Achse

g) doppelte Amplitude $a = 2$

h) doppelte Amplitude $a = 2$ und an der x-Achse gespiegelt

i) halbe Amplitude $a = 0{,}5$ um 2 LE nach oben verschoben, $d = 2$

j) $a = 3$; $f = 2$; $c = -\frac{\pi}{6}$

k) $a = 2$; $x_0 = 0{,}5\pi$; $y_s = 1$

2. a) $u_1(t)$ hat drei halbe Amplituden, 65° nach links verschoben; $u_2(t)$ zweifache Amplitude, 200° nach rechts verschoben; $u_3(t)$ vierfache Amplitude, 200° nach links verschoben

b) u(t) siehe **Bild 2**

c) $\hat{u} = 10{,}5$; $\varphi_0 = 150°$; $p = 360°$; $f = 1$

3. a) $L = \{0; \pi; 2\pi; 3\pi; 4\pi\}$ **b)** $L = \left\{-\frac{3}{4}\pi; \frac{1}{4}\pi\right\}$

c) $L = \left\{\frac{7}{6}\pi; \frac{11}{6}\pi\right\}$ **d)** $L = \left\{\frac{1}{3}\pi; \frac{2}{3}\pi; \frac{4}{3}\pi; \frac{5}{3}\pi\right\}$

e) $L = \left\{\frac{7}{6}\pi; \frac{11}{6}\pi\right\}$ **f)** $L = \{0{,}5475; 1{,}0233\}$

12.1.8 Kurvendiskussion

1. Gegeben ist die Funktion f mit

$f(x) = \frac{1}{8}x^3 - \frac{3}{2}x^2 + 4{,}5x;\ x \in \mathbb{R}$

a) Bestimmen Sie die Nullstellen der Funktion.

b) Bestimmen Sie die Hochpunkte und Tiefpunkte der Funktion.

c) Berechnen Sie den Wendepunkt W $(x_W|y_W)$

d) Bestimmen Sie die Gleichung der Tangente im Wendepunkt.

e) Bestimmen Sie die Gleichung der Normalen im Wendepunkt.

f) Zeichnen Sie das Schaubild der Funktion mit der Wendetangente und der Wendenormalen.

2. Die Ufer eines Flusses werden von den Gleichungen

$f(x) = \frac{1}{6}(x^3 + 3x^2 + 9x + 7)$ und

$g(x) = \frac{1}{8}x^3 + x - 1;\ x \in \mathbb{R}$ beschrieben **(Bild 1).**

Eine Brücke soll vom Wendepunkt W_f nach W_g gebaut werden.

a) Bestimmen Sie die Wendepunkte W_f und W_g.

b) Überprüfen Sie, ob diese Brücke entlang der Wendenormalen $n_f(x)$ und $n_g(x)$ verläuft.

c) Berechnen Sie die Länge l der Brücke.

3. Gegeben sind die Funktionen f und g mit

$f(x) = \frac{1}{2}x^3 - 3x^2 + 4{,}5x$ und $g(x) = -1{,}5x;\ x \in \mathbb{R}$

Ihre Schaubilder sind K_f und K_g.

a) Bestimmen Sie die Nullstellen der Funktion f(x).

b) Bestimmen Sie die Hochpunkte, Tiefpunkte und Wendepunkte der Funktion f(x).

c) In welchem Punkt $B(x_B|y_B)$ berührt eine Parallele zu K_g das Schaubild K_f?

d) Vom Punkte P (2|1) sollen Tangenten an K_f gelegt werden. An welcher Stelle berühren die Tangenten das Schaubild K_f?

e) Vom Punkte A $\left(\frac{2}{3}\middle|3\right)$ sollen Tangenten an K_f gelegt werden. An welchen Stellen B_1 und B_2 berühren die Tangenten das Schaubild K_f?

f) Berechnen Sie die Tangentengleichungen für die Teilaufgabe e. Ihre Schaubilder sind K_1 und K_2.

g) Zeichnen Sie die Schaubilder K_f, K_g, K_1 und K_2 in ein geeignetes Koordinatensystem ein.

4. Gegeben sind der Punkt P (1|0) und die Funktion f mit $f(x) = 2x^3 - 1{,}5x^2 - x + 1;\ x \in \mathbb{R}$

Ihr Schaubild ist K_f.

Alle Ergebnisse sind auf drei Stellen genau zu runden!

a) Bestimmen Sie die Nullstellen der Funktion.

b) Bestimmen Sie den Hochpunkt, Tiefpunkt und exakt den Wendepunkt der Funktion f(x).

c) Zeichnen Sie das Schaubild K_f in ein geeignetes Koordinatensystem ein und legen Sie vom Punkte P aus Tangenten an das Schaubild K_f.

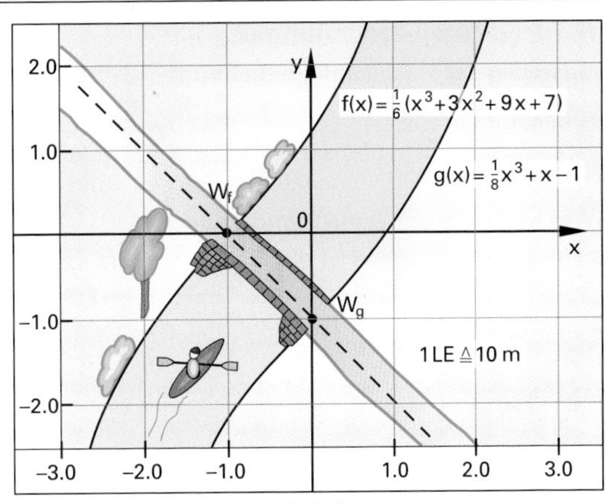

Bild 1: Flussverlauf mit Brücke

Wie viele Tangenten an das Schaubild K_f sind möglich?

d) Berechnen Sie die Berührpunkte der Tangenten an K_f, die vom Punkt P (1|0) ausgehen.

e) Berechnen Sie die Tangentengleichungen und vergleichen Sie sie mit Ihrer Zeichnung.

5. Legen Sie an das Schaubild K_f mit $f(x) = \frac{1}{16}x^3 + 1$ Tangenten parallel zur Geraden g mit $g(x) = \frac{3}{16}x$.

a) Berechnen Sie die Berührpunkte.

b) Berechnen Sie die Tangentengleichungen $t_1(x)$ und $t_2(x)$ in den Berührpunkten.

c) Welchen Abstand d haben die beiden Tangenten?

d) Zeichnen Sie die Schaubilder K_f, K_g, K_1 und K_2 in ein geeignetes Koordinatensystem ein.

Lösungen:

1. a) N_1 (0|0), $N_{2,3}$ (6|0) **b)** T (6|0), H (2|4)
c) W (4|2) **d)** $t(x) = -1{,}5x + 8$
e) $n(x) = \frac{2}{3}x - \frac{2}{3}$ **f)** siehe Löser

2. a) W_f (−1|0), W_g (0|−1) **b)** $n_f(x) = n_g(x)$; ja
c) $l = \sqrt{2}$ LE ≙ 14,14 m

3. a) N_1 (0|0), $N_{2,3}$ (3|0) **b)** T (3|0), H (1|2)
c) B (2|1) **d)** B (2|1)
e) B_1 (0|0), B_2 (2|1)
f) $t_1(x) = 4{,}5x$; $t_2(x) = -1{,}5x + 4$
d) siehe Löser

4. a) N (−0,763|0)
b) H (−0,229|1,13), T (0,729|0,249), W $\left(\frac{1}{4}\middle|\frac{11}{16}\right)$
c) siehe Löser; drei Tangenten
d) B_1 (0|1), B_2 (0,578|0,307), B_3 (1,297|1,541)
e) $t_1(x) = -x + 1$; $t_2(x) = -0{,}728x + 0{,}728$
$t_3(x) = 5{,}196x - 5{,}196$

5. a) $B_1\left(1\middle|\frac{17}{16}\right)$, $B_2\left(-1\middle|\frac{15}{16}\right)$
b) $t_1(x) = \frac{3}{16}x + \frac{7}{8}$; $t_2(x) = \frac{3}{16}x + \frac{9}{8}$
c) d = 0,25 **d)** siehe Löser

12.1.9 Flächenberechnungen

Aufstellen der Flächeninhaltsfunktion

1. Bestimmen Sie den Flächeninhalt zwischen dem Schaubild von g: $g(x) = 0{,}25x + 2;\ x \in [0; 4]$ und der x-Achse und dem angegebenen Bereich **(Bild 1)**:

a) mithilfe von Rechteck und Dreieck,

b) indem Sie zunächst die Flächeninhaltsfunktion F(x) bestimmen.

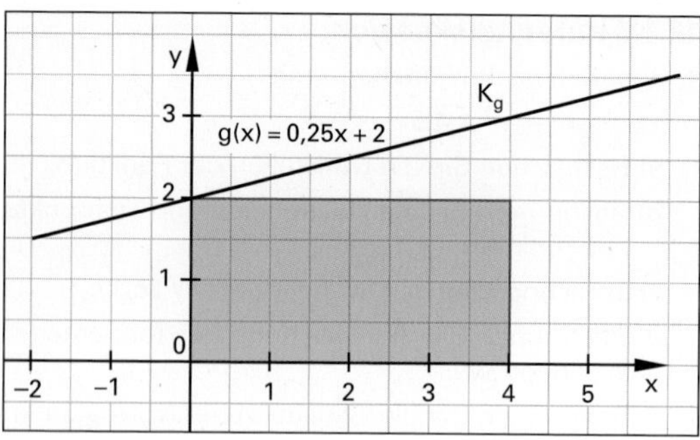

Bild 1: Flächeninhaltsfunktion

2. Bestimmen Sie den Flächeninhalt zwischen dem Schaubild von g: $g(x) = 0{,}5x + 1;\ x \in [2; 4]$ und der x-Achse und dem angegebenen Bereich **(Bild 2)**:

a) mithilfe von Rechteck und Dreieck,

b) indem Sie zunächst die Flächeninhaltsfunktion F(x) bestimmen.

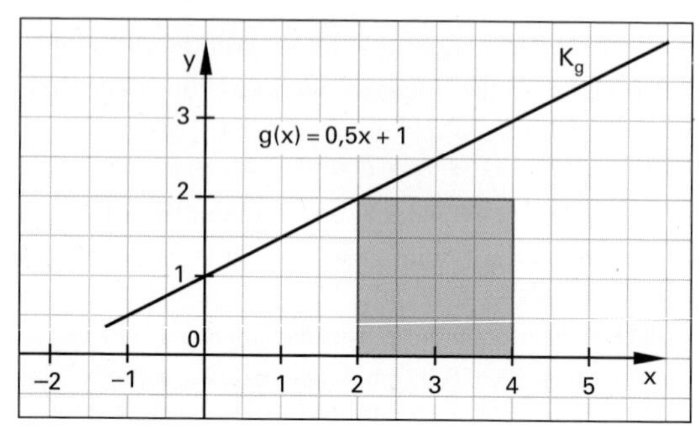

Bild 2: Flächeninhaltsfunktion

Integralregeln

3. Berechnen Sie unter Verwendung der Integrationsregeln die folgenden Integrale:

a) $\int_0^{\frac{\pi}{4}} \sin x \cdot dx + \int_{\frac{\pi}{4}}^{\frac{\pi}{2}} \sin x \cdot dx$

b) $\int_{-\frac{\pi}{2}}^{0} \sin x \cdot dx + \int_0^{\frac{\pi}{2}} \sin x \cdot dx$

c) $\int_{-\frac{\pi}{4}}^{0} \cos x \cdot dx + \int_0^{\frac{\pi}{4}} \cos x \cdot dx$

d) $\int_{-\frac{\pi}{2}}^{\frac{\pi}{4}} \cos x \cdot dx + \int_{\frac{\pi}{4}}^{\frac{\pi}{2}} \cos x \cdot dx$

4. Schreiben Sie als ein einziges Integral:

a) $\int_0^3 \sqrt{x} \cdot dx - \int_5^3 \sqrt{x} \cdot dx$ **b)** $\int_{-2}^{0} 2x^2 \cdot dx - \int_2^0 2x^2 \cdot dx$

c) $\int_0^{\pi} \sin u \cdot du - \int_{-\pi}^{2\pi} \sin u \cdot du - \int_{2\pi}^{\pi} \sin t \cdot dt$

Integralwert als Flächeninhalt

5. Deuten Sie die folgenden Integrale anhand einer geometrischen Figur als Flächeninhalt und berechnen Sie diesen.

a) $\int_1^3 x \cdot dx$ **b)** $\int_0^3 2 \cdot dx$ **c)** $\int_{-2}^{1} du$

d) $\int_1^4 (0{,}5s + 1) \cdot ds$ **e)** $\int_{-2}^{0} |t| \cdot dt$

6. Geben Sie für die Funktion f, deren Schaubild in **Bild 3** dargestellt ist, den Wert des folgenden Integrals an.

a) $\int_0^3 f(x) \cdot dx$ **b)** $\int_4^6 f(x) \cdot dx$ **c)** $\int_0^8 f(x) \cdot dx$

d) $\int_{-2}^{0} f(x) \cdot dx$ **e)** $\int_4^8 f(x) \cdot dx$ **f)** $\int_{-2}^{8} f(x) \cdot dx$

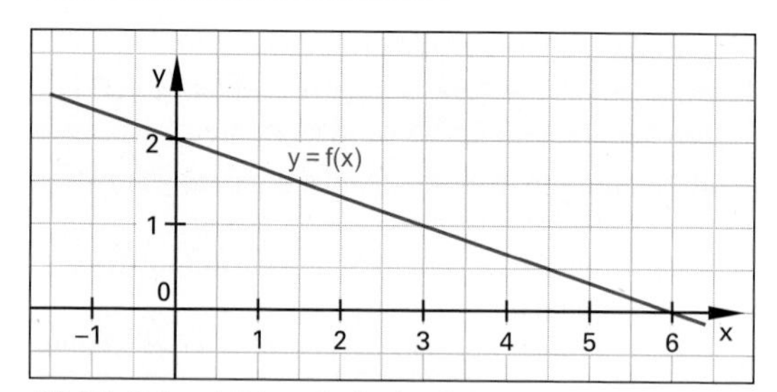

Bild 3: Schaubild zu Aufgabe 3.2

Lösungen:

1. a) $A = A_\square + A_\triangle = 10$ FE

b) $F(x) = \frac{1}{8}x^2 + 2x;\ A(4) = 10$ FE

2. a) $A = A_\square + A_\triangle = 5$ FE

b) $F_2(x) = \frac{1}{4} \cdot (x^2 - 2^2) + (x - 2);\ A_2(4) = 5$ FE

3. a) 1 **b)** 0 **c)** $\sqrt{2}$ **d)** 2

4. a) $\int_0^5 \sqrt{x} \cdot dx = \frac{10}{3}\sqrt{5}$ **b)** $\int_{-2}^{2} 2x^2 \cdot dx = \frac{32}{3}$

c) $\int_{\pi}^{2\pi} \sin t \cdot dt = 2$

5. a) A = 4 FE ⇒ Trapezfläche mit h = 2 und m = 2

b) A = 6 FE ⇒ Rechteckfläche mit h = 2 und b = 3

c) A = 3 FE ⇒ Rechteckfläche mit h = 1 und b = 3

d) Trapezfläche $A = \frac{27}{4}$ FE mit $h = \frac{9}{4}$ und b = 3

e) A = 2 FE ⇒ Dreiecksfläche mit h = 2 und b = 2

6. a) $\frac{9}{2}$ **b)** $\frac{2}{3}$ **c)** $\frac{16}{3}$ **d)** $\frac{14}{3}$ **e)** 0 **f)** 10

12.2 Musterprüfungen

12.2.1 Kurvendiskussion mit ganzrationalen Funktionen

1. a) Das Schaubild K_g einer ganzrationalen Funktion g vierten Grades geht durch den Punkt P (–3|–2,5) und hat die Wendepunkte W_1 (0|–1) und W_2 (–2|–1).

Bestimmen Sie die Gleichung der Funktion.

b) Die Funktion $f(x) = \frac{1}{2}x^4 + 2x^3 - 4x$; $x \in \mathbb{R}$ hat das Schaubild K_f. Es ist achsensymmetrisch zur Geraden x = –1.

Welcher Zusammenhang besteht zwischen den Funktionen f(x) und g(x)?

c) Bestimmen Sie für K_f die gemeinsamen Punkte mit der x-Achse sowie die Hochpunkte, Tiefpunkte und Wendepunkte.

Berechnen Sie diese Werte exakt!

d) Zeichnen Sie K_f für $-3{,}5 \leq x \leq 1{,}5$ mit 1 LE ≙ 2 cm.

e) Vom Punkt A (–1|0) aus werden zwei Tangenten $t_1(x)$ und $t_2(x)$ an das Schaubild von K_f gelegt.

Berechnen Sie die Berührpunkte B_1 und B_2 und ermitteln Sie die dazugehörigen Tangentengleichungen $t_1(x)$ und $t_2(x)$. Alle Ergebnisse sind auf drei Nachkommastellen zu runden.

f) Zeichnen Sie in das vorhandene Koordinatensystem die Tangentengleichungen ein und bestimmen Sie aus der Zeichnung die Schnittpunkte mit K_f.

g) Die Funktion f(x) und die Tangenten $t_1(x)$ und $t_2(x)$ schließen im Intervall [–2; 0] eine Fläche ein. Berechnen Sie deren Inhalt auf drei Nachkommastellen genau.

h) Ein Rechteck wird von K_f und der x-Achse im Intervall [–2; 0] eingeschlossen. Berechnen Sie die Länge und die Breite des Rechtecks so, dass der Flächeninhalt maximal wird. Wie groß ist diese Fläche?

2. a) Die erste Ableitung f'(x) einer Funktion ist in **Bild 1** dargestellt. Die Funktion f(x) ist eine ganzrationale Funktion 3. Grades, ihr Schaubild K_f geht durch den Punkt P (2|2).

Entnehmen Sie aus Bild 1 geeignete Punkte und bestimmen Sie die erste Ableitungsfunktion des Schaubildes von K_f. Bestimmen Sie die Gleichung der Funktion f(x).

b) Bestimmen Sie für K_f die Nullstellen sowie die Hochpunkte, Tiefpunkte und Wendepunkte.

Zeichnen Sie K_f für $-2 \leq x \leq 5$ mit 1 LE ≙ 2 cm.

c) Vom Punkt A (0|0) wird eine Tangente an K_f gelegt, die das Schaubild im Intervall [1; 2] berührt. Berechnen Sie exakt den Berührpunkt und die Tangentengleichung t(x).

d) Welche zwei Normalen $n_1(x)$ und $n_2(x)$ berühren das Schaubild K_f und stehen senkrecht auf der Tangentengleichung t(x)?

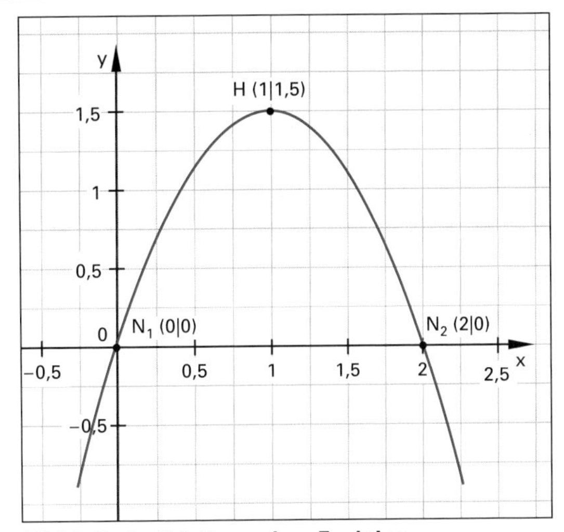

Bild 1: Erste Ableitung einer Funktion

Geben Sie das Ergebnis auf drei Stellen gerundet an.

e) Eine Normale t(x) und die x-Achse schließen im ersten Quadranten eine Fläche ein. Berechnen Sie die Eckpunkte und den Inhalt der Fläche.

f) Zeichnen Sie in das vorhandene Koordinatensystem die Tangentengleichung t(x), die Gleichungen der Normalen $n_1(x)$ und $n_2(x)$ ein. Überprüfen Sie anhand der Zeichnung die Ergebnisse der Aufgabe 2.

Lösungen:

1. a) $g(x) = \frac{1}{2}x^4 + 2x^3 - 4x - 1$

b) $f(x) = g(x) + 1$

c) $N_1(-1-\sqrt{5}|0)$, $N_2(-2|0)$, $N_3(0|0)$, $N_4(-1+\sqrt{5}|0)$, $H(-1|2{,}5)$, $T_1(-1-\sqrt{3}|-2)$ $T_2(-1+\sqrt{3}|-2)$, $W_1(-2|0)$, $W_2(0|0)$

d) siehe Löser

e) $B_1(-2{,}623|-1{,}933)$, $B_2(0{,}623|-1{,}933)$
$t_1(x) = 1{,}191x + 1{,}191$
$t_2(x) = -1{,}191x - 1{,}191$

f) siehe Löser, $S_1(-3{,}5|3)$, $S_2(-1{,}8|0{,}9)$, $S_3(-0{,}2|0{,}9)$, $S_4(1{,}5|3)$

g) A = 2,284 FE

h) A = 1,471

2. a) $f'(x) = -1{,}5x^2 + 3x$, $f(x) = -0{,}5x^3 + 1{,}5x^2$

b) $N_1(0|0)$, $N_2(3|0)$, $T(0|0)$, $H(2|2)$, $W(1|1)$
siehe Löser

c) $B\left(1{,}5\middle|\frac{27}{16}\right)$, $t(x) = \frac{9}{8}x$

d) $B_1(-0{,}262|0{,}112)$, $B_2(2{,}262|1{,}888)$
$n_1(x) = -\frac{8}{9}x - 0{,}121$, $n_2(x) = -\frac{8}{9}x + 3{,}899$

e) A (0|0), B (4,386|0), C (1,936|2,178)
A = 4,776 FE

f) siehe Löser

12.2.2 Extremwertberechnung mit ganzrationalen Funktionen

1. Gegeben ist das Schaubild der Funktion f **(Bild 1)** mit $f(x) = -\frac{1}{2}x^2 + 2$; $D_f = [-2; 2]$.

a) Bestimmen Sie den kürzesten Abstand des Schaubildes vom Ursprung.

b) Geben Sie die Koordinaten der Punkte des Schaubildes K_f an.

2. In Bild 1 ist zusätzlich das Schaubild der Geraden g mit $g(x) = \frac{1}{2}x + 3$; $D_g = \mathbb{R}$ gegeben.

a) Welche der Punkte $P\,(u|g(u))$ auf der Geraden g und $Q\,(u|f(u))$ auf der Parabel von f haben den geringsten Ordinatenabstand?

b) Geben Sie die Koordinaten von P und Q an.

c) Berechnen Sie den kürzesten Abstand zwischen den Schaubildern von f und g.

3. Bestimmen Sie die Punkte $P\,(u|p(u))$ der Parabel $p(x) = \frac{1}{2}x^2 - 5$, deren Abstand vom Ursprung einen Extremwert annehmen **(Bild 2)**.

4. Gegeben sind die zwei Funktionen f und g durch $f(x) = x^3 - \frac{17}{3}x^2 + 7x + 3$ und $g(x) = -\frac{1}{2}x^2 + 3$ **(Bild 3)**. Der Punkt $P\,(u|f(u))$ liegt auf dem Schaubild von f für $0 \leq u \leq 4$. Die Parallele zur y-Achse durch P schneidet das Schaubild von g im Punkt Q. Untersuchen Sie die Länge der Strecke PQ in Abhängigkeit von u.

a) Erstellen Sie die Längenfunktion $l(u)$.

b) Untersuchen Sie die Längenfunktion auf Maxima und Minima.

c) Geben Sie jeweils die Koordinaten der Extrempunkte von $l(u)$ an.

Lösungen:

1. a) $d = \sqrt{3}$ LE

b) $P\left(-\sqrt{2}|1\right)$; $Q\left(\sqrt{2}|1\right)$

2. a) $d(P; Q) = \frac{7}{8} = 0{,}875$ LE

b) $P\left(-\frac{1}{2}\middle|\frac{11}{4}\right)$; $Q\left(-\frac{1}{2}\middle|\frac{15}{8}\right)$

c) $d(P^*; Q^*) = 0{,}847$ LE

3. a) $P_{1min}\left(-2\sqrt{2}|-1\right)$, $P_{2min}\left(2\sqrt{2}|-1\right)$, $P_{max}\,(0|5)$
$\Rightarrow d_{min} = 3$ LE, $d_{max} = 5$ LE

4. a) $l(u) = u^3 - \frac{31}{6}u^2 + 7u$; $u \in [0; 4]$

b) $\overline{PQ}_{max} = 2{,}846$ LE; $\overline{PQ}_{min} = 0{,}833$ LE

c) H (0,927|2,846), T (2,518|0,833)

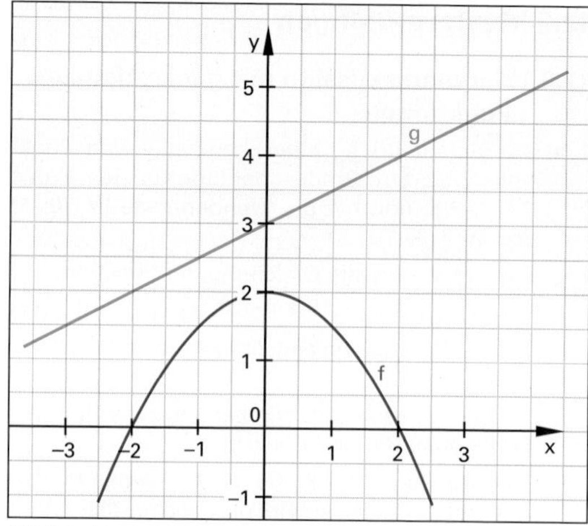

Bild 1: Abstand vom Ursprung

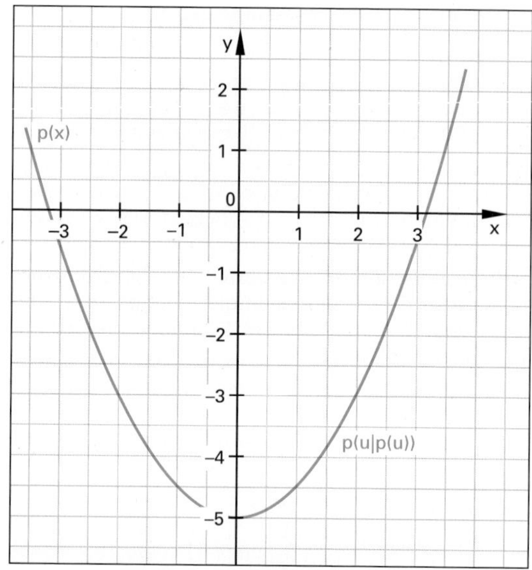

Bild 2: Abstand vom Ursprung

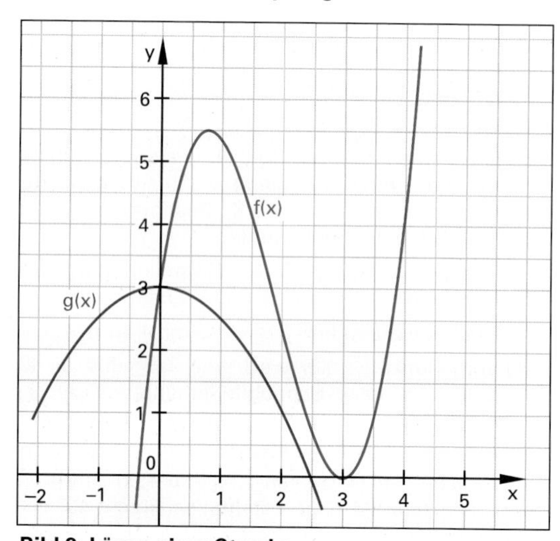

Bild 3: Länge einer Strecke

12.2.3 e-Funktionen

Aufgabe 1

a) Gegeben ist die Funktion f mit $f(x) = a \cdot e^{bx} + x - 4$; $x \in \mathbb{R}$.

Ihr Schaubild ist K_f. Das Schaubild hat im Schnittpunkt mit der y-Achse eine waagrechte Tangente und den Funktionswert –2.

Bestimmen Sie die Funktionsgleichung.

b) Gegeben ist die Funktion f mit $f(x) = 2 \cdot e^{-0,5x} + x - 4$; $x \in \mathbb{R}$.

Geben Sie die ersten beiden Ableitungen an.

Untersuchen Sie K_f auf Extrempunkte (z. B. mit dem GTR) und begründen Sie, warum K_f keinen Wendepunkt hat.

Zeichnen Sie K_f für $-3 \leq x \leq 6$ mit 1 LE = 1 cm.

c) Vom Punkt P (2|–2) aus werden Tangenten an K_f angelegt. Zeigen Sie rechnerisch, dass es nur eine Tangente gibt. Geben Sie die Koordinaten des Berührpunktes und die Tangentengleichung an.

d) Gegeben ist die Gerade g mit $g(x) = x - 4$; $x \in \mathbb{R}$. Ihr Schaubild ist K_g. Prüfen Sie rechnerisch, ob sich K_g und K_f schneiden.

e) Die y-Achse, K_f, K_g und die Gerade x = b schließen im ersten Quadranten eine Fläche ein. Berechnen Sie die Intervallgrenze b des Intervalls, in welchem die Fläche den Wert $A = 4 \cdot \frac{e-1}{e}$ hat.

f) Welches der in **Bild 1** abgebildeten Schaubilder ist nicht das Schaubild der Stammfunktion von f(x)? Begründen Sie Ihre Antwort.

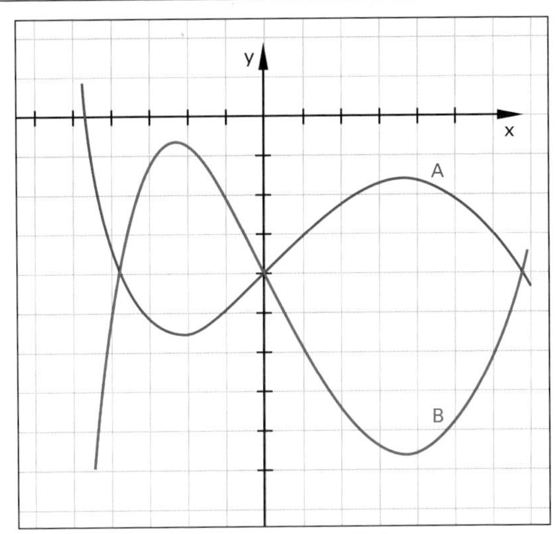

Bild 1: Mögliche Schaubilder zu F(x)

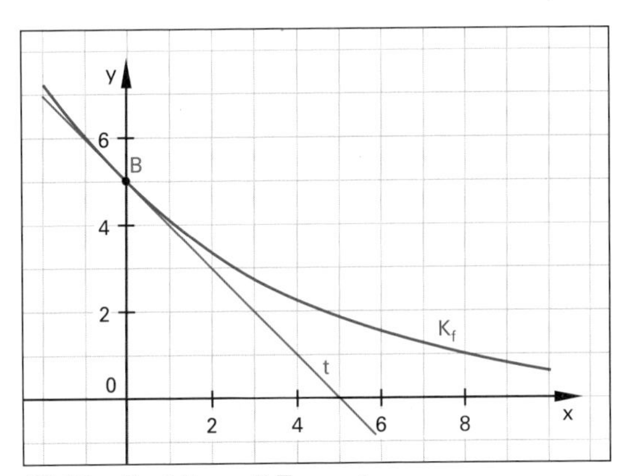

Bild 2: e-Funktion mit Tangente

Aufgabe 2

a) Gegeben ist das Schaubild K_f einer e-Funktion f mit der Tangente t und dem Berührpunkt B **(Bild 2)**. Bestimmen Sie anhand von Bild 2 die Funktionsgleichung der e-Funktion.

b) Gegeben ist die Funktion f mit $f(x) = 5 \cdot e^{-0,2x}$; $x \in \mathbb{R}$. Ihr Schaubild ist K_f. Berechnen Sie den Flächeninhalt (exakter Wert), der die Fläche zwischen K_f und der Tangente t (Bild 2) im Intervall [0; 5] einschließt.

c) Das Schaubild K_h einer ganzrationalen Funktion 2. Grades berührt K_f im Schnittpunkt mit der y-Achse. K_h und die Koordinatenachsen schließen im Intervall [0; 10] eine Fläche mit dem Flächeninhalt $\frac{50}{3}$ ein. Bestimmen Sie die Gleichung h(x) dieser Funktion.

d) Gegeben ist die Funktion h mit $h(x) = 0,05 \cdot (x - 10)^2$; $x \in \mathbb{R}$. Bestimmen Sie den Scheitelpunkt S dieser Funktion. Zeichnen Sie K_f und K_h für $0 \leq x \leq 16$ mit 1 LE = 2 cm. Bestimmen Sie mit dem GTR die Schnittpunkte der Schaubilder.

e) Gegeben ist die Gerade g mit $g(x) = -0,5x + 5$; $x \in \mathbb{R}$. Ihr Schaubild ist K_g. Die Gerade x = u mit $u \in [0; 7,9]$ schneidet K_g im Punkt P und K_f im Punkt Q. Für welchen Wert von u (exakter Wert) nimmt die Strecke PQ = d einen Extremwert an? Zeigen Sie rechnerisch, dass es sich um ein Maximum handelt und berechnen Sie d_{max}.

Lösungen:

1. a) $f(x) = 2 \cdot e^{-0,5x} + x - 4$

b) $f'(x) = -e^{-0,5x} + 1$; $f''(x) = 0,5 \cdot e^{-0,5x}$; T (0|–2); Das Schaubild K_f hat keinen Wendepunkt, da $f''(x) > 0$. Zeichnung siehe Löser.

c) B (0|–2); t: y = –2

d) kein Schnittpunkt

e) b = 2

f) A; für $x \in [-2; 3]$ steigt A, jedoch hat K_f negative Werte f(x).

2. a) $f(x) = 5 \cdot e^{-0,2x}$ **b)** $12,5 - \frac{25}{e} = 3,3$ FE

c) $h(x) = 0,05x^2 - x + 5$

d) S (10|0); S_1 (0|5); S_2 (12,78|0,388); Zeichnung siehe Löser

e) $u = 5 \cdot \ln 2 \approx 3,466$; $d''(u) < 0$; $d_{max} = 2,5 \cdot (1 - \ln 2) \approx 0,767$ LE

Aufgabe 3

a) Gegeben ist das Schaubild K_f einer ganzrationalen Funktion f kleiner als 5. Grades mit der Tangente t und dem Berührpunkt B **(Bild 1)**. Bestimmen Sie anhand von Bild 1 die Funktionsgleichung f(x).

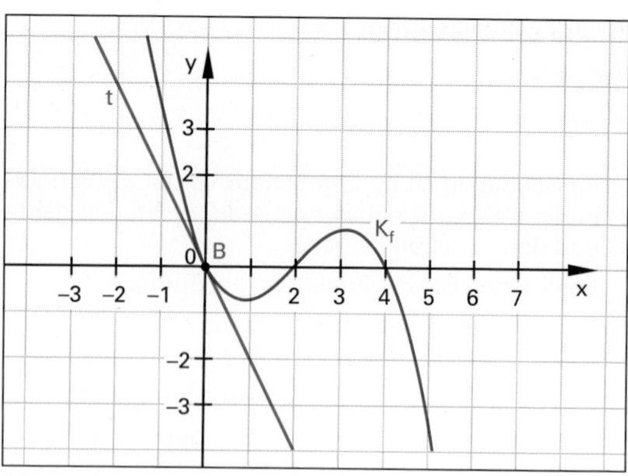

Bild 1: Schaubild K_f

b) Gegeben ist die Funktion g mit

$$g(x) = \frac{1}{4} \cdot x^3 - \frac{3}{2}x^2 + 2x \text{ mit } x \in \mathbb{R}.$$

Ihr Schaubild ist K_g. Worin unterscheidet sich K_g von K_f? Ermitteln Sie mit dem GTR die Extremwerte von K_f und bestimmen Sie den Flächeninhalt A_1 der Fläche, die K_f im Intervall [0; 2] mit der x-Achse einschließt.

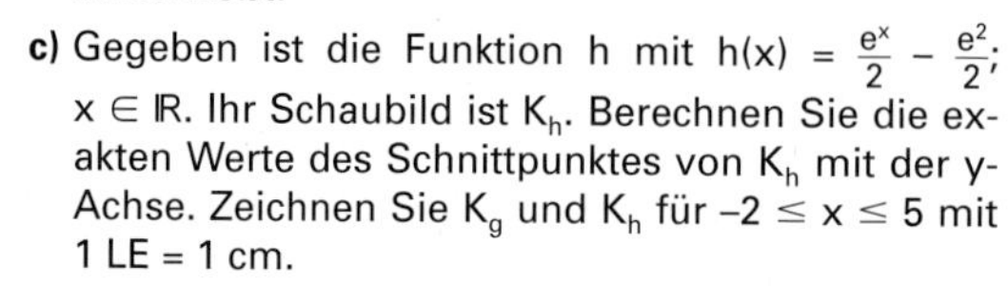

c) Gegeben ist die Funktion h mit $h(x) = \frac{e^x}{2} - \frac{e^2}{2}$; $x \in \mathbb{R}$. Ihr Schaubild ist K_h. Berechnen Sie die exakten Werte des Schnittpunktes von K_h mit der y-Achse. Zeichnen Sie K_g und K_h für $-2 \leq x \leq 5$ mit 1 LE = 1 cm.

Geben Sie die ersten beiden Ableitungen von h an und begründen Sie, warum K_h weder Extremwerte noch Wendepunkte besitzt.

d) Zeigen Sie, dass sich die Schaubilder K_g und K_h im Punkt S (2|0) schneiden. Zeigen Sie rechnerisch, dass der Schnittwinkel nicht 90° beträgt.

e) Bestimmen Sie mit dem GTR den Flächeninhalt A_2 der Fläche, die K_g im Intervall [0; 2] mit der x-Achse einschließt. Die Gerade i geht durch die Punkte P (0|u) und Q (2|0). Bestimmen Sie den Wert für u so, dass die Gerade i die Fläche halbiert, die K_g, K_h und die y-Achse einschließen. Geben Sie die Gleichung der Geraden i an und zeichnen Sie die Gerade in das Diagramm mit ein.

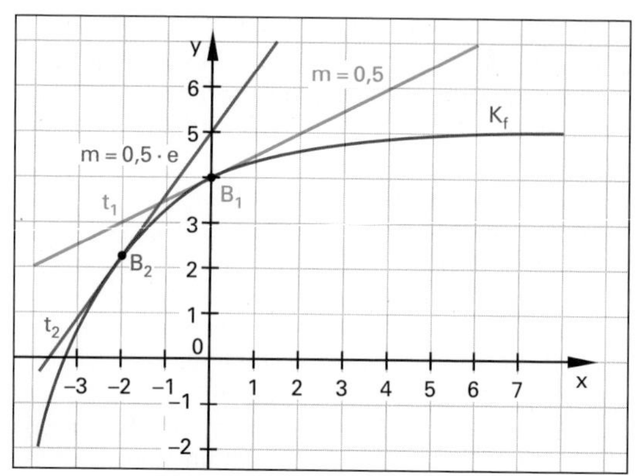

Bild 1: Schaubild K_f

Aufgabe 4

a) Gegeben ist das Schaubild K_f der Funktion f mit dem Gleichungstyp $f(x) = a \cdot e^{bx} + c$; $x \in \mathbb{R}$ **(Bild 2)**. Bestimmen Sie mithilfe der gezeichneten Tangenten die Funktionsgleichung f(x).

b) Gegeben ist die Funktion f mit $f(x) = -e^{-0,5x} + 5$; $x \in \mathbb{R}$. Ihr Schaubild ist K_f. Berechnen Sie den Schnittpunkt mit der x-Achse (exakter Wert) sowie den Flächeninhalt A der Fläche, die K_f mit den Koordinatenachsen einschließt (exakter Wert).

c) Geben Sie die ersten beiden Ableitungen von f(x) an. Untersuchen Sie K_f auf Extremwerte und Wendepunkte.

d) Vom Punkt P (0|5) werden Tangenten an K_f angelegt. Berechnen Sie die Koordinaten der Berührpunkte, falls vorhanden und bestimmen Sie die Gleichungen der zugehörigen Tangenten (exakte Werte).

e) Berechnen Sie die Normale von K_f im Punkt (0|4) sowie deren Schnittpunkt mit der x-Achse.

f) Das Schaubild K_g der Funktion g mit $g(x) = a \cdot e^{bx}$; $x \in \mathbb{R}$ berührt das Schaubild K_f an der Stelle x = 0. Bestimmen Sie g(x).

Lösungen:

1. a) $f(x) = -\frac{1}{4}x^3 + \frac{3}{2}x^2 - 2x$

b) K_g ist die Spiegelung von K_f an der x-Achse; laut GTR: H (0,85|0,77); T (3,15|–0,77); A_1 = 1 FE

c) $S_y\left(0\left|\frac{1}{2} - \frac{e^2}{2}\right.\right)$; Zeichnungen siehe Löser; $h'(x) = h''(x) = \frac{e^2}{2}$

Wegen $\frac{e^2}{2} > 0 \Rightarrow$ weder Extremwerte noch Wendepunkte.

d) $g(2) = h(2) = 0$; $g'(2) \neq -\frac{1}{h'(2)}$

e) A_2 = 4,195 FE; u = –1,6;
Gerade i: $i(x) = 0,8x - 1,6$

2. a) $f(x) = -e^{-0,5x} + 5$

b) $S(-2 \cdot \ln 5|0)$; $A = 10 \cdot \ln 5 - 8 \approx 8,09$ FE

c) $f'(x) = 0,5 \cdot e^{-0,5x}$; $f''(x) = -0,25 \cdot e^{-0,5x}$;
wegen $f'(x) > 0 \Rightarrow$ keine Extremwerte;
wegen $f''(x) < 0 \Rightarrow$ keine Wendepunkte.

d) $B(-2|-e + 5)$; t_2: $y = 0,5e \cdot x + 5$

e) n: $y = -2x + 4$; S (2|0)

f) $g(x) = 4 \cdot e^{0,125x}$

12.2.4 Sinusfunktionen

Bestimmung des Funktionsterms aus Vorgaben

> Das Schaubild einer Sinusfunktion **(Bild 1)** mit der Gleichung $f(x) = a + b \cdot x + \sin x$; $D_f = [-\pi; 2\pi]$ geht durch den Punkt $P(\pi|1-\pi)$ und schneidet die y-Achse senkrecht. Bestimmen Sie den Funktionsterm.

$f(x) = a + b \cdot x + \sin x$; $f'(x) = b + \cos x$.

Die Funktion f hat an der Stelle $x = \pi$ den Funktionswert $1 - \pi$.

(1) $f(\pi) = 1 - \pi$.

Die Funktion f schneidet die y-Achse an der Stelle 0 senkrecht und hat dort deshalb die Steigung 0.

(2) $f'(0) = 0$
hat an der Stelle $x = \pi$ den Funktionswert $1 - \pi$.

Aus (2) erhält man:
$f'(0) = b + \cos(0) = 0 \Leftrightarrow b + 1 = 0 \Leftrightarrow \mathbf{b = -1}$

Aus (1) erhält man:
$f(\pi) = a + b\pi + \sin(\pi) = 1 - \pi \Leftrightarrow a = 1 - \pi - b\pi$

Mit $b = -1$ erhält man: $\mathbf{a = 1}$.

Ergebnis: $f(x) = 1 - x + \sin x$; $D_f = [-\pi; 2\pi]$

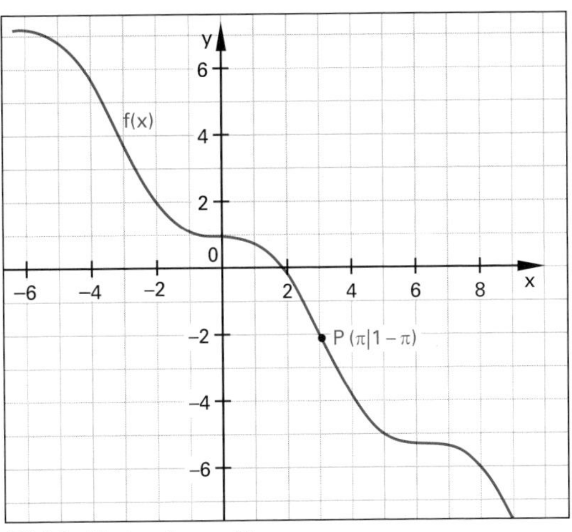

Bild 1: Abstand vom Ursprung

Kurvendiskussion

> Gegeben ist die Funktion f mit
> $f(x) = 1 - x + \sin x$; $D_f = [-\pi; 2\pi]$.
> Ihr Schaubild ist K_f **(Bild 2)**.
>
> Berechnen Sie die Schnittpunkte von K_f mit den Koordinatenachsen. Untersuchen Sie K_f auf Hoch-, Tief- und Wendepunkte.

Schnittpunkt mit der y-Achse: x = 0

$\Rightarrow f(0) = 1 - 0 + \sin(0) = 1 \Rightarrow S_y(0|1)$.

Schnittpunkt mit der x-Achse: f(x) = 0

$\Rightarrow \underbrace{1 - x + \sin x}_{f(x)} = 0 \Rightarrow$ Näherungsverfahren (Newtonverfahren):

Mit $f(x) = 1 - x + \sin x$; $f'(x) = -1 + \cos x$ folgt:

$$x_N = x_s - \frac{f(x_S)}{f'(x_S)}$$

Als Startwert wird $x_s = 2$ gewählt, da die Nullstelle im Bereich [1; 3] liegt, wie am Vorzeichenwechsel von $f(1) = 0{,}84$ und $f(3) = -1{,}86$ ersichtlich ist.

$$x_{N1} = 2 - \frac{f(2)}{f'(2)} = 1{,}93595; \quad x_{N2} = 1{,}93595 - \frac{f(1{,}93595)}{f'(1{,}93595)} = 1{,}93456$$

$$x_{N3} = x_{N2} - \frac{f(x_{N2})}{f'(x_{N2})} = 1{,}93456; \Rightarrow N(1{,}93456|0)$$

Hoch- und Tiefpunkte: $f'(x) = 0 \wedge f''(x) \neq 0$

$-1 + \cos x = 0 \Leftrightarrow \cos x = 1 \Leftrightarrow x_{E1} = 0 \vee x_{E2} = 2\pi$

$f''(0) = -\sin(0) = 0$; $f''(2\pi) = -\sin(2\pi) = 0$

$\Rightarrow$ keine Extremwerte!

Wendepunkte: $f''(x) = 0 \wedge f'''(x) \neq 0$

$f''(x) = -\sin(x)$; $f'''(x) = -\cos(x)$;

$-\sin x = 0 \Leftrightarrow x_{W1} = -\pi \vee x_{W2} = 0 \vee x_{W3} = \pi \vee x_{W4} = 2\pi$

$f'''(-\pi) = -1$; $f'''(0) = 1$; $f'''(2\pi) = 1$

$\Rightarrow$ vier Wendepunkte?

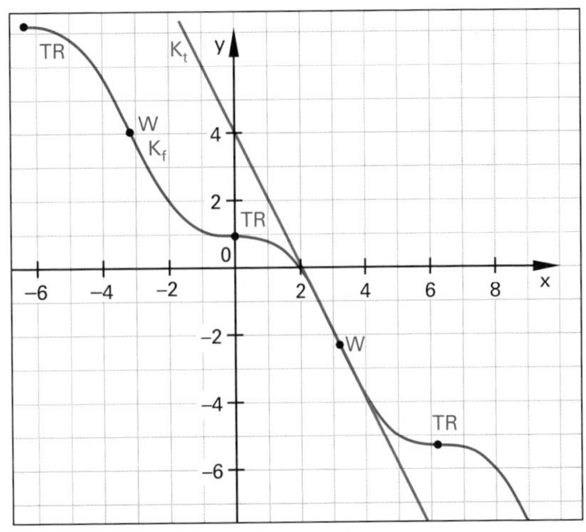

Bild 2: Sinusfunktion

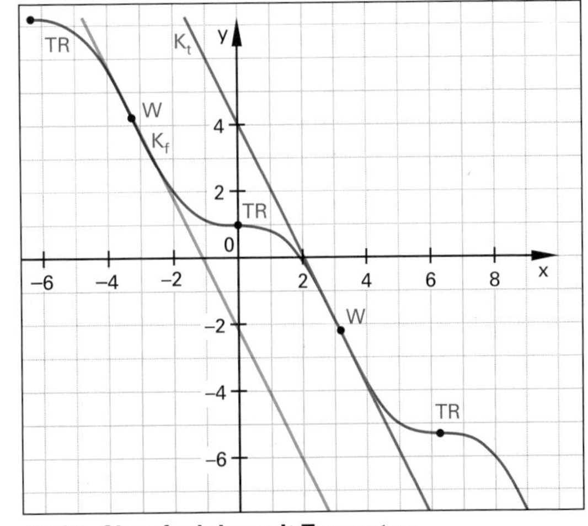

Bild 3: Sinusfunktion mit Tangenten

$$\left.\begin{array}{l} f'(-\pi) = -1 + \cos(-\pi) = -2 \\ f'(\pi) = -1 + \cos(\pi) = -2 \end{array}\right\} \Rightarrow \text{Wendepunkte!}$$

$$\left.\begin{array}{l} f'(0) = -1 + \cos(0) = 0 \\ f'(2\pi) = -1 + \cos(2\pi) = 0 \end{array}\right\} \Rightarrow \text{Sattelpunkte!}$$

$f(-\pi) = 1 + \pi + \sin(0) = 10 \qquad \Rightarrow \mathbf{W_1\ (-\pi|1 + \pi)}$

$f(0) = 1 + 0 + \sin(0) = 1 \qquad \Rightarrow \mathbf{SP_1\ (0|1)}$

$f(\pi) = 1 + \pi + \sin(\pi) = 1 + \pi \qquad \Rightarrow \mathbf{W_2\ (\pi|1 + \pi)}$

$f(2\pi) = 1 - 2\pi + \sin(2\pi)$

$= 1 - 2\pi + \sin(2\pi) \qquad \Rightarrow \mathbf{SP_2\ (2\pi|1 - 2\pi)}$

Tangente im Wendepunkt

> Die Tangenten an K_f in den Wende- und Sattelpunkten begrenzen ein Parallelogramm **(Bild 3, vorhergehende Seite)**. Bestimmen Sie die Funktionsgleichungen der Tangenten und berechnen Sie den Flächeninhalt des Parallelogramms.

Waagrechte Tangenten durch:

SP_1: $g_1(x) = 1;\ x \in \mathbb{R} \qquad SP_2$: $g_2(x) = 1 - 2\pi;\ x \in \mathbb{R}$

Tangenten durch W_1:

$f'(-\pi) = f'(\pi) = -2;\ t_1(x) = -2x + c_1,$

$SP_1 \in t_1$:

$1 + \pi = 2\pi + c_1$ folgt mit $c_1 = 1 - \pi \Rightarrow \mathbf{t_1(x) = -2x + 1 - \pi}$

Tangenten durch W_2:

$f'(-\pi) = f'(\pi) = -2;\ t_2(x) = -2x + c_2,$

$SP_2 \in t_2$:

$1 - \pi = -2\pi + c_2$ folgt mit $c_2 = 1 + \pi \Rightarrow \mathbf{t_2(x) = -2x + 1 + \pi}$

Flächeninhalt des Parallelogramms

$A_\square = b \cdot h;$ mit $b = x_{t2} - x_{t1} = \frac{1+\pi}{2} - \frac{1-\pi}{2} = \pi;$

$t_2(x) = 0 \Leftrightarrow -2x_{t2} + 1 + \pi = 0 \Leftrightarrow x_{t2} = \frac{1+\pi}{2}$

$t_1(x) = 0 \Leftrightarrow -2x_{t1} + 1 - \pi = 0 \Leftrightarrow x_{t1} = \frac{1-\pi}{2}$

und $h = g_1(x) - g_2(x) = 1 - (1 - 2\pi) = 2\pi$ folgt für den Flächeninhalt: $\mathbf{A_\square} = \pi \cdot 2\pi = \mathbf{2\pi^2\ FE = 19{,}74\ FE}$

> Die Tangente t_2, das Schaubild K_f und die y-Achse begrenzen eine Fläche. Berechnen Sie deren Flächeninhalt **(Bild 1)**.

Flächenberechnung zwischen zwei Schaubildern

Oberes/unteres Schaubild:

Im Bereich $x \in]0; \pi[$ ist:

$f(x) < t_2(x) \Leftrightarrow 1 - x + \sin x < -2x + 1 + \pi \Leftrightarrow x + \sin x < \pi,$

d.h. für den Ansatz der Fläche gilt:

$$A_1 = \int_a^b t_2(x) - f(x)dx = \int_0^x (-2x + 1 + \pi - (1 - x + \sin x))dx$$

$$= \int_0^x (\pi - x - \sin x)dx = \left[\pi x - \tfrac{1}{2}x^2 + \cos x\right]_0^x$$

$$= \left[\pi^2 - \tfrac{1}{2}\pi^2 - 1 - (0 + 0 + 1)\right] = \left[\tfrac{1}{2}\pi^2 - 2\right]$$

$$= \mathbf{2{,}935\ FE}$$

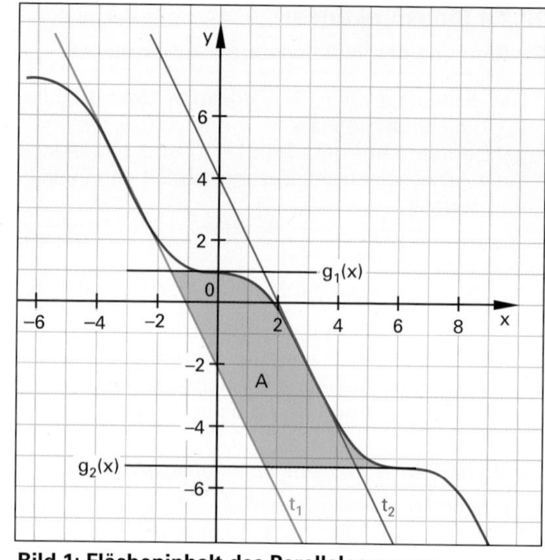

Bild 1: Flächeninhalt des Parallelogramms

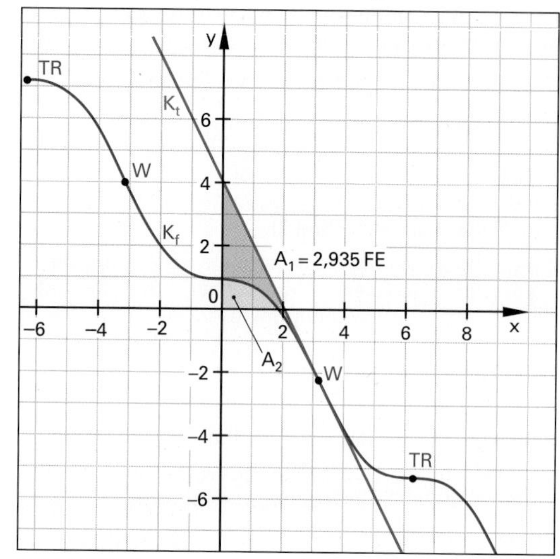

Bild 2: Flächen zwischen 2 Schaubildern

> Bestimmen Sie den Flächeninhalt, den das Schaubild K_f mit den Koordinatenachsen einschließt **(Bild 2)**.

Fläche zwischen Schaubild und Koordinatenachsen

$$A_2 = \int_a^b f(x)dx = \int_0^{1{,}935} (1 - x + \sin x)dx$$

$$= \left[x - \tfrac{1}{2}x^2 - \cos(x)\right]_0^{1{,}935}$$

$$= \left[1{,}935 - \tfrac{1}{2} \cdot (1{,}935)^2 - \cos(1{,}935) - ((0 - 0 - \cos(0))\right]$$

$$= [1{,}419] \Rightarrow \mathbf{A = 1{,}419\ FE}$$

12.2.5 Gebrochenrationale Funktionen

1. Geben Sie für die Funktionen a) und b) die Asymptoten, f'(x), f''(x) und F(x) an.

a) $f(x) = \frac{x^2 - 3x + 2}{3x}$ **b)** $f(x) = \frac{x^2 + 2x}{x - 1}$

2. Gegeben sind die reellen Funktionen
$f: x \mapsto \frac{a \cdot x - 2}{x^2}$ mit $a \in \mathbb{R}$ und $x \in \mathbb{R}\backslash\{0\}$ in der maximalen Definitionsmenge D(f). Der Graf der Funktion in einem kartesischen Koordinatensystem heißt G(f).

a) Bestimmen Sie den Wert von a so, dass an der Stelle x = 2 die Steigung des Grafen m = –0,5 beträgt.

b) Berechnen Sie für a = 4 die Nullstellen von f.

c) Untersuchen Sie f auf relative Extremwerte und geben sie deren Koordinaten an.

d) Untersuchen Sie den Graf G(f) auf Wendepunkte.

e) Die Gerade x = –3 und x = –1, die x-Achse und der Graf G(f) begrenzen im III. Quadranten eine Fläche. Berechnen Sie deren Maßzahl.

f) Dem Graf G(f) wird ein rechtwinkeliges Dreieck ABC mit den Koordinaten A (0,5|0); B (x|0) und C (x|f(x)) einbeschrieben. Geben Sie die Fläche A(x) an.

g) Bilden Sie $\lim\limits_{x \to \infty} A(x)$

3. Gegeben ist die reelle Funktion $f: x \mapsto \frac{x^2 + 3x}{x - 1}$ in der maximalen Definitionsmenge D(f). Der Graf der Funktion in einem kartesischen Koordinatensystem heißt G(f).

a) Bestimmen Sie die Definitionsmenge D(f) und die Nullstellen von G(f).

b) Untersuchen Sie das Verhalten der Funktion f an den Rändern der Definitionsmenge D(f). Geben Sie die Art der Definitionslücke und die Gleichungen aller Asymptoten an.

c) Ermitteln Sie die maximalen Intervalle, in denen der Graf G(f) streng monoton steigt bzw. streng monoton fällt. Bestimmen Sie Art und Lage der Extrema des Grafen G(f).

d) Zeichnen Sie unter Verwendung der bisherigen Ergebnisse den Grafen G(f) und alle Asymptoten im Bereich $-7 \leq x \leq 7$ in ein kartesisches Koordinatensystem.

e) Der Graf G(f) und die x-Achse schließen im II. Quadranten ein Flächenstück ein. Kennzeichnen Sie dieses Flächenstück in der Zeichnung von Teilaufgabe d) und berechnen Sie die Maßzahl dieser Fläche.

4. Verkehrsdichte von Fahrzeugen im Straßenverkehr

Die Anzahl a der Fahrzeuge, die einen Messpunkt auf einer Straße passieren, hängt von der Geschwindigkeit v und der Länge l der Fahrzeuge ab. Unter Berücksichtigung der Reaktionszeit des Fahrers und des Bremsweges des Fahrzeuges gilt für die Anzahl a:

$a(v) = \frac{1000v}{0{,}01v^2 + 0{,}3v + l}$; l in Meter und v in km/h

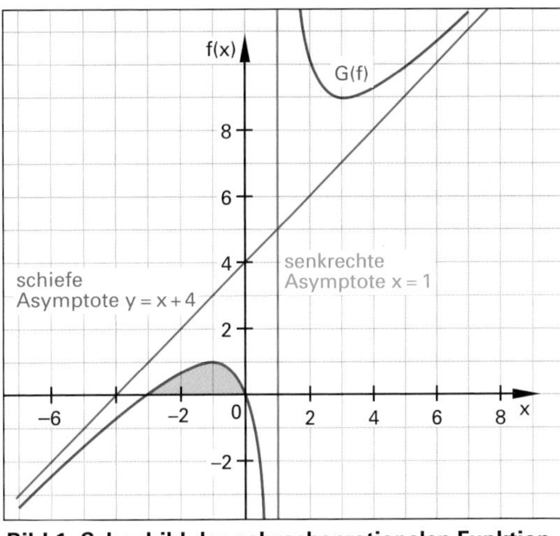

Bild 1: Schaubild der gebrochenrationalen Funktion

a) Berechnen Sie die Verkehrsdichte bei einer mittleren Fahrzeuglänge von 7 m für v = 10 km/h, v = 50 km/h und v = 90 km/h.

b) Welche Geschwindigkeit sollte vorgegeben werden, damit die Anzahl der durchfahrenden Fahrzeuge pro Stunde am größten ist?

c) Wie viele Fahrzeuge passieren bei dieser Geschwindigkeit stündlich den Messpunkt?

Lösungen:

1. a) $x = 0$; $y = \frac{1}{3}x - 1$; $f' = \frac{x^2 - 2}{3x^2}$; $f''(x) = \frac{4}{3x^3}$;
$F(x) = \frac{1}{6}x^2 - x + \frac{2}{3}\ln|x| + C$

b) $x = 1$; $y = x + 3$;
$f' = 1 - \frac{3}{(x-1)^2}$; $f''(x) = \frac{6}{(x-1)^3}$;
$F(x) = \frac{1}{2}x^2 + 3x + \ln|x - 1| + C$

2. a) a = 4

b) $x = \frac{1}{2}$

c) Maximum H (1|2)

d) $W\left(\frac{3}{2}\middle|\frac{16}{9}\right)$

e) A = |–5,73|

f) $A(x) = \frac{4x^2 - 4x + 1}{2x^2}$

g) $\lim\limits_{x \mapsto \infty} A(x) = 2$

3. a) $D(f) = \mathbb{R}\backslash\{1\}$; Nullstellen: $x_1 = 0$; $x_2 = -3$

b) $f(x) \to -\infty$ für $x \to -\infty$ und $f(x) \to +\infty$ für $x \to +\infty$; senkrechte Asymptote x = 1; schiefe Asymptote y = x + 4

c) G(f) ist streng monoton steigend für $x \in]-\infty; -1]$ bzw. für $x \in [3; +\infty[$ G(f) ist streng monoton fallend für $x \in [-1; +1[$ bzw. für $x \in]+1; 3]$; $T\left(\frac{3}{9}\right)$

d) Bild 1

e) $A = \frac{15}{2} - 8 \cdot \ln(2)$

4. a) v(10) = 909; v(50) = 1063; v(90) = 782

b) v_{max} = 26,7 km/h;
Richtgeschwindigkeit 30 km/h

c) a(30) = 1200

12.2.6 e- und ln-Funktion verknüpft mit rationaler Funktion

Untersuchen Sie die Aufgaben 1 bis 4 auf

a) Nullstellen (NST),

b) relative Extremwerte,

c) Wendepunkte.

1. $f(x) = e^{-\frac{1}{2}x^2}$

2. $f(x) = x \cdot e^x$

3. $f(x) = x \cdot e^{-x} = \frac{x}{e^x}$

4. $f(x) = x^2 \cdot e^{-x} = \frac{x^2}{e^x}$

5. Gegeben ist die in ℝ definierte Funktion f:
$x \mapsto (-4x - 2) \cdot e^{-2x}$;
der Graf wird mit G_f bezeichnet.

a) Bestimmen Sie die Schnittpunkte von G_f mit den Koordinatenachsen.

b) Untersuchen Sie das Verhalten der Funktion f für $x \to \pm\infty$ und geben Sie die Gleichung der Asymptote an.

c) Untersuchen Sie G_f auf relative Extremwerte und geben Sie deren Koordinaten an.

d) Zeichnen Sie den Grafen G_f für $-0{,}5 \leq x \leq 3$ in ein geeignetes Koordinatensystem.

e) Zeigen Sie, dass die Funktion F:
$x \mapsto (2x + 2) \cdot e^{-2x}$ eine Stammfunktion von f ist.

f) Der Graf G_f, die Koordinatenachsen und die Gerade x = k schließen im IV. Quadranten ein Flächenstück A(k) ein **(Bild 1).**

α) Geben Sie die Fläche in Abhängigkeit von k an.

β) Berechnen Sie die Fläche für k = 2

γ) Wie groß kann diese Fläche maximal werden?

6. Geben Sie für die Funktion f: $x \mapsto \frac{x}{\ln x}$; $x \in D_f$

a) die Definitionsmenge an, berechnen Sie

b) die Nullstellen und untersuchen Sie f auf

c) relative Extremwerte und auf

d) Wendepunkte.

7. Geben Sie für die Funktion $f(x) = \frac{\ln x}{x}$; $x \in D_f$

a) die Definitionsmenge an und untersuchen Sie die Funktionen auf

b) Nullstellen,

c) relative Extremwerte,

d) Wendepunkte.

8. Ein Autohersteller testet den Kraftstoffverbrauch eines neuen Modells. Dabei wurde bei Messungen festgestellt, dass der Kraftstoffverbrauch K(v) mit folgender Gleichung berechnet werden kann:

$K(v) = \frac{7}{4} \cdot [\ln(v - 4)]^2 + 5$ mit $v > 4$

Dabei bedeuten
v = Geschwindigkeit in 10 km/h
K(v) = Kraftstoffverbrauch in Liter pro 100 km.

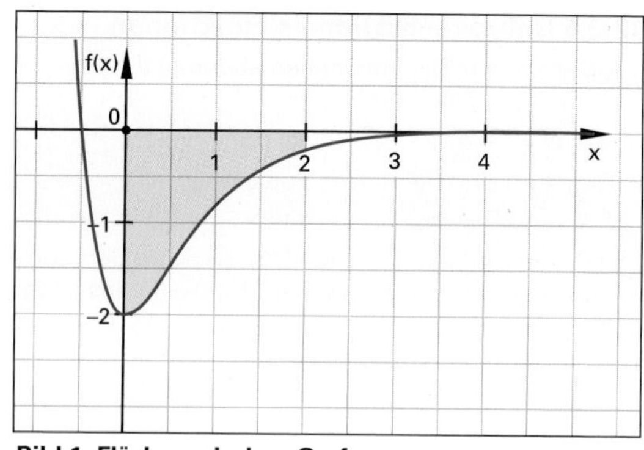

Bild 1: Fläche zwischen Grafen

a) Berechnen Sie die Maßzahl des Kraftstoffverbrauchs bei einer Geschwindigkeit von 90 km/h.

b) Bei welcher Geschwindigkeit ist der Kraftstoffverbrauch am geringsten?

Geben Sie diesen Kraftstoffverbrauch an.

Lösungen:

1. a) keine NST
b) H (0|–1)
c) W_1 (1|0,6); W_2 (–1|0,6)

2. a) N (0|0)
b) T (–1|–0,36)
c) W (–2|–0,27)

3. a) N (0|0)
b) H (1|0,36)
c) W (2|0,27)

4. a) N (0|0)
b) T (0|0)
c) W_1 (0,56|0,19); W_2 (3,14|0,38)

5. a) S_y (0|–2); N (–0,5|0)
b) $f(x) \to \infty$ für $x \to -\infty$; $f(x) \to 0$ für $x \to \infty$
c) T (0|–2)
e) F'(x) = f(x)
d) siehe Bild 1
f) α) $A(k) = \frac{2k + 2}{e^{2k}} - 2$
β) A(2) = |–1,89|
γ) $A_{max} = |-2|$

6. a) $D = \{x | 0 < x < 1 \lor 1 < x < \infty\}$
b) keine NST
c) T (e|e)
d) W (7,36|3,68)

7. a) $D = \{x | 0 < x < \infty\}$
b) N (1|0)
c) $H\left(e\middle|\frac{1}{e}\right)$
d) W (4,48|0,33)

8. a) 9,5
b) $v = 50\ \frac{km}{h}$; Verbrauch: 5 ℓ

12.2.7 Vektorrechnung

Aufgabe 1

a) Gegeben sind die Punkte A (1|2|0), B (0|3|2), C (2|3|3) und E (2|0|4). Zeigen Sie, dass die Gerade g durch die Punkte A und B und die Gerade h durch die Punkte C und E windschief sind.

b) Bestimmen Sie die Koordinaten des Punktes D so, dass mit den Punkten A, B und C ein Parallelogramm, bei dem die Ecken B und D diagonal gegenüberliegen, entsteht.

Prüfen Sie, ob es sich bei dem Parallelogramm um ein Rechteck handelt.

c) Zeichnen Sie das Viereck ABCD in das Schrägbild eines räumlichen Koordinatensystems (x_2-Achse und x_3-Achse: 1 LE = 1 cm, x_1-Achse mit Schrägbildwinkel 45° und 1 LE = $0{,}5 \cdot \sqrt{2}$ cm).

Berechnen Sie den Flächeninhalt des Vierecks ABCD.

d) Gegeben ist die Gerade g durch

$$g\colon \vec{x} = \begin{pmatrix}1\\2\\0\end{pmatrix} + r \cdot \begin{pmatrix}-1\\1\\2\end{pmatrix};\ r \in \mathbb{R}$$

Berechnen Sie die Koordinaten der Spurpunkte der Geraden g in den Koordinatenebenen.

e) Die Gerade g wird achsenparallel auf die x_2x_3-Ebene projiziert. Geben Sie die Gleichung der Projektion g' an.

f) Vom Punkt Q (7|2|0) wird das Lot auf die Gerade g gefällt. Bestimmen Sie die Koordinaten des Lotfußpunktes und den Abstand des Punktes von der Geraden g.

Aufgabe 2

Gegeben sind die Punkte A (–5|–3|4), B (1|–3|2) und C (3|3|1).

a) Bestimmen Sie die Koordinaten des Punktes D so, dass das Viereck ABCD ein Parallelogramm mit der Diagonale $\overrightarrow{BD}$ ist.

b) Berechnen Sie die Seitenlängen und die Innenwinkel des Parallelogramms.

c) Stellen Sie das Parallelogramm ABCD in einem dreidimensionalen Koordinatensystem dar.

(x_2-Achse und x_3-Achse: 1 LE = 1 cm, x_1-Achse mit Schrägbildwinkel 45° und 1 LE = $0{,}5 \cdot \sqrt{2}$ cm).

d) Die Punkte A, B, C und D werden senkrecht auf die x_1x_2-Ebene projiziert. Geben Sie die Koordinaten der Bildpunkte A', B', C' und D' an.

Zeichnen Sie das Viereck A'B'C'D' und die Strecken AA', BB', CC' und DD' in das vorhandene Koordinatensystem mit ein.

e) Weisen Sie nach, dass das Viereck A'B'C'D' ebenfalls ein Parallelogramm ist.

f) Berechnen Sie das Verhältnis des Flächeninhalts des Parallelogramms ABCD zum Flächeninhalt des Parallelogramms A'B'C'D'.

Aufgabe 3

Gegeben ist die Gerade g und die Gerade h durch

$$g\colon \vec{x} = \begin{pmatrix}1\\2\\3\end{pmatrix} + r \cdot \begin{pmatrix}2\\-1\\-2\end{pmatrix} \text{ und } h\colon \vec{x} = \begin{pmatrix}-1\\0\\5\end{pmatrix} + s \cdot \begin{pmatrix}-3\\0\\3\end{pmatrix};\ r, s \in \mathbb{R}$$

a) Zeigen Sie rechnerisch, dass der Koordinatenursprung nicht auf g liegt.

b) Zeigen Sie, dass sich die Geraden g und h schneiden und berechnen Sie die Koordinaten des Schnittpunkts S sowie den Schnittwinkel.

c) Die Punkte B und C liegen auf der Geraden g und sind vom Stützpunkt P (1|2|3) jeweils 6 LE entfernt. Berechnen Sie die Koordinaten der Punkte B und C.

d) Vom Punkt C wird das Lot auf die Gerade h gefällt. Man erhält den Punkt F.

Berechnen Sie den Abstand CF und die Koordinaten des Lotfußpunktes.

e) Stellen Sie die Geraden g und h sowie die Punkte B, C und F in einem dreidimensionalen Koordinatensystem dar (x_2-Achse und x_3-Achse: 1 LE = 1 cm, x_1-Achse mit Schrägbildwinkel 45° und 1 LE = $0{,}5 \cdot \sqrt{2}$ cm).
Berechnen Sie den Flächeninhalt des Dreiecks BCF.

Lösungen:

1. a) g und h sind windschief, siehe Löser.

b) D (3|2|1); $\overrightarrow{AB} \circ \overrightarrow{BC} = 0$ und $|\overrightarrow{AB}| \neq |\overrightarrow{BC}|$ $\Rightarrow$ Rechteck

c) Zeichnung siehe Löser; $A = \sqrt{30} = 5{,}48$ LE

d) S_{12} (1|2|0); S_{13} (3|0|–4); S_{23} (0|3|2)

e) $g'\colon \vec{x} = \begin{pmatrix}0\\2\\0\end{pmatrix} + r \cdot \begin{pmatrix}0\\1\\2\end{pmatrix};\ r \in \mathbb{R}$

f) F (2|1|–2); $|\overrightarrow{QF}| = \sqrt{30} = 5{,}48$ LE

2. a) D (–3|3|3)

b) $|\overrightarrow{CD}| = |\overrightarrow{AB}| = \sqrt{40}$; $|\overrightarrow{AD}| = |\overrightarrow{BC}| = \sqrt{41}$
$\alpha = \gamma = 69{,}775°$; $\beta = \delta = 110{,}225°$

c) Zeichnung siehe Löser

d) A' (–5|–3|0); B' (1|–3|0); C' (3|3|0); D' (–3|3|0)

e) $\overrightarrow{A'B'} = \overrightarrow{D'C'} = \begin{pmatrix}6\\0\\0\end{pmatrix} \Rightarrow$ A'B'C'D' ist Parallelogramm

f) $1{,}001 \approx 1$

3. a) O (0|0|0) $\notin$ g

b) LGS erfüllt für r = 2 und s = –2 $\Rightarrow$ S (5|0|–1); $\varphi = 19{,}47°$

c) B (5|0|–1); C (–3|4|7)

d) $|\overrightarrow{CF}| = 4$; F (–3|0|7)

e) Zeichnung siehe Löser; $A_{BCF} = 22{,}63$ FE

12.2.8 Extremwertaufgaben

1. Eine Dose aus Blech, die auf der Oberseite mit einem gummierten Glasdeckel luftdicht verschlossen wird, soll gefertigt werden. Ein Verpackungsingenieur erhält für den Blechteil der Dose folgende Rahmendaten: Die Dose soll ein Quader mit rechteckiger Grundfläche sein. Das Verhältnis Länge l : Breite b soll gleich 2 : 1 betragen. Fassungsvermögen: 2500 ml.

a) Bestimmen Sie die Gleichung für die Blechoberfläche der Dose in Abhängigkeit von der Dosenbreite b.

b) Aufgrund der Kostenminimierung soll der Blechbedarf einer Dose so gering wie möglich gehalten werden. Für welche Breite b ist die Oberfläche minimal?

c) Berechnen Sie die geringste Oberfläche einer Dose in cm^2. Geben Sie zusätzlich die übrigen Maße der Dose an.

2. Eine Firma stellt Festzelte her. Die Seitenwände sind aus wetterbeständigem und UV-Licht undurchlässigem Stoff verarbeitet. Die Fenster in den Seitenwänden sind durch ein Saumband mit den Fensterausschnitten der Zeltwand vernäht **(Bild 1)**.

a) Berechnen Sie zuerst für eine Fensterbreite x = 1,2 m und einer Zeltwandlänge b = 11 m den Fensterabstand a für 4 Fenster. Leiten Sie dann eine allgemeine Formel für den Fensterabstand a her.

b) Berechnen Sie die benötigte Länge des Saumbandes für 4 Fenster, bei einer Fensterbreite x = 1,2 m und einer Fensterhöhe y = 2,05 m.

c) Um maximalen Lichteinfall zu erreichen, soll bei gleicher Saumbandlänge (6 m für ein Fenster) die Fensterfläche vergrößert werden. Berechnen Sie die Breite und die Höhe eines Fensters.

3. Ein Karton soll aus einem rechteckigen Stück Papier mit der Länge l = 3 dm und der Breite b = 2 dm gefertigt werden. Dabei wird an jeder Ecke ein Quadrat (hell) der Seitenlänge x (in dm) herausgeschnitten **(Bild 2)**. Die überstehenden Rechtecke werden entlang der gestrichelten Linien senkrecht nach oben gefaltet, sodass ein oben offener Quader vom Volumen V entsteht.

a) Geben Sie das Volumen V(x) in Abhängigkeit von x an.

b) Bestimmen Sie den Wert für x, bei dem das Volumen V seinen maximalen Wert annimmt und berechnen Sie das maximale Volumen.

4. Aus dem Loch eines Gefäßes mit einer Wassersäule von 5 m spritzt Wasser **(Bild 2)**. Dabei ist a der Abstand des Wasserstrahls vom Boden. Das ausströmende Wasser beschreibt einen Parabelbogen. Für die Ausflussgeschwindigkeit v_0 in Abhängigkeit von der Druckhöhe h und der Fallbeschleunigung g (g = 10 m/s²) gilt: $v_0 = \sqrt{2gh}$. Getrennt für die x- und y-Richtung ergeben sich folgende Weg-Zeit-Funktionen.

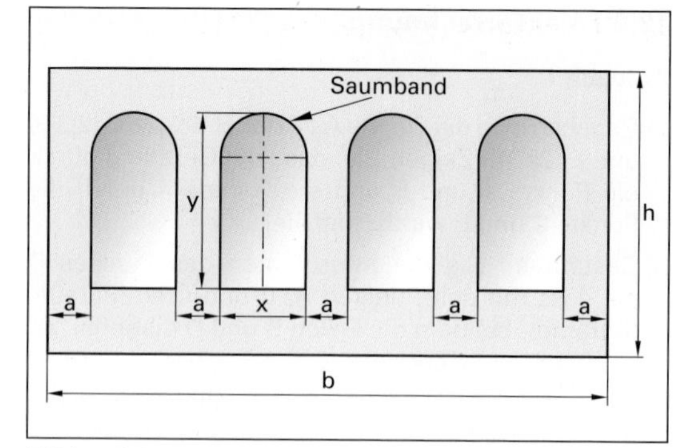

Bild 1: Seitenwand

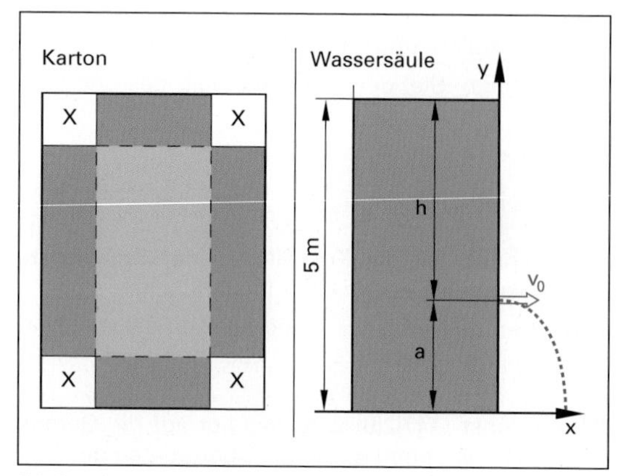

Bild 2: Karton und Wassersäule

$$y(t) = -\frac{1}{2}gt^2; \quad x(t) = v_0 \cdot t$$

a) Geben Sie die Funktionsgleichung für den Parabelbogen an.

b) Eine Öffnung soll so angebracht werden, dass der Strahl möglichst weit reicht. Berechnen Sie die Reichweite dieses Strahls.

Lösungen:

1. a) $O(b) = 2b^2 + \frac{7500 \text{ ml}}{b}$

b) $= \sqrt[3]{\frac{7500}{4}}$ cm

c) O(12,33 cm) = 912,33 cm²; l = 24,66 cm; h = 8,22 cm

2. a) $a = \frac{l - n \cdot x}{n + 1}$

b) Länge: U = 24 m

c) z = 0,84 m; y = 1,68 m

3. a) $V(x) = 4x^3 - 10x^2 + 6x$

b) x = 0,39 dm; V = 1,056 dm³

4. a) $y(x) = -\frac{1}{4h} \cdot x^2 + a$

b) a = 2,5 m

12.3 Übungsaufgaben für GTR

12.3.1 Übungsaufgaben zum GTR Casio fx

1. Bestimmen Sie mithilfe des GTR die Funktionsgleichung

a) des Schaubildes K_1 aus **Bild 1**.

b) der ganzrationalen Funktion 3. Grades mit den Punkten A (–1|–1), B (0|–1), C (1|–3) und D (2|5).

c) der ganzrationalen Funktion 3. Grades mit der Tangente t: $y = -3x + 5$ an der Stelle $x = 0$ und dem Hochpunkt H (6|5).

d) der ganzrationalen Funktion 4. Grades, deren Schaubild symmetrisch zur y-Achse verläuft und im Wendepunkt W (1|2) die Steigung –2 hat.

e) der ganzrationalen Funktion 4. Grades, deren Schaubild die x-Achse im Ursprung berührt, an der Stelle 3 einen Wendepunkt mit waagrechter Tangente hat und an der Stelle 2 die Steigung 1 besitzt.

f) der ganzrationalen Funktion 4. Grades, deren Schaubild im Ursprung einen Wendepunkt mit waagrechter Tangente hat und im Punkt B (1|0,375) eine Tangente besitzt, die parallel zur ersten Winkelhalbierenden verläuft.

g) des Schaubildes K_2 aus **Bild 1**.

2. Bestimmen Sie mithilfe des GTR die Nullstellen der Funktionen mit folgenden Funktionsgleichungen

a) $f(x) = -x^3 + 5x^2 - 7x + 3$ **b)** $f(x) = x^3 - 3x + 2$

c) $f(x) = x^3 - 7x^2 + 12x$ **d)** $f(x) = \frac{x^3}{12} - x^2 + 2{,}25x$

e) $f(x) = -\frac{3}{16}x^3 + \frac{9}{4}x - 3$ **f)** $f(x) = \frac{x^3}{4} - 3x^2 + 9x$

g) $f(x) = e^{0{,}2x} - 2$ **h)** $f(x) = \sin(x + 0{,}5 \cdot \pi)$

3. Erstellen Sie mithilfe des GTR für $x \in [-4; 4]$ eine Wertetabelle mit der Schrittweite 1 für die Funktionsgleichung

a) $f(x) = -\frac{3}{16}x^3 + \frac{9}{4}x - 1$ **b)** $f(x) = \frac{x^3}{12} - x^2 + 2{,}25x$

c) $f(x) = e^{0{,}2x} - 2$ **d)** $f(x) = 2 \cdot \sin(0{,}5x + \pi)$

4. Bestimmen Sie mithilfe des GTR Achsenschnittpunkte und Extremwerte der Funktion mit der Funktionsgleichung

a) $f(x) = x^2 - 24x - 81$ **b)** $f(x) = 3x^4 - 3x^3 - 36x^2$

c) $f(x) = \frac{x^3}{12} - x^2 + 2{,}25x$ **d)** $f(x) = -\frac{1}{8}x^4 + \frac{1}{2}x^3$

e) $f(x) = e^{0{,}3x} - 2$ **f)** $f(x) = e^{-0{,}6x} + 2x$

5. Bestimmen Sie mithilfe des GTR Wendepunkte der Funktion mit der Funktionsgleichung

a) $f(x) = -\frac{1}{8}x^4 + \frac{1}{2}x^3$ **b)** $f(x) = e^{0{,}7x} - x^2 + 2$

6. Bestimmen Sie mithilfe des GTR den Schnittpunkt S der Schaubilder K_f mit f(x) und K_g mit g(x)

a) $f(x) = x^3 - 2$ und $g(x) = e^{0{,}3x} - 2$

b) $f(x) = 0{,}2x^3 - x + 1$ und $g(x) = e^{1{,}2x} - 2$

7. Ermitteln Sie mit dem GTR im Menü GRAPH den Wert der Flächenintegrale

a) $\int_0^4 \left(-\frac{x^4}{8} + \frac{x^3}{2}\right)dx$ **b)** $\int_0^2 \left[2{,}5 \cdot \left(-\frac{x^4}{8} + x^2\right)\right]dx$

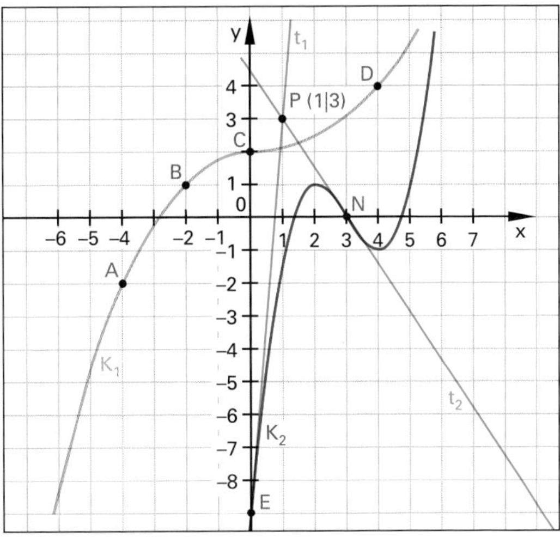

Bild 1: Schaubilder K_1 und K_2 ganzrationaler Funktionen 3. Grades

c) $\int_0^4 \left(-e^{-x} + \frac{5x^3}{9} + \frac{x^2}{2} - x\right)dx$ **d)** $\int_{-2}^1 (0{,}5 \cdot e^{0{,}5x} + x)dx$

8. Lösen Sie Aufgabe 6 im Menü RUN des GTR.

Lösungen:

1. a) $f(x) = \frac{x^3}{32} - \frac{x^2}{16} + \frac{x}{4} + 2$

b) $f(x) = 2x^3 - x^2 - 3x - 1$

c) $f(x) = -\frac{x^3}{12} + x^2 - 3x + 5$

d) $f(x) = 0{,}25x^4 - 1{,}5x^2 + 3{,}25$

e) $f(x) = \frac{x^4}{8} - x^3 + \frac{9}{4}x^2$ **f)** $f(x) = -\frac{x^4}{8} + \frac{x^3}{2}$

g) $f(x) = 0{,}5x^3 - 4{,}5x^2 + 12x - 9$

2. a) $x_1 = 1;\ x_2 = 3$ **b)** $x_1 = 1;\ x_2 = -2$

c) $x_1 = 4;\ x_2 = 3;\ x_3 = 0$ **d)** $x_1 = 9;\ x_2 = 3;\ x_3 = 0$

e) $x_1 = 2;\ x_2 = -4$ **f)** $x_1 = 6;\ x_2 = 0$

g) $x_1 = 3{,}4657$ **h)** $x_i = (2i - 1) \cdot \frac{\pi}{2}$ mit $i \in \mathbb{Z}$

3. a) y|2|–2,687|–4|–3,062|–1|1,062 5|2|0,687 5|–4|

b) y|–30,33|–18|–9,166|–3,333|0|1,333 3|1,666 6|0|–1,666|

c) y|–1,55|–1,451|–1,329|–1,181|–1|–0,778|–0,508|–0,177|–0,225 5|

d) y|1,818 5|1,994 9|1,682 9|0,958 8|0|–0,958|–1,682|–1,994|–1,818|

4. a) N_1 (–3|0); N_2 (27|0); T (12|–225)

b) N_1 (–3|0); N_2 (0|0); N_3 (4|0); H (0|0); T_1 (–2,1|–72,6); T_2 (2,85|–163,9)

c) N_1 (0|0); N_2 (3|0); N_3 (9|0); H (1,35|1,42); T (6,65|–4,75)

d) N_1 (–2|0); N_2 (0|0); N_3 (2|0); H_1 (–1,414|0,5); H_2 (1,414|0,5); T (0|0) **e)** N (2,31|0)

f) N_1 (–2,97|0); N_2 (–0,82|0); T (–2|–0,68)

5. a) W_1 (0|0); W_2 (2|2) **b)** W (2,01|2,04)

6. a) S (1,12|–0,6) **b)** S_1 (–3,02|–1,47); S_2 (0,56|0,47)

7. a) 6,4 FE **b)** $4{,}\overline{6}$ FE **c)** 39,2 FE **d)** 0,51 FE

8. Siehe Aufgabe 7

12.3.2 Übungsaufgaben zum GTR TI-84 Plus

Schaubilder und Wertetabelle

1. Gegeben sind die Funktionen $f(x) = x^3 - 3x + 3$ und $g(x) = -x^3 + 3x + 2$.
   a) Geben Sie die Funktionen in den GTR ein.
   b) Legen Sie das Anzeigefenster im Bereich $-3 \leq x \leq 3$ und $-1 \leq y \leq 6$ fest.
   c) Legen Sie im Bereich $-3 \leq x \leq 3$ eine Tabelle an. Schrittweite $\Delta x = 0{,}5$.
   d) Zeigen Sie jedes Schaubild einzeln und auch zusammen auf dem Display, indem Sie die entsprechenden Funktionen aktivieren oder deaktivieren.

Schaubilder untersuchen

2. Folgende Funktion ist gegeben:
   $f(x) = 0{,}5x^3 - 3x^2 + 4{,}5x + 8$
   a) Legen Sie ein geeignetes Anzeigefenster fest und eine geeignete Tabelle an.
   b) Bestimmen Sie die Nullstellen der Funktion.
   c) Bestimmen Sie die Hochpunkte und Tiefpunkte der Funktion.
   d) Geben Sie f''(x) in den GTR ein und berechnen Sie den Wendepunkt von f(x).
   e) Welche Steigung hat das Schaubild von f im Wendepunkt?

Gleichungen mit mehreren Variablen

3. Lösen Sie die folgenden linearen Gleichungssysteme mit dem GTR.

   a)
   $3x + y - 2z = -1$
   $5x + 2y - 2z = 3$
   $2x - 3y + 2z = 2$

   b)
   $w + x + y + z = 30$
   $2w - 3x + y + 4z = 35$
   $-3w + 4x - 2y - z = -15$
   $3w - 3x + 5y - 2z = 19$

4. Lösen Sie die folgenden linearen Gleichungssysteme und geben Sie das Ergebnis als Bruch an!

   a)
   $21x + 15y = -4$
   $30x + 21y = -5$

   b)
   $3x + 21y + 6z = 11$
   $9x + 77y - 12z = -15$
   $12x + 35y + 9z = 12$

Schnittpunkt zweier Kurven

5. Folgende Funktionen sind gegeben:
   $f(x) = x^4 - 2{,}5x^2 + 2,\quad g(x) = 4x^3 - 5x$
   Berechnen Sie die Koordinaten der Schnittpunkte dieser Funktionen mit dem GTR.

Fläche zwischen zwei Kurven

6. Ein Fisch **(Bild 1)** wird durch folgende Funktionen dargestellt:
   $f(x) = 0{,}2x^3 - 2{,}2x^2 + 7x - 2$
   $g(x) = -0{,}2x^3 + 2{,}2x^2 - 7x + 8$
   Das Auge des Fisches durch die Funktionen $h(x) = x^2 - 4x + 7{,}5$ und $i(x) = -x^2 + 4x$.
   Der Fisch wird aus einem Brett 5 dm mal 6 dm ausgesägt.
   a) Wie groß ist die Fläche des Fisches?
   b) Wie viel Prozent Abfall entsteht?

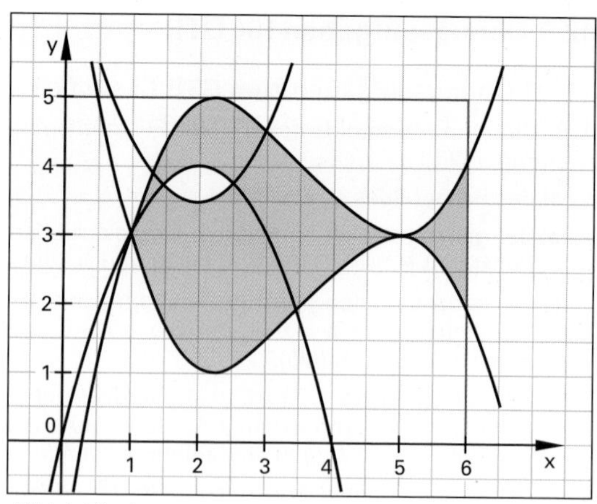

Bild 1: Fisch

Tangenten in einem Kurvenpunkt

7. Gegeben ist die Funktion mit
   $f(x) = \frac{1}{6}(-x^4 + 6x^2 + 8x + 3)$
   a) Berechnen Sie die Tangentengleichungen t_1 und t_2, die das Schaubild der Funktion F bei $x_1 = -2$ und $x_2 = 0$ berühren.
   b) In welchem Punkt schneiden sich diese Tangenten?

Lösungen:

1. a) Taste ⇒ [Y=]
   b) Taste ⇒ [WINDOW]
   c) Tastenfolge ⇒ [2ND] TBLSET
   d) Taste ⇒ [Y=] mit [ENTER] deaktivieren
2. a) $-2 \leq x \leq 5;\ -2 \leq y \leq 15$
   b) Tastenfolge ⇒ [2ND] CALC ⇒ 2: ⇒ N (–1|0)
   c) Tastenfolge ⇒ [2ND] CALC ⇒ 3: ⇒ T (3|8)
   Tastenfolge ⇒ [2ND] CALC ⇒ 4: ⇒ H(1|10)
   d) f''(x) = 3x – 6 ⇒ Y1 ⇒ CALC ⇒ 2
   W (2|f(x)) ⇒ Tabelle ⇒ W (2|9)
   e) Tastenfolge
   ⇒ [2ND] CALC ⇒ 6: ⇒ f'(2) = –1,5
3. a) L = {(1|2|3)}
   b) L = {(6|7|8|9)}
4. a) Taste ⇒ [MATH] 1:▶Frac $\quad L = \left\{\left(1\middle|-\frac{5}{3}\right)\right\}$
   b) $L = \left\{\left(-\frac{2}{3}\middle|\frac{1}{7}\middle|\frac{5}{3}\right)\right\}$
5. Tastenfolge ⇒ [2ND] CALC ⇒ 5: intersect
   S_1 (–1,070|0,448), S_2 (–0,376|1,667)
   S_3 (1,160|0,447)
6. a) $A_{Fisch} = 8{,}833\ dm^2$
   b) $A_{Abfall} = 70{,}6\,\%$
7. a) Tastenfolge ⇒ [2ND] DRAW ⇒ 5: Tangent
   $t_1(x) = \frac{8}{3}x + 4{,}5;\ t_2(x) = \frac{4}{3}x + 0{,}5$
   b) S (–3|–3,5)

1. Literaturverzeichnis

Algebra und Geometrie für Ingenieure, Nickel et al., Verlag Harri Deutsch

Rechnen und Mathematik, Dudenverlag

Infinitesimalrechnung, Wöhrle et al., Bayrischer Schulbuch-Verlag

Lehr- und Übungsbuch Mathematik, Leupold, Verlag Harri Deutsch

Mathematische Formelsammlung für Ingenieure und Naturwissenschaftler, Lothar Papula, Vieweg-Verlag

Mathematik für Elektroniker IT- und Elektroberufe, Verlag Europa-Lehrmittel

Schüler Rechenduden, Duden-Verlag

Taschenbuch der Mathematik, Ilja N. Bronstein, Konstantin A. Semendjajew, Gerhard Musiol, Verlag Harri Deutsch

2. Unterstützende Firmen

Casio Europe GmbH, 22848 Norderstedt, Bornbarch 10, www.casio-europe.com/de

Texas Instruments, Freising, http://education.ti.com/educationportal)

CRAAFT AUDIO GmbH, Gewerbering 51, D-94060 Pocking, info@craaft.de

3. PC-Programme

Mathematische Shareware: MatheAss, www.matheass.de

Mathcad, www.mathcad.de

Maple, www.maplesoft.com

MathType, Formel-Editor, www.dessci.com/de/

TurboPlot Win 2.0, Landesbildungserver B.-W., www.leu.bw.schule.de

WinFunktion Mathematik plus, www.shop.bhv.de/indexbhv.asp

Derive von Texas Instruments, www.derive.de

Sachwortverzeichnis